David Quammen

Le Grand Saut

Quand les virus des animaux s'attaquent à l'homme

Traduit de l'anglais (États-Unis) par Laurence Decréau, Cécile Dutheil de La Rochère et Eva Roques

Préface de Pascal Picq

Flammarion

Du même auteur

Ebola, histoire d'un virus mortel, Grasset, 2015

Conseil éditorial : Teresa Cremisi

Titre original : *Spillover. Animal infections and the next human pandemic*
Editeur original : WW. Norton & Cie

ISBN : 978-2-0802-0762-3

Encore et toujours,
pour Betsy.

« Alors j'ai vu : et voici un cheval blême ; celui qui le montait se nomme la Mort, et le séjour des morts l'accompagnait. Et il leur fut donné pouvoir sur un quart de la terre pour tuer par le glaive, par la famine et par la peste, et par les fauves de la terre. »

Apocalypse 6 : 8

Préface

On ne joue pas avec l'évolution

La veille de la publication de *L'Origine des espèces au moyen de la sélection naturelle*, Thomas Huxley se trouve dans le bureau de son ami Charles Darwin, dans sa résidence de Down House. Charles, c'est son tempérament, redoute les réactions. Huxley, son farouche et jeune ami, se réjouit à la perspective des joutes qui s'annoncent ; il y gagnera le surnom de « bouledogue de Darwin ». Cependant, il fait cette remarque à Charles :

« Mon ami, vous encombrez votre théorie d'un fardeau inutile.

— Lequel ?

— La nature ne fait pas de saut. »

Ce sera la grande affaire au cœur des théories de l'évolution, de la publication de *L'Origine des espèces* en 1859 à la « théorie des équilibres ponctués » de Stephen Jay Gould à la fin du XXe siècle : l'évolution d'une espèce, ou d'une lignée d'espèces, procède-t-elle de manière graduelle ou passe-t-elle par des périodes de changements rapides ? Et dans ce cas, quelle est la nature de ces changements ?

Depuis la dinosaure-mania suscitée par le film *Jurassic Park* de Steven Spielberg, tout le monde sait qu'une météorite égarée aurait frappé la Terre du côté du golfe du Mexique il y a soixante-cinq millions d'années. Pour le coup, voilà un événement on ne peut plus ponctuel. Un facteur qui n'a rien à voir avec la vie – abiotique – percute les communautés écologiques, causant des extinctions qui n'ont aucun rapport avec les capacités adaptatives des espèces. C'est purement aléatoire. Évidemment, une fois les poussières retombées, les mécanismes très divers de la sélection naturelle reprennent la main.

Le Grand Saut évoque tout autre chose : comment un agent pathogène, souvent présent chez des espèces proches ou à un niveau latent, peut-il tourner brutalement en épidémie, voire en pandémie ? Les études les plus récentes montrent que deux tiers des maladies dites émergentes sont des zoonoses, autrement dit qu'elles proviennent d'agents pathogènes passant d'une espèce sauvage à l'homme. Seulement les bactéries, et surtout les virus, ne sautent pas comme ça sur le dos d'une espèce. Des processus parfois longs à se développer, et encore plus longs à être décryptés par les chercheurs, précèdent les crises sanitaires. C'est la « théorie des équilibres ponctués » : des périodes d'équilibres relativement stables ou d'évolution graduelle se trouvent entrecoupées de crises ponctuelles. Mais on ne voit pas venir ces crises avant le moment où elles éclatent.

La Covid-19 est tout simplement une ponctuation de plus dans la longue histoire de la lignée humaine. Reste à savoir ce qui l'a précédée avant le « grand saut ». C'est dans une enquête aux rebondissements les plus inattendus que nous entraîne David Quammen. Un voyage aux confins de la médecine, de l'anthropologie, de l'écologie et de l'évolution dans les écosystèmes les plus reculés et les instituts de recherche du monde entier.

L'auteur connaît fort bien la biologie évolutionniste et c'est pour la qualité de ses livres qu'il a reçu le prix Steven Jay Gould. Il se fait le témoin d'une planète subissant une menace grandissante depuis deux siècles, d'une maladie que l'on appelle en écologie une « épidémie » quand une espèce, en l'occurrence la nôtre, voit sa démographie exploser de façon exponentielle. Il pose le constat. Pour savoir comment l'humanité en est arrivée là, je renvoie à mon essai *Sapiens face à Sapiens*[a]. Pour savoir où nous risquons d'aller, il faut se plonger dans les aventures fascinantes des zoonoses de plus en plus menaçantes. Un point commun entre mon essai et celui de Quammen : ils ont été publiés avant la pandémie de Covid-19 et décrivent l'un et l'autre que toutes les conditions d'un

a. Flammarion, 2019.

grand saut étaient réunies. Quelles sont-elles ? Une démographie qui a triplé en un demi-siècle, une urbanisation gigantesque, des mobilités comme jamais le monde n'en a connu et des écosystèmes déstabilisés dans lesquels les humains ne devraient pas s'aventurer, surtout quand leurs activités les mettent en relation avec le reste du monde.

Le journaliste globe-trotteur des laboratoires et des forêts tropicales nous offre un superbe voyage initiatique dans le monde des virus et des chercheurs. Du temps de Charles Darwin, les naturalistes faisaient leur tour du monde à la découverte d'écosystèmes encore épargnés par les folies commerciales. Aujourd'hui, de telles aventures se font dans les micro-mondes de « microbes » dont les acteurs, comme les virus, arrivent à faire le tour de la Terre en vingt-quatre heures. Seul problème, les virus vont plus vite que les chercheurs et les médecins qui s'efforcent de savoir d'où ils viennent, dans quelles circonstances et comment ils se diffusent, disparaissent et réapparaissent non sans avoir muté. Cela s'appelle l'évolution. Elle se joue à la rencontre du monde frénétique des humains et de celui, virulent, des micro-organismes. Une guerre des mondes déjà tragiquement décrite par Herbert G. Wells en 1898, à l'époque, justement, où les biologistes commençaient à peine à explorer le monde des « microbes », auquel appartiennent les virus.

Wells avait étudié avec Thomas Huxley et travaillé avec son petit-fils, Julian Huxley. *La Guerre des mondes* est un roman d'anticipation dans lequel, le plus souvent, les lecteurs puis le cinéma n'ont vu qu'une histoire d'invasion d'extraterrestres. Le vrai sujet est tout autre : celui de la guerre incessante entre les humains et les microbes ; entre le macrocosme et le microcosme. L'épidémie de grippe espagnole a fait plus de victimes que les terribles batailles de la Première Guerre mondiale. Puis, pendant plus d'un siècle, l'humanité, grisée par les progrès fantastiques de la médecine, enivrée par l'*hubris* des civilisations industrielles exploitant toujours plus la nature, emportée par les conflits mondiaux puis inquiète des menaces nucléaires, a cru que les « lois de l'évolution » n'avaient plus cours. Tout devenait, pour le meilleur comme pour le pire, une affaire d'hommes à humains. Quelle arrogance ! La dernière narration du roman de Wells, reprise dans l'adaptation cinématographique de Steven Spielberg, livre la meilleure description de ce que l'on appelle la coévolution. Alors que la cause des humains semblait perdue, les envahisseurs se retrouvent décimés. Que s'est-il passé ? Le narrateur comprend et dit en substance que, pris par la panique, les humains ont oublié leurs plus redoutables alliés, cette multitude de micro-organismes avec lesquels leurs ancêtres ont acquis le droit de vivre au prix de milliers et de milliers de morts au fil des générations. Alors, dès que les envahisseurs se sont mis à respirer, boire et manger, leur destin a été scellé. Si un individu d'une espèce s'aventure dans un autre écosystème, soit il est éliminé, soit il emporte avec lui un agent pathogène qui, introduit dans ce nouvel écosystème, proliférera et mutera, fera le grand saut. C'est ce qui vient de se passer avec la Covid-19, ce qui s'est passé avec le SRAS, Ebola, le sida…

Ce qui menace le plus l'humanité, ce sont ces « grands sauts », pas ceux d'extraterrestres à bord de soucoupes volantes et de tripodes qui viendraient dévorer des humains, mais ceux des virus qui font un bond depuis leurs écosystèmes et sont ensuite transportés par des femmes et des hommes suivant des voies commerciales toujours plus rapides. Mis à part le cas d'une bactérie de très petite taille à l'origine d'une zoonose provenant des oiseaux, les pandémies revisitées en compagnie de Quammen sont causées par des virus. Et il en existe de toutes les sortes, sachant que l'on commence à peine à imaginer l'ampleur et la diversité des virus dont la biomasse – leur poids évalué sur toute la Terre – dépasse celle des bactéries, elle-même nettement plus importante que celle de tous les animaux (parmi lesquels les humains).

Mais au fait, qu'est-ce qu'un virus ? Il y en a de deux types, avec de l'ADN ou de l'ARN. Si les premiers, moins nombreux et moins dangereux, sont plus stables, il en va autrement des autres qui se plaisent à se fragmenter, à muter, à passer allègrement d'une cellule à l'autre dans un même organisme, parasitant leur machinerie moléculaire pour se dupliquer. Puis, selon une diversité de stratégies, toutes aussi logiques que subtiles, ils se transmettent à d'autres organismes d'une même espèce et entre espèces différentes. C'est là qu'apparaissent les zoonoses. Et le moins que l'on puisse en dire, c'est que les activités humaines n'ont jamais offert autant d'opportunités à la diffusion pandémique des virus.

Les activités humaines sont à l'origine de deux émergences possibles de zoonoses. Il y a le cas de la grippe, avec laquelle l'humanité est condamnée à coévoluer hiver après hiver. Tout commence quelque part en Chine, il y a quelques milliers d'années. Les premiers agriculteurs installent dans leurs fermes des canards et des cochons. C'est ainsi que la souche aviaire rencontre la souche porcine. Les virus profitent de l'occasion et s'adaptent aux humains. Depuis, c'est la course de la Reine Rouge inspirée de Lewis Carroll : il faut courir le plus vite possible pour maintenir sa place ; en l'occurrence grâce à la recherche biomédicale qui, chaque année, s'efforce d'anticiper le meilleur vaccin. La grippe est devenue un fardeau de notre évolution, qui prélève son quota annuel de morts avec, parfois, des poussées de fièvre pandémiques – pas moins de trois au XXe siècle : la grippe espagnole (H1N1), celle de Hong Kong en 1957 et celle de 1968. On s'est inquiété avec le retour de H1N1 en 2007 ; heureusement moins virulent que l'on ne le craignait. Alors, on a baissé la garde, et la Covid-19 en a profité, bien que ce ne soit pas du tout le même type de virus. Il y a de fortes chances pour que l'humanité doive se résoudre à coévoluer avec les coronavirus, comme avec ceux de la grippe.

L'autre responsabilité des humains concerne le grand saut des maladies dites émergentes, bien que l'adjectif soit mal approprié. En effet, le terme donne l'impression que ces zoonoses jaillissent spontanément, comme pour la Covid-19. On ne sait pas encore ce qu'il en est de ce coronavirus, qui exigera de nombreuses recherches en virologie, en écologie et dans un cadre évolutionniste. Pour l'heure, on évoque les chauves-souris et les pangolins. En ce qui concerne ces derniers, leurs écailles entrent dans la composition de plus d'une soixantaine de préparations de la médecine traditionnelle chinoise. Jusqu'au 1er janvier 2020, ces médicaments étaient remboursés par les assurances maladie en Chine, ce qui n'est plus le cas. La Covid-19 sauvera-t-elle au moins les pangolins ? Car les populations d'Asie de ce charmant animal ne suffisent plus, générant ainsi un trafic qui sévit sur les populations d'Afrique, avec leurs virus. Or, même pour des espèces assez proches, comme les pangolins d'Asie et d'Afrique, il reste qu'elles n'ont pas évolué dans les mêmes écosystèmes, ce qui est une source potentielle d'autres zoonoses. C'est le cas pour l'hépatite B, une zoonose à forte mortalité qui s'est développée dans les animaleries, les laboratoires et les parcs zoologiques en mettant côte à côte des singes d'Asie, comme les macaques, et des singes d'Afrique, comme les babouins. Quammen décrit les circonstances qui ont favorisé la diffusion de l'hépatite B. Ce qui me rappelle les précautions que nous prenions avec nos macaques et nos babouins quand je menais mes recherches au Duke University Medical Center en Caroline du Nord dans les années 1980. Mais revenons en Chine. Il ne fait aucun doute que des médecines traditionnelles ou des rites initiatiques de diverses ethnies prélèvent un tribut d'animaux sauvages devenu aujourd'hui insoutenable, trop d'entre eux figurant parmi les espèces protégées.

Mais pire encore est l'évolution économique et sociale qui crée une demande d'une tout autre ampleur. L'élévation du niveau de vie des citadins des villes chinoises stimule de nouvelles gastronomies tournées vers les « saveurs sauvages ». Et l'on en vient aux désormais trop célèbres marchés, comme celui de Wuhan (qui n'est pas le plus grand). Des animaux de toutes sortes – oiseaux, reptiles, mammifères, dont les chauves-souris –, lesquels n'étaient pas consommés couramment, s'y retrouvent dans des cages entassées les unes sur les autres, les déjections s'écoulant au travers des treillis ; un paradis pour les virus et leurs recombinaisons puisqu'ils y croisent aussi des humains. Les vieilles croyances et les modes urbaines, aujourd'hui en contact, couvent, on le voit, de nouvelles pandémies.

Même chose en Afrique où quelques ethnies pratiquent encore des rituels du passage avec la consommation de divers types de viandes d'animaux sauvages, comme des bras de chimpanzés. Mais le plus dramatique se joue, là aussi, dans les villes, où les citadins réclament de la viande de brousse, d'autant plus prisée que les espèces sont protégées, comme les chimpanzés. Quammen nous invite sur la piste fascinante des origines du sida, qui s'avère être une zoonose transmise par les chimpanzés (bien malgré eux). Nous découvrons comment un petit pêcheur descendant des rivières et un grand fleuve avec sa pirogue a livré, sans le savoir, un terrible virus qui a embarqué avec un passager infecté dans un vol international. Il n'y a pas que cela. Plusieurs autres circonstances indépendantes les unes des autres, et souvent dictées par les meilleures intentions du monde, ont contribué au grand saut du VIH dans les années 1980. La quête du « patient zéro » – pourtant nécessaire – occulte trop souvent des processus évolutifs et écologiques beaucoup plus complexes, sans parler du bouc émissaire jeté en pâture aux foules, aux médias et aux politiques.

Alors, à la lumière des différentes zoonoses évoquées par Quammen, ne suffirait-il pas d'éliminer ces espèces considérées trop vite comme responsables, comme les réservoirs ou les vecteurs ? Ce serait encore pire. Les virus ont une longue coévolution avec diverses espèces. Rien que pour le sida, environ une dizaine de virus chez autant d'espèces différentes de singes. Un pari dangereux puisqu'un virus, en l'occurrence le VIS du chimpanzé, peut trouver un autre hôte et muter ; c'est ce qui s'est passé pour le VIH humain. Alors qu'à l'état sauvage des virus affectent très peu d'individus chez la plupart des espèces, ils deviennent épidémiques dans les mauvaises conditions de confinement qu'on leur impose. Un contexte propice à leur multiplication et à leurs mutations, dangereux pour les animaux autant que pour les humains qui les côtoient – c'est ce qui s'est passé pour la maladie du perroquet, laquelle était, certes, d'origine bactérienne, mais cette particularité ne change rien aux processus adaptatifs. Les humains entassés aujourd'hui dans les villes, les animaux dans des cages sur les marchés, chez les marchands et dans les élevages industriels… autant de conditions favorables pour la dynamique des bactéries et des virus.

Quammen jouit d'une telle réputation qu'il est reçu par les plus grands chercheurs du monde. Au fil de ses échanges, il partage ce triste constat : les médecins et les politiques médicales en général négligent la biologie évolutionniste et l'écologie. Une situation hélas trop répandue dans tous les grands pays scientifiques, notamment en France, malgré des chercheurs et des laboratoires de grande qualité. La gestion de la crise de la Covid-19 a révélé le manque de culture évolutionniste. Pire encore dans les pays qui ont voulu jouer avec la sélection naturelle et parié avec l'immunité collective. On ne joue pas avec l'évolution. Il faut la comprendre pour mieux éviter l'émergence des maladies, les prévenir et les soigner. Bien qu'il n'aborde pas explicitement le sujet, Quammen pose la question de la médecine évolutionniste. L'odyssée virale dans laquelle il nous embarque montre par ailleurs comment se font la recherche internationale, les collaborations et les échanges. Il évoque aussi toutes ces femmes et ces hommes, médecins, vétérinaires, chercheurs, et pas des moindres, décédés à cause de leurs premiers contacts avec des virus encore inconnus. Cet essai arrive à point nommé : il est une leçon pour s'immuniser contre les gourous pontifiants, comme il l'est aussi pour les journalistes scientifiques qui s'émoustillent de tant de prétentions, et pour les femmes et les hommes politiques. La recherche est un long chemin de savoirs, de collaborations, de solidarité et d'humilité. Mais que peut-on faire contre de tels virus proprement humains ?

L'essai commence en Australie avec le virus Hendra. Puis d'autres suivent avec des noms parfois techniques – VIH, H5N1, SRAS… – ou plus souvent exotiques : fièvre du Nil, maladie de Lyme, Sangha, Ebola, maladie du perroquet, etc. La plupart ont évolué dans des écosystèmes longtemps peu fréquentés par les humains. Aujourd'hui, ils se préparent au grand saut. Nous avons évoqué Wells, on pourrait aussi parler de William Faulkner, que Quammen a étudié à l'université. Un journaliste du *New York Times* a fait ce bel éloge à propos de cet essai : « Le sujet est la science, le style est Faulkner. » Au fil de la lecture, on ressent l'ambiance trouble, déliquescente, tragique d'un monde qui échappe inéluctablement à ses acteurs, à la fois conscients et engagés dans un déclin sans rémission, ce qui n'est pas sans nous rappeler Joseph Conrad, l'auteur de *Au cœur des ténèbres*. Le présent ouvrage est un essai scientifique, précis, magnifiquement écrit et superbement traduit. Faulkner ne disait-il pas combien son traducteur français magnifiait son œuvre ?

À plusieurs reprises, Quammen évoque cette question qui hante tous les médecins et biologistes évolutionnistes : quelle sera la nouvelle pandémie ? Nous en connaissons aujourd'hui la réponse. Mais quelle sera la suivante, celle d'après la Covid-19 ? Personne ne le sait. Seule certitude : il y en aura une.

Pascal Picq

Foulangues, en ce 14 juillet 2020 où notre nation a rendu hommage aux soldats de la Santé.

Nous ne gagnerons jamais cette guerre, nous gagnerons au mieux des batailles et à condition d'organiser nos résistances.

I

Cheval blême

1

LE VIRUS CONNU SOUS LE NOM de Hendra ne fut pas la première bestiole inconnue à faire peur. Il ne fut pas la pire. Comparé à d'autres, il était même relativement bénin. Au début, sa létalité était faible et elle l'est restée ; son aire géographique était circonscrite et s'est peu élargie par la suite. Le virus a fait ses débuts près de Brisbane, en Australie, en 1994. Tout a commencé par deux cas, dont un seul fut fatal. Plus exactement, deux cas *humains* et une mort *humaine*. D'autres victimes en ont souffert et en sont mortes, plus d'une douzaine de chevaux en tout, dont le destin est partie intégrante de cette histoire. Car la question de la maladie animale et celle de la maladie humaine sont, comme nous le verrons, pieds et poings liés.

Pour qui ne vivait pas à l'est de l'Australie, l'émergence* du virus Hendra ne fut ni vraiment épouvantable ni spectaculaire. Rien à voir avec un tremblement de terre, une guerre, une fusillade dans un collège ou un tsunami. Mais le virus avait quelque chose d'unique. D'étrange. Aujourd'hui mieux connu, du moins par les chercheurs et les Australiens, il n'en est pas moins toujours étrange. Il est paradoxal : bien que marginal, sporadique, il est représentatif au sens large. Ce qui en fait un bon point de départ pour essayer de comprendre l'émergence de certaines réalités virulentes ayant entre autres causé la mort de plus de trente millions de personnes depuis 1981, qui s'expliquent par un phénomène appelé « zoonose* ».

* Les mots suivis d'un astérisque sont définis dans le lexique établi en fin d'ouvrage.

Une zoonose est une infection animale transmissible aux hommes. C'est un type de maladie plus courant que vous ne pourriez penser. Le sida en est une. La grippe en est une catégorie entière. Réfléchir à ces maladies comme un tout permet de mesurer ce que Darwin avait compris (c'est la plus noire de ses vérités, parfaitement connue mais souvent oubliée) : l'homme est une espèce d'animal, inextricablement lié aux autres animaux par son origine et sa descendance, ses maladies et sa physiologie. Réfléchir à chacune de ces maladies séparément – en commençant par le cas relativement obscur de l'Australie – est l'occasion salutaire de rappeler que tout, y compris la peste, vient de quelque part.

2

C'ÉTAIT EN SEPTEMBRE 1994, un fléau inattendu s'abattit sur les chevaux d'une banlieue du nord de Brisbane à l'extrême est de l'Autralie. Il s'agissait de Pur-sang soignés, au poil lustré. La banlieue s'appelait Hendra. C'était un vieux quartier paisible, abritant de nombreux chevaux de course, des cavaliers, des maisons recouvertes de bois dont les cours avaient été converties en écuries, des kiosques et des cafés qui portaient des noms comme *The Feed Bin* (Le Silo). La première victime fut une jument baie baptisée Drama Series, qui ne courait plus parce qu'elle était grosse – en fin de gestation. Les premier signes d'infection apparurent alors qu'elle était dans un paddock en jachère, une prairie mal entretenue à quelques kilomètres au sud-est de Hendra, où l'on envoyait les chevaux se reposer entre deux sorties. Elle y serait restée jusqu'à ce qu'elle mette bas si elle n'était pas tombée malade. Elle n'avait aucun problème grave – du moins en apparence. Son entraîneur, Vic Rail, était un petit bonhomme charmant, les cheveux bruns lissés en arrière, qui n'avait pas la réputation d'être tout à fait loyal dans le monde des courses local. Il était « dur à la tâche, attachant, mais c'était une fripouille », comme le dit un témoin. Certains lui en voulaient, mais personne ne niait qu'il s'y connaissait en matière de chevaux.

La compagne de Rail, Lisa Symons, alla chercher Drama Series avec une remorque. La jument rechignait à bouger. Elle traînait la jambe et avait des enflures autour des lèvres, des paupières et de la mâchoire. Arrivée dans la petite écurie de Vic Rail à Hendra, elle transpirait à grosses gouttes et était toujours aussi amorphe. Rail voulut la nourrir et sauver le futur poulain ; il insista pour lui donner des morceaux de carotte et de la mélasse ; en vain. Il abandonna puis se lava les mains et les bras, mais, avec le recul, sans doute pas assez.

Le 7 septembre 1994 était un mercredi. Vic Rail appela son vétérinaire, un grand type du nom de Peter Reid, le genre réservé, professionnel, qui vint examiner la jument. Elle était à l'écurie, dans son box, une stalle en parpaing avec un sol en sable, au milieu des autres chevaux. Le Dr Reid ne releva aucun écoulement de ses naseaux ni de ses yeux, pas de signe de douleurs, mais elle était l'ombre d'elle-même. « Déprimée », ce fut son mot, qui, dans le jargon vétérinaire, désigne un état physique et non psychologique. Sa température et ses battements de cœur étaient impressionnants. Reid remarqua ses enflures faciales. Il ouvrit sa bouche pour examiner ses gencives, aperçut des restes de la carotte qu'elle n'avait pas voulu, ou pas pu, avaler, puis il lui fit des injections d'antibiotique et d'analgésique. Le lendemain, peu après 16 heures, son téléphone sonna. Drama Series s'était enfuie de son box et s'était écroulée dans la cour. Elle agonisait.

Le temps que Reid arrive, elle était morte. L'agonie avait été rapide et atroce. De plus en plus agitée, elle était sortie de son box en voyant que la porte était ouverte, était tombée plusieurs fois, s'était blessé la jambe dont l'os était à vif, s'était relevée, puis était retombée dans la cour avant d'être maintenue au sol par un palefrenier qui tentait de la protéger. Elle s'était débattue pour se libérer et s'était écrasée contre un tas de briques, avant d'être à nouveau plaquée par le palefrenier et Rail, qui avait essuyé ses naseaux pour retirer un renvoi écumeux – et l'aider à respirer – juste avant qu'elle n'expire.

Reid examina le corps, remarqua une trace d'écume claire près des naseaux, mais ne fit pas d'autopsie parce que Vic Rail ne pouvait pas se le permettre et, plus généralement, parce que personne n'anticipait une crise sanitaire dont la moindre donnée aurait été vitale. La carcasse de Drama Series fut embarquée sans ménagement par le transporteur habituel avant d'être jetée dans la fosse où finissaient les chevaux de Brisbane.

La cause de sa mort était incertaine. Avait-elle été mordue par un serpent ? Avait-elle brouté une herbe vénéneuse dans la prairie broussailleuse ? Treize jours plus tard exactement, toutes ces hypothèses s'effondrèrent quand ses voisins d'écurie commencèrent à faiblir. Ils tombaient comme des mouches. Ce n'était pas une morsure de serpent ni du fourrage toxique. C'était quelque chose de contagieux.

Les chevaux avaient de la fièvre, des problèmes respiratoires, les yeux injectés de sang, des spasmes et des mouvements gauches ; une écume sanglante sortait des naseaux et de la bouche de certains d'entre eux, d'autres présentaient des enflures faciales. Le Dr Reid vit un cheval se rincer frénétiquement la bouche dans un seau d'eau. Un autre se tapait la tête contre un mur en béton comme s'il devenait fou. Malgré les efforts héroïques du vétérinaire, douze chevaux périrent en quelques jours, expirant dans des affres de douleurs ou euthanasiés. Plus tard, Reid avoua que « la vitesse à laquelle ça passait dans les chevaux était incroyable », mais à l'époque personne n'avait identifié « ça ». Quelque chose s'était introduit dans les chevaux. Au plus fort de la crise, sept bêtes succombèrent dans des souffrances épouvantables en douze heures. Sept chevaux morts en douze heures : un véritable carnage, même pour un vétérinaire aguerri. L'un d'eux, une jument nommée Celestial Charm, mourut en fouettant l'air et en haletant si désespérément que Reid ne put s'approcher pour la piquer et la soulager. Un autre, un hongre de cinq ans que l'on avait aussi envoyé dans un paddock en jachère, eut la chance d'être piqué. Le vétérinaire qui l'autopsia découvrit des hémorragies internes dans plusieurs de ses organes. Enfin, dans l'écurie d'un voisin de Rail, au même moment, un deuxième hongre révéla les mêmes signes cliniques et dut être euthanasié.

Quelle était la cause de cette plaie ? Comment passait-elle d'un cheval à l'autre, du moins comment contaminait-elle autant de chevaux en même temps ? Était-ce un agent polluant toxique qui s'était glissé dans leur alimentation ? Ou un poison versé par malveillance ? Ou alors, commençait à se dire Reid, un virus exotique, comme celui qui avait provoqué la peste équine AHS (*African Horse Sickness*), transmise par les morsures d'un moucheron en Afrique subsaharienne ? Le virus AHS s'attaque aux mules, aux ânes et aux zèbres, pas seulement aux chevaux, mais il n'a jamais été signalé en Australie, et il n'est pas directement contagieux d'un cheval à un autre. Qui plus est, les moucherons du Queensland mordent rarement en septembre, quand la température est douce. L'AHS était donc à exclure. Et si c'était une nouvelle bestiole ? « Je n'avais jamais vu un virus provoquer ce genre de réaction », avoua Reid, connu pour être plutôt mesuré. Il se souvenait pourtant d'une « époque assez traumatisante ». Conscient que ses diagnostics étaient peu convaincants, il avait continué de soigner les chevaux infectés avec les moyens du bord : antibiotiques, différents types d'onguents et de produits antichocs.

Entre-temps Vic Rail était tombé malade. De même que le palefrenier. À l'origine ils semblaient n'avoir qu'un début de grippe – de mauvaise grippe. Mais Rail fut hospitalisé, son état empira et, au bout d'une semaine de soins intensifs, il mourut. Ses organes avaient lâché et il ne pouvait plus respirer. L'autopsie montra que ses poumons étaient remplis de sang, de liquide et d'une espèce de virus (détecté après un examen au microscope électronique). Le palefrenier, un bon gars nommé Ray Unwin, rentra chez lui et s'en sortit. Quant à Peter Reid, qui avait ausculté les chevaux de Rail au milieu de l'écume sanglante qu'ils crachaient, il était en pleine forme. Ce sont eux qui m'ont raconté leur histoire quelques années plus tard, quand je les ai retrouvés à Hendra.

Ray Unwin était alors un type d'âge moyen, bosseur, avec une queue de cheval blond-roux et quelque chose d'un peu triste et las dans le regard. Il était mal à l'aise à l'idée d'être interrogé par un étranger ; il avait déjà donné avec des médecins, des agents de la santé publique et des journalistes de la région. Une fois assis pour bavarder, il reconnut qu'il n'aimait pas se plaindre, mais que, depuis les événements, sa santé allait « de traviole ».

Voyant que le nombre de décès de chevaux allait crescendo, le gouvernement du Queensland avait envoyé des vétérinaires et des agents du Département des industries primaires (qui s'occupe du bétail, des animaux sauvages et de l'agriculture dans l'État), ainsi que des agents de terrain du Queensland Health. À la recherche d'indices, les vétérinaires du DPI avaient commencé par faire des nécropsies – ce qui revient à équarrir les chevaux – sur place, dans la petite cour de Vic Rail. Peu après, les têtes et les membres sectionnés jonchaient le sol, du sang et des fluides coulaient dans le caniveau d'évacuation, des organes et des tissus suspects étaient emportés dans des sacs.

Peter Hulbert, un voisin de Vic Rail qui élevait aussi des chevaux, m'a commenté cette scène macabre en me servant un café dans sa cuisine. La bouilloire était sur le point de siffler quand il s'est souvenu des poubelles utilisées par le DPI.

« Les poubelles de rue, là, avec des roulettes, pleines de têtes et de jambes de chevaux… Vous prenez du sucre ?

— Non merci, ai-je répondu.

— Des jambes, des têtes, des viscères et tout le reste, emportés dans ces poubelles à roulettes. C'était… atroce. »

Ce jour-là, au milieu de l'après-midi, la rumeur avait circulé et la télé avait débarqué avec des caméras pour les infos.

« Franchement, c'était horrible. »

La police avait entouré la maison et la cour de Rail avec un cordon, comme si c'était une scène de crime. Et si l'auteur des faits était un ennemi de Rail ? Le monde des courses a une face sombre, comme tous les milieux professionnels, sans doute même plus sombre. Peter Hulbert avait été interrogé par les flics qui voulaient être sûrs que Vic Rail n'avait pas empoisonné ses chevaux avant de s'empoisonner. Il fallait vérifier que ce n'était pas du sabotage ou une arnaque aux assurances, mais les agents de la santé, eux, avaient d'autres hypothèses. Notamment celle de l'hantavirus*, une famille de virus que les virologues connaissent à cause de flambées successives en Russie, en Scandinavie et ailleurs, qui s'était réactivée en 1993. Un an plus tôt, un nouvel hantavirus avait en effet tué dix personnes au sud-ouest des États-Unis, dans la région appelée Four Corners. L'Australie surveille scrupuleusement les maladies exotiques qui traversent ses frontières, et l'hantavirus semblait pire (sauf pour les chevaux) que l'AHS. Les vétérinaires du DPI avaient donc empaqueté les échantillons de sang et de tissus prélevés sur les chevaux et les avaient envoyés dans de la glace à l'Australian Animal Heath Laboratory (l'AAHL), un établissement de haute sécurité situé à Geelong, au sud de Melbourne. Une équipe de microbiologistes et de vétérinaires soumit ces prélèvements à une série de tests pour essayer d'identifier la bestiole et confirmer que c'était elle qui avait rendu les chevaux malades.

Ils tombèrent sur un virus. Qui n'était pas un hantavirus. Ni le virus AHS. C'était autre chose, un organisme que les chercheurs de l'AAHL n'avaient jamais vu mais qui, compte tenu de sa taille et de sa forme, ressemblait aux membres d'une famille spécifique, les paramyxovirus*. Il différait cependant des paramyxovirus connus parce que chaque particule avait une double rangée de spicules*. Après avoir séquencé un fragment du génome* viral et recherché des séquences analogues dans une banque de données virales, l'équipe de l'AAHL a découvert qu'elle correspondait plus ou moins à un sous-groupe des paramyxovirus. Le sous-groupe en question était les morbillivirus*, qui comprennent le virus de la peste bovine, le virus de la maladie de Carré (qui infecte les animaux non humains) et celui de la rougeole (qui infecte les humains). La créature de Hendra fut donc classée et nommée morbillivirus équin (MVE). Autrement dit, rougeole équine.

Peu de temps après, les chercheurs de l'AAHL testèrent un fragment de tissu prélevé sur un rein de Vic Rail au cours de l'autopsie. L'échantillon révéla un virus proche de celui des chevaux, confirmant que le morbillivirus équin n'affectait pas que les chevaux. Plus tard, quand on put analyser plus précisément sa spécificité, l'étiquette « MVE » fut abandonnée et on lui attribua le nom du lieu où il avait émergé : Hendra.

L'identification du virus n'était que la première étape de la résolution de l'énigme Hendra. Il fallait situer la maladie dans un contexte plus large et passer à l'étape suivante en répondant à toutes sortes de questions : comment le virus avait-il émergé de son abri secret ? Pourquoi à cet endroit et à ce moment-là ?

Après notre première conversation dans un café de Hendra, Peter Reid m'a emmené en voiture à quelques kilomètres au sud-est, de l'autre côté du fleuve Brisbane, là où Drama Series était tombée malade. La région s'appelle Cannon Hill, c'est une ancienne terre de pâturage entourée par la ville, aujourd'hui une banlieue en plein essor le long d'une autoroute. Une série de pavillons et d'allées impeccables ont remplacé le paddock. Au bout d'une rue nous sommes tombés sur un espace circulaire appelé Calliope Circuit, au milieu duquel se dressait un unique arbre, un figuier de la baie Moreton. Drama Series s'y abritait quand le soleil tropical de l'Est australien tapait trop fort.

« Le voilà, a fait Peter Reid, cet arbre maudit. »

C'est là que se rassemblaient les chauves-souris.

3

Les maladies infectieuses sont partout. Une maladie infectieuse est une sorte de mortier naturel qui lie les créatures et les espèces les unes aux autres dans ces édifices biophysiques élaborés que l'on appelle écosystèmes. C'est un des processus élémentaires qu'étudient les écologues, outre la prédation, la compétition, la décomposition et la photosynthèse. Les prédateurs sont des bêtes relativement grosses qui dévorent leurs proies de l'extérieur. Les agents pathogènes (qui provoquent les maladies, dont les virus) sont des bestioles relativement petites qui dévorent leurs proies de l'intérieur. Les maladies infectieuses ont beau nous faire froid dans le dos, dans des conditions normales elles sont aussi naturelles que les lions qui se jettent sur les gnous et les zèbres, ou les hiboux sur les souris.

Sauf que les conditions ne sont pas toujours normales.

De même que les prédateurs ont leurs proies habituelles et leurs cibles préférées, les agents pathogènes ont les leurs. Et de même qu'un lion peut dévier de son comportement normal – tuant une vache plutôt qu'un gnou, un homme plutôt qu'un zèbre –, un agent pathogène peut viser une nouvelle cible. Il arrive qu'il y ait des accidents. Des aberrations. Que les circonstances changent et, avec elles, les paramètres et les occasions favorables. Un agent pathogène saute d'un animal non humain pour se glisser dans le corps d'un homme et s'y établir sous forme de présence infectieuse, provoquant parfois une maladie ou un décès : c'est ce qu'on appelle une zoonose.

Le terme est technique et peu usité, mais il a le mérite de désigner très clairement les phénomènes biologiques complexes que cachent les gros titres sur la grippe porcine, la grippe aviaire, le SRAS, les maladies émergentes en général et la menace d'une pandémie mondiale. Il permet de comprendre comment la médecine et les campagnes de santé publique ont réussi à endiguer des maladies aussi terrifiantes que la variole et la polio, et pourquoi elles sont incapables d'en vaincre d'autres, telles la dengue et la fièvre jaune. Il est aussi essentiel pour comprendre l'émergence du sida. C'est un mot du futur, dont l'emploi sera de plus en plus fréquent au XXIe siècle.

La fièvre Ebola est une zoonose. La peste bubonique aussi. C'est aussi le cas de ce que l'on a appelé la grippe espagnole de 1918-1919, dont la source se nichait dans un oiseau sauvage aquatique, et qui, après avoir circulé chez plusieurs animaux domestiques (un canard de Chine du Sud, une truie de l'Iowa ?), a tué cinquante millions de personnes avant de disparaître. Toutes les grippes humaines sont des zoonoses. De même que la variole du singe, la tuberculose bovine, la maladie de Lyme, la fièvre du Nil occidental, la maladie de Marburg, la rage, le syndrome pulmonaire à hantavirus, l'anthrax, la fièvre de Lassa, la fièvre de la vallée du Rift, le syndrome de *larva migrans* oculaire, le typhus des broussailles, la fièvre hémorragique de Bolivie, la fièvre de Kyasanur, et une maladie étrange et inédite, l'infection à virus Nipah, qui a décimé en 1998 des porcs et des éleveurs de porcs en Malaisie. Une grippe est toujours liée à l'action d'un agent pathogène qui s'immisce chez un être humain à partir d'un autre animal. Le sida est une maladie d'origine zoonotique provoquée par un virus qui, après avoir atteint les humains à cause d'une série d'accidents en Afrique de l'Ouest et en Afrique centrale, s'est transmise d'homme à homme par millions. Ce type de saut interespèces est donc courant. 60 % environ des maladies infectieuses connues passent régulièrement, ou sont récemment passées, d'un animal à un homme. Certaines – notamment la rage – nous sont familières parce qu'elles sont fréquentes, quoique toujours aussi létales. Elles anéantissent des milliers d'êtres humains en dépit de siècles de recherche, de concertations internationales et d'une maîtrise scientifique avérée. D'autres sont inédites et étrangement sporadiques, font quelques victimes (comme Hendra) ou plusieurs centaines (comme Ebola) dans tel ou tel lieu, puis disparaissent pendant des années.

La variole, pour prendre un contre-exemple, n'est pas une zoonose. Elle vient du virus variola qui, dans certaines conditions, n'infecte que les hommes. (Dans les conditions d'un laboratoire, c'est autre chose ; le virus est inoculé à titre d'expérience à des primates non humains et à d'autres animaux, en général pour la recherche d'un vaccin.) C'est ce qui explique que la campagne organisée par l'Organisation mondiale de la santé (OMS) en 1980 pour éradiquer la variole ait porté ses fruits. La maladie a pu être éliminée parce que le virus, qui ne peut se loger et se reproduire que dans un corps humain (ou un animal suivi dans un laboratoire), n'est pas en mesure de se dissimuler. Comme la poliomyélite, une maladie virale qui a tué pendant des siècles, mais qui, pour des raisons contre-intuitives liées à une meilleure hygiène et à l'exposition retardée des enfants aux virus, est devenue un fléau dans la première moitié du XXe siècle, surtout en Europe et en Amérique du Nord. Aux États-Unis, la polio a connu un pic en 1952, avec une flambée qui fit plus de trois mille victimes, dont de nombreux enfants, et vingt et un mille personnes atteintes de paralysies. Peu après, un vaccin mis au point par Jonas Salk, Albert Sabin et une virologue nommée Hilary Koprowski (nous reviendrons sur sa carrière controversée) a pu être diffusé à grande échelle, finissant par éliminer la polio presque partout dans le monde. En 1988, l'OMS et plusieurs institutions partenaires lançaient une campagne internationale en vue de l'éradication totale de la maladie. D'après le dernier rapport, daté de 2011, seuls cinq pays semblent avoir encore quelques cas : le Nigeria, l'Inde, le Pakistan, l'Afghanistan et la Chine. Pourquoi cette campagne avait-elle des chances d'aboutir ? Parce que vacciner des millions de personnes est bon marché, facile et efficace à vie, et parce que le poliovirus n'a nulle part où se réfugier, sinon chez les hommes. Il n'est pas zoonotique.

Les agents pathogènes zoonotiques, eux, peuvent se dissimuler. C'est ce qui les rend si intrigants, si complexes et problématiques.

La variole du singe, provoquée par un virus proche du variola, ressemble à la variole humaine et menace les habitants d'Afrique centrale et de l'Ouest. À un détail près : son virus infecte les primates non humains et certains mammifères, dont les rats, les souris, les écureuils, les lapins et plusieurs types de chiens de prairie américains. La fièvre jaune, qui infecte aussi les singes et les hommes, provient d'un virus qui se transmet de victime en victime, et parfois de singe à homme, à cause de la morsure de certains moustiques. C'est un cas plus compliqué, si bien qu'elle continuera sans doute d'affecter les hommes – à moins que l'OMS ne parvienne à tuer chaque moustique porteur ou chaque singe susceptible de l'être en Afrique tropicale et en Amérique du Sud. L'agent de la maladie de Lyme, quant à lui, est tapi dans les souris à pattes blanches et d'autres petits mammifères.

Il va de soi que ces agents pathogènes ne se cachent pas consciemment. Ils se logent et se transmettent au hasard des options qui leur sont favorables et des occasions de se reproduire et de survivre. Suivant la froide logique de la sélection naturelle de Darwin, l'évolution codifie ces hasards qu'elle transforme en stratégie.

La plus discrète consiste à se nicher dans ce qu'on appelle un réservoir*-hôte*, que certains chercheurs préfèrent nommer « hôte naturel ». C'est un organisme vivant qui héberge l'agent pathogène, le conserve chroniquement, mais n'est pas, ou à peine, malade. Quand une maladie disparaît entre deux flambées (comme Hendra après 1994), il faut bien que l'agent responsable aille quelque part, non ? L'hypothèse selon laquelle il disparaîtrait de la surface de la Terre est en effet peu probable. La plupart du temps, il s'éteint dans une région et ne réapparaît que si les vents et les Parques l'emportent ailleurs. Ou alors il traîne quelque part, n'importe où, dans un réservoir-hôte. Un rongeur ? Un oiseau ? Un papillon ? Une chauve-souris ? Il est plus facile de se loger ni vu ni connu dans un écosystème relativement préservé dont la biodiversité est riche. L'inverse est également vrai : les perturbations écologiques favorisent l'émergence de maladies. Secouez un arbre et vous aurez une pluie de petites bêtes.

Toutes les maladies zoonotiques ou presque naissent d'une infection provoquée par une des six espèces d'agents pathogènes : virus, bactéries, champignons, protistes* (une famille de minuscules organismes complexes, dont les amibes, autrefois improprement appelés protozoaires*), prions et vers. La maladie de la vache folle était due à un prion, une protéine qui peut transmettre son repliement anormal à ses homologues, tout comme l'eau infectieuse appelée « glace-neuf » dans le fabuleux roman de Kurt Vonnegut, *Le Berceau du chat*. La maladie du sommeil est due à l'infection d'un protiste appelé *Trypanosoma brucei* transmis par la mouche tsé-tsé aux mammifères sauvages, au bétail et à l'homme en Afrique subsaharienne. L'anthrax vient d'une bactérie dormante qui gît des années dans le sol jusqu'au jour où elle infecte après broutage les animaux de pâturage, ceux-ci pouvant la transmettre à l'homme. La toxocarose est une zoonose moins nocive, causée par les vers ronds dits nématodes : on peut l'attraper à cause d'un chien. Heureusement, comme pour le chien, la toxocarose se soigne.

Les virus sont beaucoup plus problématiques. Ils évoluent vite, résistent aux antibiotiques, sont plus insaisissables, versatiles, provoquent souvent des taux de mortalité élevés. Ebola, la fièvre du Nil occidental, de Marburg, les SRAS-CoV 1 et 2, la variole du singe, la rage, la fièvre hémorragique de Bolivie, la dengue, la fièvre jaune, les infections à Nipah, Hendra, Hantaan (homonyme de l'hantavirus, identifié à l'origine en Corée), le chikungunya, la fièvre hémorragique d'Argentine, la maladie de Borna, les grippes, les sida (dus au VIH-1, principal responsable de la pandémie du sida, et au VIH-2, moins répandu) : toutes ces maladies sont dues à des virus. La liste complète est beaucoup plus longue. Elle comprend notamment un curieux « virus spumeux du singe » (VSS) qui infecte les singes et les hommes en Asie, et passe des uns aux autres là où ils sont en contact étroit (notamment dans les temples hindous et bouddhistes). Les touristes qui leur tendent à manger en font les frais. Certains rentrent chez eux avec autre chose que leurs photos et leurs souvenirs. « Les virus sont dépourvus de locomotion, explique le virologue Stephen S. Morse, mais ils sont nombreux à faire le tour du monde[1]. » Ils courent, ils marchent, ils nagent, ils rampent. Ils galopent.

4

LE VIRUS HENDRA A ÉTÉ ISOLÉ par des virologues enfermés dans un laboratoire hautement sécurisé de l'AAHL. « Isoler » signifie repérer des virus que l'on cultive pour en avoir plus. Le virus isolé devient une population de virus captive, vivante, potentiellement dangereuse si l'un d'eux s'échappe, mais précieuse pour la recherche. Les particules virales sont tellement petites qu'elles sont invisibles à l'œil nu, sauf sous un microscope électronique, ce qui implique de les tuer. C'est donc par un moyen indirect que l'on détecte leur présence. On commence avec un petit fragment de tissu, une goutte de sang, un échantillon prélevé sur une victime infectée, en espérant que celui-ci contienne le virus. On introduit cet échantillon, comme une pincée de levure, dans une culture de cellules poussant dans un milieu nutritif. Ensuite on met sous incubateur, on attend et on observe. Souvent il ne se passe rien. Avec un peu de chance, un changement a lieu. On sait qu'on a réussi si le virus se reproduit et s'affirme suffisamment pour provoquer des dégâts visibles parmi les cellules cultivées. Idéalement il crée des plaques, des grands trous qui témoignent de la dévastation qu'il engendre. L'opération exige de la patience, de l'expérience, des outils très élaborés et très coûteux, et des précautions exceptionnelles pour éviter la contamination (qui peut fausser les résultats) et les dispersions accidentelles (qui peuvent infecter l'équipe de chercheurs et semer la panique dans une ville entière). Les virologues de laboratoire sont rarement de joyeux lurons. Vous ne les verrez jamais dans un bar, à s'agiter en commentant avec emphase les risques du métier. Ils sont plutôt réservés, concentrés et calmes, comme les ingénieurs qui travaillent dans le nucléaire.

Découvrir où se niche un virus dans la nature est une autre paire de manches. C'est un travail à l'air libre qui implique de prendre des risques plus difficiles à maîtriser, par exemple piéger un grizzly et le relocaliser. Les chercheurs qui traquent les virus en pleine nature ne sont pas plus bruyants ni plus imprudents que leurs collègues de labo ; en revanche, ils agissent dans un environnement plus sonore, plus chaotique et plus imprévisible qui s'appelle le monde. S'ils soupçonnent l'apparition d'un nouveau virus zoonotique (c'est le cas pour la plupart), ils peuvent être amenés à explorer une forêt, un marécage, un champ cultivé, un vieux bâtiment, des canalisations d'égout, une grotte ou un paddock. Un chasseur de virus est un biologiste de terrain qui a une formation de médecin, ou un diplôme de vétérinaire ou de sciences de l'environnement, ou un mélange des trois – en tout cas, c'est un esprit fasciné par les questions auxquelles on ne peut répondre qu'en attrapant et en manipulant des animaux. Un profil qui pourrait être celui de Hume Field, un chercheur discret qui avait une trentaine d'années quand il s'est penché sur le cas de Hendra.

Enfant, Hume Field a vécu dans différentes villes côtières du Queensland, de Cairns à Rockhampton. Il adorait la nature, grimpait dans les arbres, arpentait le bush et passait toutes ses vacances dans l'exploitation laitière de son oncle. Son père était détective, un job prémonitoire pour un fils qui deviendrait détecteur de virus. Field a fait ses études de véto à l'université du Queensland, sise à Brisbane, tout en étant bénévole dans un refuge d'animaux sauvages blessés. Après avoir obtenu son diplôme en 1976, il est devenu vétérinaire à Brisbane, avant de faire des remplacements dans tout l'État. Là il s'occupait de chevaux mais ce qui l'intéressait le plus était la faune sauvage, pas le bétail ni les animaux domestiques.

Au début des années 1990, il est retourné à l'université du Queensland pour faire un doctorat de sciences de l'environnement. Il voulait travailler sur la conservation des espèces sauvages. Voyant que les chats sauvages (plus précisément des chats domestiques retournés à l'état sauvage) détruisent la faune indigène de petits marsupiaux et d'oiseaux, et provoquent ce faisant des maladies, il a commencé à s'intéresser à ces chats. Il les attrapait, leur mettait des colliers émetteurs pour mieux les repérer et observait leur mode de vie. Jusqu'au jour où l'écurie de Vic Rail fut dévastée. Un de ses directeurs de thèse, chercheur au DPI, lui proposa alors de changer de sujet de recherche.

« J'ai laissé tomber mes chats et je suis parti à la recherche de réservoirs sauvages du virus Hendra », m'a-t-il raconté quelques années plus tard, le jour où je l'ai rencontré à l'Animal Research Institute, une annexe du DPI à Brisbane.

Il a commencé en revenant à la case départ : le premier cheval mort, son histoire et le lieu du drame. C'était Drama Series, la jument poulinière de Cannon Hill. Tout ce qu'il savait alors, c'était que le virus était un paramyxovirus et qu'un chercheur du Queensland en avait découvert un nouveau type chez un rongeur. Field installa un vaste système de pièges dans le paddock pour attraper un maximum de vertébrés : rongeurs, opossums, bandicoots, reptiles, amphibiens, oiseaux, chats sauvages. Ensuite, il procédait à une prise de sang, en surveillant particulièrement les rongeurs, puis envoyait les échantillons au labo du DPI à la recherche d'anticorps* au virus Hendra.

La recherche d'anticorps n'a rien à voir avec l'isolation d'un virus. Les anticorps sont des molécules produites par le système immunitaire d'un hôte qui réagit à la présence d'un intrus biologique. Leur forme est conçue pour se fixer à cet intrus et le bloquer, qu'il soit un virus, une bactérie ou un protiste parasite. Leur particularité, notamment leur présence dans le système sanguin une fois l'intrus vaincu, en fait une excellente preuve d'infection passée ou présente. C'est cette preuve que Hume Field espérait trouver. Or les rongeurs de Cannon Hill n'avaient rien, ni anticorps au virus Hendra, ni anomalie, ce qui l'intriguait. Soit il ne cherchait pas au bon endroit, soit il cherchait bien au bon endroit mais pas comme il le fallait, ou peut-être pas à la bonne période de l'année. On était au printemps, Drama Series était tombée malade en septembre, six mois s'étaient donc écoulés. Il se demandait s'il n'y avait pas « un genre de présence saisonnière du virus ou de l'hôte » dans le paddock, et si c'était la bonne saison. Les tests auxquels il soumit les chats, les chiens et les rats de l'écurie de Rail ne furent pas plus concluants.

La présence saisonnière du virus était une possibilité. Les déplacements d'animaux sur une période de temps plus courte en étaient une autre. Les chauves-souris, par exemple, allaient se nourrir sur le paddock de Cannon Hill le soir, puis regagnaient un autre perchoir pour y dormir le jour. Peter Reid, le vétérinaire qui avait pris en charge Drama Series, n'avait-il pas entendu dire que la nuit, dans le quartier, « les roussettes étaient aussi nombreuses que les étoiles dans le ciel » ? Il avait conseillé à l'AAHL de s'intéresser aux chauves-souris mais personne ne l'avait écouté. Quoi qu'il en soit, Hume Field piétinait jusqu'au jour où un drame leur fournit une nouvelle piste. C'était en octobre 1995.

Un jeune fermier nommé Mark Preston, qui vivait près de Mackay, à mille kilomètres au nord de Brisbane, fut victime de convulsions. Sa femme l'emmena à l'hôpital. Ses symptômes étaient d'autant plus inquiétants qu'ils intervenaient à peine un an après une première alerte. En août 1994, Mark Preston avait eu une maladie mystérieuse – maux de tête, vomissements, torticolis et une méningite dont la cause n'avait pas été identifiée. Il s'était remis. Du moins en apparence. La méningite désigne toute inflammation des membranes qui protègent le cerveau et la moelle épinière. Elle peut être déclenchée par une bactérie, un virus, une réaction à un médicament, et disparaître aussi inexplicablement qu'elle est apparue. Mark Preston avait recommencé à travailler avec son épouse, Margaret, qui servait de vétérinaire à l'occasion, entre les étalons et les champs de canne à sucre.

Les convulsions de Mark Preston signalaient-elles la récurrence d'une méningite jamais vraiment traitée ? Arrivé à l'hôpital, il déclara une encéphalite aiguë d'origine inconnue. Les médicaments eurent raison de ses convulsions, mais les médecins voyaient osciller sur l'électroencéphalographe des ondes trahissant sa souffrance. « Il était totalement inconscient, avec une fièvre permanente [2] », lit-on dans le rapport médical. Il mourut vingt-cinq jours après son hospitalisation.

Le sérum sanguin prélevé se révéla positif : il contenait des anticorps au virus Hendra. De même que le sérum prélevé douze mois plus tôt, conservé et examiné à la lumière des nouvelles circonstances. En réalité, son système immunitaire luttait depuis un an.

L'examen *post mortem* des tissus de son cerveau, ainsi que d'autres tests, confirmèrent la présence du virus Hendra. Lequel l'avait attaqué une première fois, avait reculé, était resté latent plus ou moins un an, avant de revenir et de le tuer. C'était d'autant plus terrifiant que c'était du jamais-vu.

Où l'avait-il attrapé ? En remontant dans le temps, les chercheurs découvrirent qu'en août de l'année précédente deux chevaux étaient morts dans son exploitation. Mark Preston avait aidé sa femme à les soigner et l'avait assistée pour la nécropsie. Les tissus qu'elle avait prélevés sur les chevaux furent examinés : eux aussi révélaient la présence du virus Hendra. Margaret avait été exposée mais elle était en parfaite santé – comme Peter Reid, quelques semaines plus tard chez Vic Rail. Les deux vétérinaires avaient donc été épargnés, ce qui soulevait le problème suivant : à quel point le virus était-il infectieux ? Le cas de Preston étant géographiquement très éloigné de chez Rail, les chercheurs se demandèrent jusqu'où le virus pouvait frapper. En considérant la distance entre Hendra et Mackay comme le rayon moyen de sa diffusion potentielle, en traçant un cercle d'un rayon équivalent autour de chaque lieu infecté, on atteignit un territoire où vivaient dix millions de personnes, soit la moitié de la population australienne.

Comment mesurer la nocivité du virus ? Jusqu'où le virus s'était-il étendu ? À Brisbane, à l'hôpital où Vic Rail était mort, une équipe de chercheurs lança une étude sous la houlette d'un spécialiste des maladies infectieuses nommé Joseph McCormack. Ils analysèrent du sérum prélevé sur cinq mille chevaux du Queensland – tous ceux qu'ils avaient pu piquer – et sur les deux cent quatre-vingt-dix-huit personnes qui avaient été en contact avec un cas de Hendra. Aucun d'eux, humains ou animaux, n'avait d'anticorps. Ce qui était à la fois une source de soulagement pour les autorités sanitaires et une source d'inquiétude supplémentaire pour les scientifiques. « Il semblerait, conclut Joseph McCormack, qu'un contact très proche soit nécessaire pour qu'il y ait transmission de l'infection d'un cheval à un être humain [3]. » Les chercheurs tâtonnaient. Ce « contact très proche » ne disait pas pourquoi Margaret Preston avait survécu alors que son mari était mort. La vérité était la suivante : un contact très proche + le manque de chance + sans doute un ou deux facteurs étaient nécessaires pour qu'un être humain soit infecté. Mais personne n'était capable de dire quels facteurs.

En revanche, le cas de Mark Preston fournissait deux indices précieux pour Hume Field : un nouveau foyer de contamination sur la carte et une nouvelle date. Mackay, août 1994 ; paddock de Cannon Hill et écurie de Rail, septembre 1994. En toute logique, Hume Field se rendit à Mackay et appliqua la même méthode : il piégea des animaux, préleva leur sang et envoya les échantillons au laboratoire. Une fois de plus, rien. Il préleva alors des échantillons sur toutes sortes d'animaux blessés ou affaiblis, des créatures nourries en captivité avant d'être relâchées (si possible) dans la nature. En Australie, les gens qui soignent les animaux sauvages forment un réseau d'amateurs que l'on appelle les *carers*, les « soigneurs ». En général ils se concentrent sur une catégorie. Il y a des soigneurs de kangourous, des soigneurs d'opossums et des soigneurs de chauves-souris. Hume Field les connaissait parce qu'il avait failli devenir soigneur à l'époque où il était bénévole dans un refuge animal. Il fit donc des prélèvements sur des animaux suivis par des *carers*. Mais toujours aucune trace de Hendra.

En janvier, voyant que ses recherches ne le menaient nulle part, il participa à un brainstorming réunissant des chercheurs de plusieurs institutions, organisé par son supérieur au DPI. Quelle erreur avaient-ils commise ? Où concentrer leurs efforts ? Quel serait le prochain foyer frappé par Hendra ? L'industrie des courses du Queensland risquait de perdre des millions et des millions de dollars ; des vies humaines étaient menacées. C'était un problème de gouvernance et de communication urgent, pas seulement une énigme scientifique. Une piste fut explorée au cours de cette réunion : la biogéographie. Quel que soit l'animal ou les animaux impliqués, le ou les réservoir-s-hôte-s (ou les hôtes) devaient exister à Mackay et à Cannon Hill – en tout cas y exister une partie de l'année, notamment en août et en septembre. Soit ces animaux vivaient sur une grande partie du territoire du Queensland, soit ils se déplaçaient dans tout l'État. Les participants (qui avaient des preuves génétiques montrant qu'on ne parvenait pas à localiser différentes souches virales, ce qui signifiait que le virus se déplaçait et se mélangeait) penchaient vers la seconde hypothèse : le réservoir-hôte était mobile. C'était un animal capable de se déplacer sur des centaines de kilomètres le long de la côte du Queensland. Les suspects étaient donc des oiseaux ou des… chauves-souris.

Hume Field et ses collègues éliminèrent l'hypothèse des oiseaux. Premièrement, ils ne connaissaient aucun paramyxovirus qui franchissait la barrière des espèces entre les oiseaux et les hommes. Deuxièmement, il était plus logique d'imaginer un réservoir mammifère puisque le virus infectait à la fois les hommes et les chevaux. Il est plus probable, en effet, qu'un agent pathogène saute d'une espèce d'animal hôte à une espèce qui lui ressemble. Or les chauves-souris sont des mammifères. Et elles se déplacent. En outre, tout le monde sait qu'elles transportent un virus effrayant, le virus de la rage, même si l'Australie est censée être débarrassée de la rage. (De nombreuses connexions chauve-souris-virus-homme seraient découvertes plus tard, dont certaines en Australie, mais à l'époque, le lien était peu connu.)

C'est ainsi que Hume Field sortit de la réunion avec un nouvel objectif : les chauves-souris. Facile à dire. Attraper des chauves-souris en vol ou là où elles se perchent est plus difficile que de piéger des rongeurs ou des opossums dans un pré. Les chauves-souris les plus visibles et les plus communes du Queensland sont les roussettes, également appelées renards volants, qui regroupent quatre espèces du genre *Pteropus*. Toutes sont frugivores et dotées d'ailes immenses qui, déployées, ont une amplitude d'un mètre ou plus. Les roussettes se perchent volontiers dans les mangroves, les marais couverts d'arbres à écorce, ou en hauteur, sur les branches des arbres de forêts tropicales. Il faut des instruments et des méthodes adaptées pour les attraper.

Avant de s'y mettre, Hume Field alla consulter son réseau de soigneurs car certains avaient des roussettes en captivité. À Rockhampton, sur la côte au nord de Mackay, il trouva des renards volants noirs (*Pteropus alecto*). Eurêka ! Le sang prélevé sur ces chauves-souris révélait la présence d'anticorps Hendra.

Pour un scientifique aussi rigoureux que Hume Field, cette découverte ne suffisait pas. Certes, les renards volants noirs pouvaient attraper le virus Hendra, mais cela ne signifiait pas nécessairement qu'ils étaient un réservoir – encore moins le seul réservoir – responsable de l'infection des chevaux. Avec ses collègues, il poursuivit son enquête. Quelques semaines plus tard, trois nouvelles espèces révélaient des anticorps Hendra : les renards volants à tête grise, les renards volants à lunettes et les petits renards volants dits roussettes. L'équipe du DPI analysa également des échantillons de renards volants archivés depuis plus de douze ans. Là encore, ils découvrirent des traces moléculaires de Hendra. La population de chauves-souris avait donc été exposée au virus Hendra bien avant que les bêtes s'attaquent aux chevaux de Vic Rail.

Un jour de septembre 1996, deux ans après le drame de Vic Rail, une roussette à tête grise s'accrocha à une clôture électrique. La chauve-souris portait des fœtus jumeaux qu'elle perdit et fut elle-même euthanasiée. Non seulement les tests montrèrent qu'elle avait des anticorps, mais pour la première fois on put isoler le virus de la chauve-souris. Un échantillon de son utérus permit d'obtenir des virus vivants qui étaient identiques au virus Hendra découvert chez les chevaux et les hommes. Cette preuve était suffisamment solide, y compris suivant les précautions scientifiques usuelles, pour identifier les renards volants comme des réservoirs-hôtes « probables » de Hendra.

Après les premiers relevés, 15 % environ des renards volants examinés révélèrent la présence d'anticorps au virus Hendra. Le pourcentage d'individus prélevés présentant une infection active ou passée indique ce qu'on appelle une séroprévalence*. C'est une estimation, faite à partir d'un échantillon donné, de ce que serait le pourcentage à l'échelle d'une population entière. Plus l'équipe accumulait de tests, plus la séroprévalence augmentait. Au bout de deux ans, après avoir effectué des prélèvements sur mille quarante-trois renards volants, Field et sa petite troupe arrivèrent à une séroprévalence Hendra de 47 %. Autrement dit, près de la moitié de la population des grandes chauves-souris d'Australie de l'Est était porteuse du virus ou l'avait été. C'est à peine si le virus Hendra ne pleuvait pas du ciel.

Les chercheurs publièrent leurs résultats dans des revues comme le *Journal of General Virology* ou *The Lancet* et la presse s'en empara. « Un virus de chauve-souris terrifiant. Le secteur des courses hippiques panique », titra un journal. La télévision était sur le coup depuis la mort de Vic Rail deux ans plus tôt. Certains reportages étaient justes et bien sentis mais pas tous, en tout cas ils n'étaient jamais rassurants. Les gens commençaient à s'inquiéter. Les chauves-souris ont mauvaise réputation en général mais, cette fois-ci, en Australie, leur cote chuta brusquement.

Je m'en souviens, j'étais sur un hippodrome de Hendra un samedi ensoleillé quand un entraîneur de chevaux me confia ce qu'il pensait de tout ça. Le virus Hendra ? À peine avait-il entendu ce nom qu'il était sorti de ses gonds. « Ils devraient les interdire ! » « Ils », c'étaient les autorités gouvernementales en général. « Ils devraient se débarrasser de ces chauves-souris. Ce sont elles qui provoquent la maladie. Elles s'accrochent les pattes en l'air et se chient dessus ! Et elles chient sur les gens ! À quoi servent-elles ? Qu'on les dégage ! Pourquoi personne ne fait rien ? C'est à cause des Verts, toujours pleins de bons sentiments, ceux-là. »

C'était un entraîneur australien connu, un petit roquet, octogénaire, les cheveux gris ondulés soigneusement coiffés en arrière. À sa décharge, c'était peu après la mort d'un vétérinaire du Queensland, le Dr Ben Cunneen, qui avait contracté le virus Hendra en soignant des chevaux malades. Comprenant que je comptais le citer dans mon enquête, il mit un peu d'eau dans son vin mais la substance de ses propos était la même : les soigneurs de chauves-souris étaient, selon lui, des « Verts pleins de bons sentiments ». Sauf que, parmi ces activistes au grand cœur, certains commençaient à avoir des doutes. D'abord, le virus était fatal à la réputation des chauves-souris, et des voix s'élevaient pour qu'on les élimine. Ensuite, eux-mêmes risquaient d'être contaminés en travaillant de près sur ces bêtes ; ils étaient angoissés et obligés de réfléchir au sens de leur métier. Après tout, ils aimaient les chauves-souris, pas les virus. Un virus fait-il partie de la faune sauvage ? Sûrement pas dans l'esprit de la majorité des gens. C'est à cette époque que plusieurs soigneurs demandèrent à être examinés, ce qui donna lieu à une vaste étude menée par une jeune épidémiologiste de l'université du Queensland, Linda Selvey.

Linda contacta les réseaux de soigneurs d'animaux sauvages d'Australie du Sud-Est et réunit cent vingt-huit soigneurs de chauves-souris prêts à subir des tests. Avec son équipe, elle préleva du sang à chacun et leur fit remplir un questionnaire. Les réponses montraient que beaucoup avaient eu un contact proche et prolongé avec des renards volants : ils les nourrissaient, les manipulaient et se faisaient régulièrement griffer ou mordre. L'un d'eux avait eu la main méchamment mordue par une chauve-souris testée positive au virus Hendra. Mais la vraie surprise de l'étude fut le nombre de soigneurs positifs aux anticorps : zéro. En dépit de mois ou d'années de dressage, de soins, d'égratignures, de morsures, de contacts avec la bave et le sang des animaux, aucun n'avait de trace immunologique du virus Hendra.

Le rapport de Linda Selvey fut publié en octobre 1996. Elle était étudiante de troisième cycle. Plus tard elle deviendrait directrice du service des maladies transmissibles du Queensland Health, et plus tard encore je serais en discussion avec elle dans café bruyant de Brisbane : « À quoi ressemblent les soigneurs de chauves-souris ?

— J'aurais du mal à le dire. À des gens qui ont la passion des animaux, j'imagine.

— Des hommes et des femmes ?

— Essentiellement des femmes, dit-elle avant d'ajouter prudemment : Les femmes sans enfants ont peut-être plus de temps et de besoin de materner. Très souvent elles s'en occupent chez elles, où elles ont une cage aménagée et assez grande pour que les chauves-souris puissent se percher. »

J'avais du mal à croire que des relations chauves-souris-humains aussi étroites, associées à un niveau aussi élevé de séroprévalence chez les renards volants, n'aient pas produit le moindre cas d'infection humaine. Or, elle avait testé cent vingt-huit soigneurs et aucun d'eux n'était positif.

« Qu'est-ce que cela révèle sur la nature du virus ? lui ai-je demandé.

— Qu'il a besoin d'un amplificateur. »

Elle faisait évidemment allusion aux chevaux.

5

ARRÊTONS-NOUS QUELQUES INSTANTS sur la fièvre aphteuse. Tout le monde en a entendu parler. Tout le monde a vu le western *Le Plus Sauvage d'entre tous*. Mais qui sait que la fièvre dont il y est question est en partie une zoonose ? Le virus de la fièvre aphteuse appartient à la famille des picornavirus*, qui comprend le poliovirus et plusieurs virus responsables de rhumes. Chez l'homme, être infecté par le virus de la fièvre aphteuse est rare ; cela provoque des cloques aux mains et aux pieds, et des aphtes sur les muqueuses buccales. Plus souvent et plus sévèrement, la maladie touche les animaux domestiques à onglons : bestiaux, moutons, chèvres et porcs (les animaux sauvages à onglons comme les daims, les élans et les antilopes y sont aussi sensibles). Les principaux symptômes cliniques sont la fièvre, la claudication et des vésicules (de petits aphtes) dans la bouche, sur le museau et les pieds. Chez une femelle allaitante, les tétons peuvent avoir des pustules qui, quand elles éclatent, se transforment en ulcères. C'est aussi dangereux pour la mère que pour le petit. Le taux de mortalité de la fièvre aphteuse est plutôt faible, mais la morbidité (le nombre de malades dans une population donnée) a tendance à être élevée, ce qui signifie qu'elle est très contagieuse, contamine le bétail, lui coupe l'appétit et induit des pertes de productivité qui, pour des exploitations importantes avec des marges modestes, peuvent être désastreuses. Compte tenu de ces pertes et de la rapidité de la contagion, la maladie est une catastrophe économique. Vaches, moutons et cochons perdent toute leur valeur. Les troupeaux sont éliminés pour éviter que le virus ne se propage. « Du point de vue économique, c'est la maladie animale la plus redoutable, confirme un spécialiste qui ajoute : Une épidémie de fièvre aphteuse aux États-Unis pourrait coûter des milliards de dollars en pertes commerciales [4]. » Le virus se transmet par le contact direct, les excréments, le lait et les aérosols. Il peut passer d'une ferme à l'autre à la faveur d'une brise humide.

Les conséquences de la fièvre aphteuse diffèrent suivant l'espèce animale. Les moutons ont tendance à être porteurs asymptomatiques. Les bestiaux en souffrent ostensiblement et se transmettent le virus par contact direct (de museau à museau, par exemple), ou verticalement (d'une vache à un veau) en allaitant. Les porcs sont un cas à part : ils excrètent une quantité de virus beaucoup plus importante et pendant plus longtemps, et le diffusent largement par leurs exhalaisons respiratoires : en éternuant, en soufflant, en grouinant, en sifflant, en rotant et en toussant. Une étude montre que le souffle des porcs contient trente fois plus de virus de la fièvre aphteuse que celui d'une vache ou d'un mouton, et qu'une fois dans l'air il se propage à plusieurs kilomètres à la ronde. Les porcs sont donc des hôtes amplificateurs du virus.

Un hôte amplificateur est une créature chez qui un virus ou un agent pathogène se multiplie – et à partir de laquelle il fuse – à très haut niveau. Cette réceptivité exceptionnelle s'explique par la physiologie de l'hôte, son système immunitaire, l'histoire qu'il a avec tel insecte ou un autre facteur. L'hôte amplificateur devient un intermédiaire entre un réservoir-hôte et un animal malchanceux, une victime qui a besoin de doses plus élevées ou d'un contact plus proche pour que l'infection agisse. Le processus est facile à comprendre si l'on raisonne en seuils. L'hôte amplificateur a un seuil relativement bas d'infection potentielle, mais il produit une forte quantité de virus, en tout cas assez forte pour atteindre et dépasser le seuil plus élevé d'un congénère.

Tous les agents pathogènes zoonotiques ne nécessitent pas d'hôte amplificateur pour infecter les êtres humains mais certains en ont besoin. Lesquels, et comment cela marche-t-il ? Les chercheurs travaillent sur la question. En attendant, l'idée d'amplificateur est une hypothèse qui permet d'avancer. Linda Selvey n'avait pas mentionné la fièvre aphteuse quand elle m'a parlé d'« amplificateur », mais je savais ce qu'elle voulait dire.

Soit, mais pourquoi les… chevaux ? Pourquoi pas les kangourous, les wombats, les koalas ou les potorous ? Les chevaux jouent peut-être le rôle d'amplificateur, mais ils ne sont pas originaires d'Australie. Ils ont été importés par les colons européens il y a un peu plus de deux cents ans. Or, à en croire les spécialistes de l'évolution moléculaire, qui ont étudié la séquence de son génome, le virus Hendra serait très ancien. Après s'être éloigné de ses cousins, les morbillivirus, il se serait abrité en Australie. D'un autre côté, l'analyse fossile du Queensland montre qu'il y a des petites chauves-souris depuis au moins cinquante-cinq millions d'années, et que les renards volants auraient évolué dans la région dès le début du Miocène, il y a vingt millions d'années environ.

La présence humaine, elle, est plus récente puisqu'elle date de dizaines de milliers d'années à peine. Il y a des hommes en terre d'Australie depuis les premiers ancêtres des peuples aborigènes qui y sont arrivés après avoir sauté d'îles en îles sur de frêles embarcations de bois : ils sont partis d'Asie du Sud-Est en passant par la mer de Chine du Sud et les petites îles de la Sonde avant d'atteindre la côte nord-ouest du continent australien. C'était il y a quarante mille ans au moins, peut-être beaucoup plus tôt. En bref, trois des quatre agents de cette interaction complexe – renards volants, virus Hendra et peuples – coexistent sans doute en Australie depuis l'ère du Pléistocène. Les chevaux, eux, sont arrivés en 1788. Ils ont débarqué avec les navires de la Première Flotte, commandée par le capitaine britannique Arthur Phillip qui devait créer une colonie pénitentiaire en Nouvelle-Galles du Sud. Après avoir passé cinq mois à naviguer sur l'Atlantique, Phillip mouilla près du cap de Bonne-Espérance où s'était établie une colonie néerlandaise, réquisitionna des provisions et du bétail et s'éloigna de l'Afrique direction est. Il contourna la Terre de Van Diemen (aujourd'hui la Tasmanie) et remonta au nord le long de la côte est du continent australien. Le capitaine James Cook était déjà venu et reparti d'Australie, « découvrant » le lieu au sens propre, mais Phillip et les siens furent les premiers colons européens à s'y fixer. Non loin de l'endroit qui deviendrait Sydney, dans une jolie baie naturelle, le capitaine fit débarquer sept cent trente-six bagnards, soixante-quatorze cochons, vingt-neuf moutons, dix-neuf chèvres, cinq lapins et neuf chevaux, dont deux étalons, quatre juments et trois poulains. En 1788, l'Australie n'avait aucune trace, ni fossile ni historique, de membres du *genus Equus*. Ni de légende orale (en tout cas aucune parvenue jusqu'à nous) témoignant d'une empreinte du virus Hendra chez les aborigènes.

Le 27 janvier 1788, nos quatre éléments étaient donc réunis sur place : virus, réservoirs-hôtes, hôtes amplificateurs, humains récepteurs. Surgit alors une nouvelle énigme. Des chevaux du capitaine Phillip à ceux de Vic Rail, deux cent six années s'écoulent. Pourquoi le virus a-t-il mis si longtemps à apparaître ? Aurait-il émergé plus tôt sans jamais avoir été identifié ? Combien de cas antérieurs auraient-ils été mal diagnostiqués et interprétés comme des morsures de serpents en deux siècles ?

Réponse des chercheurs : on ne sait pas mais on y travaille.

6

1994 : LE VIRUS HENDRA fut le premier signal d'un cycle de mauvaises nouvelles de plus en plus sonores, de plus en plus insistantes et de plus en plus rapides. Mais où et quand était née cette nouvelle vague de maladies ?

Arrêter une date précise est un peu artificiel mais l'émergence du virus Machupo dans un village bolivien entre 1959 et 1963 est généralement considérée comme un bon point de départ. Le virus ne s'appelait pas encore Machupo et il n'était même pas identifié en tant que virus. Machupo est le nom d'une rivière qui irrigue la plaine du Nord-Est bolivien, et le patient zéro était un fermier de la région chez qui la fièvre allait et venait sans être mortelle. C'était en 1959, pendant la saison humide. Suivirent trois années où le nombre de cas se multiplia et empira dans les environs. Les symptômes comprenaient de la fièvre et des frissons, des nausées et des vomissements, des douleurs, des saignements de nez et de gencives. La maladie fut baptisée *el tifu negro* (le typhus noir, à cause de la couleur des vomissements et des selles), et en 1961 elle avait déjà touché deux cent quarante-cinq personnes dont 40 % étaient mortes. Elle continua de tuer jusqu'à ce que le virus soit isolé, son réservoir identifié et sa dynamique de transmission suffisamment maîtrisée pour être circonscrite par des mesures préventives. Une des précautions les plus utiles fut l'élimination des souris. La recherche de terrain, elle, avait été difficile. Elle était menée par une équipe d'Américains et de Boliviens dont un certain Karl Johnson, une forte personnalité, fasciné par la beauté diabolique des virus, qui attrapa la maladie et faillit en mourir. (Après avoir été hospitalisé à Panama, il joua un rôle de premier plan dans la saga des agents pathogènes émergents.) C'était avant que le CDC (le Centre pour le contrôle et la prévention des maladies) d'Atlanta n'envoie des brigades équipées de pied en cap. Johnson et ses collègues mettaient au point leurs outils et leurs méthodes au fur et à mesure qu'ils avançaient.

Si l'on dressait la liste des événements et des peurs les plus marquants de ces dernières décennies, on aurait non seulement Machupo, mais les virus suivants : Marburg (1967), Lassa (1969), Ebola (1976, où Karl Johnson fut au premier plan), VIH-1 (repéré en 1981, isolé pour la première fois en 1983), VIH-2 (1986), Sin Nombre (1993), Hendra (1994), grippe aviaire (1997), Nipah (1998), Nil occidental (1999), SRAS (2003) et la grippe porcine, qui fit plus de peur que de mal, en 2009. Et la liste s'est allongée depuis…

Le lecteur pourrait y voir une série de fléaux dépourvus de liens entre eux, une avalanche de catastrophes qui s'abattraient sur les hommes pour telle ou telle raison inexpliquée. Machupo, le sida et le SRAS seraient des interventions divines terrifiantes, de malheureux hasards comparables aux tremblements de terre, aux éruptions volcaniques et autres chutes de météorites, que l'on regrette et contre lesquels on tâche de se protéger, certes, mais qu'on ne peut éviter. C'est une façon résignée et presque stoïque d'envisager les choses mais une façon erronée.

Car, ne nous y trompons pas, ces maladies s'enchaînent et sont liées. Elles ne nous tombent pas dessus, elles résultent de certaines de nos interventions. Elles sont à la convergence de deux types de crise, dont la première est écologique, et la seconde, médicale. Quand les deux fusionnent, leurs effets se manifestent sous la forme d'épidémies étranges, terrifiantes, nées de sources inattendues, qui inquiètent les chercheurs, lesquels redoutent le pire. Comment passent-elles d'animaux non humains aux hommes, pourquoi franchissent-elles la frontière plus souvent depuis quelques années ? En un mot comme en mille : les pressions et les bouleversements écologiques exercés par l'homme sont tels que les agents pathogènes sont de plus en plus proches des populations humaines. Par ailleurs, nos technologies et nos modes de vie contribuent à les diffuser plus loin et plus vite.

Trois éléments sont à prendre en compte ici.

Un : les activités humaines provoquent la désintégration (un mot qui n'est pas un hasard) des écosystèmes naturels à une vitesse cataclysmique. Tout le monde connaît les principaux paramètres du problème. Exploitation du bois, constructions de routes, culture sur brûlis, chasse et consommation de viande animale (quand ce sont les Africains, on parle de viande de brousse, quand ce sont les Européens, on parle de gibier), défrichage de forêts pour la pâture des animaux, extraction de minerais, peuplement urbain et extensions périphériques, pollution chimique, écoulement de nutriments dans les mers, activités minières dans les océans fatales à la faune marine, changement climatique, marchés internationaux de biens dont la production demande tout ce qui vient d'être cité, et autres incursions « civilisatrices » dans le paysage naturel – nous sommes en train de déchirer le tissu des écosystèmes existants. Rien de nouveau sous le soleil. Il y a longtemps que l'homme exploite la nature, de simples outils suffisent. Sauf que nous sommes sept milliards d'individus, que nous avons des technologies de pointe, et que les conséquences qui s'accumulent ont atteint un seuil critique. La forêt tropicale n'est pas le seul écosystème à être menacé, mais c'est le plus riche et celui dont la structure est la plus élaborée. Il comprend des millions de créatures vivantes de toutes sortes, dont la plupart sont inconnues des scientifiques, échappent au classement des espèces, ou sont à peine identifiées et mal comprises.

Deux : ces millions de créatures inconnues hébergent des virus, des bactéries, des champignons, des protistes et autres organismes, dont beaucoup sont parasitaires. Les étudiants en biologie parlent désormais de « virosphère* » pour désigner ce vaste royaume d'organismes. Les forêts d'Afrique centrale abritent de nombreux virus dont chacun est le parasite d'une bactérie, d'un champignon ou d'un animal, d'un protiste ou d'une plante, mais tous sont pris dans un ensemble de correspondances écologiques qui limitent leur prolifération et leur aire géographique. Ebola et Marburg, Lassa et la variole du singe ainsi que les précurseurs des virus immunodéficitaires humains ne sont qu'un minuscule échantillon de la myriade de virus jamais découverts, logés dans des hôtes inconnus. Les virus se répliquent exclusivement dans les cellules vivantes d'un organisme différent. En général ils vivent dans un animal ou une plante, avec qui ils ont un rapport symbiotique, ancien et souvent (mais pas toujours) commensal – en d'autres termes : dépendant mais bénin. Ils ne vivent jamais de façon autonome. Ils ne provoquent pas de commotion. Il arrive qu'ils tuent un singe ou un oiseau, mais ces carcasses sont très vite absorbées par la forêt. Nous, les hommes, ne le remarquons qu'à peine.

Trois : le bouleversement des écosystèmes libère de plus en plus de microbes, et dans un univers plus vaste. Quand on abat des arbres et qu'on tue des animaux, ces microbes originaux s'échappent comme la poussière d'un entrepôt qui vient d'être démoli. Un parasite bousculé, évincé et privé de son hôte habituel a deux options : trouver un nouvel hôte ou un nouveau type d'hôte… ou s'éteindre. Les virus ne nous visent pas particulièrement. Il se trouve que nous sommes nombreux et disponibles. « Si vous envisagez le monde du point de vue d'un virus qui a faim, voire d'une bactérie, note l'historien William H. McNeil, nous sommes un parfait terrain nourricier, avec nos milliards de corps humains. Il n'y a pas si longtemps que ça, nous étions deux fois moins nombreux. En un quart de siècle, nous nous sommes multipliés par deux. C'est une cible inespérée pour un organisme capable de s'adapter au point de nous envahir [5]. » Les virus, surtout ceux dont le génome est composé d'ARN* plutôt que d'ADN*, sont enclins à muter, s'adaptent vite et en nombre.

La conjugaison de ces facteurs crée non seulement de nouvelles infections et des crises circonscrites, mais des épidémies et des pandémies inédites, dont la plus macabre, la plus catastrophique et la plus tristement célèbre est celle qui est née du VIH-1 du groupe M. Ce virus appartient à la famille du VIH (qui comprend douze variantes), principale responsable du sida. L'épidémie a tué trente millions de personnes depuis l'identification de la maladie il y a quelques dizaines d'années, et trente-quatre millions environ sont infectées aujourd'hui. Pour autant, peu de gens connaissent le concours de circonstances qui a arraché le VIH-1 du groupe M à une lointaine région forestière africaine, où son précurseur gisait sous forme d'une infection de chimpanzés inoffensive en apparence, pour l'introduire dans l'histoire des hommes. Peu savent que l'histoire du sida ne commence pas en 1981 dans la communauté homosexuelle américaine, ni dans quelques grandes villes africaines au début des années 1960, mais aux sources de la Sangha, une rivière du sud-est du Cameroun, un demi-siècle plus tôt. Enfin, très peu de gens ont entendu parler des découvertes les plus récentes (j'y reviendrai dans le chapitre 8). En attendant, je me contenterai de faire remarquer que l'effet de débordement* zoonotique ne concerne pas que le sida et qu'il nous oblige à nous interroger sur les pandémies et les maladies ravageuses passées (pestes, grippes), présentes (paludisme, grippes, coronavirus) et futures.

Les fléaux qui nous attendent sont un vrai sujet d'inquiétude pour les responsables de la santé publique et les chercheurs. Rien n'autorise à penser que le sida serait un cas à part, daté, et que ce serait la seule catastrophe mondiale à avoir été provoquée par un microbe inconnu venu d'un animal. Certains experts vont jusqu'à faire des pronostics funestes et se demandent : À quand la prochaine ? Sera-t-elle déclenchée par un virus ? Viendra-t-elle d'une forêt tropicale ou d'un marché de Chine du Sud ? Combien de victimes fera-t-elle : trente, quarante millions ? La seule différence entre le VIH-1 et la prochaine épidémie, c'est peut-être que le premier tue lentement, alors que la majorité des nouveaux virus agissent vite.

Vous remarquerez que j'utilise les termes « émergente » et « émergeant » comme si c'étaient des mots usuels, ce qu'ils sont aussi. Mais, en l'occurrence, ils appartiennent au jargon des experts. Aux États-Unis, il existe d'ailleurs une revue mensuelle intitulée *Emerging Infectious Disease* (« Les maladies infectieuses émergentes ») publiée par le CDC d'Atlanta. Il est donc temps que je définisse précisément le mot « émergent ». La littérature scientifique propose plusieurs définitions, dont la plus simple est la suivante : une maladie émergente est « une maladie infectieuse dont l'incidence augmente une fois qu'elle s'est introduite dans une nouvelle population hôte ». Les termes essentiels sont évidemment « infectieuse », « augmente » et « nouvel hôte ». Une maladie ré-émergente est une maladie « dont l'incidence augmente dans une population hôte existante à cause de changements à long terme de son épidémiologie sous-jacente ». Un exemple : la tuberculose ré-émerge et pose un problème grave, notamment en Afrique, car sa bactérie, le bacille de Koch, profite du sida pour infecter les patients dont le système immunitaire est affaibli. La fièvre jaune ré-émerge chaque fois que les moustiques *Aedes aegypti* ont l'occasion de transmettre le virus de singes infectés à des hommes sains. La dengue, qui dépend aussi de piqûres de moustiques et de singes indigènes, a ré-émergé en Asie du Sud-Est après la Seconde Guerre mondiale à cause de l'urbanisation croissante, des voyages plus lointains, d'une mauvaise gestion des eaux usées et d'un suivi relâché des moustiques, entre autres.

L'émergence et le débordement sont deux concepts distincts mais liés. Le « débordement », en anglais *spillover*, est un terme utilisé par les spécialistes de l'écologie des maladies (il est aussi utilisé par les économistes mais dans un autre sens) : il désigne le moment où un agent pathogène passe d'une espèce hôte à une autre. Le virus Hendra a « débordé » chez Drama Series (à partir de chauves-souris), puis chez Vic Rail (à partir de chevaux) en septembre 1994. L'émergence est un processus, une tendance. Par exemple, le sida a émergé à la fin du XXe siècle (ou peut-être au début, j'y reviendrai plus tard). Le débordement mène à l'émergence quand un insecte étranger ayant infecté plusieurs membres d'une espèce hôte s'y développe et s'y répand. *Stricto sensu*, le virus Hendra n'a donc pas encore, ni tout à fait, émergé dans une population humaine. Il est simplement candidat à l'émergence.

Toutes les maladies émergentes ne sont pas zoonotiques mais la plupart le sont. D'où un agent pourrait-il émerger si ce n'est d'un autre organisme ? Il est vrai que certains sont inédits et émergent de l'environnement sans avoir ni abri ni réservoir-hôte. Un exemple : la bactérie appelée *Legionella pneumophila* a émergé de la tour de réfrigération d'un système de climatisation à Philadelphie, en 1976, provoquant la première irruption de maladies du légionnaire et tuant trente-quatre personnes. Mais c'est un scénario beaucoup plus rare que le scénario zoonotique. Les microbes qui infectent les représentants d'une espèce infectent plus naturellement ceux d'une autre. Il suffit de voir les études sur le sujet. Dont l'une, publiée en 2005 par deux chercheurs de l'université d'Édimbourg : ils ont analysé mille quatre cent sept espèces connues d'agents pathogènes humains et découvert que les insectes zoonotiques étaient responsables de 58 % de ces agents. Sur ces mille quatre cent sept, seuls cent soixante-dix-sept pouvaient être considérés comme émergents ou ré-émergents. Les trois quarts de ces agents pathogènes émergents sont donc zoonotiques. Autrement dit, une maladie inédite et étrange a toutes les chances d'être une zoonose.

En 2008, la revue *Nature* a publié une étude parallèle menée par Kate E. Jones, professeure à la Zoological Society of London, et son équipe. Ces chercheurs ont analysé plus de trois cents maladies infectieuses émergentes (MIE) recensées entre 1940 et 2004 en se concentrant sur les fluctuations de tendances et les schémas récurrents. Les maladies étaient différentes de celles des chercheurs d'Édimbourg, mais les chercheurs sont arrivés à la même proportion ou peu s'en faut (60,3 % exactement) de maladies zoonotiques. « 71,8 % de ces MIE zoonotiques sont provoquées par des agents pathogènes issus de la faune sauvage [6] » et non par des animaux domestiques. Le rapport cite notamment le virus Nipah, identifié en Malaisie, et celui du SRAS, identifié en Chine du Sud. « De toutes les MIE, les zoonoses transmises par la faune sauvage sont la menace la plus grave pour la santé mondiale, lit-on dans la conclusion du rapport. Ces découvertes rappellent qu'il faut prendre des mesures de prévention des MIE en assurant un réel suivi sanitaire et en identifiant les nouveaux agents pathogènes zoonotiques présents parmi les populations d'animaux sauvages. » Voilà qui paraît raisonnable : *Veillons sur les animaux sauvages. Continuons à les assiéger, à les acculer, à les exterminer et à les manger, et attrapons leurs maladies.* C'est d'autant plus rassurant que c'est ce que nous faisons. Hélas, rappeler le besoin de suivi sanitaire et de mesures préventives, c'est rappeler l'urgence du problème et la réalité déconcertante de tout ce que nous ne savons pas encore.

Quelques exemples : Pourquoi Drama Series est-elle tombée malade dans ce paddock et à ce moment précis ? Parce qu'elle s'est abritée sous un figuier et a mastiqué de l'herbe imbibée d'urine de chauve-souris contenant le virus ? Comment a-t-elle transmis l'infection à ses voisins d'écurie ? Pourquoi Vic Rail et Ray Unwin ont-ils été infectés et pas le vétérinaire, Peter Reid ? Pourquoi Mark Preston est-il tombé malade et pas sa femme, Margaret ? Pourquoi les flambées de Hendra et Mackay ont-elles eu lieu en août et en septembre 1994, si près dans le temps et si loin dans l'espace ? Pourquoi les soigneurs de chauves-souris sont-ils indemnes alors qu'ils s'occupent de renards volants depuis des mois, voire des années ?

Les énigmes de Hendra sont à l'image des grandes questions que se posent les savants comme Kate Jones et son équipe ou Hume Field. Pourquoi d'étranges maladies émergent-elles dans tel endroit, à telle date, sous telle forme, et pas ailleurs, sous d'autres formes et à d'autres dates ? Le phénomène est-il plus courant aujourd'hui qu'autrefois ? Si c'est le cas, que faisons-nous pour déclencher de tels fléaux ? Est-il possible d'inverser ou d'infléchir ces tendances avant que ne sévisse une nouvelle pandémie ? Est-il possible d'y parvenir sans infliger un châtiment terrifiant à toutes les espèces animales infectées avec qui nous partageons la planète ? Les dynamiques en jeu sont complexes, les hypothèses nombreuses. La science avance à un rythme lent, mais nous continuons d'espérer pouvoir répondre à la question qui nous hante : quelle sera la prochaine bestiole aux origines imprévues et aux conséquences fatales à émerger ?

7

JE ME SOUVIENS QU'UN JOUR je suis allé à Cairns, une jolie ville balnéaire à mille cinq cents kilomètres au nord de Brisbane, pour interroger une jeune vétérinaire. Je ne sais pas comment j'ai réussi à la retrouver parce qu'elle était sur ses gardes et redoutait que son nom n'apparaisse dans mon enquête. Elle avait fini par accepter de me parler du virus Hendra parce qu'elle l'avait eu tout en étant médecin. C'était la seule survivante australienne recensée, à part Ray Unwin. Nous étions dans le bureau de la petite clinique vétérinaire où elle travaillait.

Elle avait vingt-six ans, c'était une jeune femme exubérante avec des yeux clairs et des cheveux cuivrés coiffés en chignon de danseuse. Elle portait des boucles d'oreilles en argent, un short et une chemise rouge à manches courtes avec un logo de clinique. Un Border Collie me mordillait gentiment les mains alors que j'essayais de prendre des notes quand elle s'est mise à parler. En octobre 2004, en pleine nuit, elle était allée soigner un cheval malade dont les propriétaires étaient inquiets parce qu'il était « mal en point ».

Elle avait gardé des impressions très précises de cette nuit. C'était un hongre de dix ans, un croisement de Pur-sang et de Quarter Horse qui s'appelait Brownie. Ce n'était pas un cheval de course mais un cheval domestique qui vivait là, dans une ferme familiale à Little Mulgrave, à une trentaine de kilomètres au sud de Cairns. À 20 heures, ce jour-là, le cheval avait brusquement flanché. La famille pensait qu'il avait des coliques ou mal au ventre – il avait peut-être avalé un légume ou une plante toxique. À 23 heures ils avaient appelé la clinique où elle était de garde. Elle avait sauté dans sa voiture et découvert Brownie dans un état épouvantable, haletant, fébrile, étalé par terre. « Il avait un rythme cardiaque ainsi qu'une température de folie et de l'écume rouge sang qui sortait de la bouche », me dit-elle. Elle l'examina, prit sa tension, se rapprocha du cheval qui renâcla, quand soudain, dit-elle, elle s'était « pris une giclée de cette écume visqueuse rouge sang sur les bras ». L'adolescente et sa mère, qui avaient essayé de réconforter Brownie, en étaient couvertes. Le cheval arrivait à peine à soulever la tête. Très professionnelle, la vétérinaire leur annonça qu'il était en train de mourir. « Il faut que je l'euthanasie », dit-elle. Elle se précipita dans sa voiture et revint avec une solution euthanasiante et des instruments, mais, trop tard, Brownie était mort. Le cheval avait craché du renvoi rouge sang mousseux par les naseaux et la bouche.

« Vous aviez des gants ? lui ai-je demandé.

— Non. »

Le protocole veut que les vétérinaires en portent pour les autopsies *post mortem* mais pas pour les animaux vivants.

« J'étais habillée comme aujourd'hui, précisa-t-elle. Chaussures, socquettes de tennis, un short bleu et des manches courtes.

— Un masque chirurgical ?

— Non, pas de masque. C'est facile de prendre ces précautions dans un laboratoire. Mais à minuit, quand il pleut des cordes, que vous êtes dans le noir et que vous opérez à la lumière des phares d'une voiture avec une famille hystérique derrière, c'est moins évident. Par ailleurs, je ne savais pas. »

Autrement dit, la jeune femme ne savait pas à quoi elle s'exposait avec Brownie. « Je n'imaginais pas une maladie infectieuse. » Elle était sur la défensive parce que son intervention avait ensuite fait l'objet d'une enquête à cause de soupçons de négligence. Elle avait été disculpée – elle-même avait porté plainte en disant qu'elle n'avait pas été suffisamment avertie –, mais sa carrière avait dû en souffrir, d'où son désir d'anonymat. Elle avait un point de vue à faire valoir, en même temps elle préférait que cette histoire soit derrière elle.

Juste après la mort de Brownie, elle s'était changée pour enfiler des bottes, un pantalon et des gants qui lui arrivaient aux épaules, et elle avait commencé l'autopsie. Les propriétaires voulaient savoir si le cheval avait avalé une herbe toxique qui menaçait les autres chevaux.

Elle avait entaillé l'abdomen du cheval mais n'avait rien vu de particulier dans ses viscères. Ni boyaux tordus ni occlusion susceptibles de provoquer une colique. « Je me suis pris deux ou trois giclées de liquide abdominal sur la jambe », dit-elle en m'expliquant qu'on ne peut pas autopsier un cheval sans être aspergé. Elle avait examiné le poitrail en faisant une légère incision entre les quatrième et cinquième côtes. Si ce n'était pas une colique, ça devait être un problème cardiaque – une intuition immédiatement confirmée.

« Son cœur était complètement dilaté. Ses poumons étaient trempés et pleins de fluide sanguin, il avait même du liquide à l'intérieur de la cavité thoracique. Il était mort d'insuffisance cardiaque congestive. C'était le seul diagnostic possible. Je n'avais pas les moyens de savoir si c'était d'origine infectieuse ou non. »

Elle proposa aux propriétaires de faire des prélèvements pour les envoyer dans un laboratoire mais ils refusèrent. Ils en savaient assez, ils avaient assez dépensé, tant pis pour Brownie, ils enterreraient sa carcasse à l'aide d'un bulldozer.

« Y avait-il des chauves-souris autour de la propriété ?

— Il y a des chauves-souris partout. »

Elle voulait dire, partout dans le nord du Queensland, pas seulement à Little Mulgrave. « Si vous allez là-bas, derrière, vous en verrez des centaines. »

La région de Cairns bénéficie d'un climat très doux, elle est couverte d'arbres fruitiers et de chauves-souris frugivores. Mais l'enquête montra que Brownie n'avait pas été exposé à des chauves-souris. « On n'arrivait pas à savoir pourquoi ce cheval-là avait été infecté, si ce n'est par hasard. » Inhumé à trois mètres sous terre, sans aucun prélèvement de sang ni de tissus, c'est à peine si Brownie avait été déclaré « infecté » sinon par déduction, plus tard.

Une fois l'autopsie finie, la vétérinaire se lava soigneusement les mains et les bras, se nettoya les jambes et rentra chez elle avant de prendre une douche à la Bétadine. Elle a toujours une réserve de cet antiseptique professionnel, au cas où. Après ce lavage postopératoire, elle se glissa dans son lit pour récupérer. La nuit avait été rude mais pas non plus exceptionnelle. Huit ou dix jours plus tard, elle commença à avoir mal à la tête et à se sentir faible. Son médecin pensait que c'était une grippe, un rhume ou une angine. « J'ai souvent des angines. »

Il lui prescrivit un antibiotique et elle rentra chez elle. Elle y resta une semaine, incapable de travailler, souffrant de symptômes de grippe ou de bronchite : pneumonie légère, gorge irritée, mauvaise toux, faiblesse musculaire, épuisement. Un collègue plus âgé lui demanda si elle avait pensé au virus Hendra. Mais elle avait fait ses études à Melbourne à l'extrême sud de l'Australie et elle en avait à peine entendu parler au cours de sa formation. Trop flou, trop nouveau ; dans la région de Melbourne, ça n'était pas un sujet. Seuls deux des quatre types de réservoirs de chauves-souris se déplacent aussi loin au sud et ils n'inquiétaient pas grand monde sur place.

Elle finit par aller à l'hôpital pour une première prise de sang, puis une seconde : oui, elle avait des anticorps au virus Hendra. Entre-temps elle s'était rétablie et avait recommencé à travailler. Elle avait été infectée mais elle avait évacué le virus.

Un an plus tard, quand je l'ai vue, elle était en forme, mis à part une légère fatigue et une angoisse persistante. Le cas de Mark Preston signifiait que le virus n'avait peut-être pas définitivement disparu. Les agents de santé publique surveillaient son état de très près : elle devait les prévenir si elle avait de nouveaux maux de tête, des vertiges ou des convulsions, si elle sentait des fourmillements nerveux, si elle toussait ou éternuait.

« Je continue de voir les spécialistes des maladies infectieuses. Je me fais régulièrement peser au Département des industries primaires. » Les prises de sang permettaient de suivre le niveau de ses anticorps qui fluctuait curieusement. Peu avant notre rendez-vous, il était remonté. Cela annonçait-il une rechute, ou cela confirmait-il son immunité acquise ? Le pire était l'incertitude. « La maladie est là depuis trop peu de temps pour qu'ils puissent me dire si ma santé est menacée à long terme. »

Dans quel état serait-elle sept ans, dix ans plus tard ? Quel était le risque de rechute ? Mark Preston était mort du jour au lendemain, un an après avoir été contaminé. Ray Unwin m'avait dit que sa santé allait « de traviole ». Elle ne voulait savoir que ce que nous voulons tous savoir : et après ?

II

Treize gorilles

8

LE LONG DE LA RIVIÈRE IVINDO, dans le nord-est du Gabon, tout près de la frontière avec la République du Congo, se trouve un hameau nommé Mayibout 2, à moins de deux kilomètres du village de Mayibout. Au début du mois de février 1996, cette petite agglomération fut victime d'une suite d'événements dramatiques et incompréhensibles. Dix-huit habitants de Mayibout 2 étaient soudain tombés malades après avoir dépecé et mangé un chimpanzé.

Leurs symptômes étaient de la fièvre, des maux de tête, des vomissements, une hémorragie conjonctivale, des saignements de gencives, des hoquets, des douleurs musculaires, des maux de gorge et des diarrhées hémorragiques. Sur décision du chef du village, ils furent tous évacués par voie fluviale vers l'hôpital de Makokou chef-lieu du district. Cela faisait moins de quatre-vingts kilomètres à vol d'oiseau mais en pirogue sur le sinueux Ivindo cela prenait sept heures. Les bateaux, avec les malades, suivirent les berges de la rivière qui traversait la forêt. Quatre des malades transportés arrivèrent presque mourants à l'hôpital et ils décédèrent deux jours plus tard. Leurs corps furent ramenés à Mayibout 2 pour y être enterrés selon le cérémonial traditionnel, sans précautions particulières pour éviter la transmission de ce qui les avait tués. Un cinquième patient s'échappa de l'hôpital pour retourner péniblement dans son village où il mourut. Certains villageois, qui avaient pris soin des premiers malades – des parents et des amis –, ou qui s'étaient occupés des morts, furent infectés à leur tour. Des trente et une personnes contaminées, vingt et une décédèrent : ce qui donne un taux de mortalité de 68 %.

Ces faits et ces chiffres ont été collectés par des spécialistes de la recherche médicale, des Gabonais et des Français, venus à Mayibout 2 dès l'apparition de la maladie. Parmi eux se trouvait un Français très actif, virologue et vétérinaire parisien, Éric Leroy, alors basé au Centre international de recherches médicales de Franceville (CIRMF), une petite ville au sud-est du Gabon. Leroy et ses collègues identifièrent le mal comme la fièvre hémorragique Ebola (depuis qualifiée de maladie à virus Ebola, car l'hémorragie n'en est pas distinctive) et déduisirent que le chimpanzé consommé avait été le porteur. « Le chimpanzé semble avoir été l'élément infectieux des dix-huit premiers cas de la maladie chez l'homme [1]. » Leur investigation fit valoir également le fait que l'animal n'avait pas été tué par les chasseurs du village, mais que ces derniers avaient récupéré sa carcasse dans la forêt.

C'était une première preuve, il y en aurait par la suite beaucoup d'autres, que les chimpanzés et les gorilles, comme les humains, sont particulièrement sensibles à Ebola. Mais s'ils meurent rapidement de ce virus, raisonnèrent Leroy et son équipe, ils ne peuvent en être le réservoir-hôte, la créature dans laquelle il demeurerait discrètement sur le long terme. Le chimpanzé mort de Mayibout 2 était une clé. Son rôle accidentel de singe victime intermédiaire, attrapant le virus et le passant à l'homme, pouvait peut-être aider à identifier le véritable réservoir-hôte. Quel était cet animal, petit ou grand, avec lequel les chimpanzés pouvaient se trouver en contact ?

Quatre ans plus tard, je me trouvais devant un feu de camp au fin fond de la forêt, en amont de l'Ivindo, à environ soixante-cinq kilomètres à l'ouest de Mayibout 2. Je partageais mon dîner, autour d'une grosse marmite, avec une douzaine d'habitants de la région qui avaient été engagés pour une longue expédition dans la forêt. Pour la plupart originaires de villages du nord-est du Gabon, ils marchaient depuis des semaines lorsque je les rejoignis. Leur boulot était de transporter des sacs très lourds à travers la jungle et d'installer chaque nuit un camp pour le biologiste J. Michael Fay qui, avec un sens obsessionnel de sa mission, faisait avancer énergiquement les choses. Mike Fay est un homme peu commun, même selon les standards du biologiste de terrain tropical : une constitution solide, obstiné, peu conventionnel, intelligent, et très soucieux de la protection de l'environnement. Son entreprise, une étude biologique qu'il avait baptisée MegaTransect, l'avait amené à parcourir plus de trois mille kilomètres à travers les forêts vierges d'Afrique centrale pour voir ce qu'elles devenaient. Il relevait toutes sortes d'éléments, des piles d'excréments d'éléphants, des traces de léopards, la présence de chimpanzés, et il identifiait les plantes, des milliers de petites annotations qu'il gribouillait de sa main gauche sur ses carnets jaunes imperméables, tandis que ses porteurs le suivaient en file indienne, chargés de tout son barda, ordinateurs, téléphone satellite, instruments spécifiques et batteries de rechange, mais aussi des tentes, de la nourriture et des médicaments pour tout son monde.

Fay marchait depuis deux cent quatre-vingt-dix jours déjà quand il parvint dans cette région, au nord-est du Gabon. Il avait parcouru la République du Congo avec une équipe composée d'habitants de la forêt très endurants, principalement des Bambendjellés (un groupe ethnique d'hommes de petite taille, parfois qualifiés de Pygmées), mais on les avait empêchés de traverser la frontière gabonaise. Fay fut donc forcé de former une nouvelle équipe au Gabon. Il la recruta principalement parmi les mineurs qui travaillaient dans les mines d'or, en amont de l'Ivindo. Le difficile, très éprouvant travail qu'il attendait d'eux, tracer la piste, transporter de lourds bagages, était de toute évidence préférable à celui qui les forçait à creuser dans la boue équatoriale pour trouver de l'or. Un homme, qui servait à la fois de cuisinier et de porteur, remuait tous les soirs d'épaisses quantités de riz ou de *fufu* (une substance compacte comme de la colle, faite de farine de manioc) devant un feu de camp, et l'arrosait d'une sauce brune indéterminée. Les ingrédients, qui variaient, pouvaient être de la tomate, du poisson séché, des sardines en boîte, du beurre de cacahuète, du bœuf séché et congelé, du pili-pili, tous étant considérés comme mutuellement compatibles et mariés selon l'humeur du chef. Personne ne se plaignait. Ils avaient tous toujours faim. Au bout d'une journée épuisante à travers la jungle, ce qui leur semblait pire qu'une grosse portion d'une telle tambouille était une petite portion. Le *National Geographic* m'avait envoyé sur place pour suivre les pas de Fay et rapporter une série d'histoires sur cette expédition. Je l'accompagnais pendant un certain temps, dix jours ici, deux semaines là, puis je rentrais précipitamment aux États-Unis pour soigner mes pieds (nous portions des sandales de plastique) et écrire mon papier.

Chaque fois que je rejoignais Fay et son équipe, une logistique différente était utilisée pour notre rendez-vous, selon l'endroit où il se trouvait et l'urgence de ses ravitaillements. Il progressait toujours en zigzags. C'était à moi de me débrouiller pour le retrouver. Parfois je prenais un petit avion de brousse ou une pirogue à moteur, avec son logisticien et intendant de confiance, un écologiste japonais nommé Tomo Nishihara. Tomo et moi, nous nous installions dans le canot au milieu de toutes les provisions qu'il rapportait pour l'étape suivante de Fay : du *fufu* frais et du poisson séché, des boîtes de sardines, de l'huile et du beurre de cacahuète, du pili-pili et des piles double A. Mais même une pirogue avait parfois du mal à atteindre l'endroit où Fay et sa troupe, affamés et tout dépenaillés, nous attendaient. Cette fois, Tomo et moi avions dû survoler bruyamment la grande forêt touffue de Minkébé, avec d'autres voyageurs, dans un Bell 412, un puissant hélicoptère de treize places, loué très cher à l'armée gabonaise. La canopée, partout ailleurs épaisse et régulière, était ici percée de nombreux pics de granit qui s'élevaient à une centaine de mètres au-dessus de la forêt, tel El Capitan, le monolithe du Parc national de Yosemite, se dressant au-dessus d'un immense brouillard vert. Coiffant un de ces inselbergs se trouvait le terrain d'atterrissage que nous avait indiqué Fay. C'était l'unique endroit où un hélicoptère pouvait se poser.

Cette journée avait été relativement facile pour l'ensemble de l'équipe – pas de marais à traverser, ni de fourrés d'épineux qui vous déchirent la peau, pas d'éléphants qui chargent pour que Fay puisse les filmer de très près en vidéo. L'équipe bivouaquait en attendant l'hélicoptère. Et tout ce qu'elle souhaitait était arrivé, y compris la bière ! Un pur moment de détente et de plaisir autour d'un feu me permit de faire la connaissance de deux membres de l'équipe, Thony M'Both et Sophiano Etouck, originaires de Mayibout 2, le célèbre et infortuné village dont j'avais entendu parler. Ils s'y trouvaient quand le virus Ebola y était apparu.

Thony, extroverti et svelte, bien plus bavard que son compagnon, était prêt à en parler. Il s'exprimait en français tandis que Sophiano, un timide dans un corps bodybuildé, la mine un peu renfrognée, un bouc et un bégaiement nerveux, préférait rester silencieux. Sophiano, selon Thony, avait vu son frère et une bonne partie de sa famille mourir du virus.

Nous nous connaissions à peine, je n'osai pas les pousser à m'en dire davantage. Deux jours plus tard, nous entreprenions une nouvelle étape avec Fay vers le sud à travers la forêt de Minkébé, en nous éloignant des inselbergs. Nous étions très concentrés sur les difficultés que présentait cette traversée à pied d'une jungle épaisse, sans chemins tracés, et complètement épuisés (particulièrement les porteurs) à la nuit tombée. Cependant, à mi-chemin, après une semaine de progression difficile, de petits maux ordinaires et de repas partagés, Thony se laissa aller à m'en dire davantage. Ses souvenirs correspondaient dans l'ensemble au rapport de l'équipe du CIRMF, mis à part quelques différences de chiffres et de détails. Mais son point de vue était plus personnel.

Thony parla d'*épidémie*[a]. Oui, cela s'est passé en 1996, dit-il, et à peu près à cette époque des soldats français sont arrivés à Mayibout 2 à bord d'un Zodiac puis ont campé près du village. On ne savait pas trop si ces soldats étaient venus dans un but précis – reconstruire un vieil aérodrome ? – ou s'ils étaient là pour se distraire un peu. Ils déchargèrent leurs fusils. Peut-être, s'interrogeait Thony, possédaient-ils du matériel chimique. Il mentionnait ces détails parce qu'il pensait qu'ils avaient peut-être quelque chose à voir avec l'épidémie. Un jour, quelques jeunes gens du village étaient allés chasser avec leurs chiens. Ils s'apprêtaient à ramener des porcs-épics. Mais, au lieu de porcs-épics, ils revinrent avec un chimpanzé. Ils l'avaient trouvé mort. Il était avarié, l'estomac putride et gonflé, dit Thony. Peu importait, ils étaient contents, ils avaient envie de viande. Ils découpèrent le chimpanzé et le mangèrent. Mais très vite, à peine deux jours plus tard, tous ceux qui avaient touché au chimpanzé tombèrent malades. Ils se mirent à vomir, eurent des diarrhées.

Certains descendirent la rivière en canot à moteur pour aller à l'hôpital de Makokou. Mais il n'y avait pas assez d'essence pour transporter tous les malades. Trop de victimes, pas assez de bateaux. Onze personnes décédèrent à Makokou. Dix-huit autres au village. Les médecins spécialistes arrivèrent très vite de Franceville, dit Thony, oui, tout équipés, avec leurs combinaisons blanches et leurs casques, mais ils ne sauvèrent personne. Sophiano perdit six membres de sa famille. Dont une de ses nièces – qu'il tenait dans

a. En français dans le texte.

ses bras quand elle est morte. Cependant Sophiano lui-même n'avait pas été malade. « Et moi non plus », dit Thony. La raison de cette maladie restait douteuse, une rumeur morbide. Thony suspectait les soldats français d'avoir, avec leurs armes chimiques, tué un chimpanzé et abandonné par imprudence son corps empoisonné dans la nature. Des villageois l'avaient consommé. En tout cas, les survivants avaient compris la leçon. Depuis, dit-il, plus personne à Mayibout 2 ne mange du chimpanzé.

Je l'interrogeai sur les jeunes gens qui étaient allés chasser. « Ils sont tous morts », me dit Thony. Les chiens ne sont pas morts. Avait-il déjà vu un tel phénomène, comme une épidémie ? *Non*, répondit Thony. *C'était le premier fois*[a]. Jamais avant. Comment avaient-ils cuisiné le chimpanzé ? Dans une sauce africaine, normale, me répondit Thony comme si je posais une question idiote. J'imaginai du jarret de chimpanzé baignant dans une sauce aux cacahuètes, avec du pili-pili et du *fufu*.

Mis à part le ragoût de chimpanzé, un autre détail inquiétant me revint en mémoire. Quelque chose que Thony avait mentionné lors d'une conversation précédente. Au milieu du chaos et de l'horreur qui s'étaient emparés du village, m'avait dit Thony, lui et Sophiano avaient vu quelque chose de bizarre : un amoncellement de treize gorilles, tous morts, pas très loin dans la forêt.

Treize gorilles ? Je n'avais pas posé de question particulière sur la morbidité de la faune sauvage. C'était une information spontanée. Bien sûr, ce genre de témoignage anecdotique tend à être aguicheur, inexact, parfois complètement faux, même de la part de témoins directs. Dire *treize cadavres de gorilles* peut en fait signifier une douzaine, ou une quinzaine, ou simplement de très nombreux gorilles – trop peut-être pour qu'un esprit choqué se mette à compter. Des gens mouraient. La mémoire se troublait. Dire *je les ai vus* peut signifier exactement cela, ou peut-être autre chose. *Mon ami les a vus, c'est un ami très proche, je le crois comme si je l'avais vu de mes propres yeux.* Ou peut-être : *J'ai appris de source sûre.* Le témoignage de Thony, me semblait-il, appartenait à la première catégorie épistémologique : sérieuse mais pas nécessairement exacte. Je le croyais quand il disait avoir vu ces gorilles morts, peut-être au nombre de treize, en groupe sinon en pile ; il les avait même probablement

a. En français dans le texte.

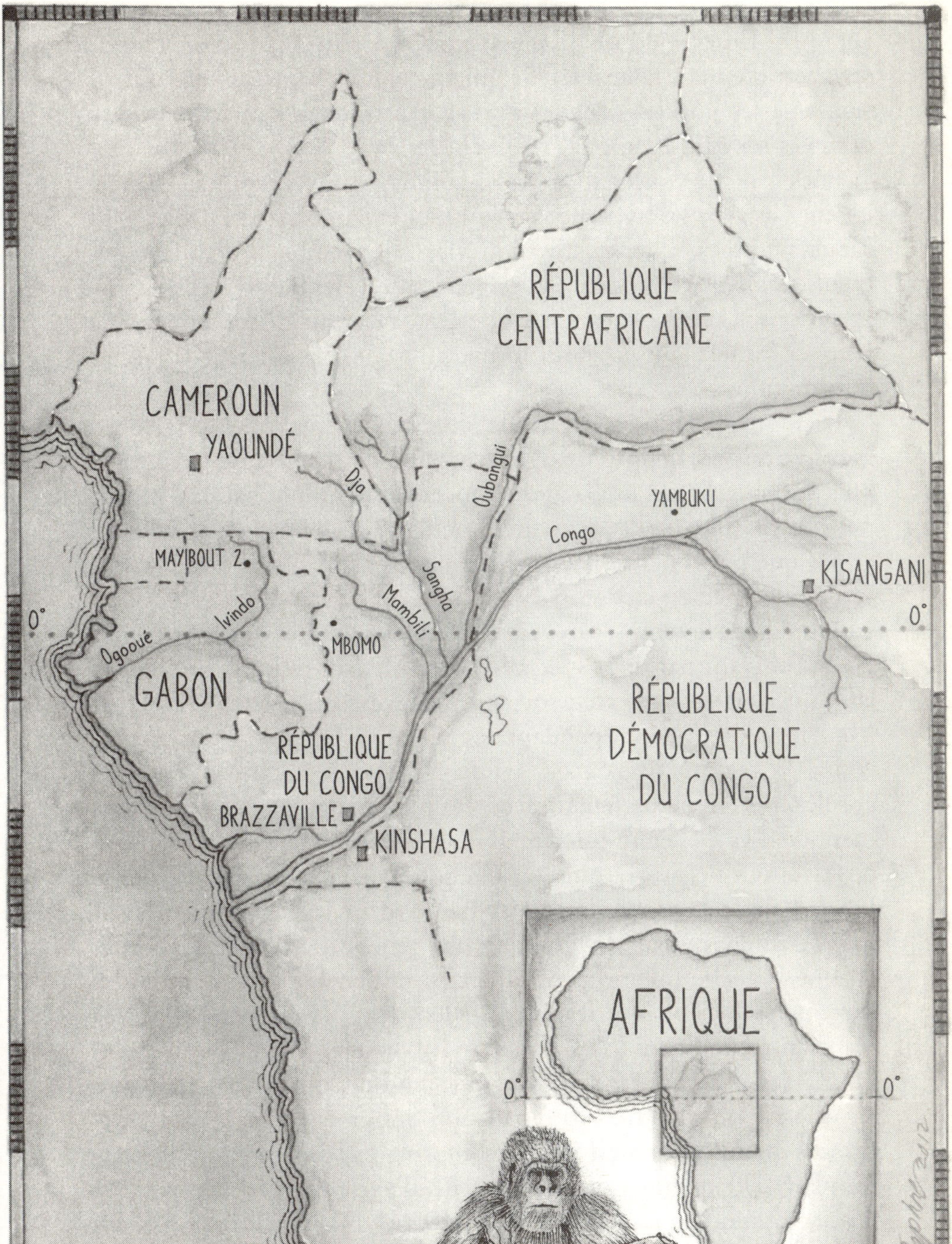
RÉPUBLIQUE
CENTRAFRICAINE
CAMEROUN
YAOUNDÉ
Dja
Oubangui
YAMBUKU
Congo
MAYIBOUT 2
Sangha
KISANGANI
Mambili
Ivindo
0°
0°
Ogooué
MBOMO
GABON
RÉPUBLIQUE
DÉMOCRATIQUE
DU CONGO
RÉPUBLIQUE
DU CONGO
BRAZZAVILLE
KINSHASA
AFRIQUE
0°
0°

comptés. L'image de treize carcasses de gorilles gisant dans l'herbe était terrible mais plausible. Ce qui amenait en tout cas à la conclusion que les gorilles étaient sérieusement menacés par Ebola. Les données scientifiques, c'est autre chose.

Elles sont très différentes des témoignages anecdotiques. Elles ne jouent pas avec les hyperboles poétiques et l'ambivalence. Elles sont caractéristiques, quantifiables, précises. Rassemblées méticuleusement, classées avec rigueur, elles peuvent révéler de nouvelles interprétations. C'était pourquoi Mike Fay traversait l'Afrique centrale avec ses carnets jaunes : pour former un tout d'une masse de petites informations.

Le jour suivant, on continua de progresser à travers la forêt. Nous étions encore à plus d'une semaine de marche de la route la plus proche. Dans une région qui constituait un habitat parfait pour les gorilles, bien structurée, riche de leur nourriture favorite et presque pas touchée par les hommes : pas de pistes ni de camps et aucune trace de chasseurs. Elle aurait dû abriter plein de gorilles. Comme dans le temps. Un recensement des grands singes fait vingt ans auparavant par deux spécialistes du CIRMF estimait une population de quatre mille cent soixante et onze gorilles dans la forêt de Minkébé. Cependant, pendant les semaines où nous avions parcouru la région, nous n'en avions vu aucun. Cette absence de gorilles, ou même de leurs traces, était si étrange qu'elle parut dramatique à Fay. C'était exactement le genre de situation particulière, positive ou négative, que sa méthodologie se devait d'étudier. Durant toute la durée de son enquête, son MegaTransect, il avait noté chaque refuge de gorille qu'il rencontrait, chaque crotte, chaque branche qu'une dent aurait pu toucher – tout comme les excréments d'éléphants, les traces de léopards et toutes celles laissées par d'autres animaux. À la fin de notre étape à Minkébé, il collationna ses notes. Il passa des heures, enfoui sous sa tente, à faire l'inventaire de ses observations sur son ordinateur. Puis il en ressortit. Ces quatorze derniers jours, m'informa Fay, nous avions rencontré neuf cent quatre-vingt-dix-sept tas d'excréments d'éléphants et pas la moindre trace de crotte de gorille. Nous avions foulé des millions de plantes herbacées, y compris certaines espèces (appartenant à la famille des *Marantaceae*), dont les gorilles apprécient la sève et qu'ils dévorent comme du céleri ; mais aucune de ces tiges, jusque-là, ne montrait des marques de dents de gorille. Nous n'en avions entendu aucun se taper le poitrail, ni vu le moindre nid. Cela ressemblait au curieux incident du chien dans la nuit – le cabot muet qui s'agitait avec éloquence pour indiquer à Sherlock Holmes que quelque chose n'allait pas. Les gorilles de Minkébé, autrefois très nombreux, avaient disparu. Une conclusion s'imposait : quelque chose les avait tous tués.

9

LA TRANSMISSION ENTRE ESPÈCES à Mayibout 2 n'était pas un événement isolé. Elle était inhérente au schéma du virus Ebola dans toute l'Afrique centrale – un schéma qui pose encore des questions et provoque des débats. De sa première apparition en 1976 à aujourd'hui, en 2014, le virus a progressé sur tout le continent, d'un bord (Guinée, Liberia, Sierra Leone) à l'autre (Soudan et Ouganda). Les quatre lignées génétiques majeures qui s'y sont développées sont connues collectivement comme Ebola. À une moindre échelle, et au Gabon seulement, on n'avait relevé que quelques cas : trois en un peu moins de deux ans, dans la même zone. Mayibout 2 fut l'épisode médian de ce passage.

Une autre poussée s'était déjà manifestée, en décembre 1994, dans les mines d'or, vers les sources de l'Ivindo, la région même où Mike Fay a par la suite recruté son équipe gabonaise. Ces camps se trouvaient à environ une quarantaine de kilomètres en amont de Mayibout 2. Au moins trente-deux personnes tombèrent malades, développant les symptômes habituels du virus Ebola. La source était difficile à repérer, bien que l'un des malades ait reconnu avoir tué un chimpanzé qui errait dans leur camp et se comportait de façon curieuse. Cet animal, peut-être infecté, aurait contaminé des hommes qui avaient faim. Selon un autre témoignage, un homme était tombé sur une carcasse de chimpanzé, l'avait découpée pour en rapporter des morceaux à partager avec ses amis.

Il en était mort comme tous ceux qui avaient touché à la viande. À la même époque, le bruit courait que des carcasses de chimpanzés et de gorilles avaient été découvertes dans la forêt, et aussi que les mineurs (et leurs familles – ces camps étaient pratiquement des villages), par leur présence, leur habitat, leurs besoins en nourriture et en pétrole, avaient bouleversé l'écologie de la forêt et perturbé les animaux qui y vivaient.

En 1994, les malades furent transférés des mines (comme ils le seront à nouveau pour Mayibout 2) à l'hôpital général de Makokou, en aval du fleuve. Se déclencha alors une série de nouveaux cas, aux alentours de l'hôpital et des villages proches. Dans un de ces villages se trouvait un *nganga*, un guérisseur traditionnel, dont la maison pourrait avoir été le lieu où la transmission s'était faite entre un malade venu de la mine qui préférait la médecine traditionnelle et un individu peu chanceux de la région qui venait voir le guérisseur pour tout autre chose qu'Ebola. À moins que le virus ne soit passé par les mains mêmes du guérisseur. De toute façon, quel qu'ait été le chassé-croisé, on décompta quarante-neuf cas de contamination, dont vingt-neuf mortels, soit un taux de décès de près de 60 %.

Un an plus tard, se produisit une autre vague de cas à Mayibout 2, la seconde de la série. Et, huit mois plus tard, les spécialistes du CIRMF et quelques autres durent faire face à une troisième attaque, cette fois-ci dans la ville de Booué, au centre du Gabon.

Tout cela s'était probablement déclenché trois mois auparavant, en juillet 1996, avec la mort d'un chasseur dans un camp de bûcherons qui travaillaient pour l'entreprise forestière SHM, à une soixantaine de kilomètres au nord de Booué. On reconnut par la suite le virus mortel qui tua ce chasseur comme étant Ebola, bien qu'aucune alarme n'ait été déclenchée à l'époque. Un second chasseur mourut mystérieusement dans le même camp six semaines plus tard. Puis un troisième. Quelle sorte de viande avaient-ils consommée dans ce camp ? Probablement une diversité d'animaux, y compris des antilopes, des cochons sauvages, des porcs-épics, peut-être même (en dépit des restrictions légales) des singes. Et à nouveau, on entendait parler de chimpanzés trouvés morts dans la forêt – trouvés morts, et non tués. Les trois premiers cas humains semblaient n'avoir eu aucun lien entre eux, comme si chaque chasseur avait attrapé son virus dans la nature. Ce fut alors que le troisième chasseur aggrava le problème, en devenant lui-même transmetteur en même temps que victime. Il ne resta pas longtemps à l'hôpital de Booué car il refusait d'être traité par des médecins. Il alla dans un village tout proche chercher de l'aide auprès d'un autre *nganga*.

En dépit des soins que celui-ci lui prodigua, le chasseur mourut – tout comme le *nganga* lui-même et son neveu. Et les cas s'enchaînèrent. Durant le mois d'octobre et les suivants, ils se multiplièrent à Booué, puis dans toute la région, ce qui indiquait une transmission de personne à personne. Beaucoup de malades furent transférés dans les hôpitaux de Libreville, la capitale du Gabon, et y décédèrent. Un médecin gabonais, qui avait soigné un patient, tomba malade à son tour, et, faisant peu confiance aux capacités de son pays en matière de santé, il prit l'avion pour Johannesburg pour s'y faire traiter. Ce docteur survécut mais l'infirmière sud-africaine qui l'avait soigné tomba malade et elle décéda. D'Afrique centrale, le virus Ebola se répandait sur tout le continent. Le nombre de cas probables de cette troisième flambée, comprenant Booué, Libreville et Johannesburg, était de soixante, dont quarante-cinq mortels. Taux de mortalité ? Je vous laisse faire le calcul.

Dans cette confusion de cas et de détails, quelques éléments cependant sont à considérer : dans la forêt, là où il s'est développé, le virus a tué des singes comme des hommes, des cas de contagion à l'hôpital ou chez des guérisseurs traditionnels se sont produits, et le taux de cas mortels varie entre 60 et 75 %. Un taux de 60 % de décès est très élevé pour une maladie contagieuse (excepté la rage) ; il est probablement supérieur, par exemple, à ceux de la peste bubonique au Moyen Âge en France, à ses pires heures.

Depuis 1996, d'autres poussées d'Ebola ont touché à la fois les hommes et les gorilles dans la région de Mayibout 2. Un des territoires qui ont été le plus gravement atteints est celui qui borde la Mambili, une rivière toute proche de la frontière entre le Gabon et le nord-ouest du Congo, une autre zone de forêt très dense où se trouvent plusieurs villages, un parc national et une réserve récemment créée, connue comme le Sanctuaire de gorilles de Lossi. Avec Mike Fay, j'avais déjà traversé à pied cette région, en mars 2000, juste quatre mois avant notre rendez-vous aux inselbergs de Minkébé. D'où ma surprise provoquée par l'absence actuelle des gorilles, qui avaient été si nombreux près du bassin de drainage de la Mambili. Mais deux ans plus tard, en 2002, une équipe de chercheurs de Lossi commença à découvrir des carcasses, dont certaines révélèrent des anticorps positifs au virus Ebola. (Un test positif est une preuve moins incontestable qu'un virus actif, mais néanmoins une preuve.) En quelques mois, 90 % des gorilles étudiés (cent trente sur cent quarante-trois) avaient disparu. Combien s'étaient tout simplement enfuis ? Combien étaient morts ? Extrapolant assez librement les morts confirmées et les disparitions pour avoir une vue d'ensemble sur la région qu'ils étudiaient, les chercheurs publièrent un article dans *Science* sous un titre choc (et sans doute exagéré) : EBOLA A TUÉ 5 000 GORILLES.

10

EN 2006, JE SUIS REVENU vers la rivière Mambili, cette fois avec une équipe dirigée par William B. (Billy) Karesh, alors directeur du Programme vétérinaire de la WCS (Wildlife Conservation Society) et qui assurait aussi un rôle similaire de protection de la faune sauvage auprès d'EcoHealth Alliance, une organisation chargée de l'étude et de la prévention des maladies animales contagieuses partout dans le monde. Billy Karesh est vétérinaire, et une autorité dans le domaine des zoonoses. Né à Charleston en Caroline du Sud, c'est un homme de terrain qui voyage beaucoup, très influencé par le célèbre zoologiste que fut Marlin Perkins dont l'uniforme était une chemise de toile bleue, une casquette de baseball et la barbe. Empiriste par vocation, il parle d'une voix posée, sans presque remuer les lèvres, et évite les déclarations catégoriques comme si elles pouvaient lui faire mal aux dents. Il arbore souvent un sourire entendu, comme amusé par les merveilles du monde et le spectacle agité de la folie humaine. Mais il n'y avait rien d'amusant dans sa mission autour de la Mambili. Il était venu là pour tirer sur les gorilles – pas avec des balles mais avec avec des fléchettes sédatives. Il devait leur faire des prises de sang et rechercher d'éventuels anticorps du virus Ebola. Notre destination était un site bien connu, le Moba Bai, un ensemble de petites clairières naturelles sur la rive est, en amont de la Mambili, non loin du Sanctuaire de Lossi. Un *bai*, en Afrique francophone, est une prairie marécageuse, souvent un marais salant, enfermée par la forêt comme un jardin secret. Outre Moba Bai, une clairière homonyme de ce complexe, il y en avait trois ou quatre autres dans la région. Les gorilles (comme beaucoup d'animaux sauvages) fréquentent ces marais ensoleillés parce que les joncs et les asters y poussent aussi à ciel ouvert. Remontant le cours de la Mambili, on arriva à Moba sur une grande pirogue surchargée mue par un hors-bord de 40 CV. Le bateau transportait onze passagers et beaucoup de matériel. Nous avions un réfrigérateur à gaz, deux conteneurs réfrigérés d'azote liquide (pour conserver les prélèvements), et aussi des seringues, des aiguilles, des fioles, des instruments, des gants pour les examens, des combinaisons étanches, des tentes et des bâches, du riz, du *fufu*, des boîtes de thon, de petits pois, beaucoup de caisses d'un mauvais vin rouge, de bouteilles d'eau, quelques tables pliantes, et sept chaises en plastique qui s'emboîtaient. Avec tous ces objets et nos larges provisions, nous avions installé un camp de l'autre côté de la rivière, face à Moba. Dans notre équipe se trouvaient également un guide très expérimenté nommé Prosper Balo, quelques vétérinaires spécialistes de la faune tropicale, d'autres guides qui connaissaient bien la forêt et un cuisinier. Prosper avait déjà travaillé à Lossi et il s'y trouvait avant et pendant la poussée d'Ebola. C'était sous sa houlette que l'on allait se déplacer sur ce territoire, semé de clairières marécageuses, un havre à la végétation très appréciée par les douzaines de gorilles qui venaient là quotidiennement se nourrir et batifoler. Billy Karesh avait déjà visité deux fois cette région, avant qu'Ebola ne frappe, afin de recueillir certaines données de base sur la santé des gorilles. Durant un de ses voyages, en 1999, il y avait vu soixante-deux gorilles en une seule journée. En 2000, il y était revenu avec ses fléchettes pour recueillir de nouvelles données. « Tous les jours, me dit-il, chaque clairière hébergeait au moins une famille. » Ne voulant pas les perturber, il s'était contenté d'anesthésier quatre gorilles seulement pour les peser, les examiner et repérer d'éventuelles maladies (comme le pian, une infection bactérienne de la peau), et leur faire une prise de sang. Les quatre gorilles avaient été testés négatifs aux anticorps Ebola. Cette fois-ci, les choses se révélaient différentes. Il voulait étudier le sang des survivants de l'épidémie de 2002. On se lança donc à leur recherche, avec bon espoir d'en trouver.

Les jours passèrent. Pour autant que l'on pouvait en juger, il n'y avait *pas* de survivants.

Ou alors vraiment peu, très précieux – pas suffisamment en tout cas pour faire des prélèvements de données avec les fléchettes (c'est toujours une entreprise délicate, aussi risquée pour le tireur que pour sa cible). Notre tentative d'étude à Moba ne dura qu'une semaine. Très tôt le matin, nous traversions la rivière, passions silencieusement d'une clairière à l'autre en nous cachant dans la végétation très dense et attendions patiemment que les gorilles se montrent. Mais aucun ne se présenta. Parfois on s'accroupissait sous la pluie. Quand le temps était ensoleillé, je lisais un gros livre pour patienter ou dormais par terre. Karesh était toujours prêt avec sa carabine à air comprimé, les fléchettes chargées de tilétamine et de zolazépam, les meilleurs anesthésiants pour un gorille. Ou alors nous traversions la forêt, en suivant de près Prosper Balo tandis qu'il cherchait à repérer leurs traces et n'en trouvait aucune.

Au matin du second jour, le long de la piste marécageuse qui menait aux clairières, on découvrit des traces de léopards, des traces d'éléphants, des traces de buffles, des traces de chimpanzés, mais aucune de gorilles. Au troisième jour, toujours pas de gorilles, Karesh dit : « Je crois qu'ils sont morts. Ebola est passé par là. » Il pensait qu'il n'en restait que très peu, assez chanceux pour n'avoir pas été infectés par la maladie ou assez résistants pour y avoir survécu. Puis il dit : « Ce sont ceux-là qui nous intéressent » parce que, s'il y en avait, ils pourraient être porteurs d'anticorps. Au quatrième jour, s'étant éloignés de nous, Karesh et Balo entendirent un gorille mâle isolé, affolé semblait-il, qui se martelait la poitrine et lançait des appels angoissés. Ils s'en approchèrent à une dizaine de mètres en rampant dans l'épaisse végétation. Soudain l'animal se dressa devant eux mais seule sa tête était visible. « J'aurais pu le tuer, dit plus tard Karesh. Le piquer. » L'atteindre entre les yeux, sans doute, mais pas l'immobiliser avec une fléchette en visant son flanc. Karesh retint son tir. Le gorille émit un autre appel et s'enfuit.

Mes notes pour le sixième jour comportent cette remarque : « *Nada nada* pas de gorille *nada.* » Et le septième jour, jour de chance, Balo et Karesh en repérèrent deux et les suivirent pendant des heures dans la forêt marécageuse sans réussir à faire plus que les apercevoir. Les gorilles étaient devenus désespérément rares autour de Moba Bai, et ceux qui s'y trouvaient encore, terriblement méfiants. Et pendant des journées entières, la pluie continua de tomber : le campement s'enfonçait dans la boue et la rivière était en crue.

Quand nous n'étions pas dans la forêt, je passais mon temps dans le camp à discuter avec Karesh et les trois vétérinaires de son équipe de la Wildlife Conservation Society basés en Afrique. Parmi eux se trouvait Alain Ondzie, un Congolais dégingandé et timide, formé à Cuba, qui parlait couramment l'espagnol aussi bien que le français et plusieurs langues d'Afrique centrale, et qui avait une tendance sympathique à baisser la tête et à glousser joyeusement chaque fois qu'on le taquinait ou l'amusait. Le rôle principal d'Ondzie était, chaque fois qu'on lui signalait des cadavres de chimpanzés ou de gorilles, où que ce soit dans la région, d'aller très vite sur le site et de prendre des échantillons de tissus pour tester la présence éventuelle du virus Ebola. Il me décrivit les outils et les procédures nécessaires à une telle recherche, et la carcasse toujours putréfiée qu'il découvrait en arrivant sur le site, avec la présomption (jusqu'à preuve du contraire) qu'il pouvait se trouver devant Ebola. Sa tenue de travail était une combinaison intégrale étanche avec sa panoplie, un casque avec protection respiratoire, des bottes en caoutchouc, un tablier imperméable et trois paires de gants, fixés sur ses poignets. La première incision qu'il devait faire pour prélever des échantillons était toujours très risquée car la carcasse pouvait être gonflée de gaz ; elle pouvait exploser. Et, quoi qu'il en soit, elle était en général couverte d'insectes, de charognards – de fourmis, de toutes petites mouches et même d'abeilles. Ondzie me dit qu'une fois trois abeilles échappées d'une carcasse s'étaient introduites dans sa manche et son casque, puis avaient progressé sur sa peau, tout le long de son corps, avant de le piquer pendant qu'il prélevait des échantillons. Le virus Ebola pouvait-il se propager par la piqûre d'une abeille ? Probablement, et en un court laps de temps si vous n'étiez pas chanceux. Ondzie l'était.

« Ce boulot te fait-il peur ? » lui avais-je demandé. « Plus maintenant », me répondit-il. « Et pourquoi le fais-tu ? Pourquoi l'aimes-tu ? » (ce qui semblait de toute évidence le cas). « *Ça, c'est une bonne question*[a]. » Il eut une sorte de gloussement nerveux. Puis il se reprit et ajouta : « Parce que ça me permet de pratiquer ce que j'ai appris, de continuer à apprendre. Cela pourrait sauver des vies. »

Un autre membre de l'équipe était Patricia (Trish) Reed, venue en Afrique en qualité de biologiste quinze ans auparavant. Elle avait étudié la fièvre de Lassa puis le sida, été employée par le CIRMF à Franceville et avait acquis une expérience de terrain en Éthiopie et

a. En français dans le texte.

son diplôme de vétérinaire à la Tufts University à Boston. Elle était revenue au CIRMF pour faire de la recherche sur un virus du singe, quand la vétérinaire de la WCS qui travaillait sur le sujet mourut dans un accident d'avion en survolant le Gabon au cours de ses recherches. Karesh engagea Reed pour la remplacer.

Son travail, me dit Reed, englobait tout un ensemble de maladies infectieuses qui menaçaient la santé des gorilles, dont Ebola n'était que la plus exotique. Les autres appartenaient généralement aux maladies humaines plus conventionnelles, que les gorilles pouvaient attraper parce qu'ils étaient génétiquement proches de l'homme : la tuberculose, la poliomyélite, la rougeole, la pneumonie, la varicelle, etc. Les gorilles pouvaient se trouver exposés à ces maladies au contact d'êtres humains qui toussaient, éternuaient et déféquaient en traversant la forêt. La transmission interespèces, dans le sens de l'homme à l'animal, s'appelle une *anthroponose*. Les fameux gorilles des montagnes, par exemple, se trouvaient menacés d'infections spécifiquement humaines comme la rougeole, que les touristes écolos, gâteux devant la nature, leur amènent sans prendre garde. (Les gorilles des montagnes constituent actuellement une sous-espèce gravement menacée à l'est de l'Afrique, dans la région confinée entre les hautes falaises des volcans Virunga au Rwanda et les terres adjacentes. La population des gorilles, à l'ouest des forêts de l'Afrique centrale, une espèce spécifique aux plaines, est plus importante mais loin d'être à l'abri du danger.) La destruction de leur habitat due à la déforestation, la chasse (leur viande est appréciée sur les marchés), les maladies infectieuses qui attaquent les gorilles de l'Ouest, jusque-là relativement nombreux (une centaine de milliers, probablement), tout cela s'ajoute aux problèmes que rencontrent des populations formées de petits groupes isolés qui ont du mal à survivre, comme les gorilles des montagnes, et qui parfois disparaissent de leurs territoires.

Mais les forêts de l'Afrique centrale sont encore relativement vastes, comparées aux falaises du parc national des Virunga, qui abritent une réserve de gorilles des montagnes ; et le gorille de l'Ouest ne rencontre pas beaucoup d'écotouristes sur son terrain, aussi inconfortable qu'impénétrable. Aussi la rougeole et la tuberculose ne sont-elles pas leurs pires problèmes. « Je dirai, sans le moindre doute, qu'Ebola est la menace la plus grave pour les espèces de l'Ouest », affirmait Patricia Reed.

Ce qui rend ce virus aussi menaçant pour les gorilles, selon elle, ce n'est pas seulement sa férocité mais aussi le manque de données que nous possédons. « Nous ne savons pas où il se trouvait auparavant. Nous ne savons pas si les gorilles y survivent. Et nous avons besoin de savoir comment il passe d'un groupe à l'autre. Nous avons besoin de savoir *où il se trouve.* » Et la question du *où* a deux dimensions. Quelle est l'étendue d'Ebola en Afrique centrale ? Dans quel réservoir se cache-t-il ? Le huitième jour, nous avions plié bagage, chargé les bateaux et descendu le cours de la Mambili, sans rapporter d'échantillons de sang à ajouter à ceux que nous avions déjà. Une mission impossible, due à l'absence notable de gorilles. Il se produisit à nouveau l'incident bizarre, à la Sherlock Holmes, du chien dans la nuit. Billy Karesh avait vu un gorille à une proche distance, mais il ne put envoyer une fléchette, et il partit sur les traces de deux autres, grâce à la vue perçante de Prosper Balo qui les avait repérés. Les gorilles qui, par douzaines, fréquentaient autrefois ces clairières s'étaient dispersés dans des coins reculés ou alors étaient morts. Le constat était sans appel : les gorilles autrefois si nombreux semblaient avoir disparu aujourd'hui.

Comme le virus. Mais nous savions qu'il ne faisait que se cacher quelque part.

11

SE CACHER, MAIS OÙ ? Pendant près de quarante ans, l'identité du réservoir, l'hôte du virus, était restée un des mystères les plus épais du monde des maladies infectieuses. Ce mystère, et tous les efforts pour le résoudre, pour trouver sa clé, datent de la première apparition de la maladie provoquée par le virus Ebola, en 1976.

Cette année-là, deux apparitions de ce virus avaient été constatées en Afrique, indépendamment mais presque simultanément : une dans le nord du Zaïre (aujourd'hui République démocratique du Congo) et une au sud-ouest du Soudan (dans une région qui se situe dans la République du Soudan du Sud actuelle), ces deux régions étant séparées d'environ cinq cents kilomètres. Bien qu'au Soudan il se soit déclaré un peu plus tôt, le virus du Zaïre est le plus connu, en partie parce qu'un petit cours d'eau, l'Ebola, qui traverse la région a fini par lui donner son nom.

Le foyer de l'éruption au Zaïre fut l'hôpital d'une petite mission catholique dans un village nommé Yamboukou, dans le district connu comme la zone de Bumba. À la mi-septembre, un médecin zaïrois déclarait deux douzaines de cas d'une maladie nouvelle particulièrement grave – dont les caractéristiques ne ressemblaient pas à celles du paludisme, mais à quelque chose de plus atroce, avec une présence importante de sang dans les vomis et les diarrhées, et des saignements de nez. Quatorze patients étaient morts, selon le message d'alerte du médecin adressé aux autorités de Kinshasa, la capitale du Zaïre, et d'autres se trouvaient dans un état désespéré. Au début du mois d'octobre, l'hôpital de la mission de Yamboukou était fermé, pour la sinistre raison que presque tout son personnel était mort. Une équipe internationale formée de médecins spécialistes et de chercheurs arriva sur le terrain quelques semaines plus tard, sous la direction du ministre de la Santé zaïrois, pour effectuer une étude intensive de ce virus inconnu et tenter de le maîtriser. Ce groupe était composé de scientifiques qui venaient de France, de Belgique, du Canada, du Zaïre, d'Afrique du Sud et des États-Unis, et neuf appartenaient au Center of Disease Control, plus tard renommé Centers for Disease Control and Prevention (Centres pour le contrôle et la prévention des maladies), résumé en un sigle, le CDC, installé à Atlanta, aux États-Unis, et reconnu comme la référence internationale. Leur patron était un Américain, Karl Johnson, médecin et virologue, célèbre pour ses recherches sur les nouveaux virus dangereux, dont le Machupo, en Bolivie, qu'il avait repéré en 1963 et par lequel il avait été lui-même infecté. Il avait failli en mourir. Treize ans plus tard, toujours aussi concerné, toujours aussi dévoué, et pas du tout atteint par l'expérience qu'il avait faite de l'état de mort imminente, ni par sa notoriété professionnelle, il était devenu le patron au CDC des recherches sur les nouveaux pathogènes.

Johnson était parvenu à résoudre le problème du Machupo en portant son attention sur son espace écologique – c'est-à-dire : où se trouve le virus quand il ne tue pas les paysans boliviens ? La question du réservoir fut, dans son cas, rapidement résolue : une souris native de la région introduisait le virus dans les maisons et les greniers. La chasse aux souris mit effectivement fin à l'épidémie.

Mais à présent, en ces jours inquiétants et désespérants d'octobre et de novembre 1976, dans le nord du Zaïre, où l'on ne savait pas comment affronter un tueur invisible et non identifié, qui faisait des victimes par centaines, Johnson, avec ses confrères, prit le temps de s'interroger sur le virus Ebola comme il avait réfléchi pour le Machupo : d'où venait cette chose ?

Johnson et son équipe savaient alors que l'agent pathogène au Zaïre *était* un virus. Cette découverte, toute récente, découlait des analyses faites à partir de prélèvements effectués et envoyés dans divers laboratoires à l'étranger, dont le CDC. (Johnson s'en était activement occupé avant de venir au Zaïre.) Ils savaient que ce virus était similaire au Marburg, un autre virus mortel, identifié neuf ans auparavant ; la microscopie électronique montra un long filament contracté, comme un ver solitaire au supplice. Mais les tests de laboratoire révélèrent aussi qu'Ebola se distinguait suffisamment du virus Marburg pour être considéré comme un nouveau virus. Finalement, ces deux virus filamenteux, Ebola et Marburg, seront classés dans une nouvelle famille, *Filoviridae* : les filovirus*.

L'équipe de Johnson savait aussi que ce nouvel agent, le virus Ebola, devait se loger dans un corps vivant – autre qu'humain – où il pouvait exister sans trop le perturber et continuer d'y imposer sa présence. Mais la question de son réservoir était moins urgente que de trouver des solutions à celles qu'il posait : comment interrompre la chaîne de transmission d'humain à humain, maintenir la vie du patient, mettre fin à la poussée virale. « Peu de recherches sur son écologie ont été faites [2] », rapporta plus tard l'équipe, et les résultats de ces recherches étaient tous négatifs. Aucun virus Ebola n'apparut ailleurs que chez l'homme. Mais les données négatives sont rétrospectivement intéressantes, du moins comme premières données récoltées sur des terrains que les chercheurs venaient d'explorer. Ils étudièrent ainsi huit cent dix-huit punaises dans des villages ravagés par Ebola, sans y trouver la moindre trace du virus. Ils s'en prirent aux moustiques. Rien. Ils pompèrent le sang de dix cochons et d'une vache – sans rien y découvrir. Ils attrapèrent cent vingt-trois rongeurs, dont soixante-neuf souris, trente rats et huit écureuils, mais aucun n'était porteur du virus. Ils étudièrent les entrailles de six singes, deux antilopes et sept chauves-souris. Ces animaux aussi étaient tous sains.

Les membres de la Commission internationale furent relativement rassurés par ce qu'ils avaient vu. « Aucune épidémie grave ou potentiellement explosive d'une nouvelle maladie virale ne s'est déclenchée dans le monde ces trente dernières années [3] », note leur rapport. Le taux de 88 % de cas mortels, avaient-ils noté, était le plus élevé de tous ceux qui avaient été jusque-là enregistrés, à part ceux de la rage (près de 100 % des patients non traités avant l'apparition des symptômes). La Commission fit six recommandations urgentes aux autorités zaïroises, parmi lesquelles des mesures concernant la santé, autant sur le plan local que sur le plan national. Mais l'identification du réservoir d'Ebola n'était pas mentionnée. C'était un sujet scientifique, un peu trop abstrait pour les actions conseillées au gouvernement du président Mobutu. Ce sujet allait devoir attendre.

Et l'attente se poursuivit.

Trois ans après Yamboukou, Karl Johnson et de nombreux membres de la Commission s'interrogeaient encore sur cette question du réservoir. Ils décidèrent de tenter à nouveau de le localiser. Manquant d'argent pour organiser une expédition spécifique, ils s'agrégèrent à un programme en cours concernant la variole du singe au Zaïre, recherche coordonnée par l'Organisation mondiale de la santé. La variole du singe est une maladie presque aussi grave, due également à un virus qui se cache dans un réservoir, à l'époque non encore identifié, et passe d'un hôte à un autre. Il parut naturel et économique d'associer les recherches, en analysant les éléments récoltés en commun, chacun selon sa méthode sur le terrain. Une fois encore, les équipes collectèrent des animaux dans la forêt autour des villages, dans la zone de Bumba, aussi bien que dans le nord-est du Zaïre et le sud-est du Cameroun. Cette fois, les pièges et la chasse, ainsi que l'argent qu'ils distribuèrent aux paysans pour qu'ils leur fournissent des animaux vivants, leur permirent d'en réunir mille cinq cents de cent dix-sept espèces. Il y avait des singes, des rats, des souris, des chauves-souris, des mangoustes, des écureuils, des pangolins, des musaraignes, des porcs-épics, des petites antilopes, des oiseaux, des tortues et des serpents. On préleva à tous du sang, qui fut congelé dans des fioles individuelles. Puis ces échantillons furent envoyés pour analyse au CDC. Un virus pouvait-il être étudié à partir de ces prélèvements ? Les anticorps d'Ebola pouvaient-ils être détectés dans du sérum sanguin ? Le résultat, exposé par Johnson et les coauteurs du rapport dans les pages du *Journal of Infectious Diseases*, était négatif : « Aucune preuve de la présence du virus Ebola n'a été trouvée[4]. »

Que le virus soit passé de l'animal à l'homme rend la chasse au réservoir d'Ebola particulièrement difficile à mener, d'autant que ce virus peut disparaître pendant des années. C'est certes un bienfait pour la santé publique, mais une difficulté pour la science. Pour traquer Ebola, où que ce soit en Afrique, parmi les espèces animales ou dans la forêt, le principal objectif que l'on se fixe, dans l'espace et dans le temps, est de repérer où et quand des individus meurent de ce virus – dans la mesure, bien sûr, où l'information parvient aux autorités médicales compétentes.

Après la poussée de Yamboukou en 1976, puis les deux épisodes au Zaïre et au Soudan, en 1977 et 1979, le virus Ebola ne s'est pratiquement pas manifesté en Afrique pendant quinze ans. Il a pu y avoir quelques cas isolés au début des années 1980, que l'on a suspectés rétrospectivement, mais pas de cas confirmés qui auraient demandé une intervention d'urgence ; et, en l'occurrence, la chaîne de transmission semblait s'être arrêtée d'elle-même. Un tel arrêt prend une importance très particulière dans ce genre de cas où les agents pathogènes présentent un risque mortel tout en restant modérément contagieux. Cela induit que peu de gens en sont morts, un peu plus en ont été infectés, et si certains sont morts, d'autres ont guéri, et l'agent pathogène a cessé de se propager. La propagation du virus s'est arrêtée d'elle-même avant que les troupes de choc de l'OMS, du CDC et d'autres organismes compétents aient été mises en action. Puis, après un certain temps, le virus est revenu – avec l'éruption de Mayibout 2 et ailleurs au Gabon, beaucoup plus inquiétant, à Kikwit.

Kikwit, au Zaïre, se trouve à près de cinq cents kilomètres à l'est de Kinshasa. Assez différente de Yamboukou, de Mayibout 2 et du camp de bûcherons aux alentours de Booué, Kikwit est une ville de deux cent mille habitants qui possède plusieurs hôpitaux. Elle est reliée au reste du monde contrairement aux autres sites où le virus s'était montré. Mais, comme eux, elle est entourée par la forêt.

Le premier cas identifié à Kikwit était un homme de quarante-deux ans qui avait déboisé, aux abords ou dans la forêt même, des parcelles pour y planter du maïs et du manioc, et fait du charbon de bois en abattant des arbres, le tout à une dizaine de kilomètres au sud-est de la ville. L'homme tomba malade le 6 janvier 1995, et mourut de fièvre hémorragique une semaine plus tard.

Entre-temps, il avait transmis le virus à au moins trois membres de sa famille, qui en moururent, et la contagion se propagea à ceux qui avaient été en contact avec eux, dont dix décédèrent dans les semaines qui suivirent. Certains introduisirent le virus à la maternité de l'hôpital local, où il toucha un préparateur du laboratoire, et de là tout l'hôpital de Kikwit. Le préparateur, soigné à l'hôpital, infecta les chirurgiens et les infirmières qui l'opérèrent (craignant une perforation intestinale suite à une typhoïde, ils lui avaient ouvert l'abdomen), ainsi que deux religieuses italiennes qui avaient aidé aux soins. Le préparateur mourut, les religieuses aussi, et les responsables locaux supposèrent qu'il s'agissait sans doute d'une épidémie de dysenterie, un diagnostic malheureux qui permit au virus de faire davantage de victimes parmi les patients et le personnel d'autres hôpitaux de la région de Kikwit.

Tous n'étaient pas d'accord avec l'hypothèse de la dysenterie. Un médecin du ministère de la Santé évoqua plutôt une fièvre hémorragique virale, peut-être due à Ebola. Ce diagnostic fut rapidement confirmé après les analyses de sang effectuées par le CDC à Atlanta le 9 mai. Eh oui, c'était bien le virus Ebola. À la fin de l'épisode infectieux, en août 1995, deux cent quarante-cinq personnes étaient décédées, dont soixante employés de l'hôpital. Pratiquer une opération abdominale sur des malades d'Ebola en pensant qu'ils souffraient d'autre chose (une hémorragie gastro-intestinale due à un ulcère, par exemple), c'était vraiment risqué. Entre-temps, une autre équipe internationale arrivait à Kikwit début juin pour tenter de repérer le réservoir. Ce groupe était composé de spécialistes du CDC, de membres d'une université zaïroise et de l'Institut médical de recherche des maladies infectieuses de l'Armée des États-Unis (l'USAMRIID, qui travaillait auparavant uniquement sur les armes biologiques avant de passer aux maladies infectieuses et à la biodéfense) du Maryland, et d'un expert du Laboratoire danois de recherche sur la peste qui devait en savoir beaucoup sur les rongeurs. Ils commencèrent à travailler sur le site où la transmission interespèces semblait s'être faite – c'est-à-dire là où le paysan de quarante-deux ans, la première victime, avait fait son charbon et moissonné ses champs. Sur ces terrains et ailleurs, au cours des trois mois qui suivirent, ils capturèrent des milliers d'animaux avec des trappes et des filets. Pour la plupart, de petits mammifères et des oiseaux, quelques reptiles et des amphibiens. Des pièges avaient été posés dans la forêt et la savane, aux confins de la ville. Dans Kikwit même, l'équipe captura au filet des chauves-souris à la mission du Sacré-Cœur. Ils tuèrent chaque animal capturé, analysèrent le sang et pratiquèrent la dissection de la rate (dans certains cas, d'autres organes comme le foie ou un rein), pour les congeler. Ils prélevèrent aussi du sang à des chiens, des vaches et des petits singes apprivoisés. L'ensemble aboutit à trois mille soixante-six prélèvements de sang et à deux mille sept cent trente rates, le tout envoyé au CDC pour analyse. Les échantillons de sang, après avoir été irradiés pour tuer tous les virus, furent analysés aux fins de recherche d'anticorps éventuels d'Ebola, en utilisant la méthode de biologie moléculaire la plus perfectionnée de l'époque. Les rates étaient transférées à un laboratoire d'un niveau de sécurité 4 (BSL-4), avec un équipement ultraperfectionné, dont Karl Johnson avait été un des premiers concepteurs. Il l'avait petit à petit imposé, un laboratoire d'une étanchéité record, une pression atmosphérique nulle, des filtres optimisés et un personnel en tenue de cosmonaute – une zone de sécurité biologique dans laquelle le virus Ebola pouvait être manipulé sans risque (théoriquement) de fuite accidentelle. Personne ne savait si une de ces rates contenait le virus mais chacune devait être traitée comme si c'était le cas. Avec ces rates, découpées en fines lamelles, et des cultures de cellules, les techniciens du laboratoire essayèrent de développer le virus. Rien ne se développa. Les cultures de cellules restèrent allègrement ignorées du virus. Et les tests d'anticorps ne montrèrent rien de positif non plus. Une fois encore, Ebola s'était manifesté, avait fait des dégâts puis avait disparu, sans se révéler nulle part sauf par les ravages et les morts qu'il avait déjà causés. Il était le Vengeur masqué, il était Jack l'Éventreur – dangereux, invisible, évanoui dans la nature.

Ce suprême effort, qui dura trois mois à Kikwit, ne devrait pas être considéré comme un échec total ; même des résultats négatifs, dans une étude bien conçue, laissent quelque espoir. Mais cette tentative s'achevait sur de la frustration. L'équipe de Kikwit était-elle arrivée trop tard, cinq mois après la contamination du paysan charbonnier ? Le passage de la saison humide à la saison sèche avait-il fait que le réservoir, quel qu'il eût été, avait migré, s'était caché, ou avait diminué ? Le virus lui-même s'était-il affaibli pour ne plus toucher qu'une population réduite ? Ne serait-il plus qu'un vestige, indétectable même dans son réservoir quand ce n'était plus la saison ? L'équipe de Kikwit ne pouvait répondre à ces questions. Le plus intéressant dans le rapport qui fut fait, à part la longue liste d'animaux qui *ne portaient pas* le virus Ebola, était sa formulation, très claire, des trois hypothèses qui avaient guidé la recherche.

Primo, ils suspectaient (se basant sur des études antérieures) que le réservoir était un mammifère. Secundo, ils avaient noté que les éruptions liées au virus Ebola en Afrique avaient toujours un rapport avec les forêts. (Même l'épidémie urbaine de Kikwit avait commencé avec le paysan qui faisait du charbon en lisière des bois.) Il semblait donc raisonnable de supposer que le réservoir était une créature de la forêt. Tertio, ils avaient aussi remarqué que les manifestations d'Ebola étaient sporadiques – des années pouvaient s'écouler entre un épisode et le suivant. Ces périodes latentes impliquaient que la contagion des hommes par le réservoir était d'une occurrence relativement rare. La rareté de cette transmission entre espèces suggérait deux possibilités : le réservoir lui-même était un animal rare, ou un animal rarement en contact avec les hommes.

L'équipe de chercheurs de Kikwit ne pouvait pas en dire davantage. Ils publièrent leur étude en 1999 (parmi de nombreux articles sur Ebola, dans un supplément spécial du *Journal of Infectious Diseases*), une étude qui s'achevait de façon catégorique sur une conclusion négative. Vingt-trois ans plus tard, le réservoir n'a toujours pas été découvert.

12

« NOUS AVONS BESOIN de savoir où il se terre », avait dit Trish Reed. Elle faisait allusion aux deux questions qui ne trouvaient pas encore de réponse sur Ebola et sa localisation dans l'espace. La première question est écologique : dans quelle créature vivante le virus se cache-t-il ? C'est une affaire de réservoir. La seconde est géographique : quelle est sa répartition sur le continent africain ? Il est peut-être impossible de répondre à cette question avant que le réservoir ne soit identifié et sa répartition définie. Entre-temps, les seules données qui indiquent le territoire d'Ebola se résument à la carte géographique des contaminations humaines.

Jetons un œil sur cette carte. En 1976, Ebola avait fait sa première apparition, comme je l'ai mentionné, avec les graves épisodes de Yamboukou, et ceux un peu moins graves au sud-ouest du Soudan qui, néanmoins, firent cent cinquante et un morts. L'éruption du Soudan se concentra dans une ville à proximité de la frontière zaïroise, à près de huit cents kilomètres au nord-est de Yamboukou. Elle se déclencha dans une filature de coton, dont la toiture logeait quantité de chauves-souris et sur le sol de laquelle couraient les rats. Le taux de mortalité des ouvriers de cette filature fut un peu plus bas qu'au Zaïre, *seulement* 53 %, et les analyses de laboratoire révélèrent que le virus soudanais était génétiquement distinct du virus zaïrois. Il devait être classé comme une espèce différente. Cette espèce fut connue plus tard, en langage taxinomique choisi, comme *Ebolavirus Soudan*. Le nom commun officiel est simplement le virus Soudan qui, s'il gomme le frisson que provoque le mot « Ebola », indique néanmoins un tueur dangereux et sans pitié. La variante que Karl Johnson et ses collègues ont découverte à Yamboukou, appelée dès le début – et elle continue de l'être – virus Ebola, appartient à l'espèce *Ebolavirus Zaïre*. On peut se perdre dans le catalogue, mais les désignations sont très importantes et elles se doivent d'être précises. Finalement, cinq espèces seront reconnues.

En 1977, une petite fille mourut de fièvre hémorragique au centre hospitalier d'une mission, dans le village de Tandala, au nord-ouest du Zaïre. On lui fit un prélèvement sanguin après son décès pour l'envoyer au CDC, non congelé et pas en culture, mais seulement après avoir inoculé le virus Ebola à des cobayes et découvert qu'il se reproduisait dans leurs organes. (C'étaient les débuts d'une campagne qu'il fallait mener contre des virus émergents, et la méthodologie en était encore à ses premiers pas. Il fallait improviser pour surmonter les difficultés, comme conserver vivant un virus qui avait été congelé dans les conditions qu'imposait un climat tropical.) Karl Johnson, à nouveau, faisait partie de l'équipe de recherche ; cela paraissait comme une continuation logique du travail qu'il avait effectué lors de la première éruption, juste un an auparavant et à trois cents kilomètres à l'est. Mais le cas de la petite fille de neuf ans morte à Tandala restait isolé. Sa famille et ses amis ne furent pas contaminés. Il n'y avait même pas d'hypothèse concernant la façon dont elle était tombée malade. Le rapport publié plus tard, avec Johnson à nouveau comme coauteur, se contenta d'en suggérer une en décrivant la région où la gamine avait vécu : « Le contact avec la nature est constant, avec des villages qui se situent dans les clairières d'une forêt tropicale humide ou le long des rivières dans la savane [5]. » Elle avait pu être en contact avec le cadavre d'un chimpanzé, avoir respiré l'urine de rongeurs dans la poussière d'un abri quelconque ou posé ses lèvres sur la fleur qu'il ne fallait pas.

Deux ans plus tard, le virus Soudan réapparut, contaminant un ouvrier de la filature où il était apparu à l'origine. L'ouvrier fut hospitalisé et contamina à son tour un autre patient. Lorsque le virus arrêta de ricocher d'un individu à l'autre dans cet hôpital, vingt-deux personnes étaient décédées. Le taux de mortalité était à nouveau élevé (65 %), mais inférieur à celui du virus Ebola. Le virus Soudan semblait être moins meurtrier.

Puis une dizaine d'années passèrent avant que les filovirus ne refassent surface, sous une nouvelle forme, dans un lieu inattendu : à Reston, en Virginie.

Vous le savez si vous avez lu *The Hot Zone* [a], le récit fait par Richard Preston de l'épidémie de type Ebola apparue en 1989 dans un laboratoire où se trouvaient en quarantaine des singes venant d'Asie. Ce laboratoire était situé dans la banlieue de Reston, de l'autre côté du Potomac, juste en face de Washington DC. Les experts en filovirus ont des avis mitigés sur le livre de Preston, mais il est certain qu'il a eu plus d'impact que n'importe quel article de journal ou reportage pour déclencher la terreur dans la population. Il a aussi provoqué « une pluie de dons » pour encourager le travail des virologues « qui n'avaient jusque-là jamais touché un sou pour leurs recherches sur ces agents exotiques ! » m'a dit un expert. Si ce virus pouvait faire mourir des primates dans leurs cages, dans un bâtiment anodin d'une organisation quelconque, il pouvait aussi bien se transporter ailleurs et tuer à nouveau, non ?

Le lieu en question était connu comme la Reston Primate Quarantine Unit. Cette unité appartenait à un institut nommé

a. *The Hot Zone*, de Richard Preston, 1994. La traduction française, par Claude Dunlin, est parue sous le titre *Virus* en 1995, aux éditions Plon.

Hazelton Research Products qui, lui-même, dépendait d'une autre société, Corning. Les malheureux singes étaient des macaques à longue queue (*Macaca fascicularis*), un animal très utilisé en recherche médicale. Ils étaient arrivés par avion des Philippines. Ils avaient de toute évidence apporté avec eux leurs filovirus, tels de dangereux clandestins, comme le virus de la variole s'emparait autrefois de l'équipage d'un grand voilier. Deux macaques étaient morts à leur arrivée, ce qui était relativement courant à la fin d'un voyage aussi stressant ; mais au cours des semaines suivantes, beaucoup d'autres moururent dans leur nouvel habitat, ce qui était très inhabituel. Finalement, la situation devint alarmante et l'agent infectieux fut identifié comme un virus Ebola – une *sorte* de virus Ebola, mais pas encore spécifié. Une équipe de l'USAMRIID en combinaison superétanche arriva, tel un groupe spécial d'intervention, pour tuer ce qu'il restait de macaques. Puis ils scellèrent l'Unité de quarantaine après l'avoir stérilisée avec du formaldéhyde* gazeux. Lisez Preston, les détails qu'il donne font froid dans le dos. Les experts étaient très inquiets parce que ce virus semblait passer de singe en singe par des petites bulles en suspension dans l'air ; une fuite dans le bâtiment risquait de les envoyer au-dessus de Washington. Était-il aussi mortel pour les humains que pour les macaques ? Un certain nombre de chercheurs furent testés positifs aux anticorps mais – soulagement – ils ne manifestaient aucun symptôme. L'étude de laboratoire révéla ce virus similaire à Ebola, comme le virus Soudan, mais cependant assez différent pour être classé dans une nouvelle espèce. On l'appelle à présent le virus Reston.

En dépit de ce nom, le virus Reston semble être natif des Philippines, et pas de la Virginie suburbaine. Une enquête auprès d'exportateurs de singes près de Manille, sur l'île de Luzon, révéla un nombre important de décès parmi les animaux, dont la plupart avaient été infectés par ce virus, et aussi qu'une douzaine de Philippins avaient des anticorps. Mais aucun d'entre eux ne tomba malade. La bonne nouvelle, découlant à la fois de la grande peur de 1989 aux États-Unis et de la recherche rétrospective à Luzon, est que le virus Reston semble ne pas s'attaquer à l'homme, seulement aux singes. La mauvaise nouvelle est que personne ne comprend pourquoi.

À part le virus Reston, les virus Ebola restaient dans la nature un phénomène africain. Mais l'émergence suivante, en novembre 1992, ajouta une autre caractéristique à la carte africaine. Des chimpanzés commencèrent à mourir dans leur refuge forestier en Côte d'Ivoire. Le parc national de Taï, près de la frontière avec le Liberia, comporte une des dernières enclaves de forêt tropicale primaire dans cette région d'Afrique qui accueille une riche diversité d'animaux, y compris plusieurs milliers de chimpanzés. Un groupe de ces chimpanzés avait été suivi et étudié pendant treize ans par le biologiste suisse Christophe Boesch. Durant l'épisode de 1992, Boesch et ses collègues remarquèrent une chute soudaine de leur population – certains chimpanzés étaient morts, d'autres avaient disparu – mais les spécialistes n'en découvrirent pas la cause.

Puis, à la fin de 1994, on découvrit huit carcasses sur une courte période, et à nouveau des bêtes étaient manquantes. Deux corps de chimpanzés, modérément décomposés, furent autopsiés par les chercheurs du parc de Taï. L'un d'eux démontra par la suite qu'il y avait eu contact avec une sorte d'Ebola, mais cela n'avait pas été décelé lors de l'examen. Durant la nécropsie, une assistante suisse de trente-quatre ans, qui portait des gants mais pas de combinaison étanche ni de masque, fut infectée. Mais infectée comment ? Il n'y avait eu, à aucun moment, de contact direct, pas de scalpel ni d'aiguille qui aurait dérapé. Elle avait probablement eu un contact furtif avec le sang du chimpanzé – une petite griffure ? – ou reçu la projection d'une gouttelette sur le visage. Huit jours plus tard, elle commença à avoir des frissons.

Elle prit des médicaments contre le paludisme. Cela n'aida en rien. Elle fut transférée dans une clinique à Abidjan, et y fut traitée à nouveau contre le paludisme. La fièvre ne tomba pas. Au cinquième jour, elle eut des nausées, la diarrhée et un rash sur tout le corps. Au septième jour, elle fut rapatriée d'urgence par avion sanitaire en Suisse. Elle portait à présent un masque, tout comme le docteur et l'infirmière qui la soignaient. Mais personne ne savait de quoi elle souffrait. La dengue, une infection due à des hantavirus, ou la typhoïde furent évoquées tour à tour et le paludisme n'avait pas encore été écarté. (Ebola n'était pas en tête de liste parce qu'il n'avait pas fait d'apparition en Côte d'Ivoire.) En Suisse, hospitalisée dans une chambre avec une porte à double isolation et une pressurisation négative, on lui fit passer des tests pour toute une série de choses vraiment méchantes, y compris la fièvre de Lassa, la fièvre hémorragique de Crimée-Congo, le chikungunya, la fièvre jaune, le virus Marburg et, à présent, oui, le virus Ebola. La dernière de ces possibilités fut étudiée à partir de trois essais, chacun spécifique : le virus Ebola, le virus Soudan, le virus Reston. Aucun résultat positif. Les anticorps lors de ces essais ne reconnurent pas le virus, quel qu'il ait été, dans son sang.

Les détectives de laboratoire ne se découragèrent pas et tentèrent un quatrième essai qui était plus courant – et qui s'adaptait à tout le groupe de virus Ebola. Appliqué à son sérum, il y eut une réaction positive qui révéla la présence d'anticorps à une sorte de virus Ebola. Ainsi l'assistante suisse fut-elle la première victime mondiale identifiée de ce qui fut baptisé le virus Forêt de Taï. Le chimpanzé, dont elle avait fait la nécropsie et dont les tissus furent à nouveau étudiés, en était la seconde victime, reconnue à titre posthume.

Et, à l'inverse du chimpanzé, elle survécut. Une semaine plus tard, elle quittait l'hôpital. Elle avait perdu quinze kilos et ses cheveux tombèrent par la suite mais, à part ça, elle allait bien. Outre le fait d'avoir été le premier cas de virus Forêt de Taï, l'assistante suisse avait gagné une autre distinction : elle avait été aussi le premier être humain à sortir un virus Ebola du continent africain. Les événements de 2014 montrent qu'elle ne serait pas la dernière.

13

LES TRANSMISSIONS ENTRE ESPÈCES du virus Ebola se sont poursuivies tout au long des années 1990 pour passer au XXIe siècle, toujours de façon sporadique et dispersée, d'un territoire à l'autre, faisant des apparitions assez fréquentes cependant pour rendre les recherches de terrain encore plus difficiles et inquiéter les autorités en charge de la santé publique. En 1995, peu après l'épisode de Côte d'Ivoire, suivit celui de Kikwit. Six mois plus tard, on s'en souvient, une alerte se déclencha à Mayibout 2. Ce que je n'ai pas encore précisé, à propos de Mayibout 2, c'est que, quoique ce village se trouve au Gabon, le virus était un Ebola, connu comme originaire du Zaïre, ce qui fait de lui le virus de son groupe à couvrir le territoire le plus étendu. Sans oublier que dans le camp de bûcherons près de Booué, au Gabon, il s'agissait également du virus Ebola.

Et cette année-là, 1996, le virus Reston entra à nouveau aux États-Unis, cette fois encore porté par une cargaison de macaques des Philippines. Envoyée par le même exportateur de Manille qui avait livré les fameux six singes à Reston (Virginie), elle subit une quarantaine dans des locaux spéciaux à Alice (Texas) près de Corpus Christi. Un des singes mourut, et après qu'il eut été testé positif au virus Reston, quarante-neuf autres faisant partie du même convoi furent « euthanasiés » par précaution. (La plupart d'entre eux, testés plus tard, se révélèrent négatifs.) Dix employés, qui avaient participé au débarquement et s'étaient occupés des singes, furent également soigneusement examinés. Ils furent testés négatifs, aucun ne fut euthanasié ! L'Ouganda fut à son tour reconnu comme territoire hébergeur, atteint par le virus Soudan qui était apparu au nord, dans la ville de Gulu, en août 2000. Le nord de l'Ouganda partage une frontière avec ce qui s'appelait à l'époque le Sud-Soudan, et il ne serait pas surprenant que le virus Soudan ait traversé ou enjambé cette frontière. Traversé, comment ? Enjambé, comment ? Par la circulation d'un individu ou la distribution collective d'un réservoir-hôte à l'identité inconnue. Cela montre à quel point il est important de résoudre le mystère du réservoir. Si vous savez quel animal abrite un certain virus et où vit cet animal – et inversement, où il *ne vit pas* –, vous savez où le virus pourrait frapper, et où probablement il n'irait pas. Cela fournit des éléments pour renforcer notre vigilance. Si le réservoir est un rongeur qui vit dans les forêts au sud-ouest du Soudan mais pas dans les déserts du Niger, les bergers et leurs troupeaux de chèvres n'ont rien à craindre. Ils ont bien d'autres soucis.

En Ouganda, malheureusement, en 2000, la transmission inter-espèces se transforma en une épidémie de virus Soudan qui se répandit de village en village, d'hôpital en hôpital, du nord du pays au sud-ouest, tuant deux cent vingt-quatre personnes.

Le taux de décès était à nouveau de *seulement* 53 %, exactement ce qu'il avait été à la fin de l'éruption soudanaise en 1976. Cette coïncidence précise semble être le reflet d'une différence significative entre la virulence des virus Soudan et Ebola. Cette différence peut être l'effet des ajustements des virus aux hommes en tant que nouveaux hôtes (quoique le hasard soit aussi une explication plausible). Beaucoup de facteurs contribuent aux taux de mortalité lors d'une éruption du virus, y compris le régime alimentaire, les conditions économiques, le niveau de santé publique en général, et les soins médicaux disponibles sur le terrain où elle se produit. Il est difficile de séparer l'agressivité inhérente d'un virus du contexte dans lequel il se développe. Ce que l'on peut dire cependant, c'est que le virus Ebola *semble* être le plus méchant des quatre connus, à en juger par ses effets sur les populations. Le virus Taï ne peut être classé parmi eux, pas encore – par manque de preuve. N'ayant jusque-là infecté, à notre connaissance, qu'un homme (ou peut-être deux, en comptant un cas qui n'a pas été officiellement confirmé) sans tuer personne, ce virus semblerait peu disposé à s'étendre. Il pourrait, ou peut-être pas, se révéler moins mortel ; un seul cas, comme un coup de dés, ne prouve rien de ce qui se passerait si le nombre augmentait. Il pourrait donc frapper davantage mais sans conséquences sérieuses – infecter des hommes sans provoquer des maladies graves. Personne n'a enquêté sur la population de Côte d'Ivoire pour pouvoir exclure cette possibilité.

Savoir à quel point l'évolution a contribué à rendre les virus comme le Taï (ou tout autre virus) moins virulents pour l'humanité est une chose très compliquée, et pas facile à déterminer par simple comparaison des taux de mortalité. Les taux en eux-mêmes ne signifient rien si l'on ne considère pas ceux de la reproduction et de la survivance des virus eux-mêmes sur le long terme. Il ne faut pas l'oublier, le corps humain n'est pas le premier habitat des virus Ebola. Celui du réservoir l'est.

Comme d'autres virus issus d'un réservoir animal, ceux-ci peuvent probablement vivre tranquillement dans leur(s) réservoir(s), en se répliquant régulièrement, mais sans excès et sans causer le moindre trouble. En passant chez l'homme, ils rencontrent un nouvel environnement, des conditions différentes qui entraînent souvent des conséquences mortelles. Et un homme peut en infecter un autre, par contact direct avec des fluides corporels. Mais la chaîne d'infection par le virus Ebola, en tout cas jusque-là, n'a jamais atteint des milliers de cas successifs, ni couvert de grands territoires, ni duré très longtemps. Certains chercheurs utilisent le terme d'« hôte final » pour désigner le rôle des hommes dans la vie et l'œuvre des Ebola. Ce que ce terme implique, c'est ceci : ses manifestations ont été contenues et se sont éteintes ; à chaque fois, le virus est arrivé en bout de course, sans laisser de progéniture. Pas tous les virus dans leur ensemble, bien sûr, mais cette *lignée* de virus, celle qui est passée de l'espèce animale à l'homme, jouant le tout pour le tout – il est parti, fin de l'histoire. *Kaput*. C'est un perdant évolutionniste. Il n'a pas pris suffisamment racine pour devenir un mal endémique chez l'homme. Il n'a pas causé d'épidémie monumentale. Les virus Ebola, jusqu'à présent, entrent dans ce cadre. Une pratique médicale appropriée (la mise en quarantaine, l'isolement des malades, les mesures de protection comme les gants, les combinaisons, les masques, des aiguilles et des seringues jetables) stoppe en général la contagion. Parfois, des méthodes toutes simples peuvent mettre fin à une contagion locale. Cela a certainement dû arriver de nombreuses fois. Aussi retenez ce conseil : si votre mari en attrape un, donnez-lui de la nourriture, de l'eau et de l'amour, dites peut-être quelques prières, mais gardez vos distances, attendez patiemment et faites des vœux – et s'il meurt, ne nettoyez pas à main nue ce qu'ont lâché ses tripes. Il vaut mieux s'en éloigner, lui envoyer un baiser et mettre le feu à la baraque.

Tout ce qui s'attache à l'hôte final tient de la sagesse commune. Cela fait partie du déroulement ordinaire des événements. Cependant il y a une autre perspective à considérer. Les zoonoses déclenchent, par définition, une suite d'événements qui ne sont pas ordinaires, et leurs répercussions peuvent également être surprenantes. Chaque contagion est comme un pari fait par un agent pathogène qui risque tout pour emporter le gros lot, une existence nouvelle pleine de grandeur. Il n'est pas facile de savoir où il finira par atterrir. De savoir où il a été et ce qu'il n'a pas touché. Parfois ce parieur gagne gros.

14

À LA FIN DE L'ANNÉE 2007, un cinquième virus Ebola fit son apparition, cette fois à l'ouest de l'Ouganda. Le 5 novembre 2007, le ministère ougandais de la Santé reçut un rapport annonçant vingt morts mystérieuses à Bundibugyo, une région relativement isolée près de la frontière montagneuse avec la République démocratique du Congo (qui, en 1997, s'appelait Zaïre). Une infection virulente d'origine inconnue avait tué ces gens et en avait mis d'autres en danger. Était-ce la bactérie de la rickettsiose, celle qui provoquait le typhus ? Un virus Ebola était une autre possibilité, écartée au début parce que peu de malades manifestaient des symptômes hémorragiques. On leur fit des prises de sang pour les transmettre de toute urgence au CDC à Atlanta. Là on fit une analyse générale de biologie moléculaire qui pouvait détecter toutes les formes d'Ebola, et des analyses plus spécifiques pour les quatre formes connues. Bien que les tests spécifiques se soient tous révélés négatifs, le test général repéra quelques éléments positifs. Le 28 novembre, le CDC informa les autorités ougandaises : c'était bien un virus Ebola, mais d'une espèce inédite.

Des analyses plus approfondies établirent que le nouveau virus était d'au moins 32 % génétiquement différent des quatre autres. Il devint le virus Bundibugyo. Très vite, une équipe de terrain du CDC débarqua en Ouganda pour aider les responsables locaux à contenir cette nouvelle attaque. Il fallait avant tout prendre soin des malades, essayer d'endiguer les contaminations et enquêter sur la nature de la maladie. Sur cent seize personnes infectées, trente-neuf décédèrent.

L'étude concernant la découverte du nouveau virus Bundibugyo fut publiée plus tard dans une revue médicale et présentée par Jonathan S. Towner, un virologue moléculaire du CDC, qui possédait une grande expérience de la recherche des réservoirs. En dehors des études de laboratoire qu'il avait dirigées, il s'était toujours totalement investi sur le terrain avec son équipe. L'article de Towner comportait une déclaration particulièrement intéressante, un peu comme un aparté, sur les cinq Ebola : « Les virus de chaque espèce ont des génomes divergeant d'au moins 30 à 40 % l'un de l'autre, divergences qui indiquent probablement les différences de la niche écologique qu'ils occupent et l'histoire de leur évolution [6]. » Towner et ses collègues suggérèrent que des différences importantes entre un Ebola et un autre – y compris des différences notables par leur létalité – pouvaient découler du lieu et de leur façon de vivre, où et comment ils *avaient* vécu, dans leurs réservoirs-hôtes.

Les événements de Bundibugyo préoccupèrent beaucoup d'Ougandais. Et ils avaient des motifs sérieux pour cela : l'Ouganda était le seul pays au monde à avoir souffert de la manifestation de deux virus Ebola différents (le virus Soudan à Gulu en 2000, et le

Bundibugyo en 2007) ainsi que des flambées concomitantes du virus Ebola et du virus Marburg, causé par un autre filovirus, en une seule année. (Les circonstances terrifiantes dans lesquelles l'épidémie de Marburg s'est déclenchée dans une mine d'or à Kitala, en juin 2007, font partie d'une histoire que je raconte plus loin.) Devant une telle malchance nationale, il n'est pas surprenant qu'aient couru tant de rumeurs et d'histoires angoissantes pour la population, à la fin de l'année 2007, qui rendirent encore plus difficile la recherche de l'Ebola d'origine.

Un des exemples frappants fut celui d'une jeune femme enceinte, avec des signes de fièvre hémorragique, qui accoucha puis mourut. Le bébé, laissé aux soins de sa grand-mère, mourut bientôt à son tour. C'était triste mais assez fréquent ; lorsqu'un village vit dans des conditions difficiles, les tout jeunes orphelins meurent souvent. Mais la grand-mère, elle aussi, était morte. Un singe (non identifié, probablement un chimpanzé ou un gorille) contamina une chèvre domestique en la mordant. La chèvre moribonde fut dûment tuée et dépouillée par un adolescent de treize ans, et la famille du gamin tomba malade à son tour. Et les questions se posèrent. Non, c'est un singe mort qu'ils avaient mangé. Non, c'étaient des chauves-souris. La plupart de ces histoires ne pouvaient être vérifiées mais elles étaient très courantes et révélaient la compréhension générale, intuitive, de ce que sont les zoonoses : les rapports entre les hommes et tous les animaux, sauvages ou domestiques, devaient d'une façon ou d'une autre se trouver à la base de ces maladies. Au début du mois de décembre, puis à nouveau en janvier 2008, on rapporta des morts douteuses d'animaux (des singes et des cochons) dans les zones frontalières du pays. Dans un de ces rapports étaient aussi notés des chiens qui étaient morts après avoir été mordus par les singes malades, ou l'inverse. Était-ce une épidémie de rage ? Ou d'Ebola ? Le ministère de la Santé envoya des agents pour collecter des prélèvements et enquêter.

« Il y eut alors une nouvelle épidémie – de peur », me dit le Dr Sam Okware, le directeur des services de Santé, lors d'une rencontre un mois plus tard à Kampala. Outre ses autres responsabilités, le Dr Okware dirigeait l'équipe médicale nationale de recherche sur le virus Ebola. « Ce fut la plus dure à contrôler. La panique se propageait. »

Cela se passait dans des coins reculés, m'expliqua-t-il. Des villages, des campements, des petites villes entourées de forêts. Les gens se nourrissaient de ce qu'ils trouvaient dans la nature. Durant l'épisode de Bundibugyo, on ne s'approchait pas des habitants de la région. Ils ne pouvaient plus gagner leur vie. Personne n'aurait accepté leur argent par peur de la contagion. La population quitta l'agglomération la plus importante. La banque ferma. Quand les malades guérissaient, par chance, l'hôpital les renvoyait chez eux, et « ils se trouvaient à nouveau mis à l'écart. Leurs maisons étaient brûlées ». Le Dr Okware était un homme d'âge moyen, mince, avec une petite moustache, et des mains aux doigts très longs qui gesticulaient dans le vide tandis qu'il racontait l'année traumatisante vécue par l'Ouganda. La poussée de Bundibugyo, disait-il, était plus « insidieuse » que dramatique, elle couvait d'une façon équivoque tandis que les responsables de la santé se battaient pour essayer de la comprendre. Il y avait encore cinq questions auxquelles nous n'avons pas de réponse : 1) Pourquoi seule la moitié des membres de chaque famille était-elle affectée ? 2) Pourquoi y avait-il si peu de personnel hospitalier contaminé, comparé aux autres attaques d'Ebola ? 3) Pourquoi la maladie avait-elle frappé spécifiquement cette partie du district de Bundibugyo, touchant certains villages mais pas d'autres ? 4) L'infection était-elle transmise par des contacts sexuels ?

La quatrième interrogation énoncée, il marqua une pause, momentanément incapable de retrouver la cinquième.

« Le réservoir ? suggérai-je.

— Oui, c'est ça, dit-il, quel est le réservoir ? »

Le virus Bundibugyo en Ouganda, en 2007, complète les grandes lignes de la classification des virus Ebola établie à ce jour. Quatre différents Ebola se répartissent, chacun à sa façon, après avoir quitté, comme cette année-là, leur réservoir pour contaminer l'homme, les gorilles et les chimpanzés en Afrique subsaharienne sur le territoire de six pays : le Soudan, le Gabon, l'Ouganda, la Côte d'Ivoire, la République du Congo et la République démocratique du Congo (avant sa réapparition en Afrique de l'Ouest en 2014, dont je parle plus loin). Un cinquième Ebola semble endémique aux Philippines, et il se serait transporté un certain nombre de fois sur des macaques infectés. Mais comment est-il arrivé aux Philippines si son origine ancestrale se situe en Afrique équatoriale ?

A-t-il pu arriver là-bas telle une flèche, d'un saut fabuleux qui ne laisse aucune trace ? Du sud-ouest du Soudan à Manille, cela fait plus de dix mille kilomètres à vol de chauve-souris. Mais aucune chauve-souris ne peut voler si loin sans se poser. Les virus Ebola sont-ils plus largement répartis sur la planète que nous ne le pensons ? Les spécialistes devraient-ils les rechercher en Inde, en Thaïlande et au Vietnam ? (Des anticorps de virus Ebola ou quelque chose d'approchant auraient été trouvés chez des habitants de Madagascar. Allez savoir.) Le virus Reston est-il parvenu aux Philippines de la même façon que le virus Taï en Suisse, et le virus Ebola à Johannesburg – par avion ?

Si vous considérez tous ces éléments dans la perspective d'une biogéographie (savoir quelle créature vit où sur la planète Terre) et d'une phylogenèse (l'histoire évolutive des espèces, des lignées et des groupes d'organismes), une chose devient évidente : la compréhension scientifique actuelle des virus Ebola s'apparente à des têtes d'épingle lumineuses plantées sur un fond noir.

15

LES HABITANTS DES VILLAGES où Ebola a frappé – les survivants, les éprouvés, les terrifiés mais malgré tout heureux d'avoir été épargnés – ont leurs propres façons d'interpréter ce phénomène et l'une d'elles est d'en faire porter la culpabilité aux esprits maléfiques. Un seul mot contient toutes les variétés de croyances et les pratiques connues de toutes les ethnies et dans toutes les langues pour expliquer une mort brutale : la sorcellerie.

On peut prendre pour exemple Mékouka, un village en amont de la rivière Ivindo au nord-ouest du Gabon. C'est l'un des camps près de la mine d'or où se déclencha l'éruption de 1994. Trois ans plus tard, un Américain, Barry Hewlett, anthropologue et également médecin, vint enquêter auprès des villageois pour voir comment ils y avaient réagi et ce qu'ils en avaient pensé. Beaucoup lui dirent dans leur langue, le bakola, que cet Ebola était un *ezanga*, c'est-à-dire un esprit, une sorte de vampire. Un villageois expliqua que l'*ezanga* représentait « des esprits mauvais comme ceux des hommes et qu'il rendait malades les gens[7] » parce qu'ils accumulaient des biens et ne les partageaient pas. (Ce qui ne semblait pas s'appliquer à celui qui, dans le Haut-Ivindo, en 1994, avait partagé sa viande de gorille contaminée avant de mourir.) Un *ezanga* pouvait même être invoqué, et une victime désignée, comme un sort lancé par un sorcier. Les voisins ou les connaissances, envieux de la richesse ou du pouvoir d'un homme, étaient susceptibles de lui envoyer un *ezanga* qui s'attaquerait à ses organes internes et le rendrait malade jusqu'à ce que mort s'ensuive. C'était pourquoi les travailleurs de la mine d'or et les hommes employés à l'abattage des arbres risquaient fort d'être touchés par Ebola, dit-on à Hewlett. Tout le monde les enviait et ils ne partageaient pas.

Barry Hewlett avait enquêté sur l'épisode infectieux qui s'était produit à Mékouka, mais bien des mois après. Toujours fasciné par le sujet et conscient qu'une partie importante du problème semblait avoir été négligée par la recherche clinique et les moyens employés, il alla sur le terrain à Gulu, en Ouganda, à la fin de l'année 2000, alors en pleine flambée virale. Il découvrit que le groupe ethnique dominant attribuait volontiers la maladie du virus Ebola à des forces surnaturelles. Les Acholi croyaient à une forme d'esprit malin, appelé *gemo*, qui parfois soufflait comme le vent et provoquait des vagues de maladies et de mort. Ebola n'était pas leur premier *gemo*. Les Acholi avaient déjà souffert d'autres épidémies, de la rougeole à la variole, découvrit Hewlett, et elles étaient expliquées de la même manière. Beaucoup de personnes âgées lui avaient dit que le manque de respect vis-à-vis des esprits de la nature pouvait faire venir un *gemo*.

Une fois le vrai *gemo* identifié, qui ne serait pas une maladie ordinaire dans leur communauté, la sagesse des Acholi édictait un programme de comportements particuliers, dont certains étaient, de toute évidence, appropriés pour contenir une maladie infectieuse, qu'elle soit causée par les esprits ou par un virus. Ces comportements incluaient, entre autres, la quarantaine pour les malades, qui devaient être gardés dans une maison bien isolée ; il fallait aussi confier au survivant de l'épidémie (s'il y en avait un) le soin des autres malades ; limiter la circulation des habitants entre un village affecté et les autres ; s'abstenir de relations sexuelles ; ne pas manger de viande avariée ou fumée ; pour les enterrements, suspendre les pratiques habituelles du cercueil ouvert et interdire le

« baiser d'adieu [8] » des proches au défunt. Danser était aussi interdit. Les mesures traditionnelles très strictes des Acholi (renforcées par l'intervention du ministère de la Santé ougandais, ainsi que le soutien du CDC, de Médecins sans frontières et de l'OMS) avaient peut-être contribué à mettre fin à l'éruption de Gulu.

« Nous avons beaucoup à apprendre de ces gens, m'avait dit Barry Hewlett un jour au Gabon, de la façon dont ils ont réagi à ces épidémies au cours du temps. » La société moderne a perdu ce genre d'apprentissage sur le terrain, cette accumulation de savoirs culturels, si difficilement acquis jour après jour. Nous dépendons à présent des spécialistes. La biologie moléculaire et l'épidémiologie sont très utiles, mais les autres traditions, le savoir ancien, tout autant. « Écoutons ce que les gens d'ici racontent. Essayons de découvrir ce qui s'y passe. Ils vivent avec les épidémies depuis bien longtemps. »

Hewlett est un homme aimable et fougueux, qui enseigne à la Washington State University et possède vingt ans d'expérience de terrain en Afrique centrale. Lorsque nous nous sommes rencontrés lors d'une conférence sur Ebola à Libreville, nous avions tous les deux visité un autre village qui avait durement souffert – Mbomo, en République du Congo, près de la lisière ouest du parc national d'Odzala-Kokoua. Mbomo n'est pas très loin de la rivière Mambili et de Moba Bai, où j'avais vu Billy Karesh essayer de décocher des fléchettes sur des gorilles. La contagion autour de Mbomo avait commencé en décembre 2002, probablement parmi des chasseurs qui avaient été en contact avec des gorilles ou des antilopes malades et colporté ainsi le virus dans la région, touchant au moins deux autres villages. La grande différence entre l'expérience de Hewlett à Mbomo et la mienne est qu'il y avait débarqué en pleine flambée virale. Il commença son enquête à chaud.

Un des premiers malades, apprit Hewlett, avait quitté la clinique du village parce que sa famille ne croyait pas au diagnostic qui avait été posé et préférait le confier au guérisseur traditionnel. Lorsque le patient mourut chez lui, sans personnel médical autour et toujours malade parce que le rebouteux ne l'avait pas guéri, les choses tournèrent mal. Le guérisseur affirma que cet homme avait été empoisonné par sorcellerie et que le responsable en était son frère aîné, qui avait plutôt réussi et vivait dans un village proche. De simple enseignant, ce frère s'était hissé au grade d'inspecteur sans partager sa chance avec sa famille. Ainsi à nouveau, comme avec l'*ezanga* des Bakolas du nord-est du Gabon, c'était la jalousie qui alimentait les accusations de sorcellerie. Puis un autre frère mourut, et un neveu aussi. Certains membres de la famille décidèrent alors de brûler la maison du frère aîné à Mbomo et de lui envoyer quelques hommes de main lui faire la peau. La police les en empêcha. Le frère aîné, quoique considéré à présent comme un sorcier, échappa à la vengeance. Les relations entre habitants se détériorèrent tandis que se multipliaient les victimes d'un tueur invisible, une menace sans remède, sans explication satisfaisante, au point que celui qui osait à présent se démarquer et adopter un comportement sortant de l'ordinaire devenait suspect.

Un autre élément de cette confusion dangereuse était qu'il existait à Mbomo une confrérie secrète mystique, la Rose-Croix, dont les membres sont connus sous le nom de Rosicruciens. Dans cette partie du Congo, cette organisation avait mauvaise réputation parce qu'on la soupçonnait de sorcellerie. Quatre enseignants d'un village proche en étaient membres – du moins selon la rumeur – et ils avaient parlé du virus Ebola à leurs élèves avant l'épisode viral. Cela poussa les guérisseurs traditionnels à soupçonner les enseignants d'en avoir eu connaissance par avance – une connaissance surnaturelle. Il fallait agir, n'est-ce pas ? Le jour précédant l'arrivée de Barry Hewlett et de sa femme à Mbomo, les quatre enseignants furent massacrés à la machette alors qu'ils travaillaient dans leurs champs.

Peu de temps après, la maladie prit une telle ampleur, touchant tant de membres de la communauté, que la sorcellerie cessa d'être une explication plausible pour les gens du pays. L'autre possibilité était une *opepe*, une épidémie, l'équivalent à Mbomo (dans un des langages locaux, le kota) de ce dont Barry Hewlett avait entendu parler chez les Acholi, comme étant un *gemo*. « Cette maladie tue tout le monde [9] », dit un habitant aux Hewlett, ça ne peut donc pas être de la sorcellerie, qui vise des individus particuliers ou leur famille. Au début de juin 2003, on compta cent quarante-trois cas à Mbomo et ses environs, dont cent vingt-huit décès. Ce qui donnait un taux de mortalité de 90 %, vraiment très haut placé sur la barre, même pour un virus Ebola.

Portant toujours un intérêt réel aux explications locales, les Hewlett se virent confier grâce à leur sens de l'écoute des choses qui n'entreraient jamais dans la classification par catégories d'un questionnaire épidémiologique. Un autre de leurs informateurs, une habitante de Mbomo, déclara : « La sorcellerie ne tue pas sans raison, elle ne tue pas tout le monde, elle ne s'occupe pas des gorilles ou des autres animaux [10]. » Eh oui, les gorilles à nouveau. C'était un autre aspect de ce qui mijotait à Mbomo – tout le monde savait qu'il y avait des singes morts alentour, dans la forêt. Il y avait des gorilles morts dans le Sanctuaire de Lossi. Et aussi, pour ce que Billy Karesh en savait, à Moba Bai. Des carcasses avaient même été vues dans les environs de Mbomo. Et, comme l'avait dit la villageoise, la sorcellerie ne s'occupe pas des gorilles.

16

QUAND UN GORILLE au dos argenté meurt d'Ebola, il le fait loin des yeux de la science et de la médecine. Personne n'est là, dans la forêt, pour observer son agonie, sauf peut-être d'autres gorilles. Personne ne prend sa température ni n'examine sa gorge. Quand une femelle est contaminée par Ebola, personne ne prend son pouls ou sa tension. Des milliers de gorilles ont peut-être été tués par le virus, mais aucun homme n'a jamais assisté à une de ces agonies – pas même Billy Karesh, ni même Alain Ondzie. Parmi toutes les carcasses signalées par des témoins occasionnels, seul un petit nombre d'entre elles ont été retrouvées, dont certaines testées positives aux anticorps Ebola, mais la plupart avaient été englouties par la forêt tropicale. Nous en avons déduit que la disparition de la plus grande partie des populations de gorilles – telles celles de Lossi, d'Odzla et de Minkébé – était due au virus Ebola. Mais personne ne sait vraiment de quelle façon il affecte le gorille.

Avec l'homme, c'est différent. Les chiffres sont clairs : deux cent quarante-cinq cas mortels à Kikwit, deux cent vingt-quatre à Gulu, cent vingt-huit dans et autour de Mbomo, etc. Le total des victimes humaines du virus, de sa découverte, en 1976, à 2012, était d'environ mille cinq cent quatre-vingts. L'attaque virale de 2014 en Afrique de l'Ouest (qui aurait commencé dans le sud-est de la Guinée début décembre 2013) semble avoir doublé ces chiffres, au moment où j'écris, en automne 2014, sans qu'il y ait, pour l'instant, le moindre signe qu'elle s'épuise, et faire aujourd'hui des statistiques n'a pas de sens. Quoique la souffrance soit terrible, le nombre de victimes est encore relativement bas comparé aux ravages qu'ont pu faire sur la planète d'autres maladies comme le paludisme, la tuberculose et les vagues mortelles de diverses grippes. Mais il semble assez important pour avoir généré un nombre significatif de données enrichies par les témoignages des médecins et infirmiers qui ont vu mourir beaucoup de ses victimes. Les symptômes et les effets pathologiques, mortels, d'une infection par le virus Ebola sont maintenant connus, du moins par la profession médicale.

Si vous avez dévoré, comme moi, à sa publication le livre de Richard Preston, *The Hot Zone*, vous avez dû ressentir, à l'instar de tous ses lecteurs, une sorte de panique et conserver le souvenir d'images cauchemardesques. Richard Preston est un auteur doué, à l'écriture très efficace, et il est par ailleurs un chercheur infatigable. Son propos était de présenter une maladie de nature méchante comme une sorte d'être surnaturel particulièrement mauvais. Vous vous souvenez peut-être de sa description de cet hôpital au Soudan où le virus saute de lit en lit, en tuant les malades à droite et à gauche, provoquant des crises de démence dans la confusion générale et, ne se contentant pas de tuer les malades, les fait saigner à mort, liquéfiant leurs organes, jusqu'à ce que les patients finissent par se dissoudre dans leur lit [11]. Vous avez probablement été pris de terreur au moment où Preston affirme que le virus Ebola, en particulier, transforme quasiment tout élément du corps en une bouillie de particules de virus digérées [12]. Vous avez peut-être hésité avant de tourner la page quand il révèle que le cadavre infecté par Ebola se décompose brutalement, ses organes internes tombant en déliquescence, par une sorte de choc en retour [13]. Vous n'avez peut-être pas remarqué que la déliquescence était une métaphore, et qu'elle signifiait un dysfonctionnement, et non une liquéfaction. Plus loin, faisant surgir un nouveau virus dans l'histoire, Preston parle d'un expatrié français en Afrique qui, au cours d'un voyage en avion, « avait pratiquement fondu sous l'effet du virus Marburg [14] ». Vous vous souvenez peut-être de sa description de malades dans une case sombre du Soudan, et des mots choisis : comateux, immobiles et perdant abondamment leur sang [15]. Car ils ne saignent pas seulement. Ils *perdent* leur sang. Ils se vident littéralement. Il y est également dit que leurs yeux se remplissent de sang, ce qui les *aveugle*. « Des gouttes filtrent des paupières. » Les essuyer ne sert à rien. « Le sang se met à couler abondamment le long des joues, dans l'incapacité de se coaguler [16]. » C'est littéralement le masque de la mort rouge. Où le reportage médical rejoint Edgar Allan Poe. Des témoignages d'experts, certains écrits, d'autres oraux, tempèrent les plus terribles descriptions de Preston, sans amoindrir l'ampleur d'Ebola, en termes de souffrance et de morbidité. Par exemple, lors d'un entretien, dans son bureau, avec le Dr Pierre Rollin, directeur de la Viral Special Pathogens Branch du CDC – il avait travaillé à l'Institut Pasteur à Paris avant d'aller à Atlanta pour diriger (depuis quinze ans) des équipes de terrain lors des attaques virales d'Ebola et de Marburg, y compris à Kikwit et à Gulu –, alors que je mentionnais l'impact énorme sur le public de cette maladie du fait de cette présence massive de sang, Rollin m'a interrompu gentiment pour me dire : « C'est des conneries, ça. » Quand j'ai évoqué le bouquin de Preston, il a rigolé : « Ça dégouline de partout, le sang éclabousse le mur », puis il s'est repris. On a le droit d'écrire ce qu'on veut dans le domaine de la fiction. « Mais si vous annoncez que c'est une histoire vraie, il faut s'en tenir à la réalité, et il ne l'a pas fait. Parce que c'est beaucoup plus excitant de voir du sang partout et de faire peur à tout le monde. » Certains malades saignent à mort, a ajouté Rollin, « mais ils n'explosent pas, et ils ne fondent pas ». En fait, m'a-t-il dit, la formulation conventionnelle de « fièvre hémorragique Ebola » était impropre parce que la moitié des malades ne saignaient pas du tout. C'est pourquoi l'OMS a opté pour la terminologie de « maladie à virus Ebola ».

Karl Johnson a eu une réaction presque similaire, sinon plus vive, à propos du livre de Richard Preston. Nous parlions – dans mon bureau cette fois-ci –, alors qu'il se trouvait dans le Montana pour une de ses habituelles équipées de pêche à la mouche. Nous étions devenus amis et il m'avait expliqué très simplement ce qu'étaient les zoonoses et ce qu'il fallait penser des virus. J'avais enfin réussi à l'interviewer et le livre de Richard Preston était bien entendu venu sur le tapis. Retrouvant soudain son sérieux, Karl dit : « Parler de larmes de sang, c'est n'importe quoi. Personne n'a jamais eu de larmes de sang. » Il ajouta : « Les gens qui en meurent ne finissent pas comme un sac de matière visqueuse. » Johnson était d'accord avec Pierre Rollin : tout ce qui concernait le sang était largement exagéré. Si l'on voulait vraiment en voir, il valait mieux aller du côté de la fièvre hémorragique Crimée-Congo. Ebola était méchant et mortel, c'était sûr, mais pas de cette façon-là.

Dans le monde scientifique, la liste des symptômes majeurs du virus Ebola se décline ainsi : douleurs abdominales, fièvre, maux de tête, pharyngite, nausées et vomissements, perte de l'appétit, arthralgie (douleur articulaire), myalgie (douleur musculaire), asthénie (faiblesse), tachypnée (accélération du rythme respiratoire), conjonctivite et diarrhée. La conjonctivite est une inflammation qui donne des yeux rouges, mais ne fait pas couler des larmes de sang. Des symptômes additionnels, comme des douleurs à la poitrine, des hématémèses (vomissements de sang), des saignements de gencives, du sang dans les selles, un saignement qui perdure lorsque l'on fait une piqûre, une anurie (impossibilité d'uriner), un rash, le hoquet et des bourdonnements d'oreille apparaissent dans un nombre plus limité de cas. Lors de l'épidémie de Kikwit, 59 % des malades eurent peu de saignements, et le saignement en général n'était pas un symptôme. Par contre, un rythme de respiration rapide, une rétention d'urine et le hoquet, par ailleurs, étaient des signes que la mort était proche. Les saignements apparaissaient surtout chez les femmes enceintes qui avortaient spontanément. La plupart de ceux qui mouraient s'étaient trouvés en état de choc et s'ils poussaient un dernier soupir, ce n'était pas un bang ni un splash !

Cependant, même les experts ne sont pas tout à fait sûrs de la manière dont le virus provoque la mort. « Nous ne connaissons pas le mécanisme », m'avait dit Pierre Rollin. Il ne pouvait que relever les défaillances organiques multiples, du foie, des reins, évoquer la respiration difficile, la diarrhée, soit les nombreuses causes qui provoquent la mort. Karl Johnson partageait cette analyse, mais il remarqua que le virus « s'attaquait en fait au système immunitaire », en bloquant la production d'interférons, une catégorie de protéines essentielle à une réaction immunitaire sans laquelle « rien ne pouvait empêcher le virus de se reproduire ».

Certains articles reprenant cette hypothèse ajoutaient que les populations ordinaires de bactéries résidant dans les intestins pouvaient être atteintes et, pourquoi pas, favoriser des répliques du virus lui-même. D'après eux, une prolifération bactérienne pourrait entraîner la présence de sang dans les urines et les excréments, et même mener à « la destruction intestinale ».

Un autre aspect encore de la pathologie du virus Ebola est un phénomène appelé coagulation intravasculaire disséminée, connue de la communauté médicale comme CIVD, une activation anormale de la coagulation qui se morcèle en nombreux caillots. Billy Karesh me parlait de cette coagulation disséminée alors que nous descendions la Mambili à la recherche de notre gorille. La coagulation intra-vasculaire disséminée, m'expliqua-t-il, est une forme pathologique de l'agrégat sanguin, dans lequel les caillots normaux (la coagulation des protéines et des plaquettes) prennent la forme de tout petits caillots le long des vaisseaux sanguins partout dans le corps du malade, réduisant ou bloquant les capacités de coagulation qui empêcheraient toute hémorragie. Avec pour résultat que le sang peut suinter par les capillaires, formant des plaques sous la peau comme des traces de coups (des hématomes) ; il peut suinter d'une piqûre d'aiguille qui semblerait ne pouvoir cicatriser, il peut couler dans l'appareil digestif ou passer dans l'urine. Pire encore, l'agrégat de petits caillots dans les vaisseaux sanguins peut empêcher le sang de passer dans les reins ou le foie, causant des défaillances coutumières d'Ebola.

Du moins était-ce ce que l'on savait à l'époque. Plus récemment, Karl Jonhson et d'autres spécialistes ont commencé à se demander si l'effet immunitaire que le virus déclenche en quelque sorte et l'importante éclosion de bactéries peuvent mieux expliquer les dommages que l'on imputait auparavant à la CIVD. « Quand elle fut découverte, la coagulation intra-vasculaire disséminée bla bla bla, était la clé pour tout ce qui était fièvre hémorragique », me dit Johnson, qui continuait de dédaigner la sagesse conventionnelle. À présent, il lisait de moins en moins ce que l'on racontait sur la CIVD.

Comment étudier – avec ou sans la CIVD, avec ou sans les organes qui se dissolvent et les larmes de sang, comme l'évoque Preston – ce virus infernal ? Johnson l'avait découvert pratiquement avant tout le monde, dans des conditions qui l'avaient laissé perplexe – au Zaïre, en 1976, avant que le virus ait même acquis un nom. Mais la chose n'avait pas changé : « Et franchement, tout le monde en a bien trop peur, y compris la profession médicale dans son ensemble, pour s'y mettre vraiment et l'étudier. » Étudier son effet sur un corps humain vivant, qui se bat, voulait-il dire. Pour cela, vous devez réunir un ensemble approprié de conditions hospitalières, un niveau de sécurité 4 (BSL-4), des professionnels, des experts qui s'y consacrent entièrement et des circonstances adéquates. Vous ne pourrez pas le faire dans une clinique, lors d'une prochaine flambée dans un village africain. Il faudrait mettre le virus Ebola en captivité – dans un contexte de recherche, avec des conditions rigoureuses d'observation – et pas uniquement à partir d'éléments congelés. Il faudrait pouvoir étudier le virus en pleine action dans un corps vivant.

Pour les États-Unis, cela a été possible en 2014, lorsque deux Américains contaminés en Afrique de l'Ouest ont été installés, en isolation totale, à l'Emory University Hospital. Des précurseurs.

17

LA GRANDE-BRETAGNE a connu son premier cas d'Ebola en 1976 et la Russie (pour ce que nous en savons) en 1996. Ces deux victimes n'avaient pas été infectées sur le terrain en Afrique puis rapatriées par avion sanitaire mais dans le laboratoire où ils effectuaient des recherches sur le virus.

La première contamination s'était produite au Britain's Microbiological Research Establishment, un organisme discret qui fait partie d'un ensemble d'instituts de recherche de haute sécurité, Porton Down, installé non loin de Stonehenge, dans la campagne vallonnée au sud-ouest de Londres. Au départ, en 1916, Porton Down était un institut de recherche expérimentale dédié aux armes chimiques, tel le gaz moutarde ; puis, pendant la Seconde Guerre mondiale, on y travailla à des armes biologiques, comme l'anthrax et le botulisme. Mais à Porton Down comme à l'USAMRIID, contexte politique et scrupules gouvernementaux obligent, les recherches furent axées sur la « défense » – c'est-à-dire les moyens qui permettraient de répondre à une attaque biologique et à des armes chimiques. Porton Down avait été transformé en un complexe de haute sécurité doté du matériel adéquat et il fut donc sollicité en 1976 par l'OMS qui avait lancé une enquête de terrain sur un mystérieux virus apparu au sud-ouest du Soudan. Des échantillons de sang congelés de patients soudanais y furent envoyés pour analyse – et à peu près à la même époque, durant ce terrible automne, des échantillons de sang venant de Yamboukou furent adressés au CDC. Le personnel de terrain demandait au personnel de laboratoire de l'aider à trouver la réponse à une question : quelle *était* cette chose ? Elle n'avait pas encore trouvé de nom.

Un des chercheurs de Porton Down était Geoffrey S. Platt. Le 5 novembre 1976, au cours d'une expérience, Platt planta l'aiguille d'une seringue contenant un extrait du foie homogénéisé d'un cobaye infecté par le virus Soudan dans son pouce. Platt ne savait pas exactement quel élément pathogène il s'était inoculé, mais il savait que le risque mortel de ce virus non identifié était de plus de 50 %. Il retira immédiatement son gant, plongea son pouce dans une solution d'hypochlorite (une sorte d'eau oxygénée qui tue les virus) et essaya d'extraire une goutte ou deux de son sang. Rien ne vint. Il ne pouvait même pas voir la trace de la piqûre. C'eût été bon signe si cela avait signifié qu'il n'y avait pas eu de piqûre. Hélas, il n'en fut rien. Les suites de cette minuscule blessure de Platt confirment que même une dose infime de virus Ebola suffit à provoquer une infection, du moins si elle est injectée directement dans le système sanguin de la victime. Les pathogènes ne sont pas tous aussi puissants. Certains demandent une introduction plus importante. Le virus Ebola a de la force, mais pas une longue portée. Vous ne l'attrapez pas forcément en respirant le même air mais si une dose infinitésimale de virus pénètre votre peau (et il y a toujours un moyen de passer), danger mortel ! Pour reprendre une formulation des scientifiques : il n'est pas très contagieux, mais hautement infectieux. Six jours après la piqûre de son pouce, Geoffrey Platt tomba malade.

Au début, il se sentit surtout nauséeux et fatigué, avec des douleurs abdominales. Compte tenu des circonstances, cependant, son état fut pris très au sérieux. Il fut admis dans un service spécialisé pour les maladies infectieuses d'un hôpital près de Londres, et mis en isolement sous une tente en plastique avec une pressurisation négative. Les archives ne le mentionnent pas, mais vous pouvez être sûr que ses infirmières et ses médecins portaient des masques. On lui fit des injections d'interféron pour stimuler son système immunitaire et de sérum sanguin (arrivé par avion d'Afrique), recueilli sur un malade d'Ebola qui avait guéri, pour lui fournir des anticorps. Au quatrième jour, la température de Platt monta et il se mit à avoir des vomissements. Cela indiquait que le virus se développait. Et cela continua ainsi les trois jours suivants, le pic de la maladie, avec des vomissements, de la diarrhée et un rash, gagnait tout son corps ; il urinait peu ; une poussée fongique dans sa gorge laissait craindre une défaillance de son système immunitaire. C'étaient là des signes alarmants. Pendant ce temps, on continua de lui donner du sérum.

Au huitième jour, les vomissements et la diarrhée de Platt s'arrêtèrent. Deux jours plus tard, le rash commença à s'apaiser et la poussée fongique était sous contrôle. Il avait eu de la chance, peut-être génétiquement, et aussi le privilège de profiter des meilleurs soins. Le virus disparut de son sang, de son urine et de ses selles (mais il traîna un peu dans son sperme ; Platt promit aux médecins de ne mettre personne en danger). Sa quarantaine prit fin. Et il rentra chez lui. Il avait perdu du poids et, pendant sa longue, et lente, convalescence, il perdit aussi une bonne partie de ses cheveux. Mais comme la patiente suisse, il avait survécu.

La scientifique russe, en 1996, eut moins de chance. Son nom, cité par l'article d'un journal russe (mais qui n'apparut nulle part ailleurs en Occident), était Nadezhda Alekseevna Makovetskaya. Employée à l'Institut de virologie dépendant du ministère de la Défense, elle avait travaillé sur une thérapie expérimentale du virus Ebola, à partir de sérum sanguin de chevaux. Les chevaux sont très sensibles à Ebola, et c'est pourquoi ils servent à produire des anticorps. Faire des tests sur l'efficacité du traitement nécessite d'exposer davantage de chevaux à la maladie. « Travailler sur un cheval qui a été infecté par Ebola n'est pas particulièrement facile [17] », telle avait été la déclaration brève et circonspecte d'un des responsables des recherches, un certain lieutenant-colonel Valentin Yevstigneyev, du ministère de la Défense. Et il avait raison. Un cheval peut être nerveux et instable, même s'il ne souffre pas de convulsions. Qui a envie d'être approché avec une aiguille ? « Dans des conditions normales, cet animal est déjà difficile à contrôler et nous devions travailler avec des combinaisons spéciales de protection. » Ce qu'il entendait par « nous » doit sans doute être pris dans un sens large. C'était un officier de haut rang, un militaire bureaucrate qui n'avait probablement jamais enfilé lui-même des gants en caoutchouc.

« Un simple faux pas ou un gant déchiré peuvent avoir des conséquences très graves. » Et Makovetskaya avait de toute évidence fait ce faux pas. Ou peut-être n'était-ce pas tant sa faute que la réaction d'un cheval un peu nerveux. « Ses gants s'étaient déchirés, mais elle l'a caché à ses chefs », telle fut la remarque peu sympathique du lieutenant-colonel, « parce que c'était juste avant les vacances du jour de l'an ». Supposait-il qu'elle ne voulait pas rater la période des fêtes pour une quarantaine ? Il ne parla pas d'aiguille, ou de griffure, ou d'une blessure sous un gant déchiré, même si c'était probablement le genre d'accident malheureux qui s'était produit. « Et quand elle est allée consulter un médecin, bien évidemment il était trop tard. » Les explications sur les symptômes de la maladie et sur la mort de Makovetskaya n'ont jamais été fournies.

Une autre Russe s'est trouvée contaminée par Ebola en mai 2004, mais à propos de ce cas on en sait un peu plus. Antonina Presnyakova, une technicienne de 46 ans, travaillait dans un centre de recherche virale de haute sécurité appelé Vektor au sud-ouest de la Sibérie. La seringue de Presnyakova contenait du sang d'un cobaye infecté. L'aiguille avait percé les deux couches de gants de sa main gauche. Elle fut immédiatement mise à l'isolement dans une clinique, mais les symptômes se développèrent en quelques jours et elle mourut au bout de deux semaines.

Ces trois cas montrent les risques inhérents à une recherche en laboratoire sur un virus qui présente un danger mortel. Ils révèlent aussi l'inquiétude qu'ont pu soulever aux États-Unis certaines recherches entreprises sur un Ebola local. Cela s'est passé en 2004, juste quelques mois avant la mort d'Antonina Presnyakova.

18

KELLY L. WARFIELD avait grandi dans la banlieue de Frederick, au Maryland, pas bien loin de Fort Detrick, la base militaire américaine consacrée à la recherche médicale ainsi qu'à la défense biologique et chimique. S'y trouve aussi l'USAMRIID. C'était une fille du pays, brillante et curieuse. Sa mère possédait une petite boutique où l'on trouvait de tout à proximité de l'entrée de Fort Detrick.

Aidant souvent sa mère depuis qu'elle allait au collège, Kelly avait rencontré et parlé avec des chercheurs du Centre qui venaient acheter du Diet Coke, un carton de lait, de la Nicorette ou du paracétamol, enfin tout ce qui ressemble à ce qu'un virologue travaillant pour l'armée achète. Mais Kelly n'était pas une petite vendeuse ordinaire. Très jeune elle montrait déjà une aptitude certaine pour les sciences. L'été, durant les vacances scolaires, elle travaillait pour le Bureau des poids et mesures. Plus tard, après sa première année en fac et jusqu'à ce qu'elle ait son diplôme, elle fut assistante laborantine au National Cancer Institute, dont un des laboratoires se trouvait dans le complexe de Fort Detrick. Elle obtint son diplôme en biologie moléculaire et s'interrogeait sur sa prochaine étape. C'est alors qu'elle lut le livre de Richard Preston récemment publié.

« Je suis une enfant de *The Hot Zone* », m'avait dit Warfield bien plus tard. Elle ne pouvait garantir la véracité scientifique du bouquin, mais elle devait reconnaître qu'il l'avait galvanisée. Elle était inspirée par un des personnages principaux du livre, Nancy Jaax, une gradée de l'armée, médecin vétérinaire à l'USAMRIID et attachée à l'équipe qui enquêtait sur le cas d'un macaque infecté par le virus à Reston. Warfield elle-même espérait pouvoir retourner à Fort Detrick après l'obtention de son diplôme et rejoindre l'USAMRIID comme scientifique – et si possible travailler sur le virus Ebola.

Elle voulait préparer un doctorat en virologie. Elle choisit pour cela le Baylor College of Medicine de Houston. Un département entier de Baylor était consacré à la recherche virale, sous l'autorité de deux douzaines de virologues dont certains célèbres, quoique aucun d'eux n'ait affronté à un virus tel qu'Ebola. Warfield trouva une place dans le laboratoire d'un de ses mentors et commença à étudier un groupe de virus gastro-intestinaux, des infections à rotavirus* qui provoquent des diarrhées chez l'homme. La thèse qu'elle préparait s'intéressait au traitement de ces infections chez la souris. C'était un sujet complexe et important (les rotavirus tuent un demi-million d'enfants dans le monde chaque année) quoique pas particulièrement passionnant. Elle avait acquis de l'expérience avec les animaux de laboratoire (surtout les souris) comme modèles pour les infections virales de l'homme et appris un certain nombre de choses sur les vaccins. Elle avait, en particulier, travaillé sur le développement de vaccins utilisant des Virus-Like Particules (VLP) (ou PPV, des pseudo-particules virales), plutôt que l'approche plus conventionnelle qui utilise des virus dont l'évolution est atténuée en laboratoire. Les PPV sont essentiellement celles qui ont gardé leur coque extérieure, capables de provoquer des anticorps (immunité spontanée) mais démunies de leurs éléments fonctionnels, et donc incapables de se reproduire ou d'entraîner la maladie. Les PPV semblent prometteuses pour la fabrication de vaccins contre des virus comme Ebola, qui seraient très dangereux s'ils gardaient toutes leurs capacités.

Cela prit un certain temps à Kelly pour réaliser son rêve, mais pas trop, et elle n'en perdit pas une seconde. Une fois son doctorat en poche, à 26 ans, Kelly Warfield commença à travailler pour l'USAMRIID en juin 2002, quelques jours après l'obtention de son diplôme à Houston. L'Institut de l'armée l'avait engagée en partie pour sa connaissance des PPV. Sitôt inscrite au Programme spécial d'études concernant les immunisations, elle subit elle-même, telle une punition, une série impressionnante de vaccins que devait faire tout postulant avant d'accéder aux laboratoires du BSL-3. (Le BSL-3 est constitué de laboratoires de recherche sur des maladies qui présentent des dangers, mais que l'on peut soigner, dont beaucoup dues à des bactéries comme l'anthrax et la peste. Le BSL-4 est réservé à des recherches sur des pathogènes comme Ebola, Marburg, les virus SRAS, Machupo et Nipah, pour lesquels il n'y a ni vaccins ni traitements.) Elle fut donc vaccinée contre une longue liste d'affections peu attrayantes qu'elle pourrait, ou pas, rencontrer dans son laboratoire – contre la fièvre de la Vallée du Rift, contre l'encéphalite équine du Venezuela, contre la variole et contre l'anthrax – et tout cela dans l'année.

Certains de ces vaccins ont des effets secondaires vraiment pénibles. Celui de l'anthrax fut, pour Kelly Warfield, particulièrement déplaisant. « Ouf, c'était terrible ! » Nous bavardions chez elle, dans la nouvelle banlieue de Frederick. « C'est un vaccin épouvantable. » Après tous ces défis à son système immunitaire, et probablement comme conséquence, elle souffrait d'une crise de polyarthrite rhumatoïde, courante dans sa famille. La polyarthrite rhumatoïde est une déficience immunitaire, mais les médicaments destinés à la contrôler risquent parfois de supprimer la réaction normale.

« Je n'ai donc pas été autorisée à avoir d'autres vaccins. » Cependant, elle eut l'autorisation d'intégrer le BSL-3, et bientôt le BSL-4. Elle commença à travailler sur le virus Ebola actif.

Elle se consacra principalement à la recherche sur les PPV, tout en participant à d'autres projets du laboratoire de son patron. L'un d'eux consistait à tester une forme d'anticorps créés en laboratoire et qui pourraient servir comme traitement en cas d'infection par le virus Ebola. Ces anticorps, développés par une entreprise privée en collaboration avec l'USAMRIID, étaient destinés à contrarier le virus en le bloquant avec une protéine cellulaire impliquée dans une reproduction virale, mais pas avec le virus lui-même. C'était très intelligent. Warfield utilisa des souris comme cobayes, ce qu'elle faisait depuis des années déjà. Pour l'expérience, elle injecta le virus Ebola à cinquante ou soixante souris puis, durant les jours qui suivirent, essaya sur elles le traitement expérimental d'anticorps. Allaient-elles vivre ? Ou mourir ? Les souris se trouvaient dans des cages en plastique transparent, assez hautes, dix souris par plateau. Des procédures méthodiques et une attention permanente sont essentielles lors d'une expérience au BSL-4, et Warfield le savait bien. Sa procédure pour cette expérience incluait de remplir une seringue d'une solution comportant des anticorps, suffisamment pour dix doses, puis d'injecter le produit aux dix souris de chaque plateau, avec la même seringue et la même aiguille. Ce n'était pas une sorte de contrôle dans la mesure où elles avaient été infectées par le même Ebola. Mais utiliser une même seringue sur plusieurs souris faisait gagner du temps et le temps dans un laboratoire du BSL-4 est très important à cause des risques encourus et du stress du personnel, les conditions physiques y étant très contraignantes.

Représentez-vous la chose. Kelly Warfield travaillait habituellement dans la salle connue comme l'AA-5, du BSL-4, tout au bout d'un couloir bétonné dans l'aile la plus sécurisée de l'USAMRIID, derrière trois portes à fermeture automatique et un grand panneau de Plexiglas. Elle portait une combinaison de vinyle bleu étanche (elle et ses collègues l'appelaient simplement leur « bleu de travail », pas combinaison de spationaute, ni d'éboueur) avec un capuchon étanche, un masque étanche en Plexiglas transparent, et une connexion pour brancher la ventilation sur un tuyau jaune, qui tombait du plafond et fournissait de l'air filtré. Elle portait des bottes de caoutchouc et deux paires de gants – une en latex sous des gants plus épais, retenus aux poignets de sa combinaison avec du ruban adhésif. Même avec des gants protecteurs recouvrant des gants de latex, ses mains restaient la partie la plus vulnérable de son corps ;

elle ne pouvait les protéger davantage car il fallait leur garder de la souplesse. Sa table de travail était un chariot en acier inoxydable, comme un chariot d'hôpital, facile à nettoyer, facile à déplacer.

Elle était seule dans la salle AA-5, ainsi équipée, à 5 heures de l'après-midi, le 11 février 2004. Elle était arrivée tard au laboratoire pour l'expérience Ebola parce qu'elle avait dû se consacrer à d'autres tâches. L'attendaient sur un chariot un plateau de souris sous une cloche en plastique transparent, un bloc-notes et pas grand-chose d'autre comme matériel. C'était le dernier plateau de souris de la journée qu'elle devait traiter. Elle remplit une seringue et en injecta le contenu avec précaution à neuf souris, l'une après l'autre – tenant chacune par la peau du cou, elle la renversait pour exposer son ventre, puis introduisait adroitement l'aiguille dans l'abdomen, très vite, en essayant de ne pas ajouter de la souffrance à cette malheureuse déjà condamnée à Ebola. Après l'injection, elle remettait la souris sous la cloche, traitant groupe après groupe. Il ne lui en restait plus qu'une à traiter. Elle était peut-être un peu fatiguée. Des accidents arrivent tous les jours. Et ce fut cette toute dernière souris qui causa la catastrophe. Au moment de l'injection, la souris se débattit, l'aiguille dévia et alla se planter à la base du pouce gauche de Kelly Warfield.

La blessure, si c'était une blessure, semblait insignifiante. « Au début, je n'ai pas cru que l'aiguille avait traversé le gant, me dit-elle. Cela ne faisait pas mal. Rien ne me faisait mal. » Gardant son sang-froid, elle remit la souris sur son plateau, reposa la seringue, puis comprima sa main. Elle vit du sang sur les gants. « J'ai su ainsi que je m'étais piquée. »

Nous étions installés dans le coin repas de sa cuisine, un après-midi de septembre très doux, alors qu'elle me racontait ce qui s'était passé ce jour de février. Sa maison, où elle vivait avec son mari, un médecin militaire, et leur jeune fils, était très agréable et accueillante ; il y avait des dessins d'enfant collés sur le réfrigérateur, des jouets un peu partout, un grand jardin derrière, deux minuscules caniches, et une pancarte accrochée au mur de la cuisine : NE PAS ENTRER SANS COMBINAISON INTÉGRALE. Ce jour-là, elle était vêtue d'une veste rouge, avait des boucles d'oreilles et ne portait pas son bleu de travail de vinyle.

Elle se souvenait que sa tête s'était mise à travailler à toute allure, qu'elle avait lâché un « Oh, mon Dieu ! ça y est, je l'ai fait », une simple constatation. Elle ne s'était pas injecté le virus Ebola – ou du moins pas trop. La seringue ne contenait pas d'Ebola, mais des anticorps, qui ne feraient de mal à personne. Cependant l'aiguille avait piqué dix souris infectées avant de la piquer elle, et si sa pointe avait rencontré et conservé des particules d'Ebola, elle en avait peut-être reçu une petite dose. Et elle savait qu'une petite dose était déjà trop. Elle décrocha rapidement son tuyau jaune et sortit du laboratoire de BSL-4, passa la première des portes pressurisées pour pénétrer dans un sas équipé d'une douche chimique. Elle se doucha, en arrosant sa combinaison de travail d'une solution anti-virus.

Puis elle poussa la seconde porte pour pénétrer dans la zone vestiaire, appelée la Zone Grise. Elle retira ses bottes, enleva sa combinaison et ses gants aussi vite que possible, et se frotta avec vigueur de désinfectant. Elle utilisa le téléphone fixé au mur pour appeler deux amies proches, dont l'une était Diane Negley, la responsable du BSL-4. C'était l'heure du souper, ou peut-être un peu plus tard, et Negley ne semblait pas être chez elle. Warfield laissa sur le répondeur un message terrifiant, désespéré, dont l'essentiel était : j'ai eu un accident, je me suis piquée, s'il te plaît, viens vite. L'autre amie, sa collègue Lisa Hensley, qui n'avait pas encore quitté le bâtiment, répondit à son appel et dit : « Frotte tout ce que tu peux. Je descends tout de suite. » Warfield commença à frotter ses mains de Bétadine, les rinça à l'eau et avec une solution saline, puis les frotta à nouveau. Dans sa ferveur, elle éclaboussa de l'eau un peu partout. Hensley la rejoignit rapidement dans la Zone Grise et se mit à téléphoner pour alerter d'autres personnes, y compris les responsables des accidents du Service médical, et pendant ce temps Warfield continuait de se frotter à la Bétadine. Après cinq ou dix minutes, sentant qu'elle avait fait ce qu'elle pouvait autour de la blessure, elle retira tout son équipement, prit une douche en se frottant avec vigueur au savon, puis se rhabilla. Hensley fit la même chose. Mais quand elles cherchèrent à sortir de la Zone Grise, la porte ne s'ouvrit pas. La serrure électronique refusait de répondre à leur badge. Warfield, dans une poussée d'adrénaline, effrayée, au bord de la crise de nerfs, força la porte en la mettant sur manuel, et toutes les alarmes se déclenchèrent dans l'immeuble.

Mais la nouvelle de l'incident s'était déjà répandue dans tout l'Institut et, à présent, une petite foule s'était formée dans le couloir. Warfield la traversa, bravant les regards et les questions, et se dirigea vers le Service médical. Là, on la fit entrer dans une petite pièce, elle fut questionnée par le médecin de service, qui n'appartenait pas à l'armée, une femme qui l'examina sans la toucher une seule fois. « C'était comme si elle avait peur que j'aie déjà attrapé Ebola », se souvenait Warfield. La période d'incubation pour le virus Ebola se compte en jours, pas en minutes et en heures. Cela prend au moins deux jours, et généralement plus d'une semaine, au virus pour s'installer, se reproduire abondamment et rendre le sujet symptomatique ou infectieux. Mais la femme médecin ne semblait pas le savoir, ou ne s'en préoccupait pas. « Elle se conduisait comme si j'avais déjà la lèpre. » Ce médecin alla discuter avec les autres, après quoi le chef du Service médical fit venir Warfield dans son bureau, la fit asseoir, et gentiment lui dit ce que serait la prochaine étape recommandée. Ils allaient la mettre en « Taule ».

La Taule, à l'USAMRIID, est un espace d'isolement. Elle est conçue pour y soigner une personne infectée par un élément pathogène dangereux et – également – pour empêcher que l'infection ne se répande autour. Elle consiste en deux chambres d'hôpital communicantes, derrière des portes qui assurent leur étanchéité, avec une autre douche chimique. Plus tôt, ce jour où nous en discutions, j'avais eu l'autorisation de visiter les locaux d'USAMRIID et Warfield m'avait montré la Taule et expliqué son concept, en affichant une certaine fierté. À l'entrée du service était fixée une plaque : chambre d'isolement. Personnel autorisé seulement. Le numéro de la chambre était 537, dans le labyrinthe des couloirs de l'Institut. C'est la porte par laquelle passe tout nouveau patient, et si les choses tournent bien, il la repassera. Si elles tournent mal, le patient empruntera une autre issue. Le flot des soignants et des amis courageux, disons même intrépides, se fait par une plus petite porte et ils doivent se doucher et changer de vêtements. Des piles de tenues de protection soigneusement pliées les y attendent sur des étagères. De l'autre côté du sas se trouve une autre porte d'acier. Les deux portes ne doivent jamais s'ouvrir en même temps. Tant que le patient ne montre pas de signe d'infection, les visiteurs autorisés sont admis dans la Taule après toilette, avec des combinaisons, des masques et des gants. Si le patient a été infecté, la chambre entre dans la catégorie BSL-4, où les médecins et le personnel infirmier (et les visiteurs à présent) doivent porter leur blouse bleue. Et, dans ce cas, le personnel médical doit se doucher soigneusement en sortant, en laissant dans un sac le linge souillé pour qu'il passe à l'autoclave.

Warfield me conduisait. Nous pûmes traverser la salle de douche avec nos vêtements de ville parce que la salle d'isolement était inoccupée. Quand elle laissa se refermer la première porte d'acier derrière nous, déclenchant la pressurisation avec un chuintement puissant, je sentis soudain que je n'entendais plus de la même façon. Elle dit : « C'est pour cela qu'on l'appelle la Taule. »

Elle y était entrée aux environs de midi le 12 février 2004, le lendemain de son accident, après avoir fait un testament et des recommandations (relatives à la fin de vie) aidée par un avocat de l'armée. Son mari était au Texas pour des manœuvres militaires et elle lui avait téléphoné pour l'informer de sa situation. En fait, elle était restée au téléphone avec lui presque toute la nuit, cherchant du soutien pendant ces heures de terreur et regrettant qu'il soit si loin. À un certain moment, elle lui dit : « Si je tombe malade, s'il te plaît, donne-moi plein de morphine. J'ai vu de trop près cette maladie » – elle l'avait vue tuer des singes de laboratoire, mais jamais un être humain – « et je sais que ça fait mal ». Le premier week-end, il réussit à rentrer par avion du Texas et ils passèrent la Saint-Valentin dans la « suite » de l'hôpital, tandis qu'il lui tenait la main de ses mains gantées. Il n'y eut pas de baiser à travers le masque.

La période d'incubation du virus Ebola, comme je l'ai mentionné, est supposée durer au moins deux jours ; mais elle peut être de plus de trois semaines. Cela diffère selon les cas, bien sûr, mais à l'époque vingt et un jours semblait être la durée limite. Selon les experts, si une personne exposée au virus n'avait pas manifesté la maladie sur cette période, elle ne l'aurait pas. Kelly Warfield était donc condamnée à rester vingt et un jours en Taule. « C'est vraiment comme la prison », me dit-elle. Mais elle se reprit : « C'est comme la prison et vous allez mourir. »

Une autre différence avec la prison, c'est qu'on y fait davantage de tests sanguins. Tous les matins, son amie Diane Negley, par ailleurs phlébologue certifiée et qui en savait assez sur Ebola pour connaître les risques qu'elle courait elle-même, tapait sur une veine et faisait une prise de sang à Warfield. En échange, elle lui apportait un doughnut et un café au lait. La visite matinale de Negley était le seul moment de plaisir de Warfield. Durant la première semaine, Negley lui prit environ cinquante millilitres de sang par jour, un volume suffisant (plus de trois cuillerées à soupe) qui permettait de faire de nombreux tests, avec un petit extra à congeler. Un des tests, utilisant la PCR (la réaction en chaîne par polymérase*), technique familière à tous les biologistes moléculaires, recherchait des éléments de l'ARN d'Ebola (la molécule génétique du virus, tel l'ADN humain) dans son sang. Ce test, qui peut donner l'alarme mais n'est pas toujours fiable parce qu'il indique parfois un faux positif, est en général interprété deux fois par prise. Un autre test concerne l'interféron, dont la présence peut indiquer une infection virale. Un autre test sanguin encore évalue les troubles de la coagulation, qui pourraient être une alerte précoce en cas de coagulation intravasculaire disséminée (CIVD). Warfield encourageait le personnel médical à prendre tout le sang qu'il voulait. Elle se souvenait d'avoir dit : « Si je meurs, je voudrais que vous en sachiez le maximum sur moi » – le maximum sur le virus Ebola, voulait-elle dire. « Conservez chaque échantillon. Analysez tout ce que vous pouvez. Et je vous en prie, tirez-en quelque chose. » Elle dit la même chose à sa famille : Si le pire se produit, laissez-les faire une autopsie. Il faut qu'ils en retirent le plus d'informations possible.

Si elle devait mourir, Warfield le savait, son corps ne sortirait pas de la Taule par la porte 537. Après l'autopsie, il passerait par le toboggan de l'autoclave, une sorte d'étuve stérilisante, qui ne laisserait rien que ses proches aimeraient voir dans un cercueil ouvert.

Tous ses tests sanguins durant la première semaine étaient normaux et rassurants – à une exception près. Le second test de recherche d'ARN viral par PCR quotidien était positif. Il disait que le virus Ebola était présent dans son sang.

C'était un faux positif. Le résultat provisoire inquiéta beaucoup Warfield, mais cette erreur fut corrigée par un nouveau test.

Un autre problème apparut quand la direction d'USAMRIID découvrit que Warfield souffrait de polyarthrite et que les médicaments qu'elle prenait pouvaient avoir affaibli les capacités de son système immunitaire. « Cela a déclenché une énorme controverse », me dit-elle. Certains grands patrons de l'Institut se montrèrent surpris et furieux, et pourtant cela figurait en bonne place dans son dossier médical. « Il y a eu toutes ces téléconférences entre experts. Tout le monde voulait savoir pourquoi quelqu'un qui avait un système immunitaire déficient travaillait dans le secteur BSL-4. » En fait, il n'y avait rien qui montrait que son système immunitaire ne fonctionnait pas bien. Le commandant de l'USAMRIID ne lui rendit jamais visite, mais il lui envoya un e-mail pour l'informer qu'il suspendait son accès aux laboratoires du BSL-4 et lui confisquait son badge. C'était comme si « on me donnait une claque » en plus de tous ces maux et de ces angoisses, dit Warfield.

Après plus de deux semaines de prises de sang vampiriques et de tests rassurants, Warfield commença à reprendre peu à peu confiance. Elle ne mourrait pas d'Ebola. Elle était faible, très lasse et ses veines aussi. Elle demanda que l'on réduise les prises de sang à une seule, quotidienne. Elle eut encore une grosse frousse un soir alors qu'elle se déshabillait. Ses bras étaient semés de plaques rouges. Elle se demanda si c'était l'annonce d'un rash caractéristique d'Ebola. Elle avait vu des taches identiques sur des singes infectés en laboratoire. Elle resta cette nuit-là éveillée dans son lit, à s'inquiéter, mais finalement ce n'était rien. Elle prit un sédatif pour dormir. Elle avait une bicyclette fixe pour faire un peu d'exercice. Elle avait la télé, le téléphone et Internet. Et alors que les semaines passaient, l'inquiétude qu'avait provoquée sa situation s'apaisait lentement. Les nouvelles étaient bonnes. Ne restait que l'ennui.

Elle garda le moral grâce à sa mère et à quelques amis très proches (qui lui rendaient souvent visite), à son mari (qui ne le pouvait pas), et à son père (qui ne faisait pas partie des visiteurs car il s'occupait de son petit-fils et ne devait pas risquer une contamination), grâce aussi à sa capacité à rire, même si c'était parfois un rire un peu nerveux. Son fils Christian avait juste trois ans à l'époque et il ne pouvait, vu son âge, venir à l'USAMRIID. Warfield le jugeait de toute façon trop jeune pour être confronté à ça ; avec son mari, elle expliqua simplement à Christian que « maman » serait absente pendant trois semaines parce qu'elle avait un « travail spécial ». On lui installa une connexion vidéo, une sorte de judas cellulaire par lequel elle pouvait voir et parler avec ses proches à l'extérieur. Hello, c'est moi, Kelly, d'Ebolaville, comment s'est passée ta journée ? Diane Negley, de son côté, continuait de lui fournir un café et un doughnut le matin, et, avec un courage remarquable, lui procurait en douce de la bière le vendredi soir. La nourriture était un problème au début, parce qu'il n'y avait pas de cafétéria dans le bâtiment jusqu'à ce que l'armée découvre qu'elle avait des fonds qui pouvaient permettre à un patient de la Taule de se faire livrer des repas. Dorénavant, Warfield pouvait faire son choix tous les soirs parmi les meilleurs snacks de Frederick, chinois, mexicains ou des pizzas. Qu'elle pouvait partager avec les amis venus lui rendre visite, comme Negley, qui s'installait dans un coin aveugle, sous la caméra, remontait son masque et se mettait à manger. Ces petites tricheries poussèrent Warfield et ses amis à inventer un jeu : « Ebola te rend… » et ils complétaient. Ebola te rend gros. Ebola te rend bête. Ebola te rend diabétique parce que tu manges trop de glaces au chocolat. Ebola te rend le sourire en te faisant apprécier les petites joies.

Le 3 mars 2004 au matin, la porte 537 s'ouvrit et Kelly Warfield quitta la Taule. Sa mère et (par autorisation spéciale) son fils, Christian, se trouvaient dans la salle d'attente tout au bout du couloir. Elle rentra avec eux à la maison. L'après-midi, elle revint à l'USAMRIID où ses amis et collègues lui offraient une réception pour son retour à la vie normale avec beaucoup de petites gâteries à manger, des témoignages de sympathie et des ballons. Quelques mois plus tard, après une période d'interruption, toute une batterie de tests de son système immunitaire, un recyclage et un contrôle humiliants contre lesquels elle lutta un peu, elle récupéra l'accès au pavillon BSL-4. Elle pouvait recommencer à agiter la queue du dragon qui avait failli la tuer.

« Avez-vous jamais considéré ne plus vous occuper d'Ebola ? lui ai-je demandé.

— Jamais.

— Pourquoi aimez-vous autant votre travail ?

— Je ne sais pas, dit-elle, pensive. Je veux dire, pourquoi Ebola ? Il tue peut-être deux cents individus par an. » Oui, pourquoi ? Il n'avait pas un impact considérable sur la planète (du moins pas à l'époque de cette conversation, en 2008). Mis à part ses méfaits, elle pouvait exprimer cette fascination en termes scientifiques. Elle portait un profond intérêt, par exemple, au paradoxe qu'un organisme si simple ait un potentiel aussi létal. Cette chose possède un minuscule génome, qui est cependant suffisant pour produire exactement les dix protéines nécessaires à sa structure entière, à sa fonction et à sa reproduction. (Le virus de l'herpès, par exemple, possède une complexité génétique dix fois plus grande.) En dépit de ce génome, le virus Ebola est féroce. Il peut tuer un être humain en une semaine. « Comment une chose si petite et si simple peut-elle devenir aussi dangereuse ? » Elle s'interrogeait. « C'est ça qui me fascine. »

Son fils Christian, à présent un beau garçon en primaire, rentra à cet instant de l'école. Kelly Warfield m'avait consacré la plus grande partie de sa journée et il me restait juste le temps de poser une dernière question. Bien que son domaine soit la biologie moléculaire, et non l'écologie, je lui rappelai les deux énigmes de la vie d'Ebola dans la nature : son réservoir-hôte et le mécanisme de la transmission.

Oui, cela restait très mystérieux, elle était d'accord. « Il surgit, fait un certain nombre de victimes, et avant même que vous puissiez arriver sur le terrain pour essayer de comprendre, il est reparti.

— Il est retourné dans la forêt du Congo pour y disparaître.

— Il a disparu, c'est certain. Ouais. D'où venait-il et où est-il allé ? » Mais cela était hors de son domaine de compétence.

19

PENSE À UN LABORATOIRE CATÉGORIE BSL-4 – pas nécessairement AA-5 à l'USAMRIID, mais quelque part dans le monde où ce virus pourrait être étudié. Pense à la proximité, aux habitudes, et aux certitudes. Le virus Ebola est dans ces souris, en train de se reproduire, il envahit leur système sanguin. Le virus Ebola est congelé dans ce tube. Le virus Ebola est dans cette boîte de Petri, formant des plaques au milieu de cellules humaines. Le virus Ebola est dans la seringue ; attention à l'aiguille. À présent, pense à une forêt au nord-est du Gabon, juste à l'ouest de la rivière Ivindo, en amont. Le virus Ebola est partout et nulle part. Le virus Ebola est présent mais pas manifeste. Le virus Ebola est tout proche, probablement, mais personne ne peut dire dans quel insecte, dans quel mammifère, dans quel oiseau ou quelle plante il s'est secrètement installé. Le virus Ebola n'est pas dans ton habitat. Tu es dans le sien.

C'était ainsi que nous raisonnions, Mike Fay et moi, alors que nous traversions la forêt de Minkébé en juin 2000. Six jours après que mon hélicoptère m'avait déposé, nous quittions la région des inselbergs pour nous diriger péniblement vers le sud-ouest, selon la boussole de Fay, à travers une jungle de fourrés épineux surmontée de très hauts arbres et semée de ruisseaux et de marais. Des petites corniches bordaient les fossés et les marais, couvertes de ronces, de fruits telles des boules de pétanque, de processions de fourmis qui nous coupaient la route, une jungle envahie par des singes qui nous défiaient dans les arbres, des éléphants de forêt en abondance, des léopards, et environ quelques millions de grenouilles qui coassaient. Il n'y avait pratiquement pas de signes d'une présence humaine. Le réservoir-hôte du virus Ebola se trouvait là aussi sans doute, mais nous ne pouvions pas le reconnaître sans avoir été présentés. Nous ne pouvions que prendre des précautions.

Au onzième jour de marche, un des hommes de Fay remarqua un singe mona à moitié enfoui dans la terre, un jeune singe, vivant mais pas pour bien longtemps, du sang coulait de ses narines. Il était peut-être tombé d'un arbre après avoir perdu prise. À moins d'avoir été infecté par quelque chose comme Ebola et préféré quitter l'arbre pour mourir ? Suivant les strictes instructions de Fay, personne ne le toucha. Fay avait une équipe de solides Bantous et de Pygmées toujours avides de viande pour la popote du soir, mais il leur avait interdit de chasser et, pour cette expédition à travers la forêt de Minkébé, ses recommandations au cuisinier avaient été particulièrement rigoureuses : ne jamais nous faire manger des animaux découverts morts au sol. Cette nuit-là, on eut à nouveau du ragoût brun, fait comme à l'ordinaire de viande congelée et de sauce en boîte, avec de la purée instantanée. Le singe mort, en tout cas je l'espérais de tout mon cœur, avait été laissé derrière.

La nuit suivante, réunis autour d'un feu, après dîner, Fay m'aida à soutirer un témoignage direct à Sophiano Etouck, le moins bavard des deux survivants de Mayibout 2. J'avais déjà entendu l'histoire – y compris ce qui concernait les pertes personnelles de Sophiano – racontée par le volubile Thony M'Both, mais Sophiano, un gaillard plutôt timide, ne s'était jamais exprimé. Et finalement, il le faisait. Les phrases étaient cruellement bousculées par son bégaiement qui, parfois, semblait le bloquer totalement ; mais Sophiano persévéra et, entre deux blocages, les mots finirent par sortir.

Il se dirigeait vers une des mines d'or. Plus loin, en amont de la rivière. Et il fit une pause à Mayibout 2 pour voir sa famille. Cette nuit-là, une de ses nièces dit qu'elle se sentait mal. Tout le monde pensa au paludisme. La routine, presque. Mais, au matin, cela sembla s'aggraver. Puis d'autres se sentirent mal. Ils vomissaient et avaient la diarrhée. Et il y eut des morts. Six, dans ma famille, dit

Sophiano. Thony, qui confirmait le nombre, n'était pas très sûr des identités. Un oncle, un frère, une belle-sœur, qui était veuve. Et ses trois filles. Des hommes en tenue blanche étaient venus pour s'occuper de tout. L'un d'eux, un Zaïrois, avait déjà vu la maladie. Vingt docteurs étaient morts là-bas, à Kikwit, disait-il. Ils nous avaient prévenus, cette chose fait beaucoup de mal, elle infecte tout. Si une mouche se pose sur toi après avoir touché un des cadavres, ils ont dit, tu meurs. Mais j'ai tenu une de mes nièces dans mes bras. Elle avait un tube enfoncé dans son poignet, un goutte-à-goutte. Il s'est bouché, tout est remonté. Sa main s'est gonflée. Et puis, comme un bouchon qui saute, son sang s'est répandu partout sur ma poitrine, dit Sophiano. Mais je ne suis pas tombé malade. Il faut que tu prennes le médicament, m'ont dit les docteurs. Il faut que tu restes ici vingt et un jours en quarantaine. J'ai pensé, je m'en fous. Je n'ai pas pris le médicament. Quand les membres de ma famille ont été enterrés, j'ai quitté Mayibout 2. Je suis allé à Libreville. Je me suis caché chez une autre sœur, avoua Sophiano. Parce que j'avais peur que les docteurs me fassent des histoires.

C'était notre dernière soirée dans la forêt avant notre rendez-vous pour nous réapprovisionner, à une dizaine de kilomètres de là, et entreprendre l'itinéraire qu'avait choisi Fay, de l'autre côté de la route. Cette route menait vers Makakou, à l'est. Certains membres de l'équipe de Fay le quitteraient là. Les autres resteraient avec lui parce que, bien qu'épuisés, ils avaient vraiment besoin de travailler, ou parce que c'était mieux que la mine d'or, ou parce que ces raisons s'ajoutaient à d'autres : la fascination de faire partie d'une entreprise aussi démentielle que stimulante. Six mois encore d'une marche épuisante à travers les forêts et les marais les séparaient, eux et Fay, du bout de la route, l'océan Atlantique.

Sophiano resterait. Il avait traversé bien pire.

20

L'IDENTITÉ DU RÉSERVOIR-HÔTE d'Ebola (ou des hôtes) reste inconnue, alors que j'écris ce livre, quoique des suspects aient été repérés. De nombreux groupes de chercheurs ont exploré la question. Le groupe qui fait le plus autorité, le mieux placé et le plus persévérant, est dirigé par Éric Leroy. C'est le CIRMF (Centre international de recherches médicales de Franceville) au Gabon. Comme déjà mentionné, Leroy était un de ces médecins, dans leurs impressionnantes combinaisons blanches, venus prêter main-forte lors de l'éruption de Mayibout 2. Quoique ses collègues et lui n'aient pu sauver de la mort beaucoup de malades (pas un seul, selon Thony M'Both), cet épisode fut, pour Leroy, d'une importance fondamentale. En tant qu'immunologiste mais aussi comme vétérinaire et virologue, il avait étudié jusqu'en 1996 les effets d'une autre sorte de virus sur le système immunitaire des mandrills. Les mandrills sont grands comme des babouins, avec un museau rouge, des sillons bleus sur une gueule entourée d'une collerette de poils blancs et des expressions grimaçantes. L'ensemble les fait ressembler à des clowns sombres et furieux. Leroy s'intéressait aussi beaucoup à l'immunité apparente des chauves-souris. Puis se présentèrent Mayibout 2 et Ebola.

« C'est comme tirer au sort », m'avait dit Leroy lors de ma visite à Franceville.

De retour au CIRMF après Mayibout 2, il continua d'étudier Ebola dans son laboratoire. Avec un collègue, comme lui immunologiste, il étudia certains signaux moléculaires dans les échantillons sanguins recueillis lors de l'éruption. Ils découvrirent que la réaction du patient – survivre et récupérer, ou mourir – pourrait ne pas être liée à la dose infectieuse qu'il aurait reçue de virus Ebola, mais à la réaction rapide de ses cellules sanguines devant l'attaque et à la quantité d'anticorps produite. S'il y avait un manque de réaction, quelle en était la raison ? Était-ce parce que le virus lui-même avait en quelque sorte débranché leur système immunitaire, interrompant la séquence normale d'interactions moléculaires impliquée par la production d'anticorps ? Le virus tuait-il les gens (comme on semble largement le croire à présent) en créant un dysfonctionnement de leur système immunitaire avant de les envahir par une nouvelle vague virale, aux effets dévastateurs ? Leroy avec son collègue immunologiste, et quelques coauteurs, avaient publié cette étude en 1999, après quoi il commença à s'intéresser à d'autres dimensions d'Ebola : son écologie et l'histoire de son évolution. L'écologie du virus Ebola inclut la question du réservoir :

où se cache-t-il entre deux apparitions ? L'autre problème est la transmission : par quel chemin, et dans quelles circonstances, le virus passe-t-il de son réservoir à d'autres animaux, comme les grands singes et les hommes ? Se poser ces questions est une chose ; trouver des éléments qui pourraient contribuer à y répondre est plus difficile. Comment un spécialiste pourrait-il étudier l'écologie d'un élément pathogène aussi insaisissable ? Leroy et son équipe parcoururent la forêt, près des lieux où des carcasses de gorilles et de chimpanzés infectés avaient été récemment découvertes, et ils commencèrent à attraper des animaux en masse.

Ils tâtonnaient. Ebola pouvait se trouver dans une de ces créatures – mais laquelle ?

Au cours de plusieurs expéditions, entre 2001 et 2003, dans certaines régions du Gabon et de la République du Congo dévastées par Ebola, l'équipe de Leroy attrapa, tua, disséqua et recueillit des échantillons de sang et d'organes internes de plus d'un millier d'animaux. Une moisson de deux cent vingt-deux oiseaux d'espèces variées, cent vingt-neuf petits mammifères terrestres (des musaraignes et des rongeurs) et six cent soixante-dix-neuf chauves-souris. De retour au laboratoire de Franceville, ils firent des tests sur ces échantillons à la recherche d'Ebola, en utilisant deux méthodes différentes. Une méthode était destinée à détecter des anticorps spécifiques à Ebola, qui seraient présents chez les animaux ayant réagi à l'infection. L'autre méthode utilisait la PCR (réaction en chaîne par polymérase) – qui avait été utilisée sur Kelly Warfield – afin de localiser des fragments du matériel génétique d'Ebola. Ayant étudié de très près toutes les espèces de chauves-souris, qui représentaient les deux tiers de ses sujets, Leroy trouva quelque chose : la preuve de la présence du virus Ebola chez les chauves-souris de trois espèces.

Toutes les trois étaient des chauves-souris frugivores, relativement grandes et de poids. L'une d'elles, la chauve-souris à tête en marteau (*Hypsighnathus monstrosus*) est la plus grande chauve-souris d'Afrique, aussi grosse qu'un corbeau. Les gens la chassent pour se nourrir. Mais, en l'occurrence, le lien entre les chauves-souris et le virus, quoique probable, ne prouvait rien. Seize chauves-souris (dont quatre à tête en marteau) avaient des anticorps. Treize chauves-souris (y compris quelques têtes en marteau) avaient des traces du génome du virus Ebola, détectable par la PCR. Cela représentait vingt-neuf individus, une petite fraction de l'échantillon dans son ensemble. Et les résultats, malgré ces vingt-neuf qui restaient équivoques, n'en avaient révélé aucun positif en appliquant les deux méthodes. Les seize chauves-souris avec des anticorps ne possédaient pas d'ARN d'Ebola, et vice versa. De plus, Leroy et son équipe ne trouvèrent de virus Ebola actif chez aucune chauve-souris – pas plus que chez les autres animaux qu'ils disséquèrent.

Ambigus ou pas, ces résultats parurent toutefois inquiétants lorsqu'on les découvrit dans l'article de Leroy et de ses collègues fin 2005. Une communication brève, pas plus d'une page, mais publiée dans *Nature*, l'une des revues scientifiques les plus renommées. Le titre annonçait : DES CHAUVES-SOURIS FRUGIVORES RÉSERVOIRS DU VIRUS EBOLA. Le texte lui-même, plus modéré, disait que des chauves-souris de trois espèces « pourraient jouer le rôle de réservoir » du virus. Certains experts réagirent comme si la question était désormais pratiquement réglée, d'autres attendaient de voir. « La seule chose qui empêche d'être sûr que les chauves-souris constituent le réservoir, me dit Leroy quelque dix mois plus tard, est l'isolement du virus. Du virus actif de la chauve-souris. » C'était en 2006. Cela ne s'est pas encore produit, pour ce que nous en savons, quoiqu'il ne ménage pas ses efforts. « Nous continuons d'attraper des chauves-souris – pour essayer d'isoler le virus dans leurs organes. »

Mais la question du réservoir, insista Leroy, n'était qu'un des aspects d'Ebola qui le travaillaient. Utilisant les méthodes de la génétique moléculaire, il étudiait aussi sa phylogenèse – les racines et l'évolution de toute la lignée des filovirus, y compris le Marburg et les divers virus Ebola. Il voulait tout apprendre du cycle naturel du virus, la façon dont il se reproduit dans son réservoir (ou ses réservoirs) et se maintient dans ces populations. Apprendre quelque chose du cycle naturel aiderait à découvrir comment le virus passe chez l'homme : le *spillover*, la transmission interespèces. Cette transmission se fait-elle par voie directe (par exemple, l'homme qui mange la chauve-souris) ou par un hôte intermédiaire ? « Nous ne savons pas s'il y a une transmission directe de la chauve-souris à l'homme, me dit-il. Nous savons seulement qu'elle est directe des grands singes morts à l'homme. » Comprendre la dynamique de la transmission, lors des épidémies – y compris les facteurs saisonniers, géographiques et les circonstances qui mettent les animaux réservoirs ou leurs fientes en contact avec les singes ou les hommes – pourrait donner aux autorités sanitaires une chance de prévoir ou d'empêcher toute nouvelle manifestation. Mais là se révèle une sombre circularité : réunir plus d'informations nécessite que le virus se manifeste à nouveau.

Ebola est difficile à étudier, expliqua Leroy, à cause de son caractère même. Il frappe rarement, il progresse très vite lorsque l'infection est déclenchée, il tue ou ne tue pas en très peu de jours, il peut toucher à chaque flambée des dizaines ou des centaines d'individus qui vivent généralement dans des coins reculés (une fois encore, il avait raison sur ces deux points, jusqu'en 2014), loin des hôpitaux et des institutions qui se consacrent à la recherche – loin même de son institut, le CIRMF. (Cela prend deux jours, par route et par bateau, pour aller de Franceville à Mayibout 2.) Puis l'attaque virale s'épuise d'elle-même localement, elle arrive à son terme ou a été sensible à un traitement. Le virus disparaît brusquement comme une bande de guérilleros dans la jungle. « On ne peut rien faire », dit Leroy. Il voulait dire rien faire tout en essayant, tout en continuant de travailler, de surveiller, de collecter des éléments dans la forêt, de réagir aux flambées quand elles se déclenchent. Personne ne peut prédire quand et où Ebola apparaîtra à nouveau.

« Le virus semble le décider de lui-même. »

21

LE SCHÉMA GÉOGRAPHIQUE des poussées d'Ebola, en ce qui concerne les hommes, est sujet à controverse. Tout le monde sait à quoi il va ressembler, mais les experts continuent d'en discuter le sens. Cette controverse concerne particulièrement celui qui, parmi les cinq Ebola reconnus, émerge le plus fréquemment dans de nombreuses régions à travers l'Afrique et qui, du coup, nécessite vraiment une explication. De la première apparition du virus à aujourd'hui, de Yamboukou (1976) à Tandala (1977), aux mines d'or en amont de l'Invindo (1994), à Kikwit (1995), à Mayibout 2 (1996), à Booué (fin 1996) au nord de la frontière qui sépare le

Gabon de la République du Congo (2001-2002), à la région de Mbomo (2002-2003) et à nouveau Mbomo (2005), puis ses deux éruptions près de la rivière Kasai dans ce qui est maintenant la République démocratique du Congo (2007-2009) et plus récemment en Guinée, en Sierra Leone, au Liberia et au Nigeria (2013-2014), le virus Ebola a joué à la marelle, semble-t-il, à travers l'Afrique centrale et l'Afrique de l'Ouest. Que s'est-il passé ? Est-ce vraiment aléatoire ou y a-t-il des raisons à cela ? Et, dans ce cas, quelles seraient-elles ?

Deux écoles de pensée existent. Je les vois comme l'onde et la particule – ma petite parodie de la classique question « onde ou particule », sur la nature de la lumière. Souvenez-vous de vos cours de physique. Au XVIIe siècle, Christiaan Huygens déclara que la lumière était constituée d'ondes, tandis qu'Isaac Newton affirmait qu'elle était formée de particules. Leurs expériences permettaient aux deux d'y croire fermement. Il fallut la découverte de la mécanique quantique, plus de deux siècles plus tard, pour expliquer que « onde ou particule » n'était pas une dichotomie que l'on pouvait résoudre, mais une ineffable dualité, ou du moins un artefact des limitations des différents modes d'observation.

L'école particule d'Ebola le voit comme un virus relativement vieux et omniprésent dans les forêts de l'Afrique centrale, et considère chaque contagion humaine comme un événement indépendant, auquel on peut donner une explication. Par exemple un individu a récupéré la carcasse d'un chimpanzé infecté ; la carcasse était infectée parce que le chimpanzé lui-même avait ramassé un fruit qui avait été touché par un réservoir-hôte. Le passage à l'homme qui s'ensuit résulte d'un incident local, dont chaque étape de la transmission ne représente qu'une particule, une unité isolable. Éric Leroy défend ce point de vue. « Je pense que le virus est présent en permanence dans les réservoirs, m'a-t-il dit. Et parfois il y a transmission des espèces-réservoirs à d'autres espèces. »

L'école onde suggère qu'Ebola *n'est pas* présent en Afrique centrale depuis bien longtemps – qu'au contraire, même, ce serait un nouveau virus, dont un ancêtre viral viendrait peut-être de la région de Yamboukou, et qui émerge ces derniers temps sur d'autres sites. Les manifestations locales ne sont pas des événements isolés, elles font partie d'une vague plus étendue. Le virus a, ces dernières décennies, élargi son territoire en infectant de nouvelles populations-réservoirs. Ainsi chaque poussée d'Ebola serait un événement local explicable dans un contexte plus large – l'arrivée de la vague. Le principal adepte de cette idée de la vague est Peter D. Walsh, un écologiste américain qui, ayant beaucoup travaillé en Afrique centrale, applique une théorie mathématique aux événements écologiques.

« Je pense qu'il passe d'hôte en hôte dans un réservoir », me dit Walsh lorsque je lui demandai où le virus voyageait et comment. Cela se passait au cours d'une autre rencontre à Libreville, au Gabon, une ville grouillante avec quelques endroits paisibles où les chercheurs d'Ebola se retrouvaient parfois. « Probablement un réservoir à forte population et qui ne se déplace pas beaucoup. Du moins, il ne transmet pas le virus bien loin. » Walsh ne prétendait pas connaître l'identité de ce réservoir, mais il pensait que c'était un animal assez commun et relativement sédentaire. Un rongeur ? Un petit oiseau ? Une chauve-souris qui ne migrerait pas ?

L'évidence des deux aspects de cette dichotomie, si elle se discute, ne convainc pas vraiment. Une forme de cette évidence est représentée par les différences génétiques constatées dans les lignées du virus ou qui ont laissé leurs traces chez leurs victimes, hommes, gorilles et autres animaux repérés en différents lieux et temps. Le virus Ebola semble en général muter à un rythme comparable à celui de n'importe quel virus ARN (c'est-à-dire relativement vite) et la variation détectable entre une lignée de virus et une autre peut être une indication très importante sur leurs origines dans l'espace et le temps. Peter Walsh, qui avait, avec deux coauteurs, consacré à ce sujet un article important en 2005, croisa les données génétiques avec les analyses géographiques et suggéra que toutes les variantes connues du virus Ebola descendaient d'un ancêtre qui ressemblait fort au virus Yamboukou apparu en 1976.

Les collaborateurs de Walsh étaient Leslie Real, un théoricien très respecté qui travaillait sur les maladies endémiques à Emory University, et un jeune et brillant collègue, Roman Biek. Ensemble, ils avaient présenté des cartes, des graphiques et des arbres généalogiques qui révélaient de fortes corrélations entre trois sortes de distances : la distance en kilomètres de Yamboukou, la distance en temps de l'épisode de 1976 et la distance en différences génétiques à partir de l'ancêtre commun de Yamboukou. « Ces éléments réunis, nos résultats mènent très clairement à la conclusion que [le virus Ebola] s'est graduellement étendu à travers l'Afrique centrale depuis son lieu d'origine près de Yamboukou, au milieu des années 1970 [18] », déclaraient-ils. Le titre résumait bien leur thèse, EBOLA ZAÏRE SE PROPAGE COMME UNE VAGUE. Ce pouvait être ou pas un nouveau pathogène – du moins, nouveau dans ces sites. (Une autre recherche, publiée plus récemment, suggère que les filovirus pourraient être vieux de millions d'années.) Mais quelque chose avait pu se produire, assez récemment, dans le virus lui-même, et le réorganiser avant de le lâcher à l'assaut des hommes et des singes. « Dans ce scénario, la structure de l'arbre phylogénétique*, la forte corrélation entre la date de l'éruption et la distance de Yamboukou, une corrélation donc entre la génétique et la géographie, pouvaient prévenir de l'arrivée de la vague infectieuse du virus Ebola. » L'une des conséquences de cette vague, selon leur étude, a été une forte mortalité chez les singes. Quelques populations régionales ont été quasiment exterminées – comme les gorilles de la forêt de Minkébé, et ceux du Sanctuaire de Lossi, dans la région de Moba Bai. Ebola les avait emportés tel un tsunami.

Voilà pour ce qui concerne l'hypothèse de l'onde. L'hypothèse de la particule s'empare *grosso modo* des mêmes éléments, mais les interprète différemment. La transmission du virus serait indépendante, et non sous forme de vague voyageuse. L'équipe d'Éric Leroy avait collecté beaucoup de données, y compris des échantillons de muscles et d'os de gorilles, de chimpanzés et de petites antilopes dont on avait trouvé les cadavres près de lieux où il y avait eu des cas d'infections chez l'homme. Dans certaines carcasses (spécialement des gorilles), ils détectèrent la présence d'infection par virus Ebola, avec de petites, mais signifiantes, différences génétiques dans le virus chez certains animaux. Ils recherchèrent la présence éventuelle d'éléments semblables dans des échantillons humains, datant des épisodes infectieux du Gabon et de la République du Congo en 2001-2003, et identifièrent huit différentes variantes virales. (Il y avait moins de différences entre elles qu'entre les cinq virus Ebola.) Et, selon l'équipe d'Éric Leroy, ces différences devraient être comprises dans leur propre contexte où le caractère génétique est relativement stable. Les différences dans les variantes suggèrent qu'elles ont attendu dans des lieux isolés les uns des autres. Ce ne serait pas une vague de nouveaux venus, plutôt un même virus.

« Les poussées d'Ebola ne se produisent probablement pas comme une irruption soudaine qui se répandrait dans tout le bassin du Congo, comme certains l'ont suggéré [19] », a déclaré l'équipe de Leroy, faisant allusion à l'hypothèse de Walsh, « elles sont plutôt dues à de multiples épisodes infectieux des grands singes proches du réservoir ». Cette apparente contradiction entre l'hypothèse particule de Leroy et la vague de Walsh ne fait, à mon avis, que mettre l'accent sur un malentendu. La confusion est peut-être née d'une incompréhension, et d'un certain sens de la compétition, autant que de l'ambiguïté des études qu'ils ont publiées. Disons, pour simplifier les choses, que ce que suggère Walsh serait une vague du virus Ebola qui balaierait toute l'Afrique centrale en contaminant de nouveaux réservoirs d'hôte, ou d'hôtes. De sa récente installation chez un hôte, selon Walsh, le virus est passé ailleurs, ici et là, chez le singe et les populations humaines. Le résultat de cette migration se vérifie par une poussée chez l'homme qui coïncide avec une dévastation chez les singes et les gorilles – *presque* comme si le virus essayait de balayer toutes les populations de primates d'Afrique centrale. Walsh tenait à préciser cependant, lors de notre rencontre à Libreville, qu'il n'avait jamais évoqué une vague mortelle qui se serait abattue sur les gorilles du continent, un groupe infectant un autre. La vague d'Ebola, expliqua-t-il, se déplaçait principalement à travers les populations-réservoirs, et pas par le biais des gorilles. La vague mortelle avait touché beaucoup de gorilles, sur de grands espaces, c'était vrai, aggravée par la contagion de gorille à gorille, mais le spectre de sa progression virale montrait qu'elle était passée à un autre groupe animal, non encore identifié, avec lequel les singes se trouvaient souvent en contact. Leroy, de son côté, présenta son hypothèse particule de « multiples introductions indépendantes » comme étant une alternative diamétrale, pas à l'opinion de Walsh ici exposée, mais à la notion d'une vague continue chez les singes.

En d'autres mots, l'un a crié : *Des pommes !* L'autre a répondu : *Pas des oranges, non !* Chacun peut avoir raison, ou pas mais, dans tous les cas, leurs arguments auront bien du mal à se rencontrer.

Donc la lumière est-elle une onde ou une particule ? Aujourd'hui la mécanique quantique répondrait un *oui* prudent. Est-ce Peter Walsh ou Éric Leroy qui aurait raison à propos du virus Ebola ? La meilleure réponse serait à nouveau oui. Walsh et Leroy ont fini par écrire ensemble une étude, avec la participation de Roman Biek et de Leslie Real comme habiles réconciliateurs, étude qui propose un composé logique de leurs idées respectives sur l'arbre généalogique des variantes d'Ebola (toutes descendantes de Yamboukou) et la chauve-souris à tête en marteau (relativement récente) comme réservoir-hôte. Mais même cette communication a laissé certaines questions sans réponse, dont celle-ci : si les chauves-souris n'ont été que récemment infectées par le virus Ebola, pourquoi ne souffrent-elles d'aucun symptôme ?

Les quatre coauteurs ont été d'accord sur un certain nombre d'autres questions de base. D'abord, les chauves-souris frugivores peuvent être des réservoirs du virus Ebola mais pas nécessairement les *seuls* réservoirs. Un autre animal est sans doute impliqué – un réservoir plus ancien, qui se serait depuis longtemps adapté au virus. (Si c'est le cas, où se cache cette créature-là ?) Ensuite, ils ont reconnu que bien trop d'individus avaient été victimes de la maladie du virus Ebola, mais pas autant que les gorilles, les grands perdants.

22

APRÈS NOTRE VAINE SURVEILLANCE près de Moba Bai, en République du Congo, Billy Karesh et moi, avec Prosper Balo, le traqueur de gorilles, ainsi que les autres membres de l'équipe, nous descendions depuis trois heures la Mambili en pirogue. Nous ne transportions pas de prélèvements congelés de sang de gorilles, mais j'étais néanmoins content d'avoir eu la chance de venir en observation. En aval, nous avions bifurqué en remontant un bras du fleuve pour accoster, puis nous nous étions dirigés à pied, sur un sentier, vers Mbomo, au cœur de la région où Ebola avait tué cent vingt-huit personnes durant la poussée de 2002-2003.

Mbomo est le lieu où Barry Hewlett, spécialiste d'anthropologie médicale, arrivé juste après que quatre enseignants y avaient été massacrés à coups de hache, s'était trouvé confronté à la suspicion de certains habitants qui pensaient que les morts causées par Ebola étaient dues à de la sorcellerie. On s'y arrêta pour visiter un petit hôpital, formé de bâtiments bas de béton en forme de U autour d'une cour poussiéreuse, et qui faisait penser à un motel spartiate.

Chaque chambre, minuscule, telle une cellule, donnait directement sur la cour par une porte à claire-voie. Alors que nous attendions au soleil, Alain Ondzie me dit que le médecin-chef de l'hôpital, le Dr Catherine Atsangandako, était connue pour avoir logé, l'année précédente, un malade d'Ebola dans une de ces cellules et lui avoir passé la nourriture et l'eau par les interstices de la porte. L'homme était un chasseur, qui avait été contaminé par la viande de son gibier. Il était mort derrière sa porte à claire-voie, une fin bien solitaire, mais on considéra que la quarantaine draconienne imposée par le médecin-chef avait probablement évité une flambée du virus plus importante.

Catherine Atsangandako n'était pas en ville le jour de notre visite. La preuve de sa fermeté, une écriture décidée, était affichée en lettres rouges sur la porte :

Attention Ebola
ne touchons jamais
ne manipulons jamais
les animaux trouvés
morts en forêt[a]

Mbomo avait une autre particularité : c'était la ville natale de Prosper Balo. Tout au bout d'une rue étroite et d'un chemin herbeux, notre équipe déboucha sur une cour soigneusement balayée où des fauteuils en bois étaient installés sous un palmier. On rencontra sa femme, Estelle, et quelques-uns de ses nombreux enfants. Sa mère nous offrit du whisky de palme. Les enfants cherchaient à attirer l'attention de leur père ; d'autres parents étaient venus voir les visiteurs étrangers ; on prit des photos de groupe. Et au cours de cet accueil cordial, après avoir répondu à quelques questions amicales, on apprit comment Estelle et sa famille s'étaient trouvées infectées par Ebola durant le sinistre épisode de 2003, alors que Prosper était absent.

Sa sœur, ses deux frères et un jeune enfant en étaient morts, et Estelle elle-même avait été rejetée par les villageois parce qu'elle s'était trouvée aux côtés des mourants. Personne ne voulait lui vendre de la nourriture. Personne ne toucherait son argent. Était-ce la contagion qu'ils craignaient, ou la magie noire, ce n'était pas

a. En français dans le texte.

très clair. Elle dut se réfugier dans la forêt. Elle serait morte elle aussi, dit Prosper, s'il ne lui avait pas appris à prendre les précautions que lui avaient enseignées à l'époque le Dr Leroy et d'autres médecins, alors qu'il les aidait à rechercher des animaux infectés : tout stériliser avec de l'eau de Javel, se laver les mains et ne pas toucher de cadavres. Mais à présent que les mauvais jours étaient passés, enlacée par Prosper, Estelle était redevenue une jeune femme souriante et en bonne santé.

Prosper se souvenait de cette flambée d'Ebola à sa façon, en regrettant les pertes familiales d'Estelle et d'autres événements. Il nous montra son livre le plus précieux, comme si c'était sa bible – un guide botanique – sur les pages de garde duquel il avait noté une liste de noms : Apollo, Cassandra, Afrodita, Ulises, Orfeo, et une vingtaine d'autres. C'étaient des gorilles, tout un groupe qu'il avait bien connu, qu'il avait suivi et observé avec amour au Sanctuaire des gorilles de Lossi, où il avait travaillé. Cassandra était sa favorite, me dit Prosper. Apollo était le gorille à dos argenté. *Sont tous disparus en 2003* [a], dit-il. Tous. En fait, ils n'avaient pas tous disparu. Prosper et d'autres traqueurs avaient suivi leur piste et découvert six carcasses de gorilles. Il ne dit pas lesquels. Cassandra se trouvait-elle dans le nombre, entourée de mouches ? C'était très dur, dit-il. Il avait perdu sa famille de gorilles, et aussi des membres de sa famille humaine.

Pendant un bon moment, Prosper garda le livre en main, tournant les pages pour nous montrer les noms. Il ressentait ce que les scientifiques, tous ceux qui étudient le virus Ebola et les autres zoonoses, ont retenu de leurs observations, de leurs modèles, de leurs données. Les hommes et les gorilles, les chimpanzés et les chauves-souris, les rongeurs, les singes et les virus : nous sommes tous concernés.

a. En français dans le texte.

III

Tout vient de quelque part

23

1874. RONALD ROSS AVAIT DIX-SEPT ANS quand il quitta les Indes pour aller faire sa médecine à l'hôpital St. Bartholomew de Londres. Le jeune homme était un pur produit de l'Empire britannique. Son père, le général Campbell Ross, officier écossais originaire des Highlands, avait servi dans l'Armée indienne britannique à l'époque de la guerre des Cipayes. Petit, Ronald avait été envoyé dans un pensionnat près de Southampton. Il rêvait de devenir poète, ou peintre, ou mathématicien, mais il était l'aîné d'une famille de dix enfants, si bien que son père avait décidé qu'il intégrerait l'Indian Medical Service (IMS). Il passa cinq années ennuyeuses à l'hôpital St. Bartholomew et fut recalé à l'examen de fin d'études, ce qui augurait mal de la carrière d'un homme qui finirait par recevoir le prix Nobel de médecine. Deux faits de gloire de sa jeunesse sont pourtant révélateurs. Enfant, il avait remporté un prix de mathématiques ; puis, interne en médecine, il avait diagnostiqué une femme qui souffrait de paludisme. Son diagnostic avait quelque chose d'exceptionnel car à l'époque, en Angleterre, personne ne connaissait le paludisme, même dans les régions marécageuses d'Essex où vivait cette patiente. Quoi qu'il en soit, Ross se représenta à son examen de fin d'études un an après avoir échoué. Il fut admis de justesse et envoyé à Madras. C'est là qu'il découvrit les moustiques. Son bungalow en était plein et les insectes l'agaçaient prodigieusement.

Ronald Ross n'est pas devenu médecin-détective du jour au lendemain. Il a passé des années à hésiter et taquiner la muse, profitant de ses talents de polymathe. Il écrivait de la poésie, des pièces de théâtre, des mauvais romans, il composait de la musique et élaborait des équations mathématiques qu'il espérait révolutionnaires.

Son poste à l'hôpital de Madras, où il soignait les militaires impaludés avec de la quinine, l'occupait deux heures par jour environ. Le reste du temps, il pouvait réfléchir en toute liberté, jusqu'au jour où il commença à s'interroger sur le paludisme. D'où venait cette maladie ? De l'air chargé de miasmes, comme on le disait, ou d'un insecte infectieux ? Si c'était le cas, comment cet insecte était-il contaminé ? Comment maîtriser ce fléau ?

Après avoir passé sept années à Madras, il rentra en Angleterre où il suivit un cours de santé publique et apprit à se servir d'un microscope. Il se maria et retourna en Inde avec sa femme. Cette fois-ci il exerçait dans un petit hôpital de Bangalore où il commença à analyser au microscope des échantillons sanguins de soldats impaludés. Il travaillait seul, sans collègues, loin de toute vie intellectuelle et de toute société savante. En 1892, il apprit qu'Alphonse Laveran, un médecin et microscopiste français qui avait exercé en Algérie et à Rome, avait repéré de minuscules organismes parasitaires (aujourd'hui appelé protistes) dans le sang des patients atteints de paludisme. Ces parasites, affirmait Laveran, étaient responsables de la maladie. Peu après, à Londres, épaulé par un éminent mentor, il put observer de ses propres yeux les « créatures de Laveran » dans du sang contaminé. Il ne lui en fallut pas plus pour se convertir à la thèse du médecin français.

Alphonse Laveran avait mis au jour une vérité fondamentale – le paludisme est provoqué par des microbes, et non par le mauvais air, le *mal-aria* –, mais il ne disait pas comment ces microbes se reproduisaient dans le corps humain ni comment ils circulaient d'un hôte à un autre. Étaient-ils transmis et ingérés par l'eau, comme la bactérie du choléra ? Et si c'était par la morsure d'un insecte ?

Tout le monde connaît la découverte de Ronald Ross : le cycle de vie des parasites paludéens dépend des moustiques. Elle lui a valu le prix Nobel de médecine en 1902 et je n'y reviendrai pas. C'est une longue histoire parce que le cycle de vie des parasites est d'une extrême complexité, mais aussi parce que Ross était une personnalité difficile qui a eu beaucoup de mentors, de concurrents, d'ennemis, d'idées fausses et d'idées justes, et des brouilles sans grand intérêt. Je relèverai juste deux points qui suffiront à relier son histoire à celle des zoonoses. Premièrement, si Ronald Ross a pu retracer la vie des parasites paludéens, ce n'est pas parce qu'ils infectaient les hommes, mais les oiseaux. Le paludisme aviaire est différent du paludisme humain mais l'analogie entre les deux fut sa grande trouvaille. Deuxièmement, Ronald Ross envisageait la maladie comme un sujet de mathématiques appliquées.

24

LES CHIFFRES SONT EN EFFET un aspect essentiel de la compréhension des maladies infectieuses. Prenons la rougeole, par exemple. À première vue, elle n'a rien de mathématique. Elle naît d'un paramyxovirus et se manifeste par une infection respiratoire souvent accompagnée de rougeurs. Elle va et vient. Mais c'est avec ce virus et d'autres pathogènes que les épidémiologistes ont compris qu'il existe une taille critique minimum de la population hôte, un seuil en dessous duquel le virus ne peut pas survivre indéfiniment sous forme d'infection endémique. C'est ce qu'on appelle la taille critique de la communauté. Ce chiffre reflète des caractéristiques spécifiques de la maladie telles que l'efficacité de la transmission du virus, sa virulence (mesurée par le taux de létalité*) ou le fait qu'une seule exposition garantit une immunité à vie. Une communauté isolée de moins de cinq cent mille personnes peut connaître des flambées de rougeole, mais le virus finira par disparaître au bout d'un temps relativement court. Pourquoi ? Parce qu'il aura épuisé les possibilités offertes par la population hôte. Les adultes et les adolescents ayant déjà été exposés, ils sont presque tous immunisés, et le nombre de naissances annuel est insuffisant pour assurer la circulation du virus. En revanche, une population qui dépasse cinq cent mille personnes possède une réserve continue et suffisante de nouveau-nés vulnérables.

Autre caractéristique essentielle de la rougeole : le virus n'est pas zoonotique. S'il l'était, s'il circulait aussi chez des animaux vivant dans, ou à côté de communautés humaines, la taille critique serait un critère moins pertinent puisque le virus pourrait persister sur place ou à proximité, dans cette source alternative. N'oublions pas que le virus de la rougeole ne circule pas parmi les populations animales non humaines, mais il est proche de virus qui y circulent.

Il appartient au genre des morbillivirus, qui comprend celui de la maladie de Carré et de la peste bovine ; sa famille, les *Paramyxoviridae*, inclut les virus Hendra et Nipah. Il est rare que la rougeole passe d'un homme à une autre espèce animale, mais l'histoire de son évolution montre que c'est arrivé.

Autre exemple, la coqueluche a une taille critique de communauté qui diffère légèrement de celle de la rougeole parce qu'elle vient d'un microbe qui a une efficacité de transmission différente, une virulence différente, une infectivité différente, etc. Sa taille critique de communauté serait autour de deux cent mille personnes.

Daniel Bernoulli, un mathématicien néerlandais issu d'une famille de mathématiciens, est le premier à avoir appliqué l'analyse mathématique à la dynamique des maladies, bien avant que la théorie microbienne soit reconnue. En 1760, alors qu'il était professeur à Bâle, il publia une analyse de la variole (qu'on appelait aussi la petite vérole) fondée sur l'étude comparative des coûts et des bénéfices de l'immunisation universelle. En réalité, Bernoulli appliquait ses travaux mathématiques à de nombreux domaines, dont la physique, l'astronomie ou l'économie politique, pour étudier le mouvement des fluides, l'oscillation des cordes, ou le calcul des risques et la notion d'assurance. Son étude de la variole est presque une anomalie dans son œuvre, sauf qu'elle implique l'idée de calcul de risque. Ce qu'il montre, c'est qu'inoculer à tous les citoyens de petites doses de pus de variole (à l'époque on ne pensait pas que c'était un virus, mais juste une substance infectieuse) a des risques et des bénéfices, mais que les premiers pèsent moins que les seconds. Du côté risque, l'inoculation artificielle peut, quoique rarement, déclencher un cas de maladie mortelle. Mais en général elle immunise la personne : c'est là le bénéfice individuel d'une action ponctuelle. Pour jauger les bénéfices collectifs d'une action de plus grande échelle, Bernoulli calcula le nombre de vies que l'on sauverait tous les ans si la variole était éradiquée. Ses équations démontrèrent que le résultat net d'une inoculation massive serait une espérance de vie supplémentaire de trois ans et deux mois en moyenne par personne.

C'était la fin du XVIIIe siècle, et l'espérance de vie était faible. Trois ans et deux mois représentaient une augmentation significative. Néanmoins, sachant que les vrais effets de la variole ne sont pas répartis suivant une moyenne entre ceux qui l'attrapent et ceux qui ne l'attrapent pas, Bernoulli présenta ses résultats de façon plus frappante. Il partit d'une cohorte de mille trois cents nouveau-nés et calcula, à partir des statistiques des causes de mortalité de son époque, que six cent quarante-quatre d'entre eux survivraient jusqu'à vingt-cinq ans au moins s'ils vivaient dans un environnement sans variole. En revanche, si la variole était endémique, ils ne seraient que cinq cent soixante-cinq à atteindre cet âge. Les autorités de santé publique et les citoyens s'imaginèrent parmi les soixante-dix-neuf morts et n'eurent aucun mal à comprendre ce raisonnement quantitatif.

L'application des mathématiques à l'analyse de la maladie était une première, mais elle n'a pas tout de suite essaimé. Il fallut attendre un siècle pour que le médecin britannique John Snow s'appuie sur des tableaux statistiques et des cartes afin de repérer les sources d'eau de Londres (dont la pompe de Broad Street) les plus contaminantes pendant l'épidémie de choléra de 1854. Comme Bernoulli, John Snow n'avait pas les moyens de savoir quel type de substance ou d'organisme (en l'occurrence, la bactérie *Vibrio cholerae*) déclenchait la maladie qu'il étudiait, mais cela ne l'empêcha pas d'arriver à des résultats remarquables.

Cinquante ans plus tard, en 1906, après les découvertes de Louis Pasteur, Joseph Koch, Joseph Lister et d'autres montrant que les maladies infectieuses étaient dues à des microbes, un médecin anglais du nom de W. H. Hamer apporta, au cours d'une série de conférences au Royal College of Physicians de Londres, des précisions intéressantes sur les épidémies qui « couvent [1] ».

Hamer cherchait à savoir pourquoi les maladies comme la grippe, la diphtérie et la rougeole semblent couver et se transformer en flambées suivant un schéma cyclique – grimpant jusqu'à un grand nombre de cas, faiblissant, et reprenant du poil de la bête après un intervalle de temps donné. Le cycle de la rougeole qu'il avait repéré pour la ville de Londres (dont la population était de cinq millions d'habitants) était d'un an et demi. Tous les dix-huit mois environ, une nouvelle flambée de rougeole sévissait. C'est donc que la flambée diminuait chaque fois qu'il ne restait plus assez de personnes (non immunisées) susceptibles de l'alimenter, et qu'une nouvelle éruption naissait dès que le nombre de naissances fournissait un nombre de victimes possibles suffisant. Cela dit, l'essentiel n'était pas le nombre de proies potentielles, mais leur densité multipliée par la densité des personnes infectées, autrement dit le contact entre les deux groupes.

Peu importe, les individus d'une population guéris et immunisés ne jouent qu'un rôle de coussin et d'interférence s'agissant de la propagation d'une maladie. La poursuite d'une flambée dépend de la probabilité de la rencontre entre les personnes infectées et les personnes susceptibles de l'être. La règle a été baptisée « loi » ou « principe d'action de masse »[2] ; ce n'est rien d'autre qu'une question de mathématiques.

La même année, en 1906, un certain John Brownlee proposa une interprétation contraire à celle de Hamer. Médecin clinicien écossais, Brownlee dirigeait un hôpital à Glasgow et préparait un rapport pour la Royal Society of Edinburgh. Il partit de données empiriques pour tracer plusieurs graphiques aux courbes très marquées reflétant le nombre de cas hebdomadaires et mensuels de plusieurs épidémies, dont la peste de Londres (1665), la rougeole de Glasgow (1808), le choléra de Londres (1832), la scarlatine d'Halifax (1880) et la grippe de Londres (1891). Puis il confronta ces graphiques à une équation mathématique qui reflétait ses hypothèses sur les facteurs responsables des hausses et décrues de ces épidémies. La concordance de cette équation et des données empiriques confirma (du moins à ses yeux) que ses hypothèses étaient les bonnes. Chaque épidémie se manifestait au moment de « l'acquisition d'un niveau élevé d'infectivité par un organisme[3] ». La force du pathogène, sa capacité d'accrochage, augmentait brusquement, puis diminuait. La récession de l'épidémie, souvent moins abrupte que son irruption, était liée à la « perte de l'infectivité » de l'organisme déclenchant la maladie. La bactérie de la peste avait tiré son coup, disait-il. Le virus de la rougeole avait ralenti ou faibli. La grippe s'était calmée. La malignité de l'agent pathogène s'échappait comme l'air s'échappe d'un ballon. Inutile d'analyser les chiffres ou la densité de la population susceptible d'être infectée. Ce qui déterminait le cours d'une épidémie, c'était la « santé du microbe[4] », pas celle d'une population humaine donnée.

Le raisonnement de Brownlee pose un problème : qu'entendait-il exactement par « infectivité » ? Le terme est-il synonyme d'« efficacité de transmission », calculée suivant le nombre de contaminations par cas ? Ou de « virulence » ? Ou des deux ? Autre problème :

quel que soit ce qu'il entendait par « infectivité », il avait tort de dire que le déclin d'une épidémie permettait de comprendre sa fin.

C'est ce que démontra Ronald Ross dans un article de 1916 qui proposait une nouvelle modélisation mathématique des épidémies. Entre-temps, Ross avait reçu le prix Nobel de médecine, ainsi que le titre de chevalier, et il avait publié sa grande œuvre, *The Prevention of Malaria*. Il y reconnaissait qu'à cause de la complexité du parasite et de la ténacité de ses vecteurs*, le paludisme ne serait sans doute jamais « extirpé une bonne fois pour toutes [5] », en tout cas pas avant que la civilisation n'atteigne « un stade nettement plus avancé ». La « réduction » du paludisme devait donc faire l'objet de campagnes de santé publique permanentes.

Par ailleurs, Ronald Ross était revenu aux mathématiques pour élaborer une théorie des maladies qui dépassait le paludisme, et une « *theory of happenings* [6] » encore plus générale que la première. Ces *happenings* étaient ce qu'on appellerait des « événements », c'est-à-dire tout ce qui circule dans une population – la peur, la rumeur ou les infections microbiennes –, et affecte les individus de façon récurrente.

Ronald Ross commençait l'article de 1916 en s'étonnant que « si peu de travaux mathématiques aient été consacrés aux épidémies [7] », tout en notant sans fausse (ni vraie) modestie qu'il était le premier à appliquer un raisonnement mathématique *a priori* (c'est-à-dire le premier à partir d'équations élaborées par lui, et non de données statistiques) à l'épidémiologie. Il s'inclinait devant les « excellentes » recherches de John Brownlee puis réfutait sa notion de perte d'infectivité pour la remplacer par sa propre théorie, fondée sur son analyse mathématique. Cette théorie était la suivante : une épidémie recule quand, et parce que, la densité des individus sensibles d'une population diminue et passe sous un certain seuil. Regardez, disait-il, mes équations différentielles correspondent aux mêmes données épidémiologiques que celles du brave Dr Brownlee. Pas besoin de s'embarrasser de son hypothèse de perte d'infectivité pour comprendre la soudaine récession d'une épidémie. Il suffit de tenir compte de la réduction du nombre d'individus sensibles en deçà d'un point critique – et là, miracle, le nombre de cas chute nettement et le pire est passé.

L'approche de Ross était un peu périlleuse par rapport à l'avancée des recherches sur le paludisme, et son attitude un peu arrogante, mais il a posé des jalons importants. Ses intuitions sur les individus susceptibles d'être contaminés ont nourri des décennies de recherches sur les maladies infectieuses pour donner forme à une nouvelle modélisation mathématique. Il a aussi anticipé la difficulté à éradiquer le paludisme « une bonne fois pour toutes ». Les mesures préventives qu'il a personnellement encouragées ont permis de le réduire dans certains pays (Panama, île Maurice), mais elles n'ont pas été très utiles dans d'autres (Sierra Leone, Inde), ou ont eu des résultats éphémères. Finalement, en dépit des honneurs, de son génie mathématique et de son travail acharné, Ronald Ross n'a pas réussi à vaincre le paludisme, ni à proposer une stratégie qui se solderait par la victoire.

Lui-même avait sans doute compris pourquoi : parce que le paludisme est une maladie particulièrement complexe, profondément dépendante de paramètres humains, sociaux et économiques, et de paramètres écologiques. C'est un problème qu'il est impossible de réduire à des calculs différentiels.

25

LA PREMIÈRE FOIS que j'ai écrit sur les maladies zoonotiques, c'était pour le *National Geographic*, en 2007. Je me souviens qu'on m'a tout de suite dit que le paludisme n'était pas une zoonose, mais une maladie « à transmission vectorielle », transmise d'un hôte à un autre par des insectes. Les vecteurs ne sont pas des hôtes ; ils appartiennent à une autre catégorie écologique que, par exemple, les réservoirs, et réagissent différemment à la présence d'un agent pathogène. La transmission des parasites paludéens du moustique à l'homme n'est pas de l'ordre du débordement. Elle est à la fois beaucoup plus ciblée et plus simple. Les vecteurs recherchent des hôtes parce qu'ils ont besoin de nourriture (autrement dit, dans la plupart des cas, du sang de ces hôtes). Du côté des réservoirs-hôtes, le débordement qu'ils génèrent n'est pas lié à leurs besoins ; la transmission a lieu par hasard et ne leur apporte rien. Le paludisme n'est donc pas zoonotique parce que les quatre espèces de parasites paludéens infectant les hommes n'infectent que les hommes. Les singes sont touchés par des variantes spécifiques de paludisme. Les oiseaux, par d'autres variantes. Le paludisme humain est exclusivement humain. C'est ce que l'on m'avait dit et qui avait valeur de vérité à l'époque.

Les quatre types de paludisme en question sont provoqués par des protistes d'espèces appelées *Plasmodium vivax*, *Plasmodium falciparum*, *Plasmodium ovale* et *Plasmodium malariae*. Elles appartiennent au genre *Plasmodium*, lequel comprend deux cents espèces environ qui contaminent les oiseaux, les reptiles et les mammifères non humains. Celles qui sont connues pour infecter l'homme se transmettent d'homme à homme par les moustiques anophèles*.

Ces quatre parasites sont d'une complexité stupéfiante, qui comprend de multiples métamorphoses et plusieurs formes correspondant à des phases de développement. Une phase où le parasite, asexué et appelé sporozoïte*, pénètre dans la peau humaine avec la piqûre du moustique et migre vers le foie. Une seconde phase asexuée où il est appelé mérozoïte* et émerge du foie pour se reproduire dans les globules rouges. Une phase où c'est un trophozoïte* qui se développe et se nourrit dans les cellules sanguines, dont chacune grossit pour devenir un schizonte*, puis explose et lâche de nouveaux mérozoïtes, se multiplie dans le sang et déclenche un accès de fièvre. Une phase sexuée où le parasite est un gamétocyte*, mâle ou femelle, qui naît d'un deuxième cercle de globules rouges et pénètre en masse dans le sang avant d'être emporté dans un repas de sang par le prochain moustique. Une phase où c'est un oocyste* qui se loge dans le tube digestif du moustique, chaque oocyste mûrissant pour devenir un sac ovigère* rempli de sporozoïtes ; ces derniers éclatent du sac ovigère et migrent dans les glandes salivaires du moustique où ils se tapissent, prêts à bondir de la trompe de l'insecte dans un nouvel hôte.

Vous avez tout compris ? Si oui, vous êtes promis à un grand avenir de biologiste...

Plus sérieusement, cette concaténation de formes de vie et de stratégies séquentielles est très élaborée et très souple, et les moustiques et les hôtes peuvent difficilement y résister. Elle est à l'image de la capacité de l'évolution à produire des structures, des tactiques et des métamorphoses d'une extrême sophistication. Du reste, quiconque croit à l'idée de cause intelligente plutôt qu'à l'évolution doit se demander pourquoi Dieu a consacré autant d'intelligence à créer des parasites paludéens.

Du point de vue sanitaire, le pire des quatre parasites est le *Plasmodium falciparum* puisqu'il est responsable de 85 % des cas de paludisme comptabilisés dans le monde et d'une proportion encore plus importante de décès. Le paludisme à *P. falciparum* tue plus d'un demi-million de personnes par an dans le monde, dont la majorité sont des enfants d'Afrique subsaharienne. Certains chercheurs pensent que cette extrême virulence est due à la nouveauté relative de la maladie chez l'homme puisqu'elle a glissé d'un autre animal hôte il n'y a pas très longtemps. C'est ce qui explique qu'ils travaillent actuellement sur l'histoire du paludisme.

Tout vient de quelque part, et comme nous sommes des primates relativement récents, il est logique de penser que nos vieilles maladies infectieuses nous arrivent – légèrement métamorphosées par l'évolution – d'autres animaux. Il est aussi logique de se dire que la distinction entre maladies zoonotiques et non zoonotiques est artificielle dans la mesure où elle sous-entend la dimension du temps. *Stricto sensu*, les agents pathogènes zoonotiques (qui, je le rappelle, sont responsables de 60 % de nos maladies infectieuses) sont ceux qui passent actuellement et de façon répétée de l'animal à l'homme, alors que les autres infections (40 %, dont la rougeole, la variole et la polio) sont provoquées par des agents issus de formes qui ont dû faire le saut vers nos ancêtres à un moment ou un autre de l'évolution. De là à affirmer que toutes nos maladies sont zoonotiques, il n'y a qu'un pas. Les zoonoses sont là pour nous rappeler la connexion originale infernale qui nous lie à d'autres types d'hôtes.

Le paludisme en est un exemple parfait. Sur l'arbre de la famille *Plasmodium* tel que la phylogenèse moléculaire* l'a établi, les quatre *Plasmodium* qui affectent l'homme ne sont pas réunis sur une seule et même branche. Ils sont chacun plus proches d'un *Plasmodium* infectant des hôtes non humains que de chacun d'entre eux. Dans le jargon des taxonomistes, on dit qu'ils sont polyphylétiques*. Il est donc permis de penser que chacun a dû faire le saut indépendamment. Parmi les questions que se posent les chercheurs, il y a d'ailleurs celle-ci : de quels animaux ont-ils sauté, et quand ?

Le paludisme à *Plasmodium falciparum* est celui qui est le plus étudié parce que c'est le plus létal. Les premières recherches moléculaires suggéraient qu'il aurait un ancêtre commun avec deux types de paludisme aviaire. Le parasite serait donc passé de l'oiseau à l'homme. Corollaire de cette hypothèse, fondée sur une déduction logique plus que sur des preuves : le transfert aurait eu lieu il y a cinq ou six mille ans à peine, et il coïnciderait avec la naissance de l'invention de l'agriculture qui a permis la sédentarisation – villages et champs cultivés – et la création des premières agglomérations d'hommes assez larges et denses. Cette agrégation était nécessaire au maintien de la nouvelle infection parce que le paludisme (comme la rougeole, mais pour différentes raisons) possède une taille critique de communauté et tend à s'éteindre localement s'il n'a pas assez d'hôtes. Les travaux d'irrigations élémentaires tels que fossés et retenues d'eau auraient ainsi facilité le transfert en offrant aux moustiques anophèles un habitat propice à la reproduction. La domestication de la poule il y a huit mille ans en Asie du Sud-Est aurait peut-être également joué puisqu'un des plasmodia aviaires est le *Plasmodium gallinaceum*, connu pour infecter les volailles.

Ces recherches remontent à 1991, mais aujourd'hui elles sont jugées moins convaincantes. Il existe des travaux plus récents qui montrent que le parent le plus proche du *P. falciparum* est le *P. reichenowi*, un parasite paludéen qui infecte les chimpanzés.

Le *Plasmodium reichenowi* a été identifié chez des chimpanzés sauvages et captifs (mais nés sauvages) au Cameroun et en Côte d'Ivoire, ce qui prouve qu'il est très répandu dans l'habitat des chimpanzés d'Afrique centrale et de l'Ouest. Par ailleurs, il est susceptible de variations génétiques – plus que le *P. falciparum* à l'échelle mondiale –, c'est donc sans doute un organisme très ancien, en tout cas plus que le *P. falciparum*. Enfin, toutes les variantes connues du *P. falciparum* semblent être issues de la branche principale *P. reichenowi* sur l'arbre de la famille *Plasmodium*. Ces découvertes proviennent de données réunies par une équipe de chercheurs sous la houlette de Stephen M. Rich, de l'université du Massachusetts. Ils expliquent que le *P. falciparum* descend du *P. reichenowi* parce qu'il a débordé du chimpanzé à l'homme, mais que ce débordement n'a sans doute eu lieu qu'une fois. Il a pu se produire il y a trois millions d'années comme il y a dix mille ans à peine. Leur scénario est le suivant : un moustique a piqué un chimpanzé (l'insecte étant soudain infecté par les gamétocytes du *P. reichenowi*), puis il a mordu un homme (à qui il a injecté des sporozoïtes). La souche transplantée de *P. reichenowi* s'est donc retrouvée chez un hôte étranger, où elle a survécu et s'est reproduite. Elle est repassée de l'état de sporozoïte à celui de mérozoïte, puis à l'état de gamétocyte, gorgée du sang de sa première victime humaine, ensuite elle s'est offert un nouveau moustique. Elle a continué de se déplacer de cet insecte à des humains de la forêt parce que sa transmission vectorielle était renforcée. En chemin elle a muté et s'est adaptée : le *P. reichenowi* est devenu le *P. falciparum.*

Ce scénario suppose que la maladie n'a pas besoin de colonies agricoles étendues pour s'implanter chez l'homme puisque l'Afrique n'en avait pas il y a dix mille ans, encore moins il y a trois millions d'années. L'équipe de Stephen Rich n'a pas considéré le facteur agricole comme nécessaire car elle avait des preuves génétiques suffisamment convaincantes. Leur article, cosigné par des pontes de l'anthropologie, de l'évolution et de l'histoire des maladies, est paru en 2009, mais la recherche était loin d'avoir dit son dernier mot.

En 2010, une équipe menée par une anthropologue française, Sabrina Krief, et une généticienne, Ananias Escalante, a publié une étude proposant une autre approche. Oui, lisait-on, le *P. falciparum* est plus proche du *P. reichenowi* que de tous les *Plasmodium* connus. Oui, il a sans doute débordé chez l'homme assez récemment. Sauf que nous venons de découvrir un hôte du *P. falciparum* chez qui le parasite aurait évolué avant de déborder chez l'homme : le bonobo.

Connu sous le nom de chimpanzé pygmée, le bonobo (*Pan paniscus*) est un animal discret, rare, limité à un habitat très circonscrit, peu présent dans nos zoos, mais très proche de l'homme (même s'il est très prisé comme plat par les Mongos, une tribu du sud du bassin du Congo). Les bonobos indigènes vivent sur la rive gauche du fleuve Congo, dans les forêts de la République démocratique du Congo, alors que les autres chimpanzés (*Pan troglodytes*), plus lourds, ne vivent que sur la rive droite de ce gigantesque cours d'eau.

Après avoir analysé les échantillons sanguins de quarante-deux bonobos d'un sanctuaire des environs de Kinshasa, Sabrina Krief et ses collègues ont découvert que quatre d'entre eux avaient des parasites génétiquement indifférenciables du *P. falciparum.* Pour l'équipe, l'explication la plus plausible était la suivante : le paludisme à *P. falciparum* a débordé des bonobos aux hommes, il y a sans doute environ un million trois cent mille années. (Autre explication proposée par des chercheurs commentant la publication de Krief : les bonobos vivaient dans un sanctuaire très proche de

Kinshasa, ils ont donc été infectés par des moustiques porteurs du *P. falciparum*, issu de l'homme, il y a quelques années ou plusieurs décennies.) Les bonobos positifs au *P. falciparum* n'avaient aucun signe de la maladie et ils avaient un niveau de parasites faible dans le sang, ce qui était cohérent avec l'idée d'une présence parasitaire très ancienne.

À ces données d'observation, l'équipe de Krief a ajouté une hypothèse et un avertissement.

Hypothèse : si les bonobos portent une forme de *P. falciparum* proche de celle de l'homme, les parasites peuvent parfaitement continuer à transiter dans les deux sens entre les bonobos et nous. Autrement dit, le paludisme à *P. falciparum* est peut-être zoonotique – au sens strict. Les hommes des forêts de la République démocratique du Congo sont sûrement infectés par le *P. falciparum* à partir du sang des bonobos et vice versa.

Avertissement : si c'est le cas, l'éradication du paludisme est un rêve encore plus inaccessible. L'équipe de Krief n'insiste pas sur ce point, mais cela veut dire qu'on ne pourra pas tuer le dernier parasite tant qu'on n'aura pas tué (ou traité) le dernier bonobo.

L'histoire n'est pas finie. En 2010, une autre étude des origines du *P. falciparum* a proposé un nouveau candidat au rôle d'hôte préhumain : le gorille des plaines de l'Ouest. L'article, signé en premier auteur par Weimin Liu, avec des contributions significatives de coauteurs du laboratoire de Beatrice H. Hahn qui dépendait de l'université d'Alabama de Birmingham, fit la une de la revue *Nature*. Beatrice Hahn était connue pour avoir identifié les origines du VIH-1 chez les chimpanzés et mis au point des techniques non invasives de prélèvement de virus chez les primates – sans capturer les animaux. Pour le dire plus prosaïquement : on n'avait pas besoin d'une seringue de sang, un peu de caca faisait l'affaire. Car il arrive que des échantillons de selles fournissent suffisamment de preuves génétiques, non seulement pour un virus mais pour un protiste.

En appliquant cette technique à la recherche de l'ADN du *Plasmodium*, ses collègues et elles ont réussi à réunir nettement plus de données que les chercheurs avant eux. Là où l'équipe de Sabrina Krief se concentrait sur les prélèvements sanguins de quarante-neuf chimpanzés et quarante-deux bonobos, dont la plupart étaient captifs ou confinés dans un sanctuaire, celle de Beatrice Hahn a examiné des prélèvements de selles de presque trois mille grands singes sauvages, dont des gorilles, des bonobos et des chimpanzés.

Elle a découvert que les gorilles des plaines de l'Ouest ont une forte prévalence* de plasmodium (37 % de la population est infectée) et que certains de ces parasites sont presque identiques au *P. falciparum*. « Cela montre, écrivait l'équipe avec assurance, que le *P. falciparum* humain a son origine chez le gorille, et non chez le chimpanzé, le bonobo, ou l'homme [8]. » Qui plus est, ajoutait l'équipe, la diversité génétique du *P. falciparum* que l'on trouve chez l'homme forme « un groupe monophylétique* au sein de la radiation du *P. falciparum* du gorille [9] ». Traduit en langage courant : la version humaine est une des ramifications de la grosse branche gorille, ce qui permet de penser qu'elle serait née d'un seul débordement.

Un moustique mord un gorille infecté, il devient porteur, puis il mord un être humain. En introduisant le parasite dans un nouvel hôte, cette seconde morsure suffirait à expliquer une zoonose qui tue encore plus d'un demi-million de personnes par an.

26

J'AI TOUJOURS PENSÉ que les mathématiques sont comme une langue que je ne parle pas, mais dont j'admire la littérature en traduction. Ainsi du russe de Dostoïevski, ou de l'allemand de Kafka, Musil ou Thomas Mann. Plus jeune, j'ai beaucoup travaillé le calcul infinitésimal mais, comme pour le latin, je n'étais pas assez doué. J'étais aussi sourd à la musique des équations différentielles qu'à celle de l'*Énéide*. Alors croyez-moi si je vous dis qu'il y a deux points essentiels de la modélisation mathématique des maladies compréhensibles par des gens comme vous et moi. L'un a vu le jour à Édimbourg. L'autre, à Ceylan.

Le premier point était dissimulé dans un article de 1927 intitulé « Contribution à la théorie mathématique des épidémies », signé A. G. McKendrick et W. O. Kermack, lequel avait une histoire assez singulière. William Ogilvy Kermack était écossais, comme Ronald Ross et John Brownlee, et avait fait des études de mathématiques et de chimie avant de commencer sa carrière en effectuant des analyses statistiques des rendements laitiers de vaches fermières.

Il faut bien trouver son inspiration quelque part ! De là, il intégra la Royal Air Force, dont il sortit peu après pour travailler dans l'industrie chimique. En 1921, il fut admis au Royal College of Physicians Laboratory d'Édimbourg et se concentra sur la chimie appliquée jusqu'au jour où une expérience lui explosa à la figure. Au sens littéral. Il fut aveuglé par de l'alcali caustique. Il avait vingt-six ans. Plutôt que de se morfondre, il décida de se consacrer à la recherche théorique. Il fit preuve d'une détermination sans faille et reprit ses travaux entouré d'étudiants qui lui faisaient la lecture et de collègues qui complétaient sa capacité inouïe à poursuivre ses recherches mathématiques sans aucun support écrit. Finalement, c'est la chimie qui l'amena à réfléchir à de nouveaux traitements antipaludiques, et les mathématiques qui le mirent sur la voie des épidémies.

Entre-temps, Anderson McKendrick, un ancien médecin de l'Indian Medical Service (une fois de plus, comme Ronald Ross), avait été nommé directeur du Royal College of Physicians Laboratory, devenant plus ou moins le patron de Kermack. Les deux hommes avaient des affinités suffisamment fortes pour faire fi de la hiérarchie. Privé de la vue mais d'une curiosité insatiable, Kermack fut amené à travailler sur différents sujets, comme la comparaison du taux de mortalité de la Grande-Bretagne rurale et de la Grande-Bretagne urbaine, ou le taux de fertilité des femmes écossaises, mais sa contribution à l'histoire des sciences la plus remarquable est le texte qu'il signa avec McKendrick en 1927.

Leur étude apportait deux éléments nouveaux. D'abord, les auteurs analysaient l'interaction de trois facteurs au cours d'une épidémie type : le taux d'infection, le taux de guérison et le taux de mortalité. Ils postulaient que la guérison d'une crise assurait une immunité à vie (comme pour la rougeole) et l'écrivaient ainsi : « Une (ou plusieurs) personne infectée s'introduit dans une communauté d'individus plus ou moins sensibles à la maladie en question. Celle-ci se diffuse des individus infectés aux individus non infectés par le contact. Chaque personne infectée passe par toutes les étapes de la maladie et finit par disparaître du nombre des malades, par la guérison ou la mort. La probabilité de guérison ou de mort varie à chaque jour de la maladie. La probabilité que la personne infectée transmette l'infection à une personne saine dépend elle aussi de la phase de la maladie. Plus l'épidémie se répand, plus le nombre de membres de la communauté non infectés diminue. »

Le texte ressemble à un subtil calcul enrobé de mots, et c'est ce qu'il est. Les auteurs avaient effectué toutes sortes d'opérations mathématiques pour en extraire trois équations différentielles correspondant aux trois classes d'individus vivants : sensibles, infectieux, rétablis. Au cours d'une épidémie, une classe glisse dans une autre suivant un schéma simple : S→I→R, jusqu'à ce que la mortalité disparaisse du tableau car elle ne fait plus partie de la dynamique de la population. Les individus sensibles sont exposés à la maladie et infectés, les personnes infectieuses se rétablissent (en étant désormais immunisées) ou disparaissent, donc le nombre d'individus de chaque classe évolue à chaque instant. C'est ce qui explique l'utilisation du calcul différentiel par les auteurs.

Même moi, je comprends (donc vous comprenez aussi) que $dR/dt = \gamma I$ signifie que le nombre d'individus rétablis d'une population, à un moment t, reflète le nombre d'individus infectieux I multipliés par le taux de guérison moyen γ. Voilà pour le nombre R, celui des personnes rétablies. Les équations correspondant à S (le nombre de personnes « sensibles ») et à I (le nombre de personnes « infectieuses ») sont aussi logiques. L'ensemble est ce que l'on appelle le modèle SIR, un outil très utile pour réfléchir aux flambées infectieuses, toujours exploité de nos jours.

Une épidémie a une fin. Mais pourquoi ? demandaient McKendrick et Kermack.

« Un des problèmes les plus importants de l'épidémiologie est d'arriver à savoir si la fin n'a lieu que lorsqu'il ne reste plus aucun individu sensible, ou si l'interaction des facteurs que sont l'infectivité, la guérison et la mortalité peut entraîner la fin, alors que de nombreux individus sensibles sont toujours présents parmi la population saine [10]. »

Les auteurs penchaient vers la seconde possibilité : une épidémie peut s'arrêter si l'interaction subtile entre infectivité, mortalité et guérison (avec immunité) finit par en avoir raison.

Seconde contribution majeure des auteurs, la reconnaissance d'un quatrième facteur : le « seuil de densité » de la population des individus sensibles. C'est-à-dire le nombre d'individus dont la concentration permet à une épidémie de naître, suivant certains taux d'infectivité, de mortalité et de guérison. Nous avons donc la densité, l'infectivité, la mortalité et la guérison, quatre facteurs aussi fondamentalement liés que la chaleur, le bois, l'étincelle et le fuel. Réunis suivant la mesure ou l'équilibre critique de chacun, ces quatre facteurs produisent un feu – l'épidémie. Les équations de McKendrick et Kermack modélisent les circonstances dans lesquelles ce feu s'embrase, continue de brûler et finit en braises.

La fin de l'article apportait une précision essentielle : « De légères augmentations du taux d'infectivité peuvent provoquer des épidémies considérables[11]. » Telle quelle, la remarque avait à l'époque simplement valeur d'avertissement, sauf que, plus le temps passe, plus c'est un sujet d'inquiétude pour les autorités de santé publique quand vient la saison de la grippe.

Autre précision : les épidémies ne finissent pas forcément parce que tous les individus sensibles sont morts ou guéris. Elles disparaissent parce que ces individus n'ont plus une densité suffisante au sein de la population. W. H. Hamer le disait déjà en 1906, vous vous rappelez ? Et Ronald Ross le confirmait en 1916. Quant à la théorie de McKendrick et Kermack, c'est devenu un élément essentiel de l'épidémiologie mathématique.

27

NOUS DEVONS LE SECOND POINT essentiel de la théorie des maladies à George MacDonald, un chercheur spécialisé dans l'étude du paludisme qui avait aussi une approche mathématique (est-ce une coïncidence qu'ils soient aussi nombreux à être écossais ?). MacDonald avait longtemps travaillé dans des pays tropicaux avant de devenir directeur du Ross Institute of Tropical Hygiene, à Londres, fondé par Ronald Ross quelques décennies plus tôt. Il avait été sur le terrain à Ceylan (aujourd'hui le Sri Lanka) à la fin des années 1930, après l'épidémie de paludisme de 1934-1935 qui avait touché un tiers de la population et fait quatre-vingt mille victimes. La gravité de l'épidémie avait été d'autant plus surprenante que le paludisme était courant à Ceylan, du moins dans certaines parties de l'île, sous forme d'épisodes légers et récurrents affectant surtout les jeunes enfants. Sauf qu'en 1934-1935, après plusieurs années sans paludisme, une grave sécheresse avait favorisé l'habitat de reproduction des moustiques (eaux stagnantes dans les rivières privées de courant), dont la population s'était multipliée, diffusant la maladie dans des zones où elle avait disparu. Les gens – surtout les jeunes enfants – n'avaient aucune immunité acquise. Rentré à Londres quinze et vingt ans plus tard, MacDonald, travaillant sur cet exemple de Ceylan, essaya de comprendre pourquoi et comment le paludisme se manifeste sous forme d'épidémies épisodiques, en s'appuyant sur les mathématiques.

C'était dans les années 1950, à l'époque où l'Organisation mondiale de la santé (OMS) voulait lancer une campagne d'éradication mondiale du paludisme plutôt que d'essayer de le maîtriser ou de le réduire pays par pays. L'ambition de l'OMS – victoire totale, pas de compromis – était en partie liée à l'arrivée d'un nouveau pesticide, le DDT, qui semblait pouvoir exterminer les populations de moustiques et les tuer définitivement, par opposition aux poisons utilisés traditionnellement contre les insectes, qui ne restent pas sous forme de résidus mortels. Autre volet essentiel de la stratégie de l'OMS : éliminer les parasites paludéens chez les humains et briser le cycle infectieux homme-moustique-homme. L'idée était de traiter chaque patient avec le médicament *ad hoc* et de le surveiller pour détecter le moindre nouveau cas ou la moindre rechute que l'on soignerait jusqu'à ce que le dernier parasite soit empoisonné et évacué du dernier réseau sanguin humain. Les travaux de George MacDonald étaient la caution scientifique de cette campagne, notamment un de ses textes intitulé « La Théorie de l'éradication du paludisme », publié par le *Bulletin* de l'OMS en 1956.

Dans un papier antérieur, l'auteur expliquait que « d'infimes changements des facteurs de transmission [12] » du paludisme dans une région donnée pouvaient déclencher une épidémie. Il confirmait ce que soulignaient Kermack et McKendrick : « De légères augmentations du taux d'infectivité peuvent provoquer des épidémies importantes. » Mais George MacDonald était plus précis. Quels étaient ces facteurs essentiels de transmission ? La liste qu'il avait établie comprenait la densité des moustiques rapportée à la densité humaine, le taux de piqûre des moustiques, la longévité des insectes, le nombre de jours requis pour que les parasites accomplissent un cycle de vie complet, et le nombre de jours pendant lesquels une personne infectée reste infectieuse pour un moustique.

Certains facteurs étaient des constantes connues (le cycle de vie d'un *P. falciparum* est de trente-six jours environ ; une personne est contagieuse quatre-vingts jours environ). D'autres variaient suivant les circonstances, telles que le type de moustique anophèle servant de vecteur ou la présence de porcs dans les environs pour détourner les moustiques assoiffés de sang humain. MacDonald avait échafaudé une série d'équations reflétant ses hypothèses sur l'interaction de ces facteurs.

Pour son deuxième papier, il les confronta au cas de Ceylan et découvrit qu'elles correspondaient bien au terrain. Il en conclut qu'une augmentation par cinq de la densité de moustiques anophèles dans les foyers relativement épargnés de Ceylan, ainsi que des conditions permettant à chaque insecte d'avoir une certaine longévité (suffisamment de temps pour piquer, être infecté et piquer à nouveau), avaient suffi à déclencher l'épidémie. Une variable parmi d'autres augmentée par cinq – et la conflagration avait lieu.

La trouvaille essentielle de MacDonald était un chiffre qu'il appelait le taux de reproduction de base, soit « le nombre d'infections réparties dans une communauté résultant directement de la présence d'un premier cas non immunisé [13] ». Il s'agit du nombre moyen d'infections secondaires déclenché au début de la flambée quand un individu infecté pénètre dans une population où personne n'est immunisé. MacDonald avait identifié là un concept fondamental – fatidique et déterminant. Si le taux de reproduction de base est inférieur à 1, l'épidémie finit par s'éteindre. S'il est supérieur à 1 (à 1.0, plus exactement), elle s'aggrave. Et s'il est bien supérieur à 1, catastrophe : c'est l'épidémie.

À Ceylan, calcula-t-il à partir des données disponibles, le taux devait être autour de 10, ce qui est extrêmement élevé. En revanche, pour les conditions de Ceylan, on était dans la fourchette basse. Côté fourchette haute, en effet, MacDonald imagina l'hypothèse suivante : une personne infectée, non traitée et infectieuse pendant quatre-vingts jours, exposée à dix moustiques par jour en moyenne ayant une longévité correcte et suffisamment d'occasions de piquer, pouvait en infecter cinq cent quarante autres. Taux de reproduction de base donc : 540.

La campagne d'éradication de l'OMS fut un échec. « Elle n'a rien détruit à part la paludologie. Elle a transformé une science subtile et vitale dont le but était de comprendre et de maîtriser un système naturel complexe – moustiques, parasites paludéens et populations – en une guerre de territoire[14] », écrit un historien. Après des années de recours aux pesticides et de soins, les autorités de santé ont vu le paludisme renaître de plus belle en Inde, au Sri Lanka (nouveau nom de Ceylan) et en Asie du Sud-Est, alors qu'on y avait consacré des sommes et des efforts considérables. À part le problème de la résistance acquise au DDT des moustiques anophèles, les planificateurs et les agents de la santé de l'OMS avaient sous-estimé un élément : les changements légers qui produisent des effets considérables. Les hommes ont une capacité inouïe à transmettre le paludisme aux moustiques. Il suffit d'oublier un individu infecté au cours d'une campagne et que cette personne soit piquée par un moustique sain pour que tout recommence. L'infection s'étend et une fois qu'elle atteint le taux de reproduction de base de 1, elle se propage très vite.

La littérature consacrée à l'écologie des maladies revient sans cesse sur le taux de reproduction de base. C'est l'alpha et l'oméga de toutes les analyses de maladies infectieuses : une variable qui apparaît sous la forme R_0 dans les équations. R_0 représente la limite entre un foyer de nouvelles infections dans un village tropical qui s'embrase et brûle et une épidémie mondiale. C'est à George MacDonald qu'on la doit.

28

LE *PLASMODIUM FALCIPARUM* n'est pas le seul parasite paludéen à sévir à l'échelle mondiale. Si l'on excepte l'Afrique subsaharienne, la plupart des cas humains sont provoqués par le *P. vivax*, le deuxième de la liste des quatre parasites affectant l'homme. (Les deux autres, le *P. ovale* et le *P. malariae*, sont beaucoup plus rares et moins virulents. Ils déclenchent des infections qui disparaissent en principe sans traitement.) Le *P. vivax* est moins létal que le *P. falciparum*, mais il crée beaucoup de dégâts, il induit une perte de productivité et il est responsable de quatre-vingt millions de cas de paludisme non mortel par an. La phylogénétique moléculaire a permis de remonter à ses origines, notamment les travaux d'Ananias Escalante qui travaille aujourd'hui à l'Arizona State University. Son équipe pense que, plutôt que d'émerger en Afrique avec les premiers hommes, comme ce serait le cas du *P. falciparum*, le *P. vivax* aurait attendu que nos ancêtres aillent coloniser l'Asie du Sud-Est. Les preuves montrent que ses parents les plus proches seraient les *Plasmodium* qui infectent les macaques asiatiques.

Je ne résumerai pas toutes ces recherches parce que j'en ai déjà dit assez, mais je voudrais attirer votre attention sur un point qui mène à une piste inattendue. En 2005, l'équipe d'Ananias Escalante a découvert que le *P. vivax* avait une ascendance commune récente avec trois types de parasite de macaques. Dont le *Plasmodium knowlesi*, que l'on trouve à Bornéo et en Malaisie péninsulaire, où il lui arrive d'infecter au moins deux primates indigènes : le macaque à longue queue et le macaque à queue de cochon. Or le *Plasmodium knowlesi* a une place à part dans les annales médicales car il est associé au traitement de la neuro-syphilis (la syphilis qui affecte le système nerveux central) qui, au début du XXe siècle, passait par le déclenchement artificiel de fièvres paludéennes.

L'histoire est la suivante. Le Dr Robert Knowles était un lieutenant-colonel de l'Indian Medical Service que l'on avait envoyé faire des recherches sur le paludisme à Calcutta dans les années 1930. En juillet 1931, il tomba sur une souche inédite de parasite dérivée d'un singe, un *Plasmodium* d'une espèce inconnue. Avec un jeune collègue, un assistant chirurgien nommé Das Gupta, il décida d'étudier la question. Les deux hommes injectèrent le parasite dans plusieurs espèces de singes et surveillèrent les progrès de l'infection. La mystérieuse souche se révéla mortelle pour les macaques rhésus chez qui elle déclenchait de fortes fièvres et des doses parasitaires importantes dans le sang. Chez les macaques à bonnet, en revanche, elle avait peu d'effet. Knowles et Gupta l'injectèrent ensuite chez trois « volontaires » (qui n'eurent sûrement pas le choix) dont un Indien hospitalisé parce qu'il s'était fait mordre le pied par un rat. Le pauvre homme fut malade comme un chien, mais en suivant les patients (singes et hommes) qui souffraient de fièvres intermittentes, Knowles et Gupta remarquèrent que leur cycle de fièvre était de vingt-quatre heures, alors qu'il est de deux ou trois jours pour les paludismes humains habituels. Ils publièrent un article sur le mystérieux parasite, sans lui donner de nom. Peu après, une équipe de chercheurs le baptisa *Plasmodium knowlesi* en l'honneur de son découvreur.

Changement de décor : nous sommes maintenant en Europe de l'Est. C'est en découvrant cette littérature scientifique que Mihai Ciuca, un chercheur roumain, commença à réfléchir aux propriétés et aux usages potentiels du *P. knowlesi.* Il en injecta des doses chez des patients atteints de neuro-syphilis. L'idée n'était pas totalement délirante puisqu'on ne savait pas grand-chose sur les effets du parasite chez l'homme. Par ailleurs, Cuica se contentait d'exploiter un type de thérapie qui avait fait ses preuves et était scientifiquement adoubée.

En 1917, à Vienne, un neurologue nommé Julius Wagner-Juaregg avait en effet inoculé à des syphilitiques avancés d'autres souches de paludisme. Non seulement il n'avait pas été poursuivi pour faute professionnelle ni accusé d'erreur criminelle, mais il avait reçu le prix Nobel de médecine. Si Julius Wagner-Juaregg était une sommité peu recommandable, atrabilaire, antisémite, chantre de l'« hygiène raciale », encourageant la stérilisation des malades mentaux, il n'empêche que sa « pyrothérapie » à base de paludisme a soulagé de nombreux syphilitiques qui auraient pu finir dans un asile. Son traitement reposait sur une logique froide – ou plutôt brûlante. Il fonctionnait parce que le microbe de la syphilis est extrêmement sensible à la température.

La syphilis est déclenchée par une bactérie en forme de spirale (un spirochète*) appelée *Treponema pallidum.* La bactérie se transmet au cours d'un rapport sexuel et traverse les muqueuses, se multiple dans le sang et les ganglions et, si le patient n'a pas de chance, pénètre dans le système nerveux central, dont le cerveau, d'où les changements de personnalité, les psychoses, la dépression, la démence et la mort. Aujourd'hui la maladie se traite avec des antibiotiques mais, en 1917, il n'y en avait pas, et le Salvarsan, un médicament qui contenait de l'arsenic, était peu efficace aux derniers stades de la syphilis, quand le système nerveux est atteint. Or Wagner-Juaregg avait remarqué que le *Treponema pallidum* ne survivait pas dans une éprouvette dont la température dépassait 37 °C. En augmentant la température du sang de la personne infectée, on pouvait donc tuer la bactérie en la faisant littéralement cuire. C'est ainsi qu'il inocula le *P. vivax* à ses patients.

Il attendait que les malades aient trois ou quatre poussées de fièvre entraînant des réactions violentes, voire terminales, au *Treponema,* puis il leur administrait de la quinine pour maîtriser le *Plasmodium.* « L'effet était remarquable ; le dernier stade de la syphilis était à l'arrêt [15] », écrivit feu Robert S. Desowitz, grand parasitologue et formidable écrivain. « Les établissements prenant en charge le paludisme ont proliféré en Europe et la technique a été adoptée par plusieurs centres de soin aux États-Unis. Des dizaines de milliers de syphilitiques ont échappé aux affres d'une mort atroce » – sauvés par le paludisme.

Bucarest comptait un de ces établissements, dont le vice-directeur était le professeur Ciuca. La Roumanie soignait le paludisme depuis longtemps et avait son lot de syphilitiques, mais Ciuca eut une intuition : le *P. knowlesi* serait sûrement plus efficace que les autres parasites contre la neuro-syphilis. Il l'inocula à plusieurs centaines de patients et, en 1937, annonça un nombre de guérisons très satisfaisant. Son traitement fut adopté et appliqué une vingtaine d'années durant, jusqu'au jour où un problème se posa. À force d'inoculer le *Plasmodium knowlesi* à des hôtes humains (injecter du sang contaminé, attendre que les mérozoïtes prolifèrent et prélever du sang infecté), la souche de Ciuca était devenue de plus en plus virulente – trop virulente pour soulager les malades.

Après cent soixante-dix inoculations, ses collègues et lui cessèrent de l'utiliser en raison de sa trop grande virulence. C'était un premier signal d'alerte, mais il s'agissait encore d'un effet observé uniquement en laboratoire. (Ces inoculations à répétition étaient nécessaires pour maintenir une production suffisante du parasite, puisqu'il ne pouvait ni être cultivé sur boîte de Petri, ni dans une éprouvette ; mais en inoculant directement le parasite chez l'homme on l'avait affranchi de toutes les contraintes que l'évolution lui avait imposées pour parachever sa reproduction chez les moustiques. Pour prendre l'image du baseball, il devenait un protiste analogue à celui qui joue le rôle de lanceur : parfaitement capable de frapper mais affranchi du devoir de jouer sur le terrain.) Jusqu'au jour où l'on obtint finalement la preuve que *P. knowlesi* était naturellement dangereux pour l'homme.

Nouveau changement de décor. Mars 1965 : un géomètre américain de trente-sept ans employé par le service de cartographie de l'armée américaine passa un mois en Malaisie, dont cinq jours dans une région forestière au nord-est de Kuala Lumpur. Un des rapports précise qu'il travaillait la nuit et dormait le jour, ce qui est assez curieux pour un géomètre officiant dans une forêt tropicale – ce n'était pas le Sahara, où l'on ne peut s'activer que quand la lune brille… Pourquoi de tels horaires ? De quels types d'objets faisait-il un relevé (des chenilles luisantes ? des colonies de chauves-souris ? des ressources naturelles ? des ondes radiophoniques ?) ? Personne n'a jamais su, de sorte que l'on peut se demander si ce n'était pas un espion.

Quoi qu'il en soit, il passa suffisamment de nuits dans la jungle pour être mordu par des moustiques anophèles et débarquer très mal en point – frissons, fièvres, transpiration – sur la Travis Air Force Base en Californie. Trois jours plus tard il fut hospitalisé au Clinical Center du National Institute of Health (NIH) de Bethesda, dans le Maryland, et soigné pour paludisme. Des médecins du NIH analysèrent des échantillons de son sang et identifièrent le *Plasmodium malariae*, mais leur diagnostic fut contredit par sa fièvre dont le cycle dépassait vingt-quatre heures. Des analyses supplémentaires aboutirent à un résultat des plus surprenants : il avait été infecté par le *P. knowlesi*, responsable du paludisme du singe. Ce qui était théoriquement impossible. « C'était la première preuve montrant que le paludisme simien est une vraie zoonose [16] », écrivirent quatre des médecins ayant travaillé sur ce cas. Autrement dit, il arrivait que cette maladie de macaques affecte des hommes.

Sur le moment, ce cas fut interprété comme une anomalie ponctuelle due à des circonstances pour le moins particulières. Nombreux sont ceux qui arpentent la jungle malaise de nuit – les villageois de la région, par exemple lorsqu'ils chassent –, mais il est rare que ce soient des Américains effectuant des relevés, espionnant ou se livrant à je ne sais quelle activité, qui, plus tard, sont à même d'être correctement diagnostiqués pour des accès palustres. On s'en tint donc là pendant trente-cinq ans, jusqu'à ce qu'un couple de microbiologistes, Balbir Singh et Janet Cox-Singh, se penche sur des cycles paludéens inédits dans une communauté de Bornéo.

29

BALBIR SINGH EST NÉ en Malaisie péninsulaire dans une famille de Sikhs originaires du Penjab, mais il a fait ses études en Angleterre avant de soutenir sa thèse à Liverpool. Janet Cox, elle, est originaire de Belfast et elle a également fait ses études à Liverpool, où elle a soutenu sa thèse de doctorat. Les deux étudiants se sont rencontrés en 1984 à la Liverpool School of Tropical Medicine (où Ronald Ross avait enseigné) et se sont découvert de nombreuses affinités, dont la recherche sur le paludisme. Quelques années plus tard, mariés et avec deux petites filles, ils se sont installés dans le Kelantan, un État de la côte est de la Malaisie péninsulaire, pour mener à bien leurs recherches.

En 1999, l'occasion se présenta de poursuivre leurs travaux dans une nouvelle école de médecine au Sarawak, un des deux États de Bornéo appartenant à la Malaisie. Leur laboratoire était rattaché à l'université du Sarawak, à Kuching, une vieille cité construite le long du fleuve Sarawak. Le couple n'avait pas accepté l'offre par hasard : ils y voyaient l'occasion d'approfondir leurs recherches sur le paludisme, et peu de temps après leur arrivée ils tombèrent sur des données étranges provenant de Kapit, une ville située le long d'un affluent nord du fleuve Rajang, dans le même État de Sarawak.

Kapit est le siège du district du même nom, une région peuplée par les Ibans qui vivent dans de longues maisons traditionnelles, remontent les fleuves en pirogue, chassent en forêt, et cultivent du riz et du maïs à la lisière de ces forêts. Le *Plasmodium vivax* et le *Plasmodium falciparum* sont les parasites paludéens les plus courants du Sarawak, bien avant le *Plasmodium malariae*. La transmission sanguine de ces trois parasites s'observe facilement au microscope, il suffit d'un échantillon sur une lame : c'est comme ça qu'on a diagnostiqué le paludisme pendant des décennies. Or les chiffres de nos deux chercheurs étaient inattendus car un grand nombre des cas de *P. malariae* recensés au Sarawak venaient de Kapit. Mais pourquoi ? Pourquoi ce district avait-il une incidence si élevée de ce paludisme-là ? Qui plus est, la plupart de ces cas étaient graves et nécessitaient une hospitalisation, alors que le *Plasmodium malariae* est plutôt bénin. Là encore, pourquoi ? Enfin, les victimes de Kapit étaient surtout des adultes qui auraient dû être immunisés, plutôt que des enfants, qui en général ne le sont pas. Quelque chose clochait.

Balbir Singh se rendit à Kapit et préleva le sang de huit patients en leur piquant le doigt avant de déposer les gouttes sur du papier-filtre. De retour à Kuching, avec un jeune assistant appelé Anand Radhakrishnan, il soumit les échantillons à un test PCR, un nouvel outil de diagnostic génétique qui permet une identification beaucoup plus précise que l'analyse des cellules au microscope.

L'amplification des fragments d'ADN par PCR, suivie par leur séquençage, c'est-à-dire la lecture des lettres qui composent lesdits fragments, permet d'aller beaucoup plus loin que la microscopie. Le chercheur peut déchiffrer le code génétique du fragment, lettre par lettre. Ce code est composé d'une séquence de nucléotides*, qui sont les éléments de base des molécules d'ADN et d'ARN. Chaque nucléotide est composé d'une base azotée liée à une molécule de sucre et un ou plusieurs groupes de phosphate. L'ADN ressemble à un escalier en spirale soutenu par deux brins hélicoïdaux, et les bases azotées sont les marches de l'escalier qui relie les deux brins. Il y a quatre types de base dans l'ADN, l'adénine*, la cytosine*, la guanine* et la thymine*, désignées par les abréviations A, C, G et T – comme les lettres d'un vaste Scrabble génétique. Le code génétique est la preuve la plus fiable utilisée par les chercheurs pour identifier un agent pathogène. Dans une molécule d'ARN, qui sert à traduire le code de l'ADN en protéines (et qui a d'autres rôles, comme nous le verrons), l'uracile remplace la thymine, les pièces du Scrabble sont donc A, C, G et U.

Balbir Singh et Janet Cox-Singh, assistés par Radhakrishnan, recherchaient des fragments d'ADN et d'ARN caractéristiques des parasites *Plasmodium.* Ils en trouvèrent plusieurs, mais ils ne venaient ni du *P. malariae,* ni du *P. vivax* ou du *P. falciparum.* Ils étaient inédits, en tout cas moins connus et moins attendus.

Après de nouveaux tests et de nouvelles comparaisons, ils découvrirent que les huit patients de Kapit avaient été infectés par le *Plasmodium knowlesi.* Sauf qu'on ne trouvait pas de foyer de malades dans une même maison – autre découverte inattendue. Ce qui voulait dire que les patients ne s'étaient pas transmis le parasite entre eux via un même moustique. Chacun l'avait attrapé séparément, à cause d'un moustique ayant piqué un macaque.

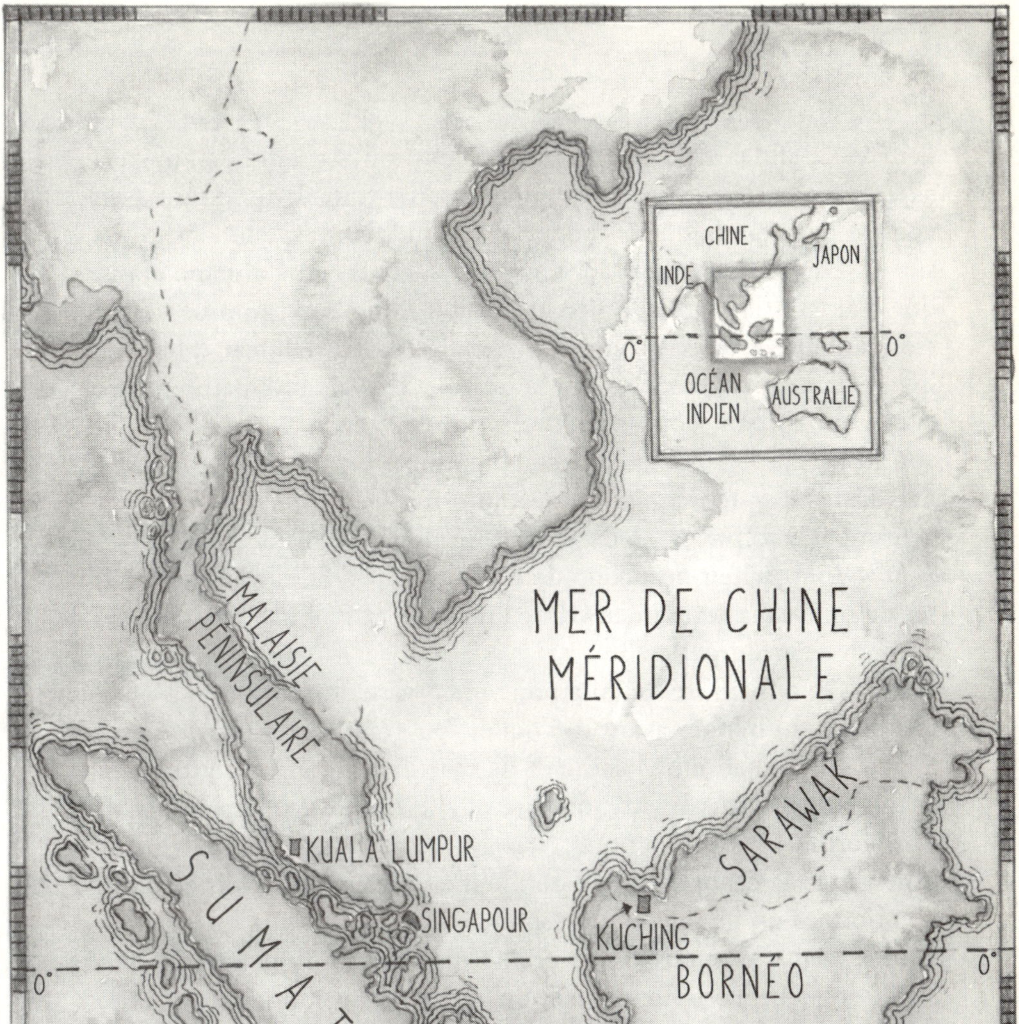
CHINE
JAPON
INDE
0°
0°
OCÉAN
INDIEN
AUSTRALIE
MER DE CHINE
MÉRIDIONALE
MALAISIE
PÉNINSULAIRE
KUALA LUMPUR
SINGAPOUR
SUMATRA
SARAWAK
KUCHING
0°
BORNÉO
0°
JAVA

30

La faculté de médecine et de sciences de la santé de l'université du Sarawak est logée dans une superbe tour, à dix minutes en voiture des grands hôtels modernes et du vieux marché construits sur les berges du Sarawak à Kuching. C'est là, au huitième étage, que j'ai fait la connaissance de Balbir Sing, un homme d'une cinquantaine d'années qui m'attendait dans un bureau plein de livres, de dossiers et de trophées de golf. Il avait une barbe poivre et sel, un turban violet-noir et des lunettes accrochées autour du cou. Il partait le lendemain avec sa femme à Bornéo où ils devaient rencontrer des représentants des autorités de santé, mais il avait gentiment accepté de me recevoir. À Kapit, leur découverte du *P. knowlesi* suscitait beaucoup de commentaires car elle laissait espérer de nouveaux traitements du paludisme, et Balbir Sing était ravi de pouvoir m'en parler.

Nous avons quitté sa tour pour un petit café traditionnel où il m'a offert un byriani avant d'évoquer son grand-père sikh qui avait émigré du Penjab en Malaisie et de revenir sur son parcours à lui. Je me rappelle l'avoir entendu dire que le *P. knowlesi* s'épanouissait sous forme asymptomatique chez les macaques à longue queue, protégé par la canopée de la forêt. Je me souviens de l'avoir entendu mentionner un géomètre, un espion qui rôdait dans la forêt malaisienne, mais j'écoutais d'une oreille discrète, le byriani était délicieux et je ne comprenais pas qui était ce personnage. Après le déjeuner, dans son bureau, il s'est lancé avec enthousiasme dans l'histoire de Julius Wagner-Juaregg et du professeur Ciuca, puis il est revenu sur le mystérieux Américain qui avait attrapé le palu dans la jungle malaisienne. Il m'a montré des photos des maisons des Ibans au bord du Rajang sur l'écran de son ordinateur.

« Huit ethnies vivaient là, dit-il, mais la majorité étaient des Ibans. Tenez, là, une maison qui peut contenir de cinq à cinquante familles. Parfait pour faire des analyses de sang, vous n'avez pas besoin de vous déplacer d'une maison à une autre. Et là, une scène typique : vous voyez cet à-plat vert, je parie que vous pensez que c'est de l'herbe. Pas du tout, c'est de la riziculture. Ils cultivent aussi du maïs. Au moment de la récolte, les gens sont debout toute la nuit à côté des champs pour faire peur aux macaques qui ravagent les cultures. Ils ne les tuent pas, les balles sont trop chères, en plus, un macaque à longue queue, ça n'a pas beaucoup de viande. Certaines maisons ont même un tabou : si tu tues un singe, son esprit pénétrera les entrailles de ta femme enceinte et les conséquences seront terrifiantes pour ton bébé. Les singes n'ont peur de rien, ils sont têtus, il faut les éloigner des champs de riz en agitant les bras, en hurlant ou en tapant sur des marmites. Deux, trois jours d'affilée, les gens ne ferment pas l'œil de la nuit. Évidemment, ils se font piquer par les moustiques, y compris l'*Anopheles latens*, le principal vecteur du *P. knowlesi* de la région. Du coup le suivi est difficile. Comment voulez-vous maîtriser tout ça ? Les hommes et les femmes se font infecter alors que leur survie dépend de leurs incursions dans la forêt où les macaques pullulent autant que les moustiques. »

Balbir Singh m'a montré des agrandissements de photos de lames de microscope couvertes de cellules humaines impaludées. Je ne voyais que des points et des cercles, mais lui voyait des trophozoïtes, des schizontes et des gamétocytes. J'étais d'accord avec lui, c'était facile de confondre le *Plasmodium knowlesi* et le *Plasmodium malariae* si c'est ça qu'il cherchait à distinguer. Il n'était pas étonnant que ce paludisme zoonotique ait été mal diagnostiqué pendant si longtemps. Heureusement, la génétique moléculaire avait ouvert des perspectives insoupçonnées.

Peu après, nous sommes descendus au laboratoire retrouver son épouse. Janet Cox-Singh était un petit bout de femme aux traits fins, les cheveux châtain foncé, dont l'anglais avait une très légère pointe d'accent de Belfast. Elle était assise à côté de son appareil PCR devant un grand ordinateur, sous des étagères couvertes de boîtes d'échantillons de sang séché, conservés dans du papier-filtre et classés – un matériau brut précieux où son mari et elle puisaient de nombreuses données. Un peu comme s'ils avaient de l'ADN séché.

« On a mis au point cette technique PCR qui permet de récupérer quelques gouttes de sang sur du papier-filtre et de faire de l'épidémiologie du paludisme de régions très éloignées », m'expliqua-t-elle.

Par terre étaient entreposés les gros réservoirs d'azote liquide qui servaient à acheminer les échantillons de sang congelé. C'est un moyen de transport encombrant mais encore utilisé, même si la technique du papier-filtre a tendance à être privilégiée.

Après les prélèvements de Balbir Singh sur les huit patients, sa femme et lui avaient continué de réunir des données à l'hôpital de Kapit et dans les maisons des environs. Ils avaient également étendu leur terrain de recherche en confiant le travail à des stagiaires-assistants. Ils envoyaient des kits de papier-filtre dans différentes zones du Sarawak où ces assistants piquaient les patients et leur renvoyaient les gouttes de sang séché. Babil Singh et sa femme prenaient un bon vieux perforateur (soigneusement stérilisé pour éviter la contamination) et perforaient chaque lamelle de papier pour extraire deux rondelles rouge-noir qu'ils introduisaient dans l'appareil PCR. Ces deux rondelles contenaient à peu près vingt microlitres de sang, soit juste assez pour extraire de l'ADN.

Dans un second temps, ils sélectionnaient et amplifiaient les extraits pour pouvoir les exploiter. Je me souviens qu'ils m'ont décrit leur technique baptisée « PCR nichée » en esquissant un schéma au dos d'un article de revue. Une fois le produit suffisamment amplifié, ils l'envoyaient dans un laboratoire central pour le séquençage génétique. Il en résultait une longue série de lettres, un code génétique imprononçable (ACCGCAGGAGCGCT…) qui pouvait être introduit dans une base de données en ligne pour être comparé à des références connues. C'est ce qu'ils avaient fait pour identifier le *P. knowlesi* dans les prélèvements des huit premiers patients, conclut Janet Cox-Singh, et ils avaient poursuivi avec la même technique.

Son mari prit alors une boîte et l'ouvrit. « Voilà notre collection de gouttes de sang », dit-il avec fierté. (Bornéo est loin de sentiers battus et il devait rarement recevoir des journalistes scientifiques.)

La boîte contenait une série d'enveloppes en plastique dont chacune cachait un morceau de papier poreux pas plus grand qu'une carte de visite. Chaque carte avait une tache noire rouilleuse. Au centre de la tache, en observant de près, on apercevait un petit trou parfaitement rond. C'était le poinçon extrait pour livrer ses secrets à la science – un confetti d'ADN.

Les deux premières années, l'équipe Singh-Cox-Singh avait découvert cent vingt cas de *P. knowlesi* parmi la population de Kapit. S'ils avaient été diagnostiqués suivant les hypothèses et les méthodes classiques, la plupart auraient été jugés porteurs du

P. malariae, la forme bénigne de la maladie. Ils auraient été peu ou pas soignés, et auraient souffert ou seraient morts. Correctement diagnostiqués et traités avec des médicaments assez forts, dont la chloroquine, ils avaient guéri. L'article qui synthétisait ces résultats avait été publié dans *The Lancet* et confirmait l'hypothèse émise après l'affaire du mystérieux géomètre : le paludisme *Plasmodium knowlesi* est une maladie zoonotique.

De 2001 à 2006, l'équipe Singh-Cox-Singh identifia des centaines de nouveaux cas de *P. knowlesi*, dont deux cent soixante-six au Sarawak, quarante et un au Sabah (l'autre État malaisien de Bornéo), et cinq en Malaisie péninsulaire, au nord-est de Kuala Lumpur, sans doute pas loin de l'endroit où le géomètre était tombé malade en 1965. En même temps, l'équipe identifia le *P. knowlesi* chez la plupart des macaques à longue queue dont elle avait réussi à extraire du sang, confirmant là encore que ces singes étaient un réservoir.

Elle repéra aussi quatre décès suspects – quatre patients envoyés à l'hôpital, chez qui l'on avait diagnostiqué le *P. malariae* (en utilisant la vieille méthode microscopique). L'analyse rétrospective de leur sang par PCR montrait qu'ils étaient porteurs du *P. knowlesi* et prouvait deux choses : non seulement le *P. knowlesi* est une maladie zoonotique, mais les malades mouraient parce que les médecins et les chercheurs n'en avaient pas conscience. Au début, l'article dans lequel l'équipe revenait sur ces quatre cas avait été refusé, « parce qu'on disait que c'était ce qui… » ajouta Janet Cox-Singh, « … provoquait ces décès », compléta son mari.

« Ça entraînait la mort, renchérit-elle. Et ça, ils n'aimaient pas. »

« Ils », c'étaient les secrétaires de rédaction de *The Lancet* chargés de sélectionner les papiers. La direction de la revue, qui avait accepté leur premier article, avait boudé le deuxième sous prétexte qu'ils n'avaient pas de preuves sûres et certaines de la cause de ces quatre morts. Évidemment, puisque nos deux chercheurs avaient travaillé à partir d'échantillons de sang archivés et avaient reconstruit l'histoire de ces patients en plongeant dans leur dossier médical. Ils étaient morts depuis trop longtemps pour que l'on puisse les autopsier.

« Du coup on a eu des problèmes avec cet article. »

Leur papier finit par être accepté et publié début 2008 par une revue reconnue et il fit du grabuge. Le titre était explicite puisqu'il affirmait que, loin d'être rare et inoffensif, « le paludisme à *Plasmodium knowlesi* est courant chez les humains et potentiellement mortel ».

La science est une pratique de laboratoire et de terrain, mais c'est aussi un dialogue qui se poursuit grâce aux revues. Pour un chercheur séparé de ses pairs par la distance, il est essentiel d'y participer, même aujourd'hui, à l'époque des mails. C'est la raison pour laquelle nos deux chercheurs ont publié un nouvel article qui résumait leurs découvertes, revenaient sur ce qu'on savait jusque-là et proposaient des recommandations concrètes. Le papier fut publié par une troisième revue dans la rubrique « Opinion », ce qui trahissait une certaine prudence, mais c'était à la fois une synthèse très riche, une réflexion approfondie et un avertissement. Il n'y avait pas de co-auteurs. Balbir Singh et Janet Cox-Singh prenaient la parole seuls. Ce papier venait de paraître quand j'ai fait leur connaissance.

Le paludisme à *P. knowlesi*, disaient-ils, n'est pas une infection qui vient d'émerger chez l'homme. Il l'affecte depuis un certain temps, mais il a toujours été négligé. Le parasite a trois réservoirs-hôtes qui sont trois primates asiatiques, le macaque à longue queue, le macaque à queue de cochon et le semnopithèque malais, mais il pourrait y avoir d'autres singes porteurs, pas encore identifiés. La transmission de singe à singe, et de singe à homme, se fait par les moustiques d'une famille d'espèces, les *Anopheles leucosphyrus* et leurs cousins, dont l'*Anopheles latens* de Bornéo. C'est un moustique de la forêt habitué à piquer des macaques, mais prêt à s'attaquer aux hommes si l'occasion se présente ou s'il le faut. Hélas, les hommes s'aventurent de plus en plus souvent dans les forêts de Bornéo pour tuer et traquer les macaques, tailler du bois, faire des feux, créer d'immenses plantations pour la production d'huile de palme et des petits lopins de terre familiaux, si bien qu'ils deviennent de nouveaux hôtes. (En quelques décennies, Bornéo a été victime d'une déforestation tellement rapide que les forêts ne couvrent plus que 50 % de l'île, et la population est passée à seize millions d'habitants.)

« Il est possible, poursuivaient-ils dans l'article, que nous assistions à un changement d'hôte du *P. knowlesi*, comparable au changement postulé pour le *P. vivax*[17]. » Changement d'hôte qui sous-entend évidemment le passage du macaque à l'homme.

Le jour où je les ai vus, Janet Cox-Singh l'a formulé en demandant : « Est-ce nous qui avons créé une brèche dans laquelle s'est engouffré le *P. knowlesi* ? » Dans sa bouche, « brèche » signifiait « déséquilibre écologique ».

« Si l'on continue à exploiter cet habitat, les moustiques vont-ils s'adapter à cet environnement beaucoup moins forestier ? » Elle a fait une longue pause avant de poursuivre : « Je pense qu'on est arrivé à un moment critique. Il faut faire attention. Il faut surveiller les choses de près, de très près. Avec un peu de chance, il n'arrivera rien. »

En réalité, elle savait parfaitement qu'il arrive toujours quelque chose. Tout dépend où et quand.

31

PLUSIEURS ANNÉES ONT PASSÉ après ma rencontre avec Balbir Singh et Janet Cox-Singh, mais le *Plasmodium knowlesi* m'intriguait toujours autant. Je me souvenais notamment qu'ils affirmaient que, contrairement aux autres parasites paludiques, le *P. knowlesi* se reproduit chez plusieurs types de primates. Il infecte le macaque à longue queue, le macaque à queue de cochon et le semnopithèque malais mais sans les traumatiser. Il touche les hommes, rarement, mais il est dangereux pour eux. Il infecte les macaques à rhésus – ce qu'ont confirmé des expériences en laboratoire –, qu'il tue très rapidement. Enfin, de nouvelles expériences ont montré qu'il peut toucher un large éventail de primates, dont les marmousets d'Amérique du Sud, les babouins africains et d'autres types de macaques asiatiques. Du point de vue des hôtes correspondant à sa phase asexuée – c'est-à-dire au passage de sporozoïtes à gamétocytes qui a lieu dans le sang et le foie mammaliens –, il est généraliste. Or les parasites généralistes ont tendance à s'épanouir et à profiter des changements écologiques.

Je me souvenais aussi d'une illustration qui accompagnait leur dernier papier. C'était une carte de la région qui comprend l'Inde, l'Asie du Sud-Est et le vaste archipel dont l'île de Bornéo est le centre. Elle indiquait l'étendue et la répartition des moustiques

Anopheles leucosphyrus et des macaques à longue queue. Une ligne de démarcation très nette séparait deux boucles. La première était une petite boucle qui comprenait le sud-ouest de l'Inde et le Sri Lanka, la région originelle des moustiques. La seconde était une boucle beaucoup plus large et plus irrégulière, qui s'étalait comme une gigantesque amibe. Elle comprenait le Bhoutan, la Birmanie et la moitié du Bangladesh ; les États du nord-est de l'Inde, dont l'Assam ; le sud de la Chine, dont le Yunnan, Hainan et Taïwan ; la Thaïlande, le Cambodge, le Vietnam et le Laos, toute la Malaisie, les Philippines et la majorité de l'Indonésie qui s'étend vers Bali et les Célèbes. Cette zone contient huit cent dix-huit millions de personnes, soit un huitième de la population mondiale vivant à portée des moustiques *Anopheles leucosphyrus*. La carte affichait aussi la répartition des macaques à longue queue : on voyait une ligne de pointillés qui entourait plus ou moins la même zone que celle des moustiques, un peu plus resserrée.

Est-ce que cela veut dire que ces huit cent dix-huit millions de personnes risquent d'attraper le paludisme à *P. knowlesi* ? Oui et non. D'abord, la présence des macaques à longue queue est très sporadique dans l'ensemble de cette zone ; les singes vivent en majorité dans des habitats frontaliers, où le paysage modifié par l'homme frôle la forêt. Ensuite, le niveau de risque est lié à des facteurs qui n'ont rien à voir avec l'étendue géographique de la présence des moustiques et des macaques. Tout dépend si les moustiques piquent les hommes en sortant de la forêt, ou si les hommes vont dans la forêt où ils se font piquer. Tout dépend si ces vastes étendues forestières sont préservées et, si elles ne le sont pas, comment les moustiques réagissent. La déforestation progresse, mais les moustiques disparaissent-ils ou s'adaptent-ils ? Tout dépend si le parasite s'est suffisamment établi dans la population humaine pour ne plus avoir besoin des singes. Tout dépend si le parasite colonise un nouveau vecteur et se transmet par un autre type de moustique – un moustique plus apte à aller traquer les hommes chez eux, dans les maisons, les villages et les villes. En bref, tout dépend du hasard, de l'équilibre écologique et de l'évolution.

Les travaux de Balbir Singh et Janet Cox-Singh ont contribué à éveiller les consciences sur les risques du paludisme à *P. knowlesi*. Ce qui est plus difficile à savoir, c'est jusqu'où le parasite s'étend. Plusieurs revues ont publié des rapports faisant état de cas dans une zone très large. Un habitant de Bangkok qui a passé plusieurs semaines dans une région forestière du sud de la Thaïlande et a été piqué à l'aube et au crépuscule. Un jeune soldat de Singapour qui suivait un entraînement dans une forêt infestée de moustiques et de macaques. Un touriste finlandais ayant passé un mois en Malaisie péninsulaire, dont cinq jours dans la jungle, sans moustiquaire, avant de rentrer en mauvais état à Helsinki. Un Australien qui travaillait au Kalimantan (la partie indonésienne de Bornéo), près d'une zone forestière. À Palawan, une région forestière très dense des Philippines, on a signalé cinq cas. La Chine et la Birmanie ont également recensé des cas. Tous étaient positifs au *P. knowlesi*. Et personne ne sait combien de cas n'ont jamais été signalés ni comptabilisés.

L'homme est une espèce de primate relativement récente, nos maladies sont donc aussi récentes. Nos infections viennent des créatures qui nous entourent. Certaines, dont Hendra et Ebola, ne nous affectent que de temps en temps et s'épuisent assez vite. D'autres, comme le VIH et la grippe, se maintiennent, se répandent d'homme à homme, et obtiennent des résultats inespérés et durables dans l'habitat humain. C'est ce qui se passe avec le *P. falciparum* et le *P. vivax*, qui ont leur origine chez les primates non humains.

Le *P. knowlesi* est peut-être à un stade de transition ou de bascule, mais personne n'est en mesure de prédire ses plans. C'est un protiste, par définition il n'en a pas. Il se contente de réagir aux circonstances. Il s'adaptera peut-être aux changements d'hôtes – moins de singes, plus d'humains –, comme l'ont fait ses cousins *Plasmodium* à travers les âges. En attendant, il est là pour nous rappeler une caractéristique essentielle des zoonoses : il ne s'agit pas seulement de savoir d'où elles viennent, mais jusqu'où elles s'étendent.

IV

Dîner à la ferme des rats

32

FIN FÉVRIER 2003, le SRAS a pris l'avion à Hong Kong et atterri à Toronto.

Son arrivée au Canada n'était pas prévue, mais il s'est tout de suite fait remarquer. Quelques jours plus tard, il tuait la grand-mère de soixante dix-huit ans qui l'avait rapporté et, une semaine après, fauchait son fils, avant de se propager dans l'hôpital où celui-ci avait été soigné. Très vite, plusieurs centaines d'habitants de Toronto ont été atteints et trente et un sont morts. Dont une Philippine de quarante-six ans, aide-soignante dans l'Ontario, qui rentra chez elle à Pâques et se sentit mal dès le lendemain (tout en continuant de s'activer, de faire des courses et de voir de la famille), déclenchant une série d'infections sur l'île de Luçon. En six semaines et deux vols d'avion à peine, le SRAS avait fait la moitié du tour du monde, aller et retour. À quelques détails près – un délai moins long à Toronto et un voyageur arrivé plus tôt repartant pour Luçon, Singapour ou Sydney –, la maladie aurait fait un tour du monde complet encore plus rapide.

La formule « le SRAS a pris l'avion » est à la fois une métonymie et une personnification, deux figures de style redoutées par les journalistes scientifiques, mais parfaitement acceptées par les gens comme vous et moi. Sous-entendu : ce qui est monté dans l'avion, c'était une femme qui portait un agent infectieux. Cet agent infectieux, il a fallu attendre des semaines pour qu'il soit identifié. Personne n'avait les moyens de savoir si c'était un virus, une bactérie ou autre chose.

Entre-temps, le SRAS avait atteint Singapour, le Vietnam, la Thaïlande, Taïwan et Pékin. Singapour est très vite devenu un foyer. À

Hanoï, un homme d'affaires sino-américain qui l'avait rapporté de Hong Kong était tellement malade qu'il fut examiné par le Dr Carlo Urbani, un parasitologue de l'OMS, expert en maladies transmissibles. Dix jours après, l'homme d'affaires succomba, suivi, un mois plus tard, par le médecin italien. Celui-ci est mort dans un hôpital à Bangkok, où il venait d'arriver pour un colloque de parasitologie. C'était un professionnel respecté dont le décès révéla une caractéristique inédite de cette maladie : un taux d'infection et de létalité très élevé chez les professionnels de la santé exposés, qui se propageait comme une traînée de poudre dans les hôpitaux.

À Pékin, l'infection est arrivée par deux chemins. Le premier fut le vol China Airlines 112 du 15 mars 2013, parti de Hong Kong. Le second, une voiture transportant une patiente qui avait quitté le Shanxi pour aller se faire soigner dans la capitale. Comment avait-elle été infectée, et qui avait-elle infecté ? C'est une autre histoire. Le vol CA112 avait décollé de Hong Kong avec cent vingt personnes à bord, dont un homme fébrile qui toussait de plus en plus fort. Le temps d'atterrir à Pékin trois heures plus tard, vingt-deux passagers et membres d'équipage avaient absorbé des doses infectieuses du microbe. Lequel rebondit et se diffusa dans plus de soixante-dix hôpitaux de Pékin – j'ai bien dit soixante-dix ! –, contaminant près de quatre cents soignants, outre des patients et des personnes venues leur rendre visite.

C'est à cette date que des responsables de l'OMS lancèrent une alerte signalant plusieurs cas d'une maladie pulmonaire inédite au Vietnam et en Chine. (Ni le Canada ni les Philippines n'étaient mentionnés parce que c'était juste avant qu'on ne comprenne qu'ils étaient dans la boucle.) Au Vietnam, précisait le communiqué, l'éruption avait démarré avec un patient (celui que le Dr Urbani avait examiné) « hospitalisé pour un "syndrome respiratoire aigu sévère" d'origine inconnue [1] ». Quelques jours plus tard, la maladie reprit sa marelle et l'OMS publia un nouveau communiqué. « Cette semaine, l'OMS a reçu des rapports signalant plus de cent cinquante cas suspects de syndrome respiratoire aigu sévère (SRAS), une pneumonie atypique dont la cause n'a pas été déterminée [2]. » La directrice générale de l'époque, le Dr Gro Harlem Brundtland, était citée : « Le SRAS est désormais une menace pour la santé mondiale. » Nous avions intérêt à collaborer (et vite), disait-elle, pour trouver l'agent pathogène responsable et arrêter la propagation de la maladie.

Deux éléments en faisaient une menace mondiale : le niveau d'infectivité – surtout dans les milieux hospitaliers – et le taux de létalité, beaucoup plus élevés que ceux des pneumonies classiques. Autre élément angoissant : le microbe n'avait pas peur de l'avion.

33

LE SRAS N'EST PAS NÉ à Hong Kong, la ville n'a joué qu'un rôle de passerelle d'embarquement international. Il est né non loin, dans l'extrême sud de la Chine, plus exactement dans la province voisine du Guangdong, connue pour son dynamisme commercial et la variété de sa cuisine.

Ancienne colonie britannique, Hong Kong a été rétrocédée à la République populaire de Chine en 1997, mais le territoire bénéficie d'un statut spécial puisqu'il a son propre système judiciaire, une économie ouvertement capitaliste et un minimum d'autonomie politique. La région administrative spéciale de Hong Kong, qui comprend Kowloon, plusieurs districts intérieurs et des îles, dont celle de Hong Kong, a une frontière commune avec le Guangdong que plus de deux cent cinquante mille personnes franchissent tous les jours. Mais il y a peu de contacts directs entre les autorités de Hong Kong et celles de la capitale de la province, Canton, une ville de neuf millions d'habitants, située à deux heures en voiture de la frontière. Les communications sont filtrées par le gouvernement de Pékin, une contrainte qui touche les institutions médicales et scientifiques des deux bords – dont l'université de Hong Kong et sa faculté de médecine, ou l'Institut des maladies respiratoires de Canton. Ce manque d'échanges ainsi que la réticence à collaborer et à partager des échantillons cliniques ont été une source de problèmes et ont provoqué des retards face au SRAS. Les problèmes ont fini par être résolus, mais ces retards ont pesé.

Le Guangdong est une province irriguée par la rivière des Perles. L'ensemble de cette région côtière, qui comprend Hong Kong, Macao, Canton et Shenzhen, une nouvelle métropole, ainsi que Foshan, Zhongshan et d'autres villes, est connu sous le nom de Delta de la rivière des Perles. À Foshan, le 16 novembre 2002, un homme de quarante-six ans a eu une forte fièvre accompagnée d'une difficulté à respirer. C'était le premier cas d'un syndrome inconnu des épidémiologistes. Aucun prélèvement de son sang ni de ses muqueuses n'a été effectué, mais il a déclenché une série de cas (sa femme, une tante venue lui rendre visite à l'hôpital, le mari et la fille de celle-ci) qui permettent de penser qu'il avait le SRAS. Personne ne connaît son nom, il a toujours été désigné par sa profession, « fonctionnaire du gouvernement local [3] ». En revanche, on sait qu'il avait préparé des plats dont les ingrédients comprenaient du poulet, du chat domestique et du serpent. Le Guangdong est une province de carnivores voraces et peu regardants. Il suffit de voir la liste des viandes que les gens y mangent, on dirait l'inventaire d'un zoo ou d'une animalerie.

Trois semaines plus tard, en décembre, le cuisinier d'un restaurant de Shenzhen a été victime des mêmes symptômes. Il préparait des sautés et, même s'il ne tuait pas et ne vidait pas les animaux, il avait sans doute haché et coupé de la viande en dés. De Shenzhen, il est rentré chez lui, à Heyuan, et a été soigné dans l'hôpital de la ville où il a infecté au moins six soignants avant d'être transféré à Canton, à deux cents kilomètres au sud-ouest. Il a également contaminé un jeune médecin qui l'accompagnait dans l'ambulance.

Fin décembre, début janvier, plusieurs cas suspects ont été repérés à Zhongshan, à cent kilomètres au sud de Canton, du côté ouest du Delta de la rivière des Perles par rapport à Hong Kong. Vingt-huit ont été signalés en quelques semaines. Les symptômes comprenaient des maux de tête, une forte fièvre, des frissons, des douleurs musculaires, une toux grave et persistante, l'expectoration d'un mucus sanguin et la destruction des poumons qui se raidissaient et se remplissaient de fluides jusqu'au moment où l'oxygène ne pouvait plus entrer, provoquant parfois une défaillance organique et la mort. Treize de ces vingt-huit patients étaient des soignants. Au moins un était un cuisinier qui manipulait des serpents, des renards, des civettes et des rats.

Les responsables de la santé du Guangdong identifièrent le cluster* de Zhongshan et dépêchèrent des équipes d'« experts » chargés d'aider les médecins et d'encourager la prévention, sauf que personne n'était expert de cette maladie mystérieuse et non identifiée. Un des documents consultatifs évoquait une « pneumonie atypique [4] » (*feidian*, en cantonais), une formule relativement courante et assez vague qui fut reprise quelques semaines plus tard par l'OMS. Une « pneumonie atypique » est une infection des poumons que l'on ne peut pas attribuer à un agent pathogène connu, comme la bactérie *Streptococcus pneumoniae.* L'expression minimisait le caractère exceptionnel et la gravité de ce qui se passait à Zhongshan. Cette « pneumonie » n'était pas seulement atypique. Elle était unique, féroce et franchement terrifiante.

Le document consultatif, qui fut envoyé aux bureaux de la santé et aux hôpitaux de toute la province (mais gardé secret ailleurs), dressait la liste des symptômes et recommandait un certain nombre de mesures pour éviter la propagation de la maladie. Trop tard. À la fin du mois, un poissonnier qui revenait de Zhongshan fut hospitalisé à Canton et déclencha une avalanche d'infections qui allaient faire le tour du monde.

Il s'appelait Zhou Zuofeng, et aujourd'hui il est considéré comme le premier « super-transmetteur » de l'épidémie du SRAS. Un super-transmetteur est un patient qui contamine un nombre de personnes beaucoup plus élevé qu'un patient ordinaire. Par rapport au R_0 (la variable de George MacDonald), qui représente le nombre moyen d'infections secondaires provoquées par une infection première au début d'une flambée, un super-transmetteur dépasse très largement la moyenne. Du point de vue médical, la présence d'un super-transmetteur est un facteur d'autant plus important que l'approche purement mathématique risque de passer à côté. « Il arrive que les estimations de population qui dépendent du R_0 négligent des variations individuelles considérables d'infectivité, écrivaient J. O. Lloyd-Smith et son équipe dans *Nature.* C'est ce qu'a montré l'émergence mondiale du SRAS, liée à certains "événements super-transmetteurs", où certains individus contaminent un nombre exceptionnel de cas secondaires [5]. »

Lloyd-Smith et son équipe précisaient une chose : à partir du moment où les super-transmetteurs peuvent être identifiés, il faut prendre des mesures ciblées et les isoler, plutôt que de réagir à l'échelle d'une population entière. Inversement, si l'on met en quarantaine quarante-neuf patients infectés et que l'on en oublie un, qui est super-transmetteur, le confinement ne sert à rien et l'épidémie flambe. Malheureusement, leur conseil est arrivé en 2005, après la bataille. Zhou Zuofeng avait déclenché la contamination début 2003.

Personne ne sait exactement comment il a été infecté. C'était un poissonnier mais ni les poissons ni les crustacés marins n'ont jamais fait partie des réservoirs de l'agent du SRAS. Il est possible que ses activités l'aient amené à fréquenter des marchés qui vendent des animaux domestiques, des oiseaux sauvages et des mammifères. Quelle que soit la source, l'infection a pris, elle a pénétré dans ses poumons et l'a poussé à se précipiter à l'hôpital à Canton le 30 janvier 2003. Il n'y est resté que deux jours mais on sait qu'il y a contaminé au moins trente soignants. Voyant que son état empirait, on l'a transféré dans un hôpital équipé pour soigner les pneumonies atypiques. Deux médecins, deux infirmières et un ambulancier ont été contaminés pendant le transfert alors qu'il haletait, vomissait et crachait du mucus.

À l'hôpital, les médecins l'ont intubé pour éviter qu'il n'étouffe. L'intubation est une opération délicate à effectuer à cause des réflexes pharyngés et des expectorations du patient. Elle a été particulièrement difficile à pratiquer sur Zhou, alors que c'était un homme costaud, endormi et affaibli par la fièvre. À ce stade-là, l'équipe médicale avait sans doute conscience du danger auquel elle s'exposait, car on savait que cette pneumonie se transmettait plus facilement et était plus létale que les pneumonies classiques. « Chaque fois qu'ils commençaient à insérer le tube, raconte Thomas Abraham [6], un correspondant étranger basé à Hong Kong, ils récoltaient une "éruption" de mucus sanguin. »

« Ça giclait par terre, sur les appareils, sur le visage et les vêtements de protection du personnel soignant. Ils savaient que le mucus était particulièrement infectieux, et, en temps normal, ils se seraient nettoyés le plus vite possible. Mais le patient était dans un état critique, il résistait et se débattait avec une sonde au milieu de la trachée, du mucus et du sang qui jaillissaient, il était hors de question que quiconque quitte le bloc. »

Trente-trois médecins et infirmiers ont été contaminés par Zhou, ainsi que dix-huit patients et des proches. Dix-neuf membres de la famille de Zhou ont aussi été touchés. Quant à lui, le personnel médical de Canton l'a baptisé « le roi du poisson » et il a guéri, mais beaucoup de gens qu'il avait infectés – directement ou suivant une longue cascade de contacts – en sont morts.

Parmi les cas secondaires il y avait un certain Liu Jianlun, un médecin de soixante-quatre ans, professeur de néphrologie dans le premier hôpital où Zhou avait été soigné. Le 15 février, deux semaines après avoir été exposé à Zhou, il commença à avoir des symptômes de grippe, mais il se requinqua, en tout cas assez pour aller au mariage d'un neveu à Hong Kong. Le 21 février, sa femme et lui prirent le bus à Canton, traversèrent la frontière, passèrent la soirée en famille et s'installèrent à l'hôtel Metropole, dans le district de Kowloon, à Hong Kong. On leur attribua la chambre 911, située en face des ascenseurs, au milieu d'un long couloir, un emplacement qui se révélerait déterminant.

Deux événements inquiétants ont eu lieu à l'hotel Metropole. L'état du professeur empira, jusqu'à ce qu'il tousse, éternue ou (cela dépend des témoignages) vomisse dans le couloir du dixième étage. En tout cas, il cracha une dose suffisamment forte de l'agent pathogène pour contaminer au moins seize clients et une personne de passage à l'hôtel, devenant le deuxième super-transmetteur de l'épidémie.

Parmi les clients du dixième étage, se trouvait la grand-mère canadienne de soixante-dix-huit ans que j'ai mentionnée plus haut. Elle était dans la chambre 904, de l'autre côté du couloir mais à quelques pas de celle du professeur Liu. Ils n'ont cohabité dans l'hôtel qu'une nuitée – le 21 février 2003. Peut-être ont-ils pris l'ascenseur ensemble ? Peut-être se sont-ils croisés dans le couloir ? Peut-être leurs regards ne se sont-ils jamais rencontrés ? Personne ne le sait, même pas les épidémiologistes. Ce qui est sûr, c'est que le lendemain le professeur s'est réveillé souffrant et incapable d'aller au mariage de son neveu. Il s'est précipité à l'hôpital le plus proche. Il est mort le 4 mars.

Le lendemain de son départ de l'hôtel, la grand-mère canadienne quitta Hong Kong. Porteuse asymptomatique, sans doute en pleine forme, elle prit l'avion pour Toronto et fit du SRAS une épidémie mondiale.

34

LA CONTAMINATION SUIVIT une deuxième voie, qui allait de l'hôtel Metropole à Singapour, où vivait une certaine Esther Mok.

Le 25 février, la jeune femme rentra de Hong Kong avec de la fièvre. Elle avait passé quatre nuits avec une amie dans la chambre 938 du Metropole, à une dizaine de mètres de celle du professeur Liu.

À Singapour, sa température augmenta et elle se mit à tousser. Le 1er mars, elle fut admise à l'hôpital Tan Tock Seng, un immense établissement public situé au nord de la ville. Sa radio du thorax révéla des taches blanches sur son poumon droit. Les médecins diagnostiquèrent une pneumonie atypique, notamment le Dr Brenda Ang, spécialiste des maladies infectieuses en poste à l'hôpital Tan Tock Seng.

« Quand je l'ai vue, m'avoua-t-elle, on ne savait pas ce qu'elle avait. »

C'était douze ans après les événements, mais elle avait accepté de me raconter ce qui s'était passé en me prévenant qu'elle avait des trous de mémoire. Quoi qu'il en soit, elle était très précise sur certains points. Nous étions dans la petite salle de réunion d'une annexe de Tan Tock Seng qu'elle avait réservée pour une heure.

Brenda Ang était une femme menue, directe, qui, je me souviens, portait une robe à imprimé lilas. Elle ne prononçait jamais le nom « Esther Mok » à cause du secret professionnel, préférant parler de « la jeune femme » ou du « patient zéro ». C'est un de ses chefs de clinique qui avait prélevé un échantillon du mucus d'Esther Mok pour le cultiver. Il n'était pas masqué, me dit-elle. À l'hôpital Tan Tock Seng, au début, personne ne se protégeait, et le chef de clinique avait été contaminé mais pas elle.

Son cas s'était révélé plus tard et avait été suivi de complications. Entre-temps, Brenda Ang et son équipe s'étaient occupés d'Esther Mok, dont la pneumonie s'aggravait, sans comprendre que c'était une nouvelle super-transmetteuse.

La jeune femme fut d'abord installée dans un pavillon ouvert, avec des lits assez proches, au milieu des soignants qui allaient et venaient. Quelques jours plus tard, elle étouffait et fut transférée dans une unité de soins intensifs. Le Dr Ang trouvait étrange qu'une personne aussi jeune ait une pneumonie aussi grave. Tellement grave que le vendredi suivant, quand elle reçut les médecins de plusieurs hôpitaux de Singapour en tournée, elle leur soumit le cas d'Esther Mok. Très vite, un de ses collègues de l'hôpital général de Singapour réagit. C'est curieux, dit-il, nous avons également un cas de pneumonie atypique, une jeune femme qui est revenue de Hong Kong il n'y a pas très longtemps. Les médecins se renseignèrent et découvrirent que la jeune femme n'était autre que l'amie avec qui Esther Mok partageait la chambre 938 de l'hôtel Metropole. La coïncidence faisait froid dans le dos.

L'hôpital Tan Tock Seng accueillit plusieurs cas de pneumonie atypique au cours des jours suivants, dont la plupart avaient un lien avec Esther Mok. D'abord sa mère. Puis, trois jours plus tard, le pasteur de son église qui était venu la voir à Tan Tock Seng. Suivi par son père, qui toussait et crachait une substance striée de sang, sa grand-mère maternelle et son oncle. Le cluster de la famille Mok commençait à inquiéter la population, quand le couperet tomba, le jeudi 13 mars, le jour où Brenda Ang apprit que quatre infirmiers du premier pavillon d'Esther Mok étaient tombés malades. Quatre en un jour… personne n'avait jamais vu ça.

« Ç'a été un tournant, dit-elle sèchement alors que je prenais des notes. Les choses s'accéléraient. » Le fait est qu'elles s'accéléraient à l'échelle mondiale, pas seulement à l'hôpital Tan Tock Seng, mais ni ses collègues ni elle ne le savaient.

À Genève, l'OMS lança une alerte mondiale annonçant un « syndrome respiratoire aigu sévère ». À Singapour, le ministère de la Santé fit savoir que les trois cas de pneumonie atypique (Esther Mok, son amie, et un troisième) s'étaient manifestés au même moment et venaient du Metropole à Hong Kong. Le cas d'Esther Mok dépassait les frontières et se retrouvait dans un contexte beaucoup plus large. Un agent du ministère dut contacter Tan Tock Seng puisqu'une réunion des dirigeants de l'hôpital fut organisée. Direction générale, présidence des affaires médicales, direction des soins, Brenda Ang et d'autres : tous étaient présents dans la salle.

« Cette salle-là ? demandai-je.

— Celle où nous sommes, oui. C'est là que le directeur général m'a dit : “Je pense que c'est une épidémie, il est urgent d'agir.” »

À Singapour, la coordination des mesures fut confiée à Leo Yee Sin, un médecin qui avait géré une épidémie de virus Nipah. De son côté, le ministère de la Santé conseilla à la direction de Tan Tock Seng de se préparer à accueillir de nouveaux patients parce qu'il y avait des amis et des relations du premier groupe qui avaient déjà des symptômes. Leo Yee Sin lança tout de suite les opérations. Un générateur de rayons X fut installé dans une tente montée

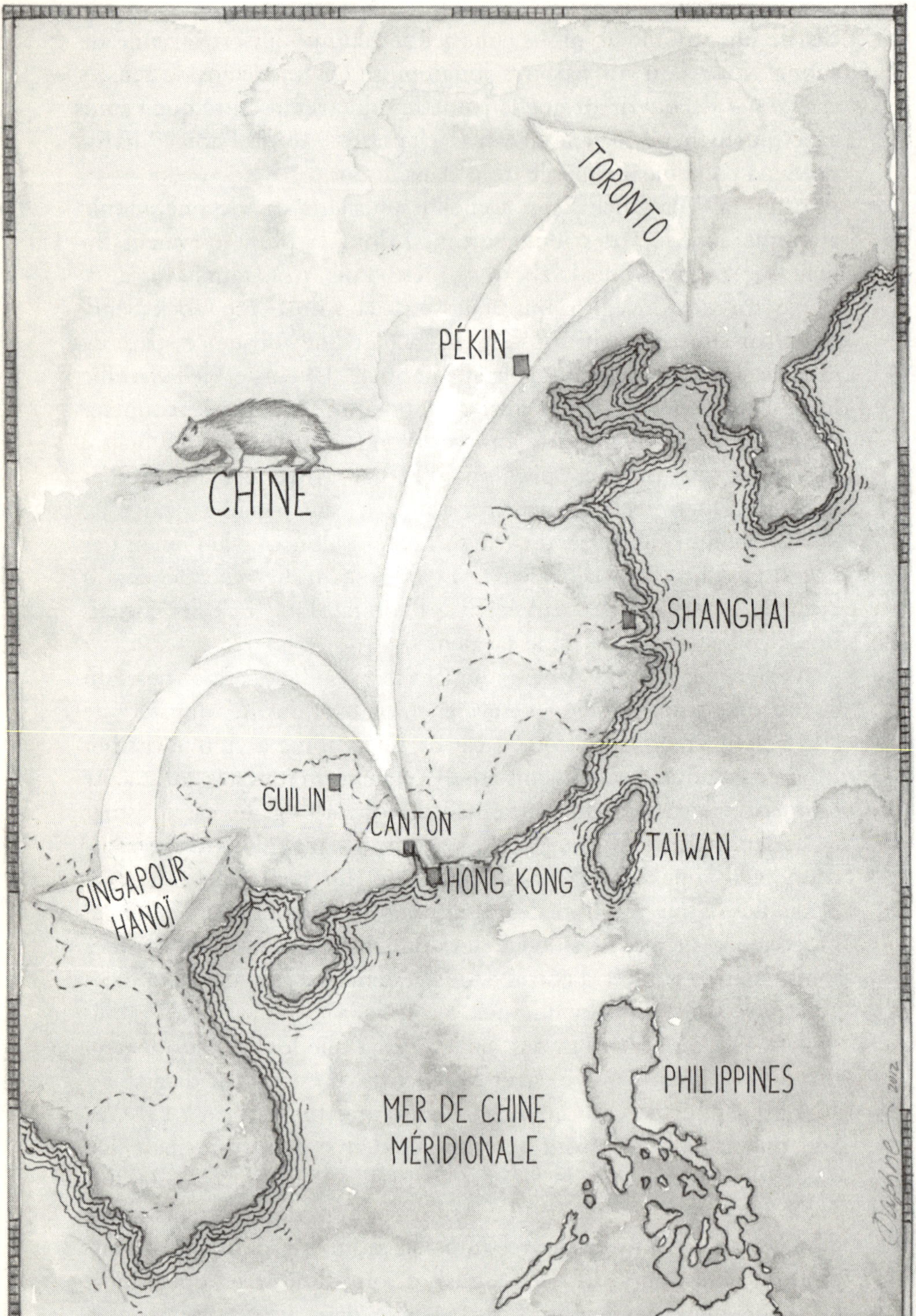
TORONTO
PÉKIN
CHINE
SHANGHAI
GUILIN
CANTON
HONG KONG
TAÏWAN
SINGAPOUR
HANOÏ
PHILIPPINES
MER DE CHINE
MÉRIDIONALE
Daphne 2012

devant un des pavillons pour examiner les patients dont les poumons étaient fragilisés. La majorité étaient envoyés dans les pavillons de soins généraux. Seuls les malades graves étaient envoyés en soins intensifs, mais la première unité de soins intensifs (USI) fut bientôt débordée, si bien que l'on en convertit deux autres en USI SRAS exclusivement chargées des nouveaux cas. Isolation et gestes barrières étaient de mise, alors que ni Brenda Ang ni ses collègues ne savaient de quoi exactement ils se protégeaient.

« N'oubliez pas, me dit-elle, que c'était une époque où l'on n'avait pas de tests. »

Pas de tests permettant de détecter la présence ou l'absence de l'agent infectieux, voilà ce qu'elle voulait dire – et pour cause, personne ne l'avait identifié.

« On faisait ce qui se fait en épidémiologie – au cas où il y aurait eu contact avec un patient source. »

Autrement dit, ils avançaient à l'aveugle.

Le vendredi 14 mars, le dîner de gala annuel de l'hôpital eut lieu à l'hôtel Westin. La fête se déroula plus ou moins comme prévu mais Brenda Ang et des collègues étaient assis au milieu de tables à moitié vides et se demandaient : « Où est passée Leo Yee Sin ? Et untel ? Ou untel ? » Ils étaient absents à cause des urgences, appelés à l'hôpital où ils changeaient les lits et aménageaient les salles pour recevoir de nouveaux patients. Le Dr Ang les rejoignit d'ailleurs dès le lendemain, samedi matin.

Comme elle était responsable du contrôle des infections, elle demanda à tout le personnel de porter des vêtements de protection, des gants et des masques anti-particules N95, plus ajustés et plus protecteurs que les masques chirurgicaux classiques. Hélas, les stocks étaient insuffisants et le marché noir faisait grimper les prix : à Singapour, les masques N95 étaient passés de deux dollars à huit dollars. Peu importe, ils se débrouillèrent, et le 23 mars, alors que l'épidémie venait d'être nommée, Tan Tock Seng fut officiellement chargé de prendre en charge les malades du SRAS de Singapour. Le nombre de visites était restreint et le personnel équipé de pied en cap.

Avant que toutes les mesures soient mises en place, un troisième événement super-transmetteur eut lieu, mais dans l'unité de soins intensifs cardiaques de l'hôpital. Une femme d'âge moyen, qui avait du diabète et des problèmes cardiaques, venait d'être admise dans un pavillon ouvert où elle fut contaminée par un soignant, lui-même infecté par Esther Mok. Elle fit un infarctus et fut transférée dans l'unité de soins intensifs cardiaques. Elle n'avait pas encore de symptômes de pneumonie atypique, en tout cas pas assez pour être placée dans le bon pavillon. Elle fut intubée par la cardiologue de service, assistée par un cardiologue résident. La transmission a sans doute eu lieu pendant l'intubation. Vingt-sept personnes furent contaminées, dont cinq médecins, treize infirmiers, un technicien en ultrasons, deux techniciens cardio, un assistant et cinq visiteurs.

Brenda Ang se rappelait que la cardiologue était enceinte et portait un masque pendant l'intubation ; elle était tombée malade mais s'était remise. Le cardiologue résident, lui, n'avait pas de masque.

« C'était un homme. Il a été souffrant assez longtemps et il a rapporté la maladie chez lui. Sa mère… sa mère l'a soignée et elle est tombée malade.

— Ils s'en sont sortis ?

— Non.

— Ni l'un ni l'autre… dis-je.

— Un vrai drame. C'était un jeune médecin de vingt-sept ans. Il a emporté sa mère avec lui. »

Autre jeune médecin exposé, le chef de clinique qui avait prélevé un échantillon du mucus d'Esther Mok. Son histoire montre que l'on commençait à comprendre que ce syndrome était provoqué par un agent particulièrement infectieux, sans doute une bactérie ou un virus qui se propageait en face-à-face. Quelques jours après avoir assisté le Dr Ang, le jeune homme prit l'avion pour participer à un congrès sur les maladies infectieuses à New York. Il atterrit plus que patraque après vingt heures de vol. Juste avant de rentrer, en passant par Francfort, il appela un collègue à Singapour pour le prévenir qu'il était malade. Le collègue alerta les autorités de Singapour, qui alertèrent l'OMS, qui alerta les autorités allemandes, lesquelles l'accueillirent à la sortie de l'avion à Francfort avant de le mettre en quarantaine. Il passa presque trois semaines dans un hôpital à Francfort, avec sa femme et sa belle-mère, qui tombèrent malades. Un des membres d'équipage avait également été contaminé. Tous ont guéri.

À Singapour, les autorités de santé et les autorités gouvernementales commençaient à coopérer pour endiguer la propagation de la maladie. Des mesures très fermes furent imposées, qui dépassaient largement les hôpitaux : quarantaine obligatoire pour les cas suspects, peines de prison et amendes pour les contrevenants, fermeture des grands marchés et des écoles, prises de température quotidiennes des chauffeurs de taxi, etc. La flambée finit par être étouffée. Précisons que Singapour est une ville à part, gouvernée d'une main de fer (c'est le moins que l'on puisse dire), donc particulièrement apte à maîtriser une pneumonie atypique. Un exemple : le 20 mai 2003, onze personnes furent convoquées au tribunal et écopèrent d'une amende de trois cents dollars chacune pour avoir craché.

Mi-juillet, quand la dernière victime du SRAS quitta l'hôpital Tan Tock Seng, plus de deux cents malades avaient été signalés. Trente-trois sont morts, dont le père d'Esther Mok, son pasteur, sa mère et son oncle – dans cet ordre-là. Esther, elle, est vivante.

35

VIVANTS OU MORTS, tous avaient été infectés – mais par quoi exactement ?

Les chercheurs de trois continents planchaient dans les laboratoires et examinaient des échantillons de tissus, de sang, de mucus, de selles et autres prélèvements peu ragoûtants pour tâcher d'identifier l'agent causal. Le nom adopté à ce moment-là, le SRAS, montre que l'agent en question n'était connu qu'à travers ses effets, telles les empreintes d'une gigantesque bête invisible. Ebola est un virus. Hendra est un virus. Nipah en est aussi un. Le SRAS était un syndrome.

La recherche était freinée par des éléments qui prêtaient à confusion et des fausses pistes. D'abord, les symptômes ressemblaient un peu trop à ceux de la grippe, plus exactement la grippe aviaire, provoquée par le virus H5N1, qui avait sévi à Hong Kong six ans plus tôt. Dix-huit personnes avaient été victimes d'un débordement provenant de volailles domestiques et six étaient mortes. Les autorités avaient réagi très vite, exigeant la fermeture des marchés de volailles et la destruction de toutes les poules de la ville – 1,5 million en tout –, suivies par un sas de sept semaines pour décontaminer le territoire. Ces mesures draconiennes, et le fait que la grippe

H5N1 se transmette difficilement d'homme à homme, avaient permis de mettre fin à l'épidémie en 1997.

En février 2003, alors que les rumeurs d'une « étrange maladie contagieuse[7] » commençaient à arriver de Canton par mails et par textos, la grippe aviaire frappa de nouveau Hong Kong. Elle n'avait rien à voir avec le SRAS, mais à l'époque personne n'était en mesure de le savoir.

La grippe aviaire tua notamment un homme de trente-trois ans et infecta (sans le tuer) son fils de huit ans. Elle avait sans doute fauché sa fille de dix-sept ans, morte d'une pneumonie deux semaines plus tôt au cours d'une visite en famille dans le Fujian, une province du nord de Canton. La jeune fille avait peut-être frayé de trop près avec des poules, ce qui était le cas de son frère, qui témoigna plus tard. Les échantillons de mucus nasal prélevés sur le père et le fils étaient positifs au virus H5N1, d'où l'idée que cette seconde flambée était une grippe aviaire. Les chercheurs avaient examiné des échantillons de SRAS comme si c'étaient des échantillons de H5N1. C'était évidemment une fausse piste.

Autre erreur, l'idée que le SRAS était dû à une forme de chlamydia, une famille de bactéries, dont deux sont associées à des maladies respiratoires chez l'homme (ainsi qu'une autre sexuellement transmissible, en particulier chez les adolescents). Une des deux chlamydiæ respiratoires est zoonotique puisqu'elle saute des oiseaux (sans doute des perroquets domestiques) aux hommes. Or, à la fin du mois de février 2003, un vieux microscopiste chinois découvrit un composant qui ressemblait à une chlamydia dans un des spécimens de SRAS. À partir de cette maigre preuve – et à cause du respect dont bénéficiait cet homme dans la recherche chinoise –, l'hypothèse chlamydiæ fut officiellement adoptée par les autorités de santé de Pékin. Il y eut au moins un dissident qui osa répliquer que si c'était une chlamydia, les malades du SRAS auraient été guéris par les antibiotiques. Mais il travaillait à l'Institut des maladies respiratoires de Canton et les autorités de Pékin refusaient de l'écouter.

Pendant ce temps-là, les chercheurs examinaient toutes sortes d'hypothèses : peste, fièvre boutonneuse, maladie du légionnaire, typhus, plusieurs types de pneumonie bactérienne, grippe saisonnière, bactérie *E. coli* dans le sang, vieux et nouveaux hantavirus, etc. Le hic, c'est qu'ils ne savaient pas s'ils recherchaient un agent connu, un agent plus ou moins nouveau ressemblant à quelque chose de connu, ou un agent totalement inédit.

Sans compter une autre possibilité : une maladie familière aux vétérinaires mais jamais vue chez l'homme. Autrement dit une zoonose émergente.

La méthodologie de laboratoire telle que je l'ai décrite plus haut, qui comprend des tests PCR permettant d'analyser des fragments d'ADN et d'ARN, ainsi que des diagnostics moléculaires destinés à détecter des anticorps ou des antigènes, ne fonctionne que si l'on est à la recherche d'une substance connue – du moins, qui ressemble à quelque chose de connu. En bref, les tests PCR fournissent une réponse positive, négative ou approximative à la question : « Est-ce bien ça ? » Identifier un agent inconnu est plus délicat. On ne peut pas identifier un microbe suivant sa signature moléculaire tant qu'on ne sait pas à quoi ressemble ladite signature. C'est ce qui explique que les chercheurs en reviennent à une approche plus ancienne et moins élaborée : ils cultivent le microbe au contact de cellules, puis l'examinent au microscope.

C'est ainsi qu'une équipe de l'université de Hong Kong, dirigée par Malik Peiris, finit par obtenir des résultats probants. Malik Peiris était un microbiologiste né au Sri Lanka et formé à Oxford, un homme posé, judicieux, auréolé d'une belle couronne de cheveux noirs. C'était un spécialiste de la grippe et, comme il s'était installé à Hong Kong en 1995, juste avant la grippe aviaire, il était en droit de penser qu'elle pouvait servir d'hypothèse pour travailler sur le SRAS.

« La première chose qui nous est venue à l'esprit, c'est que le virus H5N1 avait peut-être acquis la capacité de passer d'homme à homme [8] », dit-il à un journaliste en 2003.

Après avoir testé les échantillons SRAS à la recherche de virus H5N1, ainsi qu'une batterie de suspects classiques, son équipe commença à se demander s'il ne s'agissait pas d'un nouveau virus.

Elle décida de le cultiver. Autrement dit, d'offrir à cette mystérieuse créature un environnement de cellules vivantes dans lequel elle pourrait se dupliquer jusqu'à ce qu'elle soit assez abondante pour endommager suffisamment de cellules et trahir sa présence. Les cellules de cette culture devaient appartenir à une lignée « immortalisée » (comme les célèbres cellules HeLa, prélevées sur Henrietta Lacks, morte d'un cancer) pour se répliquer indéfiniment jusqu'à ce que quelque chose les tue. L'équipe de Malik Peiris commença par offrir à la petite bête sans nom cinq lignées cellulaires aptes à accueillir des agents pathogènes respiratoires connus : des cellules du foie d'un chien, d'une tumeur de rat, d'un fœtus humain avorté, et d'autres. Rien. Aucun signe de dégâts cellulaires, donc de croissance virale, n'apparut. Elle tenta le coup avec une lignée de cellules du foie d'un fœtus de singe rhésus. Cette fois-ci, c'était la bonne. Mi-mars, l'« effet cytopathique* » était bel et bien visible dans cette culture de cellules de singe : la chose commençait à s'y dupliquer et à les attaquer, créant des dégâts parfaitement repérables. Quelques jours plus tard, l'équipe découvrit sous un microscope électronique des images de particules virales rondes, dont chacune était entourée d'une couronne de pointes. La découverte était tellement inattendue qu'un des microscopistes de l'équipe s'en remit à un livre de microphotographies de virus pour trouver un équivalent, comme vous et moi si nous tombions sur un oiseau ou une fleur inconnue. Il le trouva dans un groupe appelé coronavirus*, dont la caractéristique est cette couronne de protéines qui encercle chaque particule virale.

La culture en laboratoire avait donc permis de découvrir qu'un coronavirus inconnu était présent chez les malades du SRAS – en tout cas chez certains d'entre eux. Ce qui ne signifiait pas automatiquement qu'il déclenchait la maladie. Pour en être sûre, l'équipe de Malik Peiris mit en présence des échantillons sanguins des malades (parce qu'ils devaient contenir des anticorps) avec la culture du virus découvert. C'est comme s'ils avaient jeté de l'eau bénite sur une sorcière. Les anticorps reconnurent le virus et réagirent immédiatement. Un mois plus tard, forts de cette preuve et de nouveaux tests de confirmation, Malik Peiris et ses collègues publièrent un article[9] annonçant que ce coronavirus inédit était la « cause probable » du SRAS.

Baptisé SRAS-coronavirus, et pas très joliment abrégé en SRAS-Cov, ce fut le premier coronavirus dont on comprit qu'il provoquait des pathologies graves chez l'homme. (Plusieurs coronavirus font partie des nombreuses souches virales responsables de rhumes. D'autres sont responsables d'hépatites chez les souris, de gastroentérites chez les porcs et d'infections respiratoires chez les dindons.) Notons que l'appellation « SRAS-CoV » n'était pas jugée de mauvais augure. Plus tôt, on l'aurait appelé « virus de Foshan » ou

« virus de Canton » et les gens se seraient ainsi écriés : « Fais gaffe, il a chopé le virus de Canton ! » Mais en 2003, on se disait que ce genre d'étiquette était malvenu et mauvais pour le tourisme.

Pendant ce temps-là, plusieurs équipes qui travaillaient indépendamment pour isoler l'agent causal du SRAS étaient arrivées aux mêmes conclusions. Aux États-Unis, c'était un groupe basé à Atlanta, au Centre pour le contrôle et la prévention des maladies (CDC), qui travaillait avec de nombreux partenaires étrangers. En Europe, c'était un ensemble de collaborateurs répartis dans plusieurs institutions françaises, allemandes et néerlandaises. En Chine, une petite bande de savants opiniâtres et pleins de déférence avait isolé un coronavirus quelques semaines avant la découverte de Malik Peiris. Malheureusement, ces chercheurs, qui dépendaient de l'Académie militaire des sciences médicales, s'étaient laissé impressionner par l'hypothèse des chlamydiæ et son auguste promoteur de Pékin, si bien qu'ils avaient raté l'occasion d'annoncer leur découverte avant les autres.

« Nous avons été trop prudents, dirait l'un d'eux. Nous avons attendu trop longtemps [10]. »

Étape suivante pour l'équipe de Malik Peiris : après avoir identifié le virus, séquencé un fragment de son génome et l'avoir situé sur l'arbre de la famille coronavirus, restait à savoir quelle était son origine. Le truc ne venait pas de nulle part. Quel était donc son habitat, son histoire, son hôte naturel ?

Parmi les chercheurs qui se posaient la question, se trouvait un certain Leo Poon, un jeune biologiste que j'ai rencontré à Hong Kong.

« Les données qu'on a mises à jour dans les échantillons humains montraient que le virus était nouveau chez l'homme, me dit-il. Personne n'avait jamais été contaminé par ce virus. Il venait forcément d'une espèce animale. »

Mais de quels animaux, et comment transmettaient-ils l'infection à l'homme ? La seule façon de le savoir était d'aller sur place, dans les forêts, les rues, les marchés, les restaurants de Chine du Sud, pour réunir des preuves.

« Vous avez participé au travail de terrain ? je lui ai demandé.

— Non, je suis biologiste moléculaire. »

C'est comme si j'avais demandé à Jackson Pollock s'il peignait des maisons. Cela dit, il ne le prit pas mal. Au contraire, il était ravi de faire valoir le travail des autres. Un de ses collègues, un type flamboyant nommé Guan Yi, avait eu l'autorisation d'aller en Chine avec des fonctionnaires locaux pour effectuer des prélèvements dans la gorge, l'anus et parmi les bactéries *cloacae* d'animaux en vente sur le plus grand marché animalier de Shenzhen. Ce sont ces échantillons qui ont mis Leo Poon (qui en fit l'examen moléculaire), Malik Peiris et Guan Yi – puis les chercheurs et les autorités de santé du monde entier – sur la piste d'un mammifère qu'on appelle la civette masquée, ou civette palmiste à masque (dite *Paguma larvata*, de la famille des *viverridae*, qui comprend notamment les mangoustes).

36

IL N'EST PAS SURPRENANT qu'un pays de 1,3 milliard d'habitants mange du serpent, ni que certains plats cantonais contiennent du chien, du chat ou de la civette. Cela dit, la consommation d'animaux sauvages, surtout dans le Delta de la rivière des Perles, n'est pas une question de ressources limitées, de nécessité et de tradition. Elle est plutôt liée au commerce en pleine expansion et à des modes culinaires assez récentes. Les gens qui connaissent bien la culture chinoise parlent d'ailleurs d'une « ère des saveurs sauvages ».

Parmi ces connaisseurs, Karl Taro Greenfield, rédacteur en chef de *Time Asia* à Hong Kong, a couvert en 2003 l'épidémie du SRAS et écrit un livre sur le sujet, mais il avait d'abord analysé, comme journaliste, l'émergence de cette « nouvelle Asie ». Il avait pu observer ce que les gens mangeaient.

« La Chine du Sud a toujours consommé une gamme d'animaux beaucoup plus large que partout dans le monde, dit-il. À l'époque des saveurs sauvages, l'étendue, la diversité et la quantité des animaux cuisinés étaient telles que toutes les espèces de la terre, des airs et de la mer étaient recherchées [11]. »

Les « saveurs sauvages » (*yewei*, en chinois mandarin) étaient considérées comme un signe de respectabilité, de prospérité et de chance. Consommer de la viande sauvage était une pratique ostentatoire, haut de gamme, qui pouvait aller avec le financement d'un bordel proposant cent femmes debout derrière une paroi de verre. En même temps, cette mode était associée à des traditions plus anciennes et à l'usage d'une pharmacopée naturelle ou d'aphrodisiaques inattendus (dont le pénis de tigre). Un fonctionnaire avait dit à Greenfield qu'il y avait deux mille restaurants de « saveurs sauvages » à Canton. Il avait passé une heure avec lui et pendant ce temps-là quatre nouveaux restaurants avaient obtenu leur licence.

Les restaurateurs s'approvisionnaient sur les marchés de produits frais, dits *wet markets*, du Guangdong, d'immenses halles où s'accumulent des rangées d'étals proposant des animaux vivants : par exemple, le marché sauvage de Chatou, dans le district de Baiyun, à Canton, ou le marché de Dongmen, à Shenzhen. Le marché de Chatou avait ouvert en 1998 et était devenu en cinq ans l'un des plus gros marchés animaliers de Chine, particulièrement connu pour les mammifères, les oiseaux, les grenouilles, les tortues et les serpents. De fin 2000 à début 2003, une équipe de chercheurs basée à Hong Kong avait recensé les animaux en vente à Chatou, Dongmen et deux autres marchés du Guangdong. Comparé à 1993-1994, il était clair qu'il y avait de nouvelles modes et des changements significatifs.

D'abord, le volume du commerce d'animaux sauvages avait augmenté. Ensuite, les échanges transfrontaliers, autorisés ou clandestins, étaient plus nombreux et permettaient d'acheminer des animaux d'Asie du Sud-Est. La Chine du Sud avait vu apparaître sur les marchés des espèces en danger telles que la tortue de Bornéo, de son nom latin *Orlitia borneensis*, ou la tortue étoilée de Birmanie. Enfin, le nombre d'animaux élevés par des professionnels avait augmenté. Certains élevaient des grenouilles ou des tortues d'une espèce particulière, voire, selon la rumeur, des serpents. Dans le centre du Guangdong et le sud du Jiangxi (une province voisine), on trouvait aussi des petits élevages de civettes créés pour répondre à la demande. Les trois mammifères « sauvages » les plus appréciés – le blaireau-furet de Chine et le blaireau à gorge blanche, outre la civette masquée – venaient très souvent de fermes. C'est ce qu'avaient compris les chercheurs en constatant que les animaux étaient apprivoisés, bien nourris et en bonne santé. Arrivés directement de la nature, ils auraient eu des traces de pièges et montré des signes de maltraitance et de dépression.

Les marchés n'étaient pas des lieux particulièrement salubres. « Les bêtes sont entassées dans des espaces exigus et souvent en contact étroit avec des animaux sauvages et/ou domestiqués, des chats et des chiens, par exemple, écrivait l'équipe. Beaucoup sont malades, ont des plaies et sont à peine soignés. Ils sont souvent tués et équarris sur place, dans des étals prévus à cet effet [12]. » Les cages étaient grillagées et empilées à la verticale si bien que les déjections des animaux tombaient sur d'autres. « Les marchés sont l'environnement idéal pour une maladie animale prête à déborder chez l'homme », ajoutaient-ils au passage.

Guang Yi, notre intrépide microscopiste de l'université de Hong Kong, a passé beaucoup de temps au marché Dongmen pour effectuer des prélèvements sur les animaux. Comment est-il arrivé à persuader les vendeurs ? En usant de son tempérament enjoué ? D'arguments éloquents ? En insistant sur l'urgence de la situation ? Il n'est pas impossible que quelques liasses de dollars de Hong Kong aient été échangées sous le manteau. Peu importe, il a anesthésié vingt-cinq animaux un par un, sur lesquels il a prélevé du mucus, des selles et du sang, avant de rapporter les échantillons à Hong Kong pour les analyser. Les blaireaux à gorge blanche ne posaient pas de problèmes. Les lièvres chinois non plus. Ni les castors d'Europe. Ni les chats domestiques. En revanche, il tomba sur six civettes masquées qui avaient des traces d'un coronavirus proche du SRAS-CoV. Par ailleurs, l'échantillon des selles d'un chien viverrin (un canidé sauvage qui ressemble à un renard un peu gras, avec les mêmes marques qu'un raton-laveur) était positif au virus. Mais dans l'ensemble, ses résultats désignaient un coupable principal : la civette masquée.

La découverte, qui révélait que le SRAS est une maladie zoonotique, fut annoncée au cours d'une conférence de presse de l'université de Hong Kong le 23 mai 2003. Le lendemain, le *South China Morning Post* publiait la manchette suivante : LES CHERCHEURS FONT LE LIEN ENTRE LA CIVETTE MASQUÉE ET L'ÉPIDÉMIE DE SRAS. En réalité, les habitants de Hong Kong savaient déjà que le SRAS passait d'homme à homme par les émissions respiratoires, et pas seulement par les jus et les chairs des viandes sauvages. Le *South China Morning Post* et d'autres avaient publié des photos de gens portant des masques chirurgicaux et de soignants ou de militaires contrôlant les infections vêtus de combinaisons Hazmat.

Le gouvernement de Hong Kong distribua 7,4 millions de masques aux écoles, aux personnels médicaux et aux agents de la santé, mais il y avait aussi une demande importante du côté du public. La chaîne de magasin Circle K en vendit presque 1 million ; Sasa Cosmetics, 1,5 million. Le prix du masque quadrupla. En attendant, on ne connaissait toujours pas la source zoologique exacte du virus.

La décision d'annoncer la découverte en conférence de presse plutôt que dans une revue avait quelque chose d'inhabituel, mais pas totalement inédit. Publier un papier est plus long parce qu'il faut tenir compte des interventions éditoriales, de l'évaluation par les pairs, des commandes en retard et des délais de fabrication. Le choix de la conférence de presse trahissait non seulement la précipitation, mais la prise en compte de l'intérêt public et l'urgence de la situation, et les rivalités entre chercheurs. Deux mois plus tôt, à Atlanta, le CDC en avait organisé une pour faire savoir que ses équipes avaient découvert un coronavirus inédit, sans doute responsable du SRAS, mais il ne disait rien sur l'équipe de Malik Peiris. C'est sans doute ce qui incita les chercheurs de l'Université de Hong Kong à communiquer la découverte de Guan Yi le plus tôt possible, pour damer le pion à ceux d'Atlanta et d'ailleurs.

Le gouvernement chinois interdit aussitôt la vente de civettes et, par mesure de précaution, celle de cinquante-trois animaux aux « saveurs sauvages » présents sur les marchés. L'interdiction généra des pertes économiques et fit tellement enrager les éleveurs et les vendeurs qu'à la fin du mois de juillet, après avoir commandé un rapport évaluant les risques, Pékin fit machine arrière. Une équipe de chercheurs avait examiné et testé des civettes masquées mais n'avait trouvé aucune preuve de virus de type SRAS. Il était désormais permis de vendre des civettes masquées d'élevage, en revanche la vente d'animaux sauvages était proscrite.

De son côté, Guan Yi était inquiet de voir que sa contribution suscitait des interrogations. Déterminé à convaincre la communauté scientifique, il publia un papier dans la revue *Science* en octobre 2003, expliquant sa méthode de façon détaillée, en s'appuyant sur des données tangibles : tableaux, chiffres, séquençage de génome. Leo Poon et Malik Peiris, ses collègues de l'université de Hong Kong, étaient cités parmi les nombreux coauteurs. Il finissait en ajoutant que l'infection des civettes ne signifiait pas que ces petites bêtes étaient le réservoir-hôte du virus. Elles avaient peut-être été infectées « par une autre source animale, inconnue à ce jour, qui serait le vrai réservoir naturel [13] ». Les civettes jouaient sans doute le rôle d'hôtes amplificateurs (comme les chevaux de Hendra, en Australie). Selon Guan et ses collègues, les marchés comme Dongmen et Chatou étaient parfaits pour que des virus type SRAS « amplifient et se transmettent à de nouveaux hôtes, dont les hommes – une donnée essentielle pour la santé publique ».

Le temps que le papier paraisse, l'épidémie de 2003 avait été jugulée. Huit mille quatre-vingt-dix-huit victimes avaient été recensées, dont sept cent soixante-quatorze étaient mortes. Le dernier cas avait été identifié et isolé à Taïwan le 15 juin 2003. Hong Kong avait été déclaré « débarrassé du SRAS ». Singapour et le Canada aussi. Ce qui voulait dire qu'aucune infection du SRAS n'avait plus cours chez l'homme.

Mais le virus, lui, n'était pas éradiqué. Le SRAS est une zoonose, et les chercheurs se doutaient que son agent causal devait traîner dans un, ou plusieurs, réservoirs-hôtes – civette masquée, chien viverrin ou autres – dans le Guangdong, ou, pourquoi pas, ailleurs. Si le grand public était soulagé, les spécialistes étaient sur la réserve. Le SRAS-CoV n'avait pas disparu, il se cachait. Il pouvait revenir.

Et il revint fin décembre. Telle la réplique d'un tremblement de terre, un nouveau cas apparut dans le Guangdong. Suivi par trois autres, dont une serveuse qui avait été exposée à une civette. Le 5 janvier 2004, le jour où le premier cas fut confirmé, les autorités de la province revinrent à leur stratégie initiale et ordonnèrent l'évacuation et l'abattage de toutes les civettes masquées des élevages et des marchés du Guangdong. En revanche, elles ne disaient rien sur les civettes sauvages.

Les équipes d'éradication du Département provincial des forêts (qui régulent le commerce des animaux sauvages) et du Département de la Santé se rendirent sur place, dans les fermes de civettes, et au cours des jours suivants plus de mille civettes en captivité furent étouffées, brûlées, électrocutées ou noyées. On aurait dit un pogrom de chats sataniques au Moyen Âge. La campagne d'extermination fut efficace, elle calma les esprits pendant… un an, peut-être un peu plus. Jusqu'au jour où des chercheurs confirmèrent les doutes sur les réservoirs en rappelant que Guan Yi avait raison, cette histoire était plus compliquée et plus ancienne. Eh non ! les civettes n'étaient pas le réservoir du SRAS.

37

C'EST LEO POON qui m'a parlé des civettes sauvages de Hong Kong. Nous étions dans une petite salle de réunion au dernier étage du bâtiment de la faculté de médecine de l'université de Hong Kong. À nos pieds, de l'autre côté du port de Victoria Harbor, se déployait un écheveau de rues et d'allées, d'étals de marchés, de boutiques, d'échoppes de nouilles, de logements sociaux, et des quartiers touristiques comme Kowloon où je logeais. Jamais je n'aurais imaginé un animal « sauvage » dans un environnement où s'entassaient tant de gens, de véhicules et de tours, mais c'est parce que je ne connaissais que la partie urbaine de Hong Kong. Des civettes sauvages ? Il y en a plein dans les Nouveaux Territoires, m'assura Leo Poon. Ces Territoires (Nouveaux pour les colons britanniques en 1898, quand les Chinois les leur avaient cédés pour un bail de quatre-vingt-dix-neuf ans) comprennent les zones moins développées de la région administrative spéciale de Hong Kong, qui va de Boundary Street, au nord de Kowloon, à la frontière avec le Guangdong, ainsi que plusieurs îles périphériques. Ce sont des terres couvertes de forêts, de montagnes et de réserves naturelles, et il est parfaitement possible, même au XXIe siècle, que des civettes sauvages y vivent.

À la fin de l'épidémie, ses collègues et lui étaient partis y piéger des animaux à la recherche de traces de coronavirus. Leurs cibles prioritaires étaient les civettes, et ils en avaient capturé deux douzaines qu'ils avaient analysées en laboratoire. Ils prélevaient sur chacune un échantillon respiratoire et un échantillon de selles puis relâchaient la petite bête dans la nature. Chaque échantillon subissait un test PCR avec ce que l'on appelle des « amorces consensus* », c'est-à-dire des aides au démarrage moléculaire qui amplifient les fragments d'ARN communs aux coronavirus, pas seulement les fragments propres au coronavirus type SRAS comme ceux que Guan Yi avait repérés dans ses civettes.

« Vous avez trouvé beaucoup de traces ? je lui ai demandé.

— Aucune. »

Cette absence montrait que les civettes n'étaient pas le réservoir du coronavirus du SRAS.

« On était très déçus. »

En science, la déception peut être salutaire : si ce n'étaient pas les civettes, c'était quoi ?

« On est partis de l'idée que si cet animal – la créature non identifiée – était le réservoir naturel du SRAS, il devait être très répandu. »

Ils ont attrapé tout ce qui se faisait d'animaux sauvages dans différentes régions boisées et sont arrivés à une liste impressionnante qui comprenait des macaques rhésus, des porcs-épics, des couleuvres obscures, des tourterelles des bois, des sangliers et des rats noirs, et au moins un cobra appelé naja atra. Là encore, les résultats PCR étaient presque entièrement négatifs – presque. Sur quarante-quatre, seuls trois animaux révélaient des signes d'infection au coronavirus. Trois microchiroptères, c'est-à-dire trois petites chauves-souris.

Seule une des trois avait une prévalence de groupe élevée puisque la majorité de ses individus étaient positifs quand on testait leurs selles : il s'agissait d'une petite créature que l'on appelle la petite chauve-souris à ailes pliées.

Leo Poon m'a donné une copie du papier qu'il avait publié (avec Guan Yi et Malik Peiris, entre autres) dans le *Journal of Virology* en 2005, un an après le massacre des civettes. « C'est une chauve-souris porteuse d'un coronavirus très éloigné du SRAS », nuançait-il. Sous-entendu, il ne pensait pas avoir trouvé le réservoir-hôte du SRAS. « Mais c'est le premier coronavirus qu'on a détecté dans une chauve-souris. » Un tournant essentiel de la recherche.

Peu après, une équipe de chercheurs chinois, américains et australiens publia une étude encore plus novatrice, fondée sur une collection d'échantillons prélevés dans le Guangdong et trois autres provinces chinoises. L'équipe était menée par Wendong Li, un virologue chinois, et comprenait notamment Hume Field, l'Australien qui avait identifié le réservoir de Hendra, ainsi que deux scientifiques du Consortium for Conservation Medicine (une ONG qui dépend du Wildlife Trust, aujourd'hui baptisé Eco-Health

Alliance), basé à New York. Leurs recherches étaient concentrées sur les chauves-souris. Ils attrapaient les bestioles en pleine nature, prélevaient des échantillons de sang, de selles et dans leur gorge, puis analysaient des duplicatas dans des laboratoires indépendants, en Chine et en Australie, pour avoir un avis croisé et consolider leurs résultats.

C'est ainsi qu'ils identifièrent un coronavirus proche du SRAS que l'on trouvait chez l'homme, contrairement à celui de Leo Poon. Ils l'appelèrent le *SARS-like coronavirus*, soit le coronavirus proche du SRAS.

Les échantillons montraient que ce coronavirus était particulièrement prévalent chez plusieurs chauves-souris du genre *Rhinolophus*, dites rhinolophes ou chauves-souris en fer à cheval. Ce sont de petites créatures délicates qui ont de grandes oreilles et un nez entouré de membranes contournées qui servent à canaliser les ondes ultrasoniques qu'elles émettent. Elles s'abritent surtout dans les grottes, très nombreuses en Chine du Sud, et sortent le soir pour se nourrir de phalènes et d'insectes. Le genre *Rhinolophus* comprend près de soixante-dix espèces, mais l'étude de Wendong Li en isolait trois qui étaient porteuses du coronavirus proche du SRAS : la chauve-souris en fer à cheval à grandes oreilles ou rhinolophe à grandes oreilles, la petite chauve-souris en fer à cheval ou petite rhinolophe, et la chauve-souris en fer à cheval ou rhinolophe de Pearson. Un conseil : si vous en voyez une sur un menu de restaurant chinois, demandez plutôt des nouilles.

La découverte de la prévalence élevée chez ces chauves-souris, par opposition à la prévalence zéro des civettes, était importante. Mais il y a plus. L'équipe de Wendong Li avait séquencé des fragments de génome viral extrait de leurs selles. L'analyse comparative de ces fragments montrait que le coronavirus proche du SRAS était d'une grande variété génétique, plus grande que tous les SRAS-CoV isolés chez l'homme. Le virus devait donc loger dans cette population depuis longtemps ; il avait sans doute muté et évolué. Pire encore, la diversité du virus du SRAS humain était elle-même nichée au sein de la diversité du virus des chauves-souris. « Nichée » signifie que la version humaine appartient au même arbre généalogique, que Wendong Li et ses collègues ont dessiné et publié dans la revue *Science* pour illustrer leur propos. Le virus SRAS humain forme une branche maigrelette perdue au milieu d'un bouquet de grosses branches qui représente ce qui vit à l'intérieur des chauves-souris en fer à cheval.

Qu'est-ce que cela signifie ? Que les rhinolophes sont un réservoir, voire LE réservoir du SRAS-CoV. Que les civettes devaient être l'hôte amplificateur de l'épidémie de 2003. Et que personne ne savait exactement ce qui avait déclenché l'épidémie dans le Guangdong cet hiver-là, même si Wendong Li et ses collègues avaient leur petite idée. « Un groupe de chauves-souris infectieuses croisant une espèce susceptible d'être amplificatrice au bon moment, écrivaient-ils, peut provoquer un débordement et déclencher un cycle dans un marché s'il y a suffisamment d'animaux susceptibles d'alimenter ce cycle [14]. » Infection par association. Les animaux susceptibles pouvaient être des civettes masquées, des chiens viverrins, des blaireaux-furets, etc. Les candidats étaient nombreux.

On pouvait tuer toutes les civettes de Chine, le SRAS serait toujours présent. Il existait – suivant ses contraintes et ses capacités écologiques – dans toute culture prête à accueillir « un groupe de chauves-souris infectieuses » au milieu d'un marché. Ce qui voulait dire deux choses : attention aux restaurants. Et poursuivons les recherches.

38

ALEKSEI CHMURA EST UN JEUNE chercheur américain discret, à l'allure soignée, qui a un parcours original. Il a commencé par arrêter ses études, puis a voyagé, exercé comme boulanger, suivi une formation de cuisinier, restauré des meubles et, au bout de dix ans, il a repris un cursus universitaire en sciences de l'environnement. Le jour où j'ai fait sa connaissance, il était employé par le Consortium for Conservation Medicine et réunissait des données pour sa thèse consacrée à l'écologie des maladies zoonotiques en Asie du Sud-Est, dont le SRAS. Il accumulait notamment des prélèvements de chauves-souris. Il m'avait proposé de venir le voir sur place pour que je comprenne son travail et, le jour prévu, il est venu m'accueillir à la sortie de l'avion à Canton.

À peine rentrés de l'aéroport, nous avons rejoint ses amis de l'université Sun Yat-Sen pour déguster le fruit le plus nauséabond du monde : le durian, un gros machin couronné d'épines ressemblant à un poisson-globe qui aurait gobé un ballon de foot. À peine ouvert, le durian dégage des poches d'une pulpe crémeuse et gluante, sept ou huit poches en tout, accompagnées d'une odeur immonde. La pulpe a un goût de crème à la vanille mais elle pue franchement les sous-vêtements. Je me souviens, on gobait ce truc visqueux qui dégoulinait et nous glissait entre les doigts. Et ce en guise d'apéro. Juste après, nous sommes allés dîner dans un restaurant où Aleksei Chmura a commandé un plat de sang de porc congelé – des petits cubes hépatiques, comme des dés de foie – servi avec des pousses de soja et du piment rouge. À la fin de la soirée, j'étais en nage – bienvenue en Chine. Mais peu importe, j'avais hâte d'écouter Aleksei Chmura et de profiter de sa curiosité, et j'étais prêt à avaler ce qu'il fallait pour y arriver.

Le lendemain, nous avons pris l'avion pour Guilin, au nord-ouest de Canton, une ville située dans une vallée fluviale connue pour ses grottes et ses collines de calcaire karstique : un paysage de coteaux abrupts, couverts de forêts verdoyantes, de rapides, de cavernes et de saillies créées par l'érosion du calcaire caractéristique du karst. C'est un lieu idéal pour les touristes à la recherche d'une nature spectaculaire et pour les chauves-souris à la recherche de perchoirs.

Avant d'aller traquer ces petites bêtes, Aleksei m'a emmené dans un marché pour que j'aie un aperçu de ce qui se vendait officiellement à Guilin. En passant entre les étals, j'ai vu toutes sortes de légumes présentés en jolis petits ballots, des piles de fruits soignées, des champignons gnomiques. La viande rouge était vendue en tranches et en morceaux plus ou moins gros par des femmes qui attendaient debout derrière des comptoirs en contreplaqué avec un hachoir à la main. Des poissons-chats, des anguilles et des crabes tournicotaient dans d'immenses aquariums aérés. Des grenouilles-taureaux se terraient les unes contre les autres dans les recoins les plus sombres. Je pensais à tous ces animaux condamnés pour satisfaire notre appétit de viande ; à part ça, ce marché n'était pas plus angoissant ni plus bizarre qu'un autre. Au contraire, c'était un marché de l'« après » SRAS. Les saveurs sauvages avaient mauvaise presse et le commerce d'animaux sauvages avait disparu, m'expliqua

Aleksei. Quelques années plus tôt, en 2003, la situation était sans comparaison – même en 2006, quand il avait commencé à inspecter les marchés de Chine du Sud. À Canton, au marché Chatou, par exemple, il avait vu des hirondelles, des mouettes, des hérons, des grues, des daims, des alligators, des crocodiles, des cochons sauvages, des chiens viverrins, des écureuils volants, toutes sortes de serpents, de tortues et de grenouilles, mais aussi des chiens et des chats domestiques, tous vendus pour être cuisinés. Pas de civettes, en tout cas pas quand il y était ; elles avaient déjà été purgées. Et encore, sa liste ne comprenait que ce qu'il se rappelait et ce qu'il avait vu au cours de ses tournées. On pouvait aussi acheter des chats-léopards, des muntjacs chinois, des belettes de Sibérie, des castors d'Europe, des rats de bambous, des agames papillons, des crapauds chinois, sans compter une liste de reptiles, d'amphibiens et de mammifères comprenant deux types de chauves-souris frugivores. Un sacré menu ! Sans oublier les oiseaux : hérons garde-bœufs, spatules, cormorans, pies, pluviers, marouettes, râles, poules d'eau, foulques, bécasseaux, geais, plusieurs variétés de corbeaux, une large sélection de canards, d'oies, de faisans et de colombes… « En Chine du Sud, les gens mangent tout ce qui vole, sauf les avions. » C'est un dicton que m'a appris un collègue d'Aleksei. Le type était du nord du pays.

Après l'épidémie de SRAS et la crise des civettes, les gouvernements locaux (sûrement sous pression de la part de Pékin) avaient sévi et imposé de nouvelles restrictions sur les animaux mis en vente. Mais l'ère des saveurs sauvages n'avait pas disparu, elle était devenue souterraine. « En Chine, il y a encore beaucoup de gens qui pensent que manger des animaux sauvages est bon pour le système respiratoire, pour la vigueur sexuelle ou je ne sais quoi », me dit Aleksei. Sauf que le trafic était plus difficile à repérer, et encore plus à évaluer. Les marchands étaient sur la défensive, particulièrement méfiants à l'égard des étrangers comme Aleksei, un Occidental qui parlait le mandarin. On trouvait encore des animaux sauvages mais en sous-main, dans les arrière-boutiques, ou dans telle camionnette qui s'arrêtait à 14 heures pile au coin de la rue. Si vous aviez envie de vous offrir une tortue étoilée de Birmanie ou un muntjac, il fallait connaître quelqu'un qui connaissait quelqu'un qui…, payer le prix fort et s'arranger discrètement, à l'abri des regards.

Quant à Aleksei, j'ai découvert en mangeant avec lui qu'il avait un discours plutôt inattendu pour un Américain. Il n'avait rien contre le fait de consommer de la viande, du moment que l'animal n'était pas braconné, n'appartenait pas à une espèce en danger et n'était pas infecté par les microbes pernicieux qu'il était venu étudier. Un soir où nous étions devant un plat de délicats petits poissons et de pousses de bambou, croquant des têtes et des arêtes, j'ai essayé de lui faire avouer un minimum de réserves. Mes questions étaient très simples. « Quel animal, tu ne consommerais pas, Aleksei ? Quelles sont tes limites ? Les primates ? Tu mangerais du singe pour le dîner ? » Il m'a répondu oui sans sourciller, mais il fallait que la viande de singe soit appétissante. « Et les grands singes ? Si tu étais en Afrique, tu consommerais du gorille ou du chimpanzé ? » « C'est pas comme ça que je situerais la limite, dit-il. Soit tu manges de la viande, soit tu n'en manges pas. Pour me mettre à l'épreuve, il faudrait que tu me proposes de la chair humaine. » Sa réponse peut sembler macabre, ou bête, ou carrément provocatrice, mais elle ne l'est pas. Il était parfaitement sincère et logique. Son régime alimentaire ne tenait pas compte de la taxinomie, c'était aussi simple que ça. D'ailleurs, à New York, il se nourrissait essentiellement de fruits.

Nous avons passé plusieurs jours à attraper des chauves-souris à Guilin et autour. Les collines karstiques pleines de cavités sont des abris rêvés pour ces bestioles, mais il fallait trouver les grottes qu'elles utilisaient à ce moment-là. Aleksei avait avec lui plusieurs étudiants chinois pour le seconder, dont Guangjian Zhu, un jeune écologue de l'Université normale de la Chine de l'Est à Shanghai. Guangjian avait plusieurs années d'expérience derrière lui et maniait particulièrement bien les chauves-souris avec ses dix doigts, calmement, alors qu'elles se tortillaient pour se libérer des filets japonais et le mordaient pour s'échapper. Il était petit, mince, très fort, il crapahutait partout et se faisait spéléologue quand il le fallait. Je me souviens aussi de Yang Jian, qui connaissait le terrain comme sa poche et nous guidait de grotte en grotte.

À la fin de l'après-midi, le troisième jour, nous sommes allés à la lisière de Guilin en taxi et avons pris une allée étroite au milieu d'un village, armés de filets et de perches. C'était entre chien et loup, à l'heure où les chauves-souris quittent leurs abris pour aller se nourrir. À la sortie du village, le soleil commençait à se coucher, troublé par le smog de Guilin. Nous avons traversé un verger d'agrumes, un champ de pois fourragers, puis une zone de mauvaises herbes, avant de prendre un sentier à peine repérable, qui ressemblait à un tunnel grimpant la colline au milieu d'épines, de vignes et de bambous. Jusqu'au moment où nous sommes arrivés devant un trou au milieu d'une côte, une ouverture pas plus grande que la porte d'une vieille cave. Guangjian et Jian se sont tout de suite faufilés à l'intérieur. Nous les avons suivis avec Aleksei. L'ouverture donnait sur une sorte d'antichambre où j'ai aperçu une fente, de l'autre côté, comme un sourire de pierre. Chacun y est entré en rampant, arrivant dans une deuxième cavité qu'il fallait traverser en glissant sur les fesses avant de franchir une nouvelle brèche, suivie par un terrier qui donnait sur une troisième grotte, plus profonde et plus large (je me souviens, j'avais l'impression d'être avalé par une succession d'estomacs de vache). Bizarrement, on était perchés en hauteur, comme sur le rebord d'une fenêtre du troisième étage. Je sentais les palpitations des chauves-souris qui tournoyaient à la hauteur de nos têtes et je me demandais lesquelles étaient porteuses du fameux virus…

Il y en avait plein, mais comment les attraper du haut de notre perchoir ? J'étais perplexe. Cela dit, je ne voyais pas grand-chose. Heureusement j'avais une lampe frontale qui m'a permis de repérer une petite saillie de calcaire dans la paroi inclinée de la grotte. Je m'y suis calé, j'ai attendu et j'ai vu Aleksei et Guangjian déployer un filet japonais qu'ils ont plaqué contre le trou par lequel on était arrivés, nous enfermant dans la grotte. Et enfermant les chauves-souris. Le filet les avait tout de suite bloquées, mais on les entendait à peine frapper et se débattre, comme des mouches prises dans une toile d'araignée. La sortie était bouchée, elles étaient coincées. Les araignées, c'était nous.

Peu après, Aleksei et Guangjian ont dégagé les chauves-souris du filet avant de les déposer chacune dans un sac en toile qu'ils me faisaient passer. Mon job était d'accrocher chaque sac sur une perche horizontale que j'avais fixée dans la paroi, comme sur un fil à linge. Les chauves-souris sont plus apaisées et plus à l'aise quand elles sont suspendues, même dans un sac. Pendant ce temps-là, Jian était debout et balayait l'air avec son filet pour en attraper d'autres, jurant en anglais chaque fois qu'il en ratait une.

Tout à coup je me suis rappelé que l'on était à la recherche d'un coronavirus type SRAS qui devait se cacher dans ces bestioles. Personne n'avait de masque. Ni chirurgical, ni N95. « Comment ça se fait ? ai-je demandé à Aleksei.

— C'est comme si on n'avait pas de ceinture de sécurité », dit-il.

On prenait un risque calculé et raisonnable. Imaginez : vous prenez l'avion pour aller au bout du monde, vous sautez dans un taxi à la sortie de l'aéroport, vous êtes pressé, vous ne parlez pas la langue – vous n'avez aucune ceinture de sécurité, non ? Est-ce que vous sautez du taxi pour monter dans un autre ? Non, vous foncez. Vous avez une mission à accomplir. Oui, vous pouvez avoir un accident de voiture en pleine ville, mais c'est peu probable. Accepter les risques fait partie du jeu – genre, vous êtes debout dans une grotte infestée de chauves-souris. Si vous voulez à tout prix vous protéger du virus, il vous faut non seulement un masque, mais une combinaison Tyvek, des gants, des lunettes, voire une cagoule de protection chimique et une visière, l'ensemble ayant été soumis à une ventilation à pression positive dont l'air aurait été filtré.

« Pas génial, conclut Aleksei.

— C'est sûr », dis-je en continuant de suspendre mes sacs. Je pouvais difficilement de ne pas être d'accord. Mais choper le SRAS, était-ce génial ?

À peine rentré dans le laboratoire à Guilin, Aleksei a divisé le travail comme sur une chaîne de montage, avec Guangjian dans le rôle de manutentionnaire en chef et Jian dans celui d'assistant, lui-même se réservant les opérations les plus délicates. Tout le monde portait des gants en latex bleu. Guangjian amadouait chaque chauve-souris pour l'extraire de son sac en la tenant fermement mais délicatement. Puis il la pesait, prenait ses mesures et identifiait son espèce pendant que Jian prenait des notes : *Rhinolophus pusillus*, petite chauve-souris à fer à cheval ; *Rhinolophus affinis*, chauve-souris à fer à cheval intermédiaire ; *Hipposideros larvatus*, grande phyllorine. Sur chaque chauve-souris, Guangjian effectuait ensuite des prélèvements buccaux et anaux qu'il confiait à Jian, lequel cassait les écouvillons avant de les déposer dans un tube pour les conserver. Enfin, Aleksei prenait une sorte d'aiguille pour percer une veine près de la queue de la chauve-souris – il piquait une ou deux gouttes de sang, pas plus. On ne peut pas prélever cinq millilitres de sang sur une bête aussi petite comme on le fait sur une civette ou un singe, m'a-t-il expliqué. La chauve-souris serait exsangue. Deux gouttes suffisaient pour avoir deux échantillons et deux duplicatas analysés séparément à la recherche du virus. Jian aspirait le sang avec une pipette, goutte par goutte, avant de le transférer dans un tube avec tampon. Un des paquets d'échantillons serait envoyé à Shanghai, l'autre à New York.

Les tâches étaient très bien rodées et réparties entre les trois hommes. Personne ne risquait de cogner son voisin, de stresser une chauve-souris à cause d'un geste maladroit ou d'un délai trop long, ni de perdre des données. Une fois l'opération terminée, les bestioles étaient lâchées par la fenêtre du laboratoire au quatrième étage. Il arrivait qu'il y ait des accidents, comme dans toute manipulation d'animaux sauvages. Ce jour-là, sur vingt chauves-souris capturées, deux sont mortes. La première était une petite chauve-souris à fer à cheval, minuscule, qui s'était pris un coup du filet de Jian dans la grotte. Aleksei décida de la disséquer pour réunir le plus de données possible.

Je l'ai regardé faire avec une paire de petits ciseaux. Il a perforé la peau avant de l'ouvrir jusqu'au sommet de la poitrine de la petite bête. Il a retiré la membrane avec les doigts – en tirant très légèrement –, révélant des muscles pectoraux impressionnants, rouge pourpre, comme du bifteck. Il a taillé dans les muscles et, juste en dessous, dans les os, trop fins pour résister aux ciseaux. Avec une aiguille pointue, il a prélevé du sang directement dans le cœur. Puis il a retiré le foie et la rate qu'il a déposés dans des tubes séparés.

Il portait un masque N95 et des gants en latex bleus, et il était très calme. C'est plus tard que j'ai fait le lien entre la petite chauve-souris à fer à cheval et la découverte de l'équipe de Wendong Li. De fait, la petite chauve-souris à fer à cheval est un des réservoirs-hôtes suspects du virus.

Une fois le sang et les organes mis de côté et conservés, Aleksei a déposé la carcasse dans un sac en plastique Ziploc. Peu après, il a ajouté celle de l'autre chauve-souris après l'avoir disséquée. Que faisaient-ils des sacs ? lui ai-je demandé. Il m'a montré un bac fait pour les déchets biologiquement dangereux.

« Si c'était de la viande, elles iraient là-dedans », dit-il en me montrant une poubelle ordinaire au pied d'un mur. Il faisait allusion à notre discussion sur les limites entre animaux comestibles et animaux intouchables ; animaux sans risque et animaux contaminés ; abats (dangereux) et déchets ordinaires. En Chine du Sud, ces frontières avaient quelque chose d'arbitraire et de flou.

39

QUELQUES JOURS PLUS TARD, nous sommes allés à Lipu, à une centaine de kilomètres au sud de Guilin, pour visiter une ferme de rats qui intéressait Aleksei. Arrivé à la gare, j'ai remarqué un panneau indiquant la liste des objets interdits aux voyageurs. Je ne lis pas le chinois mais les illustrations étaient très claires : pas de bombes, pas de pièces d'artifice, pas d'essence, pas d'alcool, pas de couteaux, pas de serpents. Ouf, on n'avait rien de tout ça.

M. Wei Shangzheng, le propriétaire de la ferme, est arrivé au volant d'une camionnette blanche. Il était petit et trapu, très affable, riant sans cesse de ce qu'il disait, pas tant parce qu'il se croyait drôle que parce qu'il se réjouissait de la vie. En tout cas, c'est l'impression que j'avais quand Guangjian le traduisait. Tout le monde est monté dans sa camionnette et nous sommes allés à une dizaine de kilomètres au nord-est de Lipu, dans un village où il a pris une allée avant de franchir un portail au-dessus duquel était affichée une ligne de caractères chinois : PETITE MAISON DE CHAMP. FERME D'ÉLEVAGE DE RATS DES BAMBOUS. Derrière se trouvait une cour entourée de bâtiments en parpaings sur trois côtés. Chaque bâtiment avait deux ailes couvertes d'enclos de béton qui abritaient des rongeurs gris argent, avec des petits yeux et une tête aplatie. On aurait dit des cochons d'Inde géants. C'étaient des rats des bambous chinois, un rongeur originaire de Chine du Sud. Ravi, M. Wei Shangzheng nous a proposé de faire le tour du propriétaire.

Les enclos étaient propres et parfaitement drainés. Chacun avait un grand récipient d'eau et comptait de une à quatre bêtes. Les tiges de bambou rongées de plusieurs cages montraient qu'ils portaient bien leur nom. Les dents avant de ces rats, parfaites pour ronger les bambous, ressemblent à celles des castors, mais leur alignement rappelle plutôt la dentition d'un chaton.

M. Wei a pris un rat par la peau du cou avant de le retourner pour lui caresser le scrotum. Le rat frétillait à peine. Je ne vous conseille pas d'essayer avec un castor. Suivant les allées, il y avait des adultes, des jeunes rats, une femelle nourrissant deux ratons de la taille d'une souris, deux rats qui copulaient. Ils se reproduisent facilement, fit M. Wei qui avait surtout des femelles – et quelques gros mâles. Un mois plus tôt, il avait vendu deux cents rats, du coup il avait décidé d'agrandir son élevage et de construire de nouveaux enclos. Pensez donc, il était le premier éleveur de rats des bambous de Chine du Sud ! Voire au-delà ! S'il arrivait à cinq mille rats, il serait le premier de Chine ! Curieusement, je n'avais pas l'impression qu'il se vantait mais qu'il n'en revenait pas de sa chance. Ses affaires marchaient bien. La vie était belle. Il en riait de bonheur. Il était célèbre. Il était même passé à la télé, on pouvait le voir sur Google. Il avait démarré en 2001 après avoir perdu son emploi à l'usine où il travaillait, décidé à tenter l'aventure.

Comme il n'avait peur de rien, il avait deux couples d'énormes porcs-épics menaçants qui boudaient dans de grands enclos au bout d'une pièce. Il avait décidé de se diversifier. Il commençait à peine à les élever et comptait vendre les petits, mais c'était une viande raffinée, qu'il réservait pour les clients plus aisés et plus difficiles. Deux porcs-épics valaient mille dollars environ, me dit-il. Cette fois-ci il n'a pas cherché à en attraper un pour caresser son scrotum…

Plusieurs seringues hypodermiques prêtes à être utilisées traînaient au bord d'un enclos. Je lui ai demandé s'il surveillait la santé de ses rats. Bien sûr, dit-il, surtout à cause des virus. Invisibles. Dangereux. Impossible de diriger une ferme de rats dont certains seraient malades. Il nous a montré comment il piquait les rongeurs au milieu du muscle. Il n'a pas précisé quel produit il injectait, mais ça devait être un antibiotique (inutile contre les virus), sûrement pas un vaccin anti-SRAS. Il ne restait plus qu'à espérer que les rats n'aient pas d'infections bactériennes quand il les mettait en vente. Ce qui les attendait après – se retrouver confinés dans des cages au milieu de civettes, de chauves-souris et de chiens viverrins urinant, déféquant et expectorant dans des marchés ou des entrepôts –, c'était une autre histoire.

M. Wei a insisté pour que nous restions dîner. Il avait demandé à ses parents de préparer un repas de fête. Chacun s'est assis sur une petite chaise autour d'un brûleur électrique sur lequel sa vieille mère a déposé une énorme marmite. Elle a plongé dans le bouillon des morceaux de porc, de canard, des lamelles d'un tubercule qui ressemblait à une pomme de terre, des champignons enoki, des pousses de soja, du chou de Chine et des légumes d'une plante proche du liseron. Elle a mélangé le tout et versé un peu de sel. Les ingrédients cuisaient très vite et remontaient à la surface, formant une délicieuse fondue dans laquelle chacun piochait avec des baguettes avant de mélanger les légumes ou la viande dans son bol de riz. Séparément, sur un plat froid, elle a apporté des morceaux de rat des bambous rôti.

J'ai goûté : la viande de rat était tendre, subtile, légèrement sucrée. Les petits fémurs et les petites côtes craquaient sous la dent. Les jarrets de rats se mangeaient à la main, puis on suçait les os avant de les déposer poliment à côté de son bol ou de les jeter par terre (la méthode préférée du père de M. Wei, un vieil homme torse nu assis à ma gauche). Un chat étique se jetait tout de suite dessus. La fondue était brûlante. En parfait maître de maison, M. Wei est allé chercher des bouteilles bien fraîches de Liquan, la meilleure bière de Guilin. Il a suffi de quelques verres pour que je me laisse aller et que je reprenne du rat en choisissant les meilleurs morceaux.

Je commençais à comprendre ce que disait Aleksei : on est carnivore ou on ne l'est pas, inutile de se perdre dans les nuances. S'il fallait manger du rat des bambous, autant que ce soit là, à la source, avant que la pauvre bête soit expédiée, entassée avec d'autres et malade. Les saveurs sauvages se suffisaient à elles-mêmes, on n'avait pas besoin de les relever avec un virus.

40

SI JE METS À PART les rares cas de début 2004, le SRAS n'est pas – du moins pas encore – revenu frapper. La flambée de 2003 fait toujours l'objet d'études. De nombreux éléments nous échappent et beaucoup de questions restent en suspens. Les chauves-souris sont-elles le seul réservoir-hôte du virus ? Si oui, quels types de chauves-souris exactement ? Le coronavirus détecté chez les petites chauves-souris à fer à cheval est-il l'ancêtre direct du SRAS-CoV présent chez l'homme ? Si oui, comment le débordement original a-t-il eu lieu ? Y a-t-il eu une transmission unique – d'une chauve-souris à une civette – ou plusieurs événements de ce type ? Et de la civette à l'homme, combien de sauts, combien de débordements indépendants ? Est-ce une cage de civettes infectées, vendues une par une dans un marché, qui a déclenché la maladie dans plusieurs directions en même temps ? Que s'est-il passé exactement au dixième étage de l'hôtel Metropole à Hong Kong ? Le professeur Liu a-t-il vomi dans le couloir, ou simplement toussé, ou éternué – ou juste expiré ? Comment le virus a-t-il évolué au fil des huit mille quatre-vingt-dix-huit patients qu'il a contaminés ? Dans quelle mesure la cuisine de Chine du Sud a-t-elle contribué à diffuser ce pathogène dangereux à Hong Kong et au monde entier ? Où se retrouvent les rats des bambous de M. Wei une fois qu'ils quittent leur ferme ? Comment sont-ils traités, avec quels animaux, dans quelles piles de cages, récoltant quels types d'excrétions, avant d'arriver dans les restaurants de Guilin, Canton et Shenzhen ? Pourquoi certains patients sont-ils des super-transmetteurs et pas d'autres ? Quelle est la valeur du R_0 pour le SRAS ? Quand le virus va-t-il ré-émerger ?

On a beaucoup écrit sur le SRAS, mais la plupart des papiers sont techniques et traitent de détails de l'évolution moléculaire et des rapports entre réservoirs, ou de problèmes épidémiologiques très précis. Rares sont ceux qui ont une vision plus large et posent la question : qu'est-ce qui fait que ce virus est inhabituel ? Que nous a appris l'expérience du SRAS ?

Quand on y pense, il est difficile de ne pas se dire que « l'humanité l'a échappé belle [15] ». Le scénario aurait pu être dix fois pire. En 2003, le SRAS était une flambée, pas une épidémie. Huit mille cas, ce n'est pas énorme pour une infection aussi explosive. Et sept cent soixante-quatorze morts, ce n'est pas sept millions.

Plusieurs facteurs ont contribué à limiter l'étendue des dégâts, dont le hasard. Autre facteur, la vitesse et l'excellence des diagnostics des laboratoires – trouver et identifier le virus – réalisés par Malik Peiris, Guan Yi, leurs partenaires de Hong Kong, leurs collègues et leurs concurrents américains, chinois et européens. Sans oublier l'efficacité avec laquelle de nombreux cas ont été isolés, les contacts retracés et les mesures de quarantaine imposées en Chine du Sud (après un temps de déni et de confusion), à Hong Kong, Singapour, Hanoï et Toronto. Ainsi que la rigueur des mesures de contrôle dans les hôpitaux, sous la houlette de personnalités comme Brenda Ang à Tan Tock Seng. Si le virus avait pénétré dans une autre métropole – avec un gouvernement moins strict, plus de gens démunis et moins d'établissements médicaux de premier ordre –, il aurait pu échapper aux contrôles et ravager une partie bien plus large de l'humanité.

Autre facteur, peut-être le plus important car il est inhérent à la façon dont le SRAS-CoV affecte le corps humain : les symptômes apparaissent avant, plutôt qu'après, que la personne soit contagieuse. Les maux de tête, la fièvre et les frissons – voire la toux – précèdent la décharge de virus sur les autres. On l'a même vu chez plusieurs super-transmetteurs en 2003. C'est donc l'ordre des événements qui a permis d'identifier de nombreux cas, de les hospitaliser et de les isoler avant qu'ils atteignent leur pic d'infectivité. Hélas, le personnel soignant a écopé de rafales d'infections secondaires. Mais du coup, heureusement, si l'on peut dire, ces rafales émanaient de personnes dont l'état de santé ne leur permettait pas d'emprunter les transports en commun… C'est un élément essentiel de cet épisode de SRAS. Prenons la grippe ou d'autres maladies, nous avons l'ordre inverse : l'infectivité précède de plusieurs jours les symptômes. C'est sans doute ce qui explique les ravages de la grippe espagnole en 1918-2019, qui a pourtant eu lieu avant la mondialisation. Aujourd'hui tout va plus vite, y compris les virus. Si le SRAS avait obéi au schéma pervers de l'infectivité présymptomatique, la flambée de 2003 n'aurait pas été un coup de chance exceptionnel suivi par une réaction ultra-efficace. C'eût été une histoire bien plus sombre.

Laquelle n'a pas encore été écrite, mais le sera sans doute avec un autre virus. Le jour où la prochaine épidémie se manifestera, elle obéira sans doute au schéma le pire : infectivité élevée précédant les symptômes. Le virus se déplacera dans les villes et les aéroports, comme un ange exterminateur.

Deux jours après le dîner dans la ferme des rats, à Guilin, je me suis réveillé à l'aube, j'ai dit au revoir à Aleksei Chmura et je suis allé prendre l'avion pour Canton. J'ai traîné quelques heures à l'aéroport et j'ai pris un deuxième avion. À côté de moi était assis un jeune couple de touristes japonais qui devaient rentrer d'un voyage en amoureux après avoir parcouru les hôtels, les restaurants, les marchés, les centres commerciaux et les rues bondées de Canton et d'autres villes de Chine du Sud. Ils se sont assis discrètement avant que l'avion décolle pour Hong Kong. Ils étaient peut-être effrayés par ce qu'ils avaient vu et soulagés de rentrer chez eux, dans un pays plus propre. Ou alors ils pensaient à ce qu'on leur avait raconté sur le SRAS. Je ne leur ai pas posé la question. Je ne les aurais jamais remarqués s'ils n'avaient pas porté un masque chirurgical.

Si seulement il suffisait d'un masque… ai-je pensé.

V

Le cerf, le perroquet et le gamin d'à côté

41

LES BATTEMENTS DE TAMBOUR ont beau accélérer depuis plusieurs décennies, l'émergence de zoonoses inédites n'est pas une nouveauté. J'en veux pour preuve les trois exemples qui suivent : la fièvre Q, la psittacose et la maladie de Lyme.

La fièvre Q. Soixante ans avant que les chevaux de Vic Rail meurent à Hendra, un pathogène très différent avait débordé au même endroit. Ce n'était pas un virus mais il se comportait comme un virus. C'était une bactérie mais une bactérie pas comme les autres. (Une bactérie ordinaire est facile à distinguer d'un virus : c'est un organisme cellulaire plus grand qu'un virus, et non une particule sous-cellulaire ; une bactérie se reproduit par fission et n'envahit pas une cellule pour déclencher la reproduction génétique ; en général on en vient à bout avec des antibiotiques.) La nouvelle bestiole provoquait une maladie qui ressemblait à une grippe ou au typhus, mais elle avait un précédent puisqu'elle avait frappé les ouvriers d'abattoirs de Brisbane en 1933. Au début, les médecins parlaient donc de « fièvre des abattoirs [1] », puis ils ont adopté l'appellation « fièvre Q », encore plus étrange. Curieusement, aujourd'hui encore, à l'heure des antibiotiques, pour des raisons liées à sa biologie inhabituelle, la fièvre Q peut provoquer d'importants dégâts.

La psittacose. C'est une zoonose bactériologique qui a aussi émergé dans les années 1930. La maladie avait un lien avec l'Australie mais elle a sévi à l'échelle mondiale, et elle est sans doute arrivée aux États-Unis avec une cargaison de perroquets venant d'Amérique du Sud. C'était à la fin de l'année 1929, juste avant

Noël, quand certaines personnes offrent des perroquets. Ainsi, Lilian Martin, qui vivait à Annapolis, dans le Maryland, reçut-elle de la part de son mari un perroquet acheté à Baltimore. L'oiseau mourut brutalement le jour de Noël. Lilian Martin tomba malade cinq jours plus tard. On lui diagnostiqua une psittacose, c'est-à-dire une maladie qui passe des oiseaux (essentiellement les Psittaciformes, soit les perroquets et autres oiseaux apparentés) aux hommes et déclenche de la fièvre, des douleurs, des frissons et une pneumonie qui peut mener à la mort.

À l'époque, aux États-Unis, la maladie effrayait le grand public sous le nom de « fièvre du perroquet » parce que plusieurs personnes exposées à ces oiseaux contaminés commençaient à tomber malades, surtout dans le Maryland. LA FIÈVRE DU PERROQUET S'ABAT SUR TROIS PERSONNES À ANNAPOLIS, annonça le *Washington Post* le 8 janvier 1930 après la mort de Lilian Martin et de deux de ses proches. Trois jours plus tard, le même *Washington Post* titrait : LE DÉCÈS D'UNE FEMME DE BALTIMORE IMPUTÉ À LA MALADIE DU PERROQUET. La psittacose devint un tel sujet d'inquiétude qu'un commentateur qualifia le phénomène d'« hystérie publique[2] » et le compara à la flagellation et aux feux de la Saint-Jean au Moyen Âge.

Troisième exemple, la maladie de Lyme, qui semble être une nouvelle version du phénomène lié à la bactérie inquiétante et inconnue. Tout a commencé dans les années 1970, quand deux mères de famille de Lyme, une petite ville du Connecticut, ont remarqué que de nombreux enfants, dont les leurs, souffraient d'une arthrite rhumatoïde juvénile. Le Département de la Santé du Connecticut et la faculté de médecine de Yale ont été alertés, et les chercheurs ont remarqué que le diagnostic d'arthrite coïncidait avec une forme d'éruption cutanée – un anneau rougeâtre qui se diffusait à partir d'un point central – associée à la morsure de tiques. Il se trouve que les forêts de l'est du Connecticut et des environs étaient infestées de tiques du genre *Ixodes*, qu'on appelle aussi « tiques du cerf ». Dix ans plus tard, Willy Burgdorfer, un biologiste, a découvert une bactérie suspecte dans l'intestin de tiques *Ixodes*. C'était un spirochète, une bactérie à la forme spirale allongée, proche des spirochètes du genre *Borrelia*. De nouvelles recherches ont permis de confirmer son rôle d'agent de la nouvelle arthrite, et elle a été baptisée *Borrelia burgdorferi* en l'honneur de son principal découvreur. Le fléau est d'autant plus difficile à maîtriser que la *Borrelia burgdorferi* a une histoire qui dépasse largement les tiques et les hommes.

Psittacose, fièvre Q, maladie de Lyme : ces trois syndromes n'ont pas grand-chose à voir entre eux mais ils partagent deux caractéristiques. Ce sont des zoonoses et ils sont d'origine bactérienne. Car, ne l'oublions pas, toute nouvelle bestiole malfaisante et coriace n'est pas un virus, ça peut être une bactérie.

42

LA PSITTACOSE, OU FIÈVRE DU PERROQUET, fut identifiée en 1880, le jour où un médecin suisse, le Dr Ritter, signala une maladie proche du typhus qui venait de décimer une famille : sept personnes étaient tombées malades et trois étaient mortes. Comme la maladie ressemblait à une pneumonie, on pensait qu'elle se transmettait par voie aérienne, si bien que le Dr Ritter la baptisa provisoirement « pneumotyphus ». Le médecin n'avait pas trouvé l'agent causal, en revanche il avait repéré la pièce où la famille avait été contaminée : le bureau, qui comprenait une douzaine d'oiseaux en cage, notamment des fringillidés* et des perroquets.

En 1882, une flambée plus importante eut lieu à Paris. Deux vendeurs d'animaux venaient de réceptionner une cargaison de cinq cents perroquets importés de Buenos Aires. Tous deux furent contaminés, de même que plusieurs clients, des proches, des amis et un médecin de service. Seize personnes sont mortes. Peu après, le fléau se manifesta en Allemagne, à New York et dans un grand magasin (qui vendait des oiseaux) de Wilkes-Barre, en Pennsylvanie. En 1898, la maladie gâcha la foire annuelle du Cercle des amateurs de canaris de Berlin. Les perroquets et leurs congénères n'étaient donc pas les seuls oiseaux capables de transmettre le microbe de la psittacose. (Les canaris sont des Passeriformes, pas des Psittaciformes.) À Berlin, une douzaine d'amateurs furent touchés, dont « trois périrent dans des affres de douleur [3] », à en croire un journal de la ville.

S'ensuivit une pause, sinon des infections, du moins de l'attention qu'elles attiraient. La Grande Guerre et la grippe espagnole prélevaient un tribut de morts et de malades qui suffisait à alimenter le chagrin et la peur. Les années 1920, elles, furent à l'insouciance et à la joie, jusqu'au jour où le couperet tomba. « L'année 1929 fut un tournant : on se pencha de nouveau sur l'étiologie* de la psittacose humaine[4] », lit-on dans une synthèse historique de la maladie. L'étiologie est l'étude de la cause d'une maladie. En 1929, c'est le nombre de malades qui incita les chercheurs à essayer d'identifier cette cause.

Lilian Martin avait finalement guéri, mais tout le monde n'eut pas cette chance. Le *Washington Post* annonça de nouveaux cas dans le Maryland, l'Ohio, en Pennsylvanie et à New York – ainsi qu'à Hambourg, en Allemagne. Le 13 janvier 1930, l'Administrateur de la Santé publique des États-Unis envoya un télégramme aux responsables de la santé de neuf États leur demandant de surveiller de près la situation. Deux semaines plus tard, alors qu'on signalait des malades dans le Minnesota, en Floride et en Californie, le président Hoover annonça un embargo sur les perroquets importés. Le directeur du Bureau de bactériologie du Département de la Santé à Baltimore, qui avait pratiqué des nécropsies d'oiseaux infectés, mourut, ainsi qu'un laborantin du Laboratoire hygiénique des services de la Santé publique. Ce dernier avait travaillé avec Charles Armstrong, un chercheur qui faisait des expériences sur la transmission d'oiseau à oiseau dans le sous-sol du laboratoire. Il faut dire que les deux complices travaillaient dans des conditions périlleuses : deux petites pièces souterraines équipées de rideaux traités au désinfectant pour éviter les transmissions par voie aérienne et pleines de perroquets stressés qui attendaient dans des poubelles couvertes de grillage, d'où s'échappaient des plumes et de la fiente. On n'était pas dans un labo classé P4. Charles Armstrong a été contaminé, mais il n'est pas mort. Neuf employés du Laboratoire hygiénique ont également été contaminés, alors qu'ils n'étaient pas entrés dans la pièce.

Comprenant que le bâtiment avait été infecté par un agent non identifié qui déclenchait une psittacose, le directeur du laboratoire a fermé le site. Il a chloroformé tous les perroquets restants, mais aussi les cochons d'Inde, les pigeons, les singes et les rats, et les a jetés dans un incinérateur. C'était un homme décidé et terre à terre, un « grand échalas avec un visage biscornu qui ressemblait à Lincoln[5] », selon une source. Il s'appelait George W. McCoy, et il devait être protégé par son système immunitaire et sa bonne étoile car il n'a pas été contaminé.

L'épidémie de psittacose de 1930 finit par refluer, et la panique retomba lentement. Le 19 mars, le secrétaire de la Marine par intérim publia un ordre exigeant que tous les marins voyageant se débarrassent de leurs perroquets. George McCoy rouvrit le Laboratoire hygiénique, Charles Armstrong revint de convalescence et la recherche sur la cause de la maladie reprit.

43

UN MOIS PLUS TARD, le coupable fut désigné. C'était une petite bactérie aux propriétés inusitées, apparemment proche de l'agent du typhus (*Rickettsia prowazekii*), que l'on baptisa *Rickettsia psittaci*. D'où venait-elle ? D'Argentine ? À cause des oiseaux malades exportés en 1930 qui semblaient montrer que ce pays était le point de départ de la nouvelle flambée ? Le président Hoover avait imposé un embargo qui aurait dû tarir cette source. Le fait est que l'on détecta une psittacose latente dans des volières californiennes qui élevaient des perruches à usage domestique – autrement dit, les éleveurs américains entretenaient un réservoir endémique de l'infection et le diffusaient dans les autres États. Décision fut prise de détruire toutes les volées contaminées et de relancer le commerce avec des oiseaux venant d'Australie, et ce pour deux raisons. Premièrement, les perruches vendues en Californie étaient des perruches ondulées originaires d'Australie, très répandues dans ce pays. Deuxièmement, l'Australie (malgré une grande diversité de psittacidés) était réputée vierge de toute psittacose. L'idée était de recommencer à zéro et sans psittacose.

Deux chercheurs américains obtinrent l'autorisation d'importer un contingent de deux cents perruches australiennes capturées autour d'Adélaïde pour les soumettre à une expérience. Comme leur système immunitaire était censé être naïf, il s'agissait de les contaminer avec des souches de psittacose américaines et d'observer le résultat. Sauf qu'un des oiseaux mourut peu de temps après son arrivée, et quand les chercheurs le disséquèrent, ils découvrirent la bactérie *Rickettsia psittaci.* Par ailleurs, plusieurs de ses congénères, qui semblaient en bonne santé, étaient porteurs d'une infection latente due à cette bactérie, comme les perruches de Californie. Non seulement l'Australie était donc peut-être moins propre que prévu, mais les chercheurs commençaient à se demander ce que pouvaient cacher les autres volières, les animaleries et les zoos du pays.

C'est là que Frank Macfarlane Burnet, une sommité de la recherche australienne, intervient dans l'histoire. Burnet était un homme brillant, irascible, mais c'était un grand spécialiste des maladies infectieuses. Né en 1899, cadet d'une famille de sept enfants, c'était un écolier solitaire, opiniâtre, qui adorait les romans de H. G. Wells, méprisait les mœurs relâchées de son père et préférait collectionner des scarabées plutôt que de jouer avec ses camarades. Plus tard, il découvrit Darwin dans une encyclopédie, devint un bon joueur de cricket alors qu'il était peu doué pour le sport, et se dit agnostique dès l'université. Comprenant qu'il n'était pas fait pour l'Église et hésitant à se lancer dans le droit, il choisit la médecine. Il fit ses études à Melbourne mais comme il avait peu d'empathie pour les patients, il décida de se lancer dans une thèse de virologie. Quelques années plus tard, il refusa un poste à l'université de Londres et voulut rentrer en Australie pour se consacrer à la recherche. C'était un Australien pur jus et nationaliste. À la fin de sa vie, il publia de nombreux textes pontifiants et un peu amers sur toutes sortes de sujets : l'euthanasie, l'élimination des nouveau-nés handicapés, le droit foncier aborigène, le contrôle des naissances, la publicité pour le tabac, les essais nucléaires français dans le Pacifique, l'inanité des tentatives de guérison du cancer, ou les mérites (faibles d'après lui) de la biologie moléculaire (et non la microbiologie, sa discipline à lui). En 1960 il reçut le prix Nobel pour avoir contribué à élucider les mécanismes de la tolérance immunitaire acquise, mais son travail sur les zoonoses avait débuté bien plus tôt. Il remontait à 1934, quand il était biologiste à l'Institut Walter et Eliza de Melbourne. C'est là qu'il commença à s'intéresser à la psittacose.

Reprenant l'étude des deux chercheurs américains, il fit venir une caisse de perroquets et de cacatoès d'Adélaïde. Un tiers des oiseaux étaient infectés. Il en importa une douzaine de Melbourne. Au moins neuf étaient probablement porteurs de la bactérie. Puis deux nouvelles douzaines, qui comportaient un grand nombre de cas positifs. Le mythe de l'Éden australien vierge de psittacose était mort.

Si les oiseaux sauvages australiens étaient infectés par la bactérie, pourquoi les gens – dont beaucoup avaient des perruches ondulées et des cacatoès – étaient-ils aussi peu touchés ? Cela n'avait rien à voir avec une immunité magique, Burnet le savait, c'était une question d'ignorance et de sous-diagnostic. Les médecins australiens étaient incapables d'identifier une psittacose alors qu'elle leur crevait les yeux. Pour s'en convaincre, Burnet se mit à rechercher des cas de personnes ayant une maladie proche de la psittacose à qui on aurait diagnostiqué une grippe ou une fièvre typhoïde. Avec un collègue, il identifia dix-sept patients fébriles, toussant, souffrant de maux de tête, de pneumonie, etc. : tous avaient été exposés à des oiseaux – des perruches ondulées élevées en captivité, ou des perroquets et des cacatoès enlevés à la nature peu de temps auparavant. Il était surtout intrigué par un foyer de douze malades contaminés par la même volée de cacatoès à huppe jaune.

Ces cacatoès étaient quarante-neuf au total, et tous avaient été vendus par un oiseleur à un ouvrier de Melbourne qui arrondissait ses fins de mois en revendant des oiseaux. M. X (baptisé ainsi par Burnet, secret médical oblige) conservait ses oiseaux dans un petit appentis sombre au fond de son jardin. Le premier signe d'infection avait eu lieu quelques semaines après leur transfert dans sa « volière » : huit ou neuf oiseaux étaient morts. Peu importe, il en avait vendu sept à des gens du voisinage avant d'envoyer son fils de douze ans au marché du coin avec vingt autres. Ce dernier tomba malade, puis sa fille, sa femme et sa belle-mère. Cinq voisins et trois autres personnes, qui avaient toutes acheté un cacatoès à M. X ou à son fils, furent touchés, parfois gravement. Personne n'en mourut. M. X ne fut pas contaminé, soit parce qu'il n'y a pas de justice, soit (c'est le plus vraisemblable) parce qu'il avait été exposé à la bactérie *Rickettsia psittaci* et était immunisé.

Frank Macfarlane Burnet s'intéressait autant aux oiseaux qu'aux bactéries et aux personnes. Il savait que les cacatoès à huppe jaune nichent dans des trous d'arbres et pondent deux ou trois œufs en même temps, et que les oiseleurs pillent les nids juste avant que les œufs éclosent. Il pensait que les oisillons étaient infectés par la bactérie très tôt, avant de quitter leur nid ou d'être enlevés. « Si le jeune cacatoès, une fois capturé, vit dans de bonnes conditions, écrivit-il, il est en bonne santé et il n'est pas dangereux pour l'homme[6]. » Les populations d'oiseaux sauvages pouvaient aussi avoir une forte prévalence d'infection, mais un taux de mortalité et de maladie moyen. « En revanche, si les oiseaux sont réunis dans des espaces étroits, mal nourris et privés de la lumière du soleil, l'infection latente se manifeste. » La bactérie se multiplie et elle « est excrétée en grandes quantités ». Elle s'échappe en flottant sur le duvet des plumes, les particules d'excrément et la poussière. Les gens l'aspirent et sont contaminés.

Lucide, Burnet se doutait qu'aucun gouvernement australien n'interdirait la vente de cacatoès, en tout cas pas de son temps, et que personne ne recommanderait d'offrir des conditions de vie correctes aux oiseaux. C'est pourtant ce qu'il faudrait faire, disait-il en grognant. Il passa alors à une autre maladie.

44

CETTE MALADIE N'ÉTAIT AUTRE que la fièvre Q, un curieux fléau qui sévit parmi les employés des abattoirs de Brisbane, en Australie, dans les années 1930. La personne qui fut chargée d'enquêter sur ce cluster était un certain Edward H. Derrick, directeur du laboratoire de microbiologie du Queensland Health Department.

Ce dernier commença par inoculer du sang prélevé sur des patients à des cochons d'Inde pour déclencher une série d'infections. C'est ainsi qu'il repéra la présence d'une « entité clinique distincte[7] », un pathogène inédit et impossible à dépister avec les tests de laboratoire utilisés pour le typhus, la fièvre ondulante (ou brucellose) et d'autres. En revanche il n'arrivait pas à voir le coupable au microscope, ni à le cultiver dans un bol. Ce qui l'incita à penser que c'était un virus. Et à demander de l'aide à Macfarlane Burnet.

En octobre 1936, il lui envoya un prélèvement de foie de cochon d'Inde infecté à dessein par le mystérieux agent des abattoirs. Avec un assistant, Burnet partit de cet échantillon pour reprendre la chaîne d'infection et contaminer de nouveaux cochons d'Inde, ainsi que des souris. Les deux hommes étaient aussi à la recherche de pathogènes bactériens, jusqu'au moment où ils songèrent à un « virus filtrable [8] », c'est-à-dire un agent tellement petit qu'il passe à travers les filtres destinés à éliminer les bactéries. Ils essuyèrent sur une lame du tissu de la rate écrasée d'une souris infectée puis y déposèrent un colorant pour visualiser les cellules au microscope. « Les découvertes les plus importantes apparaissent en général au bout d'une ou de plusieurs semaines, voire de mois, se souviendra Burnet. L'identification de la *rickettsiosis* de la fièvre Q fut une exception car elle se fit en quelques minutes [9]. » Ce que Burnet vit ce jour-là, c'étaient de minuscules « inclusions » en forme de tige nichées dans certaines cellules de la rate. Pour en être sûr, il recommença avec une nouvelle lame et un autre colorant. Cette fois-ci, les tiges étaient très abondantes ; certaines étaient logées dans les cellules, d'autres flottaient autour. « Je n'avais plus aucun doute sur la nature de l'agent responsable de la fièvre Q [10] » : c'était une nouvelle bactérie *Rickettsiosia*, pas très éloignée de celle qui provoquait la fièvre des perroquets.

Plus tard, Burnet revint sur le nom de la maladie dans ses mémoires, avec un style un peu sec, typique de sa personnalité.

« Nous avions des problèmes de nomenclature. Les autorités locales n'aimaient guère la “fièvre des abattoirs”, l'appellation courante du corps médical. Dans un de mes rapports annuels, j'évoquais la “fièvre rickettsiale du Queensland”, qui me semblait appropriée à moi, mais pas aux personnes attachées au joli nom de Queensland. Derrick, plus ou moins désespéré de voir que le nom “maladie X” était pris par ce que nous appelons l'encéphalite de la Murray Valley, proposa “fièvre Q” [Q comme *Query* ou Question]. Pendant longtemps, les gens y ont vu le Q de Queensland, et il a fallu que l'on comprenne que la maladie existait dans le monde entier pour que “fièvre Q” s'impose comme le nom de la maladie [11]. »

Quant au nom scientifique, Derrick proposa *Rickettsia burnetii* en l'honneur de Frank Macfarlane Burnet. Plus tard, le nom du genre, *Rickettsia*, finit par changer pour des raisons de taxonomie, mais le nom de l'espèce est resté.

À la même époque, mais à quinze mille kilomètres de l'Australie, cet agent pathogène faisait l'objet d'une autre étude, mais dans un contexte qui n'avait rien à voir. Deux bactériologistes américains du Rocky Mountain Laboratory de Hamilton, dans le Montana, venaient de le repérer dans des tiques d'un site appelé Nine Mile, un camp du Corps civil de protection de l'environnement situé dans les montagnes du nord-ouest de Missoula. Les deux chercheurs ne s'intéressaient pas particulièrement à la fièvre Q. Le premier, Gordon Davis, avait rapporté des tiques dans son laboratoire parce qu'il travaillait sur la fièvre pourprée des Montagnes rocheuses et la tularémie, mais après avoir introduit des tiques dans des cochons d'Inde, il remarqua qu'un des rongeurs avait une maladie qu'il ne connaissait pas. Prudent, il se contenta de parler de l'« agent de Nine Mile [12] ». Un an plus tard, il accueillit dans son laboratoire un certain Herald Cox qui l'aida à isoler l'agent et comprit que ça devait être une *rickettsia.* Intervint alors un des administrateurs du National Institutes of Health (NIH) chargé de superviser les travaux de Gordon Davis, Herald Cox et leurs collègues au Rocky Mountain Laboratory. Le Dr Rolla Dyer était un homme de pouvoir, têtu comme une mule, spécialiste des maladies infectieuses. Comme il avait du mal à croire que l'agent de Nine Mile soit une bactérie *rickettsia*, il fonça dans le Montana et déboula au Rocky Mountain Laboratory. Herald Cox lui montra des preuves sur une lame de microscope. Rolla Dyer tourna casaque, confirma la découverte de Cox et repartit de Hamilton avec la fièvre Q. Dix jours après son retour à Washington, il sentit des « douleurs aiguës dans les globes oculaires [13] », suivies de frissons, de fièvre et de sueurs nocturnes pendant une semaine. Heureusement pour lui, il s'en remit.

Quant à Herald Cox, ses travaux furent consacrés en 1948, quand on comprit que le pathogène était suffisamment différent de la bactérie *rickettsia* pour être considéré comme un genre différent, baptisé *Coxiella burnetii*, en son honneur et celui de Macfarlane Burnet. Ce nom est toujours utilisé aujourd'hui.

« Aucune maladie n'a suscité autant d'histoires étranges que la fièvre Q [14] », écrivit Macfarlane Burnet dans ses Mémoires publiés en 1967. D'abord, disait-il, la maladie avait touché beaucoup de gens travaillant dans les laboratoires : il pensait à lui, à Rolla Dyer et à deux secrétaires du Walter et Eliza Hall Institute. (Il avait sans doute eu tort d'oublier les infections dues à la psittacose.) Plus loin, il rappelait l'incidence élevée de la « grippe des Balkans » pendant la Grande Guerre, qui avait affecté les troupes allemandes en Grèce et les troupes néo-zélandaises en Italie. Enfin, il évoquait une flopée de soldats américains qui avaient été réunis « une nuit ou deux près de Bari, dans le sud de l'Italie, avant d'être embarqués », dont plus de la moitié étaient tombés malades avant la fin du voyage. « Tous ces épisodes ont fini par être identifiés comme étant des éruptions de fièvre Q », concluait Burnet.

Après la guerre, la recherche avait montré « l'extraordinaire versatilité du parasite *Coxiella burnetii* » qui infectait aussi bien des vaches laitières en Californie que des moutons en Grèce, des rongeurs en Afrique du Nord et des bandicoots en Australie. Le parasite transitait d'une espèce à l'autre sous la forme de minuscules particules aéroportées, souvent issues du placenta ou du lait desséché d'une femelle animale infectée, inhalées, puis activées dans les poumons, ou directement transmises dans le sang par la piqûre d'une tique.

« C'est en Angleterre, dans un cours de beaux-arts, qu'a eu lieu un des épisodes les plus inattendus, écrivit Burnet. C'était en 1950, les étudiants avaient commandé des moulages de statues classiques d'Italie. Les caisses sont arrivées, et les moulages étaient protégés par de la paille. Tous les étudiants ont mis la main à la pâte pour les extraire. La plupart ont attrapé la fièvre Q ; personne n'a jamais su comment la paille avait été contaminée [15]. »

Ces événements signaient « le début de l'identification de la fièvre Q à l'échelle mondiale », écrivit Burnet. Il avait raison. La *Coxiella burnetii* a beau avoir été classée comme une bactérie, ses effets n'ont jamais été complètement maîtrisés par la production massive d'antibiotiques. La preuve ? En 2007, la bactérie a fait parler d'elle dans un pays européen situé à mille lieues du Queensland et du Montana : les Pays-Bas.

45

À QUATRE-VINGTS KILOMÈTRES au sud-est d'Utrecht, dans le plat pays du Brabant-du-Nord, se cache un petit village qui porte le nom de Herpen. L'endroit est coquet et dominé par la brique rouge : les fermes, les maisonnettes et la petite église sont en brique rouge, et les trottoirs sont joliment pavés. Les exploitations, dont certaines sont protégées par des haies bien taillées et agrémentées de jardins soignés, donnent sur des champs de maïs et d'herbes qui servent de fourrage pour le bétail abrité dans d'immenses granges en brique rouge. Aujourd'hui, Herpen est avant tout un village-dortoir d'ouvriers et d'entrepreneurs du bâtiment. Quelques chevaux de labour vaquent tranquillement dans les prés au milieu de vaches, de moutons et de cochons, mais l'agriculture, qui compte très peu dans l'économie locale, dépend plutôt des chèvres laitières – qui seraient à l'origine de l'épidémie de 2007.

C'était au début de l'année. Les chèvres venaient de donner naissance à des chevreaux à la saison habituelle, entre janvier et avril. Tout s'était bien passé mais, dans certaines fermes de la province, dont au moins une à Herpen, plusieurs femelles avaient perdu leur petit un mois avant le terme. Quant aux nouveau-nés, ils étaient faibles, chétifs et victimes d'un taux de mortalité plus élevé que la normale. Il y avait donc un problème, peut-être une infection inédite. Prudents, les vétérinaires tâchèrent de prévenir les avortements avec des antibiotiques. En vain. Autour d'eux, les gens étaient à peine au courant de la situation.

Suivit un printemps clément, plus chaud et plus sec que d'habitude. En avril, se souvient un habitant, « on n'a pas vu une goutte de pluie [16] ». L'été était à peine installé que les terres étaient réduites en poussière. La brise soufflait. Début mai, plusieurs personnes tombèrent malades.

Rob Besselink, un médecin dont le cabinet était à Herpen, reçut plusieurs patients souffrant des mêmes symptômes : fortes fièvres, maux de tête prononcés, douleurs musculaires, difficultés à respirer, toux. Et si c'était une pneumonie bactérienne ? « On a commencé à les soigner, dira plus tard le médecin, mais ils ne réagissaient pas aux antibiotiques. » Il en parla alors avec un collègue. « Au bout d'une semaine, on a compris qu'il s'agissait d'un truc inédit, vu que j'avais quatre patients avec les mêmes symptômes, et lui en avait deux ou trois. » Quinze jours plus tard, les patients étaient plus de vingt, dont près d'une douzaine ne réagissaient pas aux antibiotiques et finirent par être hospitalisés.

À la même époque, dans une autre partie du Brabant-du-Nord, Ineke Weers, une microbiologiste, entendit parler du même genre de foyer de cas. En dépit de sa formation et de son expérience, elle n'avait jamais été confrontée à ce type de phénomène. Un jeune interne lui apprit alors que les patients hospitalisés avaient une pneumonie atypique qui résistait aux antibiotiques, mais les médecins étaient perplexes. Avait-elle une idée sur ce que ça pouvait être ? Avait-elle vu mentionner ce syndrome quelque part ? Non, elle n'en avait jamais entendu parler. Elle contacta les services sanitaires de Bois-le-Duc pour leur demander s'ils pouvaient lui fournir un début de piste ou un minimum de recommandations. Impossible, ils n'avaient aucun retour sur ce type de pneumonie.

Quatre jours plus tard, Rob Besselink appela les mêmes services sanitaires pour les alerter, suivi par un généraliste du Brabant-du-Nord deux semaines après. Voyant le nombre de cas augmenter, les autorités réagirent. Les médecins firent des prélèvements de sang qu'ils envoyèrent dans un laboratoire de la région et dans un autre, plus spécialisé, à la recherche d'anticorps. Les conclusions des deux laboratoires étaient les mêmes : c'était la *Coxiella burnetii*, responsable de la fièvre Q.

La fièvre Q n'était pas une maladie totalement inconnue aux Pays-Bas mais elle avait plus ou moins disparu depuis cinquante ans. Jusque-là, les analyses montraient que la bactérie existait à l'état endémique dans le bétail mais provoquait très rarement des maladies chez les vaches, les moutons ou les hommes. En revanche, en 2007, la situation était tout autre. La flambée de fièvre Q était trop importante pour ne pas alerter l'Institut national de la santé publique et de l'environnement (*Rijksinstituut voor Volksgezondheid en Milieu*, RIVM), situé près d'Utrecht. Les chercheurs avaient peur que l'infection passe des chèvres aux hommes parce qu'ils savaient que la *Coxiella burnetii* transitait par l'air. Le RIVM envoya donc des experts étudier la question sur place, à Herpen.

46

TROIS ANS PLUS TARD, j'y suis allé en voiture. C'était en février, il faisait un temps sinistre. Le ciel gris et la brume se mêlaient à une neige sale, brouillant la ligne d'horizon sans relief. Le Dr Rob Besselink a eu la gentillesse de me recevoir en fin de journée dans son petit cabinet. Je me souviens d'un homme d'une bonne quarantaine d'années, mince, avec un grand sourire qui accentuait les rides de son visage étroit et une dégaine de rocker : veste noire, chemise à motifs cashmere bleue et jean usé. Une des premières choses qu'il a soulignées quand je lui ai demandé de me parler de Herpen, ce fut l'évolution des pratiques fermières des dix années précédentes et l'augmentation du nombre de chèvres.

Tout avait commencé en 1984, quand la Communauté européenne avait imposé des quotas sur le lait de vache : les exploitants avaient réduit le nombre de vaches laitières et s'étaient mis à élever des chèvres. La tendance s'était confirmée en 1997-1998, après plusieurs flambées de fièvre porcine classique (déclenchée par un virus, mais pas zoonotique). Il avait fallu abattre des troupeaux entiers de porcs. Les fermiers avaient accusé le coup financièrement et redoutaient le retour de la fièvre. « Ils ont commencé à élever des chèvres en grandes quantités », m'expliqua Rob Besselink. C'était vrai dans le Brabant-Nord et dans tout le pays. La population de chèvres était passée de sept mille bêtes en 1983 à trois cent soixante-quatorze mille en 2009, dont deux cent trente mille chèvres fermières. La plupart vivaient enfermées dans d'immenses bâtisses comme les granges de brique rouge que j'avais vues à l'entrée de Herpen. Loin d'être bloquée par les quatre murs et le toit de ces bâtiments, la bactérie *C. burnetii* s'échappait et profitait des vents pour se diffuser.

Car la *C. burnetii* est une bestiole coriace. Non seulement elle déclenche des avortements chez les chèvres, mais elle se concentre dans le tissu placentaire expulsé au moment où l'avorton sort. Or un gramme de placenta peut contenir jusqu'à un milliard de particules bactériennes. La bactérie est aussi excrétée par le lait, l'urine, les excréments et pendant la mise bas. Mais les mises bas et les avortements ont lieu dans des abris fermés, alors comment s'en échappe-t-elle ? C'est très simple, m'a répondu le Dr Besselink : les matières fécales et la paille souillée sont récupérées par les fermiers qui les utilisent pour fertiliser les champs. La bactérie se répand jusqu'au village voisin aussi allègrement que le doux parfum d'automne exhalé par un tas de feuilles mortes.

Autour de Herpen, deux élevages caprins étaient particulièrement surveillés. Le premier était une exploitation commerciale de près de quatre mille chèvres où avait eu lieu une rafale d'avortements en avril. Le second était une ferme d'agrément avec dix bêtes à peine[17]. L'équipe du RIVM est allée dans les deux endroits. Les experts ont prélevé des échantillons d'urine, de lait, d'engrais et de paille du sol des étables, des insectes sur des pièges lumineux et de l'eau dans les seaux. La ferme d'agrément était propre. En revanche, les prélèvements de l'exploitation commerciale avaient tous des traces de *Coxiella burnetii*, sauf les échantillons de lait, d'urine et d'eau. « La bactérie était très présente », me confirma Rob Besselink. Le propriétaire et sa famille avaient été désignés du doigt. « Le type a une femme et des gamins qui vont à l'école du coin. C'était dur pour eux parce qu'on les accusait, évidemment. » L'exploitant n'avait rien fait d'illégal, il avait joué de malchance et sans doute été un peu négligent. Il avait perdu de l'argent et de l'énergie, et il avait eu des problèmes de sommeil, le genre de choses dont un médecin de village est au courant. Ses chevreaux étaient mal vus parce qu'on se disait qu'ils étaient nés dans un bain de microbes virulents.

L'équipe du RIVM comprenait un certain Arnout de Bruin, un biologiste moléculaire, à l'origine spécialiste de l'évolution. Nous avions rendez-vous au siège de l'Institut national de la santé publique et de l'environnement, un grand complexe clôturé de la banlieue d'Utrecht. C'était un jeune type brillant qui avait un humour noir un peu inattendu. Le pire, me dit-il en riant, c'est qu'on l'avait embarqué dans cette histoire parce qu'il planchait sur les menaces bioterroristes, dont faisait partie la fièvre Q. (La bactérie avait une longue histoire derrière elle, puisque des experts des armes de guerre biologiques américains et soviétiques s'y étaient intéressés dans les années 1950. Et quarante ans plus tard, la secte japonaise Aum Shinrikyô avait pensé l'exploiter avant de choisir le gaz sarin pour l'attentat du métro de Tokyo en 1995.)

L'équipe d'Arnout de Bruin, qu'il appelait l'équipe des « calamités biologiques », avait mis au point une amorce de PCR permettant de détecter la *Coxiella burnetii* dans un échantillon. C'est la raison pour laquelle les autorités de santé leur avaient demandé de l'aide. Ils n'avaient pas hésité parce que c'était l'occasion de tester leurs outils sur le terrain et, sur les conseils des vétérinaires de l'Institut, ils avaient commencé par l'exploitation commerciale.

« L'exploitant nous a dit, "Ça, c'est la zone sécurisée, et ça, la zone non sécurisée" parce que c'est là que des chèvres avaient avorté, m'expliqua de Bruin. On a fait toutes sortes de prélèvements sur différentes surfaces, dans les seaux d'eau, de même que des frottis vaginaux de chèvres. Quoi d'autre ? Ah, oui, par exemple, on a pris des insectes sur la lampe anti-insectes. Des particules de poussière, du foin, de l'engrais. » Puis il ajouta d'un air rembruni : « Il y en avait partout. »

Quel type de protection avaient-ils ? Des masques ? Des respirateurs ? Aucune, répondit-il en riant de son insouciance et du laxisme des autorités à l'époque. « Personne n'est tombé malade. » Ils avaient eu de la chance, en revanche l'exploitant était dans la mouise. « On en a trouvé partout, répéta de Bruin. Il n'y avait pas de différence entre zones sécurisées et non sécurisées, l'exploitation était complètement infestée. »

À peine les prélèvements et les tests en laboratoire effectués, plusieurs responsables de la santé se sont empressés d'annoncer que l'affaire était réglée. « Ils ont tout de suite dit, "Ça y est, voilà la source !" "Une des sources, vous voulez dire" », on leur a répondu. Personne n'avait examiné les exploitations des environs, si bien que de Bruin leur a conseillé d'y envoyer des experts. Pendant ce temps-là, son équipe et lui ont poursuivi leurs tests.

Ils ont prélevé des échantillons de sang de quatre cent quarante-trois personnes de la région de Herpen, dont soixante-treize avaient des traces d'infection récente de *Coxiella burnetii* et trente-huit, des traces d'infection plus anciennes. En s'appuyant sur des questionnaires, ils ont confronté les échantillons positifs à différents types d'exposition possibles. Le résultat le plus révélateur était le suivant : le contact direct avec les animaux n'était pas un facteur de risque essentiel. Ni l'absorption de lait cru. Certains cas, mais une minorité (moins de 40 %) impliquaient un contact avec des matériaux tels que le foin, la paille et le fumier.

À partir de là, l'équipe s'est concentrée sur la « transmission par le vent [18] », qui était l'origine la plus probable de la fièvre Q. L'incidence élevée de l'infection chez les chèvres, les avortements en série, la fertilisation de la terre avec du fumier des étables où les chèvres mettaient bas, la nature de la bactérie, le temps sec d'avril, les vents d'Est : tous ces éléments avaient convergé pour créer un nuage de *Coxiella burnetii* au-dessus de Herpen.

Arnout de Bruin savait parfaitement que la bactérie était portée par voie aérienne. Plus tard, en 2008 et 2009, quand l'épidémie a repris, il a commencé à prendre des précautions. « Je leur ai dit : "Fini, on n'y va plus sans protection – on bosse en labo, on n'est pas immunisés." » Un fermier exposé à la fièvre Q à un niveau qui ne déclenche pas la maladie peut être immunisé. C'est assez courant chez les exploitants et les vétérinaires néerlandais, mais pas chez les biologistes moléculaires. « Du coup on y est allés avec des masques. » Hélas, travailler avec un masque n'est pas très commode, vous n'avez qu'une envie, c'est de vous en débarrasser. Du reste, de Bruin ne se privait pas de souligner l'absurdité qu'il y avait à distinguer ce qui était risqué de ce qui ne l'était pas. Jusqu'au jour où il a été en voiture dans un foyer d'épidémie situé plus au sud. « Je suis arrivé devant la ferme, et le seul endroit où je pouvais me garer, c'était devant l'étable. J'ai ouvert la portière et j'ai senti le vent souffler dans l'étable. » Il est descendu. Il a reniflé le vent en se disant : « Cette fois-ci, je mets mon masque. » J'avoue que là, j'ai éclaté de rire avec lui.

L'épidémie a continué en 2008 et 2009. À la fin de l'année 2009, trois mille cinq cent vingt-cinq patients avaient été signalés depuis mai 2007, dont la plupart vivaient dans le Brabant-du-Nord. La maladie se manifestait par de la fièvre, une pneumonie et parfois une hépatite. Douze personnes au moins en sont mortes, ce qui est peu par rapport à un mauvais virus, mais pas négligeable pour une infection bactérienne que les antibiotiques devraient suffire à maîtriser.

En 2008, on avait noté parmi les clusters un établissement de soins psychiatriques de la ville de Nimègue. Trois patients souffrant d'une pneumonie atypique avaient été hospitalisés, si bien que les services de santé de la ville avaient examiné les autres patients, les employés et les visiteurs de l'établissement. Ils avaient identifié vingt-huit cas d'infection. Mais d'où venait la bactérie ?

Pas loin de Nimègue, se trouvait un élevage caprin où avait eu lieu une série d'avortements. Les chercheurs montrèrent à partir de frottis vaginaux que des chèvres avaient la fièvre Q. La bactérie avait dû se déplacer dans l'air après les avortements. Cela dit, il y avait une autre possibilité. L'établissement avait aussi un petit troupeau de moutons qui vaquaient sur un pré au milieu des pavillons.

Cette année-là, à la saison de l'agnelage, un petit avait été abandonné par sa mère et adopté par une patiente qui le nourrissait six fois par jour au biberon dans sa chambre. L'agnelet était materné par d'autres patients – sans doute comme une forme de thérapie –, jusqu'au jour où il fut examiné. Il était positif à la fièvre Q.

Le lendemain de ma rencontre avec Arnout de Bruin, je suis allé à Lelystad, plus exactement au Central Veterinary Institute (CVI), un laboratoire qui dépend de l'université Wageningen et possède une annexe en partie réservée à la recherche sur les agents zoonotiques les plus dangereux. J'ai été accueilli par Hendrik-Jan Roest, un vétérinaire-chercheur qui portait des lunettes sans montures et un simple pull bleu. Il est tout de suite ressorti avec moi pour me montrer la fenêtre du labo BSL-3 où son assistante-technicienne et lui cultivaient la bactérie *Coxiella burnetii.* J'ai aperçu les incubateurs et la hotte à pression négative, un peu comme la hotte d'un four, qui devait refouler les bactéries ambiantes quand la technicienne travaillait. Mais Hendrik-Jan Roest m'a expliqué qu'ils s'intéressaient aussi au virus du Nil occidental, à la fièvre de la vallée du Rift, à la fièvre aphteuse et à d'autres maladies infectieuses. Vous avez ce genre de maladies en Hollande ? lui ai-je demandé. Non, mais ça ne saurait tarder, dit-il.

Une fois dans son bureau, il est revenu sur les caractéristiques spécifiques de la *Coxiella burnetii.* C'est une bactérie intracellulaire, ce qui veut dire qu'elle se reproduit à l'intérieur des cellules de l'hôte – comme un virus, mais suivant des mécanismes différents –, et non à l'extérieur, dans le sang ou l'intestin, où elle serait plus facile à atteindre par le système immunitaire. En outre, la *Coxiella burnetii* existe sous la forme de deux particules bactériennes, chacune ayant des traits qui correspondent aux différentes phases de son histoire. La forme la plus large se duplique dans les cellules de l'hôte puis se métamorphose en une forme plus petite, plus résistante et plus stable. Cette forme réduite, qui ressemble à une spore, est faite pour survivre dans un environnement extérieur à l'hôte. (Sa petitesse est peut-être ce qui explique que Macfarlane Burnet et d'autres l'aient prise pour un « virus filtrable [19] », un microbe tellement petit qu'il passe à travers les filtres faits pour éliminer les bactéries). Elle résiste à la dessiccation, aux acides, aux températures basses et élevées et aux ultraviolets. Elle survit plus de six mois dans l'eau salée. Il n'est donc pas étonnant qu'elle se déplace aussi facilement d'un hôte à un autre, et d'un pays ou d'un continent à un autre.

« On sait d'où elle vient ?

— Elle a toujours été là », m'a répondu Roest.

Toujours et en tous lieux ? Dans le Montana, où Herald Cox l'avait découverte ? En Australie, où Macfarlane Burnet l'avait identifiée ? Et aux Pays-Bas, où il venait de la repérer ? « Non, pas tout à fait, corrigea-t-il. Elle n'a jamais été signalée en Nouvelle-Zélande. Pas encore. »

Alors pourquoi la maladie s'était-elle manifestée si tard – en 2007 – dans le Brabant-du-Nord ? J'ai évoqué l'augmentation du nombre de chèvres laitières, mais il a balayé l'idée avant de me montrer des photos et des graphiques sur l'écran de son ordinateur. Je me souviens de la photo d'un grand bâtiment qui ressemblait à un dépôt ferroviaire, rempli de chèvres blanches.

« Voilà le genre d'abris où ils les élèvent, me dit-il.

— Wouah.

— Ils ont des granges énormes, gigantesques !

— Immenses, oui. »

Hendrik-Jan Roest avait une image plus parlante sur laquelle on voyait ce qu'il appelait une « étable à litière profonde », un dispositif qui permettait de loger des centaines, voire des milliers de chèvres fermières. La litière avait un revêtement en béton et était en dessous du sol de façon à pouvoir recueillir des semaines, voire des mois de paille usagée, de crottins et d'urine. Ce mélange de déchets organiques s'affaissait jusqu'à devenir un bouillon de culture parfait pour les microbes à cause de la chaleur dégagée par la décomposition. On ajoutait de la paille fraîche régulièrement et aussi longtemps que possible pour renforcer la litière et modérer la réaction. « Peu à peu, la masse de déjections et de paille épaissit, m'expliqua Roest, et le niveau où vivent les animaux remonte. » Les chèvres circulaient dans le purin à hauteur de tibia et transformaient leur nourriture en lait. Plus le fumier montait et devenait du compost, plus il contenait de bactéries *C. burnetii* « vivantes et grouillantes au fond de la litière ». Le temps qu'une étable soit remplie à ras bord suffisait pour qu'une chèvre infectée en contamine une quantité d'autres.

Dans un second temps, les chèvres étaient évacuées, les machines et les pelles débarquaient et le bon purin était répandu dans les champs cultivés et les prés – des milliards de nouvelles particules de la forme la plus petite de la bactérie s'échappaient dans les airs.

L'élevage intensif de chèvres fermières à la manière hollandaise était un des facteurs qui expliquaient les flambées de fièvre Q, conclut Roest. Le deuxième facteur était la proximité entre les hommes. Les Pays-Bas ont une densité de population très élevée, puisqu'on compte seize millions de personnes pour un territoire qui fait moins de la moitié de l'Indiana, or beaucoup de ces immenses fermes sont proches des villes. Troisième facteur : un printemps sec, très sec, tous les ans depuis 2007, qui favorisait la transmission de la bactérie dans l'air. Enfin, Roest voyait un quatrième facteur : la bactérie avait sans doute changé et vécu un tournant évolutif permettant un saut écologique.

Ses données moléculaires montraient qu'une souche génétique particulière de la bactérie – une sur les quinze que son équipe avait identifiées – avait fini par dominer. « Si je prends tous les élevages de cette région à risque [le Brabant-du-Nord] et deux élevages laitiers plus éloignés [également positifs], j'ai un génotype présent dans 90 % des prélèvements. C'est ce qu'on appelle le CbNL-01. » Qui signifie tout simplement « *Coxiella burnetii, Netherlands, genotype #1* ». Si le pourcentage était aussi élevé, c'est que la mutation de la souche l'avait rendue particulièrement agressive, efficace et transmissible.

Sur le moment, les autorités hollandaises avaient réagi en imposant des mesures sévères mais pas toujours très cohérentes. En juin 2008, peu après l'épisode de Nimègue, les vétérinaires avaient appris qu'ils étaient obligés de « notifier » au gouvernement la moindre série d'avortements dans les élevages de chèvres ou de brebis laitières. (La notification était obligatoire pour les patients humains depuis 1975.) Le même jour, on avait interdit aux éleveurs de déplacer du fumier d'une étable ou d'une litière profonde pendant les trois mois suivant la notification.

Un an plus tard, en avril 2009, l'épidémie avait repris. Un plan de vaccination obligatoire avait été imposé à tous les élevages caprins et ovins de plus de cinquante bêtes, aux zoos et aux unités d'« agriculture sociale » comme celle de Nimègue. En novembre 2009, plus de deux cent cinquante mille chèvres et moutons avaient été vaccinés aux frais de l'État, mais le nombre de cas humains était important et l'inquiétude était largement relayée par les médias. Début décembre 2009, l'élevage caprin avait été interdit : on ne pouvait plus avoir de femelles gestantes jusqu'à nouvel ordre. Trop tard. Une semaine plus tard, sur avis d'un conseil scientifique, le gouvernement annonça la décision d'éliminer toutes les femelles gestantes des élevages affectés (y compris celles qui avaient été vaccinées).

Des équipes de vétérinaires allèrent abattre les bêtes sur place. Cinquante mille chèvres et moutons furent éliminés. Le gouvernement indemnisa les éleveurs au prorata de la valeur de chaque animal abattu, mais la perte de chiffre d'affaires fut considérable pour les fermiers qui durent reconstruire leur cheptel à leurs frais, sans compter le stress psychologique subi. « Ç'a été très pénible pour les vétérinaires, m'a confirmé Hendrik-Jan Roest, et pour les conseillers vétérinaires. »

En dépit de ces mesures, notamment l'élimination des chèvres gestantes du paysage hollandais, la fièvre Q n'a pas disparu – en tout cas pas complètement ni d'un coup. La bactérie était toujours là puisqu'elle pouvait survivre jusqu'à cinq mois sous sa forme plus petite, coriace, dans les déchets des fermes infectées. Elle avait été identifiée non seulement dans des cheptels ovins et caprins, mais aussi dans le bétail, chez des rongeurs, des oiseaux, des amibes et des tiques.

Avec le temps, les bénéfices ont fini par apparaître. Un nouveau printemps a suivi, sans avortements ni chevreaux mort-nés. Le taux de cas humains a diminué par rapport au pic de 2009. Mi-juillet 2010, seuls quatre cent vingt Néerlandais avaient la fièvre Q. Les responsables de la santé pouvaient se permettre d'être plus optimistes, la crise était maîtrisée. Les médecins pouvaient se détendre. Les fermiers déploraient leurs pertes. Seuls les chercheurs savaient que la *Coxiella burnetii* ne s'était pas évanouie dans la nature. Elle avait attendu les conditions idéales pour sévir, et elle pouvait encore attendre.

47

À PRÉSENT, REVENONS EN AUSTRALIE et aux travaux de Macfarlane Burnet sur les maladies infectieuses, non plus du point de vue médical mais du point de vue biologique. À la fin des années 1930,

Macfarlane Burnet a commencé à écrire un ouvrage sur le sujet, avec une introduction dans laquelle il rendait hommage aux pères de la bactériologie, Louis Pasteur et Robert Koch. Leurs recherches fournissaient des réponses rationnelles aux questions que l'on se posait sur l'eau potable, l'évacuation des eaux usées, les aliments et la pourriture, et les techniques opératoires antiseptiques, reconnaissait-il, mais il y avait un problème.

Ces grands savants et leurs pairs, écrivait-il, « étaient trop occupés pour s'intéresser à autre chose qu'aux maladies bactériennes et aux mesures de prévention contre celles-ci[20] ». Ils négligeaient les microbes dont « la nature et les activités font partie de la logique des organismes vivants ». La plupart des bactériologistes – dont Macfarlane Burnet – avaient une formation de médecin et manifestaient « un intérêt limité pour les questions biologiques ». Leur but était de soigner et de prévenir les maladies. Mais qu'en était-il de l'infection du point de vue purement biologique ?

L'infection est en effet un lien entre les êtres vivants aussi fondamental que la prédation, la compétition et la décomposition. Le but de Macfarlane Burnet était donc de corriger le tir, d'où cet ouvrage fondamental, publié en 1940 et intitulé *Biological Aspects of Infectious Diseases* [« De certains aspects biologiques des maladies infectieuses »]. Le livre est un des jalons de la recherche consacrée à l'émergence des zoonoses sur une planète peuplée et mouvante.

Burnet ne disait pas qu'il était le seul à adopter un point de vue moins étroit. Il reconnaissait que c'était un courant salutaire de son époque. Les biochimistes, par exemple, étudiaient les maladies en appliquant leurs méthodes avec succès, et on commençait à comprendre que les organismes (y compris les organismes unicellulaires) sont des créatures d'une extrême souplesse, douées d'une histoire qui n'appartient qu'à eux.

« Certains chercheurs savent apprécier les progrès modernes de la biologie et découvrent qu'il est possible d'envisager les maladies infectieuses comme un phénomène écologique. Ces maladies sont une lutte pour l'existence qui oppose l'homme aux micro-organismes, comme elle oppose d'autres espèces entre elles dans la nature[21]. »

Penser la « lutte pour l'existence » (expression empruntée directement à Darwin) comme un « phénomène écologique », voilà ce que proposait Burnet. Lui-même préférait le mot « parasite » à celui de pathogène. « Le mode de vie parasitique est très proche de celui des prédateurs carnivores. C'est une méthode qui leur permet de se nourrir des tissus des animaux vivants [22] », même si les parasites agissent plus lentement et à l'intérieur de leur proie.

À long terme, le principal problème du parasite, notait Burnet, est la transmission : comment fait-il pour répandre sa progéniture d'un hôte à un autre ? Il a différentes techniques pour y parvenir : réplication massive, dispersion aéroportée, développement suivant un cycle de phases résistant à l'environnement (la petite forme de la *Coxiella burnetii*, par exemple), transfert direct dans le sang et divers fluides corporels, influence sur le comportement (comme le virus de la rage qui incite les animaux infectés à mordre), passage par un hôte intermédiaire ou amplificateur, utilisation d'un insecte ou d'une araignée comme moyen de transport et d'injection.

« Quelle que soit la méthode adoptée par le parasite pour passer d'un hôte à un autre, écrivait Burnet, l'augmentation de la densité de la population sensible facilite sa diffusion des individus infectés aux individus non infectés [23]. » On retrouvait là l'idée de densité accrue : plus les hôtes sont nombreux, plus le pathogène s'épanouit. Qu'il ait été influencé ou non par les premiers travaux mathématiques sur les maladies infectieuses – les équations différentielles de Ronald Ross et l'étude de 1927 signée Kermack et McKendrick –, Macfarlane Burnet mettait donc les points sur les I dans un livre qui ferait autorité tout en étant accessible.

En 1972, l'auteur publia une édition revue sous le titre *Natural History of Infectious Diseases*. La nouvelle version a beau nous paraître également datée, Burnet évoque très simplement ce que font et ce que devraient faire les chercheurs : réfléchir aux pathogènes en termes écologiques et évolutionnistes, autant qu'en termes médicaux.

Il citait notamment l'exemple de la fièvre du perroquet : « Comme beaucoup de maladies infectieuses, la psittacose a d'abord été identifiée comme une épidémie menaçant les êtres humains, mais l'avancée des travaux a permis de comprendre que la phase épidémique n'était qu'un événement accidentel et relativement inhabituel [24]. » La bactérie avait un cycle de vie à accomplir, dont l'infection des hommes n'était qu'une étape – si ce n'est une erreur de parcours.

Burnet revenait ensuite sur les perruches ondulées californiennes et les cacatoès de M. X qui avaient infecté plusieurs personnes à Melbourne. En principe, précisait-il, la psittacose n'est pas une maladie particulièrement infectieuse. Elle existe à l'état endémique dans les populations d'oiseaux sauvages et ne pose pas de problèmes. « À l'état sauvage, en pleine nature, écrivait Burnet, ces cacatoès n'auraient jamais présenté de symptômes [25]. » L'oiseleur et M. X avaient perturbé leur cycle de vie. Les oiseaux étant « en captivité, dans un environnement dense, sale, privés de mouvements et de lumière du soleil, il était inévitable qu'une infection latente s'exprime ». La *Chlamydophila psittaci* avait proliféré, créant ainsi une éruption, à la faveur de ces conditions stressantes.

L'exemple de la psittacose valait pour les maladies infectieuses en général. « Dans un environnement stable, le conflit qui oppose l'homme et ses parasites tend à produire un équilibre virtuel, une stabilité qui permet aux deux espèces de survivre indéfiniment. En réalité, l'homme vit dans un environnement sans cesse modifié par ses activités, et rares sont les maladies qui arrivent à un tel équilibre [26]. » Burnet avait raison sur les grandes lignes, notamment sur les bouleversements environnementaux dus à l'homme qui déclenchent des épidémies. Mais il ne pouvait pas anticiper tout ce qui se passerait. Il écrivait en 1940 et se concentrait sur les maladies infectieuses de son époque (outre la psittacose) : la diphtérie, la grippe, la tuberculose, la peste, le choléra, le paludisme et la fièvre jaune. L'émergence des virus telle que nous la connaissons ne faisait pas partie de son horizon.

48

IL NE MENTIONNAIT PAS non plus la maladie de Lyme, mais comme elle a des points communs avec la fièvre Q et la psittacose, j'y reviendrai ici même. La caractéristique essentielle de cette infection émergente ou ré-émergente, c'est qu'elle ne vient pas d'un virus. Son agent est comme la *Coxiella burnetii* et la *Chlamydophila psittaci*, une bactérie singulière et extrêmement souple.

Aujourd'hui encore, la maladie de Lyme suscite de nombreuses controverses. Les chercheurs et les médecins, de même que les victimes ou les supposées victimes, sont incapables de se mettre d'accord pour savoir qui l'a et qui ne l'a pas. Récemment, par exemple, trente mille cas ont été signalés en un an aux États-Unis, où l'on compte en moyenne un peu plus de vingt mille cas annuels, ce qui en fait la maladie vectorielle la plus importante du pays. La question est la suivante : ces trente mille cas correspondent-ils à la totalité des cas ou à une partie seulement parce que la maladie serait mal diagnostiquée ? Y aurait-il une « maladie de Lyme chronique[27] » qui échapperait aux médecins et persisterait malgré les antibiotiques ? La *Borrelia burgdorferi* se cacherait-elle dans le corps avant de se développer ? Aux États-Unis, les débats sont tellement violents qu'ils sont passés des hôpitaux aux tribunaux, certaines institutions jugeant que la maladie est une illusion.

Autre particularité, la maladie de Lyme a beau être une nouveauté, jamais signalée avant 1975, il semble qu'elle existe depuis longtemps, aux États-Unis ainsi qu'en Asie et en Europe, mais elle a souvent été diagnostiquée de façon marginale et fragmentaire, à cause de certains symptômes, et jamais comme un syndrome ayant une cause précise. C'est plus tard que les fragments ont été réunis et que la maladie a été nommée.

Tout a commencé en 1909, le jour où un dermatologue suédois, Arvid Azfelius, a signalé le cas d'une femme mordue par une tique de mouton qui avait une éruption rosée s'étendant en cercles concentriques, ce qu'il appelait un *erythema migrans* (érythème migrant). Peu après, il mentionna le phénomène dans une revue allemande qui se concentrait plutôt sur la syphilis, mais il ne disait pas quelle était la cause de la lésion. Douze années suivirent où il eut cinq patients souffrant du même type d'érythème.

Pendant ce temps-là, plusieurs médecins européens avaient aussi remarqué une éruption en anneaux qui ressemblait à une cible avec un point rouge au milieu. L'érythème était parfois associé à la morsure d'un arthropode non identifié (un insecte ? une araignée ? une tique ?), et il était souvent accompagné de symptômes plus graves.

En 1930, un deuxième dermatologue suédois, Sven Hellerstrom, signala ainsi un patient qui avait la même lésion, doublée d'une méningite. Puis il remarqua que les éruptions en anneaux liées à des morsures de tiques, parfois accompagnées de méningites, étaient assez fréquentes autour de Stockholm. Vingt ans après son premier rapport, il exposa ses travaux lors d'un colloque médical qui se tenait à Cincinnati, expliquant que la cause de cette éruption doublée d'une méningite était sans doute un spirochète. Comme le colloque était sponsorisé par la Southern Medical Association, son intervention fut reprise par le *Southern Journal of Medicine*. Mais c'était en 1949, la revue n'était pas particulièrement prestigieuse, et l'époque ne connaissait ni Internet, ni Google, ni PubMed, ni aucun de ces moyens qui font apparaître je ne sais quelles citations obscures en quelques clics. Une bonne mémoire, une formation solide et un peu de hasard sont largement aussi fiables.

C'est ainsi qu'en 1970, vingt ans plus tard, Rudolph J. Scrimenti, un dermatologue qui exerçait à Milwaukee, se souvint de l'article de Hellerstrom qu'il avait lu quand il était étudiant. Il fit le lien et fut le premier médecin à signaler un cas d'*erythema migrans* en Amérique. Son patient était un collègue qui avait été mordu par une tique au cours d'une chasse à la grouse dans le Wisconsin. Sa lésion s'étendait en cercles autour du pont de piqûre et couvrait une grande partie de sa poitrine, de son aisselle et de son dos. Scrimenti le soigna à la pénicilline et publia un rapport dans lequel il reprit l'hypothèse du spirochète, tout en affirmant ne pas en avoir identifié chez son patient.

C'est tout ce qui avait été publié sur la maladie jusqu'à ce que la Yale School of Medicine, notamment le jeune rhumatologue Allen C. Steere, entende parler du foyer d'arthrites rhumatoïdes juvéniles de Lyme. Les rhumatologues savent tous que l'arthrite rhumatoïde n'est pas une maladie infectieuse mais une maladie auto-immune, d'où la réaction d'Allen Steere qui ne comprenait pas qu'il y ait un foyer puisque l'arthrite rhumatoïde ne se transmet pas entre patients. Elle ne se transmet pas non plus par l'eau. Ni par les vents comme la fièvre Q… à moins que ?

Voyant le nombre de cas s'accumuler autour de Lyme, Allen Steere et plusieurs de ses collègues lancèrent une étude épidémiologique sur ce qu'ils appelaient alors l'« arthrite de Lyme[28] ». Ils avaient évidemment remarqué que les patients avaient souvent la même lésion circulaire rouge. En même temps, dans le Connecticut et autour de New York, des médecins faisaient un constat identique et commençaient à se poser des questions. Qui sait si l'inflammation ne venait pas d'une piqûre d'insecte ? Et si c'était l'*erythema migrans* repérée par les médecins européens ?

En 1976, un biologiste de terrain qui travaillait dans une région forestière de l'est de Lyme arracha une tique de sa jambe et la mit dans un bocal. Joe Dowhan était intrigué parce que la piqûre de la tique était plus douloureuse et plus aiguë que les autres. Trois jours plus tard, il avait une lésion qui se développait en cercles, jusqu'au moment où il se souvint d'avoir lu un article sur les recherches d'Allen Steere. Il appela pour prendre rendez-vous avec lui et lui confia son bocal.

Le spécimen de Joe Dowhan était une *Ixodes scapularis*, connue sous le nom de « tique du cerf, » un arthropode très répandu dans l'est et le sud-ouest des États-Unis. La découverte était à double tranchant car elle ouvrait de nouvelles perspectives tout en créant une certaine confusion. Commençons par les perspectives. Les recherches de terrain menées en aval du fleuve Connecticut montraient que les tiques *Ixodes scapularis* étaient beaucoup plus répandues dans les bois et les taillis de la rive est – là où se trouvait la petite ville de Lyme – que sur la rive ouest. Ce constat, et le fait qu'il y avait beaucoup plus de cas à l'est, confirmait l'idée que la « tique du cerf » était le vecteur de ce que tous, y compris Allen Steere et ses collègues, appelaient désormais la « maladie de Lyme [29] ».

La confusion, elle, naquit peu à peu. Si la « tique du cerf » portait le pathogène (quel qu'il soit) et infectait les gens en les piquant, l'abondance des cas devait correspondre à l'abondance des tiques, celle-ci reflétant l'abondance des cerfs dans les zones boisées suburbaines de la côte du Connecticut. Non ?

Non. Car il s'agit d'un écosystème d'une extrême complexité, dans lequel les rapports de cause à effet sont souvent inattendus. De fait, la « tique du cerf » a un cycle de vie très alambiqué, ce qu'ont montré les recherches ultérieures.

49

PENDANT CE TEMPS, Willy Burgdorfer avait découvert le pathogène et l'avait nommé et identifié comme étant l'agent responsable des mystérieux foyers de cas.

Willy Burgdorfer était un microbiologiste né et formé en Suisse, un homme qui avait une mâchoire impressionnante, un sourire timide et un crâne aussi rond que celui de Niels Bohr. Passionné par l'entomologie médicale, il avait consacré sa thèse à la *Borrelia duttonii*, un spirochète transmis par une tique qui déclenchait une fièvre récurrente, essentiellement en Afrique. Le temps de finir sa thèse, il avait disséqué des milliers de tiques pour examiner leurs entrailles et mis au point une technique rapide et pratique pour savoir si la tique portait le spirochète : il coupait une patte de l'acarien et observait au microscope le liquide qui s'écoulait (l'hémolymphe).

En 1952, il émigra aux États-Unis et rejoignit le Rocky Mountain Laboratory de Hamilton, dans le Montana, là où Herald Fox et Gordon Davis avaient travaillé. Davis fut même le premier sponsor de Burgdorfer qui passa deux ans à étudier les spirochètes *Borrelia* (et les variantes responsables de la fièvre récurrente qu'elles provoquaient en Amérique), lesquels faisaient partie des colonies de tiques réunies par Davis. Certains chercheurs de laboratoire cultivent des mouches à fruits, d'autres, des souris consanguines, Davis et Burgdorfer cultivaient des cages entières de tiques.

Puis le vent tourna. Un administrateur haut placé expliqua à Burgdorfer que la fièvre récurrente était une « maladie du passé [30] » qui ne justifiait plus que le gouvernement subventionne cette recherche. Il valait mieux qu'il choisisse un nouveau sujet. Burgdorfer se débrouilla pour rester dans le même laboratoire et s'intéressa à la peste, à la fièvre pourprée des montagnes Rocheuses et à d'autres maladies, tout en gardant un œil sur les spirochètes des tiques. Le jour où Gordon Davis prit sa retraite, il hérita de son laboratoire, du technicien qui y était attaché et de ses colonies de tiques.

Trente ans plus tard, alors qu'il était en fin de carrière, sa passion secrète devint un sujet d'actualité brûlante. C'était à la fin des années 1970, Allen Steere et son équipe se doutaient que l'« arthrite de Lyme » était une maladie infectieuse due à une tique et savaient qu'elle avait contaminé cinq cent douze patients dont la plupart vivaient sur la côte nord-est des États-Unis et dans le Wisconsin. Des centaines de nouveaux cas venaient d'être signalés par le CDC. En même temps, sur l'île de Shetland, dans l'État de New York, de l'autre côté du détroit de Long Island par rapport à Lyme, un généraliste avait plusieurs patients dont la fièvre semblait avoir été transmise par des tiques. Mais l'île de Shetland était connue pour être un lieu insalubre plein de tiques, si bien que la maladie de Lyme n'était qu'une hypothèse parmi d'autres. Jusqu'au jour où une collection de tiques récoltées dans la végétation broussailleuse de l'île fut envoyée à Burgdorfer dans le Montana. Le chercheur en disséqua plusieurs et découvrit que 60 % d'entre elles avaient une forme de spirochète. Les tiques étaient pleines de ces petits organismes en forme de tire-bouchon.

Quand William Burgdorfer et son équipe mirent des tiques infectées au contact de lapins de laboratoire blancs, ceux-ci réagirent par une éruption en cercles concentriques qui ressemblait à celle qui avait été observée chez les patients humains. Par ailleurs, ils cultivèrent le spirochète dans les tiques puis le testèrent pour voir s'il était reconnu par des anticorps extraits du sang de patients ayant la maladie de Lyme. Les tests étaient positifs et les malades avaient la même réaction que les lapins : autant de preuves qu'ils avaient trouvé l'agent de la maladie de Lyme. Peu après, des chercheurs confirmèrent l'identification du spirochète et le baptisèrent *Borrelia burgdorferi* en l'honneur de William Burgdorfer. Mais il y avait un hic : l'identité de la tique était toujours une source de confusion.

50

ELLE L'ÉTAIT À DOUBLE TITRE. D'abord à cause de son nom scientifique. Était-ce l'*Ixodes scapularis* qui transportait le spirochète de Lyme dans la Nouvelle-Angleterre côtière ? Ou la créature appartenait-elle à une espèce proche mais jamais identifiée, auquel cas il fallait lui attribuer un autre nom ? La tique porteuse de la maladie fut appelée *Ixodes dammini* jusqu'en 1993, quand la distinction fut jugée caduque, et l'on en revint au nom *Ixodes scapularis.* Ces hésitations étaient une pure question de taxonomie qui reflétait les tensions entre les taxonomistes qui privilégient les distinctions entre espèces et sous-espèces et ceux qui évitent de trop diviser les taxons. Les premiers avaient donc remporté une victoire temporaire puis les seconds avaient pris le dessus.

La deuxième source de confusion était plus grave puisqu'elle était liée au nom usuel de la tique. L'*Ixodes scapularis* était couramment appelée la tique à pattes noires. Puis on fit l'erreur de lui donner un nom scientifique spécifique et on se mit à parler de l'« *Ixodes dammini* du cerf de Virginie[31] », abrégée en « tique du cerf ». Les noms jouent sur la perception et la « tique du cerf » contribua à nourrir le malentendu en associant exclusivement ce petit arthropode suceur de sang et vecteur de maladie au cerf. Ce qui était une erreur.

Si les cerfs de Virginie sont les hôtes à partir desquels les « tiques du cerf » se nourrissent en priorité, et que ces tiques sont les vecteurs de transmission de la maladie de Lyme aux hommes, les populations nombreuses de cerfs de Virginie devraient se traduire par des niveaux élevés d'infection humaine. En réalité, le syllogisme ne fonctionne pas car la première proposition est inexacte. Les « tiques du cerf » de l'espèce *Ixodes scapularis* ne se nourrissent pas en priorité sur les cerfs.

La confusion a été en partie réglée par Richard S. Ostfeld, un écologue qui a passé vingt ans à étudier un écosystème de la région suburbaine de New York où vit la *Borrelia burgdorferi*. Ostfeld lisait évidemment les travaux effectués ailleurs et repérait les erreurs de certains. Le cerf de Virginie était une fausse piste : il le savait et c'est ce qu'il expliqua dans un livre publié en 2011 et intitulé *Lyme Disease : The Ecology of a Complex System* (« La maladie de Lyme : Écologie d'un système complexe »). « L'idée que la maladie de Lyme serait liée à l'abondance de cerfs de Virginie vient des études de terrain qui ont commencé après la découverte de l'agent bactérien de la maladie et des tiques qui en seraient les vecteurs[32] », écrivait-il. Ces études étaient de qualité, mais elles correspondaient au besoin d'avoir une réponse qui puisse servir aux responsables de la santé publique. C'était « une chasse aux coupables – il fallait trouver l'espèce critique ». Ostfeld citait une revue qui affirmait que le cerf de Virignie était « l'hôte sûr et certain » de la tique. Une autre disait que l'animal était la « pièce manquante[33] » du puzzle de la maladie en Amérique du Nord. Une troisième avait publié l'article d'un médecin qui rebondissait sur cette hypothèse pour dire que c'était une maladie émergente : « Si le spirochète de Lyme existe depuis si longtemps, pourquoi aurait-il fait surface en tant qu'entité médicale aussi récemment ? La réponse tient en un mot :

le cerf », écrivait le médecin. Les chercheurs n'avaient qu'un mot à la bouche : le cerf. C'était commode, il suffisait de réduire le nombre de cerfs de Virginie pour réduire le nombre de tiques infectées.

Dont acte. Sur une petite île située en face de Cape Cod, des biologistes ont tué 70 % de la population de cerfs à la carabine, puis les chercheurs ont évalué les effets en comptant le nombre de toutes petites tiques immatures sur une espèce de souris. Résultat : la souris en avait largement autant qu'avant le massacre. Le Maine, le Massachusetts, le Connecticut et le New Jersey ont encouragé la chasse aux cerfs tandis que les chercheurs surveillaient les effets sur les populations de tiques. Il n'y a pas longtemps, dans le Massachusetts, la ville de Dover a annoncé l'ouverture de la chasse aux cerfs sur les terres municipales. Dix-neuf bêtes ont été tuées (seize biches et trois mâles), ce qui a fait dire à un des journaux de la ville : « Plus il y a de cerfs dans la région, plus il y a de chances que la maladie de Lyme se diffuse à l'homme [34]. »

C'est faux, un peu comme le mythe disant que les marécages dégageraient des vapeurs porteuses de *mal aria*.

En réalité, l'idée que ces régions ont « trop » de cerfs vient du fait que les populations de cervidés du nord-est des États-Unis sont beaucoup plus nombreuses, pour de multiples raisons (développement de la forêt, disparition des grands prédateurs, moins de chasse par des hommes amateurs de viande sauvage, etc.), qu'au XVIIe et au XVIIIe siècle. Mais ce qu'a montré Richard Ostfeld, c'est que cette abondance a peu à avoir avec les risques d'attraper la maladie. Pourquoi ?

Parce que « toute maladie infectieuse est en soi un écosystème [35] », écrit-il. Et les écosystèmes sont eux-mêmes complexes.

51

LE JOUR OÙ J'AI FAIT LA CONNAISSANCE de Richard Ostfeld au Cary Institute of Ecosystem Studies à Millbrook, dans l'État de New York, il m'a très vite dit qu'on le considérait comme un « hérétique ». Peut-être, mais un hérétique qui travaille à partir de données, sûrement pas un illuminé qui entend des voix.

Ostfeld est un homme d'une cinquantaine d'années, sympathique, sportif, qui travaille avant tout sur les petits mammifères. Il observe la façon dont ces derniers interagissent, et repère les facteurs qui influent sur leur répartition et leur nombre, les effets produits par leur présence et leur absence, et les agents pathogènes qu'ils transportent. Depuis les années 1990, son équipe et lui ont capturé des dizaines de milliers de petits mammifères dans les forêts de Millbrook et les environs, essentiellement des souris, des tamias, des écureuils et des musaraignes, mais aussi des opossums, des ratons-laveurs et des mouffettes. Au début, ses recherches n'avaient rien à voir avec la maladie de Lyme. Il étudiait les cycles de population d'un rongeur local, la souris à pattes blanches.

Les petits mammifères ont des populations qui varient suivant des cycles dont les écologues essaient de déterminer les causes. Pourquoi sont-ils abondants une année et rares l'année suivante, par exemple ? Richard Ostfeld s'intéressait surtout aux conséquences de ces variations. Si un animal A devient abondant, en quoi cela affecte-t-il les populations des animaux B, C et D ? Plus exactement, les hauts niveaux de populations de souris à pattes blanches ont-ils une influence sur telle phalène nuisible parce que les souris dévorent les chenilles ? À force de capturer des souris et de les examiner, il a fini par remarquer que leurs oreilles étaient couvertes de minuscules points noirs : c'étaient des bébés tiques. Les souris étaient infestées et servaient de repas de sang aux phases immatures de l'*Ixodes scapularis*, qu'il appelait la tique à pattes noires. « Voilà comment j'en suis venu à m'intéresser à l'écologie de la maladie de Lyme [36] », écrit-il dans la préface de son livre.

Pendant vingt ans, Ostfeld et son équipe ont rassemblé un ensemble de données impressionnant, et ils continuent de le faire. Ils piègent les animaux et en relâchent la plupart après les avoir inspectés et en avoir retiré les tiques. Ils ont fini par découvrir qu'un examen attentif d'une minute leur permettait de détecter 90 % des tiques d'une souris. La méthode fonctionne aussi avec les tamias, mais pas avec d'autres petits mammifères comme les écureuils et les musaraignes, sur qui les tiques sont plus nombreuses et plus difficiles à compter, même s'ils arrivent à des estimations satisfaisantes.

Les larves de tiques sont minuscules et une musaraigne masquée qui ne pèse que cinq grammes en a cinquante-cinq sur elle en moyenne, ce qui représente une sacrée infection pour une bestiole aussi menue et délicate. La grande musaraigne à queue courte en compte soixante-six en moyenne. D'après Ostfeld, qui a calculé qu'il y a en moyenne dix musaraignes à queue courte sur un demi-hectare de bois autour de Millbrook, cela fait des forêts entières de petites bêtes gorgées de sang, même si la tique à pattes noires ne se nourrit que du sang des musaraignes.

Son cycle de vie est très complexe, car la tique à pattes noires est comme un insecte, elle subit une longue métamorphose et passe par deux phases immatures (larve et nymphe) avant de devenir adulte. À chaque fois elle a besoin d'un repas de sang pris sur un hôte vertébré pour passer à la phase suivante. Puis la tique adulte a besoin d'un autre repas de sang pour avoir de l'énergie et des protéines nécessaires à sa reproduction. En général, l'hôte vertébré est un mammifère, mais ça peut être un lézard ou un oiseau qui niche au sol comme la grive fauve. En Amérique du Nord, la tique à pattes noires est tellement généraliste que son menu comprend plus d'une centaine d'hôtes qui vont des rouges-gorges aux vaches, des écureuils aux chiens, des scinques aux mouffettes et des opossums aux hommes. « Les tiques ont des goûts universels et catholiques », en a conclu Ostfeld.

Les femelles tiques passent l'hiver le ventre rempli de sang puis, au printemps, pondent des œufs qui deviennent des larves en été. Qu'elles soient immatures ou adultes, les tiques ne se déplacent ni très loin ni très vite. Elles ne volent pas. Elles traînent, comme de minuscules tortues. D'après Ostfeld, elles sont « délicieusement sensibles[37] » aux signaux d'ordre chimique ou physique, et « capables de s'orienter vers des abris sûrs pour hiberner et vers des hôtes qui émettent du dioxyde de carbone et un rayonnement infrarouge ». Elles repèrent leur nourriture au flair. Elles ne sont pas très agiles, mais elles sont opportunistes, alertes et toujours aux aguets.

Le cycle de vie complet d'une tique est de deux ans, et comprend trois séquences différentes d'alimentation parasite dont chacune implique un type d'hôte vertébré spécifique. Les acaralogistes (les biologistes spécialistes des tiques) ont un terme assez élaboré pour qualifier le comportement d'une tique qui, cherchant à s'accrocher à une cible, grimpe au sommet d'une tige d'herbe ou au bord d'une feuille, les pattes avant étirées, et renifle pour repérer les signaux, prête à foncer sur un hôte : ils parlent de « quête[38] ». Plus la tique est jeune, plus elle poursuit sa quête au ras du sol. Une des conséquences que reflètent les données réunies par Ostfeld et son équipe, c'est que les deux espèces de musaraigne fournissent 30 % des repas de sang absorbés par les larves dans la zone qu'ils ont étudiée. Les souris à pattes blanches arrivent en seconde position.

Les cerfs de Virginie jouent un rôle très différent. Ils attirent surtout les tiques adultes, pas seulement à cause de leur sang, mais parce que c'est l'occasion pour les tiques à pattes noires mâles d'y croiser des femelles. En novembre, un cerf de Virginie qui vit dans un bois du Connecticut est comme un bar de célibataires à Manhattan un vendredi soir. Une biche peut avoir sur elle jusqu'à mille tiques à pattes noires. La copulation a lieu de façon peu gracieuse au moment où le mâle rôde sur la peau d'un cerf et croise une femelle occupée – il la plaque en train de boire. Rien à voir avec l'amour courtois. Une fois que la femelle est repue et que le mâle a obtenu satisfaction, ils tombent du cerf et s'en vont à la recherche d'autres partenaires. La rotation se poursuit pendant les quatre semaines de procréation, à tel point qu'un unique cerf peut fournir assez de sang pour produire deux millions d'œufs de tiques. Si la moitié éclôt, cela fait un million de larves pour un cerf.

Voilà les données et les calculs qui ont contribué à faire de Rick Ostfeld un hérétique. L'hypothèse de départ voulait que plus les cerfs avaient de tiques, plus il y aurait de risques de maladie de Lyme. « En réalité, une poignée de cerfs suffit à faire vivre une population de tiques très abondante », me dit-il. Dans une région comme la côte du Connecticut, les facteurs de risque les plus importants seraient donc plutôt l'abondance de souris à pattes blanches et de musaraignes. Qui l'eût cru ?

Cela dit, deux facteurs supplémentaires doivent être pris en compte, dont le premier est un invariant, et le second, une variable. L'invariant est le suivant : l'infection de la *Borrelia burgdorferi* ne se transmet pas verticalement. Elle n'est pas héréditaire. Sur les millions de bébés tiques issus de femelles nourries sur un cerf, aucun ne sera porteur de la *B. burgdorferi* au moment de l'éclosion, même si toutes les tiques mères sont infectées et que le cerf l'est aussi. Les tiques naissent en bonne santé. Chaque génération doit être réinfectée. En général, une tique larvaire ingère le spirochète en prenant son repas de sang sur un hôte infecté – une souris, une musaraigne ou autre. Elle se mue en nymphe, et, si elle prend un nouveau repas sur un hôte sain, elle lui transmet l'infection, en lâchant des spirochètes dans la plaie grâce à sa salive anticoagulante. « Si les mammifères n'infectaient pas les tiques, m'a confirmé Ostfeld, les tiques n'infecteraient pas non plus les mammifères. » Cette double transmission contribue à la prévalence élevée de *B. burgdorferi* dans les populations de tiques et d'hôtes.

La variable, qui vient du fait que l'infection n'est pas héritée, est ce qu'Ostfeld et d'autres appellent la « compétence du réservoir [39] ». C'est la probabilité qu'un animal hôte déjà infecté transmette l'infection à une tique qui se nourrit. La compétence du réservoir varie d'une espèce à l'autre, sans doute suivant la force de sa réaction immunitaire au pathogène. Si la réaction immunitaire est faible et que le sang fourmille de spirochètes, l'espèce sera un réservoir hautement « compétent » de *B. burgdorferi* et transmettra l'infection à la plupart des tiques qui la piqueront. Si la réaction immunitaire est forte et efficace, et qu'elle réduit le nombre de spirochètes transmissibles par le sang, l'espèce sera un réservoir moins important de *B. burgdorferi.* Des études menées par l'équipe d'Ostfeld ont montré que les souris à pattes blanches sont les réservoirs plus compétents de spirochètes de la maladie de Lyme. Suivis par les tamias et les musaraignes.

Cependant, il faut tenir compte d'une complication supplémentaire. Les souris à pattes blanches ont du mal à se débarrasser des tiques, qui ciblent surtout leur visage et leurs oreilles, si bien qu'un pourcentage élevé de ces tiques y survit jusqu'à l'âge adulte. C'est également vrai pour les musaraignes. Ces deux rongeurs contribuent donc énormément à l'alimentation, à l'infection, à la survie et à la métamorphose réussie des larves de tiques. Les tamias occupent la troisième place après les souris à pattes blanches et les musaraignes.

Ces quatre petits mammifères pèsent très lourd dans le système. Dans un segment de forêt typique de Millbrook, les statistiques de Richard Ostfeld montrent que jusqu'à 90 % des tiques nymphales infectées « en quête » d'hôtes ont pris leur repas de sang de larve sur une souris à pattes blanches, un tamia, une musaraigne à queue courte ou une musaraigne masquée (elles ont donc été infectées par eux). Ça ne veut pas dire que ces quatre espèces ne nourrissent pas

90 % des nymphes à pattes noires, mais leur compétence de réservoir et leur capacité à se débarrasser des tiques font qu'elles nourrissent 90 % des nymphes infectées et dangereuses pour l'homme. Autrement dit, quatre petits mammifères suffisent à nourrir les neuf dixièmes des tiques porteuses de la maladie.

Oubliez l'abondance des cerfs. Le cerf de Virginie joue exclusivement un rôle d'oligo-élément ou de catalyseur de la maladie de Lyme. Les petits mammifères sont bien plus dangereux pour l'homme, et les années à forte production de glands, qui donnent lieu à des augmentations considérables des populations de souris et de tamias, sont bien plus susceptibles de faire grimper le nombre de cas de maladie de Lyme chez les enfants du Connecticut. Les cerfs de Virginie permettent aux tiques à pattes noires (infectées ou non) de survivre, mais ils n'ont aucune incidence sur l'épidémiologie de la maladie de Lyme. Ils n'augmentent pas la prévalence de la maladie dans la forêt. Ils ne transmettent pas le spirochète aux hommes ni aux tiques qui viennent d'éclore. Ce sont des hôtes sans issue, m'a dit Ostfeld.

Et il a ajouté : « Il se trouve que nous sommes aussi des hôtes sans issue, car une fois que nous sommes infectés, l'infection ne va nulle part. Elle reste dans notre corps. Elle ne va pas rejoindre les tiques. Autrement dit, nous sommes un réservoir incompétent. » Les souris et les musaraignes contaminent les tiques ; les tiques nous contaminent ; nous ne contaminons personne. Si quelqu'un l'attrape, le spirochète *Borrelia burgdorferi* s'arrête là. Il ne se transmet pas par un éternuement ni une poignée de main. Il ne se déplace pas avec le vent. La maladie de Lyme n'est pas non plus une MST. C'est intéressant du point de vue écologique, en revanche c'est une maigre consolation pour les gens qui en souffrent.

52

RICHARD OSTFELD ÉTAIT SENSIBLE aux dégâts humains causés par la maladie et pas seulement à la merveilleuse complexité de la *Borrelia burgdorferi*. Je me souviens, il m'a montré les chiffres du comté de Dutchess, dans l'État de New York, qui comprend Millbrook et l'Institut Cary, entre 1986 et 2005. Les infections humaines étaient fortement en hausse, avec des pics particulièrement élevés en 1996 et 2002. En 1996, mille huit cent trente-huit cas de maladie de Lyme avaient été signalés. Suivis par une baisse importante jusqu'en 2002, où près de deux mille nouveaux cas avaient été enregistrés.

Il jugeait néanmoins préférable de comprendre la maladie comme un phénomène écologique plus que comme un problème médical. « La maladie existe chez l'homme dans la mesure où nous sommes les victimes involontaires de l'interaction entre animaux sauvages et tiques, me dit Ostfeld. Dans ce système où les tiques et leurs hôtes font passer les infections bactériennes d'un lieu à un autre, nous sommes des intrus. » Les pics de 1996 et 2002 reflétaient deux automnes de production très abondante dans les forêts du comté de Dutchess. Les souris à pattes blanches adorent les glands et, comme elles se reproduisent et se développent rapidement, elles réagissent à l'abondance de nourriture par une plus grande fécondité. Les années à forte production de glands sont alors suivies de fortes augmentations des populations de souris (avec un décalage de deux ans). Si la nourriture est très abondante, un couple de souris peut produire cinquante à soixante-quinze souris supplémentaires en un an. Plus de glands, plus de souris, plus de tiques infectées, plus de cas de maladie de Lyme.

Le comté de Dutchess est à deux heures à peine de Manhattan en prenant la Taconic State Parkway. C'est un paysage de collines ondulantes, de murs de pierre, de petites villes, de relais routiers, de ravines et de rivières qui drainent les eaux de pluie dans l'Hudson, de terrains de golf et de jolies banlieues, dont certaines maisons ont de grandes cours protégées par des arbres feuillus et bordées de haies ou de broussailles sauvages. Les quartiers résidentiels, y compris les zones commerciales, sont riches en espaces verts. Il y a partout des parcs, des bois et des forêts où dominent le chêne et l'érable. Les sous-bois sont tapissés de mousses, de feuilles mortes, d'épine-vinette, de mouron des oiseaux, de glands, de sumac vénéneux, de champignons sauvages, de rondins, de fossés détrempés, de tritons, de grenouilles, de salamandres, de grillons, de punaises, de vers de terre, d'épinettes et de couleuvres. Et de tiques, bien sûr, de milliers et de milliers de tiques. Un an avant que je m'y rende, les autorités sanitaires du comté de Dutchess avaient enregistré mille deux cent quarante-quatre cas de maladie de Lyme pour une population de moins de trois cent mille personnes. Il y avait de quoi réfléchir à deux fois avant d'aller se promener dans les bois.

C'est évidemment là qu'Ostfeld et son équipe recueillent leurs données. Plus tôt ce jour-là, je les ai suivis le long des pièges qu'ils avaient posés. Je me souviens de Jesse Brunner, un post-doctorant barbu et légèrement chauve, qui travaillait sur le rapport, s'il existe, entre la prévalence de la maladie de Lyme et la diversité des espèces dans de vastes zones forestières. Je me rappelle aussi Shannon Duerr, assistante technicienne du laboratoire d'Ostfeld, qui avait la maladie de Lyme et se faisait soigner à l'amoxicilline. Richard Ostfeld avait rentré son jean dans ses chaussettes et portait des gants en latex chaque fois qu'il capturait un animal.

Jesse Brunner m'a montré sa technique pour attraper une souris à pattes blanches et je l'ai prise comme il me l'a conseillé, en lui pinçant la peau des épaules. Ses yeux étaient noirs, énormes, brillants de peur, comme deux billes d'acier. Elle avait de grandes oreilles veloutées et une fourrure grise brunâtre. Sur une oreille, elle avait des points sombres qui étaient des tiques larvaires. Elles venaient de monter à bord et commençaient à peine à boire, m'a expliqué Jesse Brunner. Sur l'autre oreille, la souris avait une petite bosse noire, grosse comme une tête d'épingle. C'était une larve présente depuis plus longtemps et gorgée de sang. Vu la saison, m'a dit Brunner, la souris avait sûrement été infectée par la *B. burgdorferi* à cause de la morsure d'une tique nymphale. La larve venait sans doute d'être infectée à son tour par la souris. J'avais donc dans la main deux porteurs infectés. Pendant que j'écoutais Brunner, la souris en a profité pour se libérer et s'est jetée au sol avant de disparaître dans les sous-bois. Le cycle a donc repris…

L'après-midi, dans son bureau, j'ai posé une question très pratique à Ostfeld : imaginons que j'aie de jeunes enfants, ici dans une maison de rêve à Millbrook, avec trois hectares de pelouse et d'arbustes, comment protéger ma petite famille contre la maladie de Lyme ? En pulvérisant des pesticides dans tout le comté ? En demandant à l'État d'éradiquer les cerfs ? En posant des milliers de pièges à souris couverts de fromage dans la forêt ? En couvrant mon jardin de pavés et en l'encerclant d'une fosse remplie d'essence ? En mettant des colliers anti-puces aux chevilles de mes gamins avant qu'ils aillent jouer dehors ?

Rien de tout ça. « Je serais beaucoup plus à l'aise, me répondit Ostfeld, si je savais que le paysage pouvait abriter des populations saines de hiboux, de renards, de faucons, de belettes, d'écureuils de toutes sortes d'espèces – des animaux qui pourraient réguler les populations de souris. » En d'autres termes, s'il y avait de la diversité biologique.

Ostfled venait de me résumer ce que vingt ans de recherche ont permis de comprendre : plus les animaux indigènes d'une région disparaissent, plus le risque de maladie de Lyme augmente. Pourquoi ? Sans doute à cause des différences de compétence des réservoirs des souris et des musaraignes (toutes deux très compétentes) et de presque tous les vertébrés hôtes (peu compétents) qui partagent leur habitat avec elles. L'effet des réservoirs les plus compétents est dilué par la présence d'alternatives moins compétentes. Dans les zones forestières où vivent de nombreux acteurs écologiques – des prédateurs de taille moyenne tels que les faucons, les hiboux, les renards, les belettes et les opossums, ainsi que des concurrents de petite taille tels que les écureuils et les tamias –, les populations de souris à pattes blanches et de musaraignes sont tenues en échec par la prédation et la concurrence. La compétence moyenne de leurs réservoirs est donc plus faible. En revanche, dans les zones forestières peu diversifiées, les souris à pattes blanches et les musaraignes s'épanouissent. Et là où elles prospèrent, la *Borrelia burgdorferi* prospère aussi.

D'où une question intéressante, qui a des implications directes pour la santé publique. Quelles sont les zones forestières qui contiennent moins de diversité d'espèces que d'autres ? Plus précisément, quels sont les bois, les espaces verts et les parcs qui présentent le plus grand risque d'exposition à la maladie de Lyme ?

N'oubliez pas que la moindre zone forestière entourée de trottoirs, de bâtiments ou d'autres constructions de main d'homme est comme une île écologique. La communauté d'animaux qu'elle abrite est une communauté insulaire parce que les individus qui tentent d'en sortir ou d'y entrer se font écraser. (Les oiseaux sont un cas particulier, mais ils sont dans une configuration assez proche.) Par ailleurs, les grandes îles ont en général une plus grande diversité que les petites. Madagascar est plus diversifiée que les îles

Fidji, lesquelles ont plus de biodiversité que l'île Pohnpei en Micronésie. Pourquoi ? Parce que plus une surface est grande et riche en habitats variés, plus elle pourra accuellir un grand nombre d'espèces différentes.

Cinq ans après notre entrevue, Rick Ostfeld a fait de cette règle un thème important de son livre consacré à la maladie de Lyme. Une minuscule forêt dans un endroit comme le comté de Dutchess n'abritera que quelques espèces de mammifères, dont la souris à pattes blanches. Or la souris est une excellente colonisatrice, elle survit et se reproduit facilement, et elle est opportuniste. Limitée par le faible nombre de prédateurs et de concurrents, sa population a un niveau moyen relativement élevé qui explose chaque fois qu'il y a une bonne saison de glands. Les souris en profitent pour infester les bois. Or les tiques sont aussi nombreuses et se repaissent de sang de souris, et elles ont un taux de survie élevé, car les souris à pattes blanches se débarrassent difficilement des larves. Comme les souris sont un réservoir de *Borrelia burgdorferi* efficace, la plupart des tiques sont porteuses de l'infection.

Dans une zone forestière plus étendue, avec une communauté d'animaux et de plantes plus riche et diversifiée, c'est l'inverse. Il s'ensuit une diminution très nette du nombre de tiques infectées.

Il est vrai que c'est une dynamique complexe, en revanche certains points concernant la maladie de Lyme sont maintenant très clairs. « On sait qu'il est plus risqué de marcher dans un petit bois que dans une grande forêt, écrit Richard Ostfeld dans son livre. On sait que marcher dans une forêt de chênes en été, deux ans après une production de glands importante, est beaucoup plus risqué qu'après une année pauvre en glands. On sait que les forêts qui abritent de nombreuses espèces de mammifères et d'oiseaux sont plus sûres que celles qui en abritent moins. On sait que plus il y a d'opossums et d'écureuils dans les bois, plus le risque de maladie de Lyme est faible, ce qui est sans doute vrai pour les hiboux, les faucons et les belettes [40]. » Quant aux cerfs de Virginie, ils jouent un rôle qui est loin d'être primordial, alors ne croyez pas tout ce que vous avez entendu.

Certains pensent que l'axiome « toute vie est connectée [41] » est le cœur même de l'écologie. C'est un truisme, m'a assuré Richard Ostfeld. Le but de la science est de comprendre quels sont les êtres vivants les plus intimement liés entre eux, et ce qui se produit lorsque des changements ou des perturbations se présentent.

53

S'IL Y AVAIT UNE LEÇON à retenir de la maladie de Lyme, ce serait la suivante : une zoonose se propage plus facilement dans un écosystème perturbé et fragmenté que dans un écosystème intact et diversifié. Autre leçon qui a peu à voir avec les recherches de Rick Ostfeld et qui découle d'une donnée essentielle : la *Borrelia burgdorferi* est une bactérie.

Mais une bactérie avec des caractéristiques particulières. Attaquée par des antibiotiques, par exemple, la *B. burgdorferi* se retranche et se défend en devenant imperméable, comme un kyste, que l'on appelle alors un « corps rond* [42] ». Les corps ronds résistent à la destruction et sont très difficiles à détecter. Un patient qui guérit de la maladie de Lyme au bout de deux à quatre semaines d'amoxicilline ou de doxycycline, peut encore avoir des corps ronds et faire une rechute. Les corps ronds pourraient même expliquer le syndrome de la « maladie de Lyme chronique » avancé par les patients qui en souffrent, par des médecins dissidents et par l'Infectious Diseases Society of America. Ou pas.

Il ne faut pas confondre les corps ronds de la *Borrelia burgdorferi* avec la petite forme de la *Coxiella burnetii*, l'agent de la fièvre Q. Ces deux formes de parasites montrent néanmoins que les bactéries sont sournoises et qu'il arrive qu'elles résistent aux antibiotiques. Au XXIe siècle, il n'est donc pas nécessaire d'être un virus pour provoquer une épidémie de zoonose grave, même si cela aide.

VI

Et tout devient viral

54

Il y a encore peu, les virus tenaient du mystère, comme la matière noire ou la planète X. En dépit de leurs effets incontestables, ils demeuraient indétectables, à l'instar du neutron. Le microscope d'Antoni van Leeuwenhoek n'avait pas permis de les déceler, pas plus que les découvertes bactériologiques de Pasteur et de Koch, presque deux siècles plus tard. Si Pasteur a vaincu la rage, il n'a jamais vu le virus qui en était responsable, ni tout à fait compris sa nature. De même qu'en 1902, en lançant une grande campagne de lutte contre les moustiques, William C. Gorgas éradiqua la fièvre jaune à Cuba sans jamais avoir découvert quel était l'agent pathogène transporté par ces insectes, tel un chasseur aux yeux bandés qui tirerait sur des canards, guidé par leur seul cri. Même la grippe espagnole, qui tua près de cinquante millions de personnes dans le monde, demeura à l'époque une énigme. On ne savait pas observer les virus au microscope, ni les cultiver *in vitro*, ni les capturer, comme les bactéries, avec un filtre en porcelaine. On ne pouvait que faire l'hypothèse de leur existence.

Pourquoi les virus sont-ils si insaisissables ? Parce qu'ils sont minuscules, rudimentaires mais ingénieux, disparates, discrets et, dans certains cas, diaboliquement subtils. Les spécialistes divergent même sur le fait qu'ils soient vivants ou pas. S'ils ne le sont pas, ils possèdent tout au moins des mécanismes simplifiés propres à la vie. Ils parasitent. Ils s'affrontent. Ils attaquent. Ils disparaissent. Ils luttent. Ils obéissent aux mêmes impératifs de base que toutes les créatures vivantes – survivre, se multiplier, perpétuer leur espèce – et utilisent pour y parvenir des stratégies complexes, façonnées par la sélection naturelle darwinienne. Ils évoluent. Les virus présents sur Terre aujourd'hui sont donc très adaptés à leur milieu car les autres n'ont pas survécu.

Le mot « virus » a une histoire très ancienne. Il vient du latin *virus*, qui signifie « poison, sève des plantes, liquide visqueux ». On le trouve parfois traduit par « bave toxique ». Si sa première utilisation en anglais pour désigner un agent pathogène remonte à 1728, pendant le reste du XVIIIe siècle et jusqu'au milieu du XXe, il n'y eut pas de distinction claire entre le terme vague de « virus », applicable à tout microbe infectieux, et le groupe d'agents pathogènes que nous connaissons aujourd'hui. En 1940 encore, l'immunologiste australien Macfarlane Burnet appelait parfois « virus » le microbe de la fièvre Q alors qu'il savait parfaitement qu'il s'agissait d'une bactérie.

Les effets des virus furent détectés bien avant les virus eux-mêmes. Pendant des siècles, des millénaires, les manifestations cliniques de la variole, de la rage et de la rougeole furent cruellement familières, même si leurs agents causaux, eux, ne l'étaient pas. Si l'on ne manquait pas d'imagination pour expliquer les maladies graves et les épidémies – elles étaient provoquées par les vapeurs et les « *effluvia* », la matière en décomposition et la saleté, la pauvreté, la volonté divine, la magie noire, le froid ou encore les pieds mouillés –, l'identification des microbes infectieux fut un long processus. Vers 1840, un anatomiste allemand du nom de Jakob Henle commença à soupçonner l'existence de particules nocives, trop petites pour être vues au microscope, et pourtant capables de transmettre des maladies. Henle ne disposait d'aucune preuve et son hypothèse ne s'imposa donc pas immédiatement. En 1846, après avoir été témoin d'une épidémie de rougeole dans les îles Féroé, un archipel éloigné du nord de l'Écosse, un médecin danois du nom de Peter Panum tira des conclusions très précises sur la façon dont la maladie semblait se transmettre d'une personne à l'autre, avec un délai (ce que nous appelons aujourd'hui une période d'incubation) d'environ deux semaines entre l'exposition et les symptômes. Grâce à ses travaux expérimentaux entre les années 1870 et 1880, Robert Koch, qui avait été l'élève de Jakob Henle à Göttingen, identifia les causes microbiennes de l'anthrax, de la tuberculose et du choléra. Les découvertes de Koch, ainsi que celles de Pasteur, Joseph Lister, William Roberts et de John Burdon Sanderson, entre autres, fournirent à la fin du XIXe siècle les bases empiriques d'une doctrine, communément appelée « théorie des germes », qui réussit à supplanter les croyances anciennes dans les vapeurs malignes, les poisons transmissibles, le déséquilibre des humeurs, la putréfaction contagieuse et autre explication magique. Mais, à l'exception de la brillante conjecture de Pasteur sur la rage, les germes auxquels s'intéressaient Koch, Pasteur et Lister étaient en réalité des bactéries.

Or les bactéries n'étaient pas aussi inaccessibles à l'observation. On pouvait les voir avec un microscope lambda ou les cultiver dans une boîte de Petri (une invention de Julius Petri, l'assistant de Koch) contenant un milieu à base d'agar riche en nutriments. Elles étaient plus grosses et plus faciles à repérer que les virus.

C'est de l'agronomie, et non de la médecine, que vint la percée fondamentale suivante. Au début des années 1890, à Saint-Pétersbourg, un scientifique russe du nom de Dmitri Ivanovski étudiait la mosaïque du tabac, une maladie qui touchait les plantations de tabac de l'Empire russe. Les feuilles infectées finissaient par se rabougrir et se recroqueviller, ce qui réduisait la productivité et faisait perdre beaucoup d'argent aux cultivateurs. Des travaux antérieurs avaient montré que cette maladie était infectieuse : elle se transmettait expérimentalement d'une plante à l'autre par l'injection de sève provenant de feuilles infectées. Ivanovski réitéra cette expérience en y ajoutant une étape : il fit passer la sève à travers un filtre Chamberland, un appareil en porcelaine percé de minuscules pores, afin de purifier l'eau en éliminant les bactéries. L'observation d'Ivanovski selon laquelle « la sève des feuilles infectées par la maladie de la mosaïque du tabac conserve ses propriétés infectieuses même après filtration [1] » constitue la première définition exploitable des virus : infectieux et « filtrables », c'est-à-dire si petits qu'ils passent là où les bactéries sont retenues. Peu après, Martinus Beijerinck, un chercheur néerlandais, poussa les recherches un peu plus loin. En diluant la sève filtrée d'une plante infectée et en l'utilisant pour contaminer une autre plante, il découvrit que la substance infectieuse, quelle qu'elle soit, retrouvait toute sa force même après dilution. Cela signifiait qu'elle se reproduisait dans les tissus vivants de la deuxième plante et qu'il ne s'agissait donc pas d'une toxine, comme celle que produisent certaines bactéries. Une toxine qui subit une dilution perd de son effet, contrairement à cette substance. Mais elle ne pouvait se développer dans un récipient de sève filtrée : pour cela, elle avait besoin d'autre chose. Elle avait besoin de la plante elle-même.

Martinus Beijerinck, Dmitri Ivanovski et quelques-uns de leurs collègues démontrèrent ainsi que la maladie de la mosaïque du tabac était causée par une entité plus petite qu'une bactérie, invisible au microscope et capable de se multiplier à l'intérieur – et uniquement à l'intérieur – des cellules vivantes. Il s'agissait là du profil de base d'un virus, bien que personne n'en eût alors jamais vu. Beijerinck déduisit que l'agent infectieux de la mosaïque du tabac était liquide et le nomma *contagium vivum fluidum*, « fluide vivant contagieux ». Des travaux ultérieurs, dont l'invention du microscope électronique dans les années 1930, lui donnèrent tort sur ce point. Les virus ne sont pas liquides mais solides : il s'agit de minuscules particules.

Le premier virus animal découvert fut celui qui provoquait la fièvre aphteuse, une maladie particulièrement contagieuse. Quand elle se déclarait, l'épidémie se répandait comme une traînée de poudre et le bétail mourait ou devait être abattu. Dans une université du nord de l'Allemagne, Friedrich Löffler et Paul Frosch, en utilisant les mêmes techniques de filtrage et de dilution que Beijerinck, prouvèrent en 1898 que l'agent de la fièvre aphteuse était également une entité filtrante capable de se répliquer uniquement dans les cellules vivantes. Löffler et Frosch émirent même l'hypothèse qu'il pouvait s'agir d'un agent pathogène appartenant à une catégorie plus large d'agents encore inconnus, capables pour certains de contaminer l'homme, telle la variole. Néanmoins, la première infection virale attestée chez l'homme ne fut pas la variole mais la fièvre jaune, en 1901. Alors même que William Gorgas enrayait la fièvre jaune à Cuba en éliminant les moustiques, Walter Reed et sa petite équipe de microbiologistes démontraient, et ce alors même qu'ils ne pouvaient le voir, que l'agent causal de la fièvre jaune était effectivement transmis par les moustiques.

Les scientifiques commencèrent alors à parler de « virus filtrable », terme certes maladroit mais permettant un emploi plus précis que ceux utilisés jusque-là. Hans Zinsser, par exemple, dans son livre *Rats, Lice and History* (*Rats et poux dans l'histoire*), paru en 1934, encourageait « l'étude des agents dits "virus filtrables" [2] ». De nombreuses maladies épidémiques, écrivait-il, « sont causées par ces "choses" mystérieuses – par exemple, la variole, la varicelle, la rougeole, les oreillons, la paralysie infantile, l'encéphalite, la fièvre jaune, la dengue, la rage et la grippe, sans parler d'un grand nombre des affections du règne animal ». Zinsser signalait également que certaines de ces affections animales coïncidaient avec les épidémies humaines. Il ajoutait cette précision fondamentale : « Dans ce cas, comme pour les maladies bactériennes, il y a un vif échange de parasites entre l'homme et le monde animal [3]. » Penseur visionnaire et microbiologiste hors pair, Zinsser avait imaginé, il y a quatre-vingts ans de cela, que des virus qui n'avaient été découverts que récemment pourraient être à l'origine de redoutables zoonoses.

55

LA DIFFICULTÉ DE CULTIVER les virus *in vitro* les rendait insaisissables en laboratoire et mystérieux aux yeux des premiers chercheurs, mais ce trait était également révélateur de leur nature profonde. Un virus ne se développera pas dans un milieu nutritif car il ne peut se répliquer qu'à l'intérieur d'une cellule vivante. Dans le jargon technique, on parle de « parasite intracellulaire obligatoire ». Sa taille est petite, tout comme son génome, simplifié jusqu'au strict nécessaire pour vivre une existence dépendante et opportuniste. Il ne possède pas son propre mécanisme de reproduction. Il chaparde. Il vole.

Petit, mais à quel point ? Un virus est en moyenne dix fois plus petit qu'une bactérie. Si l'on raisonne en termes métriques, les virus de forme sphérique ont un diamètre allant d'environ quinze nanomètres (soit quinze milliardièmes de mètre) à environ trois cents nanomètres. Mais ils ne sont pas tous sphériques. Certains sont cylindriques, d'autres filiformes, d'autres encore ressemblent à d'horribles bâtiments futuristes ou à des modules d'alunissage. Qu'importe sa forme, son volume intérieur est minuscule. Les génomes y sont par conséquent limités, allant de deux mille nucléotides à environ un million deux cent mille. À titre de comparaison, le génome d'une souris est d'environ trois milliards de nucléotides. Il faut trois bases nucléotidiques pour spécifier un acide aminé et deux cent cinquante acides aminés en moyenne pour fabriquer une protéine (bien que certaines soient beaucoup plus grosses). La fabrication de protéines est le rôle des gènes ; tout le reste, dans une cellule ou un virus, résulte de réactions secondaires. Ainsi, un génome de seulement deux mille lettres de code, voire de treize mille (comme pour les grippes) ou trente mille (le virus du SRAS), représente somme toute un ensemble assez réduit de spécifications techniques Mais même avec un génome aussi petit, qui ne code parfois que pour huit ou dix protéines, un virus peut être rusé et efficace.

Les virus font face à quatre défis : comment passer d'un hôte à l'autre ? Comment pénétrer dans une des cellules de cet hôte ? Comment réquisitionner l'équipement et les ressources de la cellule pour se multiplier en nombre ? Comment sortir de la cellule de son hôte et passer au suivant ? La structure et les capacités génétiques d'un virus sont adaptées à ces tâches avec une grande parcimonie.

Sir Peter Medawar, éminent biologiste britannique lauréat du prix Nobel la même année que Macfarlane Burnet, a défini un virus comme « une mauvaise nouvelle enveloppée dans une protéine [4] ». La « mauvaise nouvelle » à laquelle Medawar pensait est le matériel génétique qui inflige si souvent (mais pas systématiquement) des dommages à l'hôte tout en utilisant ses cellules comme un refuge pour se reproduire. L'enveloppe protéique, la capside, a deux fonctions : elle protège les entrailles du virus si nécessaire et l'aide à se frayer un chemin dans les cellules. L'unité virale, une particule qui se trouve intacte à l'extérieur d'une cellule, est appelée virion*. La capside définit également la forme extérieure d'un virus. Les virions d'Ebola et de Marburg, par exemple, ressemblent à de longs filaments, raison pour laquelle ils ont été classés dans le groupe des filovirus. D'autres virus ont des particules sphériques, ovoïdes, hélicoïdales, ou icosaédriques (à vingt côtés, comme un ballon de football dessiné par Buckminster Fuller). Les particules du VIH-1 sont, elles, globulaires. Les virions de la rage ont la forme de balles de revolver. Un mélange de virions d'Ebola et de virions de Hendra pourrait ressembler à un plat de capellini baignant dans une sauce onctueuse aux câpres.

De nombreux virus sont entourés d'une couche supplémentaire, l'enveloppe, comprenant non seulement des protéines mais également des molécules de lipides issues de la cellule hôte. Sur la face externe de l'enveloppe, le virion peut être orné d'un grand nombre de protubérances moléculaires en forme de pointes, semblables aux détonateurs d'une vieille mine navale. Ces pointes remplissent une fonction essentielle. Elles sont spécifiques à chaque type de virus et leur structure en forme de clé s'adapte aux serrures moléculaires à la surface d'une cellule cible ; elles permettent au virion de s'attacher, s'amarrant comme un vaisseau spatial à un autre, et ouvrent la voie. La spécificité des pointes limite non seulement les types d'hôtes qu'un virus peut infecter mais également les types de cellules – cellules nerveuses, de l'estomac, de la muqueuse respiratoire – que le virus peut pénétrer le plus efficacement, et par conséquent le type de maladie qu'il peut causer. Si utiles soient-elles pour un virus, ces pointes constituent néanmoins des points de vulnérabilité : ce sont les principales cibles de la réponse immunitaire d'un hôte infecté. Les anticorps, produits par les globules blancs, s'accrochent aux pointes et empêchent un virion de s'emparer d'une cellule.

Il ne faut pas confondre la capside avec une paroi ou une membrane cellulaire. Elles se ressemblent, c'est tout. Depuis les débuts de la virologie, les virus ont été définis par la négative (ils ne sont *pas* capturés par un filtre, *pas* cultivables dans des milieux nutritifs, *pas* tout à fait vivants), et l'axiome négatif majeur est qu'un virion n'est pas une cellule. Il ne fonctionne pas de la même façon et n'en partage ni les capacités ni les faiblesses. Cela se manifeste dans la résistance des virus aux antibiotiques – substances chimiques appréciées pour leur capacité à tuer les bactéries (qui, elles, sont des cellules) ou du moins à ralentir leur développement. La pénicilline, tout comme ses alternatives synthétiques, l'amoxicilline par exemple, empêche les bactéries de construire leurs parois cellulaires. La tétracycline, quant à elle, interfère avec la fabrication de nouvelles protéines par les bactéries nécessaire à leur croissance et à leur division. Les virus, dépourvus de parois cellulaires et de processus métaboliques internes, ne sont pas inquiétés par les effets de ces médicaments assassins.

À l'intérieur de la capside virale, on ne trouve généralement rien d'autre que du matériel génétique, mode d'emploi pour la création de nouveaux virions sur le même modèle. Il ne peut être mis en pratique que s'il se greffe sur l'activité d'une cellule vivante. Le matériel génétique lui-même peut être de l'ADN ou de l'ARN, selon la famille du virus. Ces deux types de molécules sont capables d'enregistrer et de donner des informations, bien que chacun ait ses avantages et ses inconvénients. Les herpèsvirus*, les poxvirus* et les papillomavirus* contiennent de l'ADN, tout comme une demi-douzaine de familles de virus dont vous n'avez jamais entendu parler, comme les iridovirus*, les baculovirus* et les hépadnavirus* (dont l'un cause l'hépatite B). D'autres, comme les filovirus, les rétrovirus* (dont le plus connu est le VIH-1), les coronavirus (SRAS-CoV) et les familles englobant la rougeole, les oreillons, le virus Hendra, le Nipah, la fièvre jaune, la dengue, le virus du Nil occidental, la rage, le Machupo, le Junin, la fièvre de Lassa, le chikungunya, tous les hantavirus, les grippes et les virus du rhume, stockent leur information génétique sous forme d'ARN.

La structure de l'ADN et de l'ARN explique l'une des différences majeures entre les virus : le taux de mutation. L'ADN est une molécule à double brin – la fameuse double hélice – et, en raison de ces deux brins qui s'assemblent grâce aux relations très spécifiques entre des paires de bases nucléotidiques (ainsi, l'adénine ne se lie qu'à la thymine, la cytosine qu'à la guanine), les erreurs de placement des bases sont en général corrigées quand la molécule se réplique. Ce travail de réparation est effectué par l'ADN polymérase, l'enzyme* qui construit le brin d'ADN complémentaire au simple brin opposé. Si une adénine est liée par erreur à une guanine (et non à son partenaire habituel, la thymine), la polymérase repère l'erreur, remonte d'une paire, corrige, puis passe à autre chose. Le taux de mutation de la plupart des virus à ADN est donc relativement faible. Les virus à ARN, codés par une molécule à simple brin sans ce type de dispositif de rectification qu'est cette polymérase correctrice, maintiennent des taux de mutation qui peuvent être des milliers de fois plus élevés. (Pour info, il existe également un groupe plus restreint de virus à ADN dont le patrimoine génétique est fait d'ADN simple brin et qui présentent des taux de mutation élevés, comme l'ARN. Et il existe également un petit groupe de virus à ARN double brin. C'est l'exception qui confirme la règle. Mais laissons de côté ces petites anomalies, c'est déjà assez compliqué comme ça !) Retenez une chose : les virus à ARN mutent de manière prodigieuse.

La mutation fournit une nouvelle variation génétique. La variation est la matière première sur laquelle opère la sélection naturelle.

La plupart des mutations sont dangereuses, elles provoquent d'importants dysfonctionnements et entraînent les formes mutantes dans une impasse évolutive. Mais il arrive parfois qu'une mutation soit utile en permettant une adaptation. Et plus il y a de mutations, plus il y a de chances que de bonnes mutations apparaissent. (Plus de mutations signifie également plus de chances de voir apparaître des mutations mortelles pour le virus ; cela limite le taux maximum de mutations supportables.) Les virus à ARN évoluent donc plus rapidement que n'importe quelle autre classe d'organismes sur Terre. C'est ce qui les rend si changeants, imprévisibles, et enquiquinants.

Mais, n'en déplaise à Peter Medawar, tous les virus ne sont pas « une mauvaise nouvelle enveloppée dans une protéine » – ou du moins, pas toujours une mauvaise nouvelle pour l'hôte infecté. Parfois, la nouvelle est simplement anodine. Parfois, elle est même bonne. Certains virus rendent des services salutaires à leurs hôtes. Une « infection » ne cause pas forcément des dommages importants. Ce mot signifie simplement que la présence d'un microbe a été établie. Un virus n'a pas forcément besoin de rendre son hôte malade. Il veut simplement se répliquer et se propager. Le virus pénètre dans les cellules, c'est exact, profite de leur machinerie physiologique pour créer des copies de lui-même, tout à fait, et détruit souvent ces cellules en sortant, parfaitement. Mais peut-être pas au point de causer un réel dommage. Il peut s'installer tranquillement chez un hôte, sans faire de mal, se répliquer à un modeste niveau et se transmettre d'un individu à l'autre sans provoquer aucun symptôme. La relation entre un virus et son réservoir-hôte, par exemple, laisse supposer une telle trêve, parfois obtenue après une longue cohabitation et de nombreuses générations d'ajustement évolutif mutuel, le virus devenant moins virulent, l'hôte plus tolérant. C'est en partie ce qui définit un réservoir : l'absence de symptômes. Toutes les relations virus-hôte n'évoluent pas vers de telles relations amicales. Il s'agit là d'une forme particulière d'équilibre écologique.

Et, comme toute forme d'équilibre écologique, elle est temporaire, provisoire, aléatoire. Lorsqu'un débordement se produit, finie la trêve. L'équilibre est rompu. Une toute nouvelle relation se met en place. Fraîchement établi chez son hôte, le virus peut se révéler un visiteur inoffensif, un simple désagrément, ou un fléau. C'est la loterie.

56

Le virus connu sous le nom d'herpès B (et plus précisément aujourd'hui sous celui d'herpès simien – *Macacine alphaherpesvirus 1* –, en référence à ses réservoirs naturels, les macaques) passa de l'obscurité à la lumière des projecteurs médicaux en 1932, après un accident de laboratoire à l'université de New York. William Brebner, un jeune scientifique, travaillait alors au développement d'un vaccin contre la polio. Les singes étaient primordiaux pour ses recherches, et l'animal privilégié était le macaque rhésus (*Macaca mulatta*), de la famille des cercopithèques. Comme le poliovirus n'avait pas encore été cultivé en éprouvette (ce qui serait possible à terme, mais uniquement lorsque des cellules vivantes pourraient être maintenues dans le milieu en tant qu'hôtes viraux), les macaques rhésus servaient à la fois d'incubateurs et de sujets de test. La poliomyélite n'est pas une zoonose, elle n'affecte aucun animal autre que l'homme mais, à l'aide d'une aiguille hypodermique, il est possible de l'inoculer aux singes. Il suffit de prélever le poliovirus d'un animal infecté artificiellement pour l'injecter dans le cerveau ou la moelle épinière d'un autre, ce qui permet ainsi de maintenir la chaîne d'infection et d'observer dans le même temps les effets sur les singes. Un jour, en manipulant un singe, William Brebner fut mordu.

La morsure était bénigne, le singe n'avait fait que mordiller l'annulaire et l'auriculaire de sa main gauche. Brebner badigeonna les plaies avec une solution iodée, puis avec de l'alcool, et se remit au travail. Le singe semblait en bonne santé, quoique – et on le serait à moins – légèrement grincheux. Le fait qu'il soit déjà porteur du virus de la polio ne semble pas avoir inquiété Brebner outre mesure. Peu après, le macaque mourut (sous éther, au cours d'une autre procédure expérimentale) et aucune autopsie ne fut pratiquée sur l'animal.

Trois jours plus tard, Brebner remarqua « une douleur, une rougeur et un léger gonflement[5] » autour de la morsure. Très vite, il fut admis à l'hôpital Bellevue. Ses symptômes se développèrent lentement : sensibilité des ganglions lymphatiques, crampes abdominales, paralysie des jambes, rétention urinaire, picotements et engourdissement des bras, suivis d'une forte fièvre et d'un hoquet.

Deux semaines après, son état se dégrada : il était cyanosé et en détresse respiratoire. Mis sous respirateur, il fut pris de convulsions avant de perdre connaissance. Un liquide mousseux s'écoulait de sa bouche et de ses narines. Cinq heures plus tard, à l'âge de vingt-neuf ans, William Brebner était mort.

Qu'est-ce qui l'avait tué ? La polio ? La rage ? Un collègue chercheur du même laboratoire de l'université de New York, frais émoulu de l'école de médecine mais brillant et ambitieux, assista à l'autopsie de Brebner puis mena une enquête plus approfondie, en utilisant des échantillons de son cerveau, de sa moelle épinière, de ses ganglions lymphatiques et de sa rate. Cet homme était Albert B. Sabin, des décennies avant qu'il ne mette au point le vaccin par voie orale contre la polio qui le rendit célèbre. Sabin et l'un de ses collègues injectèrent une émulsion du cerveau de Brebner à des singes mais également à des souris, des cochons d'Inde, des chiens et des lapins. Seuls les lapins présentèrent les mêmes symptômes que Brebner. Leurs pattes devinrent flasques, ils moururent d'insuffisance respiratoire et les examens montrèrent que leur rate et leur foie avaient été endommagés. Sabin et son partenaire prélevèrent sur les lapins une essence filtrée capable de provoquer la même infection. Ils l'appelèrent simplement « virus B [6] », d'après feu leur collègue. Des travaux ultérieurs montrèrent qu'il s'agissait d'un herpèsvirus.

L'herpès B est une infection grave, très rare chez l'homme, caractérisée par un taux de mortalité de près de 70 % chez les quelques dizaines de personnes infectées au cours du XXe siècle (avant les récentes avancées dans le domaine des antiviraux) et de près de 50 % depuis lors. Lorsqu'il ne tue pas, il provoque souvent chez les survivants des dommages neurologiques irréversibles. C'est un risque professionnel auquel sont exposés les scientifiques et les techniciens qui travaillent avec des macaques de laboratoire. Chez les macaques eux-mêmes, ce virus est courant mais ne provoque qu'une légère gêne. Il s'installe dans les ganglions nerveux et émerge par intermittence pour causer de légères lésions, généralement dans ou autour de la gueule du singe, comme les boutons de fièvre ou les aphtes de l'*herpes simplex* chez l'homme. Si les aphtes du singe vont et viennent, il n'en va pas de même quand l'herpès B touche l'homme. Dans les décennies qui suivirent la mort de Brebner, quarante-deux nouveaux cas humains furent diagnostiqués ; il s'agissait de scientifiques, de laborantins ou de manipulateurs d'animaux qui avaient eu des contacts avec des macaques en captivité.

Dans les années 1950, durant l'ère de la recherche frénétique d'un vaccin contre la polio, le nombre de cas chez l'homme augmenta considérablement, probablement à cause de l'utilisation de plus en plus fréquente de macaques rhésus. Comparées aux normes actuelles de la recherche médicale sur les primates, les conditions de captivité et de manipulation étaient alors très sommaires. Entre 1949 et 1951, dans le cadre d'une campagne financée par la Fondation nationale pour la paralysie infantile (connue sous le nom de « March of Dimes »), un projet eut à lui seul recours à dix-sept mille singes. Personne ne sait exactement combien de macaques furent ainsi « sacrifiés » dans les laboratoires d'Albert Sabin et de Jonas Salk, pour ne citer qu'eux, mais les infections à l'herpès B connurent un pic en 1957-1958, au moment où la recherche d'un vaccin contre la polio atteignait son apogée. La plupart des cas furent recensés aux États-Unis, les autres au Canada et en Grande-Bretagne, là où les macaques rhésus étaient à des milliers de kilomètres de leur habitat naturel mais où la recherche médicale était intensive.

À partir de ce pic des années 1950, le taux d'infections accidentelles diminua, peut-être parce que les laborantins commencèrent à prendre plus de précautions, comme le port de gants et de masques, et à mettre les singes sous sédatif avant de les manipuler. Dans les années 1980, on assista à une légère hausse des cas d'herpès B, qui s'explique par la forte augmentation de l'utilisation des macaques, cette fois pour la recherche contre le sida.

Le cas le plus récent a eu lieu au Centre national de recherche sur les primates de Yerkes, à Atlanta, fin 1997. Le 29 octobre, une jeune femme reçut dans l'œil une sorte de substance visqueuse provenant d'un macaque rhésus. De quoi s'agissait-il exactement ? Urine ? Excréments ? Salive ? On ne le sait pas. Tout à ses tâches, elle s'essuya simplement l'œil avec une serviette en papier, puis, près d'une heure plus tard, trouva le temps de se le passer rapidement sous l'eau. Cela ne fut pas suffisant. Dix jours plus tard, son œil était rouge et enflé. Elle se rendit alors aux urgences, où le médecin de garde se contenta de lui prescrire des gouttes antibiotiques. Quand l'inflammation de l'œil s'aggrava, elle consulta un ophtalmologue. Quelques jours plus tard, un autre ophtalmologue l'examina avant de décider de l'hospitaliser pour suspicion d'herpès B. Ils la mirent alors sous puissants antiviraux. Quant aux cultures prélevées sur ses yeux, elles furent jugées trop dangereuses pour être manipulées par de simples laborantins.

La jeune femme semblait aller un peu mieux et quitta l'hôpital. Mais à son réveil le lendemain matin, son état s'était dégradé – douleurs abdominales, rétention urinaire, faiblesse du pied droit – et elle y fut admise à nouveau. À la fin du mois, elle fut prise de convulsions, puis développa une pneumonie. Elle mourut d'insuffisance respiratoire le 10 décembre 1997. Bien que son père fût un médecin spécialiste des maladies infectieuses, sa mère infirmière, et le centre de Yerkes rempli de médecins familiers de l'herpès B, la médecine moderne n'avait pu la sauver.

Cette mésaventure mit certaines personnes sur les nerfs. Si la probabilité de transmission interespèces est faible – très faible, dans des circonstances normales –, les conséquences, elles, sont sérieuses. Quelques années plus tard, lorsqu'on trouva des anticorps à l'herpès B chez onze macaques rhésus d'un « parc safari » en Angleterre, la direction décida purement et simplement de supprimer toute la colonie. Cette décision fut motivée par le fait que le Comité consultatif britannique des pathogènes dangereux (Britain's Advisory Committee on Dangerous Pathogens) avait récemment reclassé l'herpès B au niveau 4 des risques biologiques ; il rejoignait ainsi le groupe d'élite composé par Ebola, Marburg, et le virus qui cause la fièvre hémorragique de Crimée-Congo. La réglementation nationale spécifiait que tout animal infecté par un agent de niveau 4 devait être manipulé dans un laboratoire BSL-4 (combinaisons intégrales, trois paires de gants, sas de décontamination et tout le toutim, ce qui n'est pas vraiment réalisable dans le cadre d'une attraction touristique consacrée à l'observation de la faune), ou être abattu. Bien sûr, les résultats positifs des tests d'anticorps signifiaient simplement que ces onze singes avaient été exposés au virus, non qu'ils étaient actuellement infectés. Mais cette nuance scientifique n'empêcha pas pour autant l'abattage. On engagea des tireurs qui, armés de silencieux 22 long rifle, décimèrent en une seule journée les deux cent quinze animaux du parc safari. Deux semaines plus tard, un autre parc animalier de la campagne anglaise suivit le mouvement, tuant leur centaine de macaques après que certains eurent été testés positifs à l'herpès B. La loi était la loi, et les macaques (infectés ou non) devenaient sans doute mauvais pour les affaires. Une question plus délicate fut soulevée par les primatologues qui considéraient ces abattages comme grotesques et inutiles : l'herpès B appartenait-il vraiment au niveau 4 ? Certains arguments suggèrent que non.

Le macaque rhésus n'est pas le seul singe porteur de l'herpès B. Le même virus a été détecté chez d'autres singes asiatiques, notamment chez le macaque crabier (*Macaca fascicularis*) en Indonésie. Mais dans la nature, ni le macaque rhésus ni les autres singes n'ont jamais à notre connaissance transmis l'herpès B à l'homme, même dans des situations de contact étroit, sans que l'on sache vraiment pourquoi, alors que les occasions ne manquent pas. Les macaques rhésus et les macaques crabiers sont des créatures opportunistes qui ne craignent ni l'homme ni son environnement. Après avoir été chassés à grands coups de tronçonneuses et de machettes de leur habitat forestier d'origine – en Inde, en Asie du Sud-Est, en Indonésie et aux Philippines –, ils se sont rabattus sur les poubelles, volant et mendiant aux confins de la civilisation. Ils vivent là où ils peuvent trouver de la nourriture, où ils sont un minimum tolérés. À Delhi, on peut les voir le long des parapets des bâtiments gouvernementaux, ou les apercevoir fouillant les ordures dans les couloirs des dortoirs d'une université non loin de Kuala Lumpur. Et parce que les religions hindoue et bouddhiste adoptent toutes deux des attitudes pacifiques envers les animaux en général, et les primates en particulier, les macaques sont désormais nombreux, audacieusement présents dans plusieurs temples autour de leur région d'origine, surtout lorsqu'un de ces temples se trouve à proximité ou à l'intérieur d'une ancienne forêt.

Sur les sites hindous, leur ressemblance avec le dieu singe Hanuman est un atout. La vénération des singes peut trouver certaines de ses origines dans le bouddhisme, du moins tel qu'il est pratiqué au Japon, en Chine et en Inde. Cela se manifeste dans l'art et la sculpture iconiques, comme la célèbre sculpture des trois singes (ne pas voir le mal, ne pas dire le mal, ne pas entendre le mal) du sanctuaire de Toshogu, au nord de Tokyo. Au fil des générations, des siècles, les macaques se sont habitués à la proximité avec l'homme. Aujourd'hui, véritables mascottes dans de nombreux temples et sanctuaires, ils vivent en grande partie grâce aux largesses des pèlerins et des touristes.

La forêt des singes de Sangeh, au cœur de Bali, au milieu des pentes volcaniques verdoyantes et des rizières, est l'un de ces lieux.

Là, deux cents macaques crabiers attendent les offrandes des milliers de visiteurs qui traversent chaque mois le temple et sa petite forêt. C'est pourquoi Lisa Jones-Engel, une anthropologue de l'université de Washington, et son mari, le médecin Gregory Engel, choisirent Sangeh pour étudier l'exposition humaine à l'herpès B transmis par les singes. Ils savaient que les conditions seraient très différentes de celles d'un laboratoire.

Bali, avec sa population de près de quatre millions d'habitants dans une zone à peine plus grande que le Delaware, est l'un des habitats humains les plus surpeuplés de la planète. Pourtant pays à prédominance musulmane, Bali abrite la plupart des hindous d'Indonésie. La petite forêt de Sangeh, qui s'étend sur une quinzaine d'hectares de muscadiers, procure ombre et abri mais peu de nourriture aux macaques. Ces derniers vivent de cacahuètes, de bananes, de riz, de pétales de fleurs et de diverses friandises et offrandes apportées par les employés des temples, les touristes et les adorateurs hindous. Le chemin qui mène à la forêt est bordé de boutiques qui vendent des souvenirs, des vêtements et de la nourriture pour les singes. Les macaques ne rechignent jamais à accepter, voire exigent, ces cadeaux. Ils ont perdu leur instinct sauvage. Des photographes locaux font un commerce florissant de photos de touristes posant avec des macaques. *Et ça, c'est moi à Bali, avec sur la tête un petit singe trop mignon qui voulait mon Snickers.* Mais parfois, ces mignonnes petites bêtes mordent et griffent.

Là-bas, Engel, Jones-Engel et leurs collègues recueillirent deux séries de données intéressantes. Ils firent une étude sur la population de singes en effectuant des prélèvements sanguins, ainsi que sur la main-d'œuvre humaine à Sangeh, via des entretiens et des prélèvements. Leur découverte en dit long sur l'ampleur des opportunités de propagation du virus entre les singes asiatiques et les humains.

L'équipe préleva le sang de trente-huit macaques, dont vingt-huit adultes. Ils recherchèrent dans le sérum des anticorps à l'herpès B, le virus qui tua William Brebner et la majorité des autres individus infectés. Les résultats donnaient froid dans le dos : chez les macaques crabiers adultes de Sangeh, la prévalence des anticorps à l'herpès B était de 100 %. Tous avaient été infectés. Tous avaient déjà été porteurs du virus ou (plus probablement, parce qu'il s'agit d'un herpèsvirus, capable d'une latence à long terme) l'étaient encore. Chez les jeunes, le taux était plus faible, sans doute parce qu'ils attrapent le virus en vieillissant, par l'interaction sociale avec les adultes.

L'équipe découvrit que près d'un tiers des commerçants, photographes et autres locaux interrogés avaient été mordus au moins une fois par un macaque. Près de 40 % d'entre eux avaient été griffés. Certaines personnes avaient même été mordues ou griffées plus d'une fois.

Les chercheurs décidèrent de ne pas comptabiliser les morsures et les griffures chez les touristes. Ils estimèrent simplement que des milliers de touristes mordus par des singes quittaient Sangeh chaque année – et Sangeh n'est qu'un temple balinais parmi d'autres. Aussi la probabilité qu'un être humain contracte l'herpès B semblait-elle considérable.

Mais, pour autant que l'on sache, ce n'est jamais arrivé. Engel, Jones-Engel et leurs coauteurs notèrent qu'« aucun cas[7] » d'infection humaine par le virus n'avait été signalé à Bali, « que ce soit dans les forêts abritant des singes ou dans tout autre contexte hors laboratoire ». Des milliers de morsures, des milliers de griffures, des milliers d'occasions et aucun cas (du moins aucun rapporté) d'humain atteint d'herpès B. Si c'est pour vous une bonne nouvelle, vous êtes plus optimiste que moi. Après la lecture de leur article, encore dubitatif, j'ai voulu en avoir le cœur net.

57

JE ME RETROUVAI DONC À AIDER Lisa Jones-Engel et Gregory Engel à capturer des singes dans un sanctuaire du nord-est du Bangladesh.

Nous nous trouvions dans la ville de Sylhet, sur les rives du Surma, une région où les plaines du Bangladesh ondulent en collines. Collines qui vers le nord se transforment en montagnes, au-delà desquelles se trouvent l'Assam, le Bhoutan et le Tibet. Sylhet abrite un demi-million d'âmes et un nombre indéterminé de primates. Dans ses rues, malgré l'absence quasi totale de feux de signalisation, le trafic est fluide. On y voit des centaines de motos-taxis vertes, alimentées au gaz naturel, et des milliers de cyclo-pousses multicolores actionnés par des hommes aux visages marqués et aux jambes brunes et maigres, qui tentent tant bien que mal de défendre leur place entre les bus cabossés et les très nombreux véhicules. Au petit matin, c'est au tour des charrettes à deux roues de circuler pour transporter les légumes au marché. Aux grands carrefours, des centres commerciaux et des hôtels haut de gamme se profilent derrière des vitres miroitantes. C'est une ville prospère, l'une des plus riches de ce pays pauvre, grâce aux investissements et aux dépenses des familles d'émigrants, ayant ici leurs racines, qui se sont enrichies en Grande-Bretagne. Ils rentrent souvent chez eux, ou du moins y envoient de l'argent. À Londres, de nombreux restaurants indiens, m'a-t-on dit, sont gérés par des Bangladais expatriés de Sylhet.

Le tourisme religieux contribue aussi à soutenir l'économie locale. Il y a de nombreux sanctuaires qui attirent des pèlerins de tout le Bangladesh, et qui étaient également la raison de notre présence ici.

Lors de notre premier après-midi à Sylhet, nous visitâmes un lieu saint appelé Chashnipeer Majar. C'est une petite structure en forme de dôme au sommet d'une colline qui domine un quartier très fréquenté, cerclée de murs en béton, de petites boutiques, de maisons à façade blanche donnant sur la rue, et de ruelles sinueuses. Un long escalier mène au sanctuaire, au-dessus duquel cinq ou six arbres décharnés forment une voûte. Sur l'un d'eux étaient perchés des singes qui secouaient ses branches tels des marins fous au gréement d'un navire. Les collines autour du sanctuaire étaient couvertes de broussailles, de déchets et parsemées des tombes des ancêtres des Sylhetiens. Cette petite île de terre sacrée au cœur d'un quartier urbain n'était pas verdoyante, mais la faune locale ne semblait pas s'en soucier. Il y avait des macaques sur le toit du sanctuaire, dans les arbres, sur les toits des maisons en contrebas, d'autres grimpant sur les tuyaux d'évacuation, traversant les lignes électriques, musardant dans l'escalier dont ils escaladaient la rampe, ou encore se faufilant entre les tombes. Après avoir repéré l'endroit, nous revînmes deux jours plus tard, au petit matin, pour troubler la quiétude des lieux.

Notre piège était prêt. Un simple cube de tubes en aluminium agrémenté d'un filet en nylon, aussi grand qu'un placard, fabriqué sur mesure pour l'occasion, avec une trappe contrôlée par un fil de déclenchement à distance. Il suffit de s'asseoir un peu plus loin, d'observer, de tirer sur le fil quand les singes sont dedans… et le piège se referme. Mais il ne faut pas tirer trop vite, se contentant du premier animal qui s'aventure à l'intérieur. On m'avait dit que la technique optimale pour capturer les macaques consistait en partie à en attraper le plus possible du premier coup, car ces créatures sont intelligentes et apprennent rapidement. Après avoir vu leurs petits camarades capturés, ne comptez pas sur eux pour se risquer près du piège. Aussi la personne qui tient le fil de détente doit-elle être patiente et attendre le bon moment, celui où le plus grand nombre d'animaux se trouve dans le piège.

Mon rôle était simple : quand la trappe tomberait, je devrais me précipiter pour la verrouiller avec mon pied afin d'éviter toute tentative d'évasion. Gregory Engel devrait quant à lui faire le plus dur : mettre les animaux un par un sous sédatif avec une seringue de Telazol, un anesthésiant vétérinaire à action rapide. Mais comment piquer un singe hystérique ? Dans ce cas précis, en lui enfonçant la seringue dans la cuisse à travers les mailles du filet. Le Pr Mohammed Mostafa Feeroz, principal collaborateur bangladais d'Engel et de Jones-Engel, se tiendrait en défense avec quatre de ses étudiants. La défense était primordiale car les singes non captifs pouvaient charger pour tenter de libérer leurs camarades. Ils peuvent constituer un formidable peloton. Lisa Jones-Engel, chef du projet mais femme, donc interdite d'accès à ce sanctuaire, attendrait, avec plusieurs assistantes, dans une cour voisine pour commencer à prélever du sang. Un, deux, trois : capturer, endormir, prélever. Quoi de plus simple ?

Beaucoup de choses, je peux vous dire, sont quand même plus simples !

Dans le piège se trouvait un appât composé de riz soufflé et de bananes. Quelques instants après l'avoir aperçu, certains singes vinrent faire leur inspection. Les autres restèrent en retrait. La nouvelle sembla vite se propager, l'excitation augmentait, d'autres macaques arrivaient sur les toits ; il devait y en avoir une centaine, à la fois nerveux, curieux, et attirés par l'appât. Nous restâmes à distance, l'air de rien, feignant ne pas s'intéresser à eux. Feeroz tenait le fil avec la patience d'un pêcheur. Plusieurs des plus grands macaques entrèrent dans le piège pour mener leur enquête. L'un d'eux, un grand mâle au physique de Schwarzenegger et aux très longues canines, était sans doute l'alpha de la troupe. Il était audacieux et voulait sa part du gâteau. Quelques autres animaux entrèrent à sa suite. Et Feeroz tira sur le fil.

La trappe tomba, emprisonnant Schwarzenegger et six de ses congénères. Et l'Apocalypse commença.

58

PEUT-ÊTRE VOUS DITES-VOUS : des singes sacrés dans un pays islamique ? La population du Bangladesh est à 90 % musulmane, composée essentiellement de sunnites traditionnels. L'islam n'interdit-il pas le culte des images et le totémisme ? Ces temples ne sont-ils pas plutôt censés être hindous ou bouddhistes ?

Une exception demeure : les sanctuaires soufis du nord-est du Bangladesh, dont Sylhet. Chashnipeer Majar est un site soufi.

Dans la région, le soufisme remonte à sept cents ans, à un envahisseur pieux nommé Hazrat Shah Jalal. Il peut être pratiqué par les chiites ou les sunnites, mais c'est une forme d'islam plus mystique et ésotérique que la pratique chiite ou sunnite dominante. La légende raconte que Shah Jalal est venu de l'ouest, de La Mecque en passant par Delhi, avec son armée de trois cent soixante disciples. Sylhet était alors un royaume brahmane, mais un royaume affaibli dirigé par un chef de tribu. Le Shah Jalal aurait vaincu le chef, ou (selon la version qu'on vous racontera) l'aurait assez effrayé pour qu'il batte en retraite. Parmi l'entourage du Shah Jalal se trouvait Chashnipeer, un magicien géologue chargé de dénicher l'endroit idéal pour un nouveau royaume de croyants soufis où la terre correspondrait à celle, sacrée, de La Mecque. Son choix se porta sur Sylhet. Le Shah Jalal et ses disciples s'installèrent dans la région et convertirent une grande partie de la population au soufisme. Après un long règne, il mourut et fut enterré à Sylhet. Si son mausolée attire toujours autant de pèlerins de tout le Bangladesh, je ne suis pas certain qu'il abrite des singes.

Mais d'autres lieux de culte furent également créés, en souvenir de héros fondateurs moins importants : les *majars*, des sanctuaires. Contrairement aux mosquées islamiques traditionnelles, on y vénère un personnage saint dont le corps y est parfois enterré (comme celui du Shah Jalal). Cette reconnaissance de la sainteté pouvant être interprétée comme de l'idolâtrie – par comparaison implicite d'un mortel à Dieu –, ces *majars* soufis vont parfois à l'encontre de la loi de l'islam telle que la comprennent les sunnites ou les chiites. Ils sont hétérodoxes. Vous ne les trouverez pas à Dacca, la capitale.

Des *majars* de Sylhet ont récemment connu une certaine transformation. L'habitat des macaques se réduisant au fur et à mesure de l'expansion des villes et des terres cultivées, les singes ont trouvé refuge dans les sanctuaires. Si, au début, ils volaient de la nourriture ou fouillaient les poubelles, ils sont petit à petit devenus quasiment domestiqués. Ils ont appris à mendier de la nourriture et ont été accueillis, tolérés, puis gâtés par les hommes qui s'occupaient de ces sites. Plusieurs *majars*, dont Chashnipeer, sont alors devenus des sanctuaires pour les singes.

Les gens venaient pour la prière, appréciaient la présence des macaques, distribuaient des aumônes et revenaient, parfois en plus grand nombre et de loin, pour des fêtes synonymes de festins et de prières. Les macaques étaient de véritables attractions. Ils étaient populaires. C'était, pardonnez mon esprit profane, un bon modèle économique pour un établissement religieux. Certains pèlerins croyaient que si des singes prenaient de la nourriture dans leurs mains, leurs prières seraient exaucées. Tout cela peut sembler sacrilège dans la plupart des régions du monde islamique mais, à Sylhet, c'est devenu une tradition sacrée.

59

MOSTAFA FEEROZ EST PROFESSEUR de zoologie à l'université de Jahangirnagar à Savar, au nord de Dacca. C'est un homme doux, un scientifique consciencieux et un musulman pratiquant, mais il n'est pas soufi. Le Dr Jones-Engel et lui avaient bien évidemment demandé l'autorisation de capturer des singes à Chashnipeer Majar, expliquant leurs objectifs scientifiques et leur souci de ne pas blesser les animaux. Si cela avait satisfait le comité, les macaques devinrent fous de rage en voyant que nous avions pris au piège un de leurs gros bonnets ainsi qu'une demi-douzaine de leurs petits camarades, dont une femelle et son bébé.

À l'intérieur du piège, les prisonniers, paniqués, se jetaient contre les parois et le plafond grillagés. À l'extérieur, près de quatre-vingts macaques descendirent de leurs branches d'arbre et des toits en criant et surgirent autour de nous, menaçants, en soutien aux otages. Feeroz et ses étudiants, qui s'étaient préparés à ce moment, avaient ramassé de gros bâtons qu'ils brandissaient à présent en se balançant, menaçant, frappant le sol, criant pour repousser les macaques. Quant à moi, je maintenais la trappe avec mon pied, comme on me l'avait demandé, afin que des doigts de singe agiles ne puissent la déverrouiller. Les animaux n'étaient pas faciles à intimider. Ils esquivaient les bâtons, reculaient, sautaient, criaient de plus belle, telle l'armée des singes volants du *Magicien d'Oz*. Gregory Engel, seringue à la main, s'était dirigé vers le piège et réussit à piquer Schwarzenegger à la cuisse à travers le filet. C'était une manœuvre habile, bien loin de ses fonctions habituelles de médecin de famille à Seattle.

En quelques secondes, la férocité de Schwarzenegger décrut. L'animal se mit à vaciller, avant de s'écrouler. Extinction des feux pendant au moins une demi-heure.

Engel essaya alors d'avoir les autres. Mais c'était difficile avec six singes qui bondissaient autour de la cage et dans son dos. Il en piqua deux autres puis remplit de nouveau ses seringues de Telazol. Personne n'avait envie de se faire griffer ou mordre. Attrapez une queue si vous pouvez ! me cria-t-il. Coincez-en un contre le filet ! Mais oui, bien sûr… Je tentai maladroitement de m'exécuter, mais je n'étais qu'un amateur et ne tenais pas particulièrement à exposer mes mains aux griffes et aux dents d'animaux bien connus pour être porteurs de l'herpès B.

En quelques minutes, Engel réussit je ne sais comment à piquer les cinq adultes dans le piège. Lorsque nous ouvrîmes la porte, un jeune et le nourrisson s'échappèrent mais les autres étaient totalement K.-O.

Nous les chargeâmes dans un sac en toile. « Allez, on se dépêche », lança Engel, et deux étudiants portèrent le sac jusqu'au bas de l'escalier avant de le hisser délicatement au-dessus d'un mur, sous lequel Jones-Engel se tenait, prête à attraper le paquet de singes drogués. Pour ne pas heurter les sensibilités locales, elle portait une tenue traditionnelle du Bangladesh – une tunique, un sarouel et un voile sur les épaules – mais s'était également équipée de gants ainsi que d'un masque chirurgical. Elle guida les porteurs jusqu'à la cour privée (où les femmes étaient autorisées) où l'on avait disposé sur des tables des écouvillons, des flacons et des seringues. La collecte des données pouvait commencer.

Lisa Jones-Engel est une personne énergique et franche qui possède des années d'expérience parmi les primates d'Asie. Elle aime ses sujets d'étude sans pour autant les idéaliser. Alors que ses assistantes et elle commençaient à faire des prises de sang et des prélèvements buccaux, son mari et Feeroz, suivis par les étudiants et moi-même, retournâmes au sanctuaire pour une nouvelle série de captures. Maintenant que nous avions dévoilé nos intentions et nos méthodes perfides, il était difficile de prévoir la réaction de la colonie.

« Si les singes ont déjà préparé leur plan d'attaque, battez en retraite », nous ordonna Lisa.

60

« LES GENS ONT UNE TROUILLE BLEUE de l'herpès B », me dit Lisa quelques jours plus tard. Nous étions rentrés à Dacca et, après une nouvelle longue journée, Gregory, elle et moi buvions des mignonnettes de Balvenie dans ma chambre d'hôtel. Lisa était catégorique : « À cause de l'herpès B, on extermine des populations entières de singes d'une balle dans la tête et… (elle pensait à l'abattage dans les parcs safari et autres incidents du même genre) on les éradique. L'herpès B, c'est comme le virus Ebola. » Non seulement effrayant et violent, voulait-elle dire, mais aussi totalement méconnu.

Évidemment, l'herpès B et le virus Ebola sont deux types de microbes très différents. Mais elle avait raison : il y a entre eux des similitudes qui méritent d'être soulignées. Dans les deux cas, le virus est souvent mortel pour l'homme, mais il le serait bien plus s'il n'était pas limité par son faible taux de transmission. Il ne possède pas de pouvoirs surnaturels. L'homme est pour lui un hôte qui ne lui offre aucune perspective, une impasse. Les gens ignorent tout de ses propriétés réelles et tendent à fantasmer les risques. La principale différence entre ces deux virus ? Si Ebola est tristement célèbre, l'herpès B, lui, est largement méconnu. Enfin, à moins que vous ne travailliez dans un laboratoire ayant recours aux singes ou ne dirigiez un parc safari.

Éliminer des macaques en captivité ne peut se justifier, insista Lisa, même parmi les populations qui pourraient être porteuses du virus, tant que la probabilité qu'elles le transmettent à l'homme reste extrêmement faible. Et un test positif aux anticorps ne prouve même pas que le virus est toujours présent.

Elle mentionna un cas récent, survenu à peine trois mois plus tôt, dans lequel une colonie de macaques d'une université française avait été condamnée à l'extermination. Certains de ces animaux étaient attentivement étudiés par des éthologues depuis vingt-cinq ans. La colonie se distinguait par certains comportements fascinants. Un millier de primatologues de la Société internationale de primatologie et d'autres groupes scientifiques signèrent des pétitions contre cette condamnation générale. « Ne faites pas ça, disaient-ils. Vous ne comprenez pas vraiment ce que ces résultats signifient. » Le conseil de l'université prit néanmoins sa décision et, un dimanche du mois d'août, avant que les scientifiques et les gardiens ne puissent poursuivre les tests, les macaques furent exterminés.

Si dangereux que l'herpès B puisse être lorsqu'il infecte une personne, les risques de transmission singe-homme semblent extrêmement faibles. C'est ce que suggèrent en tout cas les résultats des recherches menées par Lisa et Gregory dans la forêt de singes de Sangeh à Bali. Et si de tels cas de transmission s'y sont déjà produits, ils ont très certainement dû être confondus avec une autre terrible maladie, comme la rage, véritable calamité en raison de sa prévalence parmi les chiens de l'île.

D'autres données, publiées près de dix ans plus tôt par une autre équipe, confirment l'impression que l'herpès B ne se transmet pas facilement à l'homme. Cette étude portait sur des échantillons de sang de trois cent vingt et un employés de laboratoire – scientifiques et techniciens – qui manipulaient des primates vivants ou des cellules de primates en cultures. Beaucoup d'entre eux avaient été mordus, griffés ou éclaboussés. Pourtant, aucun des trois cent vingt et un employés ne fut testé positif à une exposition à l'herpès B. De toute évidence, le virus n'est pas facilement transmissible et ne provoque pas d'infections asymptomatiques chez les personnes en contact étroit avec les singes.

Le rapport ne mentionne que quarante-trois cas, à commencer par celui de William Brebner, dans lesquels le contact entre un macaque et un humain a conduit à une infection. Il est vrai que ces quarante-trois infections eurent souvent des conséquences dramatiques. Mais pendant la même période, au cours de milliers, voire de millions d'autres contacts de ce type – que ce soit en laboratoire, dans la nature, dans des temples ou des boîtes de Petri, par griffure, morsure, bave, piqûre d'aiguille ou éclaboussure d'urine –, l'herpès B n'a pas fait le grand saut du singe à l'homme. Pourquoi ? Parce que, apparemment, ce virus n'y est pas prêt.

Autrement dit : l'écologie a offert des opportunités que l'évolution n'a pas encore saisies. Et peut-être ne le fera-t-elle jamais.

61

LE SANG PRÉLEVÉ SUR LES MACAQUES capturés à Chashnipeer Majar allait lui aussi être analysé afin de détecter la présence éventuelle d'un autre virus auquel Lisa Jones-Engel et son équipe s'étaient récemment intéressées. C'est d'ailleurs l'un de mes préférés en raison de son nom évocateur : le virus spumeux simien (VSS). Non, les hôtes infectés ne se mettent pas à écumer, les *Spumavirinae* causent simplement des effets cytopathiques qui, au microscope, évoquent des bulles de mousse.

Il existe en réalité tout un tas de virus spumeux, appartenant au genre *Spumavirus*. Certains d'entre eux infectent les vaches, les chats ou les chevaux. Ils touchent également les gorilles, les chimpanzés, les orangs-outans, les babouins, les macaques et d'autres primates, chez lesquels ils ont coévolué pendant pas moins de trente millions d'années. C'est peut-être la raison pour laquelle ils semblent si bénins aujourd'hui. Une équipe travaillant en Afrique centrale rapporta des preuves de la transmission du VSS des primates chassés pour leur viande (mandrills, gorilles et guenons) aux individus qui les chassent. Quant à savoir si le VSS rend également les chasseurs malades, c'est une autre question, qui n'a pas été abordée dans cette étude. Si c'est le cas, les effets doivent être lents et insidieux. Car les VIH sont lents et insidieux. Et le VSS, comme le VIH, est un rétrovirus. Jones-Engel n'était pas la seule chercheuse à penser que le virus spumeux simien méritait toute notre attention.

Il y a trente ans, les scientifiques croyaient que les humains avaient leur propre virus spumeux, leur propre version endémique, distincte des spumeux zoonotiques que nous pouvons contracter en donnant du riz à un singe sacré ou en dépeçant un gorille à la machette. Destructeur dans les cultures cellulaires mais apparemment inoffensif chez l'homme, on a dit du virus spumeux humain que c'était « un virus à la recherche d'une maladie [8] ». Des recherches ultérieures utilisant des méthodes moléculaires avancées – notamment le séquençage génétique – montrèrent qu'il ne s'agissait probablement que d'une variante du virus spumeux endémique des chimpanzés. Mais ce n'était pas ce qui intéressait Lisa Jones-Engel et son mari. Ils se penchaient plutôt sur les variantes présentes chez les macaques d'Asie.

Comme les VSS africains, ces virus asiatiques semblent inoffensifs lorsqu'ils s'installent chez des hôtes humains. Lors de notre conversation à Dacca, Lisa se montra un peu plus circonspecte sur ce point. « Il n'y a pas de maladie connue chez les primates infectés par le virus spumeux simien. Mais quand le virus franchit la barrière interespèces pour atteindre les humains… » Eh bien, quand cela se produit, il est difficile de dire ce qui peut arriver, en raison du peu de données disponibles. « Le nombre de personnes que nous avons examinées jusqu'à présent est si faible que nous ne pouvons pas encore dire si ce virus provoque des maladies chez l'homme. » Les cas étudiés ont été trop peu nombreux et le temps d'observation trop court. En tant que rétrovirus, les VSS pourraient connaître une longue période de latence et une lente réplication dans le corps de leur hôte avant de sortir de leur tanière pour faire des ravages.

Pour Engel et Jones-Engel, cette piste de recherche trouvait son origine dans le temple Sangeh, à Bali, où ils procédèrent au dépistage du virus spumeux simien ainsi que de l'herpès B. Et, à l'instar de l'herpès B, le spumeux simien semblait s'être répandu dans toute la population ; ils trouvèrent des anticorps chez la plupart des macaques testés. Il s'agissait donc d'une infection tout ce qu'il y a de plus banale et, là encore comme l'herpès B, qui était probablement passée de singe en singe par contact social. Mais à quelle fréquence passait-elle chez l'homme ?

En dehors des singes, les chercheurs prélevèrent du sang sur plus de quatre-vingts personnes et analysèrent ces échantillons selon la même méthode que celle utilisée avec les primates. Toutes furent testées négatives sauf une, un fermier balinais de quarante-sept ans. Cet homme vivait près de Sangeh, visitait souvent le temple, avait été mordu une fois et griffé à plusieurs reprises. Non, leur dit-il, il n'avait jamais mangé de singe. Non, il ne possédait pas de singe de compagnie. Il avait dû être infecté par l'un des animaux agressifs du temple. Rétrospectivement, le plus surprenant dans tout ça était que sur les quelque quatre-vingts individus testés, un seul – le fermier – avait été infecté. Depuis, des prélèvements dans d'autres pays asiatiques (en Thaïlande, au Népal et au Bangladesh) ont montré que le virus spumeux simien pénètre plus facilement chez l'homme que les premiers résultats ne le laissaient supposer.

Mais s'il ne provoque aucune maladie connue, alors quel est l'intérêt ?

Au-delà du fait évident qu'il pouvait causer une maladie *inconnue*, Engel et Jones-Engel avaient une autre raison d'étudier ce virus. « C'est un marqueur », me dit Gregory. « On a détecté un marqueur de transmission », renchérit Lisa. Ce qu'ils voulaient dire, c'est que la présence du VSS au sein d'une population humaine marque les possibilités de transmission interespèces. Si le virus spumeux simien était passé d'un macaque semi-apprivoisé à une personne – à plusieurs, peut-être même à des milliers de personnes visitant des sites tels que Sangeh –, alors d'autres virus avaient également pu faire le grand saut.

« Et en quoi est-ce important ? demandai-je.

— Parce que nous sommes à la recherche de la prochaine grande pandémie », répondit-elle.

62

LA PROCHAINE GRANDE PANDÉMIE, comme je l'ai mentionné au début de ce livre, est un thème que les chercheurs du monde entier abordent souvent. Ils y pensent, ils en parlent, et ont l'habitude qu'on les interroge à ce sujet. Lorsqu'ils travaillent, ou discutent des grandes pandémies passées, la prochaine est toujours dans un coin de leur tête.

La dernière en date est le sida, dont on ne peut même pas prédire l'ampleur totale (celle de ses dégâts et de sa portée). Près de trente millions de morts, trente-quatre millions de personnes infectées dans le monde, sans que l'on puisse en voir l'issue. La poliomyélite fut également une grave épidémie, du moins en Amérique où elle acquit une notoriété particulière en paralysant un homme qui allait malgré tout devenir président. Au plus fort de l'épidémie, la polio frappa également des centaines de milliers d'enfants. Elle captiva l'attention du public, figé tel un cerf dans les phares d'une voiture, et entraîna des changements radicaux dans la façon dont la recherche médicale à grande échelle était financée et menée. La plus importante des grandes pandémies du XXe siècle fut la grippe espagnole. Et avant elle, la variole, amenée d'Espagne sur le continent nord-américain vers 1520 par l'équipage qui aida Cortés à conquérir le Mexique. En Europe, deux siècles plus tôt, c'était la peste noire, probablement due à la peste bubonique. Que la peste noire ait été causée par la bactérie de la peste ou par un autre pathogène plus mystérieux (comme l'ont récemment affirmé plusieurs historiens), ses ravages sont indiscutables : entre 1347 et 1352, cette épidémie semble avoir tué au moins 30 % de la population européenne.

Moralité : si vous êtes une population prospère, à forte densité, mais exposée à de nouveaux microbes, ce n'est qu'une question de temps avant que la prochaine épidémie ne vous frappe de plein fouet.

Notez que la plupart de ces épidémies (à l'exception de la peste) étaient virales. Et maintenant que nous avons largement accès aux antibiotiques, qui réduisent considérablement la menace mortelle que sont les bactéries, nous pouvons supposer avec une quasi-certitude que la prochaine épidémie viendra également d'un virus.

Pour comprendre pourquoi certaines épidémies prennent tant d'ampleur et pourquoi d'autres meurent de leur belle mort sans causer de dommages, il faut considérer deux aspects d'un virus en action : la transmissibilité et la virulence. Il s'agit de paramètres fondamentaux, comme la vitesse et la masse, qui, avec quelques autres facteurs, déterminent largement l'impact de toute flambée épidémique. Aucun des deux n'est une constante absolue ; ils sont à géométrie variable. Ils reflètent le lien d'un virus avec son hôte et avec son environnement. Ils mesurent des situations, pas uniquement des microbes. Transmissibilité et virulence : le yin et le yang de l'écologie virale.

La transmissibilité a déjà été évoquée, notamment le fait que la survie d'un virus exige sa réplication et sa transmission. La réplication ne peut se produire qu'à l'intérieur des cellules d'un hôte, pour les raisons que j'ai déjà mentionnées. La transmission est le voyage d'un hôte à l'autre, et la transmissibilité les conditions qui déterminent son succès. Par exemple, les virions peuvent-ils se concentrer dans la gorge ou les voies nasales d'un hôte, y provoquer des irritations et sortir à la faveur d'une toux ou d'un éternuement ? Une fois lancés dans l'environnement, peuvent-ils résister quelques minutes à la dessiccation et aux rayons ultraviolets ? Peuvent-ils envahir un nouvel individu en se fixant sur d'autres muqueuses – les narines, la gorge, les yeux ? Si c'est le cas, ce virus est hautement transmissible. Il passe par voie aérienne d'un hôte à l'autre.

Heureusement, les virus n'en sont pas tous capables. Si le VIH-1 le pouvait, vous et moi serions peut-être déjà morts. Si le virus de la rage le pouvait, ce serait le pathogène le plus dévastateur de la planète. Les grippes sont bien adaptées à la transmission par voie aérienne, c'est pourquoi une nouvelle souche peut faire le tour du monde en quelques jours à peine. Le virus du SRAS, lui, se transmet par cette voie, ou du moins via les gouttelettes respiratoires générées par l'éternuement ou la toux – vous pouvez l'attraper dans le couloir d'un hôtel ou la cabine d'un avion –, et c'est cette faculté, combinée à son taux de létalité de près de 10 %, qui, en 2003, a rendu ce virus si effrayant pour les spécialistes. Mais certains virus utilisent d'autres modes de transmission, avec leurs avantages et leurs limites.

La voie fécale-orale répugne, mais elle est pourtant assez courante. Elle fonctionne bien pour certains virus car leurs hôtes (y compris l'homme) sont souvent contraints, surtout lorsqu'ils vivent dans des pays à forte densité, à consommer de la nourriture ou de l'eau contaminée par les excréments d'autres membres de leur population. C'est l'une des raisons pour lesquelles, malgré la pluie, des enfants meurent de déshydratation dans les camps de réfugiés. Le virus pénètre par la bouche, se réplique dans le ventre ou les intestins, provoque des troubles gastro-intestinaux, peut ou non se propager à d'autres parties du corps, et ressort par l'anus. La diarrhée, pour ce genre de virus, fait partie d'une stratégie efficace de dispersion. Les virus transmis par cette voie ont tendance à être plutôt résistants car ils peuvent être contraints de ronger leur frein dans un puisard contaminé pendant un jour ou deux avant qu'une personne aux abois ne vienne s'y abreuver. Il existe tout un groupe de virus de ce type, connus sous le nom d'entérovirus*, dont la polio et environ soixante-dix autres, qui attaquent notre intestin. La plupart d'entre eux sont des infections humaines, et non des zoonoses. Ils n'ont visiblement pas besoin d'un hôte animal pour survivre dans le monde des hommes.

Pour les virus passant par le sang, la transmission est plus compliquée. En général, elle dépend d'un tiers, d'un vecteur. Le virus doit se répliquer largement dans le sang de l'hôte pour entraîner une virémie (c'est-à-dire une densité suffisante de virions) ; quant au vecteur (un insecte suceur de sang ou tout autre arthropode), il doit se mettre à table, piquer l'hôte, aspirer les virions en même temps que le sang, puis les transporter. De plus, ce vecteur doit être un hôte accueillant, de sorte que le virus se réplique encore davantage en son sein, multipliant ainsi les virions qui retournent vers sa zone buccale, prêts à être libérés. Puis le vecteur doit injecter les virions (présents dans la salive anticoagulante) dans l'hôte suivant. Le virus de la fièvre jaune, celui du Nil occidental ainsi que la dengue se transmettent de cette manière. Mais notez que ce mode de transmission a un avantage et un inconvénient.

L'inconvénient, c'est que la transmission du vecteur nécessite des adaptations à deux types d'environnement très différents : le système sanguin d'un vertébré et le ventre d'un arthropode. Ce qui fonctionne bien chez l'un peut ne pas fonctionner du tout chez l'autre. L'avantage, c'est qu'un virus à transmission vectorielle peut être facilement transporté sur une certaine distance par un vecteur avide de nouveaux hôtes. Ainsi les particules virales d'un éternuement se déplacent-elles dans le sens du vent alors qu'un moustique peut voler contre le vent en direction d'une victime. C'est ce qui fait des vecteurs un mode de transmission si efficace.

Les virus à transmission sanguine peuvent également se propager à de nouveaux hôtes par le biais de seringues hypodermiques et de transfusions. Mais ces possibilités sont des ajouts fortuits, récents et accidentels, qui se sont greffés sur d'anciennes stratégies virales façonnées par l'évolution. Ebola et le VIH-1, deux virus de natures et aux stratégies d'adaptation très différentes, se transmettent tous deux très bien par le biais des aiguilles. Il en va de même pour le virus de l'hépatite C.

Dans le cas d'Ebola, la transmission d'homme à homme peut aussi se produire par contact sanguin. Pour une infirmière militaire aux mains gercées dans une clinique congolaise, quelques minutes passées à essuyer une diarrhée sanglante sur le sol pourraient suffire à l'exposer. Il s'agit de transmission extraordinaire, en tout cas pour le virus, la transmission ordinaire étant celle qui se fait d'un individu à un autre à travers l'animal hôte – que l'on ne connaît toujours pas – qui lui sert de réservoir. Si la transmission ordinaire permet au virus de se perpétuer, la transmission extraordinaire, elle, lui confère une forte réplication, une grande notoriété, mais le mène très vite dans une impasse. Passer d'une personne à l'autre via des linges ensanglantés ou des seringues réutilisées dans telle ou telle clinique africaine n'est pas une stratégie de survie viable. Il s'agit simplement d'une anomalie anecdotique qui n'a que peu ou pas de signification (du moins jusqu'à présent) dans l'histoire de l'évolution d'Ebola. Bien sûr, cela pourrait très bien changer.

Pour Ebola, la transmission ordinaire n'a pas forcément lieu par le sang. Si le virus réside dans les chauves-souris frugivores de la forêt d'Afrique centrale, comme on le soupçonne sans l'avoir encore prouvé, il pourrait alors se transmettre de chauve-souris en chauve-souris en cas de rapports sexuels, d'allaitement, de toilettage, de morsure, de griffure ou de toute autre forme de contact étroit. À ce stade de la recherche sur le virus Ebola, nous ne pouvons qu'émettre des suppositions. Des gouttes d'urine de chauve-souris qui atterriraient dans les yeux d'une autre ? De la salive sur des fruits ? Des punaises de chauve-souris (eh oui, ça existe !) suceuses de sang ? La salive sur les fruits pourrait expliquer comment le virus Ebola se retrouve chez les chimpanzés et les gorilles. Les punaises de chauve-souris nous permettraient d'imaginer un parasite, que j'appellerai *Cimex ebolaensis.* Ce ne sont évidemment que des spéculations. Nous pourrions même apprendre que le virus Ebola est une infection naturelle des tiques africaines, qui le transmettent aux roussettes, aux gorilles et aux chimpanzés. Simple hypothèse. N'oubliez pas que je viens d'inventer la transmission du virus Ebola par les tiques sans aucun début de preuve.

La transmission sexuelle est un bon plan pour les virus peu résistants dans l'environnement extérieur. C'est un mode de passage qui ne les oblige pas à mettre le nez dehors. Ils ne sont pratiquement jamais exposés à la lumière du jour ou à l'air libre. Les virions passent d'un corps à l'autre par contact direct entre les cellules hôtes qui tapissent les surfaces génitales et autres muqueuses délicates. Si la transmission pendant le coït est une stratégie avisée qui réduit les risques en leur évitant d'avoir à s'endurcir contre la dessiccation ou la lumière du soleil, elle présente néanmoins un inconvénient : les possibilités de transmission sont moins nombreuses. Même les humains les plus lubriques n'ont pas de rapports sexuels permanents. Les virus sexuellement transmissibles ont donc l'habitude d'être patients. Ils provoquent des infections persistantes et connaissent de longues périodes de latence, ponctuées de poussées (comme les herpèsvirus) ; ou bien ils se reproduisent lentement (comme le VIH-1 et l'hépatite B) jusqu'à un point critique où les choses deviennent graves pour l'organisme parasité. Une telle patience chez un hôte donne au virus plus de temps, et donc plus d'occasions de rapports sexuels pour se transmettre.

La transmission verticale (mère-enfant) est un autre mode de transmission lent et avisé. Elle peut se produire pendant la grossesse, à la naissance ou (dans le cas des mammifères) pendant l'allaitement. Le VIH-1, par exemple, peut être transmis de la mère au fœtus via le placenta, ou au nouveau-né par la voie pelvigénitale au cours de l'accouchement ou par le lait lors de l'allaitement. Mais ces deux voies de transmission peuvent être évitées par des mesures médicales. La rubéole est quant à elle causée par un virus capable de se transmettre aussi bien verticalement que par voie aérienne ; elle peut tuer un fœtus ou lui infliger de graves dommages, notamment des troubles cardiaques, une cécité ou encore une surdité. C'est pourquoi, avant la découverte du vaccin contre la rubéole, on conseillait aux jeunes filles prépubères de se faire infecter par le virus – histoire d'être immunisées et de s'en débarrasser une bonne fois pour toutes. D'un point de vue strictement évolutif, cependant, la transmission verticale n'est pas une stratégie gagnante et pérenne pour le virus de la rubéole. Un fœtus non viable ou un bébé aveugle souffrant de troubles cardiaques s'avérera un hôte somme toute inutile, tout aussi fatal pour le virus qu'une religieuse congolaise malade pour le virus Ebola.

Quel que soit le mode de transmission que privilégiera un virus – aérien, oral, fécal, sanguin, sexuel, vertical, ou simplement, comme la rage, via la salive d'un mammifère mordeur –, ce facteur n'agit pas de manière autonome. Il ne représente que la moitié de ce yin-yang écologique.

63

L'AUTRE MOITIÉ, LA VIRULENCE, est plus compliquée. En réalité, la virulence est un concept tellement relatif que certains experts refusent même d'utiliser ce terme, lui préférant celui de « pathogénicité », qui est presque un synonyme mais pas tout à fait. La pathogénicité définit l'aptitude d'un microbe à provoquer une maladie. La virulence est le degré mesurable d'une maladie, comparée à d'autres souches d'agents pathogènes similaires. Dire qu'un virus est virulent confine au pléonasme – le nom et l'adjectif venant de la même racine latine, après tout. Mais si le mot « virus » renvoie à « bave toxique », on doit se demander : toxique *à quel point* ? La virulence d'un virus au sein d'un hôte vous renseigne sur l'histoire de leur évolution commune.

Mais que nous apprend-elle exactement ? C'est là que ça se complique. La plupart d'entre nous ont déjà entendu cette vieille plaisanterie sur la virulence : Quelle est la règle d'or d'un parasite efficace ? Ne tue pas ton hôte. Un historien de la médecine fit remonter cette idée à Louis Pasteur qui notait que le parasite le plus « efficace » était celui qui « vit en harmonie avec son hôte » et que les infections latentes devraient donc être considérées comme « la forme idéale du parasitisme »[9]. Hans Zinsser exprimait la même idée dans *Rats, Lice and History*, et observait qu'une longue période de cohabitation entre une espèce de parasite et une espèce d'hôte tend à mener, par adaptation coévolutive, à « une forme de tolérance mutuelle plus parfaite entre l'envahisseur et son hôte[10] ». Macfarlane Burnet était du même avis : « Lorsque deux organismes ont développé une relation hôte-parasite, la survie de l'espèce parasitaire est mieux assurée, non par la destruction de l'hôte, mais par le développement d'un état équilibré dans lequel une quantité suffisante de la substance de l'hôte est consommée pour permettre la croissance et la multiplication du parasite, mais pas en quantité suffisante pour tuer l'hôte [11]. »

À première vue, cela semble logique et c'est encore souvent considéré comme un dogme – du moins par ceux qui n'étudient pas l'évolution des parasites. Mais même Zinsser et Burnet nuancèrent leurs propos et durent reconnaître que la « règle » n'était qu'une généralisation comprenant des exceptions significatives. Certains virus très performants tuent effectivement leurs hôtes. On connaît des taux de létalité de 99 %, qui se maintiennent dans le temps. Exemple : le virus de la rage. Autre exemple : le VIH-1. Le plus important n'est pas de savoir *si* un virus tue son hôte, mais *quand*.

« Un organisme pathogène qui tue son hôte se place rapidement dans une situation critique puisqu'il lui faut, assez souvent et assez tôt, trouver un nouvel hôte pour perpétuer sa propre chaîne de générations [12] », écrivait l'historien William H. McNeill, dans son ouvrage phare de 1976, *Le Temps de la peste : essai sur les épidémies dans l'histoire*. McNeill avait raison, et le mot clé est ici « rapidement ». Le timing fait tout. Un organisme pathogène qui tue son hôte lentement mais inexorablement n'est pas confronté à une telle crise.

Où se trouve le point d'équilibre de cette interaction dynamique entre transmission et virulence ? Eh bien, il diffère d'un cas à l'autre. Un virus peut arriver à ses fins sur le long terme, même s'il tue tous les individus infectés, à condition de passer à de nouveaux hôtes avant la mort des précédents. La rage le fait en se propageant au cerveau d'un animal infecté – généralement un chien, un renard, une mouffette ou tout autre mammifère carnivore amateur de chair fraîche –, et en entraînant chez lui des comportements agressifs. L'animal est alors pris d'une rage de mordre. Entre-temps, le virus a atteint les glandes salivaires et se transmet aux victimes mordues, même si l'hôte d'origine finit par mourir ou être tué par Atticus Finch [a] et son vieux fusil.

Si la rage se manifeste parfois également chez les bovins et les chevaux, on en entend rarement parler, probablement parce que les

a. Héros du célèbre roman américain *Ne tirez pas sur l'oiseau moqueur* de Harper Lee.

herbivores sont moins susceptibles de transmettre l'infection par une vilaine morsure. Si une pauvre vache enragée peut émettre un misérable mugissement et se cogner à un mur, il y a peu de chances qu'elle rôde dans les rues du village pour mordre les passants avec force grognements. En Afrique de l'Est, on signale parfois des épidémies de rage chez les chameaux, ce qui inquiète particulièrement les éleveurs en raison de la tendance notoire du dromadaire à mordre. Une récente dépêche en provenance des zones frontalières du nord-est de l'Ouganda a fait état d'un chameau infecté par la rage qui, devenu fou, « a commencé à mordre d'autres animaux, avant de mourir [13] ». Au Soudan, on a mentionné des cas de chameaux enragés qui allaient jusqu'à attaquer des objets ou se mordre les pattes (ce qui à ce stade ne peut plus faire grand mal à l'animal mais reflète bien la stratégie du virus). Même un humain dans les dernières phases de l'infection pourrait potentiellement transmettre le virus par une morsure. Selon l'OMS, aucun cas de ce type n'a jamais été confirmé, mais des mesures préventives sont néanmoins parfois prises. Il y a quelques années, un fermier cambodgien fut contaminé après avoir été mordu par un chien enragé. À un stade avancé de la maladie, l'homme fut pris d'hallucinations, de convulsions, et pire encore. « Il aboyait comme un chien, se souviendra plus tard sa femme. On a dû l'attacher et l'enfermer [14]. »

Le VIH-1, comme la rage, semble presque invariablement tuer son hôte. Ce fut du moins le cas pendant les épouvantables décennies qui précédèrent l'apparition des thérapies antirétrovirales combinées, et c'est même peut-être encore le cas (seul le temps nous le dira) aujourd'hui. Si le taux de mortalité a décru chez certaines catégories de personnes séropositives (principalement celles qui ont accès aux coûteux cocktails de médicaments), cela ne signifie pas pour autant que le virus, lui, se soit affaibli. De par leur nature, les VIH sont des créatures très lentes à agir, c'est pourquoi ils sont classés dans le genre *Lentivirus* (du latin *lentus*, « lent ») avec d'autres agents flegmatiques comme le visna-maëdi, le virus de l'immunodéficience féline (VIF) et celui de l'anémie infectieuse des équidés. Le VIH-1 peut circuler dans le sang d'une personne pendant dix ans ou plus, se répliquer petit à petit, échapper aux défenses de l'organisme, et causer au fur et à mesure des dommages à certaines cellules du système immunitaire, avant que le sida ne se déclare, avec les conséquences fatales que l'on connaît. Pendant cette période, le virus a amplement eu le temps et l'occasion de passer d'une personne à l'autre ; au stade précoce de l'infection (lorsque la virémie est encore élevée), ses chances de transmission sont particulièrement fortes. Nous reviendrons sur ce point lorsque nous aborderons la manière dont le VIH est passé de l'animal à l'homme. Ce qu'il faut voir ici, c'est que l'évolution peut amener les virus de l'immunodéficience humaine à subir divers changements, diverses adaptations, mais qu'une diminution de la mortalité n'en fera pas nécessairement partie.

L'exemple le plus célèbre d'un virus qui perd en virulence est le cas de la myxomatose chez les lapins australiens. C'est même littéralement un cas d'école. La myxomatose n'est pas une zoonose mais elle a aidé les scientifiques à comprendre comment la virulence peut être modifiée par l'évolution.

64

L'HISTOIRE COMMENCE AU MILIEU du XIXe siècle, quand Thomas Austin, un propriétaire terrien blanc malavisé, eut la brillante idée d'introduire des lapins sauvages européens dans le paysage australien. Austin était un « fervent acclimateur [15] » – comprenez un introducteur volontaire d'animaux et de plantes non indigènes – qui avait également « fait cadeau » à l'Australie de moineaux. En 1859, une cargaison de vingt-quatre lapins en provenance d'Angleterre lui parvint par bateau. Si ce n'était pas le premier à importer des lapins en Australie, c'était le premier à préférer les lapins sauvages aux représentants dociles et élevés en clapier de cette espèce (*Oryctolagus cuniculus*), depuis longtemps domestiqués. Il les relâcha sur sa propriété de Victoria, l'État le plus au sud du continent. Possédant un taux de reproduction naturellement élevé (comme tous lapins qui se respectent), les importations d'Austin et leur progéniture se multiplièrent de manière exponentielle. S'il les avait fait venir pour le plaisir de les chasser, le résultat alla au-delà de ses espérances. En six ans seulement, vingt mille lapins furent tués sur son domaine. D'autres avaient pris le large en bondissant dans toutes les directions.

En 1880, ils avaient déjà traversé le fleuve Murray en Nouvelle-Galles du Sud et se dirigeaient vers le nord et l'ouest, progressant à une moyenne de cent dix kilomètres par an, un rythme formidable si l'on considère les nombreuses haltes nécessaires pour mettre bas et élever leur progéniture. Des décennies passèrent et la situation ne fit qu'empirer. En 1950, il y avait environ six cents millions de lapins en Australie, disputant à la faune et au bétail indigènes la nourriture et l'eau. Les Australiens étaient désespérés.

Cette année-là, le gouvernement approuva l'introduction de la myxomatose, un poxvirus en provenance du Brésil connu pour infecter les lapins brésiliens sans leur faire grand mal. Dans son pays d'origine, il provoquait chez son hôte de petites plaies sur la peau, qui n'évoluaient pas ou guérissaient progressivement. Mais le lapin brésilien était un animal des Amériques qui appartenait à un genre (*Sylvilagus*) des Amériques, et des travaux expérimentaux suggérèrent que les lapins européens pouvaient être affectés de façon plus sérieuse par ce virus américain.

Chez les lapins européens d'Australie, la myxomatose s'avéra sans surprise dévastatrice, tuant près de 99,6 % des animaux infectés, du moins lors de la première flambée. Là encore, il causa des plaies – de grosses lésions ulcéreuses, pas seulement sur la peau mais sur tous les organes – assez graves pour tuer un animal en moins de deux semaines. Elle se transmettait d'un spécimen à l'autre principalement par des moustiques – dont l'Australie ne manque pas – assoiffés de sang et tout à fait disposés à s'abreuver à un nouveau type de mammifère. Le transfert du virus semble avoir été mécanique, et non biologique : les virions étaient transmis par les trompes des moustiques et ne se répliquaient pas dans les organes digestifs ou les glandes salivaires. C'est un mode de vecteur de transmission plus maladroit mais simple et, dans certains cas, diablement efficace.

Après quelques essais expérimentaux, la myxomatose se propagea dans la vallée du Murray, provoquant ce qu'on appela une « épizootie* spectaculaire [16] » qui, par sa rapidité et son ampleur, dut être « sans précédent dans l'histoire des infections ». Les lapins morts s'accumulèrent par milliers dans le Victoria, la Nouvelle-Galles du Sud et le Queensland. Tout le monde s'en réjouit, excepté les amoureux des lapins et les personnes qui vivaient de leur fourrure bon marché. Mais en l'espace d'une décennie, deux choses se produisirent : le virus devint intrinsèquement moins virulent et les lapins plus résistants. La mortalité diminua et la population de lapins remonta en flèche. Voici la version courte de l'histoire et sa morale simpliste : l'évolution diminue la virulence, tendant vers cette « tolérance mutuelle plus parfaite » entre l'agent pathogène et son hôte.

Enfin… presque. D'après les travaux minutieux de Frank Fenner, un microbiologiste australien, et de ses collègues, la virulence diminua rapidement ; de plus de 99 %, elle décrut pour se stabiliser à un niveau encore sacrément élevé. Considérez-vous qu'un taux de mortalité de « seulement » 90 % soit une preuve de tolérance mutuelle ? Non, moi non plus. C'est aussi meurtrier que le virus Ebola, au plus fort de son apogée, dans un village congolais. Mais c'était le résultat des recherches de Fenner. Avec ses collègues, il étudia les variations de virulence en prélevant et comparant des échantillons de virus dans la nature et en les testant sur des lapins en bonne santé en captivité. Ils détectèrent une grande diversité de souches et, à des fins d'analyse, les regroupèrent en cinq grades distincts de myxomatose australienne, du plus fort au plus faible degré de létalité. Le grade I, la souche originale, présentait un taux de létalité de près de 100 % ; le grade II tua plus de 95 % des lapins infectés ; le grade III, intermédiaire, en tua tout de même entre 70 et 95 %. Le grade IV était plus clément, et le grade V, quoique loin d'être inoffensif, en tua moins de 50 %.

En procédant à des échantillonnages dans la nature, en mesurant la présence de chaque grade et en retraçant l'évolution de leur dominance proportionnelle dans le temps, Fenner et ses collègues espéraient répondre à quelques questions fondamentales, dont la principale était : le virus avait-il tendance à devenir progressivement inoffensif ? L'interaction évolutive entre le lapin et le virus avait-elle progressé vers la « tolérance mutuelle plus parfaite » de Zinsser, représentée par le grade V ? La myxomatose avait-elle appris à ne pas tuer son hôte ?

La réponse est non. Une décennie plus tard, Fenner et ses associés découvrirent que la myxomatose de grade III était devenue prédominante. Elle entraînait encore chez les lapins un taux de mortalité de plus de 70 % et constituait plus de la moitié des échantillons collectés. La souche la plus mortelle (le grade I) avait quant à elle presque disparu, et la souche la plus bénigne (le grade V) restait rare. La situation semblait s'être stabilisée.

Vraiment ? Dix ans ne sont rien à l'échelle de l'évolution, même pour des créatures qui se reproduisent aussi rapidement que les virus et les lapins. Frank Fenner resta donc très vigilant.

Vingt ans plus tard, il constata un changement significatif. En 1980, les souches de myxomatose de grade III représentaient les deux tiers, et non plus seulement la moitié, de tous les échantillons collectés. Généralement mortel, il se développait dans la nature. Un véritable succès évolutif. Et la souche bénigne, le grade V, avait disparu. Pour une raison ou une autre, elle semblait avoir échoué au test darwinien. Mort aux inaptes.

Comment expliquer ce résultat inattendu ? Frank Fenner suspecta une histoire de dynamique entre virulence et transmission. Ses tests comparatifs sur des lapins et des moustiques en captivité révélèrent que l'efficacité de la transmission était corrélée à la quantité de virus disponible sur la peau d'un lapin. Plus de lésions signifiait plus de virus disponible. Plus le virus était présent sur les trompes des moustiques, plus les chances de transmission étaient grandes. Mais le « virus disponible » supposait que le lapin soit toujours vivant, que son corps pompe toujours du sang chaud afin de présenter un intérêt pour le vecteur. Les lapins morts n'attirent pas les moustiques. Entre les deux issues extrêmes de l'infection – guérison ou mort –, Fenner trouva un point d'équilibre.

« Les expériences en laboratoire ont montré que toutes les souches provoquaient des lésions qui fournissaient suffisamment de virus pour que la transmission se produise [17] », écrivait Fenner. Mais les souches à très haute virulence (grades I et II) tuèrent les lapins « si rapidement que les lésions infectieuses n'étaient disponibles que quelques jours » aux moustiques. Les souches moins agressives (grades IV et V), ajoutait-il, provoquèrent des lésions qui avaient tendance à guérir rapidement, « alors que celles provoquées par le grade III étaient très infectieuses jusqu'à ce que la mort survienne et le restaient pendant une période beaucoup plus longue chez les lapins qui survivaient ». Le grade III tuait alors encore environ 67 % des lapins qu'il touchait. Trente ans après son introduction, ce virus avait choisi ce niveau de virulence – sacrément mortel – pour maximiser sa transmission. Il était encore capable de tuer la plupart des lapins qu'il infectait, mais également d'assurer sa propre survie grâce à une chaîne continue d'infections.

La première règle d'un parasite victorieux ? Le succès de la myxomatose en Australie semble contredire la règle d'or communément admise. Ce n'est pas « Ne tue pas ton hôte » mais « Ne coupe pas les ponts avant de les avoir franchis ».

65

QUI ÉTABLIT CES RÈGLES ? Sauf à être créationniste, vous conviendrez probablement que la réponse est : personne. D'où viennent-elles ? De l'évolution. Ce sont des stratégies de l'histoire du vivant, élaborées au fil de l'évolution à partir d'un large univers de possibilités. Elles persistent parce qu'elles fonctionnent. Relisez Darwin : la descendance avec modification, la sélection naturelle, l'adaptation. La seule surprise, si l'on peut dire, c'est que les virus évoluent aussi sûrement que les créatures qui sont sans conteste vivantes.

À l'époque où Frank Fenner publia son étude sur la myxomatose, deux autres scientifiques commencèrent à développer un modèle théorique des interactions hôte-parasite. Ils voulaient codifier non seulement la première règle, mais également plusieurs autres. Ils eurent recours pour cela aux mathématiques. Ils s'appelaient Anderson et May.

Roy M. Anderson, parasitologue et écologue avec un penchant pour les mathématiques, était à l'époque professeur à l'Imperial College, à Londres. Sa thèse portait sur les infections d'un poisson, la brème, par des vers plats. Robert M. May est australien, comme Frank Fenner, comme Macfarlane Burnet – mais les similitudes s'arrêtent là. Son doctorat en physique théorique en poche, il émigra à Harvard pour enseigner les mathématiques appliquées et s'intéressa un temps à la dynamique des populations animales. Il fut alors fortement influencé par Robert MacArthur, un brillant écologue alors professeur à Princeton, qui avait utilisé de nouveaux niveaux d'abstraction et de manipulation mathématiques pour les appliquer à la pensée écologique. MacArthur mourut jeune, en

1972. May s'installa à Princeton pour lui succéder, y devint professeur de zoologie et poursuivit les travaux de son prédécesseur. Son premier article sur les parasites, intitulé « Togetherness among Schistosomes », décrivait la dynamique de transmission chez une autre forme de ver plat.

Réunis par leurs intérêts communs (écologie, mathématiques, vers plats) et leur complémentarité, Robert May et Roy Anderson firent équipe, comme James D. Watson et Francis Crick, comme Dean Martin et Jerry Lewis, et, ils présentèrent en 1978 la première forme de leur modèle des maladies infectieuses. Au cours des douze années suivantes, ils développèrent ce modèle et des sujets connexes dans une série d'articles imprégnés de mathématiques qui furent très remarqués au sein de la communauté scientifique. Puis, en 1991, ils compilèrent tout cela et plus encore dans un énorme pavé intitulé *Infectious Diseases of Humans* (*Les Maladies infectieuses chez l'homme*). Ils avaient construit leur travail sur le même type de schéma conceptuel que celui utilisé par les théoriciens des maladies depuis soixante ans, le modèle SIR (sensibles – infectieux – rétablis). Anderson et May améliorèrent ce modèle de plusieurs façons, le rendant plus complexe et plus réaliste. Leur apport le plus significatif concernait un paramètre fondamental : la taille de la population hôte.

La plupart des précédents chercheurs, tels Ronald Ross en 1916, Kermack et McKendrick en 1927, ou George MacDonald en 1956, avaient considéré la taille de la population hôte comme une constante. Cela facilitait les calculs. Par exemple : si la rougeole frappe une ville de deux cent mille habitants, alors, à mesure que l'épidémie progresse, la somme des personnes exposées, plus celles désormais infectées, plus celles guéries, sera toujours égale à deux cent mille. Cela suppose que la population est intrinsèquement stable, les naissances étant compensées par les décès, et que cette stabilité inhérente se maintient malgré l'épidémie. Les épidémiologistes et autres professionnels de la santé, même les plus doués en mathématiques, avaient généralement adopté une telle approche. Mais pour Anderson et May, c'était trop simple, trop statique. Ils venaient du domaine de l'écologie, où la taille des populations change constamment de manière complexe et conséquente. Considérons la taille d'une population comme une variable dynamique, proposèrent-ils. Allons au-delà de l'hypothèse d'une stabilité artificielle et inhérente et admettons qu'une maladie peut elle-même affecter la taille d'une population. Par exemple en tuant une grande partie de ladite population, en faisant baisser le taux de natalité, ou encore en accentuant les tensions sociales (la surpopulation dans les hôpitaux, entre autres), ce qui pourrait faire augmenter le taux de mortalité pour d'autres raisons. Peut-être même ces trois facteurs combinés. Leur objectif, écrivaient Anderson et May, était d'« unifier [18] » les deux approches, médicale et écologique, en une seule méthode astucieuse pour comprendre (et prédire) l'évolution des maladies infectieuses au sein des populations.

« Tout un tas d'écologues se sont alors intéressés au phénomène », me dit un chercheur chevronné du domaine, Leslie Real, professeur à l'Emory University, dont j'ai déjà mentionné les travaux sur le virus Ebola chez les gorilles. « Les écologues qui cherchaient quoi faire en matière d'écologie des populations se sont soudain intéressés aux maladies infectieuses. » Après coup, Les nuança ses propos : bien sûr, May et Anderson n'avaient pas *inventé* l'approche écologique des maladies. Mais ils avaient accompli autre chose. « Bob et Roy l'ont mathématisée. Et de manière intéressante. »

Les mathématiques peuvent être exactes mais ennuyeuses. Elles peuvent être élaborées, impeccables et sophistiquées, mais en même temps stupides et inutiles. Celles d'Anderson et de May, elles, n'étaient pas inutiles. Elles étaient astucieuses et provocantes. Vous n'êtes pas obligés de me croire sur parole, mais vous pouvez faire confiance à Leslie Real là-dessus. Vous pouvez également consulter le *Science Citation Index* et voir à quelle fréquence les articles d'Anderson et de May (ou de May et Anderson, comme ils ont parfois signé) ont été cités par d'autres scientifiques au fil des ans.

Certains de ces articles sont parus dans d'illustres revues telles *Nature, Science*, et *Philosophical Transactions of the Royal Society of London*. Mon préféré a été publié dans un organe plus spécialisé appelé *Parasitology*. Cet article, intitulé « Coevolution of Hosts and Parasites », est paru en 1982. Il commençait par rejeter ces « déclarations non fondées [19] » des manuels de médecine et d'écologie « selon lesquelles les espèces de parasites “accomplis” évoluent jusqu'à devenir inoffensives pour leurs hôtes ». Foutaises et inepties, selon Anderson et May. En réalité, la virulence d'un parasite

« dépend généralement du taux de transmission et du temps de récupération des hôtes chez lesquels l'infection n'est pas mortelle ». Le taux de transmission et le taux de récupération sont deux variables qu'Anderson et May inclurent dans leur modèle. Ils en ajoutèrent trois autres : la virulence (définie comme les décès causés par l'agent infectieux), les décès d'autres origines et la taille de la population hôte, en constante évolution. La meilleure mesure du succès de l'évolution, selon eux, était le taux de reproduction de base de l'infection – ce paramètre cardinal, R_0.

Ils disposaient donc de cinq variables fondamentales et voulaient comprendre le résultat final. Retracer la dynamique. Cela les conduisit à une équation. Il n'y aura pas de quiz de mathématiques à la fin de ce livre, mais j'ai pensé que vous aimeriez y jeter un coup d'œil. Prêts ?

$$R_0 = \beta N/(\alpha + b + v)$$

Traduction : le succès évolutif d'un virus est directement lié à son taux de transmission au sein de la population hôte et, à l'inverse mais de façon complexe, à sa létalité, à son taux de guérison et au taux de mortalité moyen. (L'imprécision maladroite de cette phrase est la raison pour laquelle les écologues préfèrent utiliser les mathématiques.) La règle d'or d'un parasite accompli est donc légèrement plus compliquée que le fameux « Ne tue pas ton hôte », se révélant plutôt être : $\beta N/(\alpha + b + v)$.

Ce qui rend également l'article d'Anderson et May de 1982 si intéressant est le chapitre sur la myxomatose chez les lapins australiens. Cela ramena leur modélisation à un cas empirique et leur permit de tester la théorie par rapport aux faits. Ils décrivirent les cinq grades de virulence de Frank Fenner, saluèrent sa combinaison méthodique d'expériences sur le terrain et en laboratoire et mentionnèrent les moustiques et les plaies ulcéreuses. Puis, en utilisant ses données et leur propre équation, ils établirent une relation entre la virulence et le succès. Leur résultat fut une prédiction générée par un modèle : étant donné *ce* taux de transmission, *ce* taux de guérison, *cette* mortalité, alors… un degré *intermédiaire* de virulence devrait prédominer.

Et nom d'un petit bonhomme ! Ça corroborait ce qui s'était passé.

La correspondance montra que leur modèle, bien qu'encore sommaire et approximatif, pouvait aider à prédire et à expliquer le cours d'autres épidémies. « Notre principale conclusion, écrivaient Anderson et May, est qu'une association hôte-parasite “bien équilibrée” n'est *pas nécessairement* une association dans laquelle le parasite épargne son hôte [20]. » Au contraire, cela *dépend.* Cela dépend des spécificités du lien entre transmission et virulence, expliquaient-ils. Cela dépend de l'écologie et de l'évolution.

66

ANDERSON ET MAY SE SONT BEAUCOUP APPUYÉS sur les données de terrain fournies par d'autres chercheurs. C'est aussi le cas d'Edward C. Holmes qui, contrairement à eux, est l'un des plus grands spécialistes de l'évolution virale. Au Center for Infectious Disease Dynamics, qui fait partie de l'université d'État de Pennsylvanie, dans la ville de State College, au milieu des collines et feuillus, il étudie les schémas d'évolution des virus en examinant les séquences de leur code génétique. C'est-à-dire qu'il observe les longues séries formées par les quatres lettres, A, C, G, T (ou U s'il s'agit d'ARN au lieu d'ADN) qui se déroulent en des suites imprononçables, comme si elles avaient été tapées par un chimpanzé enragé. Le bureau de Holmes est bien rangé et accueillant, chichement meublé d'une table de travail et de quelques chaises. Il y a peu d'étagères, peu de livres, peu de dossiers ou de papiers. Une salle de penseur. Sur la table se trouve un ordinateur avec un grand écran. C'est en tout cas ce à quoi ressemblait son bureau lors de ma visite.

Au-dessus de l'ordinateur était accrochée une affiche célébrant la « virosphère », l'ensemble insondable de la diversité virale sur Terre. À côté, une autre affiche montrait Homer Simpson catapulté dans le célèbre tableau *Nighthawks* d'Edward Hopper. Je ne suis pas certain de ce que promouvait ce poster. Peut-être les donuts.

Edward C. Holmes est un Anglais venu de Londres et Cambridge qui a atteri au beau milieu de la Pennsylvanie. Les yeux de ce passionné semblent légèrement exorbités lorsqu'il discute d'un fait essentiel ou d'une idée avant-gardiste. Le crâne rasé, il porte des lunettes à verres fumés avec une épaisse monture métallique, comme celles de Yuri Andropov. Bien que rasé, bien que brillant, bien qu'andropovien au premier coup d'œil, Edward C. Holmes n'est pas austère. Il est vif et plein d'humour, une âme généreuse qui aime discuter de ce qui compte vraiment : les virus. Tout le monde l'appelle Eddie.

« La plupart des agents pathogènes émergents sont des virus à ARN », m'a-t-il dit alors que nous étions assis sous les deux affiches. ARN par opposition aux virus à ADN, aux bactéries ou à tout autre type de parasite, voulait-il dire. Il n'eut pas besoin de m'énumérer les virus à ARN car j'avais déjà la liste en tête : Hendra et Nipah, Ebola et Marburg, le virus du Nil occidental, Machupo, Junin, les grippes, les Hantas, la dengue et la fièvre jaune, la rage et ses cousins, le chikungunya, le SRAS-CoV, et Lassa, sans parler du VIH-1 et du VIH-2. Cette catégorie semble englober la majorité des zoonoses mortelles, y compris la plupart des plus récentes et des pires. Certains scientifiques ont commencé à se demander pourquoi. Dire qu'Eddie Holmes a écrit le livre de référence sur le sujet ne serait pas exagéré : il s'intitule *The Evolution and Emergence of RNA Viruses*, publié aux éditions Oxford en 2009, et était la raison de ma venue. Il m'en résumait à présent les grandes lignes.

Il est vrai, me dit Eddie, qu'il y a énormément de virus à ARN, ce qui pourrait sembler augmenter les risques qu'un grand nombre d'entre eux s'attaquent à l'homme. On en trouve dans les océans, le sol, les forêts et les villes ; certains infectent les bactéries, d'autres les champignons, les plantes ou les animaux. Il est possible que chaque forme de vie cellulaire sur la planète soit compatible avec au moins un virus à ARN, écrivait-il, bien que nous n'en soyons pas sûrs car nous venons juste de commencer les recherches. Un coup d'œil à son affiche sur la virosphère, qui dépeignait l'univers des virus connus sous la forme d'une pizza très colorée, suffit à étayer son propos. Les virus à ARN représentaient au moins la moitié des parts de la pizza. Mais ils ne sont pas simplement courants, déclara Eddie. Ils sont aussi très évolutifs. Protéiformes. Ils s'adaptent rapidement.

Deux raisons à cela, selon lui. Ce n'était pas tant leur taux de mutation élevé que la taille exceptionnelle de leur population. « Ces deux éléments combinés signifient que l'on arrive à davantage de changements adaptatifs. »

Les virus à ARN se répliquent rapidement, générant leurs grandes populations de virions au sein de chaque hôte. Autrement dit, ils produisent souvent des infections graves mais brèves qui disparaissent aussi vite qu'elles sont apparues. Soit elles disparaissent rapidement, soit elles vous tuent. « Une espèce de phénomène d'expansion-récession », comme l'appelait Eddie. Une infection aiguë signifie également une forte excrétion virale – via des éternuements, de la toux, des vomissements, des saignements ou des diarrhées – qui facilite la transmission à d'autres victimes. Ces virus essaient de prendre de court le système immunitaire de chaque hôte en progressant avant que les défenses de l'organisme ne puissent les vaincre. (Les lentivirus, y compris le VIH, sont, eux, exceptionnels, car ils suivent une stratégie différente). Leur réplication rapide et leur taux élevé de mutation leur fournissent une variation génétique importante. Une fois qu'un virus à ARN atterrit dans un autre hôte – peut-être même une autre espèce d'hôte –, cette variation sert bien le virus car elle lui donne de nombreuses opportunités de s'adapter aux nouvelles circonstances, quelles qu'elles soient. Dans certains cas, il ne s'adapte pas, dans d'autres, il s'installe avec succès.

La plupart des virus à ADN sont aux antipodes. Leur taux de mutation est faible et leurs tailles de population peuvent être relativement petites. Leurs stratégies pour se perpétuer « tendent à suivre cette stratégie de persistance », déclara Eddie. Persistance et discrétion. Planqués, ils attendent leur heure. Ils se cachent du système immunitaire plutôt que d'essayer de le prendre de vitesse. Ils dorment et s'attardent dans certaines cellules, se reproduisant peu, voire pas du tout, parfois pendant de nombreuses années. Je savais qu'il parlait de virus comme celui du varicelle-zona, un virus à ADN classique qui commence son infection des humains comme la varicelle et peut réapparaître, des décennies plus tard, sous la forme d'un zona. L'inconvénient des virus à ADN, selon Eddie, c'est qu'ils ne peuvent pas s'adapter aussi facilement à une nouvelle espèce d'hôte. Ils sont tout simplement trop stables. Rigides. Fidèles à ce qui a fonctionné par le passé.

La stabilité des virus à ADN découle de la structure de la molécule d'ADN qui est leur support génétique et de la façon dont elle se réplique, avec l'enzyme ADN polymérase qui fabrique chaque nouveau brin et corrige ses erreurs de copie. L'enzyme utilisée par les virus à ARN, en revanche, est « sujette aux erreurs », selon Eddie. « C'est une polymérase vraiment merdique » qui ne remanie pas, ne fait pas marche arrière, ne corrige pas le placement erroné de ces bases nucléotidiques, A, C, G et U. Pourquoi cela ? Parce que les génomes des virus à ARN sont minuscules, allant d'environ deux mille nucléotides à environ trente mille, ce qui est beaucoup moins que la plupart des génomes des virus à ADN. « Il faut plus de nucléotides, me dit Eddie – un génome plus grand, plus d'informations – pour fabriquer une nouvelle enzyme qui fonctionne. » Une enzyme qui fonctionne aussi bien que l'ADN polymérase, voulait-il dire.

Et pourquoi les génomes d'ARN sont-ils si petits ? Parce que leur autoréplication est si chargée d'inexactitudes qu'avec plus d'informations pour se répliquer ils accumuleraient plus d'erreurs et cesseraient purement et simplement de fonctionner. C'est le problème de l'œuf et de la poule, ajouta-t-il. Les virus à ARN sont limités à de petits génomes parce que leurs taux de mutation sont élevés, et leurs taux de mutation sont élevés parce qu'ils sont limités à de petits génomes. Il existe un terme précis pour définir cette situation : le paradoxe de Eigen. Manfred Eigen, chimiste allemand, lauréat du prix Nobel, étudia les réactions chimiques qui permettent l'auto-organisation de molécules plus longues, un processus qui pourrait mener à la vie. Son paradoxe décrit une limite de taille pour ces molécules autoréplicantes, au-delà de laquelle leur taux de mutation induit trop d'erreurs pour qu'elles continuent à se répliquer. Elles meurent. Les virus à ARN, ainsi contraints, compensent leur réplication sujette aux erreurs en se multipliant en quantités énormes et en assurant une transmission précoce et fréquente. S'ils semblent ne pas pouvoir surmonter le paradoxe de Eigen, ils peuvent le contourner, faisant de leur instabilité une vertu. Leurs erreurs de reproduction entraînent de nombreuses variations, et ces nombreuses variations leur permettent d'évoluer rapidement.

« Les virus à ADN peuvent fabriquer des génomes beaucoup plus grands », déclara Eddie. Contrairement aux ARN, ils ne sont pas limités par le paradoxe de Eigen. Ils peuvent même capturer et incorporer des gènes de l'hôte, ce qui les aide à brouiller la réponse immunitaire de ce dernier. Ils peuvent résider dans un corps pendant de plus longues périodes, se contentant de passer d'un hôte à l'autre par des modes de transmission plus lents tels que la sexualité ou l'infection de la descendance. Plus important encore, ils peuvent réparer les erreurs de copie de leur ADN lorsqu'ils le répliquent, ce qui réduit leur taux de mutation alors que « les virus à ARN, eux, en sont incapables ». Ils sont confrontés à d'autres limites et options. Leur taux de mutation ne peut être réduit. Leur génome ne peut être agrandi. « Ils sont coincés. »

Que faire si vous êtes un virus coincé, probablement menacé, sans temps ni rien à perdre, et avec une grande capacité d'adaptation aux nouvelles circonstances ? À ce moment-là, nous arrivions au point qui m'intéressait le plus. « Ils font le grand saut », déclara Eddie.

VII

Hôtes célestes

67

Mais d'où viennent ces virus ? D'animaux dans lesquels ils ont longtemps vécu, trouvé refuge et se sont parfois retrouvés coincés. Ils proviennent donc de leurs réservoirs-hôtes.

Mais de quels animaux s'agit-il ? Certaines espèces jouent un rôle plus important que d'autres comme réservoirs des virus zoonotiques qui passent chez l'homme. Les hantavirus passent par les rongeurs. Tout comme le virus de Lassa. Celui de la fièvre jaune par les singes. La variole du singe, en dépit de son nom, semble principalement portée par les écureuils. L'herpès B par les macaques. Les grippes passent des oiseaux sauvages à la volaille domestique, puis à l'homme, parfois après un arrêt évolutif chez le porc. La rougeole est peut-être venue de moutons et de chèvres domestiqués. Le VIH-1, des chimpanzés. Il y a donc une certaine diversité d'origines. Mais une grande partie des nouveaux virus si effrayants que j'ai mentionnés jusqu'à présent, ainsi que d'autres dont je n'ai pas encore parlé, nous ont été transmis par les chauves-souris.

Hendra nous vient des chauves-souris. Marburg, des chauves-souris. Le SARS-CoV : encore des chauves-souris. La rage, lorsqu'elle est transmise à l'homme, vient généralement des chiens domestiques – parce que les chiens enragés ont plus d'occasions de mordre l'homme que les animaux sauvages –, mais la chauve-souris est l'un de ses principaux réservoirs. Le virus Duvenhage, un cousin de la rage, passe des chauves-souris à l'homme. La fièvre de la forêt de Kyasanur passe à l'homme par les tiques, qui la tiennent de nombreuses espèces sauvages, dont les chauves-souris. Ebola : très probablement de la chauve-souris. Le virus Menangle : de la chauve-souris.

Le virus Tioman : encore de la chauve-souris. Le virus Melaka : toujours de la chauve-souris. Le réservoir du lyssavirus* de la chauve-souris australienne est, suspens insoutenable… la chauve-souris australienne. Et bien que la liste soit déjà longue et quelque peu inquiétante, elle ne serait pas complète sans y ajouter le Nipah, l'un des virus à ARN les plus spectaculaires apparus au cours des dernières décennies, qui se transmet au porc et, par leur intermédiaire, à l'homme. Et devinez son origine ? La chauve-souris !

68

L'APPARITION D'UNE NOUVELLE ZOONOSE est souvent aussi déroutante qu'alarmante, et Nipah n'a pas fait exception. Septembre 1998. Des gens commencent à tomber malades dans un État du nord de la Malaisie péninsulaire, près de la ville d'Ipoh. Parmi leurs symptômes figurent fièvre, céphalées, somnolence et convulsions. Les victimes sont toutes éleveurs de porcs ou associées d'une manière ou d'une autre à leur transformation. En décembre, après que la flambée au nord a semblé s'atténuer, un nouveau foyer apparaît au sud-ouest de la capitale, Kuala Lumpur, dans une zone d'élevage de porcs de l'État de Negeri Sembilan. À la fin de l'année, dix éleveurs tombent malades, puis dans le coma, avant de décéder. Le gouvernement réagit rapidement mais reste dans le flou.

Au début, on ne parlait que de moustiques et de porcs. Les moustiques étaient impliqués en tant que vecteurs présumés ; les porcs, en tant qu'hôtes présumés du réservoir. Mais vecteurs et réservoirs de quoi ? On suspectait le virus de l'encéphalite japonaise.

L'encéphalite japonaise (EJ) est une maladie endémique en Malaisie et dans une grande partie de l'Asie du Sud-Est, avec plus de trente mille cas chez l'homme (pour la plupart non mortels) chaque année. Le virus de l'encéphalite japonaise appartient à la même famille que le virus du Nil occidental, de la dengue et de la fièvre jaune. Il est transmis par un vecteur, les moustiques, qui le véhicule de ses réservoirs aux porcs domestiques et aux oiseaux sauvages. Les anticorps trouvés chez certains des ouvriers porcins malaisiens infectés semblèrent confirmer sa responsabilité dans la flambée de 1998, et l'encéphalite japonaise a ainsi fait l'objet d'une préoccupation publique croissante et d'actions gouvernementales. Les autorités de santé se demandaient combien de personnes – ou de porcs – devaient être vaccinées contre cette maladie.

Début janvier, un article fut publié dans le *New Straits Times*, le principal journal en langue anglaise de Malaisie, sous ce titre : UNE FILLETTE QUATRIÈME VICTIME D'ENCÉPHALITE DANS L'ÉTAT DE NEGERI. La jeune fille en question, âgée de treize ans, avait apporté son aide dans l'entreprise porcine familiale. Un second article suivait, qui rapportait que le ministre de la Santé de Malaisie avait ordonné une campagne de brumisation pour éradiquer les moustiques. Tuer les moustiques, éliminer le vecteur, stopper la transmission de l'EJ, c'est ça ? Oui, mais non. Le lendemain, dans le même journal, on lisait : UNE FILLETTE MEURT D'UNE SUSPICION D'EJ À IPOH. Cela portait à treize le nombre de victimes. Cette fillette n'était encore qu'un bébé. Elle mourut chez elle, à un kilomètre de l'élevage de porcs le plus proche. « Les porcs sont un hôte commun pour le virus [1] », indiquait l'article – autrement dit le virus EJ, bien entendu. Y en avait-il d'autres ?

Peut-être. Alors que les médias se déchaînaient sur l'encéphalite japonaise et que le gouvernement prenait des mesures pour l'endiguer, les scientifiques du département de microbiologie médicale de l'université de Malaya (et non pas « Malaisie », car elle a conservé son nom historique), à Kuala Lumpur, étaient de plus en plus sceptiques. Ils connaissaient EJ bien mieux que n'importe qui, et quelque chose ne collait pas. Hormis les deux fillettes que les journaux avaient pleurées, presque toutes les autres victimes étaient des hommes adultes, qui participaient activement à l'élevage, au transport ou à l'abattage de porcs. Par ailleurs, la plupart d'entre elles n'étaient pas seulement des hommes et des adultes, mais surtout des Chinois, qui dominaient l'industrie porcine malaisienne. L'encéphalite japonaise était pourtant connue pour toucher principalement les enfants. Le Pr Sai Kit Lam (Ken Lam, pour ses amis anglophones), alors directeur du département de microbiologie médicale de l'université, déclara publiquement que cette épidémie tuait trop d'adultes pour correspondre au profil habituel de l'encéphalite japonaise. Le taux de mortalité de l'épidémie en cours semblait lui aussi étrangement élevé. Il était de plus de 54 %. Peut-être s'agissait-il d'une nouvelle souche du virus, plus virulente, plus agressive envers les adultes et moins largement transmise à la population via son insecte vecteur.

Ou alors d'un virus tout à fait différent, avec un mode de transmission différent. Peut-être ne s'agissait-il pas de moustiques, finalement ? Quel genre de moustique choisit de ne piquer que des éleveurs de porcs chinois mâles et adultes ?

Les porcs de Malaisie tombèrent malades à leur tour. Une fois de plus, cela ne correspondait pas à l'encéphalite japonaise puisque les porcs supportaient généralement cette infection sans présenter de signes cliniques. Ils peuvent être des hôtes amplificateurs aussi bien que des réservoirs d'EJ, dans la mesure où la prévalence de l'infection chez eux peut contribuer à augmenter celle du virus chez les moustiques, qui peuvent alors piquer l'homme. Les truies gravides infectées par l'EJ peuvent certes faire des fausses couches ou donner naissance à des petits mort-nés, mais rien de comparable à ce que l'on observait alors en Malaisie. Et l'hypothèse de cette encéphalite japonaise posait d'autres problèmes. Alors que la maladie humaine qui touchait les ouvriers de l'industrie porcine était neurologique, causant une encéphalite et d'autres problèmes du système nerveux, la maladie porcine était à la fois neurologique et respiratoire. Très contagieuse, elle se transmettait manifestement par voie aérienne. Les uns après les autres, d'abord dans les grands faubourgs de la région d'Ipoh, puis dans le Negeri Sembilan, les animaux se mirent à tousser, à frissonner, à respirer laborieusement, à vaciller, avant, dans certains cas, de succomber.

Le taux de mortalité chez les porcs était cependant bien inférieur à celui des humains. Leurs symptômes évoquèrent dans un premier temps ceux de ce que l'on appelle la peste porcine classique, une maladie virale également connue sous le nom de choléra du porc. Mais cette hypothèse fut rapidement écartée. Le choléra du porc n'étant pas une zoonose, il ne pouvait être responsable d'infections humaines. Alors une vilaine encéphalite japonaise d'un nouveau genre, peut-être ? Très vite, l'épidémie se propagea d'un élevage de porcs à l'autre. Selon un expert australien de passage, « on l'a appelée "la toux qui aboie à un kilomètre" car on l'entendait à un kilomètre à la ronde. Les gens savaient ainsi parfaitement quand la maladie était arrivée dans leur région [2] ». Elle se transmettait par les éternuements de porc. Elle était également transportée par camion lorsque les animaux étaient déplacés d'une ferme à l'autre. Et elle traversa les frontières, comme au début de l'année 1999, lorsque des porcs malaisiens furent exportés à Singapour et que la maladie frappa les employés des abattoirs. Onze Singapouriens tombèrent malades. Grâce aux excellentes installations médicales de la ville-État, un seul mourut.

Personne ne savait ce que pouvait bien être cette chose. La plupart des premiers diagnostics en laboratoire en Malaisie avaient été effectués soit par le ministère de la Santé, soit, pour les échantillons de porc, par l'Institut national de recherche vétérinaire d'Ipoh. Les scientifiques de l'université de Malaya, en particulier ceux du département de microbiologie médicale de Ken Lam, suivirent la crise de près mais discrètement. Paul Chua était alors le virologue clinique en chef du département. Il utilisait des méthodes de laboratoire expérimental, telles la culture virale et la microscopie. Sazaly Abu Bakar était virologue moléculaire, c'est-à-dire qu'il examinait les génomes viraux comme le fait Eddie Holmes. Longtemps, Chua et Abu Bakar durent se contenter de lire les comptes rendus des journaux, échanger avec leurs collègues et spéculer, car ils ne disposaient pas d'échantillons de sang, de tissus ou de liquide céphalorachidien à analyser.

Et puis, soudain, les choses changèrent. Alors que la flambée se poursuivait à Negeri Sembilan, non loin de la capitale, les patients commencèrent à affluer au centre médical de l'université de Malaya. Certains guérirent, d'autres décédèrent, et Paul Chua reçut des échantillons prélevés sur trois des victimes. L'une d'elles était un éleveur de porcs âgé de cinquante et un ans, originaire d'un petit village, Sungai Nipah. Cet homme était arrivé à l'hôpital fiévreux, confus, le bras gauche tremblant. Six jours plus tard, il était mort.

Avec un collègue, Chua isola le virus de l'échantillon de Sungai Nipah, en l'exprimant en laboratoire dans des cultures cellulaires dérivées de tissus rénaux de singe africain. Le virus en culture provoqua aussitôt de sérieux dégâts mais qui ne ressemblaient pas à ceux de l'EJ. Les cellules s'étaient agrandies, fusionnant en de grosses bulles membranaires parsemées de multiples noyaux. Perplexe, Chua appela Abu Bakar à la rescousse.

« Vraiment étrange », m'a dit celui-ci, au souvenir de ces cellules, lorsque j'ai fait un crochet par son bureau de Kuala Lumpur. Je l'avais rencontré lors d'une conférence sur le virus Nipah et il avait accepté de s'entretenir avec moi. Paul Chua avait alors quitté l'université pour un poste au ministère de la Santé et Abu Bakar (le Pr Sazaly, comme l'appelaient ses étudiants) l'avait alors remplacé au poste de directeur de la microbiologie médicale. « Nous avons tous conclu que c'était du jamais-vu. »

Il s'agissait ensuite, m'a-t-il indiqué, d'examiner ce virus sous un bon microscope. Si l'effet ravageur du virus sur les cultures cellulaires se voit à l'œil nu, il faut un microscope électronique pour pouvoir observer chaque particule virale individuelle. « Mais malheureusement, à l'heure actuelle, nous ne disposons d'aucun bon microscope. » Celui de l'université était vieux et fatigué. La Malaisie regorge de scientifiques enthousiastes et bien formés mais manque encore de certaines ressources technologiques.

Le chef du département, Ken Lam, fit donc appel à d'anciens contacts aux États-Unis pour y organiser la visite de Paul Chua. Ce dernier prit l'avion pour l'Amérique avec quelques échantillons congelés dans un sac. Plusieurs heures plus tard, il se trouvait à Fort Collins, dans le Colorado. À l'antenne du CDC, qui abrite le département des maladies à transmission vectorielle, il examina avec les équipes sur place les échantillons de Sungai Nipah avec un microscope électronique de pointe. Verdict ? Ce n'était pas le virus de l'encéphalite japonaise. Cela ressemblait plutôt à une bouillie de paramyxovirus* contenant de longs filaments avec une sorte de structure à chevrons. La rougeole malaisienne ? Les oreillons porcins meurtriers ? Sur la base de cette identification provisoire, Chua fut redirigé vers le siège du CDC à Atlanta, où il rejoignit des chercheurs spécialistes des paramyxovirus. Ceux-ci pratiquèrent divers tests sur ses échantillons, pour vérifier la réaction des anticorps, et obtinrent un résultat provisoire positif au test des anticorps de Hendra. En séquençant une partie du génome viral, ils découvrirent cependant qu'il s'agissait d'un tout nouveau virus. Pas le virus Hendra mais quelque chose de similaire et de distinct à la fois. Paul Chua et ses collègues le nommèrent virus Nipah, d'après le village du fermier de cinquante et un ans. La maladie en tira finalement son nom d'encéphalite à virus Nipah.

69

IL Y A LÀ UNE CONVERGENCE D'HISTOIRES. Une fois que les microbiologistes malaisiens surent que leur épidémie était causée par un virus ressemblant à Hendra, Ken Lam téléphona à un autre collègue, cette fois en Australie. « On tient quelque chose », annonça-t-il. Bel euphémisme ! Ce qui était inquiétant, c'est qu'il ne savait pas d'où venait ce « quelque chose » ni où il pouvait aller. Il lui fallait l'aide d'un spécialiste. Mais personne n'était spécialiste du virus Nipah, du moins pas encore. Un expert de Hendra pouvait peut-être faire l'affaire. Par un intermédiaire, la demande de Lam parvint à Hume Field, l'ancien vétérinaire qui avait découvert Hendra chez des chauves-souris frugivores. Field se montra extrêmement réactif. Il reçut l'appel un jeudi, d'après ses souvenirs, et le lundi il était dans un avion pour Kuala Lumpur.

Field rejoignit une équipe internationale, dirigée par un haut responsable du CDC, qui s'était réunie entre autres à Atlanta pour aider les Malaisiens à faire face à la crise. Leur première tâche était de mettre un terme au risque immédiat pour les populations. « À cette époque, le nombre de cas chez l'homme augmentait de manière exponentielle, me confia Field plus tard, lors d'un de nos entretiens à Brisbane. Environ cinquante nouveaux cas par semaine. Il y avait donc une énorme pression – sociale, politique – pour endiguer la source de l'infection. » Pour cela, l'équipe devait comprendre le virus et étudier son comportement chez les porcs, m'expliqua-t-il.

Ils commencèrent leur enquête dans ce qu'il appela des « fermes à risque », où l'infection se propageait toujours parmi les porcs. On peut reconnaître ces fermes à l'oreille, me dit Field, évoquant la fameuse « toux qui aboie à un kilomètre ». Lui et le reste de l'équipe avaient besoin de porcs infectés sur lesquels ils pourraient prélever des échantillons dans l'espoir que ces derniers puissent fournir un virus correspondant à celui que Paul Chua avait isolé chez son éleveur de porcs. « Et c'est ce qui s'est passé », me confia Field. Ils envoyèrent des échantillons au laboratoire australien de santé animale, à Geelong, où des collègues isolèrent un virus qui correspondait à celui de Paul Chua. La preuve ultime de cette correspondance vint de l'équipe d'Abu Bakar à Kuala Lumpur. Tout cela confirma que le porc était un hôte amplificateur du même virus Nipah qui tuait les humains. Mais cela ne dit rien sur l'endroit où Nipah pouvait en définitive résider.

Pendant ce temps-là, le gouvernement malaisien avait ordonné un abattage massif, c'est-à-dire l'extermination de tous les porcs, infectés ou non, dans toutes les fermes touchées par l'épidémie. Certaines de ces porcheries avaient été abandonnées par leurs exploitants, paniqués et déboussolés, avant même la découverte du nouveau virus. Dans certaines régions, les gens avaient même fui leur foyer ; Sungai Nipah était devenue une ville fantôme. À la fin de la flambée, au moins deux cent quatre-vingt-trois personnes avaient été infectées et cent neuf étaient mortes, le taux de mortalité approchant 40 %. Personne ne voulait manger, manipuler ou acheter des porcs, désormais abandonnés dans leurs enclos. Certains se mirent à errer sur les routes à la recherche de nourriture, tels des chiens sauvages. À l'époque, la Malaisie comptait deux millions trois cent cinquante mille porcs, dont la moitié provenait de fermes touchées par le Nipah. Cela aurait pu devenir un fléau digne du Moyen Âge, comme la peste noire : des troupeaux de porcs infectés et faméliques ravageant des villages désolés. Une phalange d'exterminateurs, comprenant des soldats ainsi que des policiers et des vétérinaires, se déploya dans la campagne, parée de combinaisons, de gants, de masques et de lunettes de protection. Leur tâche consistait à abattre, enterrer ou faire disparaître d'une manière ou d'une autre plus d'un million d'animaux, le tout rapidement, sans répandre le virus. Malgré toutes les précautions, au moins une demi-douzaine de soldats furent infectés. « Il n'y a pas de moyen facile de tuer un million de porcs », nota ironiquement Hume Field. Plus tard dans la conversation, il précisa qu'il s'agissait en réalité de un million cent mille porcs. « La différence peut sembler anecdotique, me dit-il, mais si vous deviez tuer une centaine de milliers de porcs "supplémentaires" et jeter leurs corps dans des fosses creusées au bulldozer, elle serait pour vous sacrément importante. »

Field et l'équipe internationale visitèrent des exploitations qui avaient été gravement touchées puis délaissées par l'infection. En prélevant le sang des porcs épargnés par la maladie pour y rechercher des anticorps, ils constatèrent que le virus semblait être extraordinairement contagieux, du moins chez les porcs, même s'il n'était pas extraordinairement virulent. La prévalence des anticorps chez les animaux des exploitations où la situation s'était rétablie était généralement entre 80 et 100 %. Les porcs étaient donc des amplificateurs beaucoup plus hospitaliers et tolérants que ces pauvres chevaux, en Australie, dont le nombre diminuait avec Hendra. Si le virus Nipah n'avait pas été une zoonose mortelle

CHINE
JAPON
INDE
0°
0°
OCÉAN
INDIEN
AUSTRALIE
MER DE CHINE
MÉRIDIONALE
MALAISIE
PÉNINSULAIRE
IPOH
SUNGAI NIPAH
KUALA LUMPUR
SUMATRA
SINGAPOUR
SARAWAK
KUCHING
0°
BORNÉO
0°
JAVA

pour l'homme, me dit Field, il n'aurait peut-être pas été plus qu'un « mauvais moment à passer » dans l'histoire de la productivité de l'élevage porcin malaisien. « C'est fou », ajouta-t-il.

Je ne pensai pas sur le moment à demander ce qui le fascinait tant dans cette version du Nipah dans un univers alternatif. Field avait peut-être à l'esprit d'autres potentielles zoonoses, aujourd'hui bénignes pour l'homme, qui couvent chez les animaux domestiqués. Combien de ces virus sont-ils en train de se frayer un chemin à travers toutes les exploitations d'élevage intensif ? Combien de virus à ARN pourraient-ils atteindre des taux d'évolution élevés (parce qu'ils se reproduisent rapidement, qu'ils mutent souvent, que leurs populations sont importantes et que les troupeaux le sont également) dans nos élevages industriels ? Quelles sont les probabilités, compte tenu de ces chiffres, d'une mutation qui faciliterait le débordement ? Combien d'autres Nipah se dirigent-ils vers Bethléem pour y voir le jour ?

Peut-être la prochaine grande pandémie émergera-t-elle d'une porcherie malaisienne, arrivera-t-elle à Singapour en même temps que des truies, puis, de Singapour, se propagera-t-elle au monde entier (en avion, comme pour le SRAS) via les poumons d'un touriste ou d'un steward ayant mangé un porc mu shu dans l'un de ces cafés branchés et hors de prix le long du front de mer, près de l'hôtel Raffles. Oubliez un instant les civettes de palmier et pensez à l'élevage de masse. Il est presque impossible de dépister un virus chez les porcs, vaches, poulets, canards, moutons et chèvres tant que vous n'avez pas identifié ce virus (ou au moins un proche parent), et les recherches ne font que commencer. La leçon plus générale à tirer du Nipah ? La zoonose pandémique de demain pourrait n'être qu'un « mauvais moment à passer » pour la productivité de certaines industries du bétail aujourd'hui.

Nipah nous enseigne d'autres choses, pas si importantes mais aussi fascinantes. L'une d'entre elles nous ramène aux chauves-souris.

70

Après trois semaines en Malaisie, Hume Field quitta l'équipe qui enquêtait sur les porcs et, avec un vétérinaire malaisien nommé Mohd Yob Johara et quelques autres collègues, lança des travaux de recherche sur l'origine du virus. Après tout, c'était la raison pour laquelle on lui avait demandé de rejoindre l'équipe d'intervention internationale – et ceci parce qu'il avait recherché et trouvé les réservoirs d'un virus très ressemblant, le Hendra.

S'inspirant du parallèle Hendra, le petit groupe de Field se concentra principalement sur les chauves-souris, dont la Malaisie abrite une grande diversité, notamment treize espèces de chauves-souris frugivores et une soixantaine d'espèces de petites chauves-souris insectivores. Deux des chauves-souris frugivores indigènes sont des roussettes, grands animaux aux ailes larges appartenant au même genre (*Pteropus*) que les réservoirs de Hendra en Australie. Les petites chauves-souris furent capturées à l'aide de filets japonais installés près de leurs sites d'alimentation et de perchage. Pour les roussettes, l'équipe utilisa une méthode plus opportuniste. La chasse aux chauves-souris étant autorisée dans la plupart des régions de Malaisie, Field et Johara accompagnèrent des chasseurs dans les bois et procédèrent à des échantillonnages sur les animaux capturés. Certains chasseurs s'attaquaient aux sangliers, aussi les chercheurs en profitèrent-ils pour prélever des morceaux de leurs carcasses afin de vérifier si le virus était passé des porcs domestiques aux porcs sauvages.

À peu près au même moment, un autre groupe de l'équipe internationale préleva des échantillons sur des chiens domestiques, des rats, des musaraignes, des poulets, des canards et des pigeons. Les deux groupes voulaient des réponses à la même question pressante : où ce virus se cachait-il dans le vaste monde, indépendamment des porcheries ?

Les sangliers, les rats, les musaraignes et les oiseaux furent tous testés négatifs, sans aucun signe de Nipah ni d'anticorps à ce virus. Certains des chiens furent testés positifs aux anticorps, probablement parce qu'ils avaient vécu en contact étroit avec des porcs malades ou mangé des porcs morts. Les chiens ne semblaient pas avoir beaucoup propagé le virus, ni entre eux, ni à l'homme (bien que certains éléments laissent penser qu'une transmission de chien à homme ait pu à de très rares occasions se produire). La plupart des chauves-souris furent testées négatives, à l'exception de quelques espèces, dont deux se distinguèrent, révélant une forte prévalence d'anticorps Nipah au sein de leurs populations. Ces deux espèces étaient la petite roussette (*Pteropus hypomelanus*) et la grande roussette (*Pteropus vampyrus*). Si ce n'était pas surprenant, étant donné les autres similitudes entre Nipah et Hendra, cela ne constituait pas pour autant une preuve définitive du rôle de réservoir des chauves-souris. Les anticorps suggéraient simplement une exposition, et les échantillons prélevés par Field et Johara ne contenaient pas de virus vivant. Il fallait creuser sur les chauves-souris.

Cette tâche échut à Paul Chua, de retour en Malaisie après sa mission à Fort Collins et à Atlanta. Plus tard, en 1999, après le tollé, après le scandale des un million cent mille porcs massacrés, après que l'épidémie parmi les humains avait été étouffée, Chua et son équipe se rendirent sur les lieux où vivait l'une des colonies de roussettes pour expérimenter une nouvelle technique. Au lieu de tirer sur les chauves-souris et de disséquer leurs tissus, ils étendirent de grandes feuilles de plastique sous les sites de perchage et recueillirent quelques précieuses gouttes de leur urine. Là où elles se nourrissaient, ils collectèrent des échantillons sous forme de fruits mastiqués. Certains de ces fruits étaient des mangues ; on trouvait également un délice local, le jamalac. Le jamalac est une petite chose sans prétention, en forme de cloche, généralement rouge ou rosée, assez juteuse pour étancher la soif des enfants. Le groupe de Chua cultiva trois isolats du virus Nipah, deux à partir d'urine et un à partir d'un morceau de jamalac. Le virus correspondait aux souches trouvées chez les humains atteints de Nipah. Cela prouva que les roussettes étaient des réservoirs du virus Nipah, qu'elles pouvaient potentiellement le transmettre aux porcs, qui à leur tour infectaient l'homme.

Mais ce n'est pas tout. Les travaux de Chua permirent d'établir un scénario plausible de débordement. Comment le virus était-il passé des chauves-souris aux porcs ? Il suffisait d'un manguier ou d'un jamalac, chargé de fruits mûrs, surplombant une porcherie. Une chauve-souris infectée se nourrit d'un jamalac et en jette la pulpe (comme elles aiment à le faire), imprégnée de virus ; la pulpe tombe dans la porcherie ; un des porcs l'engloutit et avale au passage une bonne dose de virus ; le virus se réplique chez ce porc et se transmet aux autres ; bientôt, tout le troupeau est infecté et les personnes qui s'en occupent tombent malades à leur tour. Ce n'était pas un scénario délirant. Dans l'agriculture diversifiée de la Malaisie de l'époque, où les fruits commercialisables pouvaient être un bon complément de revenu, il y avait énormément de porcheries à proximité desquelles poussaient manguiers, jamalacs et autres arbres fruitiers. Le virus Nipah s'y cachait peut-être. Quel cochon pourrait y résister ?

71

LA MALAISIE RÉAGIT AVEC FERMETÉ : elle renforça sa réglementation agricole, ferma certaines exploitations, et lança une campagne choc d'éducation préventive. Attention au Nipah ! Attention aux porcs asthmatiques ! Pourtant, éliminer toute menace de ce virus n'était pas si simple. Deux ans plus tard, il réapparaissait au Bangladesh, voisin de la Malaisie, un pays musulman qui compte pourtant très peu de porcs.

Le Bangladesh est particulièrement exposé aux épidémies de maladies infectieuses, et ce pour plusieurs raisons, dont la plus évidente est la densité de sa population. Sur ses cent cinq mille kilomètres carrés, il compte près de cent cinquante millions d'habitants, ce qui en fait le pays le plus densément peuplé du monde (à l'exception de petites villes-États comme Singapour et Malte). Sa faible altitude (à peine neuf mètres au-dessus du niveau de la mer dans la plupart des régions) et ses cycles réguliers d'inondations (en raison des pluies de mousson et des rivières hautes) exacerbent le problème des maladies d'origines hydriques tels le choléra ou la diarrhée bactérienne, qui tuent des dizaines de milliers de Bangladais (dont une majorité d'enfants) chaque année. Bien que les chiffres concernant Nipah soient bien moindres et le mécanisme très différent, l'émergence de ce virus au Bangladesh et le fait (comme vous le verrez) qu'il peut parfois se transmettre d'homme à homme ont amené les chercheurs et les autorités sanitaires à prendre la situation très au sérieux. Toute maladie infectieuse dont la transmission par voie aérienne est très efficace pouvait se propager dans la grande ville de Dacca (avec ses dix-sept millions d'habitants), les autres grandes villes et villages, avec des conséquences dévastatrices. Et une épidémie aussi vaste au Bangladesh, non contente de tuer des Bangladais, offrirait de surcroît au virus en question de multiples opportunités de s'adapter un peu mieux aux hôtes humains.

La première épidémie de Nipah au Bangladesh s'est produite à Chandpur, un village de six cents âmes situé dans les terres basses du Sud. Aux mois d'avril et mai 2001, treize personnes tombèrent malades, neuf d'entre elles succombèrent au virus (des échantillons de sang confirmèrent la présence de Nipah) puis le problème sembla disparaître. Les gens meurent trop souvent au Bangladesh, d'une cause ou d'une autre, et ce foyer épidémique ne provoqua donc ni panique ni enquête rigoureuse. D'où venait le virus ? On l'ignore. Si les chauves-souris étaient de nouveau le réservoir, qu'est-ce qui avait causé le débordement ? Aucune idée. Y avait-il un hôte amplificateur ? Mystère. Une seule chose est sûre : les porcs n'y étaient pour rien.

Rétrospectivement, plusieurs années plus tard, une équipe d'épidémiologistes constata que les cas de Chandpur ne présentaient que deux facteurs de risque communs. Certaines des victimes avaient vécu avec d'autres victimes ou s'étaient occupées d'elles, ce qui laissait entrevoir la possibilité d'une transmission d'individu à individu. Et ça, c'était nouveau. Et plus d'une dizaine d'entre elles avaient été en contact avec une vache malade. Une vache ? Le rapport publié par ces épidémiologistes, consciencieux, mentionnait en effet cet animal à plusieurs reprises. Si le virus se développe chez les porcs de Malaisie, ne pourrait-il pas également se développer chez une vache du Bangladesh ? Peut-être. Le rôle de la vache reste à ce jour indéterminé.

Janvier 2003. Une nouvelle flambée se déclare dans la province de Naogaon, à une centaine de kilomètres au nord de Chandpur. Cette fois encore, des malades fiévreux et confus, des encéphalites, des hospitalisations, un taux de mortalité élevé… et toujours aucune explication satisfaisante sur la façon dont le virus s'est retrouvé là. Cependant, un troupeau de porcs est passé dans la région et certains des patients y ont été exposés. Tiens donc ! Les rapports ne laissent pas penser que les porcs présentaient les mêmes symptômes qu'en Malaisie mais il est possible qu'ils aient été infectés et contagieux malgré tout.

Les chercheurs bangladais étaient toujours perplexes quant aux deux premières flambées lorsque débuta la troisième, en janvier

2004. Elle frappa quelques villages de la province de Rajbari, à l'ouest de la rivière Padma (une embouchure du Gange), en face de Dacca. Là encore, les cas étaient peu nombreux, une douzaine seulement, mais dix personnes moururent. Fait étrange : la plupart de ces victimes étaient des garçons âgés de moins de quinze ans.

Une nouvelle équipe d'épidémiologistes se rendit sur place. Joel M. Montgomery, un postdoctorant américain au CDC, était de la partie. Ils débarquèrent armés de leurs blocs-notes et de leurs questionnaires avec l'espoir de donner un sens à ce qui s'était passé. Ils effectuèrent une étude cas-témoin, c'est-à-dire qu'ils essayèrent d'identifier la source de l'épidémie, ainsi que de sa propagation, en repérant les différences de comportement entre ceux qui étaient tombés malades et les autres. Quelles étaient les activités à risque qui faisaient d'une personne un candidat idéal à l'infection ?

Bien évidemment, les jeunes garçons du Bangladesh, comme tous les jeunes garçons, s'adonnent à nombre d'activités dangereuses dont beaucoup peuvent entraîner traumatismes crâniens, bras cassés, noyades, morsures de serpent, arrestations ou autres collisions avec un train. Mais quels types de comportements à risque pouvaient vous contaminer ? Montgomery et ses collègues passèrent au crible quelques activités : pêcher, chasser, toucher des animaux morts, jouer au cricket, au football, à cache-cache, ramasser des fruits à même le sol et les manger. Au fur et à mesure que les données s'accumulaient, « toucher des animaux morts » revenait souvent [3] ; en effet, plusieurs des enfants malades avaient, une semaine auparavant, aidé à enterrer des poulets et des canards. Manifestement, ils avaient pratiqué des rites funéraires sur des volailles mortes. Mais là encore, un certain nombre d'enfants non infectés du village avaient également touché des animaux morts. Les canards et les poulets se révélèrent être une fausse piste. Vous voyez comme il est difficile de faire de l'épidémiologie dans un village du Bangladesh ? Aucun de ces passe-temps innocents de l'enfance, de l'enterrement des canards au cricket, n'était plus associé aux garçons infectés (guéris ou décédés) qu'à leurs pairs en bonne santé. Mais un autre l'était : grimper aux arbres.

Grimper aux arbres ? Déconcertant. Bien que le groupe de Montgomery ait établi une forte corrélation, ses résultats n'expliquaient pas en quoi le fait de grimper aux arbres pouvait exposer les jeunes

Bangladais à l'infection par le Nipah. Hormis le fait que cela les rapprochait des chauves-souris.

Trois mois plus tard, en avril 2004, les autorités sanitaires du Bangladesh apprirent l'existence d'une nouvelle épidémie. Faridpur, juste à côté de Rajbari, sur la rive droite du fleuve Padma, fut le dernier site touché. Faridpur et Rajbari, accessibles uniquement par ferry, sont le lieu où la clameur urbaine de Dacca cède la place aux basses terres limoneuses et deltaïques du sud du Bangladesh. Des rizières y bordent la route. Des palmiers et des bananiers y poussent comme des mauvaises herbes dans un terrain vague. À Faridpur, sur trente-six patients, vingt-sept succombèrent. L'analyse des relations sociales entre les victimes mit en évidence une autre préoccupation, qui s'était déjà manifestée lors de la flambée de Chandpur : certaines personnes avaient contracté l'infection par l'intermédiaire d'autres personnes. Une équipe d'enquêteurs nota que cette transmission de personne à personne « augmente le risque d'une plus grande propagation de cet agent pathogène hautement mortel. Dans un pays pauvre et densément peuplé comme le Bangladesh, un virus mortel pourrait se propager rapidement avant que des mesures efficaces ne soient mises en œuvre [4] ». Autrement dit : il pourrait se répandre comme une traînée de poudre.

Puis apparut au Bangladesh une autre épidémie, la cinquième en quatre ans, cette fois dans la région de Tangail, à une centaine de kilomètres au nord-ouest de Dacca. Douze cas, onze décès, rien qu'en janvier 2005. Il apparaissait que le Bangladesh était le seul pays constamment tourmenté par cette maladie mortelle, qui se répétait au cours des premiers mois de chaque année. La Malaisie n'avait pas eu d'autres épidémies. L'Inde, juste au nord de la frontière nord-ouest du Bangladesh, n'en avait connu qu'une. Ailleurs dans le monde, le Nipah était inconnu. Une fois de plus, une équipe, partie de Dacca, effectua une étude cas-témoin pour tenter de découvrir la cause de la propagation de la maladie. Le chef d'équipe, Stephen Luby, était un médecin américain et épidémiologiste du CDC, détaché à Dacca en tant que directeur de programme au sein du Centre international de recherche sur les maladies diarrhéiques, au Bangladesh (ou ICDDRB, plus communément appelé hôpital du choléra), où il travaillait en étroite collaboration avec son homologue bangladais du ministère de la Santé, Mahmudur Rahman.

Le groupe de Luby, comme celui de Montgomery avant lui, interrogea les gens sur leurs activités potentiellement dangereuses – des activités que des personnes épargnées par la maladie n'avaient peut-être pas pratiquées, à la différence des patients, qu'ils en soient morts ou guéris. Pour les défunts, ils interrogeaient leurs parents ou amis. La victime avait-elle grimpé à un arbre ? Certaines oui, la plupart non. Avait-elle touché un cochon ? Non, personne à Tangail n'avait l'habitude de toucher des cochons. Avait-elle été au contact d'une chauve-souris frugivore ? Non plus. D'un canard ? Oui, mais alors ? C'est le cas de beaucoup de personnes. Touché un poulet malade ? Mangé une goyave ? Une banane ? Un animal malade au moment de l'abattage ? Une carambole ? Été au contact de quelqu'un de fiévreux, délirant, et qui serait mort par la suite ?

Les questions sont comme des coups de crayon sur un croquis de la vie d'un village bangladais. Mais aucune de ces questions – pas même celle concernant l'escalade des arbres – ne permit cette fois de faire une distinction statistiquement significative entre ceux qui étaient malades et ceux qui ne l'étaient pas. Sauf une : avez-vous récemment bu de la sève de palmier fraîche ?

Mmm, peut-être une gorgée, effectivement. La sève de palmier fraîche est un mets délicat très prisé dans les villages de l'ouest du Bangladesh. Elle coule dans les veines du palmier-dattier (*Phoenix sylvestris*), dont, une fois l'arbre entaillé, elle s'écoule dans un pot en argile. Comme la sève d'un érable, elle est sucrée – encore plus que l'érable, car elle ne nécessite pas des heures de cuisson avant d'être consommée. Certaines personnes sont prêtes à dépenser quelques takas, une petite fortune au Bangladesh, pour ce délice. Les saigneurs font du porte-à-porte pour la vendre dans les villages voisins, ou sur le bord de la route. Les clients apportent généralement un verre ou un bocal et la boivent sur place ou la ramènent à la maison pour la partager avec leur famille. La sève est de bonne qualité lorsqu'elle est rouge, sucrée, presque transparente. La fermentation naturelle s'installe rapidement et le prix s'effondre après 10 heures du matin, lorsque la sève n'est plus aussi fraîche. Les impuretés font également baisser sa valeur. Ces impuretés, comme vous le verrez bientôt, ont également une autre incidence.

L'enquête menée au Tangail mit en évidence cette unique distinction entre malades et bien-portants : parmi les personnes infectées, la plupart avaient bu de la sève de palmier fraîche. À la différence de leurs voisins en bonne santé. Mais l'histoire semblait plus complexe que ça.

72

J'ALLAI DONC RENCONTRER STEPHEN LUBY à l'ICDDRB. Grand, émacié, les cheveux bruns et courts, des lunettes, sérieux mais pas pompeux, cet ancien étudiant en philosophie s'était tourné vers la médecine et l'épidémiologie avant de se concentrer sur les maladies infectieuses dans les pays à faible revenu. Il vivait au Bangladesh depuis 2004 et connaissait donc assez bien l'endroit. Il était au courant du nombre régulier de décès évitables et s'efforçait d'en prévenir le plus possible. Une grande partie de son travail portait sur des maladies familières et banales, comme la pneumonie, la tuberculose et la diarrhée, qui entraînent une mortalité bien plus importante que celle du virus Nipah. La pneumonie bactérienne, par exemple, est responsable d'environ quatre-vingt-dix mille décès par an, rien que chez les enfants bangladais de moins de cinq ans. La diarrhée bactérienne tue environ vingt mille nouveau-nés chaque année. Pourquoi dans ce cas détourner l'attention sur le Nipah ? demandai-je alors à Luby.

Par prudence, répondit-il. Le Nipah est important à cause des conséquences qu'il pourrait avoir et parce que nous comprenons peu de choses sur la façon dont cela pourrait se produire. « C'est un pathogène horrible, déclara-t-il, me rappelant que la mortalité due au Nipah au Bangladesh est de plus de 70 %. Parmi les survivants, un tiers présentent de graves déficits neurologiques. C'est une sale maladie. » Et environ la moitié de tous les cas connus au Bangladesh, ajouta-t-il, l'ont contractée par transmission de personne à personne, un développement inquiétant qui n'était pas apparu lors de l'épidémie de Nipah en Malaisie.

Pourquoi la transmission de personne à personne a-t-elle été un facteur majeur dans certaines épidémies et pas dans d'autres ? À quel point le virus est-il stable ? Quels sont les risques qu'il évolue vers une forme encore plus transmissible ? Le Bangladesh, comme je l'ai déjà dit, est très peuplé, avec environ un millier d'habitants au kilomètre carré, et cette densité ne cesse d'augmenter. Cette population, répartie de manière assez homogène dans un paysage surpeuplé mais rural, avec de faibles niveaux de revenus et un accès limité aux soins médicaux, qui pèse implacablement sur les derniers vestiges du paysage et de la faune indigènes, expose le pays à un risque particulier d'épidémies, qu'il s'agisse d'anciens agents pathogènes tout ce qu'il y a de plus banals ou d'inquiétants petits nouveaux. Le Nipah est donc une partie importante de notre travail, déclara Luby, même si les cas sont (jusqu'ici) peu nombreux.

Il y a une autre raison, ajouta-t-il. Personne ne sait grand-chose sur ce virus. « Si nous ne l'étudions pas ici, au Bangladesh, personne ne le fera. » Le Bangladesh, souligna-t-il, a connu huit épidémies en huit ans (et davantage, depuis notre conversation). Le travail de laboratoire peut être effectué n'importe où, mais il ne résoudra pas les mystères du comportement du Nipah dans la nature. « Si nous voulons réellement comprendre comment il saute de son réservoir d'animaux sauvages vers l'homme, ce qu'il se passe en termes de transmission de maladies humaines, c'est ici que nous devons le faire. »

Cela nécessitait de connaître un paramètre clé : l'identité du réservoir. Les chauves-souris étaient des suspects tout désignés, en particulier les roussettes, d'après l'expérience malaise et les découvertes parallèles concernant le virus Hendra en Australie. La seule roussette originaire du Bangladesh est une grosse bestiole appelée roussette géante (*Pteropus giganteus*). Luby et son équipe savaient, grâce à des travaux antérieurs, que des membres de cette espèce avaient eux aussi été testés positifs aux anticorps du Nipah. Mais comment le virus est-il passé des chauves-souris à l'homme, si ce n'est par l'intermédiaire des porcs ? Eh bien, il se trouve que les roussettes géantes sont férues de sève de palmier. Des propriétaires d'arbres se sont plaints d'entendre des chauves-souris dans leurs palmiers la nuit. Comme le rapporta l'équipe de Luby après leur étude au Tangail : « Les propriétaires considèrent les roussettes comme une nuisance car elles boivent fréquemment la sève de palmier directement au robinet ou au pot d'argile. On trouve fréquemment des déjections de chauves-souris flottant dans la sève. On trouve même parfois des chauves-souris mortes flottant dans les pots [5]. » Mais cela n'avait pas suffi à tarir la demande de sève fraîche.

Sur la longue liste de facteurs de risques potentiels que dressa l'équipe de Luby, la consommation de sève n'était qu'une hypothèse parmi d'autres. Les premiers enquêteurs sur place furent des anthropologues, m'informa Luby ; ils étaient très gentils avec la population locale, très discrets, posaient des questions ouvertes, pas aussi formelles et quantitatives que les épidémiologistes. « Et les anthropologues ont déclaré : “Tous les malades ont bu de la sève de palmier.” » Puis les épidémiologistes ont confirmé cette hypothèse avec des données concrètes. « L'épidémie au Tangail a été le moment de la révélation pour nous. » Rétrospectivement, l'épiphanie semble évidente, comme la plupart des épiphanies. Oui, boire de la sève de palmier fraîche est un *excellent* moyen de contracter le virus Nipah.

Il m'expliqua le contexte. Cette région occidentale du Bangladesh, dans laquelle se sont déclarées la plupart des épidémies, pourrait être considérée comme le royaume du Nipah. Peut-être parce que c'est celui du palmier dattier. Les chauves-souris y sont très répandues, mais c'est dans l'ouest que les palmiers dattiers poussent en abondance et sont très prisés pour leur sève. La récolte commence à la mi-décembre, lors de la première nuit froide de ce que l'on appelle l'hiver au Bangladesh. Les saigneurs sont connus sous le nom de *gachis*, peuple des arbres, du mot bengali *gach*, qui signifie « arbre ». Ce sont des exploitants pauvres et indépendants, généralement des travailleurs agricoles qui font cela en marge de la saison. Pour récolter la sève, le *gachi* grimpe à l'arbre, détache un grand bout d'écorce près du sommet pour former une entaille en forme de V (d'où suinte la sève), place un robinet creux en bambou à la base du V, et accroche un petit pot en argile sous le robinet. La sève s'écoule pendant la nuit ; le pot se remplit. Juste avant l'aube, le *gachi* grimpe de nouveau à l'arbre pour récupérer son pot de sève fraîche. Il obtient près de deux litres par arbre. C'est Byzance ! Ces deux litres valent environ vingt takas (0,24 $US) s'il réussit à les vendre avant 10 heures. Pour ce faire, il vide le pot en argile dans un récipient plus grand en aluminium, mélangeant ainsi la sève, les excréments de chauve-souris (s'il y en a), l'urine de chauve-souris (s'il y en a) et le virus (s'il y en a) d'un arbre avec la sève (et ses impuretés) d'autres arbres. Puis il part vendre son produit. Certains *gachis* sont complaisants quant au risque de frelatage. L'un d'eux avait confié à un collègue de Luby : « Ça ne me dérange pas que les oiseaux boivent la sève de mes arbres. Parce qu'ils n'en boivent qu'une petite quantité. En donnant aux chauves-souris et aux autres animaux une chance de boire de la sève, j'obtiendrai la bénédiction de Dieu. » Il obtient la bénédiction divine et le client… le Nipah. D'autres *gachis*, eux, font attention, car la sève rougeâtre et limpide rapporte plus que la sève mousseuse pleine d'abeilles noyées, de plumes d'oiseaux et de fientes de chauve-souris.

Stephen Luby et ses collaborateurs usèrent de méthodes peu coûteuses pour aider les *gachis* à éloigner les chauves-souris de leurs pots en argile. Un simple filet fait de chutes de bambou tissées peut être placé autour du robinet ou du pot en argile, permettant ainsi d'éloigner les chauves-souris. C'est une solution simple, et probablement plus humaine que d'adopter une loi contre la récolte de la sève de palmier-dattier. Il existe des questions essentielles toujours sans réponse sur le virus Nipah, me confia Luby. Comment se maintient-il dans la population de chauves-souris ? Pourquoi déborde-t-il ? Est-il facilement transmissible d'homme à homme ou a-t-il besoin de circonstances particulières ? Cet agent pathogène est-il apparu récemment ou tue-t-il, ni vu ni connu, les Bangladais depuis des millénaires ?

Toutes ces questions en amènent une autre. Comment les changements dans le paysage du Bangladesh et la densité de la population ont-ils affecté les roussettes, le virus qu'elles transportent et la probabilité de contagion ? En d'autres termes : quoi de neuf dans l'écologie du Nipah ? Pour une réponse plus éloquente à cette question, me dit Luby, vous devriez discuter avec Jon Epstein.

73

DISSERTER, C'EST BIEN, MAIS ALLER sur le terrain, c'est mieux. Le lendemain matin, je quittai donc Dacca avec Jon Epstein en direction de l'ouest, pour les terres basses du sud-ouest du Bangladesh.

Epstein, écologue spécialisé en pathologie de la faune, basé à New York, était à l'époque employé par l'organisation Wildlife Trust, dans le cadre de son Consortium for Conservation Medicine (la même organisation qu'Aleksei Chmura, plus récemment rebaptisée Eco-Health Alliance). Outre son diplôme de vétérinaire, Epstein est titulaire d'une maîtrise en santé publique et possède une grande expérience dans la manipulation des grandes chauves-souris asiatiques. Il a travaillé avec Paul Chua en Malaisie, où il a capturé des roussettes dans les mangroves côtières, parfois avec de l'eau de mer jusqu'à la poitrine. Il a dirigé l'équipe qui trouva en Inde des preuves de la présence du Nipah chez les roussettes, après la première épidémie dans ce pays, et a fait partie d'un groupe international qui identifia les chauves-souris comme le réservoir du virus du SRAS en Chine. C'est un grand gaillard costaud avec une coupe en brosse et des lunettes à monture en losange, du genre ancien quarterback du lycée devenu quadra. Il était de nouveau au Bangladesh pour recueillir des données afin de comprendre quand, où et comment la roussette géante transporte et transmet le Nipah.

Il y avait fait venir Jim Desmond, un autre vétérinaire américain tout juste recruté dans l'organisation, qu'il allait former aux subtilités de la recherche du virus Nipah chez des chauves-souris aussi grosses que des corbeaux. Le quatrième membre de notre petit groupe était Arif Islam, vétérinaire lui aussi, l'un des rares au Bangladesh à travailler sur la faune et les zoonoses, et le seul d'entre nous à parler couramment le bengali. Arif était précieux car il pouvait prélever du sang sur l'artère brachiale d'une chauve-souris, négocier avec les autorités locales et nous commander du poisson au curry dans les restaurants locaux.

Il était presque 9 heures du matin lorsque nous nous sommes engagés dans la circulation de Dacca, où les bus s'affrontent tels des éléphants et où les motos-taxis se faufilent dans les interstices, semblant toujours à deux doigts d'être broyées. Enfin, la route s'est dégagée. Nous avons roulé vers l'ouest, en direction de la rivière, soulagés. Derrière nous, le soleil couchant orangé, jaune d'œuf ensanglanté, brillait faiblement à travers le nuage de pollution de la ville.

Nous avons pris le ferry vers Faridpur – en cette saison, le fleuve Padma était pratiquement à sec – et avons continué sur deux voies entre les rizières. À Faridpur, nous avons retrouvé deux assistants de terrain, Pitu et Gofur. Tous deux étaient de petits hommes, aussi trapus et agiles que des jockeys, des grimpeurs hors pair spécialisés dans la capture de chauves-souris, qui travaillaient régulièrement avec Epstein depuis des années. Ils tenaient leur expertise en matière de capture de chauves-souris d'une carrière antérieure dans le braconnage. En leur compagnie, nous avons pris la direction du sud tout en grignotant des oranges et un mélange de crackers épicés. Nous avons traversé de petites villes encombrées de pousse-pousse, de bus et de motos. C'était la saison du repiquage pour la nouvelle récolte de riz, et nous pouvions voir des hommes et des femmes courbés, extrayant les pousses vert foncé de leurs épaisses pépinières le long du fond des rivières, avant de les empaqueter, de les déplacer puis de les replanter soigneusement dans les rizières inondées. Sur les terres plus arides poussaient de petites parcelles d'autres cultures – maïs, haricots, céréales – et parfois des bananiers ou des cocotiers. Ces terres, cependant, se raréfiaient à mesure que nous approchions du sud. La terre était déjà si plane et si basse, la nappe phréatique si élevée, que des bassins d'eau stagnante encerclaient chaque village et chaque ville que nous traversions.

Là, nous avons commencé à apercevoir d'autres palmiers dattiers, dont le tronc lisse marqué de stries de barbier indiquait les endroits que les *gachis* avaient incisés les années précédentes. Nous étions à la mi-janvier et la récolte de la sève était en cours, moment idéal pour en boire un bon verre. Mais nous nous en sommes bien gardé. Les Bangladais appellent ça *kajul*, m'apprit Arif. Ils croient que c'est une boisson qui tue les parasites dans l'intestin. Il faut la boire fraîche, selon Arif. Faire bouillir la sève altère non seulement son goût, mais également son effet médicinal. Il en buvait lui-même quand il était enfant, évidemment, mais plus maintenant, pas depuis qu'il travaille sur le Nipah.

En milieu de soirée, nous avons atteint la ville de Khulna, dégotté des chambres dans un hôtel très correct, et le lendemain nous sommes partis à la recherche des perchoirs à chauves-souris qu'Arif avait repérés lors d'un précédent voyage. À l'ouest de la ville, la terre semblait encore plus basse, et l'eau était particulièrement abondante – il y en avait partout, dans les rizières, les bassins, les lagunes, les étangs d'élevage de crevettes. Les villageois et leur bétail vivaient sur des parcelles de terre que l'on atteignait en empruntant des chemins étroits au milieu de l'eau. Si vous souhaitiez un terrain élevé ici, vous deviez le construire. Il y avait certes beaucoup d'arbres, mais pas au point de mériter le nom de forêt. Juste une poignée de cocotiers, de bananiers, de papayers, de tamariniers, quelques feuillus et beaucoup de dattiers, dans l'un desquels j'ai vu un *gachi* grimper. Pieds nus, il utilisait pour son ascension ses mains et ses pieds ainsi qu'une simple ceinture de corde. Il portait un *lungi* (un sarong, noué à la taille), un turban et, par-dessus son épaule, un carquois tissé qui contenait deux longs couteaux courbés. Tout près, au bord de la route, un petit garçon portait quatre pots d'argile rouge, vides et prêts à être placés pour recueillir les gouttes pendant la nuit.

Les chauves-souris elles aussi seraient de la partie. Mais pour le moment, elles dormaient. Les roussettes, contrairement aux chauves-souris insectivores et à certaines chauves-souris frugivores, ne se suspendent pas dans des grottes, des mines ou de vieux bâtiments. Elles préfèrent les arbres, aux branches desquels elles s'agrippent, tête en bas, enveloppées de leurs ailes, tel un étrange fruit tropical. Nous avons visité quatre ou cinq sites. Nous avons observé des grappes de chauves-souris endormies à la cime des arbres, discuté avec les habitants et inspecté la configuration du terrain sous chaque perchoir, dont aucun ne répondait aux normes rigoureuses d'Epstein. Soit les chauves-souris étaient trop peu nombreuses (une centaine par-ci, une centaine par-là), soit les arbres alentour, ou parfois leur absence, ne permettaient pas d'installer un filet. Dans l'un des villages, plusieurs centaines de chauves-souris avaient établi leur perchoir dans des légumineux, refuge attractif, sauf qu'elles étaient suspendues juste au-dessus d'une grande flaque verte qui semblait servir de réservoir d'évacuation et de décharge pour le village. Si l'on abaisse le filet après leur capture, nous a prévenus Epstein, les chauves-souris enchevêtrées tomberont dans cette eau, ce qui obligerait à y plonger les mains pour les démêler avant qu'elles ne se noient. « Hors de question, marmonna-t-il. Je préfère me mesurer au Nipah plutôt qu'à ce qui grouille dans cette eau stagnante. »

Nous sommes donc retournés sur un site que nous avions repéré le long de la route menant à Khulna : un dépôt abandonné dans un complexe clos de plusieurs hectares, appartenant au gouvernement et utilisé autrefois comme dépôt de matériaux pour la construction de routes. Dans une cour herbeuse, parmi les hangars et les entrepôts, se dressaient une poignée de grands arbres à soie dans lesquels étaient accrochées quatre ou cinq mille chauves-souris. C'étaient des perchoirs qu'elles appréciaient particulièrement parce que les arbres étaient si grands qu'ils les protégeaient du brouhaha du village et des petits garçons armés de lance-pierres. Chaque soir, au crépuscule, elles pouvaient quitter leurs branches, décoller, décrire des cercles majestueux au-dessus de la rivière Rupsha et s'envoler pour une nuit de festin dans les villages autour de Khulna. « Nous sommes au bon endroit », a décrété Epstein.

En une seule journée, après des réunions avec des fonctionnaires locaux, Arif et lui avaient obtenu la permission de travailler dans ce vieux dépôt au milieu de la nuit. Voilà pourquoi j'aime travailler au Bangladesh, a déclaré Epstein. Une demande, des gens raisonnables et réactifs. Allez voir dans d'autres pays asiatiques, vous comprendrez votre douleur.

Mais avant de pouvoir commencer à capturer les chauves-souris, nous avons dû effectuer un travail de fond pendant la journée. Nous avons grimpé sur le toit d'un entrepôt désaffecté à l'aide d'une longue échelle de bambou branlante et, de ce toit, Gofur et Pitu ont poursuivi leur ascension. Avec autant d'agilité que des marins montant au nid-de-pie, ils ont grimpé dans l'un des arbres et y ont placé un mât de bambou de manière qu'il dépasse verticalement d'une branche supérieure. Au sommet de ce mât se trouvait une simple poulie faite maison. Ils ont fait de même dans un autre arbre, de l'autre côté de l'entrepôt, puis ont tendu un gigantesque filet japonais entre les deux.

Leur intrusion a bien entendu perturbé les chauves-souris qui, par centaines, se sont agitées, se sont réveillées, ont pris leur envol puis ont tournoyé au-dessus de la rivière. Elles semblaient aussi grosses que des oies dans le ciel diurne, battant des ailes à un rythme lent. Lorsqu'elles nous ont survolés, nous avons pu admirer leur fourrure auburn, leurs grandes ailes couleur terre d'ombre, presque translucides, leur museau pointu. Même si elles n'avaient pas apprécié d'être réveillées, elles ne présentaient aucun signe de panique pour autant. Elles étaient magnifiques. J'avais déjà vu des chauves-souris frugivores en Asie, mais jamais autant en mouvement et jamais d'aussi près. Je devais être bouche bée car Epstein m'a conseillé de fermer la bouche tandis que je les contemplais. « Elles transportent le virus Nipah dans leur urine », m'a-t-il rappelé.

NÉPAL
BHOUTAN
FARIDPUR
Brahmapoutre
INDE
BANGLADESH
SYLHET
Padma
INDE
DACCA
FARIDPUR
CALCUTTA
KHULNÂ
BIRMANIE
GOLFE
DU BENGALE
CHINE
NÉPAL
BANGLADESH
INDE
GOLFE
DU BENGALE
SUNGAI NIPAH
SUMATRA

À l'hôtel, nous avons mis nos réveils à 0 h 30. Le travail pouvait commencer. Alors que nous nous dirigions vers le dépôt de stockage à travers une Khulna endormie, Epstein nous a fait ce qu'il a appelé un « briefing de sécurité ». « Nous porterons des lunettes de protection et des gants de soudeur en cuir pour manipuler les chauves-souris, nous a-t-il expliqué. Et des gants chirurgicaux en dessous. Ne retirez pas votre chapeau, couvrez-vous les bras. Lorsque vous capturez une chauve-souris de cette taille, vous devez la saisir fermement par l'arrière de la tête, les doigts et le pouce sous la mandibule, afin qu'elle ne puisse pas vous mordre. Évitez d'être mordu. Évitez d'être griffé. Si une chauve-souris s'accroche à votre bras, levez la main au-dessus de votre tête. L'instinct de l'animal est de grimper vers le haut, et il ne faudrait pas qu'elle grimpe sur votre visage. Pitu et Gofur démêleront les chauves-souris capturées dans le filet et vous les donneront. Saisissez leur tête d'une main, ses membres de l'autre, en serrant fermement ses petites articulations entre vos doigts et votre pouce. Faites confiance à Pitu et Gofur, ils vous aideront. C'est comme ça qu'on manipule une roussette pour que personne ne soit blessé. Lâchez chaque chauve-souris dans sa taie d'oreiller – qu'Arif tiendra ouverte –, puis nouez la taie, suspendez-la à une branche et allez chercher une autre chauve-souris. Si vous êtes griffé ou mordu, nous considérerons cela comme une exposition, peut-être au Nipah, peut-être également à la rage. Dans ce cas, nous désinfecterons la blessure pendant cinq minutes avec du savon avant de la badigeonner de chlorure de benzalkonium, un puissant antiviral. Puis on enchaînera sur une piqûre de rappel contre la rage. Êtes-vous vacciné contre la rage, David ? (Oui.) À quand remonte votre dernier rappel ? (Hum, je ne sais pas.) S'il s'agit d'une exposition au Nipah, il n'y a rien à faire, car il n'y a pas de vaccin, pas de traitement, pas de remède. (Très rassurant…) Vous ai-je déjà conseillé de ne pas vous faire mordre ? Et surtout, prenez bien soin des chauves-souris, conclut Epstein, vétérinaire et écologue avant tout. Des questions ? »

Heureusement, ces conseils étaient surtout destinés à Jim Desmond. Arif, Pitu et Gofur étaient des pros chevronnés, ils n'avaient pas besoin d'être briefés. C'était Desmond le véritable stagiaire, je n'étais là pour ma part qu'en simple observateur. Je n'avais pas l'intention de laisser quelqu'un me confier une chauve-souris dégoulinante de virus Nipah.

Epstein avait établi son laboratoire de terrain dans un des bâtiments vides. Là, au petit matin, lui et son équipe ont préparé leur équipement pour les tâches à venir : anesthésier les chauves-souris capturées, prélever des échantillons de sang et d'urine sur chaque animal, centrifuger les tubes de sang pour permettre l'aliquotage du sérum, et congeler tous les échantillons dans un réservoir d'azote liquide. Le sol était en béton, les fenêtres grillagées, il avait recouvert la table en bois d'un film plastique et, à la porte, avait disposé un bain de pieds stérilisant dans lequel nous trempions nos bottes en caoutchouc à chaque allée et venue. Epstein nous a distribué des masques, des lunettes de protection et des gants chirurgicaux (pas en latex, pas en caoutchouc, mais en nitrile). Desmond et lui ont revêtu de vieilles combinaisons. Arif portait, lui, une belle combinaison en Tyvek flambant neuve. « Enfile autre chose la prochaine fois, lui a gentiment conseillé Epstein, ces chauves-souris ne sont pas écholocalisatrices, elles peuvent te voir. » Quand Desmond a essayé son masque, Epstein lui a demandé : « Tu arrives à respirer ?

— Ouais.

— Tant mieux. Interdiction de s'évanouir. C'est la règle numéro cinq. »

J'ai alors tenté de me remémorer les quatre premières.

Juste avant d'enfiler son propre masque, Epstein a joyeusement annoncé : « Avec les nouveaux virus émergents, tout est question de prévention. Une fois que vous avez attrapé le virus, il n'y a pas grand-chose à faire. » Sur ce, il m'a tendu une petite lingette emballée, comme celles à base d'alcool que l'on distribue dans les avions, sauf qu'à la place de l'alcool cette lingette contenait du chlorure de benzalkonium. Oooh, c'est trop aimable. Il était à présent 2 h 40 du matin, l'heure d'aller sur le toit.

« Très bien, a-t-il lancé. Tout le monde est prêt ? »

74

C'ÉTAIT UNE NUIT SANS LUNE. Nous avons progressé dans l'obscurité, comme l'équipe de *S.O.S. Fantômes*, et avons grimpé à tour de rôle le long de la grande échelle en bambou. Le toit de l'entrepôt – simple surface goudronnée, tachée et fissurée, vétuste et mal entretenue, sans garantie de supporter le poids d'une personne – filait quelque peu les chocottes. Mes lunettes de protection s'embuèrent très vite à cause de la vapeur qui s'échappait de mon masque et je voyais à peine où je mettais les pieds. Pire encore, je discernais très difficilement où se terminait le bâtiment et où commençait le vide. Je n'apercevais qu'Arif dans sa combinaison en Tyvek, pâle et diaphane tel Casper le gentil fantôme. Mais « Ne vous laissez pas distraire et regardez où vous mettez les pieds ». La règle numéro six, je le compris alors, était de ne pas tomber du toit.

Les chauves-souris s'étaient toutes absentées pour leur repas nocturne. Nous les capturerions quand elles reviendraient, juste avant l'aube. Gofur et Pitu avaient déjà hissé le filet, mur invisible de mailles délicates dans l'obscurité, grand comme l'écran d'un drive-in. Nous avons attendu accroupis. Il commençait à faire froid, une première pour moi dans mon expérience limitée du Bangladesh. Je me suis allongé sur la bâche, emmitouflé du mieux que je le pouvais dans ma veste légère, et me suis endormi. La première chauve-souris a percuté le filet à 4 h 22 du matin.

Nous avons allumé les lampes frontales et nous nous sommes précipités, Gofur a descendu le filet tandis qu'Epstein et Pitu se sont dirigés vers l'animal. Je les ai suivis d'un pas hésitant, aveuglé par mes lunettes de protection. Pitu a délivré la chauve-souris et Epstein a mis en pratique la technique qu'il nous avait décrite : il a saisi fermement sa tête, a pris ses extrémités entre ses doigts puis a déposé la chauve-souris dans son sac. Fermez bien le sac avec un morceau de ficelle. Les chauves-souris capturées, à l'instar des serpents, se détendent mieux si vous les enfermez dans un tissu doux. Remontez le filet et recommencez. J'ai été impressionné par l'efficacité de l'équipe d'Epstein. Entre la première chauve-souris et l'aube, avant même que l'appel à la prière ne retentisse depuis les mosquées alentour, ils en avaient capturé cinq autres. Six chauves-souris pour une nuit de travail, c'était moins que la moyenne pour Epstein mais c'était un bon début pour un nouveau site. Des ajustements dans le placement des filets et la hauteur des mâts allaient améliorer le rendement dans les jours à venir. Mais ça suffisait pour cette fois. Nous avons rejoint la salle qui servait de laboratoire. Là encore, chacun avait son rôle à jouer. Le mien était de rester à l'écart et, de temps à autre, d'aider pour un prélèvement.

Trois heures plus tard, les prélèvements sanguins effectués, les éprouvettes rangées dans le congélateur, il était temps de libérer les chauves-souris. Chacune d'entre elles reçut tout d'abord un verre de jus de fruit pour aider à restaurer les fluides corporels perdus lors de la prise de sang. Nous sommes ensuite retournés dans la cour herbeuse, sous les arbres à soie, où une petite foule d'hommes, de femmes et d'enfants du quartier s'était rassemblée. Epstein, de nouveau équipé de ses gants de soudeur, a libéré une à une les cinq premières chauves-souris, portant haut chaque animal pour qu'il ne grimpe pas sur son visage puis, une fois ses ailes déployées, relâchant doucement sa prise. Nous avons observé l'animal déboussolé tourner en rond avant de s'envoler et de retrouver, soulagé, son chemin vers le perchoir commun, plus triste mais plus sage et sans avoir beaucoup souffert.

Avant de laisser partir la dernière chauve-souris, Epstein a fait un bref discours, traduit par Arif, aux citoyens rassemblés, les félicitant de la chance qu'ils avaient d'abriter tant de merveilleuses chauves-souris, utiles aux arbres fruitiers et autres plantes, et leur a assuré que ses collègues et lui-même avaient pris grand soin de ne pas blesser les animaux.

Plus tard, il m'a confié : « N'importe laquelle de ces six chauves-souris aurait pu être infectée. Elles ont toutes l'air en parfaite santé. Il n'y a aucun moyen de repérer le virus Nipah. C'est pourquoi nous prenons toutes ces précautions. » Alors qu'il quittait le laboratoire, il a de nouveau plongé ses bottes dans le bain de pieds stérilisant avant d'aller se laver à la pompe à eau du village. Une petite fille lui a apporté du savon.

75

« LA CLÉ, C'EST LE LIEN, me dit Epstein lors d'une discussion l'après-midi suivant. Il faut comprendre comment animaux et hommes s'interconnectent. » Nous étions alors de retour à l'hôtel, douchés et nourris, après une nouvelle nuit de capture au cours de laquelle quinze autres chauves-souris avaient été échantillonnées avant d'être relâchées. « On ne peut pas étudier une nouvelle bestiole ou un réservoir-hôte comme ça, dans le vide », ajouta-t-il. Tout est question de contact avec l'homme, d'interaction, d'opportunité. « C'est là que réside le risque de débordement. »

Au cours de la demi-heure qui suivit, il martela le mot « opportunité ». « Beaucoup de ces virus et de ces agents pathogènes qui s'installent aujourd'hui chez les animaux domestiques ou chez l'homme ont très longtemps vécu dans la faune sauvage. » Ils ne causent pas nécessairement de maladie. Ils ont coévolué avec leurs hôtes naturels pendant des millions d'années. Ils ont trouvé là un habitat, en se reproduisant lentement mais régulièrement, passant chez leurs hôtes sans les importuner, appréciant cette sécurité à long terme – et évitant l'impasse en se reproduisant au maximum chez leurs hôtes. C'est une stratégie qui fonctionne. Mais lorsque nous, humains, bouleversons cet habitat – lorsque nous empiétons sur les populations hôtes, les chassons pour leur viande, les poussons hors de leurs écosystèmes en perturbant ou détruisant leur environnement –, notre action augmente le niveau de risque. « Les opportunités pour ces agents pathogènes de sauter de leur hôte naturel à un nouveau sont alors amplifiées », déclara-t-il. Ce nouvel hôte peut être un animal (le cheval en Australie ou la civette palmiste à masque en Chine, par exemple), mais il s'agit très souvent de l'homme, du fait de notre présence si intrusive partout où nous passons. Nous offrons une multitude d'opportunités.

« Parfois, rien ne se passe », ajouta Epstein. Un saut a lieu mais le microbe reste bénin chez son nouvel hôte, tout comme chez l'ancien. (Comme le virus spumeux simien ?) Dans d'autres cas, un nombre limité d'individus développe une maladie grave, après quoi le pathogène se retrouve dans une impasse. (Comme Hendra ou Ebola.) Dans certains cas encore, l'agent pathogène s'installe avec succès chez son nouvel hôte. Il évolue, s'épanouit, s'accroche. L'histoire du VIH est celle d'un virus sauteur qui aurait très bien pu se retrouver dans une impasse. Mais malheureusement, il n'en fut rien.

J'acquiesçai : c'est vrai, le VIH est un exemple très frappant. Mais y a-t-il une raison particulière pour que les autres virus à ARN n'aient pas le même potentiel ? Le Nipah, par exemple ?

« Aucune raison. Absolument aucune, répondit Epstein. Une grande partie de ce qui détermine la raison pour laquelle un agent pathogène s'installe avec succès chez un nouvel hôte est, je crois, le hasard. La chance, si l'on peut appeler ça comme ça. » Avec leurs taux élevés de mutation et de réplication, les virus à ARN sont très adaptables, me rappela-t-il, et chaque débordement présente une nouvelle opportunité d'adaptation et d'implantation. Nous ne saurons probablement jamais combien de fois cela s'est produit – combien de virus animaux sont passés discrètement chez l'homme. Un grand nombre de ces virus n'entraînent pas de maladie, ou en provoquent une nouvelle qui, parce que dans certains coins de la planète le système de santé est très rudimentaire, est confondue avec une ancienne. « Le fait est que plus les virus ont l'opportunité de trouver d'autres hôtes, plus ils ont la possibilité de muter lorsqu'ils rencontrent de nouveaux systèmes immunitaires. » Leurs mutations sont aléatoires mais fréquentes, et combinent les nucléotides d'une multitude de nouvelles façons. « Et, tôt ou tard, l'un de ces virus découvrira la bonne combinaison pour s'adapter à son nouvel hôte. »

Cette notion d'opportunité est essentielle, plus subtile qu'elle n'y paraît. Je l'avais déjà entendue de la bouche d'autres chercheurs. Elle est essentielle car elle rend compte du caractère aléatoire de la situation, sans lequel nous risquerions de magnifier le phénomène des maladies émergentes, en nous imaginant que ces nouveaux virus pourraient s'attaquer à l'homme avec une sorte de détermination. (La « vengeance de la forêt tropicale [6] » confine au fantasme. C'est une jolie métaphore, c'est vrai, mais qu'il ne faut pas prendre trop au sérieux.) Epstein parlait, à demi-mot, des deux dimensions distinctes mais interconnectées du transfert zoonotique : l'écologie et l'évolution. La perturbation de l'habitat, la chasse à la viande de brousse, l'exposition des hommes à des virus inconnus tapis dans les animaux hôtes, c'est l'écologie. Ces choses se produisent *entre* humains et différents types d'organismes, et sont vite détectées. Des taux de reproduction et de mutation d'un virus à ARN, des succès différents selon les différentes souches de virus, l'adaptation du virus à un nouvel hôte, c'est l'évolution. Cela se produit *au sein* de la population d'un organisme à mesure qu'elle réagit à son environnement. L'une des choses les plus importantes à retenir sur l'évolution – et sur son mécanisme primaire, la sélection naturelle, comme l'ont décrite Darwin et ses successeurs –, c'est qu'elle n'a aucun but. Seulement des résultats. Croire le contraire, ce serait adopter un faux raisonnement téléologique. C'est là où Jon Epstein voulait en venir. N'imaginez pas que ces virus aient une stratégie délibérée. Ne croyez pas qu'ils aient une dent contre les hommes. « Ce n'est pour eux qu'une question d'opportunité. » Ils ne s'en prennent pas à nous. D'une façon ou d'une autre, c'est nous qui allons vers eux.

Mais pourquoi les chauves-souris ? demandai-je. Pourquoi tant de ces virus zoonotiques passent-ils des chiroptères à l'homme ? À moins que ce ne soit la mauvaise question ?

« C'est la bonne question, m'assura-t-il. Mais je crains qu'il n'y ait pas encore de bonne réponse. »

76

IL N'Y A PEUT-ÊTRE PAS ENCORE de bonnes réponses, mais des efforts ont été faits. Je posai la même question – pourquoi les chauves-souris ? – aux spécialistes des virus émergents du monde entier. L'un d'eux était un éminent virologue tout juste retraité de son poste de professeur en microbiologie de l'université d'État du Colorado, Charles H. Calisher.

En 1964, Calisher avait quitté la faculté de médecine de Georgetown, un doctorat en microbiologie en poche. Il avait fait ses armes en menant des expériences classiques en virologie, c'est-à-dire qu'il cultivait des virus *in vitro* dans des cellules, les propageait chez des souris ou dans des cellules, en prenait des clichés au microscope électronique et se demandait où les situer sur l'arbre généalogique des virus – le même genre de travaux qu'avaient effectués Karl Johnson pour le virus Machupo, et bien d'autres pionniers avant lui (dont Frank Fenner et Macfarlane Burnet). La carrière de Calisher comprenait un long passage au CDC ainsi que des cours sur les virus transmis par les arthropodes (également appelés les arboviroses, comme le virus du Nil occidental, celui de la dengue et de La Crosse, tous transmis par les moustiques) et ceux transmis par les rongeurs (notamment les hantavirus). En tant que spécialiste des virus, de leurs vecteurs et de leurs réservoirs pendant plus de quatre décennies, malgré son peu d'intérêt pour les chiroptères, il avait eu envie à son tour de savoir : pourquoi tant de ces nouveaux virus venaient-ils des *chauves-souris* ?

Charlie Calisher était un petit bonhomme au regard pétillant, réputé dans la profession pour l'étendue de ses connaissances, son humour caustique, son mépris du pompeux, ses manières un peu abruptes et (si vous arriviez à briser sa carapace) son cœur d'or. Il insista pour m'inviter à déjeuner dans son restaurant vietnamien préféré avant de passer aux choses sérieuses. Il portait un pull marin, un pantalon chino et des chaussures de randonnée. Après le repas, je suivis son pick-up rouge jusqu'au laboratoire de l'université, où il avait encore quelques projets en cours. Il sortit un petit flacon plat d'un incubateur, le plaça sous un microscope, effectua la mise au point, et me dit : « Regardez, c'est le virus de La Crosse. » Je vis alors des cellules de singe, dans une culture couleur cerise, attaquées par quelque chose de si petit qu'on ne pouvait le repérer que par les dommages qu'il causait. Des médecins et des vétérinaires du monde entier lui envoyaient des échantillons de tissu, m'expliqua Calisher, en lui demandant d'y identifier un hypothétique virus. Bon, pourquoi pas ? C'était le genre de choses sur lesquelles il avait travaillé toute sa vie, plus particulièrement avec les hantavirus chez les rongeurs. Puis il y avait eu ce petit détour par les chauves-souris.

Nous retournâmes à son bureau, à présent presque vide à mesure qu'il s'installait dans la retraite, à l'exception d'une table, de deux chaises, d'un ordinateur et de quelques cartons. Il se renversa sur sa chaise, posa ses croquenots sur le bureau et entama une longue tirade : sur les arbovirus, le CDC, les hantavirus chez les rongeurs, le virus de La Crosse, les moustiques et un groupe sympathique appelé le Rocky Mountain Virology Club. Après ce vaste tour d'horizon, se rappelant peut-être alors la raison de ma présence, il me rapporta une conversation qu'il avait eue avec une collègue six ans auparavant, peu après qu'on eut appris que le SRAS, le nouveau coronavirus tueur, avait été retrouvé chez une chauve-souris chinoise. Cette collègue, Kathryn V. Holmes, était spécialiste des coronavirus et de leur structure moléculaire au Health Sciences Center de l'université du Colorado. Charlie me raconta l'histoire à sa manière, enlevée et agrémentée de dialogues.

« Il faut qu'on écrive un article sur les chauves-souris et leurs virus, avait-il lancé à Kay Holmes. Ce coronavirus de chauve-souris est vraiment intéressant. »

Elle parut intriguée mais néanmoins dubitative. « Et qu'est-ce qu'on y mettrait ?

— Eh bien, ceci et cela, ou autre chose », répondit Charlie, plutôt vague. L'idée commençait tout juste à prendre forme. « On pourrait l'axer sur l'immunologie.

— Et que sait-on en immunologie ? »

Charlie : « Que dalle. Demandons à Tony. »

Tony Schountz, un autre ami et collègue, était alors immunologiste à l'université du Colorado, à Greeley, et menait des recherches sur les réactions aux hantavirus chez l'homme et la souris. À l'époque, Schountz, comme Calisher, n'avait jamais étudié les chiroptères. C'était un jeune homme assez costaud, un ancien athlète qui avait fait du baseball à la fac au poste de receveur.

« Tony, que sais-tu des chauves-souris ? »

« Bats » signifiant à la fois battes et chauves-souris, Schountz crut alors que Charlie lui parlait de base-ball. « Elles sont en frêne.

— Euh, Tony... ? Je te parle des chauves-souris. » Et il agita les bras pour imiter un battement d'ailes. Rien à voir avec Joe DiMaggio, donc.

« Oh. Euh... rien.

— Tu as déjà lu quelque chose sur l'immunologie des chauves-souris ?

— Non.

— Mais tu as déjà *vu* des articles sur l'immunologie des chauves-souris ?

— Non plus. »

Même chose pour Charlie. Il n'avait jamais été plus loin que la recherche d'anticorps qui confirmaient l'infection. Personne ne semblait s'être posé la question fondamentale de savoir comment répondait le système immunitaire des chiroptères.

« J'ai donc dit à Kay : "Écrivons un article là-dessus", me raconta Charlie. Et Tony de s'exclamer : "Mais tu es fou ! On n'y connaît rien !

— Elle n'y connaît rien, tu n'y connais rien, et moi pareil. C'est génial. Nous n'avons pas de préjugés.

— Pas de préjugés ? Pas d'informations, surtout."

Et je lui ai répondu : "Tony, c'est pas ça qui va nous arrêter." »

C'est comme ça que fonctionne la science. Mais Calisher et ses deux acolytes n'avaient nullement l'intention de faire étalage de leur ignorance. Si nous ne savons rien dans tel ou tel domaine, proposa-t-il, nous devons simplement trouver quelqu'un qui sait. Ils firent donc appel à James E. Childs, un épidémiologiste spécialiste de la rage à l'école de médecine de Yale (et un vieil ami de Charlie de l'époque du CDC), et à Hume Field, qu'on s'arrachait alors. Les cinq membres de la petite équipe, avec leur patchwork d'expériences et leur sublime absence de préjugés, rédigèrent un long article qui balayait largement le sujet. Plusieurs éditeurs de revues spécialisées manifestèrent leur intérêt, mais ils souhaitaient que le manuscrit soit raccourci ; Charlie refusa catégoriquement. L'article fut finalement publié tel quel dans une revue à plus large diffusion, sous le titre : « Les chauves-souris : un important réservoir-hôte de virus émergents. » Il s'agissait d'un article de revue, tel que Charlie l'avait imaginé, ce qui signifiait qu'aucun des cinq auteurs ne présentait de nouveaux résultats ; ils avaient simplement synthétisé ce qui avait été fait jusque-là, réuni des éléments disparates (y compris des données jamais publiées qu'on leur avait fait parvenir) et cherché à mettre en lumière des schémas plus généraux. Il s'avéra que cet article tombait à point nommé. Il offrait un riche compendium de faits et d'idées – et, lorsque les faits étaient rares, orientait les questions. Autant vous dire que cela ne passa pas inaperçu dans la communauté scientifique. « Tout à coup, me confia Charlie, le téléphone s'est mis à chauffer. » L'équipe dut répondre à des centaines, peut-être des milliers, de demandes de réimpression et envoya l'article à des collègues du monde entier sous format PDF. Tout le monde voulait savoir – en tout cas dans leur univers professionnel – ce qu'étaient ces nouveaux virus et leurs cachettes chez les chiroptères. C'est vrai ça ! Que se passait-il avec les chauves-souris, à la fin ?

L'article mettait en exergue un certain nombre d'éléments, dont le premier mettait tous les autres en perspective : il y a beaucoup, beaucoup de types de chauves-souris. L'ordre des chiroptères (animaux dont l'aile est également la main) comprend mille cent seize espèces, soit 25 % de toutes les espèces reconnues de mammifères. Autrement dit : un mammifère sur quatre est une chauve-souris. Une telle diversité pourrait laisser penser que les chauves-souris ne transportent pas davantage de virus que les autres mammifères ; il se pourrait, plutôt, que leur contribution en virus soit proportionnelle à leur nombre, et paraisse ainsi étonnamment importante.

Peut-être que le nombre de virus par chauve-souris n'est pas plus élevé que chez les autres mammifères.

Mais peut-être que si. Calisher et consorts examinaient les raisons pour lesquelles il pourrait l'être.

En plus d'être diverses, les chauves-souris sont très nombreuses et très sociales. Plusieurs espèces se suspendent en énormes grappes qui peuvent compter des millions d'individus. Elles sont arrivées à leur forme actuelle après une évolution d'environ cinquante millions d'années. Cette ancienneté semble indiquer une longue histoire entre les virus et les chauves-souris, et une telle association a peut-être contribué à la diversification de leurs virus. Quand une lignée de chauves-souris se scindait en deux nouvelles espèces, les virus qu'elles hébergeaient ont pu se scinder également. Et l'abondance des chauves-souris, lorsqu'elles se rassemblent pour se suspendre ou hiberner, peut avoir aidé les virus à subsister dans ces populations, en dépit de l'immunité acquise chez un grand nombre d'individus plus âgés. Vous rappelez-vous du concept de taille critique des communautés ? De la rougeole, qui circule de façon endémique dans des villes de cinq cent mille habitants ou plus ? Les chauves-souris répondent probablement à la norme de taille critique de la communauté de façon plus constante que la plupart des autres mammifères. Leurs communautés sont souvent très importantes, ce qui permet un renouvellement régulier de nouveau-nés susceptibles d'être infectés et de maintenir ainsi la présence du virus.

Ce scénario suppose cependant qu'un virus n'infecte que brièvement chaque chauve-souris, provoquant chez les individus une immunité de longue durée, comme c'est le cas pour la rougeole chez l'homme. Un autre scénario impliquerait un virus capable de causer une infection chronique et persistante, qui pourrait durer des mois, voire des années, chez une chauve-souris. Si l'infection peut persister, alors la longévité d'une chauve-souris bénéficie au virus. Certaines des plus petites chauves-souris insectivores peuvent vivre vingt ou vingt-cinq ans. Une telle longévité, si la chauve-souris infectée héberge le virus, augmente les opportunités de le transmettre à d'autres chauves-souris. En langage mathématique : R_0 augmente avec la durée de vie d'une chauve-souris infectée en permanence. Et un R_0 plus important, comme vous le savez, est toujours profitable à l'agent pathogène.

Le contact social peut également être utile, et de nombreuses espèces de chauves-souris semblent aimer la promiscuité, du moins lorsqu'elles hibernent ou se suspendent. Les chauves-souris mexicaines à queue libre du parc national des grottes de Carlsbad, par exemple, se blottissent les unes contre les autres à raison d'environ trois cents individus par mètre carré. Même les souris de laboratoire dans une cage surchargée ne le supporteraient pas. Si un virus peut être transmis par contact direct, les fluides corporels ou de minuscules gouttelettes projetées dans l'air, la promiscuité multiplie les risques. Dans des conditions comme celles de Carlsbad, notait l'équipe de Calisher, même la rage pourrait réussir une transmission aérienne.

En parlant de ça, le fait que les chauves-souris volent n'est pas anodin. Une chauve-souris frugivore peut parcourir chaque nuit des dizaines de kilomètres à la recherche de nourriture, et des centaines pendant les périodes où elles passent d'un perchoir à un autre. Certaines chauves-souris insectivores peuvent faire jusqu'à mille cinq cents kilomètres pour migrer de leur perchoir d'été à celui d'hiver. Les rongeurs en sont incapables, à l'instar de la plupart des grands mammifères. De plus, les chauves-souris se déplacent en trois dimensions, pas seulement deux ; elles volent haut, descendent en piqué, occupant un espace beaucoup plus étendu que la plupart des animaux. Mais cela augmente-t-il la probabilité qu'elles-mêmes, ou les virus qu'elles transportent, entrent en contact avec l'homme ? Peut-être.

Il y a également la question de leur immunologie. L'équipe de Calisher ne pouvait qu'aborder le sujet, même avec Tony Schountz comme coauteur, car personne n'en savait grand-chose. Ils ont essentiellement soulevé des questions. Est-il possible que les températures basses supportées par les chauves-souris quand elles hibernent suppriment leurs réponses immunitaires, permettant ainsi aux virus de persister dans leur sang ? Que les anticorps, qui auraient neutralisé un virus, ne restent pas aussi longtemps chez les chauves-souris que chez les autres mammifères ? Et qu'en est-il du lignage ancestral des chauves-souris ? A-t-il divergé de celui des autres mammifères avant que le système immunitaire de ces derniers ait atteint le niveau d'efficacité que l'on rencontre chez les rongeurs et les primates ? Les chauves-souris ont-elles un « seuil de tolérance[7] » tel dans leur système immunitaire qu'il permettrait à un virus de se reproduire librement tant qu'il est inoffensif pour l'animal ?

Selon l'équipe de Calisher, répondre à ces questions allait nécessiter de nouvelles données fournies par de nouvelles études. Et ce type de travaux ne pouvait être effectué avec les outils et les méthodes actuels de la génétique moléculaire qui consiste à comparer les longues séquences des bases de nucléotides à l'aide de programmes informatiques. Ils écrivaient ainsi : « L'accent, parfois exclusif, mis sur la caractérisation de la séquence nucléotidique plutôt que sur celle du virus lui-même nous a fait emprunter une voie de facilité au lieu de travailler avec des virus réels [8]. »

Cette étude était le fruit d'un travail collectif, mais cette phrase était du Charlie Calisher tout craché. Que signifie-t-elle ? *Salut les gars ! On doit cultiver ces bestioles à l'ancienne et les observer directement dans les tissus si l'on veut comprendre leur fonctionnement.* Et si nous ne le faisons pas, « il ne nous reste plus qu'à attendre la flambée funeste du prochain virus zoonotique [9] ».

77

CHARLIE CALISHER ET SES COAUTEURS analysaient en détail certains virus associés aux chauves-souris : le Nipah, le Hendra, la rage et ses proches (les lyssavirus), le SARS-CoV, et quelques autres. Ils mentionnaient Ebola et Marburg, tout en les omettant soigneusement de la liste des virus pour lesquels il avait été prouvé que les chauves-souris servaient de réservoirs. « Le réservoir-hôte naturel de ces virus n'a pas encore été identifié [10] », écrivaient-ils à propos du Marburg et d'Ebola. On était en 2006. Des fragments d'ARN d'Ebola venaient alors d'être détectés chez certaines chauves-souris ; des anticorps au virus Ebola avaient été trouvés chez d'autres. Mais cela ne constituait pas une preuve suffisante. Personne n'avait encore isolé le moindre filovirus vivant chez une chauve-souris, et les efforts infructueux pour y parvenir faisaient qu'Ebola et Marburg conservaient tout leur mystère.

En 2007, le virus Marburg réapparut, cette fois chez des mineurs en Ouganda. Cette petite flambée ne toucha que quatre hommes, dont l'un succomba, mais elle permit, en partie grâce à la réactivité d'une équipe internationale, de mieux appréhender le virus. Toutes les victimes travaillaient dans la mine de Kitaka Cave, non loin du parc national Queen Elizabeth, au sud-ouest de l'Ouganda. Elles y extrayaient de la galène, un minerai de plomb, et un peu d'or. Le mot « mine » attira l'attention de certains scientifiques du département des agents pathogènes spéciaux du CDC d'Atlanta, qui suspectaient que le réservoir du Marburg, quel qu'il soit, pouvait être lié à des environnements de type grottes. Des mineurs avaient en effet déjà été victimes des précédentes flambées du Marburg. Aussi, lorsque l'équipe d'intervention arriva à Kitaka Cave, en août 2007, était-elle prête à s'enfoncer sous terre.

Ce groupe était composé de scientifiques du CDC, du National Institute for Communicable Diseases (NICD) d'Afrique du Sud et de l'OMS. Le CDC dépêcha Pierre Rollin et Jonathan Towner, que anous avons déjà rencontrés, ainsi que Brian Amman et Serena Carroll. Bob Swanepoel et Alan Kemp du NICD arrivèrent par avion de Johannesburg ; Pierre Formenty fut, lui, envoyé par l'OMS. Tous avaient une solide connaissance d'Ebola et du Marburg, acquise au cours de flambées épidémiques, de travaux en laboratoire et d'études sur le terrain. Amman, mammalogiste de formation, avait un penchant particulier pour les chauves-souris. Lors d'une conversation au CDC, il me décrivit à quoi ressemblait une expédition dans Kitaka Cave.

La mine servait de perchoir à une centaine de milliers de roussettes égyptiennes (*Rousettus aegyptiacus*), les principales suspectes dans l'affaire du mystérieux réservoir du Marburg. Les membres de l'équipe, tous armés de combinaisons en Tyvek, de bottes en caoutchouc, de lunettes de protection, de masques, de gants et de casques, furent conduits dans le puits par des mineurs qui, comme à leur habitude, ne portaient qu'un short, un T-shirt et des sandales. Le sol était recouvert de guano. Les mineurs frappaient dans leurs mains pour disperser les chauves-souris suspendues qui, paniquées, s'enfuyaient. Déployées, leurs ailes faisaient environ soixante centimètres. Elles n'étaient pas aussi impressionnantes que les roussettes d'Asie mais assez intimidantes néanmoins, surtout quand des milliers d'entre elles bruissaient au-dessus de votre tête dans un tunnel étroit. Avant même de s'en rendre compte, Amman avait été frappé au visage et présentait une coupure au-dessus du sourcil. Towner avait également été touché. Les chauves-souris frugivores possèdent de longs ergots coupants. Plus tard, Amman reçut une injection antirabique, bien qu'il craignît plutôt d'avoir été exposé au Marburg. « C'est un endroit idéal pour une transmission », s'est-il dit à ce moment-là.

La mine avait plusieurs puits, expliqua Amman. Le principal faisait environ trois mètres de profondeur. En raison de l'activité minière, de nombreuses chauves-souris avaient trouvé un autre perchoir dans un site « qu'on a appelé le puits du cobra ». Il était plus petit et…

Je l'interrompis : « Cobra ? Parce qu'il y avait des cobras ?

— Oui, des cobras noirs des forêts », répondit-il.

C'était un habitat idéal pour les serpents, sombre, avec de l'eau et beaucoup de chauves-souris à déguster. Les mineurs conduisirent Amman et Towner dans la mine où ils passèrent devant un puits étroit qui menait à un autre d'environ trois mètres de profondeur, appelé le Trou, auquel on accédait en descendant le long d'une perche et du fond duquel était extrait une grande partie du minerai. Les deux Américains étaient à la recherche du Trou mais, en suivant leurs guides, ils le dépassèrent et continuèrent leur chemin sur environ deux cents mètres le long de la galerie principale avant de tomber sur une mare d'eau brune et tiède. Leurs guides les laissèrent faire un peu d'exploration tout seuls. Towner et Amman découvrirent que la chambre se ramifiait en trois puits qui semblaient remplis d'eau stagnante et dans lesquels pullulaient des chauves-souris. L'humidité était très forte et la température de six ou sept degrés plus élevée que la température extérieure. Leurs lunettes s'embuaient. Leurs masques ne laissaient plus passer beaucoup d'oxygène. Les deux Américains avaient du mal à respirer et transpiraient sous leurs combinaisons en Tyvek qui leur donnaient l'impression d'être vêtus de sacs-poubelles. Ils eurent, à ce moment-là, d'après les souvenirs d'Amman, l'impression de « devenir fous ». L'un des puits semblait se recourber, peut-être pour rejoindre celui du cobra. Impossible d'en évaluer la profondeur, et l'espace au-dessus de leur tête était limité. Devaient-ils poursuivre leur exploration ? Non, décidèrent-ils, le jeu n'en valait pas la chandelle. Quand il les retrouva là, Formenty, leur collègue de l'OMS, leur dit : « Hé, les gars, le Trou, c'est de l'autre côté. » Ils rebroussèrent chemin en rampant mais ils étaient « lessivés », me dit Amman. « On avait besoin de sortir pour prendre un peu l'air. » C'était leur première excursion souterraine à Kitaka. D'autres allaient suivre.

Le lendemain, l'équipe explora une nouvelle chambre, sinistre et isolée, qu'ils surnommèrent la Cage. C'était là qu'un des quatre mineurs infectés avait travaillé juste avant de tomber malade. Cette fois, Amman, Formenty et Alan Kemp du NICD inspectèrent la mine dans ses moindres recoins. On ne pouvait entrer dans la Cage elle-même qu'en se faufilant à travers une brèche étroite à la base de la paroi comme on se glisserait sous une porte de garage qui ne s'est pas complètement refermée. Brian Amman est un grand gaillard – un bon mètre quatre-vingts et cent kilos – et, pour lui, l'interstice était trop étroit ; il dut ôter son casque. « Vous vous retrouvez là, dans cette pièce aveugle, me dit-il, et la première chose que vous voyez, ce sont des centaines de chauves-souris mortes. »

C'étaient les fameuses roussettes égyptiennes, à différents stades de momification et de décomposition. Des piles de chauves-souris mortes, en liquéfaction… voilà qui n'augurait rien de bon et pouvait invalider l'hypothèse selon laquelle la roussette égyptienne était le réservoir-hôte du Marburg. Si ces chauves-souris avaient succombé en masse au virus, elles ne pouvaient donc en être le réservoir. Mais elles avaient tout aussi bien pu être exterminées par la population locale. La cause de leur mort était difficile à déterminer sans plus d'indices, et c'était d'ailleurs en partie la raison de la présence de l'équipe. Si ces chauves-souris étaient bel et bien mortes du Marburg, il faudrait tourner les soupçons ailleurs – vers un autre type de chauve-souris, ou peut-être un rongeur, une tique, voire une araignée. Il faudrait peut-être enquêter sur ces autres suspects. Les tiques, par exemple : il y en avait beaucoup dans les crevasses, près des perchoirs des chauves-souris, qui attendaient une occasion de boire un peu de sang. Quand Amman et Kemp se redressèrent dans la Cage, surprise ! elles n'étaient pas toutes mortes. L'endroit grouillait de chauves-souris, bien vivantes, qui tournaient autour de leur tête.

Les deux hommes se mirent au travail. Ils chargèrent les cadavres dans des sacs, en capturèrent quelques-unes vivantes pour les placer elles aussi dans des sacs, puis, à plat ventre, se glissèrent de nouveau dans l'étroite ouverture. « C'était très angoissant, me confia Amman. Je ne le referais probablement plus jamais. » Un petit accident, une pierre qui vous bloque le passage, et c'est fini. Vous êtes pris au piège.

Attendez une petite minute, que je comprenne bien : vous êtes dans une mine en Ouganda, cerné par le Marburg, la rage et les cobras noirs des forêts ; vous pataugez dans un magma de cadavres de chauves-souris, vous êtes attaqué au visage par celles encore en vie comme Tippi Hedren dans *Les Oiseaux*, les murs grouillent de tiques assoiffées de sang, vous pouvez à peine respirer ou voir ce qui vous entoure mais qu'à cela ne tienne… c'est votre claustrophobie qui vous angoisse ?

« L'Ouganda n'est pas connu pour ses équipes de secours dans les mines », répondit-il.

Au terme de cette enquête de terrain, les scientifiques avaient collecté environ huit cents chauves-souris pour la dissection et l'échantillonnage, dont la moitié appartenaient à l'espèce *Rousettus aegyptiacus*. L'équipe du CDC, y compris Towner et Amman, retourna à Kitaka Cave sept mois plus tard, en avril 2008, pour capturer et échantillonner deux cents autres *R. aegyptiacus*. Il leur fallait savoir si le Marburg persistait dans la population. Si c'était le cas, cela suggérerait fortement que cette espèce était effectivement un réservoir. Au cours de cette seconde expédition, ils marquèrent puis relâchèrent plus d'un millier de chauves-souris, dans l'espoir de déduire, lors de prochaines captures, la taille globale de la population. Cette donnée, ainsi que la prévalence de l'infection chez ces chauves-souris échantillonnées, permettrait d'indiquer combien de chauves-souris infectées seraient suspendues à Kitaka. Towner et Amman utilisèrent des colliers (qui semblaient moins inconfortables pour les chauves-souris que la méthode habituelle de marquage, la bague à la patte) numérotés. Pour avoir utilisé cette méthode, les deux scientifiques subirent les foudres de certains de leurs collègues qui, sceptiques, affirmaient que c'était vain étant donné la taille importante de la population de chauves-souris et les faibles chances de les recapturer. Mais, selon les termes d'Amman, « nous avons campé sur nos positions », et ils relâchèrent mille trois cent vingt-neuf chauves-souris ainsi marquées.

Moins hasardeux, moins controversés étaient les échantillons de sang et de tissus des chauves-souris disséquées. Ceux-ci furent renvoyés à Atlanta, où Towner participa aux efforts de recherche pour y trouver des traces du virus Marburg. Un an plus tard, un article, signé Towner, Amman, Rollin et leurs collègues de l'OMS et du NICD, annonça des résultats importants. Les explorations des mines, les échantillonnages de chauves-souris et la recherche des laboratoires avaient permis une avancée spectaculaire dans la compréhension des filovirus, c'est-à-dire du Marburg et d'Ebola.

L'équipe avait détecté des anticorps au Marburg (chez treize des quelque six cents roussettes échantillonnées) et des fragments d'ARN de Marburg (chez trente et une). Mais les anticorps et les fragments d'ARN, bien que signifiants, relevaient de la même sorte de preuve secondaire qui avait dans un premier temps permis de relier le virus Ebola aux chauves-souris. Alors, quelle était cette avancée spectaculaire ? L'équipe avait trouvé un virus vivant.

Travaillant dans une des unités BSL-4 du CDC, Towner et ses collègues avaient isolé des virus du Marburg viables, répliqués, de cinq chauves-souris différentes. De plus, les cinq souches de virus étaient génétiquement distinctes, ce qui suggérait une histoire plus vaste de la présence virale et de son évolution chez la roussette égyptienne. Ces données, plus le fragment d'ARN, constituaient la preuve solide que la roussette égyptienne était bel et bien un réservoir – si ce n'est *le* réservoir – du virus Marburg. D'après les fragments d'ARN, il semblait infecter environ 5 % de la population de chauves-souris pendant une certaine durée. La population étant estimée à cent mille chauves-souris à Kitaka, l'équipe pouvait donc affirmer qu'environ cinq mille chauves-souris infectées par le Marburg sortaient de la grotte chaque nuit.

Cinq mille chauves-souris infectées passent au-dessus de votre tête. Où vont-elles ? À quelle distance se trouvent les arbres fruitiers ? Combien de bétail ou de petits jardins ont-ils reçu des déjections au passage ? Le conseil de Jon Epstein : « Ferme la bouche quand tu regardes en l'air », s'avérait particulièrement judicieux dans ce cas précis. Et ces cent mille chauves-souris de Kitaka, écrivaient Towner et ses coauteurs, « ne sont qu'une petite partie des populations de chauves-souris des grottes à travers l'Afrique [11] ».

Où pouvait bien se rendre le virus Marburg quand il voyageait sur les ailes de ces chauves-souris ? Une réponse à cette question arriva l'été suivant.

78

JUIN 2008. ASTRID JOOSTEN, une touriste néerlandaise de quarante et un ans, part en Ouganda avec son mari. Ce n'est pas leur première expédition, mais celle-ci allait avoir de graves conséquences…

Chez elle, aux Pays-Bas, dans la province du Brabant (la région qui, pure coïncidence, était alors durement touchée par la fièvre Q), Joosten travaille comme analyste commerciale dans une société d'électrotechnique. Avec son mari, ils aiment s'évader chaque année pour découvrir les paysages et cultures d'autres pays, en particulier en Afrique. En 2002, ils se sont rendus à Johannesburg et, à peine descendus de l'avion, ont eu un véritable coup de foudre pour cette ville. Ils ont ensuite visité le Mozambique, la Zambie et le Mali. Leur périple de 2008, réservé par l'intermédiaire d'une agence spécialisée dans les voyages d'aventure, est censé leur permettre d'observer des gorilles des montagnes dans les hautes terres du sud-ouest du pays. Ils descendent donc vers le sud, vers la forêt impénétrable de Bwindi, où vivent les gorilles ougandais. Un jour, les organisateurs leur proposent une excursion, en option, dans la forêt de Maramagambo, dont l'attraction principale est un site surnommé la grotte du Python. Des pythons de Seba, gavés de chauves-souris, y vivent paisiblement.

Jaap Taal, le mari d'Astrid Joosten, devenu plus tard son veuf, est un homme calme, à la peau claire et au crâne rasé, lunettes de soleil rondes perchées au bout du nez. Cette excursion n'intéressait pas la plupart des touristes, me raconta-t-il autour d'une tasse de café dans un bistrot du sud-ouest du Montana. La visite de la grotte du Python n'était pas incluse dans le voyage, « mais Astrid et moi nous étions toujours dit que nous ne retournerions peut-être jamais là-bas et qu'il fallait en profiter au maximum ». Ils se rendirent donc dans la forêt de Maramagambo puis marchèrent sur environ un kilomètre jusqu'à un petit étang. À proximité, à demi dissimulée par la végétation, tel l'œil d'un crocodile dépassant à peine de la surface de l'eau, se trouvait une petite ouverture sombre. Joosten et Taal, accompagnés de leur guide et d'un autre touriste, descendirent dans la grotte.

Le sol était accidenté : rocheux, irrégulier, glissant à cause du guano de chauve-souris. L'odeur, aigre, était pestilentielle. Imaginez le sol imbibé de bière d'un bar vide et déprimant, à 3 heures du matin. La grotte semblait avoir été creusée par un ruisseau et une partie des rochers s'étaient écroulés – paysage lunaire recouvert de guano tel un épais glaçage à la vanille. Le plafond était tapissé de milliers de chauves-souris, immenses, qui s'agitaient devant l'intrusion d'êtres humains, changeaient de position, prêtes à s'envoler, avant de se suspendre à nouveau. Tête baissée, Astrid et Jaap regardaient où ils mettaient les pieds et essayaient de ne pas glisser, prêts à se retenir de la main si nécessaire. « Je crois que c'est comme ça qu'Astrid a été infectée, me dit Jaap. Elle a dû poser la main sur une pierre couverte d'excréments de chauve-souris. Et le virus s'est retrouvé sur sa main. » Elle a peut-être touché son visage une heure plus tard, mis un bonbon dans sa bouche, ou quelque chose du même ordre, « et c'est comme ça qu'elle a contracté l'infection, je pense ».

Python Cave ne se trouve qu'à une cinquantaine de kilomètres à l'ouest de Kitaka Cave. Elle abrite elle aussi des roussettes égyptiennes. Cinquante kilomètres, ce n'est rien, et les chauves-souris de Kitaka sont tout à fait capables – comme le prouvera plus tard l'étude de marquage et de recapture du CDC – de trouver leur chemin jusqu'au perchoir du Python.

Personne n'avait prévenu Joosten et Taal des dangers potentiels d'une grotte abritant des chauves-souris africaines. Ils ignoraient tout du Marburg (bien qu'ils aient entendu parler d'Ebola). Ils ne sont restés dans la grotte qu'une dizaine de minutes. Ils virent un python, grand et léthargique, puis repartirent, poursuivirent leurs vacances en Ouganda, rendirent visite aux gorilles des montagnes, et firent une excursion en bateau avant de rentrer à Amsterdam. Treize jours après la visite de la grotte, Astrid Joosten, rentrée au Brabant, tomba malade.

Au début, cela ne sembla pas plus grave qu'un rhume. Puis sa température grimpa en flèche. Quelques jours plus tard, ses organes commencèrent à lâcher. Les médecins, avertis de son récent voyage en Afrique, suspectèrent le Lassa, ou peut-être le Marburg. Le Marburg ? demanda Jaap, qu'est-ce que c'est ? Le frère d'Astrid chercha sur Wikipédia et lui répondit : le virus Marburg, ça tue, ça peut faire de gros dégâts. Les médecins la transférèrent à l'hôpital de Leyde, où elle pourrait recevoir de meilleurs soins et être isolée des autres patients. Là, elle développa une éruption cutanée et une conjonctivite, avant de faire une hémorragie. Elle fut plongée dans un coma artificiel pour recevoir un traitement plus agressif d'antiviraux. Juste avant qu'elle ne perde connaissance, Jaap embrassa sa femme et, confiant, lui dit : « On se voit dans quelques jours. » Les analyses de sang qui avaient été envoyées à un laboratoire de

Hambourg confirmèrent le diagnostic : Marburg. Son état se détériora. Ses organes cédèrent l'un après l'autre et son cerveau ne fut bientôt plus assez oxygéné ; elle souffrait d'un œdème cérébral. Peu après, Astrid Joosten fut déclarée en état de mort cérébrale. « Ils l'ont maintenue en vie pendant quelques heures, le temps que la famille arrive, me confia Jaap. Puis ils l'ont débranchée et elle est morte quelques minutes plus tard. »

Les médecins, inquiets après l'imprudence de Jaap qui avait embrassé sa femme pour lui dire au revoir, lui avaient préparé une chambre d'isolement. Mais ce ne fut pas nécessaire. « Il y a tant de choses qu'ils ignorent sur le Marburg et toutes ces infections virales », me dit-il. Puis, en voyageur aventureux qu'il était, il partit faire un tour dans les neiges du parc national de Yellowstone.

79

LA NOUVELLE DE LA MORT d'Astrid Joosten eut un écho retentissant. C'était, pour autant qu'on le sache, la première personne à avoir quitté l'Afrique avec une infection par filovirus, et à en être morte. L'étudiante suisse infectée en Côte d'Ivoire en 1994, elle, s'était rétablie. Qui d'autre était passé par un aéroport international et avait quitté le continent avec le virus Ebola ou le virus Marburg en incubation ? Personne, à la connaissance des spécialistes. Le cas de Joosten démontra que le Marburg pouvait passer chez l'homme même s'il est vrai qu'il ne se transmettait pas aussi bien que le SRAS, la grippe ou le VIH-1. À huit mille kilomètres de là, dans le Colorado, la nouvelle réveilla un souvenir angoissant chez une femme qui avait elle aussi visité Python Cave.

Michelle Barnes est une femme énergique proche de la cinquantaine, aux yeux bleus et aux cheveux auburn, issue d'une famille nombreuse, catholique et irlandaise, de l'Iowa. Cette passionnée d'escalade, de cyclisme et de randonnée a travaillé pour Outward Bound et œuvre aujourd'hui en tant que cadre intérimaire pour des organisations à but non lucratif. Le jour où je l'ai rencontrée, dans un bureau du centre-ville de Boulder, elle portait un pull rouge et une écharpe, et semblait en bonne santé. La couleur auburn, me dit-elle gaiement, était artificielle. Proche de sa couleur d'origine. Début 2008, ses cheveux avaient en effet commencé à tomber ; ce qui restait de sa chevelure était devenu gris « presque du jour au lendemain ». C'était l'un des effets d'une maladie mystérieuse qui avait manqué la tuer, en janvier de la même année, juste après son retour d'Ouganda.

Son histoire ressemble beaucoup à celle d'Astrid, à quelques différences fondamentales près – la principale étant que Michelle Barnes est toujours vivante. Une autre est que son cas prouve combien il est difficile d'être bien diagnostiqué. Comme Jaap et Astrid, Michelle et son mari Rick Taylor étaient fascinés par l'Afrique. Ils s'y étaient déjà rendus à plusieurs reprises et appréciaient tout particulièrement d'explorer seuls des endroits isolés. Eux aussi, cette fois, voulaient admirer les gorilles des montagnes. Ils réservèrent donc leur voyage auprès d'une agence spécialisée afin d'obtenir des autorisations de visite. Leur périple les mena jusqu'aux attrayants paysages de l'ouest de l'Ouganda, comme le feraient quelques mois plus tard Jaap et Astrid. Les grands singes de Bwindi devaient être le point d'orgue de leur séjour. Ils avaient également prévu un arrêt au parc national Queen Elizabeth, sur la rive est du lac Edward. Il y a là un écosystème plus sec et plus plat, caractéristique de la savane d'Afrique de l'Est, avec ses lions, ses éléphants et autres grands mammifères qui convergent à l'aube et au crépuscule vers les points d'eau. L'après-midi était donc peu propice à l'observation de la faune. Aussi, un jour, alors qu'il restait environ cinq heures à tuer, le guide annonça-t-il au groupe qu'il partait visiter une grotte. Changement de décor : des lions et des éléphants, on passerait aux pythons et aux chauves-souris.

Barnes et son groupe parcoururent le même kilomètre que Jaap et Astrid à travers la forêt de Maramagambo et pénétrèrent dans la même grotte. D'après les souvenirs de Michelle, les murs étaient recouverts de grandes araignées velues. Le plafond était bas et les chauves-souris suspendues juste au-dessus de leur tête. L'odeur d'ammoniac était pestilentielle. Il fallait grimper sur ces rochers glissants. Son expérience d'alpiniste, m'expliqua Barnes, l'avait habituée à faire très attention à l'endroit où elle posait les mains. Non, elle n'avait pas touché de guano. Non, elle n'avait pas été percutée par une chauve-souris. Son groupe se retrouva très vite sur une sorte de mezzanine, avec des chauves-souris juste au-dessus et deux pythons en dessous. Si certains des touristes ont aussitôt fait demi-tour, Rick et elle se sont attardés pour s'imprégner de la scène. « Quand allions-nous revoir des pythons et des chauves-souris dans une grotte ? me dit-elle avant d'ajouter avec un recul ironique : Jamais, je peux vous l'assurer. »

Au bout de vingt minutes, ils avaient fait le plein de souvenirs. Fin de l'histoire. Pas d'incident, pas de drame. « Je suis certaine de ne pas avoir touché de chauve-souris ou de guano, du moins pas volontairement. » Michelle et Rick retournèrent à leur véhicule où le guide avait préparé un pique-nique. Avant de manger, Barnes utilisa le gel hydroalcoolique qu'elle emportait toujours avec elle, au cas où. En fin d'après-midi, ils étaient de retour au parc Queen Elizabeth, juste à temps pour admirer le coucher du soleil et les formes plus conventionnelles de la faune africaine. C'était le soir de Noël 2007.

Ils rentrèrent chez eux le jour de l'an. Michelle repartit presque aussitôt rendre visite à ses parents dans l'Iowa. Elle se trouvait donc à Sioux City, ce 4 janvier, lorsqu'elle se réveilla avec l'impression que quelqu'un lui avait enfoncé une aiguille dans le crâne.

Elle était percluse de douleurs, fiévreuse, et son mal de tête était lancinant. Suspectant qu'elle avait peut-être été piquée par un insecte, elle demanda à ses parents de regarder son cuir chevelu. « Bien entendu, il n'y avait rien. Puis, au fil de la journée, est apparue une éruption sur mon ventre. » L'éruption s'est étendue. Outre les douleurs, l'épuisement et l'éruption, elle commença à se sentir désorientée. « Pendant les quarante-huit heures qui ont suivi, mon état s'est dégradé à toute vitesse. » Elle était toujours sous prophylaxie contre le paludisme et à cela s'ajoutait à présent un cocktail de ciprofloxacine et d'ibuprofène. Mais aucune amélioration. Elle retourna au Colorado et s'arrêta dans un centre de soins d'urgence près de chez elle, à Golden, où l'on ne voit pas beaucoup de cas de Marburg. Le médecin lui fit une prise de sang, lui prescrivit des analgésiques et la renvoya chez elle. L'échantillon de sang se perdit en route.

Après cette consultation peu concluante, suivie de deux autres chez son médecin traitant, Michelle Barnes se présenta dans un hôpital de la banlieue de Denver. Elle était déshydratée ; son taux de globules blancs était quasiment nul ; ses reins et son foie avaient commencé à céder. Une fois admise, elle dut faire face à un défilé de médecins et à une litanie de questions. Parmi les premières figurait : « Qu'avez-vous *fait* ces quatre derniers jours ? » La plupart des gens appellent à l'aide avant que leurs organes ne commencent à lâcher. « J'ai pris sur moi », répondit Barnes. Ses sœurs, dont l'une était médecin en Alaska, rappliquèrent fissa à l'hôpital – ce qui, pour Michelle, fut aussi réjouissant qu'alarmant. Manifestement, on leur avait fait comprendre que son état était critique. La sœur-médecin, Melissa, joua un rôle clé en faisant pression sur les médecins de Michelle pour qu'ils lui fournissent des informations et prennent des mesures. C'est alors qu'un spécialiste des maladies infectieuses, le Dr Norman K. Fujita, rejoignit l'équipe. Ce dernier demanda que Michelle soit testée pour la leptospirose*, le paludisme, la schistosomiase* et d'autres infections susceptibles d'être contractées en Afrique, comme le virus Ebola et le virus Marburg. Tous les tests revinrent négatifs.

Personne ne savait ce qu'elle avait. Mais ils la voyaient décliner. Les médecins essayèrent de la stabiliser ; ils l'hydratèrent, lui donnèrent des antibiotiques, la mirent sous oxygène et tentèrent de soulager ses souffrances avec des antidouleurs, tout en espérant que son corps surmonte l'attaque, quelle qu'elle soit, et guérisse. La crise dut se produire dans la nuit du 10 ou du 11 janvier, selon les souvenirs flous de Michelle, lorsqu'une autre de ses sœurs, restée toute la nuit à son chevet, montra des signes d'inquiétude extrême quant à l'état de santé de Michelle. Curieusement, se souvient Barnes, elle avait été placée dans un service de pédiatrie. Il n'y avait plus de place dans l'unité de soins intensifs. « Donc ils m'ont transférée en pédiatrie. Je le sais parce que quelqu'un m'a apporté un ours en peluche. » Contrairement à Astrid Joosten à Leyde, contrairement à Kelly Warfield à l'USAMRIID, Michelle Barnes ne fut pas placée en isolement. Parfois, par précaution, les aides-soignants portaient des masques, mais la plupart du temps ils ne s'embêtaient pas avec ça. Peu à peu, son corps reprit des forces et ses organes (sauf la vésicule biliaire, qu'on lui avait enlevée) recommencèrent à fonctionner. L'ours en peluche a peut-être plus aidé que les antibiotiques.

Douze jours plus tard, elle quittait l'hôpital, affaiblie et anémique, sans avoir été diagnostiquée. En mars, elle revoit Norman Fujita lors d'une visite de contrôle qui fait de nouveau tester son sang pour le Marburg. Toujours négatif. Trois mois plus tard,

Michelle, désormais grisonnante, ayant perdu son énergie habituelle, souffrant de douleurs abdominales et incapable de se concentrer, reçoit un e-mail d'un ami – un journaliste rencontré lors de son voyage en Ouganda – qui vient de lire un article pouvant selon lui l'intéresser. Aux Pays-Bas, une femme a succombé au virus Marburg après des vacances en Ouganda au cours desquelles elle avait visité une grotte remplie de chauves-souris.

Barnes passe les vingt-quatre heures suivantes à rechercher sur Google des articles sur ce cas. Il se trouve que, dans les années 1990, elle avait elle-même vécu trois ans aux Pays-Bas et pouvait donc lire aussi bien les articles en anglais qu'en néerlandais. Tôt le lundi matin suivant, elle est à la porte du Dr Fujita. « C'est une urgence, il faut que je vous parle. » Fujita la reçoit et écoute son récit. Malgré son attitude polie, Michelle en est convaincue, il devait se dire : *Super, encore une qui s'autodiagnostique sur Internet…* Mais il accepte de la tester une troisième fois pour le Marburg. Comme les précédents, cet échantillon est envoyé au CDC, et s'avère de nouveau négatif. Mais cette fois, un laborantin, sachant que la patiente avait visité une grotte habitée par des chauves-souris infectées par le virus Marburg, recoupe le troisième échantillon, puis le premier, en utilisant un test plus précis et plus spécifique. *Bingo* !

Les nouveaux résultats furent transmis à Fujita qui appela Barnes : « Félicitations ! Vous êtes maintenant docteur honoraire en maladies infectieuses. Vous vous êtes autodiagnostiquée, et le test du Marburg est revenu positif. »

80

LE CAS ASTRID JOOSTEN eut également un écho au CDC. Peu de temps après, en août 2008, fut envoyée en Ouganda une nouvelle équipe composée du vétérinaire microbiologiste Tom Ksiazek, un vétéran des interventions sur le terrain contre les flambées zoonotiques, ainsi que de Towner et Amman. Bob Swanepoel et Alan Kemp furent également de nouveau mobilisés. « On a reçu l'appel. "Allez enquêter" », me raconta Amman. Leur mission consistait à prélever des échantillons de chauves-souris à Python Cave, où cette Néerlandaise avait été contaminée. Sa mort, son histoire changeaient la donne. Que des Ougandais succombent au Marburg était déjà assez inquiétant pour faire venir à la hâte une équipe d'intervention d'Atlanta et de Johannesburg. Mais si des touristes étaient également concernés parce qu'ils se baladaient en toute insouciance en sandales ou en chaussures de randonnée, sans aucune protection, dans un charmant dépôt de Marburg infesté de pythons, avant de repartir en avion vers d'autres continents, ce n'était pas seulement un danger pour les mineurs ougandais et leurs familles. Cela constituait une menace mondiale.

L'équipe se retrouva à Entebbe d'où ils prirent la route vers le sud-ouest. Ils suivirent le même chemin que Joosten et Barnes jusqu'à la même ouverture au milieu de la végétation forestière. Mais, contrairement à elles, les scientifiques enfilèrent leur petite combinaison en Tyvek, leurs bottes en caoutchouc, leurs masques et leurs lunettes de protection avant d'entrer dans la grotte. Cette fois, puisqu'il y avait des cobras dans l'équation, ils s'équipèrent également de jambières. Puis ils pénétrèrent à l'intérieur. Partout au-dessus d'eux, des chauves-souris, et partout sous leurs pieds, du guano. On avait l'impression d'une pluie continue de guano, me confia Amman, et que si vous laissiez tomber quelque chose par terre, il serait recouvert en quelques jours. Les pythons étaient indolents et timides, comme le sont les serpents bien nourris. L'un d'eux, selon ses estimations, devait faire six mètres de long. Les cobras noirs des forêts (oui, très nombreux ici aussi) étaient tapis dans les recoins les plus profonds, loin de l'agitation. Towner observait un python quand Amman remarqua quelque chose de brillant sur le sol.

À première vue, cela ressemblait à une vertèbre décolorée, reposant sur un tas d'excréments. Amman la ramassa.

Ce n'était pas une vertèbre mais une espèce de collier en aluminium agrémenté d'un chiffre. Il s'agissait de l'un des colliers que Towner et lui avaient placés sur des chauves-souris capturées à Kitaka Cave, l'autre grotte du Marburg, trois mois plus tôt, à une cinquantaine de kilomètres de là. Il s'agissait, plus particulièrement, du K-31, le collier du trente et unième animal qu'ils avaient relâché. « Et bien sûr, j'étais fou de joie. J'ai crié “Ouais !” en sautant dans tous les sens. Jon et moi étions comme des mômes. » La joie d'Amman n'était que l'excitation légitime et vertigineuse que peut ressentir un scientifique lorsque deux fragments de données durement acquises s'imbriquent enfin. Towner partageait son euphorie. Imaginez ces deux types dans une grotte sombre, lampes sur le front, qui se tapent dans les mains gantées de nitrile.

Retrouver ce collier à Python Cave justifiait, d'un coup d'un seul, leur étude de marquage-recapture. « Cela confirmait mes soupçons : ces chauves-souris se déplaçaient », me dit Amman. Et elles ne se déplaçaient pas seulement dans la forêt mais également d'un perchoir à un autre. Le déplacement d'une chauve-souris (comme la K-31) entre deux sites éloignés (comme Kitaka et le Python) suggérait que le virus pouvait se transmettre partout en Afrique, d'un campement de chauves-souris à un autre. Cela indiquait des opportunités d'infection ou de réinfection dans la population de chauves-souris sous la forme de séquences, comme des décorations lumineuses de Noël. Ce qui réduisait à néant la réconfortante hypothèse selon laquelle ce virus serait localisé. Et soulevait une interrogation supplémentaire : pourquoi les flambées du virus Marburg ne se produisaient-elles pas plus souvent ?

Marburg n'est qu'un des nombreux virus concernés par cette question. Pourquoi pas davantage de Hendra ? De Nipah ? D'Ebola ? De SRAS ? Si les chauves-souris sont si abondantes, si diverses, si mobiles, et si les virus zoonotiques sont si communs chez elles, pourquoi ces virus ne passent-ils pas plus souvent chez l'homme ? Y a-t-il un parapluie mystique qui nous protège ? Ou est-ce un hasard pur et simple ?

81

La dynamique écologique du virus lui-même peut en partie expliquer pourquoi de telles maladies ne sont pas constamment en train de se propager. Oui, les virus ont une dynamique écologique, tout comme les créatures qui sont, elles, indéniablement vivantes. Je veux dire par là qu'ils sont interconnectés avec d'autres organismes à l'échelle de leur environnement, et pas seulement à celle des hôtes et des cellules d'un individu. Un virus a une répartition géographique. Un virus peut s'éteindre. Son abondance, sa survie et sa portée dépendent des autres organismes et de ce qu'ils font. C'est ce que l'on appelle l'écologie virale. Dans le cas du virus Hendra, pour prendre un autre exemple, l'écologie changeante du virus peut en partie expliquer son émergence comme cause de maladie humaine.

Cette hypothèse fut explorée par une scientifique australienne, Raina Plowright. De formation vétérinaire, Plowright a travaillé sur les animaux domestiques et la faune sauvage en Nouvelle-Galles du Sud ainsi qu'en Grande-Bretagne, en Afrique et en Antarctique, avant de rejoindre l'université de Californie, à Davis, où elle a obtenu une maîtrise en épidémiologie puis un doctorat en écologie des maladies infectieuses. Elle fait partie de cette nouvelle espèce de spécialistes des maladies à formation croisée que j'ai déjà mentionnée, des vétérinaires-écologues conscients des liens étroits qui existent entre la santé humaine, celle de la faune sauvage et du bétail, et les habitats que nous partageons. Pour son travail de doctorat sur le terrain, Plowright retourna en Australie pour étudier la dynamique du virus Hendra au sein de l'un de ses réservoirs-hôtes : la petite roussette rouge. Elle effectua une partie de son travail de capture et d'échantillonnage dans le Territoire du Nord, au sud de Darwin, au milieu des forêts d'eucalyptus et d'arbres à thé du parc national de Litchfield et de ses environs. C'est là que je l'ai rencontrée, en 2006, lors d'une matinée désœuvrée, tandis que le cyclone Larry balayait le nord de l'Australie. Nous avions un peu de temps à tuer avant qu'elle ne sorte une fois de plus pour essayer de capturer des chauves-souris au milieu des inondations de la mousson.

Ce qu'il y a d'intéressant avec Hendra, me dit-elle, c'est qu'il s'agit de l'un des quatre nouveaux virus qui ont émergé à peu près en même temps de ce seul groupe de chauves-souris, les ptéropodes. Peu après l'apparition du virus Hendra au nord de Brisbane, en 1994, le lyssavirus des chauves-souris australiennes est apparu sur deux autres sites le long de la côte du Queensland, en 1996 ; suivi du virus Menangle, apparu près de Sydney en 1997 ; et enfin du virus Nipah, en Malaisie, en septembre 1998. « L'apparition quasi simultanée de quatre virus émergeant du même genre d'hôte est sans précédent. Nous pensons donc qu'il y a eu un changement dans l'écologie du *Pteropus* qui aurait précipité l'émergence de la maladie. » Hume Field avait aidé à identifier de tels facteurs contributifs dans le cas du virus Nipah dans les élevages de porcs de

Malaisie. Aujourd'hui, huit ans plus tard, avec Field dans son comité de thèse, Plowright cherchait des facteurs similaires chez le virus Hendra. Elle savait que les changements dans l'habitat avaient affecté la taille de la population, les schémas de distribution et le comportement migratoire des réservoirs-hôtes du Hendra – pas seulement la petite roussette rouge, mais également ses congénères, la roussette noire, la roussette à tête grise et la roussette à lunettes. Sa tâche consistait à étudier la façon dont ces changements avaient affecté à leur tour la distribution, la prévalence et la probabilité de transmission interespèces du virus.

Le projet de Plowright, comme beaucoup de recherches écologiques de nos jours, impliquait une combinaison de collecte de données sur le terrain et de modélisation mathématique. Le cadre conceptuel de base, m'expliqua-t-elle, « a été développé par deux types dans les années 1920, Kermack et McKendrick ». Elle faisait référence au modèle SIR, que j'ai décrit plus haut. Après avoir fait allusion à cet héritage intellectuel, elle commença à parler des individus sensibles, des individus infectieux et des individus rétablis dans une population de chauves-souris. Si la population est isolée et peu nombreuse, le virus infectera les sujets sensibles puis les laissera récupérer (et immunisés contre une éventuelle réinfection), jusqu'à ce qu'il ne reste pratiquement plus de sujets sensibles. Après quoi il disparaîtra, tout comme la rougeole disparaît dans un village isolé. Le virus peut finir par revenir, ramené dans cette population par une chauve-souris infectée. Cela renvoie à l'image des décorations lumineuses de Noël que j'ai évoquée pour le Marburg. Les écologues appellent cela une *métapopulation* : une population de populations. Le virus évite l'extinction en infectant une population après l'autre de chauves-souris. Il meurt ici, il apparaît et infecte là-bas ; il n'est peut-être pas présent en permanence dans une population donnée mais il est toujours quelque part. Si les populations de chauves-souris sont séparées par des distances suffisamment grandes, alors le taux de réinfection sera lent.

Imaginez maintenant une telle population de chauves-souris au sein de la métapopulation. Elle a progressé dans la séquence du SIR, chaque individu est infecté, chacun s'est rétabli, puis le virus a disparu. Mais pas pour toujours. Au fil des ans, alors que la naissance de nouvelles chauves-souris et la mort des anciennes font remonter la proportion de sujets sensibles, la population retrouve sa vulnérabilité collective au virus. Un plus grand isolement signifie une plus grande période écoulée avant que le virus ne revienne ; une plus grande période écoulée est synonyme de plus de nouveau-nés sensibles ; plus de sujets sensibles signifie un potentiel plus riche d'infection. « Aussi, quand vous introduisez de nouveau le virus, m'expliqua Plowright, décrivant le rôle divin du modélisateur, il en résulte une flambée beaucoup plus importante. »

Plowright travaillait bien sûr avec des chiffres, pas avec des analogies. Mais ses chiffres reflétaient à peu près ce scénario. L'intérêt d'une telle modélisation par rapport à la réalité du terrain est que les populations australiennes de roussettes se sont davantage isolées au cours des dernières décennies. « La côte est de l'Australie était autrefois une unique et grande forêt, et les populations de chauves-souris étaient donc assez uniformément dispersées le long de la côte. » Leurs colonies étaient relativement mobiles. Leurs ressources alimentaires – principalement du nectar et des fruits – étaient diversifiées, variables selon les saisons et réparties de façon inégale dans la forêt. Chaque groupe de chauves-souris, comprenant peut-être quelques centaines ou quelques milliers d'individus, s'envolait la nuit pour trouver de quoi se nourrir, revenait le jour et migrait en fonction des saisons pour se rapprocher des réserves de nourriture. Avec tous ces allers-retours, les chauves-souris se transféraient parfois d'un groupe à l'autre, transportant ainsi le virus Hendra si elles étaient infectées. Il y avait un mélange et une réinfection continus des petits groupes. Tel semble avoir été le cas – pour la petite roussette rouge, ses congénères et le virus Hendra – depuis des temps immémoriaux. Puis soudain, les choses ont changé.

L'altération de l'habitat, sous la forme de brûlis, est une tradition ancienne des aborigènes, mais au cours des dernières décennies le défrichement s'est accentué et mécanisé, en particulier dans le Queensland. De vastes zones de forêt ont été rasées et remplacées par des parcelles consacrées à l'élevage de bétail et l'expansion urbaine. On a planté des vergers, aménagé des parcs urbains, construit des maisons aux cours pleines d'arbres en fleurs, créant ainsi des villes et des banlieues attractives. « Les chauves-souris ont donc décidé que, puisque leur habitat naturel disparaissait, que le climat devenait plus variable et que leur source de nourriture se diversifiait, il était plus facile de vivre dans une zone urbaine. » Elles se rassemblent aujourd'hui en plus grands groupes, parcourent des distances plus courtes pour se nourrir, et vivent à proximité des hommes (et de leurs chevaux). Des roussettes à Sydney, des roussettes à Melbourne, des roussettes à Cairns. Des roussettes dans les figuiers de Moreton Bay, à l'ombre d'un enclos sur la côte nord de Brisbane.

Je voyais bien où Plowright voulait en venir et j'essayai de deviner la suite de son raisonnement. Si j'avais bien compris, ces grandes populations de chauves-souris plus sédentaires, plus urbaines, qui n'ont plus besoin de parcourir de si longues distances à la recherche de nourriture, ont tendance à se réinfecter moins fréquemment les unes les autres ? Et dans l'intervalle, elles accumulent des individus sensibles ? Ainsi, lorsque le virus arrive, la propagation des nouvelles infections est-elle plus soudaine et plus intense ? Le virus plus abondant ?

« Exactement. C'est tout à fait ça, répondit-elle.

— Il y a donc une grande probabilité de transmission à une autre espèce ? » Je voulais me jeter sur cette conclusion facile mais Plowright devait encore capturer de nombreuses chauves-souris, rassembler de nombreuses données, explorer de nombreux paramètres de modèles, et elle freina mon enthousiasme. Cinq ans après notre conversation, son doctorat en poche, devenue à son tour une spécialiste respectée du virus Hendra, elle présenterait ses travaux et ses idées dans un auguste journal, le *Proceedings of the Royal Society.* Mais, pour le moment, au milieu des pluies et des hautes eaux du Territoire du Nord, elle se montra prudente.

« C'est une théorie. »

82

LES THÉORIES DOIVENT ÊTRE TESTÉES, comme le savait bien Raina Plowright. La science procède par observation, supposition et test. Si vous avez été attentif, vous aurez remarqué qu'il y a quelques pages, j'ai classé le virus Ebola avec le Hendra, le Nipah et d'autres, parmi les virus auxquels les chauves-souris servent de réservoir. C'est une hypothèse en attente d'être prouvée. Personne, alors que j'écris ces lignes, n'a encore isolé de virus Ebola actif chez une chauve-souris ; et l'isolement du virus reste l'étalon or de l'identification d'un réservoir. Cela pourrait arriver très bientôt : de nombreux chercheurs s'y emploient. En attendant, l'hypothèse de l'Ebola chez les chauves-souris semble plus solide depuis que l'équipe de Jonathan Towner a réussi à isoler le virus Marburg, si proche, imputé lui aussi aux chauves-souris. Et cette hypothèse a été quelque peu étayée par une donnée ajoutée au dossier du virus Ebola à peu près au même moment. Cette donnée prit la forme de l'histoire d'une petite fille.

Éric Leroy, le virologue formé à Paris et basé à Franceville, au Gabon, qui avait traqué le virus Ebola pendant plus de dix ans, dirigeait l'équipe qui a reconstitué l'histoire de cette fillette. Les nouveaux éléments provenaient non pas de la virologie moléculaire mais d'un travail de détective épidémiologique à l'ancienne : interroger les survivants, rechercher les contacts, analyser les comportements. Le contexte était une flambée d'Ebola qui s'était produite dans et autour du village de Luebo, le long de la rivière Lulua, dans une province du sud de la République démocratique du Congo. Entre fin mai et novembre 2007, plus de deux cent soixante personnes furent contaminées par ce qui semblait être ou était (cela fut confirmé dans certains cas) le virus Ebola. La plupart d'entre elles en moururent ; le taux de létalité était de 70 %. Leroy et ses collègues arrivèrent en octobre, dans le cadre d'une équipe d'intervention internationale de l'OMS en coopération avec le ministère de la Santé de la RDC. L'étude de Leroy se concentra sur le mode de transmission, qui semblait avoir pour origine une femme de cinquante-cinq ans, désignée, dans leur rapport, comme la Patiente A. Ce n'était pas nécessairement la première personne à avoir été infectée mais simplement la première identifiée. Cette femme, âgée selon les critères du Congo, était morte après avoir souffert d'une forte fièvre, de vomissements, de diarrhées et d'hémorragies. Onze de ses proches, principalement des membres de sa famille, qui s'étaient occupés d'elle, tombèrent malades à leur tour avant de succomber à la maladie. Et c'est ainsi que l'épidémie se propagea.

Leroy et son équipe se demandèrent comment elle-même avait été infectée. Personne dans son village n'avait présenté de symptômes avant elle. Les enquêteurs élargirent donc leurs recherches aux nombreux villages environnants, tant le long de la rivière que dans la forêt voisine. Grâce à leurs entretiens, ils apprirent que les villages étaient reliés par des sentiers et que, le lundi, tout le monde se rendait dans l'un de ces villages, Mombo Mounene 2, où avait lieu chaque semaine un grand marché. Ils découvrirent également qu'il y avait là une migration annuelle importante de chauves-souris.

Elles arrivaient généralement en avril et en mai et faisaient escale pour trouver des sites de perchage et des arbres fruitiers sur deux îles de la rivière. Selon les informations recueillies par l'équipe de Leroy, elles pouvaient être des milliers voire des dizaines de milliers chaque année. En 2007, la migration avait été particulièrement importante. Depuis leur perchoir sur les îles, les chauves-souris parcouraient la région. Elles se nourrissaient parfois dans une plantation de palmiers à huile sur la rive nord de la rivière ; la plantation, vestige de l'époque coloniale, était aujourd'hui à l'abandon mais les arbres miraculés donnaient toujours des fruits en avril. La plupart des animaux étaient des chauves-souris frugivores à tête de marteau (*Hypsignathus monstrosus*) et des roussettes à épaulettes de Franquet (*Epomops franqueti*), deux des trois espèces chez lesquelles Leroy avait trouvé des anticorps d'Ebola. Suspendues, les chauves-souris se balançaient sur les branches des arbres. Les locaux, friands de protéines ou d'un peu d'argent, les chassaient au fusil. Les chauves-souris à tête de marteau, grosses et charnues, étaient particulièrement prisées. Un seul coup de fusil pouvait faire tomber plusieurs dizaines d'entre elles. Beaucoup se retrouvaient, à peine tuées et encore sanguinolentes, sur le marché de Mombo Mounene 2, d'où les acheteurs les ramenaient chez eux pour en faire leur dîner.

Un homme, qui se rendait régulièrement à pied de son village au marché et y achetait souvent des chauves-souris, semble avoir souffert d'un cas bénin d'Ebola. Les enquêteurs le baptisèrent Patient C. Il n'était pas lui-même un chasseur de chauves-souris, mais un simple consommateur. Fin mai ou début juin, d'après ses souvenirs, le Patient C présenta quelques symptômes mineurs, principalement de la fièvre et des maux de tête. Il se rétablit. Mais l'histoire ne s'arrête pas là. « Le Patient C avait une fillette de quatre ans (Patient B), rapportèrent plus tard Leroy et son équipe, qui est soudain tombée malade le 12 juin et est morte le 16 juin 2007, après avoir eu des vomissements, de la diarrhée et une forte fièvre [12]. » La petite fille n'a pas fait d'hémorragie et n'a pas été testée pour Ebola, mais ce serait le diagnostic le plus plausible.

Comment l'avait-elle contracté ? Elle avait peut-être mangé de la chauve-souris frugivore porteuse du virus. Quels étaient les risques encourus par les consommateurs de chauve-souris ? Difficile à dire ; difficile même à supposer. Si la chauve-souris à tête de marteau est bien un réservoir d'Ebola, quelle est la prévalence du virus dans une population donnée ? C'est une autre inconnue. Towner avait trouvé une prévalence de 5 % de Marburg chez les roussettes égyptiennes, ce qui signifie qu'un animal sur vingt pouvait être infecté. En supposant une prévalence à peu près similaire chez la chauve-souris à tête de marteau, la famille de la petite fille avait donc joué de malchance : elle aurait pu manger dix-neuf autres chauves-souris sans être atteinte. Mais si tous les membres de la famille avaient mangé de la chauve-souris, pourquoi ne sont-ils pas eux aussi tombés malades ? Le père, infecté ou souillé après avoir acheté des chauves-souris au marché, avait peut-être porté sa fille sur le sentier qui les ramenait au village. Le père, le Patient C, semble n'avoir transmis le virus à personne d'autre.

Mais sa fille, elle, si. Conformément aux traditions locales, son corps avait été lavé avant l'enterrement par une amie proche de la famille. Cette amie n'était autre que la femme de cinquante-cinq ans, devenue la Patiente A.

« Ainsi, la transmission du virus peut avoir eu lieu lorsque la Patiente A a préparé le corps pour la cérémonie, écrivit l'équipe de Leroy. Lorsqu'elles furent interrogées, la mère et la grand-mère de la jeune fille déclarèrent qu'elles n'avaient pas eu de contact direct avec le cadavre et qu'elles n'avaient développé aucun signe clinique d'infection au cours des quatre semaines suivantes [13]. » Elles n'avaient été là qu'en simples observatrices. Elles n'avaient pas touché le corps de leur fille et petite-fille. Mais la Patiente A, elle, l'avait touché avant de retourner à sa vie – du moins ce qu'il en restait. Elle reprit ses interactions sociales. Résultat : cent quatre-vingt-trois personnes attrapèrent Ebola et en moururent.

L'équipe de Leroy reconstitua cette histoire, puis, soucieuse d'en comprendre tous les tenants et les aboutissants, se posa plusieurs questions. Pourquoi le père n'avait-il contaminé que sa fille ? Peut-être parce qu'il constituait un cas bénin, avec une faible charge virale* qu'il excrétait très peu. Mais si son cas était bénin, pourquoi celui de sa fille avait-il été si grave, la tuant en à peine quatre jours ?

Peut-être parce que, étant une enfant en bas âge souffrant de vomissements et de diarrhées, elle était morte de déshydratation non soignée. Pourquoi n'y avait-il eu qu'un seul cas de transmission entre la chauve-souris et l'homme ? Et pourquoi le Patient C était-il le seul cas directement lié au réservoir ? Peut-être ne l'était-il pas, d'ailleurs. « Il est en réalité très probable que d'autres personnes aient été infectées par des chauves-souris, écrivit l'équipe de Leroy, mais les conditions nécessaires à une transmission interhumaine n'étaient pas réunies [14]. » Ils faisaient allusion à des infections mortelles. Une personne tombe malade, souffre seule, sa famille ou ses amis, méfiants, se tiennent à distance (la nourriture et l'eau sont laissées devant la porte de la cabane), et elle meurt. Elle est enterrée sans cérémonie. Éric Leroy ne savait pas combien de malheureux dans la région de Luebo avaient pu manger ou toucher une chauve-souris, être infectés par le virus Ebola, y succomber et être jetés dans un trou, le tout sans avoir jamais infecté personne. Dans ces villages reculés, au milieu de l'horrible confusion provoquée par une flambée épidémique, le nombre de cas mortels pourrait être considérable.

Cela amena l'équipe de Leroy à la question centrale : si les conditions nécessaires à une transmission interhumaine n'étaient pas réunies, quelles étaient alors ces conditions ? Pourquoi la flambée de Luebo n'avait-elle pas pris une ampleur considérable ? Pourquoi ne s'était-elle pas répandue comme une traînée de poudre ? Après tout, cela avait commencé en mai et l'OMS n'était arrivée qu'en octobre.

83

LA TRANSMISSION D'HOMME À HOMME est le point capital. C'est ce qui sépare une maladie étrange, horrible, localisée, intermittente et mystérieuse (comme le virus Ebola) d'une pandémie mondiale. Vous vous souvenez de l'équation proposée par Roy Anderson et Robert May pour représenter la dynamique d'une épidémie en cours ?

$$R_0 = \beta N/(\alpha + b + v)$$

Dans cette formule, β représente le taux de transmission. β est la lettre bêta, au cas où vous ne seriez ni mathématicien ni grec. Ici, il s'agit d'un multiplicateur qui représente le numérateur de la fraction, une position forte. Cela signifie que lorsque β change considérablement, R_0 en fait autant. Et R_0, comme vous vous le rappelez, je n'en doute pas, est la mesure de l'ampleur d'une épidémie.

Chez certains agents pathogènes zoonotiques, la transmissibilité efficiente entre humains semble être dès le départ inhérente, une sorte de préadaptation accidentelle à la propagation dans la population humaine, malgré un long passé en résidence chez un autre hôte. Ce fut le cas du SARS-CoV, dès les premiers jours de son apparition en 2002-2003 à Guangdong et à Hong Kong. Peu importe où et pourquoi il se cache depuis lors. Mais ce n'est pas le cas du virus Hendra, qui se transmet très facilement entre les chevaux mais pas entre les humains. Bien entendu, un agent pathogène peut également acquérir cette capacité par mutation et adaptation chez un hôte humain. Avez-vous remarqué l'effervescence incessante mais discrète qu'a provoquée la grippe aviaire, la souche connue sous le nom de H5N1, chez les chercheurs ces quinze dernières années ? C'est parce que la grippe aviaire les inquiète profondément, bien qu'elle n'ait pas causé beaucoup de décès chez l'homme. Alors que la grippe porcine va et vient dans la population humaine (comme elle l'a fait en 2009), provoquant parfois une grave pandémie et parfois (comme en 2009) une pandémie moins grave que prévu, la grippe aviaire, elle, se situe dans une catégorie différente de probabilités menaçantes. Elle inquiète les spécialistes car ils savent que la grippe H5N1 est 1) bien qu'assez rare, extrêmement virulente chez l'homme, avec un taux élevé de mortalité, et pourtant 2) peu transmissible, jusqu'à présent, d'homme à homme. Si vous l'attrapez, il est très probable que vous en mourrez, mais vous avez peu de risques de l'attraper, sauf en dépeçant un poulet infecté. Rares sont ceux d'entre nous qui tuent aujourd'hui eux-mêmes leurs poulets, et les autorités sanitaires du monde entier ont travaillé d'arrache-pied pour s'assurer que les poulets que nous manipulons – morts, désarticulés, enveloppés dans du plastique ou autres – n'ont pas été infectés. Mais si le H5N1 mute, s'il s'adapte pour se transmettre d'homme à homme, alors ce pourrait devenir la maladie la plus meurtrière depuis 1918.

Comment un agent pathogène acquiert-il une telle capacité d'adaptation ? Le processus de variation génétique (par mutation ou par d'autres moyens) est aléatoire. Un véritable jeu de craps. Mais l'abondance de possibilités contribue à augmenter la probabilité qu'un virus mute. Ce qui nous ramène une fois encore au mot de Jon Epstein : opportunité.

À Dacca, après des nuits passées à capturer des chauves-souris aux côtés d'Epstein, je retournai à l'ICDDRB pour de nouveaux entretiens, car je voulais en savoir plus sur la capacité du Nipah à se transmettre d'homme à homme. Je discutai avec quelques personnes du programme de Steve Luby sur les maladies infectieuses. L'une d'entre elles était une épidémiologiste américaine, Emily Gurley, qui, dans sa jeunesse (elle est fille de diplomate), avait passé plusieurs années au Bangladesh avant d'y revenir pour travailler dans la santé publique. Gurley avait une trentaine d'années, les cheveux bruns bouclés, des taches de rousseur pâles et des yeux bleus qui s'écarquillaient légèrement lorsqu'elle parlait de son travail de détective. Elle avait participé à l'enquête sur la flambée de la province de Faridpur en 2004, qui fit vingt-sept victimes sur les trente-six cas identifiés. Le plus étonnant dans cette flambée était qu'un seul individu – un super-contaminateur – avait manifestement infecté tous les autres, telle une araignée au centre d'une toile de transmission.

Cet homme était un chef religieux, leader vénéré d'une secte islamique peu orthodoxe, un groupe informel et sans nom qui comprenait un petit nombre de fervents adeptes dans un village appelé Guholaxmipur et ses alentours. Contrairement aux musulmans orthodoxes, les membres de la secte refusaient de prier cinq fois par jour ou de jeûner pendant le Ramadan, et ils restaient parfois assis toute la nuit, hommes et femmes réunis, à prier, fumer des cigarettes (ou même de l'herbe) et chanter. Leurs pratiques extatiques choquaient le reste de la population. Aussi, lorsque leur chef succomba à une maladie aussi foudroyante que mystérieuse, puis que sa famille et ses disciples commencèrent à mourir à leur tour, les voisins attribuèrent-ils ces décès à *asmani bala* : une malédiction venue d'en haut.

O.K., pourquoi pas. L'épidémiologie offrirait cependant une autre explication.

Le chef religieux était déjà mort et enterré, sa tombe transformée en sanctuaire, la flambée était en cours, quand l'équipe de Gurley débarqua. Elle et quelques collègues quittèrent Dacca début avril après un appel pressant bien que tardif du médecin-chef de l'hôpital de Faridpur, qui les avertit que des gens étaient vraisemblablement en train de mourir du Nipah. Lorsque leur voiture arriva à Guholaxmipur, me raconta Gurley, « la scène avait quelque chose de très théâtral. Nous avons été accueillis par un cortège funéraire qui quittait le village ; le corps était enveloppé dans un linceul blanc, ce qui ne présageait rien de bon ». Les habitants commencèrent à porter des proches comateux hors de leur habitation, implorant l'aide des visiteurs. « Il y avait beaucoup de malades dans ce village. » Les médecins organisèrent le transfert de dix-sept patients vers un hôpital de Faridpur où ils furent regroupés dans un petit bâtiment séparé du bâtiment principal – une aile d'isolement improvisée. Cette « aile » n'était en réalité qu'une simple pièce. Gurley et ses collègues commencèrent à prélever des échantillons et à recueillir des informations. Certaines des personnes présentaient de graves symptômes respiratoires. « Il y avait un homme assis, se souvient Gurley, qui, alors qu'il nous parlait, n'arrêtait pas de tousser. Mais il a pu nous donner tous ses antécédents pathologiques. Le lendemain matin, il était mort.

— Portiez-vous des masques ?

— Oui. »

Ils portaient des masques N95, simples et relativement bon marché mais efficaces contre les petites particules, équipement standard dans ce genre de situation. S'ils avaient su ce qui les attendait à Faridpur, ils auraient peut-être préféré quelque chose de mieux, mais le principal regret de Gurley était de n'avoir pas apporté plus de N95, pour le personnel de santé local et pour eux-mêmes. C'était la saison des tempêtes et il y eut une coupure d'électricité. Les lumières s'éteignirent et le personnel ferma toutes les fenêtres. « Ce qui n'est pas l'idéal dans ce genre de situations », déclara Gurley en éclatant d'un rire sans joie. Au matin, l'homme qui toussait ainsi que deux autres patients de cette salle surpeuplée et irrespirable étaient morts.

Gurley réunit les données des entretiens et, alors qu'elle commençait à tracer une courbe épidémiologique, elle se rendit compte que « tous ceux qui se trouvaient dans cette aile avaient eu un contact très étroit avec un individu mort de ce virus quelques semaines auparavant ». Il s'agissait du chef religieux. Ce schéma était très différent des précédentes flambées de Nipah, au cours desquelles la plupart des patients semblaient avoir été infectés par une source environnementale (bétail malade ? cimes d'arbres ? L'hypothèse de la sève de palmier n'était pas encore apparue), et non par contagion humaine. De plus, leurs symptômes étaient principalement neurologiques, et non respiratoires. L'équipe de Gurley alla même jusqu'à douter un temps que le Nipah soit la cause de cette flambée de Faridpur. Mais les échantillons envoyés à Atlanta se révélèrent positifs au Nipah, et le CDC dépêcha alors une petite équipe de spécialistes pour travailler aux côtés de Gurley et de ses collègues.

L'enquête menée à Faridpur permit finalement de mieux comprendre la maladie de Nipah, dont la transmission de personne à personne pourrait être beaucoup plus importante que prévu. Sur les trente-six cas, vingt-deux étaient liés au chef religieux. Ces personnes avaient été proches de lui juste avant que la maladie ne finisse par l'emporter. Ils avaient probablement été infectés par un virus aéroporté, ou par contact, échange de fluides corporels ou toute sorte de transfert direct. Chez les quatorze autres patients, la plupart des cas semblaient également indiquer une transmission de personne à personne. Un chauffeur de pousse-pousse d'un village voisin, qui travaillait de façon saisonnière comme collecteur de sève de palmier, tomba malade. Sa mère, son fils, sa tante et un voisin prirent soin de lui avant de tomber malades à leur tour. À l'hôpital, la tante reçut la visite d'un beau-frère, un habitant de Guholaxmipur ; le beau-frère en question était le fameux chef religieux. Un peu plus tard, un des adeptes de la secte, infecté, dont l'état s'aggravait, fut transporté à l'hôpital par un autre conducteur de pousse-pousse ; environ dix jours plus tard, ce dernier tombait malade, mourait… et ainsi de suite.

Nipah passait horizontalement dans la communauté, comme une rumeur, une malédiction divine ou un bon tas de fiente de chauve-souris. Et son omniprésence apparente fut confirmée par une autre constatation de l'équipe d'intervention. Cette donnée était d'ailleurs particulièrement effrayante. Les enquêteurs prélevèrent des échantillons sur le mur d'une chambre d'hôpital dans laquelle avait été soigné l'un des patients cinq semaines auparavant, ainsi que sur le cadre souillé du lit dans lequel il avait été allongé. Aucune de ces surfaces n'avait été nettoyée entre-temps : l'eau de Javel et la main-d'œuvre se faisaient rares. Certains prélèvements, tant sur le mur que sur le cadre du lit, se révélèrent positifs à l'ARN de Nipah. Des traces du virus Nipah, laissées par ce que le patient avait expulsé, étaient toujours présentes après cinq semaines, décorant la chambre de façon invisible. Pour les autorités sanitaires, de telles projections étaient synonymes de contamination. Pour le virus, d'opportunités.

Je m'entretins également avec Rasheda Khan, une anthropologue dont le bureau jouxtait celui d'Emily Gurley. Khan était une Bangladaise aux yeux sombres et aux manières sévères et professionnelles. Son travail consistait à étudier les facteurs culturels et sociaux qui influent sur une maladie telle que la flambée épidémique de Faridpur. Elle s'était rendue à Faridpur pour interviewer les villageois dans leur langue maternelle, le bengali, afin de recueillir des témoignages sur les comportements et les habitudes, et découvrir qui était tombé malade à quel moment. Elle me parla de l'*asmani bala* (« une malédiction infligée par Allah », selon sa traduction légèrement plus catégorique que d'autres) et de la façon dont ce fatalisme avait pu dissuader certaines victimes d'aller à l'hôpital se faire soigner. Elle me décrivit certains moments d'intimité, caractéristiques de son pays, susceptibles de favoriser la transmission de la maladie. « Au Bangladesh, me dit-elle, le contact physique est très courant. On s'embrasse, on se tient la main tout le temps. » Même le long de la route, vous pouvez voir des hommes marcher main dans la main. Et cette proximité augmente si une personne est malade – et plus encore si la personne malade est une figure vénérée, comme le chef de la secte à Guholaxmipur. Cet homme, adoré de ses disciples, était considéré comme un véritable dieu. Les gens s'étaient approchés de lui, alors couché sur son lit de mort, pour pouvoir bénéficier d'un ultime contact, lui murmurer des bénédictions à l'oreille, éponger son corps, ou encore pour lui offrir une gorgée d'eau, de lait ou de jus. « Ici, m'expliqua Khan, c'est une coutume de faire boire de l'eau à un mourant. Beaucoup de gens se sont approchés de son lit, se sont penchés, lui ont offert de l'eau alors qu'il n'arrêtait pas de tousser. Et la brume était partout sur… »

Je pense qu'elle allait dire « les visages » mais comme un imbécile, je l'ai interrompue.

« La brume ?

— Oui, les projections. Sa salive. Sa toux. On nous a raconté qu'il toussait, et sa toux, sa salive, sur le corps, les mains… » Interrompant sa pensée, elle me laissa remplir les blancs avant de mentionner que le lavage des mains, en revanche, n'était pas une pratique répandue au Bangladesh. Des adeptes malchanceux et des membres de leur famille avaient donc très bien pu quitter leur dernière audience légèrement imprégnés de la salive du saint homme, puis se frotter les yeux, manger avec ces mêmes mains ou que sais-je encore. Pas besoin de sève de palmier dans ce cas-là.

84

EN TROIS JOURS, J'AI EFFECTUÉ plusieurs voyages à l'ICDDRB, qui occupe un complexe de bâtiments situés derrière un haut mur dans le quartier de Mohakhali de Dacca. Outre mes entretiens avec Khan et Gurley, j'ai discuté avec quelques hauts administrateurs et quelques jeunes chercheurs brillants, qui m'ont fourni un large éventail de perspectives et d'idées sur le virus Nipah. Mais le moment le plus éprouvant s'est produit lorsque mon taxi, perdu dans la circulation démentielle de Dacca, s'est arrêté devant la mauvaise entrée et que, désorienté, j'ai franchi la mauvaise porte. Il ne s'agissait pas de l'élégant bâtiment qui abritait le programme de lutte contre les maladies infectieuses de Stephen Luby. C'était l'ancien hôpital du choléra.

Un Bangladais plein de sollicitude, remarquant que je semblais perdu, me demanda où j'allais et m'indiqua le chemin, me conseillant de traverser simplement l'hôpital. Un garde m'ouvrit la porte et me salua. Personne ne me demanda de badge. Je me retrouvai soudain dans une pièce remplie de dizaines de lits. Certains étaient vides, sans draps, et laissaient apparaître un matelas en vinyle rouge ou vert avec, au milieu, un trou destiné au bassin hygiénique : froid, pratique, prêt pour le prochain patient. Beaucoup étaient occupés par les corps décharnés de patients à l'agonie, de tristes êtres à la peau tannée, seuls ou consolés à voix basse par leurs proches. Et je me retrouvai là, moi, un homme blanc avec une mallette, dans ce hangar d'âmes attendant impatiemment qu'un médecin les remarque. Une femme attira mon attention, puis elle murmura quelque chose à son enfant, près d'elle sur le lit, et me montra du doigt. Dans la rue, un tel geste pourrait être perçu comme de la simple curiosité ou encore comme un prélude à la mendicité, ici il ne reflétait que l'espoir – un espoir profond, un espoir de délivrance mais dirigé vers la mauvaise personne. Je détournai les yeux et continuai mon chemin, conscient de n'avoir aucune qualification, aucune connaissance, aucune formation, aucun médicament qui pussent être utiles à cette femme et, pire encore, à son enfant. Après avoir traversé d'autres couloirs, franchi d'autres portes, croisé d'autres gardes, je finis par trouver le bureau de mon prochain interlocuteur.

L'hôpital du choléra a été fondé en 1962 comme complément d'un ancien laboratoire de recherches sur le choléra ; les deux furent ensuite regroupés au sein de l'ICDDRB. L'hôpital offre un traitement gratuit à plus de cent mille patients chaque année, non seulement contre le choléra mais également contre la dysenterie sanguine et autres maladies diarrhéiques. La plupart des patients sont des enfants de moins de six ans. 80 % d'entre eux arrivent à l'hôpital dans un état de sévère malnutrition. Je ne pourrais vous dire combien survivent. Je ne pourrais même pas vous dire combien de cas de choléra surviennent chaque année lorsque la saison des pluies au Bangladesh charrie les eaux infectées dans les villages et les bidonvilles, parce que la plupart ne sont pas signalés et qu'il n'y a pas de recensement systématique. Je tablerais sur au moins un million. Mais ce que je peux affirmer, c'est que le Bangladesh, merveilleux à bien des égards, tout aussi fascinant qu'horrifiant pour un visiteur fortuné, est un pays particulièrement difficile pour un citoyen pauvre, qu'il soit urbain ou rural, car si vous êtes pauvre il est difficile d'y rester en bonne santé. Des milliers de personnes, jeunes ou âgées, y meurent chaque année du choléra et autres maladies diarrhéiques, de la pneumonie, de la tuberculose et de la rougeole. Notez qu'aucune de ces affections n'est récemment apparue ou mystérieuse. Ensemble, elles éclipsent – du moins jusqu'à présent – l'impact de l'encéphalite à virus Nipah.

Pourquoi les zoonoses sont-elles si importantes ? Cette question m'a été posée, ainsi qu'à d'autres, bien des fois au cours de mes six années de recherche sur le sujet. (Un historien respecté, rencontré lors d'une conférence, me conseilla même d'oublier le virus Ebola et d'écrire un livre sur l'asthme, qui touche vingt-deux millions d'Américains. Il se trouve qu'il était asthmatique.) Étant donné le bilan mondial de la morbidité et de la mortalité causées par les anciennes maladies infectieuses – le choléra, la typhoïde, la tuberculose, la diarrhée à rotavirus, le paludisme (à l'exception du *Plasmodium knowlesi*), sans parler des maladies chroniques comme le cancer et les maladies cardiaques –, pourquoi s'intéresser à ces infections, ces anomalies, qui passent des chauves-souris ou des singes chez quelques dizaines ou centaines d'individus de temps à autre ? Oui, pourquoi ? N'est-il pas peu judicieux d'attirer l'attention sur quelques maladies scientifiquement intrigantes, dont certaines sont émergentes mais d'un impact relativement faible, alors que d'ennuyeuses et anciennes afflictions continuent de punir l'humanité ? Après mon détour par l'hôpital du choléra, après avoir été happé par le regard chargé d'espoir de cette mère, je me retrouvai à me demander la même chose : pourquoi cette obsession des zoonoses ? Pourquoi ce fléau parmi tant d'autres devrait-il être à ce point pris au sérieux ?

C'est une question légitime à laquelle il existe de bonnes réponses. Certaines sont complexes et spéculatives. D'autres subjectives. D'autres objectives et frappantes. La plus frappante est la suivante : le sida.

VIII

Le chimpanzé et la rivière

85

QUAND LA PANDÉMIE DU SIDA DÉBUTA-T-ELLE ? Si les récits divergent sur ce point, rares sont ceux qui remontent à son origine véritable – ce jour où la maladie, une zoonose, passa d'un animal à un humain.

Automne 1980. Un jeune immunologiste, Michael Gottlieb, professeur associé à l'UCLA Medical Center, observe chez plusieurs patients de sexe masculin un curieux schéma d'infections. Homosexuels actifs, ces cinq malades souffrent d'une pneumonie à *Pneumocystis carinii*, un champignon d'ordinaire bénin (aujourd'hui rebaptisé *Pneumocystis jirovecii*). Ce germe est on ne peut plus courant, il circule partout : leur système immunitaire aurait dû n'en faire qu'une bouchée. À l'évidence, celui-ci dysfonctionne, puisque la mycose a envahi leurs poumons. Mais ce n'est pas tout : leur bouche est infectée par une levure gluante, le *Candida*, très fréquente chez les nouveau-nés, les diabétiques et les adultes immunodéprimés. Les tests sanguins mettent en évidence « une carence spectaculaire [1] » en lymphocytes T*, ces globules blancs thymodépendants qui jouent un rôle clé dans la régulation des réponses immunitaires. Gottlieb mentionne également d'autres symptômes, mais les trois plus caractéristiques sont : pneumocystose, candidose buccale, carence en lymphocytes T. À la mi-mai 1981, il rédige avec un collègue un bref article décrivant leurs observations. Sans chercher à en déterminer les causes, les deux chercheurs se contentent de souligner le caractère troublant et inquiétant de ce schéma infectieux.

Convaincus de l'urgence de publier, ils se tournent d'abord vers *The New England Journal of Medicine*. Un des éditeurs est intéressé mais il faudrait attendre au moins trois mois pour que sorte le papier. Aussi Gottlieb préfère-t-il s'adresser à la newsletter hebdomadaire des CDC [a], *Morbidity and Mortality Weekly Report*. Bref et sans fioritures – il fait à peine deux pages – son article paraît dans le *MMWR* daté du 5 juin 1981 sous le titre « *Pneumocystis* Pneumonia – Los Angeles ». C'est la première publication alertant la communauté médicale sur un syndrome qui ne porte pas encore de nom.

La deuxième viendra un mois plus tard, le 3 juillet 1981, de nouveau dans la newsletter des CDC. Alvin E. Friedman-Kien, un dermatologue new-yorkais, pointe une autre maladie : le sarcome de Kaposi. Ce cancer plutôt rare, généralement peu agressif, a été observé à l'origine dans les pays méditerranéens chez des sujets masculins d'âge moyen – typiquement, le gars qui joue aux dominos dans un troquet d'Athènes en sirotant son café. Des taches rouge violine constellant la peau sont une de ses manifestations les plus courantes. Or, il se trouve qu'en moins de trois ans Friedman-Kien et son réseau de confrères ont recensé pas moins de vingt-six cas de sarcome de Kaposi chez des hommes jeunes et homosexuels. Certains de ces patients développaient parallèlement une pneumocystose. Huit sont décédés. Bizarre…

Le sarcome de Kaposi figure également en bonne place dans un ensemble d'observations cliniques effectuées à Miami à la même période. Mais si les symptômes recensés chez ce nouveau groupe de patients sont similaires, leur profil culturel est différent. Hospitalisés entre le début de l'année 1980 et juin 1982, ces vingt malades sont tous des immigrants haïtiens, arrivés depuis peu aux États-Unis pour la majorité d'entre eux. De leur témoignage recueilli en consultation, il ressort que tous sont hétérosexuels ; aucun épisode homosexuel à signaler dans leur histoire. Pourtant, l'ensemble d'affections qu'ils présentent ressemble à ce qu'ont observé Gottlieb à Los Angeles, et Friedman-Kien à New York, chez leurs patients gays : pneumocystose, candidose dans la gorge, diverses autres infections rares, anomalies dans la numération des lymphocytes*,

a. CDC : Centers for Diseases Control and Prevention (Centres pour le contrôle et la prévention des maladies). Ils constituent la principale agence gouvernementale américaine en matière de protection de la santé et de la sécurité publiques.

et sarcome de Kaposi agressif. Dix de ces Haïtiens sont morts. L'équipe médicale qui publie ces observations décrit un « syndrome étonnamment similaire au syndrome d'immunodéficience récemment décrit chez des patients homosexuels américains [2] ». Par la suite, le groupe des Haïtiens sera considéré comme une fausse piste, et il n'en sera plus guère fait état dans les débats. La signification réelle de cette coïncidence n'apparaîtra que plus tard, grâce à la génétique moléculaire.

Autre « origine » identifiée : Gaetan Dugas, le jeune steward canadien devenu célèbre sous le nom de « Patient Zéro » – un nom familier à quiconque s'intéresse peu ou prou aux débuts du sida. On a dit de Dugas qu'il était « l'homme qui a importé d'Afrique le virus du sida pour le répandre dans la communauté occidentale gay [3] ». C'est faux. Il n'en a semble-t-il pas moins joué un rôle considérable dans la propagation du virus par ses agissements irresponsables, dans les années 1970-1980. Bénéficiant, en sa qualité de steward, d'une quasi-gratuité pour ses déplacements personnels, Dugas voyage dans les plus grandes villes d'Amérique du Nord où il collectionne les aventures, profitant des plaisirs offerts aux gays en cet âge d'or des saunas. Joli garçon, blond comme les blés et beau parleur, il passe pour irrésistible [4], mais il paiera au prix fort sa liberté sexuelle : sarcome de Kaposi soigné par chimiothérapie, pneumocystose, quelques autres infections liées au sida et, pour finir, la mort à trente et un ans, d'une défaillance rénale. Mais pendant le bref laps de temps qui lui fut accordé après le diagnostic de son sarcome, Dugas, rendu fou de méchanceté par le désespoir, mit les bouchées doubles. À en croire Randy Shilts, auteur de l'enquête *And The Band Played On*, après une séance de sexe avec un inconnu au sauna Eight-and-Howard de San Francisco, rallumant la lumière, il aurait claironné, exhibant ses lésions : « J'ai le cancer gay ! Je vais mourir, et toi aussi [5]. »

En mars 1984, le mois de sa mort, une équipe d'épidémiologistes des CDC publie une étude décisive sur le rôle des contacts sexuels dans les cas de « sida ». Car si la maladie porte désormais un nom, on en cherche toujours l'explication. « Bien que la cause du sida soit inconnue, écrivent les auteurs de cette publication dont le premier signataire est David M. Auerbach, il se pourrait que la maladie soit provoquée par un agent infectieux transmissible d'homme à homme, de la même façon que l'hépatite B[6]. » Le virus de l'hépatite B est transmis par le sang. Les trois modes de contamination principaux sont les relations sexuelles, l'échange d'aiguilles entre drogués et les transfusions de sang contaminé. Ce modèle semble plausible pour expliquer ce qui, sinon, ne constitue qu'une convergence de symptômes inexplicable. « L'existence d'un cluster de cas de sida reliés entre eux par leurs contacts sexuels est cohérente avec l'hypothèse d'un agent infectieux », ajoute l'équipe des CDC. En d'autres termes : il ne s'agirait pas d'une intoxication chimique, ni d'un accident génétique, mais d'un microbe.

Auerbach et ses collègues ont collecté des informations auprès de dix-neuf cas de sida au sud de la Californie, interviewant chaque patient ou, s'il était décédé, ses proches. Ils ont également interrogé vingt et un patients de New York et d'autres villes des États-Unis. À partir de ces quarante cas, ils ont réalisé un graphique mettant en évidence qui avait eu des relations sexuelles avec qui. Pour désigner chaque patient, ils ont créé un code constitué de l'initiale du lieu et d'un numéro – par exemple, SF 1, LA 6, NY 19. Au centre du réseau, directement connecté à huit points et, indirectement, à tous les autres, figure un point appelé « 0 ». Les chercheurs ne mentionnent pas son nom, mais il s'agit de Gaetan Dugas. Par la suite, Randy Shilts devait rebaptiser ce « Patient 0 » en « Patient Zéro »[7]. Mais ce que fait oublier le mot Zéro, et ce que la présence d'un point unique au milieu du graphique passe sous silence, c'est que Gaetan Dugas n'a pas fabriqué tout seul le virus du sida. Tout vient de quelque part ; ce virus, quelqu'un le lui a transmis. Dugas lui-même a été infecté par un autre être humain, vraisemblablement lors d'une relation sexuelle. Et cette infection ne s'est pas produite en Afrique ni en Haïti, mais bien plus près de chez lui. On le sait aujourd'hui : quand Gaetan Dugas n'était encore qu'un jeune puceau, le VIH-1 était déjà arrivé en Amérique du Nord.

Il avait déjà aussi un pied en Europe – mais juste un pied.

1977. Le médecin danois Grethe Rask quitte l'Afrique où elle est installée depuis longtemps pour revenir se soigner à Copenhague. Depuis plusieurs années, son état de santé ne cesse de se dégrader. D'abord directrice d'un petit hôpital situé dans un village isolé au nord du Zaïre, elle a migré à Kinshasa pour devenir chirurgien-chef d'un centre de la Croix-Rouge. On ne sait exactement quand, sans doute au cours d'une opération pratiquée sans les protections nécessaires (les gants de latex, peut-être ?), elle a attrapé une infection qui ne ressemble à rien de connu. Fatiguée et malade, affligée d'une diarrhée persistante, elle ne cesse de maigrir. Ses ganglions lymphatiques ont grossi et ne désenflent pas. « Mieux vaut que je rentre mourir à la maison [8] », dit-elle à un ami. Au Danemark, les tests sanguins révèlent une chute de ses lymphocytes T. Elle ne peut plus respirer sans bouteilles d'oxygène ; des infections à staphylocoques se déclarent, sa bouche est tapissée de *Candida*. Lorsqu'elle meurt le 12 décembre 1977, ses poumons sont envahis de *Pneumocystis jirovecii* – la cause probable de son décès.

Cause probable, certes, mais fort invraisemblable, selon les canons ordinaires de la médecine. Habituellement, la pneumocystose n'est pas mortelle. Il doit y avoir une autre explication à tous ces symptômes… On la découvrira neuf ans plus tard, en analysant le sérum de Grethe Rask, qui se révèle positif au VIH-1.

Grethe Rask, Gaetan Dugas, les cinq patients de Gottlieb à Los Angeles, les Kaposi de Friedman-Kien, les Haïtiens de Miami, les trente-neuf du cluster de David Auerbach… Tous ces infortunés font partie des premiers cas reconnus de sida. Pour autant, ils n'en furent pas les premières victimes. Loin s'en faut. On doit plutôt les voir comme une étape clé de la pandémie, ce moment où un processus quasi imperceptible, progressant à bas bruit, s'accélère brusquement. Pour reprendre le jargon des modélisateurs, dont les travaux trouvent une parfaite illustration dans l'histoire du sida : le R_0 du virus venait de dépasser 1. La pandémie était en marche. Mais la véritable origine du sida était ailleurs, et il fallut attendre plusieurs décennies avant que les recherches menées par quelques scientifiques parviennent à la mettre au jour.

86

PENDANT LES PREMIERS TEMPS après sa détection, la nouvelle maladie resta une entité insaisissable, comme en témoigne la diversité des sigles et acronymes dont on l'affubla. Il y eut GRID, pour

« Gay-Related Immune Deficiency » – immunodéficience liée à l'homosexualité. Avec l'apparition de patients hétérosexuels – usagers de drogue échangeant leurs seringues, hémophiles, ainsi que quelques malchanceux – il fallut trouver autre chose. Des médecins optèrent pour ACIDS, « Acquired Community Immune Deficiency Syndrom ». Le *MMWR* des CDC américains favorisa un temps une formulation plus précise mais bien lourde : le KSOIPHP, « Kaposi's sarcoma and opportunistic infections in previously healthy persons » (sarcome de Kaposi et infections opportunistes de sujets sans antécédents médicaux). En septembre 1982, le *MMWR* choisit « Acquired Immune Deficiency Syndrome – syndrome d'immunodéficience acquise ». AIDS, traduit par « sida » en français. Ce terme fut adopté par le monde entier.

Restait à en identifier la cause. J'ai employé le mot « virus » un peu plus haut. Or, si les papiers de Gottlieb et de Friedman-Kien avaient eu le mérite d'attirer l'attention sur la maladie, nul ne savait quel pathogène était capable de provoquer cette combinaison étrange de symptômes létaux. Ni même s'il s'agissait d'un pathogène unique. L'hypothèse d'un virus émergea comme cause probable.

Cette hypothèse s'imposa à un chercheur en biologie moléculaire de l'Institut Pasteur, Luc Montagnier, encore peu connu à l'époque. Montagnier travaillait alors sur l'étiologie virale des cancers, et plus particulièrement sur les rétrovirus, dont certains provoquent des cancers chez les oiseaux et les mammifères. Encore plus retors et persistants que les virus ordinaires, les rétrovirus sont des créatures diaboliques. On les nomme ainsi car, chez eux, la transcription des gènes en protéines actives suit un schéma inverse (rétro) de celui habituel dans l'ensemble du vivant. Normalement, l'ADN est transcrit en ARN, code à partir duquel sont fabriquées les protéines. Mais le rétrovirus, virus à ARN, s'empresse de transcrire son ARN en ADN dès qu'il a pénétré dans le cytoplasme* de la cellule hôte. L'ADN viral obtenu s'introduit alors dans le noyau de la cellule pour s'intégrer au génome de celle-ci. Si bien que, lorsque la cellule hôte se reproduit, l'ADN du virus se réplique en même temps. Luc Montagnier avait étudié ce phénomène chez les animaux – chiens, souris, primates – et se demandait s'il ne pourrait pas être aussi à l'origine de cancers chez l'humain. Il n'excluait pas non plus une autre hypothèse, fort inquiétante : que la nouvelle maladie apparue aux États-Unis et en Europe soit causée par un rétrovirus.

Que l'origine du sida soit virale reposait sur trois indices, énumérés par Montagnier dans ses mémoires, *Des virus et des hommes.*

Premièrement : l'apparition de la maladie chez des homosexuels ayant eu ensemble des relations sexuelles, qui milite en faveur d'une maladie infectieuse.

Deuxièmement : la présence du virus chez les usagers de drogues injectées par intraveineuses, signe probable d'un agent pathogène transmis par le sang.

Troisièmement : la présence du virus chez les hémophiles, qui conforte l'idée d'un pathogène transmis par le sang, de surcroît indétectable par les processus en usage dans le traitement du sang transfusé.

« Le SIDA ne peut être causé par une bactérie classique, un champignon ou un protozoaire, écrit Montagnier. Car tous ces germes sont retenus par les filtres à travers lesquels sont passés les produits sanguins nécessaires à la survie des hémophiles. Il ne reste que des organismes plus petits : l'agent responsable du SIDA pourrait donc être un virus [9]. »

Et même, probablement, un rétrovirus. L'hypothèse était novatrice, mais le sida lui-même ne défiait-il pas les règles ordinaires ? En 1981, le seul rétrovirus humain connu était le HTLV, à l'origine du lymphome T de l'adulte. On devait sa découverte à un chercheur aussi ambitieux que charismatique, Robert Gallo, qui officiait dans le Maryland, au National Cancer Institute de Bethesda, où il dirigeait un laboratoire dédié à la biologie des cellules cancéreuses.

Comme son nom l'indique, le HTLV (virus T-lymphotropique humain) s'attaque aux lymphocytes T, qui constituent une des trois catégories de lymphocytes du système immunitaire ; il peut les transformer en cellules cancéreuses. Un rétrovirus apparenté, le virus de la leucose féline (FeLV), provoque chez les chats une immunodéficience. Aussi les chercheurs en oncologie virale formulèrent-ils cette hypothèse : le pathogène du sida, qui détruit le système immunitaire humain en attaquant ses lymphocytes (en particulier une sous-catégorie des lymphocytes T spécialisée dans la destruction des cellules infectées), pourrait bien être lui aussi un rétrovirus.

L'équipe de Montagnier suivit cette piste. Le laboratoire de Gallo aussi. Ils n'étaient pas les seuls. Bien d'autres scientifiques du monde entier voyaient dans l'identification du pathogène du sida l'urgence numéro 1, et la meilleure façon de se couvrir de gloire. À la fin du printemps 1983, trois équipes avaient isolé, chacune de son côté, un virus potentiel. Le 20 mai, deux d'entre elles publiaient un article dans *Science.* L'équipe parisienne de Montagnier ; celle de Gallo à Bethesda.

Montagnier s'était penché sur les cellules d'un homme de trente-trois ans, homosexuel, souffrant d'une lymphadénopathie (inflammation des ganglions lymphatiques). Il y avait découvert un nouveau rétrovirus, qu'il baptisa LAV (Lymphadenopathy Associated Virus). Gallo avait lui aussi identifié un nouveau virus, qu'il crut apparenté aux virus T-lymphotropiques humains qu'il venait de découvrir – au premier HTLV s'était entre-temps ajoutée une variante, le HTLV II. Tout naturellement, il estampilla donc le nouveau venu « HTLV III », façon de marquer son territoire.

Le LAV français et les HTLV de Gallo avaient un point commun : c'étaient des rétrovirus. Mais la famille des rétrovirus est d'une diversité infinie… *Science* commit l'erreur d'annoncer les deux découvertes sous un titre imprécis : « Sida et virus T-lymphotropique humain : le lien est prouvé ». Seulement voilà, le LAV de Montagnier n'était pas un virus HTLV. Montagnier le savait, mais son article n'était pas assez clair sur ce point. Le titre de l'article fit le reste, en gommant toute distinction.

Pour corser le tout, le prétendu « HTLV III » de Gallo se révéla finalement n'être pas non plus un HTLV, une fois observé et correctement classifié. En vérité, il ressemblait comme deux gouttes d'eau au LAV de Montagnier. Lequel Montagnier avait justement apporté lui-même à Bethesda un échantillon de son virus conservé dans de la neige carbonique…

Qui a découvert quoi, et quand ? Dès l'origine, il y eut confusion. Nourrie par l'esprit de compétition, enflée par les accusations et le déni, elle ne fit que prospérer au fil des décennies. Il y eut des poursuites judiciaires. Des combats pour les royalties : à qui appartenait le brevet du test de dépistage déposé par Gallo, dès lors que la souche du virus mis en culture, ce fut clairement établi, provenait en réalité du laboratoire de Montagnier ? D'une expérience à l'autre, d'un lot d'échantillons à l'autre, les contaminations ne sont pas rares, et les laboratoires de virologie sont couramment confrontés à ce problème…

Mais la querelle qui opposa ces deux hommes n'eut rien d'une dispute de cour de récréation. Ce fut une vraie guerre – dont la mesquinerie, il est vrai, ne fut pas absente. L'argent, l'ego, la fierté nationale n'étaient pas seuls en jeu. Ni la survie des malades, suspendue à la découverte rapide d'un traitement ou d'un vaccin. C'était aussi une guerre pour le prix Nobel de médecine, qui échut finalement à Luc Montagnier et à sa principale collaboratrice, Françoise Barré-Sinoussi.

Quant à la troisième équipe de chercheurs, dirigée par Jay A. Levy, de l'University of California School of Medicine (San Francisco), elle aussi tenait son virus en 1983. Mais Levy prit son temps avant de publier ses résultats, à l'été 1984. Le sida, observe-t-il alors, compte « plus de 4 000 cas identifiés dans le monde ; rien qu'à San Francisco, on en dénombre 600 [10]. » À l'époque, ces chiffres passaient pour alarmants. *A posteriori*, comparés aux trente millions de morts, ils semblent tristement dérisoires.

Le virus de Levy était un rétrovirus, lui aussi. Après l'avoir détecté chez vingt-deux malades du sida, son équipe avait pratiqué des cultures à partir d'une demi-douzaine d'isolats. Levy baptisa sa trouvaille ARV, pour « AIDS-Associated RetroVirus ». Selon lui, l'ARV de son équipe et le LAV de Montagnier étaient vraisemblablement des variantes d'un même virus, qui évoluait. En quoi il ne se trompait pas. Les deux rétrovirus sont certes très semblables, précisait-il, mais pas *trop* semblables : « On ne peut suspecter une contamination de nos cultures par le LAV, dans la mesure où nous n'avons jamais reçu d'échantillon du LAV dans notre laboratoire [11]. » Sous une apparence anodine, on devine une pique à Robert Gallo.

L'histoire qui commence par cette triple découverte est à la fois complexe, controversée et d'une haute technicité ; biologie moléculaire et ambitions personnelles s'y mélangent en une ratatouille recuite. Elle nous emmènerait bien loin des zoonoses… L'essentiel à garder en tête se résume à ces faits : un virus découvert au début des années 1980, dans trois lieux différents, sous trois noms différents, est apparu de façon convaincante comme le pathogène responsable du sida. En 1986, un comité très distingué de rétrovirologues réglait la question du nom, en décidant d'appeler la chose VIH.

87

MÉDECIN VÉTÉRINAIRE ET TITULAIRE d'un doctorat, le Dr Myron (Max) Essex n'est pas n'importe quel véto de quartier. Professeur au département d'oncobiologie de la Harvard School of Public Health, il est spécialiste des rétrovirus chez les singes et les chats et travaille, entre autres, sur le virus de la leucose féline (FeLV). Plus largement, tout virus susceptible de provoquer un cancer fait partie de son champ d'étude. Pour avoir constaté les dégâts qu'occasionne le FeLV dans le système immunitaire des chats, dès 1982, comme Gallo et Montagnier, il subodore qu'un rétrovirus pourrait bien être à l'origine du nouveau syndrome d'immunodéficience chez l'humain.

Un jour, son étudiante Phyllis Kanki porte à sa connaissance un fait étrange. Vétérinaire, Kanki prépare un doctorat à la Harvard School of Public Health. Après avoir enchaîné les petits jobs d'été dans des zoos pendant son adolescence à Chicago, elle a suivi des études de biologie et de chimie pour se spécialiser dans la médecine vétérinaire et la pathologie comparée. À l'été 1980, alors qu'elle travaille au New England Regional Primate Research Center de Southborough, Massachusetts, rattaché à Harvard, elle observe une série de décès alarmante chez des macaques d'Asie. Taux de lymphocytes T en chute libre – un dysfonctionnement du système immunitaire, donc. Les macaques succombent à la diarrhée ou à des infections opportunistes, parmi lesquelles la pneumocystose. Bref, les symptômes du sida. Avec quelques collègues de Southborough, Essex et Kanki cherchent quel pathogène peut bien tuer ces singes. Ce qu'ils savent du FeLV les incite à penser qu'il pourrait s'agir d'un rétrovirus.

De fait, dans le sang des macaques, ils identifient un nouveau rétrovirus, très proche de celui du sida. Nous sommes en 1985 ; les travaux de Gallo font alors autorité, aussi les deux chercheurs nomment-ils le virus HTLV III. Par la suite, on dira « VIH » pour l'humain, et « VIS » (virus de l'immunodéficience simienne) pour les singes. L'équipe publie deux papiers dans la revue *Science*. Cette découverte, écrivent les auteurs, pourrait aider à mieux comprendre la pathologie de la maladie, voire à développer un vaccin en apportant un modèle animal pour la recherche. L'un des deux articles se termine par une petite phrase qui semble avoir été ajoutée après coup : le VIS, suggèrent-ils, pourrait aussi constituer un indice permettant de remonter à l'origine du VIH.

Ils ne se trompent pas.

Après avoir analysé les échantillons sanguins des macaques, Phyllis Kanki entreprend de rechercher des traces du virus en milieu naturel. Essex et elle pratiquent des tests de dépistage chez des macaques sauvages d'Asie. Aucune trace de VIS. Ils élargissent leur recherche à d'autres singes d'Asie. Toujours rien. De là à soupçonner que les macaques de Southborough ont été contaminés par d'autres espèces pendant leur captivité, il n'y a qu'un pas. Le raisonnement est plausible, le Centre disposant d'une aire de jeu où les bébés singes d'Asie et d'Afrique se côtoient. Quelle espèce africaine est-elle le réservoir du virus ? D'où celui-ci vient-il ? Et comment le VIS est-il devenu VIH ?

« En 1985, les États-Unis et l'Europe détenaient le record des taux d'infection au VIH, noteront par la suite Essex et Kanki. Mais des rapports inquiétants signalaient un fort taux d'infection en Afrique, en particulier dans les centres urbains [12]. » Le projecteur change donc de direction : l'origine du virus pourrait bien être l'Afrique, et non l'Asie, l'Europe ou les États-Unis. L'Afrique centrale constituant un vivier particulièrement riche en espèces de primates, l'équipe de Harvard prélève du sang chez des singes d'espèces diverses capturés en forêt – chimpanzés, babouins, singes verts. Chez les chimpanzés et les babouins, aucun signe d'infection. Chez les singes verts, en revanche, *bingo* ! Plus de deux douzaines d'entre eux sont porteurs d'anticorps contre le VIS ; Kanki isole du virus vivant chez sept individus. Cette découverte paraît aussitôt dans les colonnes de *Science*, et la recherche se poursuit. Essex et Kanki passeront ainsi en revue des milliers de singes verts d'Afrique, certains capturés dans diverses régions d'Afrique subsaharienne, d'autres détenus par des centres de recherche du monde entier. Selon les populations, le taux de séropositifs au VIS varie de 30 % à 70 %.

Or, les singes ne sont pas malades. Ils ne présentent aucun signe d'immunodéficience. Contrairement aux macaques d'Asie, les singes verts d'Afrique « ont développé des mécanismes de défense les préservant d'une maladie causée par un pathogène létal [13] », observent Essex et Kanki. Il se peut aussi que le virus ait muté. « Quelques souches du virus ont pu évoluer jusqu'à permettre une coexistence avec leur hôte. » Un double processus, en somme : les singes seraient devenus plus résistants, le virus moins virulent. Ce type d'adaptation mutuelle donne à penser que le VIS infecte cette espèce depuis très longtemps.

Le VIS découvert chez les singes verts d'Afrique est désormais le plus proche parent connu du VIH. Mais la proximité entre leurs codes génétiques respectifs est toute relative. Selon Essex et Kanki, la ressemblance n'est « pas assez marquée pour qu'on puisse considérer le VIS comme le précurseur immédiat du VIH [14] ». Les deux virus sont plus vraisemblablement deux ramifications voisines sur une même branche phylogénétique, avec, entre les deux, plusieurs formes intermédiaires apparues sur une longue période d'évolution. Où se trouvent les chaînons manquants ? « Nous nous sommes dit qu'il fallait peut-être chercher chez des humains. » Les deux chercheurs portent leurs investigations sur l'Afrique occidentale.

Grâce à la collaboration d'une équipe internationale, Kanki et Essex collectent des échantillons sanguins prélevés au Sénégal et ailleurs. Un code permet de les identifier sans indiquer leur provenance, afin d'effectuer les tests en aveugle. Ainsi Kanki elle-même ignore-t-elle non seulement de quel pays provient chaque échantillon, mais sur qui il a été prélevé – un humain ou un singe. Deux dépistages sont systématiquement pratiqués, un pour le VIH, un pour le VIS. Sauf contamination toujours possible en laboratoire, l'hypothèse des deux chercheurs se trouve confirmée : il existe bien un virus intermédiaire entre le VIH et le VIS. C'est dans le sang de prostituées africaines qu'on l'a découvert. Rien que de très logique : les prostituées constituent une population à haut risque pour tous les virus sexuellement transmissibles, y compris un virus récemment passé à l'humain. En outre, la forte densité de la population rurale au Sénégal, berceau des singes verts d'Afrique, favorise les contacts entre l'animal et l'humain – les singes dévastent les récoltes, les hommes chassent les singes.

Mais le virus des prostituées sénégalaises ressemble davantage au VIS des singes verts d'Afrique qu'au VIH de Montagnier et Gallo. Cette observation importante pose évidemment question. Y aurait-il donc deux types distincts de VIH ?

C'est ici que Luc Montagnier entre en scène. Autant la découverte du VIH a suscité entre lui et Gallo une guerre sanglante, autant il collabore amicalement avec Essex et Kanki. Utilisant le matériel fourni par l'équipe de Harvard, Montagnier et ses collègues testent le sang d'un homme de vingt-neuf ans originaire de Guinée-Bissau – un tout petit pays anciennement colonie portugaise, situé le long de la frontière sud du Sénégal. Cet homme présente les symptômes du sida (diarrhée, perte de poids, gonflement des ganglions lymphatiques), mais il est séronégatif au test VIH. Toutefois, une culture effectuée par l'équipe à partir des lymphocytes du malade met en évidence un nouveau rétrovirus humain, qui ressemble beaucoup à celui trouvé par Essex et Kanki. Chez un autre patient venant des îles du Cap-Vert – situées au large du Sénégal – l'équipe française retrouve le même rétrovirus. Montagnier le baptise LAV-2. Une fois l'appellation VIH adoptée, il deviendra le VIH-2, et le précédent, VIH-1.

Le chemin menant à cette découverte peut sembler tortueux. Pour autant, ces détails n'ont rien de trivial. Entre le VIH-1 et le VIH-2, il y a le même écart qu'entre une vilaine maladie circonscrite à l'Afrique occidentale et une pandémie mondiale.

88

À LA FIN DES ANNÉES 1980, la provenance du VIH-2 donne matière à toutes sortes de conjectures. Pour certains scientifiques, il est étroitement apparenté au virus infectant les singes, et le passage de leur espèce à la nôtre s'est produit tout récemment. Pour d'autres, il s'agit d'un rétrovirus présent chez l'homme depuis son origine, voire avant. Peut-être ce passager clandestin des chaînes de l'évolution était-il déjà là lorsque notre branche s'est détachée de celle des primates ? Cette seconde hypothèse laisse une question en suspens : si le virus est un parasite de la race humaine passé inaperçu pendant des millénaires, comment a-t-il pu devenir soudain si pathogène ?

Un saut récent de l'animal à l'homme semble la thèse la plus vraisemblable. Mais en 1988 surgit un nouvel élément en faveur de la thèse opposée, lorsqu'une équipe japonaise publie le séquençage complet du génome du VIS. Le virus étudié provient d'un singe vert d'Afrique, originaire du Kenya. Sa séquence de nucléotides révèle des différences considérables tant avec le génome du VIH-1 qu'avec celui du VIH-2, sans qu'il soit plus proche de l'un que de l'autre. L'idée d'un VIH-2 récemment venu du singe vert tombe à l'eau. Cette découverte vaudra aux Japonais un commentaire élogieux de leur article dans *Nature*, surmonté d'un titre péremptoire : « LE SIDA NE VIENT PAS DU SINGE [15]. » Pas du singe, vraiment ? En fait, les chercheurs se sont trompés d'espèce.

Une telle confusion s'explique aisément. L'appellation « singe vert d'Afrique » regroupe diverses espèces réparties sur des zones géographiques voisines dans toute l'Afrique subsaharienne, du Sénégal à l'ouest, à l'Éthiopie à l'est, jusqu'en Afrique du Sud. Un temps, on les a réunies au sein d'une super-espèce sous le nom de *Cercopithecus aethiops*. Aujourd'hui que leurs différences sont clairement identifiées, elles sont classifiées en six espèces distinctes appartenant au genre *Chlorocebus*. Venant du Kenya, le singe vert africain de l'équipe japonaise était sans doute de l'espèce *Chlorocebus pygerythrus* [16]. Quant à l'espèce sénégalaise, c'est le *Chlorocebus sebaeus*. Mais peu importe, en vérité : si l'on remonte l'histoire du VIH-2, on aboutit au mangabey enfumé, qui n'a strictement rien à voir avec les six espèces *Chlorocebus* puisqu'il appartient à un genre différent.

Le mangabey enfumé (*Cercocebus atys*) est un animal au pelage gris fumée. Ses sourcils et ses favoris blancs, tranchant avec le reste, lui donnent l'allure d'un vieux ramoneur dandy. Il vit sur la côte de l'Afrique occidentale, du Sénégal au Ghana, avec une prédilection pour les marécages et les forêts de palmiers où il se régale de fruits, de noix, de graines, de feuilles, de pousses et de racines – c'est un végétarien. Il cherche le plus souvent sa nourriture par terre, en marchant à quatre pattes ; parfois, il s'aventure hors de son territoire pour aller chaparder dans les fermes ou les rizières. Si les forêts marécageuses où il habite sont peu accessibles, il est aisé de l'attraper puisqu'il se déplace sur le sol, notamment dans les champs. Les autochtones le considèrent comme une sorte de vermine, agaçante mais comestible. Quand ils n'ont pas trop faim, il leur arrive d'adopter un jeune orphelin pour en faire un animal de compagnie.

Comment les chercheurs sur le sida en sont-ils venus à s'intéresser au mangabey enfumé ? Tout part d'une coïncidence, à l'occasion d'une expérience sur la lèpre.

Septembre 1979. Centre de recherche sur les primates de La Nouvelle-Ibérie, en Louisiane. Des scientifiques observent chez un de leurs singes en captivité une infection semblable à la lèpre. Provoquée par une bactérie, *Mycobacterium leprae*, la lèpre est une maladie humaine, dont rien n'a jamais attesté qu'elle puisse se transmettre de l'homme à l'animal. Bizarre… Pourtant, ce singe est bel et bien lépreux. L'animal est un mangabey enfumé femelle âgé de cinq ans, importé d'Afrique occidentale. Les chercheurs l'ont baptisée Louise. Hormis ses lésions cutanées, la femelle est en bonne santé. Sa fiche indique qu'elle n'a jamais fait l'objet d'une infection expérimentale. Les seules expériences menées sur elle concernaient l'effet des régimes sur le cholestérol. La lèpre ne comptant pas parmi les sujets d'étude du centre de La Nouvelle-Ibérie, Louise, une fois diagnostiquée, est transférée dans un autre centre de Louisiane concerné par cette maladie, le Delta Regional Primate Research Center, situé au nord du lac Pontchartrain. Les chercheurs de Delta accueillent Louise avec joie : si elle a attrapé la lèpre de façon naturelle, c'est que cette maladie est peut-être transmissible entre les mangabeys enfumés, contrairement à ce que l'on croyait. Auquel cas cette espèce deviendrait un parfait modèle expérimental pour étudier la lèpre chez l'humain. L'aubaine !

L'équipe de Delta s'empresse d'injecter du matériel infectieux prélevé sur Louise à un de ses congénères. Contrairement à Louise, l'animal – un mâle – ne porte pas de nom, et n'est désigné que sous un numéro de code, A022. Dans une longue série de singes infectés expérimentalement, il sera le premier à déclarer non seulement la lèpre, mais d'autres maladies. À l'époque, les chercheurs de Delta ne soupçonnaient pas qu'A022 était VIS-positif…

La lèpre de Louise se déclara aussitôt chez A022. C'était déjà tout à fait remarquable, toutes les tentatives d'inoculer la lèpre humaine à des singes s'étant jusqu'alors révélées infructueuses. Fallait-il en déduire que la souche présente chez Louise était une variante de *Mycobacterium leprae* adaptée aux primates ? Si oui, peut-être pourrait-elle également contaminer des macaques rhésus ? Ce serait une excellente nouvelle pour les scientifiques : beaucoup moins chers et bien plus répandus que les mangabeys enfumés, les macaques rhésus sont d'un accès plus facile pour les expérimentations animales. L'équipe Delta tenta le coup avec quatre macaques, qui reçurent donc leur lot de saletés prélevées cette fois sur A022. Tous les quatre développèrent la lèpre. Pour trois d'entre eux, ce n'était là qu'un moindre mal : diarrhée chronique, perte de poids, les malheureux avaient aussi attrapé le sida. Ils dépérirent peu à peu, puis moururent.

Le dépistage viral pratiqué par l'équipe de Delta mit en évidence la présence de VIS. Comment leurs trois macaques avaient-ils pu devenir séropositifs ? La contamination ne pouvait provenir que du matériel infectieux de A022. Ce dernier était-il le seul mangabey porteur du sida ? Non : en dépistant tous les mangabeys de Delta, on découvrit que le virus était chez eux endémique [17]. Et l'on s'aperçut vite que Delta n'était pas seul concerné, puisque des chercheurs trouvèrent aussi du virus chez d'autres mangabeys enfumés, y compris à l'état sauvage. Toutefois, à la différence des macaques rhésus (originaires d'Asie), les mangabeys enfumés ne présentaient aucun symptôme de la maladie. Tous étaient porteurs sains : on pouvait raisonnablement en déduire que la présence du virus dans leur espèce ne datait pas d'hier. Si la même souche virale s'avérait fatale chez les macaques, c'est sans doute qu'en revanche le virus était nouveau pour eux.

L'étude du VIS se complexifiait… On comptabilisait désormais trois variantes du virus : une chez les singes verts d'Afrique, une chez les macaques rhésus (sans doute contractée en captivité), et une chez les mangabeys enfumés. Afin de les distinguer, quelqu'un eut l'idée d'ajouter au sigle VIS un symbole désignant chacune d'entre elles. Le virus du mangabey enfumé fut baptisé VIS_{sm}, celui du singe vert d'Afrique VIS_{agm}, et celui du macaque d'Asie VIS_{mac}. Ne vous laissez pas rebuter par ces notations graphiques un peu barbares : elles se révéleront d'une utilité précieuse lorsqu'il sera question d'une quatrième variante ô combien fatale, le VIS_{cpz}.

Revenons-en aux résultats de l'expérience sur la lèpre menée en Louisiane. Avec la collaboration de biologistes moléculaires d'autres institutions, un scientifique de l'équipe de Delta, Michael Anne

Murphey-Corb étudia les génomes de virus VIS infectant des mangabeys enfumés et des macaques rhésus pour établir un arbre généalogique provisoire. Publié en 1989 avec pour premier auteur Vanessa M. Hirsch, l'article présentant les travaux de l'équipe met en évidence la proximité génétique du VIS_{sm} (VIS du mangabey) et du VIS_{mac} (VIS du macaque) avec le VIH-2. « Ces résultats suggèrent que le VIS_{sm} a infecté des macaques en captivité et des humains en Afrique occidentale [18] », commentent les auteurs, faisant remonter l'origine de l'infection aux mangabeys. « Le virus a ensuite muté pour devenir respectivement VIS_{mac} et VIH-2. » Les trois souches se ressemblent en effet beaucoup, et il est tentant d'y voir la preuve de leur récente dérivation d'un ancêtre commun.

Hirsch et ses coauteurs enfoncent le clou : « Ces données laissent penser que dans les trente ou quarante dernières années, le VIS d'un mangabey, ou d'une autre espèce très proche, a réussi à infecter un humain, et qu'il a ensuite évolué pour donner le VIH-2. »

C'est désormais officiel : le VIH-2 est une zoonose.

89

ET LE VIH-1 ? D'OÙ VIENT le grand tueur ? La résolution de ce vaste mystère prendra plus de temps. De la découverte de Hirsch sur le VIH-2, il semble logique d'induire que le VIH-1 est lui aussi une zoonose. Dans ce cas : quel est son réservoir animal ? Quand, où et comment le saut à l'humain s'est-il produit ? Et pourquoi une telle différence dans le degré de gravité ?

Le VIH-2 est à la fois moins contagieux et moins virulent que le VIH-1. Si les raisons de cette disparité demeurent aujourd'hui encore cachées dans le secret de leurs génomes respectifs, les caractéristiques de chaque maladie en termes géographiques et médicaux sont clairement établies. Le VIH-2 reste pour l'essentiel circonscrit à des pays d'Afrique occidentale comme le Sénégal et la Guinée-Bissau (« Guinée portugaise » au temps des colonies), ainsi qu'à d'autres zones économiquement et socialement rattachées à l'ex-Empire portugais – y compris le Portugal lui-même et l'Inde du Sud-Ouest. Les patients infectés par ce virus présentent une charge virale moins importante, contaminent moins facilement leurs partenaires sexuels, et leur immunodéficience est moins prononcée, ou s'aggrave moins vite. Chez de nombreux sujets, le sida ne se déclare jamais. En outre, il est peu fréquent que les mères transmettent le virus à leurs enfants. En somme, le virus est méchant mais moins qu'il ne pourrait l'être. C'est le VIH-1 qui infecte dix millions de personnes dans le monde. La pandémie, c'est lui. Pour comprendre comment la catastrophe du sida a pu s'abattre sur l'humanité, il faut donc remonter à la source du VIH-1.

Fin des années 1980. Franceville, sud-est du Gabon, Centre international de recherches médicales (CIRMF) – où Éric Leroy étudiera plus tard le virus Ebola. Depuis un an, une jeune Belge, Martine Peeters, travaille ici comme assistante de recherche. Récemment diplômée en médecine tropicale, elle s'apprête à embrayer sur une thèse. Le CIRMF possède une ménagerie de primates en captivité, dont trois douzaines de chimpanzés sur lesquels Peeters et quelques autres ont pour mission de pratiquer des tests sérologiques VIH-1 et VIH-2. Tous s'avèrent séropositifs, sauf deux jeunes femelles récemment capturées en forêt. Il est fréquent que les bébés chimpanzés orphelins, comme d'autres bébés singes d'ailleurs, soient gardés ou vendus par les chasseurs qui ont tué et mangé leurs mères. La première petite femelle, âgée de deux ans, a été confiée au CIRMF pour que l'on soigne ses blessures par balles. Elle n'a pas survécu, mais on a eu le temps de prélever un échantillon de son sang. L'autre est un bébé d'à peine six mois qui, lui, a survécu. Les tests sérologiques des deux jeunes guenons ont révélé une forte positivité au VIH-1, plus faible au VIH-2. Certes éclairant, ce résultat ne prouve rien de certain. Le dépistage d'anticorps constitue une mesure indirecte de l'infection. S'il a le mérite d'être à la fois pratique et rapide, il demeure très imprécis. Ce n'est qu'en détectant des fragments d'ARN viral ou, mieux encore, en isolant un virus – ce qui veut dire : mettre la main sur un virus entier, puis amplifier la séquence de son génome par PCR – que l'on arrive à une identification certaine. Or, Martine Peeters et ses collaborateurs ont réussi à isoler un virus du bébé chimpanzé.

Je l'ai appelée vingt ans plus tard, dans l'Institut où elle travaillait désormais, dans le sud de la France. Son souvenir de cette manipulation était resté vivace. « Le virus ressemblait tellement au VIH-1 ! dit-elle. C'était vraiment stupéfiant. » Pouvait-on s'y attendre ?

« Oui. À l'époque, on savait déjà que le VIH-2 venait probablement de primates d'Afrique occidentale, dit-elle, faisant allusion aux travaux sur les mangabeys enfumés. Mais aucun virus proche du VIH-1 n'avait jamais été détecté chez des primates. Aujourd'hui encore, c'est le seul exemple que l'on ait ! » Dans une publication de 1989, l'équipe a annoncé la découverte de ce nouveau virus, qu'elle nomme VIS_{cpz}. Elle ne se targue pas pour autant d'avoir identifié le réservoir du VIH-1. Les conclusions des auteurs sont beaucoup plus modestes : « On a suggéré que le rétrovirus humain du sida pourrait provenir de petits singes d'Afrique. La présente étude sur le VIS, de même que quelques autres qui l'ont précédée, ne va pas dans ce sens. » En d'autres termes : il se pourrait que la source de la pandémie de sida ne soit pas un petit singe, mais un chimpanzé.

À l'époque où je l'ai rencontrée, Martine Peeters était directrice de recherche à l'Institut de recherche pour le développement de Montpellier. Blonde et menue, elle s'exprimait avec concision. « Autant le VIH-2 a été accepté facilement, dit-elle, autant le VIH-1 a eu plus de mal à passer. » Allusion à l'origine animale de la maladie – les primates. Pourquoi cette résistance ? « Je ne sais pas… Peut-être parce que nous étions une équipe très jeune ? »

De fait, la publication de 1989 eut peu de retentissement, ce qui paraît surprenant *a posteriori* pour une découverte aux implications aussi graves. Peeters publia un autre article en 1992, décrivant un troisième cas de VIS_{cpz} – un chimpanzé importé du Zaïre par la Belgique. Tant les deux précédents que celui-ci avaient été capturés à l'état sauvage, mais ils étaient en cage quand on les avait testés. Manquait donc un maillon à la démonstration : les chimpanzés sauvages.

En l'état de la biologie moléculaire au début des années 1990, le dépistage de ces derniers n'était pas seulement compliqué. Nécessitant des prélèvements sanguins, il était carrément inacceptable pour la majorité des spécialistes. Cette lacune contribua au scepticisme dont fit preuve la communauté des spécialistes du sida face à l'hypothèse d'un lien entre le VIH-1 et les chimpanzés. Si des macaques d'Asie avaient pu être contaminés en cage par des singes d'Afrique porteurs de VIH-2, rien n'excluait que les chimpanzés séropositifs eussent attrapé le virus de la même façon. Autre motif de doute : à la fin des années 1990, on avait testé un bon millier de chimpanzés. Or, à part les trois de Peeters, aucun n'était porteur de VIS_{cpz}. Dès lors, rien n'interdisait de penser que le VIH-1 et le VIS_{cpz} descendaient l'un et l'autre d'un ancêtre commun hébergé par un autre primate. Peut-être ces trois malheureux chimpanzés avaient-ils été infectés par un singe restant à identifier, lequel aurait également transmis aux humains le VIH-1 ? Cette piste demeurant ouverte, l'origine du VIH-1 resta problématique pendant près d'une décennie.

Pendant ce temps, les chercheurs étudièrent également les diverses formes du virus chez les humains. Cette recherche généalogique aboutit à l'identification de trois lignages de VIH-1, ou plutôt de trois « groupes », ainsi qu'on les appela. Chaque groupe est constitué d'un groupe de souches, génétiquement distinct des autres. S'il existe des variations *au sein d'un même* groupe, le VIH ne cessant d'évoluer, elles sont beaucoup moins significatives que les variations *entre* groupes.

Le plus répandu et le plus funeste est le groupe M – « M », pour « *main* » (principal), car il réunit le plus grand nombre de personnes infectées dans le monde. Sans groupe M, pas de pandémie mondiale, pas de morts par millions. Vient ensuite le groupe O, pour « *outlier* » (hors catégorie), car il rassemble un petit nombre d'isolats viraux, concentrés sur une zone située en dehors des points sensibles de la pandémie : Gabon, Guinée équatoriale et Cameroun – trois pays d'Afrique occidentale. En 1998 apparut un troisième grand groupe que l'on baptisa N, puisqu'il désignait les cas « *N*on-M – *N*on-O » et que, de surcroît, la lettre N est située dans l'alphabet entre le M et le O. (Bien des années plus tard, on identifiera un quatrième groupe, appelé P). Le groupe N est extrêmement rare : on n'en a trouvé que deux cas, au Cameroun. Les maigres effectifs des groupes N et O font cruellement ressortir l'écrasante majorité du M. M est partout. Pourquoi est-ce précisément ce lignage du virus qui s'est répandu dans toute la planète en y semant la mort – et non les deux (ou trois) autres ?

Parallèlement, les recherches sur le VIH-2 – le moins virulent des deux – mirent elles aussi en évidence plusieurs groupes, plus nombreux. Pour les désigner, on choisit également des lettres, en repartant du début de l'alphabet. En 2000, il y en avait sept : A, B, C, D, E, F et G. (Un huitième apparut plus tard, le groupe H). Là encore, la grande majorité des groupes étaient extrêmement rares, chacun incluant en tout et pour tout un seul individu. À eux deux, les groupes A et B réunissaient donc la quasi-totalité des cas de VIH-2. Le groupe A était plus répandu que le B, surtout en Guinée-Bissau et en Europe. Le groupe B était localisé pour l'essentiel à l'extrémité est de l'Afrique occidentale, dans des pays comme le Ghana et la Côte d'Ivoire. Quant aux groupes C à H, malgré leur faible représentativité numérique, ils avaient le mérite d'offrir un éventail de cas d'une grande variété.

Au tournant du XXe siècle, les chercheurs réfléchirent aux implications de cette généalogie virale. Trois groupes pour le VIH-1, sept groupes pour le VIH-2. Malgré leur grande diversité, les sept groupes du VIH-2 présentaient tous une évidente parenté avec le VIS_{sm}, le virus du mangabey enfumé – idem pour le groupe H découvert par la suite. Quant aux trois groupes du VIH-1, tous ressemblaient au VIS_{cpz} des chimpanzés – le plus tardif, P, se rapprochant davantage du VIS des gorilles. Conclusion logique du raisonnement : chacun de ces douze groupes (8 VIH-2, 4 VIH-1) constituait un cas spécifique de transmission entre espèces. Il y a donc eu douze sauts différents de l'animal à l'homme.

En d'autres termes, le VIH ne s'est pas abattu d'un coup sur l'humanité. La contamination s'est produite au moins à douze occasions – probablement bien davantage si l'on remonte dans le temps. Le sida n'est pas le fruit d'une malchance incroyable. Il n'a rien d'une catastrophe unique comme, par exemple, l'astéroïde qui s'écrasa sur notre petite planète il y a soixante-cinq millions d'années, provoquant l'extinction des dinosaures. Non. L'invasion du sang humain par le VIH s'est faite peu à peu. Conséquence de nos interactions avec les primates d'Afrique, ce phénomène fut sans doute récurrent.

90

CETTE CONCLUSION SOULÈVE des questions majeures. Si le saut du VIS chez l'humain s'est produit au moins à douze reprises, pourquoi la pandémie du sida est-elle apparue d'un seul coup ? Pourquoi à cet instant précis plutôt qu'à un autre ? Pourquoi pas quelques décennies, ou quelques siècles plus tôt ? Plus concrètement : quand, où, et comment la pandémie du sida a-t-elle vraiment commencé ?

D'abord : *quand.* L'étude de Michael Gottlieb prouve que le VIH circulait parmi les homosexuels de Californie à la fin des années 1980. Le cas de Grethe Rask démontre qu'il rôdait au Zaïre en 1977. Nous savons que Gaetan Dugas n'était pas le Patient Zéro. Si ni ces gens ni ces lieux ne sont le point d'origine de l'épidémie, où aller le chercher ? Quand la souche fatale du virus, VIH-1 groupe M, a-t-elle pénétré chez l'humain ?

Deux données convergent vers l'année 1959.

En avril de cette année-là, un jeune ouvrier imprimeur de Manchester, en Angleterre, meurt d'une maladie manifestement liée à une défaillance du système immunitaire. Le malheureux ayant passé quelques années dans la Royal Navy avant de rejoindre sa ville et son travail, on l'appelle désormais « le marin de Manchester ». Ses problèmes de santé sont apparus après son service dans la marine, qu'il avait effectué en Angleterre pour l'essentiel, mais pas seulement – au moins une fois, il avait navigué jusqu'à Gibraltar. À son retour à Manchester, en novembre 1957, il se mit à décliner. Ses symptômes, multiples, évoquent *a posteriori* ceux du sida : perte de poids, fièvre, toux persistante, ainsi que plusieurs infections opportunistes parmi lesquelles la *Pneumocystis jirovecii.* Le médecin qui pratiqua son autopsie ne parvint pas à identifier la cause de sa mort. Il prit toutefois l'initiative de conserver dans de la paraffine quelques prélèvements de rein, de moelle osseuse, de foie ainsi que d'autres tissus, et publia un article dans une revue médicale. Trente et un an plus tard, en pleine crise du sida, un virologue de l'université de Manchester testa plusieurs de ces échantillons. Ce fut pour lui une évidence : le marin avait été infecté par le virus VIH-1. S'il ne se trompait pas, le marin de Manchester devait donc être reconnu comme le premier cas de sida attesté par la littérature médicale.

Mais l'affaire ne s'arrête pas là. Bien des années plus tard, quelques scientifiques new-yorkais testèrent de nouveau ces mêmes échantillons, et il leur apparut que la prétendue séropositivité résultait vraisemblablement d'une erreur du laboratoire. La moelle osseuse était cette fois négative. Le rein, en revanche, était de nouveau positif, mais le résultat obtenu prêtait à suspicion. Le VIH-1 évolue rapidement, on le sait. Or, la séquence virale identifiée dans ce tissu rénal ressemblait bien plus à une variante du virus contemporain qu'au VIH-1 tel qu'il eût été en 1959. Sans doute la séropositivité résultait-elle d'une contamination par une souche récente. Conclusion : si le marin de Manchester était mort d'une défaillance du système immunitaire, le VIH n'en était probablement pas la cause. À lui seul, ce cas illustre les problèmes posés par tout diagnostic *a posteriori* du sida, quelle que soit l'apparente validité des preuves.

Le dossier du marin de Manchester venait à peine d'être classé qu'une autre piste est apparue à New York, en 1998. Une équipe de la Rockefeller University, dont faisait partie un dénommé Tuofu Zhu, met la main sur un échantillon archivé datant lui aussi de 1959. Cette fois, il ne s'agit pas de tissus mais de plasma sanguin provenant d'un sujet masculin bantou de Léopoldville, ci-devant capitale du Congo belge (aujourd'hui Kinshasa, capitale de la RDC). On ignore le nom du malade et la cause de son décès. L'échantillon dormait dans un congélateur depuis des décennies. Il avait déjà été analysé à l'occasion d'une étude antérieure, en 1986, de même que mille deux cent douze autres échantillons de plasma sanguin – certains provenant d'archives, d'autres de prélèvements récents – venus de toute l'Afrique. Un seul était positif au VIH, celui du Bantou. Tuofu Zhu et son équipe poussent plus loin les investigations : à partir du peu de plasma restant, ils amplifient par PCR les fragments de génome viral. Puis ils séquencent les fragments afin d'ébaucher un portrait génétique du virus du Bantou. Leur publication paraît en février 1998. Ils y désignent le fragment de génome viral sous le nom de code ZR59 – ZR pour Zaïre et 59 pour 1959. Une analyse comparée met en évidence de grandes similitudes avec les sous-types B et D du groupe M, sans que ZR59 soit plus proche de l'un que de l'autre. Sans doute ressemble-t-il encore davantage à leur ancêtre commun. En bref, ZR59 est un témoin du passé : il s'agit d'un échantillon authentique d'une forme ancienne du virus, et non d'une récente contamination. Et il donne la preuve qu'en 1959, déjà, le VIH rôdait dans la population de Léopoldville, évoluant et se diversifiant en silence. Il prouve même beaucoup plus que cela. Des analyses effectuées ultérieurement par Bette Korber, du Los Alamos National Laboratory, sur le ZR59 et d'autres fragments d'ADN viral, aboutiront à un calcul selon lequel le groupe M du VIH-1 aurait pu pénétrer dans l'humanité aux alentours de 1931.

Pendant une dizaine d'années, de 1998 à 2008, ZR59 resta la seule version du virus trouvée sur un échantillon antérieur à 1976. Puis on en découvrit un autre, RDC60, issu du même pays après son changement de nom (République démocratique du Congo) et recueilli cette fois en 1960.

RDC60 provenait d'une biopsie effectuée sur le ganglion lymphatique d'une femme alors en vie. À l'instar des fragments de rein et de foie du marin de Manchester, il avait été conservé dans de la paraffine, qui dispense de toute mise au froid. Cet enrobage très efficace explique qu'il ait pu être gardé si longtemps sur une étagère poussiéreuse. C'est ainsi que quatre bonnes décennies après son prélèvement, il émergea d'un cabinet de l'université de Kinshasa dédié à l'archivage de spécimens anciens. Une manne pour les spécialistes du sida…

91

L'UNIVERSITÉ DE KINSHASA est perchée au sommet d'une colline, à la périphérie de la ville. On y arrive après une heure de taxi sur des routes défoncées à travers des banlieues grouillant de vans, de bus, de charrettes, et recouvertes d'un nuage de pollution. Marchands de couronnes mortuaires, bornes de recharge pour téléphones portables, marchés aux fruits ou à la viande, vendeurs de quincaillerie à la sauvette, réparateurs de pneus, revendeurs de ciment, sur fond de tas de sable ou de graviers et de monceaux de détritus… Tout y témoigne de la décrépitude d'une ancienne métropole coloniale façonnée par huit décennies d'opportunisme belge, trente ans de dictature et de gabegie, et dix de guerre. Dix millions d'affamés vivent là, parmi lesquels bien sûr quelques voyous, comme partout, mais la plupart d'entre eux sont aussi charmants qu'amicaux, et débordent de joie de vivre. Juché sur sa colline dans un cadre verdoyant, le campus universitaire, « la montagne » comme on dit là-bas, présente avec la ville en contrebas un contraste plaisant. Les étudiants s'y rendent à pied depuis un arrêt de bus bondé. Ils viennent là pour apprendre et pour s'évader.

Le professeur Jean-Marie M. Kabongo dirige le département d'anatomopathologie de l'université. Petit, tiré à quatre épingles, moustache grisonnante en guidon de vélo et épais favoris, l'homme dégage une impression de force que tempèrent ses manières policées. Il me reçoit dans son bureau, au deuxième étage d'un bâtiment qui surplombe un espace vert planté d'acacias. D'emblée, il s'excuse de ne pas savoir grand-chose du RDC60 ni de la patiente dont provient la biopsie. Le cas remonte à si loin dans le passé ! Une femme, oui, sans doute. Ses souvenirs sont vagues, mais il est tout disposé à exhumer le dossier. Il prend des notes tandis que je le questionne, puis me propose de revenir d'ici deux ou trois jours, quand il se sera mieux préparé. Comme je lui demande dans quelle pièce le RDC60 a été conservé, son visage s'éclaire. Ça, je peux vous le montrer tout de suite ! s'écrie-t-il.

Il part chercher une clé et me conduit jusqu'à une porte bleue, derrière laquelle je découvre un vaste laboratoire aux murs carrelés de blanc et baigné de soleil, avec deux longues tables basses au milieu. Sur l'une d'elles est posé un registre antique aux pages gondolées, qui semble tout droit sorti d'un livre de Dickens. Le long de la fenêtre sont alignés des béchers remplis de liquides rangés par ordre de couleurs, du jaune pisseux au blanc vodka. Le plus foncé contient du méthanol, m'explique le professeur, et le plus clair, du xylol. On s'en sert pour préparer les échantillons de tissus. Ces solvants organiques ont pour propriété d'en extraire l'eau – la dessiccation étant un préalable nécessaire à leur conservation sur une longue durée. Le méthanol est devenu foncé à force d'avoir trop servi.

Il me montre une petite boîte en plastique orange, dotée d'un couvercle rabattable, qui a à peu près la forme et la taille d'une boîte d'allumettes. C'est une « cassette », me dit-il. On y dépose un fragment de tissu prélevé sur un ganglion lymphatique ou n'importe quel autre organe. On trempe le tout dans le bécher de méthanol, puis successivement dans tous les béchers, jusqu'à celui de xylol. Le méthanol retire l'eau, et le xylol retire le méthanol : ainsi procède-t-on pour préparer le spécimen à être conservé dans la paraffine. Cet appareil, ajoute-t-il en désignant une grosse machine posée sur une des tables, fournit la paraffine. On extrait de sa boîte orange le fragment de tissu préparé puis, en tournant ce robinet, on fait couler dessus de la paraffine chaude et liquide. Elle se refroidira avec le fragment de tissu emprisonné à l'intérieur comme dans un morceau de beurre. Il suffit de retirer le couvercle de la boîte pour y inscrire un nom de code – par exemple A90 ou B71. Et l'on a un spécimen d'archive. « A » veut dire autopsie, « B », biopsie. Le fragment de ganglion lymphatique RDC60 a donc dû être étiqueté « B » quelque chose. Chaque spécimen dûment codé est inscrit dans le grand registre que voici. Ensuite, on l'entrepose dans la réserve. « Dans la réserve ? Où ça ? »

À l'autre bout du laboratoire se trouve une autre porte, ou plus exactement un rideau bleu. Le Pr Kabongo tire le rideau et me précède dans la réserve aux spécimens, un local étroit et exigu dont un côté est tapissé d'étagères et d'armoires. Partout, des milliers de blocs de paraffine poussiéreux et de vieilles lames de microscope. Les blocs sont disposés en piles dans des cartons, dont certains portent une date et d'autres pas. Un vrai chaos organisé. Une chaise en bois attend le visiteur curieux à l'âme infatigable qui souhaiterait farfouiller à son aise parmi les échantillons. Ce n'est pas mon cas : je tiens le clou de ma visite. « C'est là ? » Mais oui, confirme le professeur.

Là fut donc conservé pendant des décennies le RDC60, qui allait devenir la pierre de Rosette des recherches sur le sida…

92

EN COMPAGNIE D'AUTRES ÉCHANTILLONS, le RDC60 franchit un jour le rideau bleu de la réserve pour entamer un long voyage. Après une escale en Belgique, le sien s'acheva aux États-Unis, dans le laboratoire d'un jeune biologiste de l'université d'Arizona. Spécialiste de phylogénétique moléculaire, Michael Worobey est originaire de l'ancienne Colombie-Britannique, au Canada. Après son premier cycle, il obtint une bourse Rhodes et partit à Oxford. Les étudiants profitent en général de cette bourse pour s'acquitter d'un travail académique modérément intense, s'initier aux rituels du thé, du sherry et du tennis sur gazon, en bref, acquérir les bonnes manières d'un Anglais distingué, avant de s'en retourner sur les bancs de leur université ou d'entrer dans la vie active. Worobey fit de sa bourse un usage plus profitable. Choisissant de rester à Oxford, il y obtint un doctorat et enchaîna avec un postdoc en biologie évolutive moléculaire. En 2003, il rentra aux États-Unis pour devenir professeur assistant à l'université d'Arizona, où il créa un laboratoire BSL-3 dédié à l'étude des génomes de virus dangereux. Quelques années plus tard, c'est lui qui mit en évidence la présence de VIH dans un certain échantillon de biopsie datant de 1960 et venu du Congo.

Worobey amplifia les fragments du génome, reconstitua le puzzle du virus, y reconnut une version ancienne du VIH-1, et baptisa la séquence RDC60. Après l'avoir comparée au ZR59, l'autre souche ancienne découverte par Tuofu Zhu, il arriva à cette conclusion fracassante : le VIH était présent chez l'homme depuis bien plus longtemps qu'on ne l'imaginait. Selon toute probabilité, c'est à 1908 que remontait le grand saut de l'animal à l'homme.

Pour prendre la pleine mesure de la découverte de Worobey et comprendre à quel point elle bousculait les idées reçues, il n'est pas inutile de préciser le contexte dans lequel elle s'inscrivait. Un sujet brûlant suscitait alors des débats passionnés : la manière dont le virus était passé chez l'humain. Au début des années 1990, forts des connaissances acquises sur le VIH-2 et le mangabey enfumé, on pensait que le VIH-1 avait été, lui aussi, transmis par un primate africain. Les soupçons se portaient sur les pratiques induites par la consommation de la viande de singe – abattage, boucherie – qui auraient occasionné une contamination humaine à deux reprises au moins, une fois par la souche M, une fois par la souche O. C'est l'hypothèse dite « des chasseurs de singes ». Dans un cas comme dans l'autre, un homme ou une femme manipulant la carcasse d'un primate infecté au VIS aurait attrapé le virus par une blessure ouverte – coupure à la main, écorchure au bras ou n'importe quelle lésion cutanée mettant en contact le sang du singe avec celui de l'humain. Une blessure au dos, pourquoi pas, puisqu'on transportait les cadavres sur les épaules. Ou à la bouche, quand on consommait la viande crue. En tout cas, un contact de sang à sang. L'hypothèse des chasseurs n'était qu'une spéculation, mais elle était plausible. Ni improbable ni tirée par les cheveux, elle collait avec les faits connus – pour le peu qu'on connût. Mais en 1992 émergea une théorie totalement différente, fort hétérodoxe celle-là et prêtant à polémique.

Le VIH-1 aurait été transmis aux humains par un vaccin antipolio contaminé, testé sur un million d'Africains innocents. Sans le vouloir, on aurait mis en branle la machine infernale de la pandémie par l'administration d'un simple vaccin. Si l'on se fie à cette théorie, quelqu'un a un jour commis une gaffe monstrueuse. Il y a un coupable ! Par son manque de prudence, l'*hybris* scientifique a provoqué la catastrophe. Le pire est que cette théorie n'a rien d'invraisemblable, elle non plus.

Les virus sont retors, on l'a vu. Ils vont là où ils ne devraient pas aller. Les contaminations en laboratoire existent. Des vaccins contaminés par des virus ou des bactéries au niveau de la production industrielle, c'est déjà arrivé. En 1861, un groupe d'enfants italiens contracte la syphilis à l'occasion d'une séance de vaccination contre la variole [19]. Au début du XXe siècle, ce sont des enfants de Camden, New Jersey, qui sont contaminés par le virus du tétanos, là encore pour s'être fait vacciner contre la variole. Neuf d'entre eux en mourront. Vers la même époque, un lot d'antitoxines contre la diphtérie préparé à Saint-Louis à partir de sérum de cheval tue sept enfants, contaminés par le virus du tétanos. Ces incidents tragiques amèneront les producteurs de vaccins à utiliser systématiquement des filtres ; mais ceux-ci ne valent que pour les bactéries – les virus, eux, sont trop petits. L'ajout de formaldéhyde dans les vaccins pour inactiver le virus cible étant alors fréquent, on s'est dit que n'importe quel autre virus présent par erreur devrait, lui aussi, devenir inactif. Problème : ce n'est pas toujours vrai. Au milieu du XXe siècle, quelques-uns des premiers vaccins contre la polio furent contaminés par le virus SV40, virus endémique des macaques rhésus. Quand on découvrit, plus tard, que ce virus provoquait des cancers, la présence de SV40 dans les vaccins fit l'objet de polémiques passionnées.

Quant à savoir s'il y eut contamination d'un vaccin par le VIH-1, avec les conséquences que l'on sait, c'était une autre affaire. Incontestablement, le vaccin antipolio en question fut bien administré à des Africains. Entre 1957 et 1960, un chercheur américain d'origine polonaise, Hilary Koprowski, moins connu que Salk et Sabin mais tout aussi engagé qu'eux dans le développement de la vaccination, batailla pour que « son » vaccin soit largement administré dans les territoires du Congo belge oriental et les possessions coloniales adjacentes – plus tard intégrées à la RDC, au Rwanda et au Burundi. Bientôt, dans des villes comme Ruzizi Valley, au nord du lac Tanganyika, des kyrielles d'adultes et d'enfants défilèrent à la queue leu leu pour recevoir, en toute confiance, leur dose orale de vaccin contenue dans une cuiller ou une pipette. Rien qu'à Léopoldville, quelque soixante-quinze enfants furent vaccinés. Pour étayer leur argumentation, les tenants de cette seconde théorie avançaient deux hypothèses. Primo : pour produire son vaccin, Koprowski aurait utilisé des cellules de rein de chimpanzé – et non d'un autre singe, selon la technique habituelle. Secundo : quelques lots de vaccin auraient été produits à partir de chimpanzés porteurs de VIS_{cpz}. Cette vaccination calamiteuse aurait ainsi provoqué en Afrique centrale une infection iatrogène* au VIH-1 chez un nombre indéterminé d'individus.

En somme, selon la théorie OPV (*oral polio vaccine*), par la faute d'un chercheur irresponsable, le sida se serait répandu sur tout un continent, puis dans le monde entier.

Cette théorie connut son heure de gloire en 1992, quand un journaliste free-lance, Tom Curtis, lui consacra dans le magazine *Rolling Stone* un long article intitulé : « ORIGINE DU SIDA, À QUI LA FAUTE : DIEU OU UN HOMME ? UNE NOUVELLE THÉORIE QUI INTERPELLE ! » L'idée avait déjà circulé sans grand écho chez quelques scientifiques ; c'est d'ailleurs l'un d'entre eux qui mit le journaliste au parfum. Éconduit par quelques chercheurs éminents qu'il avait sollicités au début de son enquête, Curtis crut y voir un indice en faveur de cette théorie. Le Dr David Heymann, qui dirigeait alors à l'OMS le programme de lutte contre le sida, se contenta d'une réponse lapidaire : « L'origine du sida est une question sans importance pour la science, aujourd'hui [20]. » Curtis cite également les mots de William Haseltine, un expert de Harvard qu'il avait consulté : « Cette question est à la fois vaine et non pertinente, elle n'aura pour effet que de semer le trouble chez les gens. Si l'on veut résoudre le problème, ce n'est certainement pas ainsi que l'on y arrivera [21] ! » À la parution de l'article, les avocats de Hilary Koprowski poursuivirent Curtis et *Rolling Stone* pour diffamation ; le magazine publia une « mise au point » admettant que la théorie OPV et le rôle qu'elle prêtait à Koprowski ne relevaient que de supputations sans fondement. Mais alors que la poussière commençait à retomber, un journaliste anglais, Edward

Hooper, s'enticha à son tour de cette théorie. Son enquête, ou plutôt la croisade dans laquelle il se lança, donna une seconde vie à la controverse.

Hooper a consacré à son sujet fétiche des années de recherche, manifestant une ténacité admirable à défaut d'un sens critique bien affûté. Le résultat tient en un millier de pages et s'intitule *The River : A Journey to the Source of HIV and AIDS*. La rivière en question est métaphorique ; elle symbolise le cours de l'histoire, le flux des causes et des effets qui, partant d'une toute petite source, aboutit à un océan de conséquences. Dans le prologue du livre, l'auteur évoque la quête des sources du Nil par les explorateurs du lac Victoria. Le fleuve prend-il naissance au pied des Chutes de Ripon ou sa source se trouve-t-elle plus haut, en amont du lac, dans quelque lieu encore mal défini ? « La controverse sur les sources du Nil trouve un écho étrange dans une autre controverse née un siècle et demi plus tard : le débat sur l'origine du sida [22] », écrit Hooper. De même que les explorateurs du lac Victoria s'étaient trompés, de même, selon lui, les experts du sida font fausse route à propos de l'origine de la maladie.

Le livre de Hooper est un pavé passablement indigeste mais ses thèses sont spectaculaires, et il atteint son but : diffuser la théorie OPV auprès du grand public. Quelques spécialistes du sida (notamment Phyllis Kanki et Max Essex) étaient conscients depuis longtemps que l'hypothèse d'une contamination vaccinale par des cellules de singes infectées n'était pas à exclure, au moins en théorie. Ils avaient même pratiqué des dépistages en série sur des vaccins, sans rien trouver qui confirme cette hypothèse. Dans la droite ligne de Tom Curtis, Hooper transforme une suspicion en accusation. Pour autant, son déluge de détails et son argumentation à la mitraillette échouent à asseoir sur des preuves le fondement de sa thèse : que les vaccins de Koprowski ont bien été fabriqués à partir de cellules de chimpanzés infectées par le VIH. Il se contente de monter en épingle une simple possibilité – le vaccin *pourrait* avoir été produit à partir de cellules de chimpanzés *peut-être* contaminés. Le possible se substitue aux faits.

Que s'est-il réellement passé ? De quelles preuves dispose-t-on ? À la demande pressante de William Hamilton, un éminent biologiste de l'évolution pour qui la théorie OPV mérite plus ample investigation, la Royal Society convoque une réunion extraordinaire en septembre 2000, avec pour objectif de recontextualiser le débat. Hamilton est une grande figure du milieu scientifique, où il jouit d'un immense respect – *La Sociobiologie* d'Edward O. Wilson et *Le Gène égoïste* de Richard Dawkins sont largement inspirés de ses travaux. Il convainc la Royal Society d'offrir à la théorie OPV un procès équitable. Ainsi Edward Hooper se verra-t-il invité à prendre la parole, bien qu'il ne soit pas scientifique. Hilary Koprowski sera également convié, de même qu'un aréopage de grands ténors du sida. Seul hic : lorsque la réunion a enfin lieu, Hamilton est décédé.

En mars 2000, il est mort brutalement d'une hémorragie intestinale consécutive au paludisme qu'il venait de contracter lors d'un voyage de recherche en RDC. Sa place est donc vide lorsque ses collègues de la Royal Society passent en revue un large éventail de questions relatives à l'origine du VIH et du sida. Si la théorie OPV n'est qu'un sujet parmi d'autres, l'ensemble du programme s'articule autour d'elle. Les données actuelles de la biologie moléculaire et de l'épidémiologie tendent-elles à confirmer ou à réfuter le scénario d'une contamination vaccinale ? Corollaire à cette question : à quand remonte la première contamination d'un humain par le VIH-1 ? Si c'est avant 1957, les tests de Koprowski sont hors de cause. D'où le rôle déterminant des cas de séropositivité contenus dans les archives.

Et voilà comment le RDC60 fut amené à quitter la réserve de Kinshasa. À l'issue de la réunion de la Royal Society, le médecin belge Dirk Teuwen, qui y avait assisté, se rappela avoir vu passer dans les archives des laboratoires médicaux de l'ex-Congo belge des références à des travaux de pathologie. Peut-être les tissus conservés dans ces vieux blocs de paraffine contenaient-ils du VIH-1 qu'on pourrait détecter ? Les collègues à qui il fit part de son idée restèrent sceptiques. À supposer qu'il y ait eu du virus là-dedans, il était peu probable qu'il en reste des traces suffisantes pour l'observer. Entre la chaleur tropicale, l'entreposage rudimentaire, la révolution et les chamboulements administratifs, après tant de décennies il devait être dans un sale état. Mais Teuwen était un obstiné. Il réussit à rallier à sa cause un bactériologue congolais, Jean-Jacques Muyembe, et à obtenir le feu vert du ministère de la Santé. Muyembe partit donc à Kinshasa, où il exhuma de la réserve de l'université, cachée derrière son rideau bleu, huit cent treize blocs de paraffine qu'il entassa dans une valise. Lorsqu'il retourna en Belgique, il les remit à Dirk

Teuwen. Celui-ci ayant entre-temps noué un partenariat avec Michael Worobey pour un projet de recherche, les échantillons s'envolèrent vers leur destination finale : Tucson, Arizona.

Pour comprendre pourquoi l'histoire de Teuwen et celle de Worobey se rejoignent à ce moment du récit, il faut remonter quelques années en arrière. Pendant ses études en Europe, Worobey avait rencontré Bill Hamilton à Oxford, ainsi que plusieurs médecins biologistes à l'occasion de séjours en Belgique. Passionné par la question de l'origine du sida, c'est lui qui accompagna Hamilton sur le terrain, en RDC, lors du voyage qui fut fatal à ce dernier. L'objectif de Hamilton était de collecter des échantillons d'urine et de matières fécales de chimpanzés sauvages, pour tenter de confirmer ou de réfuter la théorie OPV. Worobey, quant à lui, voulait surtout récolter de nouvelles données pour compléter le tableau de l'évolution du VIH. Encore en plein chaos, le pays était sous le choc de la guerre civile qui avait fait tomber Mobutu Sese Seko au profit de Laurent-Désiré Kabila ; il y soufflait un véritable vent de folie. Deux armées rebelles continuaient de s'opposer à Kabila, tenant sous leur contrôle une grande partie de la moitié est du pays. C'est dans ce contexte que, début 2000, Hamilton et Worobey prirent l'avion pour Kisangani (ex-Stanleyville), capitale régionale située sur le fleuve Congo – la ville où le Dr Koprowski avait lancé sa campagne de vaccination. Deux forces armées rivales soutenues les unes par le Rwanda, les autres par l'Ouganda, occupaient chacune une rive du fleuve. Avec la guerre, le trafic aérien commercial était interrompu, aussi les deux biologistes embarquèrent-ils à bord d'un petit coucou en compagnie d'un trafiquant de diamants. Une fois à Kisangani, ils commencèrent par s'acquitter d'une visite de courtoisie au commandant (d'allégeance rwandaise) qui détenait la majorité de la ville. Puis ils s'enfoncèrent dans la forêt, assurés d'y trouver parmi les léopards et les serpents une compagnie moins dangereuse. Ils y demeurèrent un mois avec des guides locaux, collectant leurs échantillons d'urine et de crottes de chimpanzés. Lorsqu'ils en ressortirent, Hamilton était malade.

Worobey et lui ignoraient à quel point. Toujours est-il qu'ils prirent le dernier vol extérieur, à destination du Rwanda. De là, ils gagnèrent Entebbe, en Ouganda, où Hamilton se fit diagnostiquer son paludisme et reçut des médicaments pour le soigner. Après un ultime crochet par Nairobi, ils atterrirent enfin à Londres. Hamilton se sentait beaucoup mieux ; le pire de la maladie semblait être derrière lui. Ils avaient accompli leur mission, la vie était belle ! Un biologiste de terrain m'a un jour décrit le bonheur de ces instants. Naufrage, faim, morsures de serpents, lui aussi avait souvent dû affronter bien des dangers pour arriver à ses fins – à l'exception, toutefois, du paludisme et des fusils AK. « Le jeu consiste à revenir chez soi avec les données dans la poche, dit-il. Si l'on prend trop de risques, on ne rentre pas à la maison. Si l'on n'en prend pas assez, on n'a pas les données. » Hamilton et Worobey avaient réussi sur les deux tableaux : les données, le retour à la maison. C'est alors qu'ils s'aperçurent que la glacière contenant leurs précieux échantillons s'était perdue pendant le transfert de bagages, quelque part entre Nairobi et Londres.

Je tiens ce récit de Michael Worobey, qui m'a tout raconté lors de notre rencontre dans son laboratoire. « Tout allait pour le mieux, dit-il, à ceci près que nous avions enregistré six bagages, et qu'il n'en est sorti que cinq sur le carrousel. Celui qui contenait les échantillons avait disparu. » Le lendemain matin, Hamilton, se sentant de nouveau très mal, se rendit à l'hôpital. Une hémorragie se déclara, peut-être provoquée par les anti-inflammatoires qu'il avait pris contre le paludisme. Worobey apprit la nouvelle en téléphonant à sa sœur : « Qu'est-ce que vous lui voulez ? dit-elle. Bill est entre la vie et la mort ! » Entre-temps, le jeune homme avait harcelé de coups de fil le responsable des bagages de Nairobi, qui lui avait assuré avoir retrouvé la glacière. Elle partait par le prochain vol, promit-il. La glacière arriva ; elle était remplie de sandwichs. « Ça faisait une catastrophe de plus, pendant que Bill agonisait à l'hôpital… » Deux jours plus tard, lorsque la bonne glacière arriva enfin, Hamilton n'était plus en état de s'en réjouir. On eut beau enchaîner interventions chirurgicales et transfusions, après s'être battu pendant plusieurs semaines, il mourut.

Les matières fécales de chimpanzés congolais qui lui avaient coûté la vie ne contenaient pas de VIS. Seuls quelques échantillons d'urine laissaient planer une faible suspicion de séropositivité. Rien, en tout cas, d'assez clair ni d'assez probant pour mériter une publication. Parfois, les bonnes données sont là où on les trouve, et non là où on les cherche… Quelques années plus tard, quand les échantillons de biopsies humaines venus de Kinshasa atterrirent à

Tucson – ces huit cent treize petits blocs de tissus enrobés de paraffine que J.-J. Muyembe avait rapportés en Belgique dans sa valise –, Michael Worobey était prêt. Le RDC60 qu'il y trouva racontait une histoire des plus improbables.

93

ON A BEAU ÊTRE UN GRAND EXPERT, aller chercher de l'ADN viral dans des vieux tissus exhumés de blocs de paraffine n'est pas une mince affaire. Worobey dut se colleter avec « les tissus les plus épouvantables auxquels puisse être confronté un biologiste moléculaire », selon ses dires. Ce n'étaient pas les quarante-quatre années de sommeil à température ambiante dans une réserve poussiéreuse qui posaient problème. C'étaient les agents chimiques utilisés en 1960 pour fixer les tissus – ancêtres du méthanol et du xylol des béchers du Pr Kabongo. À l'époque, les pathologistes se servaient de liquide de Bouin, un puissant fixateur essentiellement constitué de formol et d'acide picrique*.

S'il ne s'agit que de découper les tissus en tranches fines pour les examiner au microscope sans que leur structure cellulaire ait été endommagée, le liquide de Bouin joue parfaitement son rôle. Mais à l'échelle d'en dessous, celle des longues molécules de la vie, c'est tout simplement l'enfer. Le liquide de Bouin, m'expliqua Worobey, a pour effet de couper les brins d'ADN et d'ARN en tout petits fragments entre lesquels se forment de nouvelles liaisons chimiques. Si bien qu'au lieu de ces beaux colliers de perles qui font le régal de la biologie moléculaire, on se retrouve face à une grosse boule emmêlée. La besogne était si chronophage qu'il dut se limiter à vingt-sept blocs, sur les huit cent treize rapportés de Kinshasa. L'un d'entre eux contenait des fragments d'ARN provenant indubitablement du VIH-1. Avec autant d'habileté que de persévérance, Worobey parvint à démêler l'écheveau et à reconstituer la séquence de nucléotides qu'il baptisa RDC60.

Il avait effectué sa part de travail. L'ordinateur fit le reste. D'abord, une comparaison systématique, base par base, du RDC60 et du ZR59. Mais il fallait aussi comparer les bases de ces deux virus à toutes les séquences connues de VIH-1 figurant dans l'arbre généalogique du groupe M. Avec pour objectif de mesurer le rythme de l'évolution d'après les divergences entre les plus anciennes séquences et les plus récentes. L'évolution progresse en effet, pour l'essentiel, par mutations successives à l'échelle des bases. Chez les virus à ARN, dont fait partie le VIH-1, le taux de mutation est relativement élevé. Autre détail d'importance, l'étude d'un grand nombre de souches a permis d'estimer ce taux moyen, l'« horloge moléculaire » du virus. À chaque virus son taux moyen de mutations, et donc sa propre horloge mesurant son rythme de transformation. En quantifiant les différences entre deux souches virales, on peut évaluer, grâce à l'horloge moléculaire, le temps qui s'est écoulé depuis leur divergence à partir de leur ancêtre commun. Ce temps, appelé TMRCA, constitue un paramètre essentiel en biologie moléculaire.

Michael Worobey découvrit que le RDC60 et le ZR59, récoltés à Kinshasa à peu près au même moment, étaient en fait très différents. Incontestablement, ils appartenaient au groupe M. Aucune confusion possible avec le groupe N ou le groupe O, ni avec le VIS_{cpz}. Mais, au sein du groupe M, ils avaient largement divergé. À quel degré ? Entre les deux versions, on observait une différence de 12 % sur une section de génome. Soit, mesurée à l'aune de l'horloge moléculaire, une bonne cinquantaine d'années. Le plus récent ancêtre commun de RDC et de ZR59 devait remonter à 1908, estimait Worobey. À une petite marge d'erreur près.

1908 ! C'était beaucoup, beaucoup plus tôt que ce que l'on avait imaginé. Une découverte de cette importance méritait bien une publication dans l'auguste revue *Nature*. Elle parut en 2008 – cent ans après la date du grand saut de l'animal à l'homme. Parmi ses signataires, on retrouve Jean-Jacques Muyembe, Jean-Marie Kabongo et Dirk Teuwen. On y lit :

« Notre estimation du temps de divergence, fondée sur l'étude de l'évolution du virus pendant plusieurs décennies et les différences génétiques observées entre RDC60 et ZR59, indique que ces deux virus ont évolué à partir d'un ancêtre commun qui circulait dans la population africaine au début du XXe siècle [23]. »

« Le virus que j'avais sous les yeux n'était pas un nouveau virus humain », me dit sobrement Worobey.

Les travaux de Worobey réfutaient donc l'hypothèse OPV. Si le VIH-1 circulait chez l'homme depuis 1908, il ne pouvait avoir été introduit par une campagne de vaccination en 1958. Mais là n'était pas le plus important de la découverte. Dès lors que la date du grand saut était établie, il devenait possible de répondre à la question du « comment » : comment la pandémie de sida avait-elle débuté, comment s'était-elle développée.

94

SAVOIR OÙ TOUT A COMMENCÉ n'est pas moins important que savoir quand. C'est un autre laboratoire qui répondit à cette question.

Beatrice Hahn est un peu plus âgée que Worobey. Lorsque ce dernier découvrit RDC60, elle travaillait depuis longtemps déjà sur l'origine du sida. Née en Allemagne, Hahn décrocha son doctorat de médecine à Munich avant d'émigrer aux États-Unis en 1982, où elle enchaîna trois années de postdoc consacrées à l'étude des rétrovirus dans le laboratoire de Robert Gallo. Passant ensuite à l'université d'Alabama (Birmingham), elle y fut nommée professeur de médecine et de microbiologie et prit la codirection d'un centre de recherches sur le sida. Une brillante équipe de postdocs et d'étudiants travaillait sous ses ordres. Pour la petite histoire, après être restée en Alabama de 1985 à 2011, période pendant laquelle se déroulent l'essentiel des faits relatés ici, elle rejoignit la Perelman School of Medicine de l'université de Pennsylvanie, à Philadelphie.

Tous les projets de Hahn visent à comprendre l'histoire de l'évolution du VIH-1, de ses variantes et de ses ancêtres – comme ceux de Worobey. Cette spécialité, la « phylogénétique moléculaire », consiste à comparer les séquences de nucléotides de l'ADN ou de l'ARN de divers organismes. À l'instar du paléontologue, qui étudie les fragments pétrifiés d'os de grands sauriens disparus, le phylogénéticien cherche à définir des lignages pour retracer l'histoire de l'évolution. Mais en tant que médecin, Beatrice Hahn veut aussi identifier le mécanisme génétique qui déclenche la maladie afin de pouvoir la soigner, la prévenir, et idéalement la guérir.

On doit au laboratoire de Hahn quelques très beaux papiers ces vingt dernières années. Souvent, ils ont comme premier signataire un chercheur junior ; le nom de Hahn y figure en dernier, place dévolue au responsable du laboratoire. Ainsi de la publication de 1999, présentant l'étude phylogénétique du VIS_{cpz} comparé au VIH-1, signée par Feng Gao, alors postdoc chez Hahn. À l'époque, on ne connaissait que trois souches de VIS_{cpz} ; Feng Gao y ajouta une quatrième. L'article parut dans *Nature*, qui le présenta comme « la preuve la plus décisive que le VIH-1 a été transmis à l'humain par un chimpanzé, *Pan troglodytes*[24] ». De fait, Gao et ses collègues ne se sont pas contentés de remonter jusqu'au chimpanzé ; leur analyse de souches virales relie le VIH-1 à une espèce particulière, le *Pantroglodytes troglodytes*, dont le VIS est passé chez l'humain pour devenir le VIH-1 du groupe M. Ce chimpanzé vit exclusivement à l'ouest de l'Afrique centrale, au nord du fleuve Congo et à l'ouest de l'Oubangui. Gao identifie donc non seulement le réservoir du virus, mais aussi la zone géographique dans laquelle est apparu le VIH-1. Une formidable découverte, comme l'atteste l'intitulé choisi par la revue : « DE PAN À LA PANDÉMIE ».

Toutefois, là encore, les virus provenaient de chimpanzés captifs, comme plus tôt ceux de Martine Peeters. Pendant quelques années, l'incertitude continua donc de planer sur la présence de l'infection chez les chimpanzés sauvages. Jusqu'à ce jour de 2002 où Mario L. Santiago et ses coauteurs annoncèrent dans *Science* avoir découvert du VIS_{cpz} dans la nature. Santiago travaillait, lui aussi, dans le laboratoire de Hahn, où il préparait une thèse.

Sur cinquante-huit animaux testés, Santiago ne découvrit de virus que chez un seul. Mais le plus important, dans ce travail qui lui valut une thèse de doctorat bien méritée, est la méthode qu'il inventa pour pratiquer ses tests. Cette méthode, non invasive, permet au chercheur de réaliser ses analyses sans capturer le chimpanzé ni lui prélever de sang. Il lui suffit de suivre l'animal dans la forêt, de se placer au-dessous de lui lorsqu'il urine (ou d'envoyer un assistant recevoir la douche à sa place), puis de rechercher dans l'échantillon la présence d'anticorps. Avec l'urine, le dépistage marche presque aussi bien qu'avec le sang. C'est la découverte de Santiago.

« L'idée était d'une audace révolutionnaire, me dit Hahn lorsque je vins la voir dans son laboratoire de Birmingham. Nous n'étions pas sûrs du tout que ça marcherait. » Mais Santiago prit le risque. Il mit soigneusement au point son protocole, et tout fonctionna. Le premier échantillon positif d'urine de chimpanzé sauvage provenait d'une des communautés les plus célèbres du monde : celle du parc national de Gombe, en Tanzanie, où Jane Goodall avait réalisé son étude de terrain historique au début des années 1960. L'échantillon n'était pas aussi proche du VIH-1 que celui de Feng Gao, et il venait d'une sous-espèce différente, le chimpanzé d'Afrique orientale, *Pantroglodytes schweinfurthii*. Ce n'en était pas moins du VIS_{cpz}.

L'intérêt de Gombe, me confia Beatrice Hahn, c'est que là-bas les chimpanzés ne s'enfuient pas en courant. Ils sont sauvages, oui, mais après quatre décennies à fréquenter Goodall et ses successeurs, ils se sont habitués à la présence humaine. La méthode de l'urine aurait été difficilement praticable ailleurs. « Des chimpanzés moins accoutumés à l'humain ne resteraient pas assez près pour qu'on puisse recueillir leur urine. » Il y a bien la solution de ramasser leurs crottes dans la forêt, mais ces échantillons doivent rester bien conservés pour être utilisables. Or, les fèces fraîches regorgent de protéases* et d'enzymes digestives qui détruisent toute preuve de la présence du virus avant qu'on n'arrive au laboratoire. Telles sont les contraintes avec lesquelles doit jongler un biologiste moléculaire travaillant sur des animaux sauvages : le sang, les excréments et l'urine ne sont pas toujours d'un accès facile, entre autres inconvénients.

Le problème du pourrissement des excréments devait être résolu peu après par un autre petit génie de la bande de Hahn, Brandon F. Keele, natif de l'Utah. Il y parvint en bidouillant un liquide stabilisateur commercialisé par une firme d'Austin (Texas), le RNAlater, conçu pour conserver les acides nucléiques des tissus. Le nom « RNAlater » dit tout : ce produit permet de remettre à plus tard (*later*) l'extraction de l'ARN d'un tissu. Si ça marche avec l'ARN des tissus, raisonna Keele, pourquoi ne pas essayer avec les anticorps des excréments ? Il y arriva, non sans mal car une fois fixés par le stabilisateur les anticorps ne sont pas faciles à récupérer – un vrai casse-tête chimique. Grâce à cette nouvelle technique, un vaste champ s'ouvrait aux analyses pratiquées sur les chimpanzés sauvages. Les assistants de terrain pouvaient récupérer des centaines d'échantillons de fèces qu'il suffisait de déposer au fur et à mesure dans un petit tube rempli de RNAlater. Pas besoin de les garder au frais : on les rapportait au laboratoire où ils livraient gentiment leurs secrets, à des milliers de kilomètres de la forêt africaine. « Si on trouve des anticorps chez un chimpanzé, on sait qu'il est infecté, m'expliqua Hahn. On peut alors se concentrer sur le spécimen infecté pour analyser le virus. » Autant le dépistage d'anticorps est à la fois simple et rapide, autant l'amplification par PCR et les étapes à suivre pour sonder des fragments d'ARN viral demandent beaucoup plus de peine et de temps. La nouvelle méthode permettait à Hahn et à son équipe de passer rapidement en revue un grand nombre de spécimens et de réserver leurs efforts à une toute petite sélection. Ils pouvaient séparer d'emblée le bon grain de l'ivraie.

Elle leur permettait aussi d'étendre leur champ d'investigation au-delà de Gombe, pour s'intéresser de plus près au chimpanzé dont le VIS_{cpz} ressemblait tant au VIH-1. Grâce à une collaboration avec Martine Peeters et à quelques contacts locaux, l'équipe collecta quatre cent quarante-six échantillons dans des sites variés de la région sud et sud-est du Cameroun. De retour au laboratoire, Brandon Keele s'attela à la tâche. Des tests ADN montrèrent que la quasi-totalité des échantillons provenaient de chimpanzés *Pantroglodytes troglodytes* – seuls une vingtaine d'entre eux appartenaient à des *P. t. vellerosus*, une autre sous-espèce. Keele se mit en quête du virus. Cachées dans ses échantillons, deux surprises l'attendaient.

95

POUR ENTENDRE CE RÉCIT de la bouche de Brandon Keele, je suis allé lui rendre visite. Le temps avait passé depuis son postdoc avec Beatrice Hahn, il dirigeait désormais une équipe de recherche du National Cancer Institute à Frederick, Maryland. Dans cette unité dédiée à l'étude de l'évolution des virus, il poursuivait ses travaux sur la phylogénétique virale et le sida.

Situé au cœur du centre médical militaire de Fort Detrick, le bureau de Keele est à deux pas de l'USAMRIID où Kelly Warfield a mené ses recherches sur Ebola, et du fameux Slammer où elle fut mise à l'isolement pendant trois semaines, après son accident. Me voyant entrer sans escorte, les soldats qui gardaient le centre commencèrent par fouiller ma voiture pour vérifier que je n'y cachais pas une bombe, avant de me laisser passer. Un jeune homme à la stature imposante m'attendait devant la porte du bâtiment où j'avais rendez-vous. En jean et chemise bleue, cheveux soigneusement plaqués par du gel, barbe de deux jours, Keele m'accueillit avec une courtoisie exquise. Nous prîmes place dans son petit bureau, face à une carte du Cameroun.

La première surprise contenue dans les échantillons de fèces était la forte prévalence du VIS_{cpz} dans plusieurs communautés de chimpanzés camerounais. Deux affichaient un score particulièrement élevé, l'une située à Mambélé et l'autre à Lobéké, dans un parc naturel. Contrastant avec la majorité des échantillons, rarement infectés par le VIS, ceux récoltés dans le sud-est du Cameroun atteignaient un taux de 35 %. Mais, au sein même de cette zone géographique, on observait des disparités. « Dans certains sites, on peut très bien ne rien trouver sur des centaines d'échantillons », me dit Keele. Il suffisait de se déplacer un peu vers l'est, de franchir une rivière, et la prévalence grimpait en flèche. Voilà qui était tout à fait inattendu. Les taux étaient particulièrement élevés à l'extrémité sud-est du pays où convergent deux rivières, formant une frontière naturelle en forme de corne. La corne en question fait une percée dans le territoire de la République du Congo, voisine du Cameroun ; il s'avéra qu'elle grouillait littéralement de VIS_{cpz}.

La seconde surprise vint dans un second temps, quand Keele eut extrait des échantillons les fragments de virus pour les amplifier et les séquencer. La dernière opération consiste à introduire les séquences génétiques de ces virus dans un programme afin de les comparer à celles déjà connues de VIS et de VIH. Les résultats de cette comparaison se présentent sous la forme d'un arbre généalogique, indiquant la place de chaque souche dans l'évolution du virus. Keele se souvenait encore du moment où s'était affichée la séquence d'un chimpanzé portant le nom de code LB7 – pour Lobéké, l'endroit où avaient été collectées ses crottes. « Je nous revois, tous les dix autour de l'ordinateur, en train d'attendre la sortie de la séquence… Et alors, quel choc ! » Ce qu'ils avaient sous les yeux était le virus du sida.

Lorsque l'ordinateur produisit l'arbre généalogique, l'isolat de VIS_{cpz} LB7 y figurait, bien en place, sur la petite branche regroupant toutes les souches humaines connues du groupe M. (En jargon scientifique, tous appartenaient au même *clade.*) Jamais aucune souche de chimpanzé sauvage n'avait été aussi proche du VIH-1. Il s'avéra que tous les autres jumeaux du VIH-1 provenaient d'une même petite zone : le sud-est du Cameroun. C'était une révélation sidérante, un événement historique ! Toute l'équipe était en transe. « Mais on n'est jamais sûr de rien, ajouta Keele, tant qu'on n'a pas rédigé son article, et qu'on n'a pas reçu la lettre de félicitations adressée par *Science* avec l'accord de publication. »

Aussi Keele et son équipe décidèrent-ils de ne pas en rester à de simples fragments, et de s'atteler à présent au séquençage de génomes entiers de virus. Choisissant quatre échantillons collectés dans la même petite zone, ils lancèrent de nouveau leurs analyses. La ressemblance stupéfiante avec le VIH-1 du groupe M se confirma. Poussée à un tel degré, elle excluait que l'on puisse trouver une autre variante de virus encore plus proche du VIH-1.

Le laboratoire de Beatrice Hahn avait bel et bien découvert l'origine géographique de la pandémie.

96

DEUX QUESTIONS ÉTAIENT DONC RÉGLÉES : celle du *quand* et celle du *où.* En 1908, au sud-est du Cameroun, un virus avait sauté d'un chimpanzé à un humain. Il s'était ensuite propagé avec lenteur, mais de façon inexorable. Restait la troisième question : *comment ?*

L'article de Keele paraît dans *Science* le 28 juillet 2006 sous le titre : « Les chimpanzés, réservoirs du VIH-1 pandémique et non pandémique ». Brandon Keele en est le premier signataire, suivi de la sempiternelle liste de coauteurs, parmi lesquels Mario Santiago, Martine Peeters, quelques partenaires camerounais, et à la dernière place, comme d'habitude, Beatrice H. Hahn. Les données que contient cet article sont stupéfiantes, ses conclusions judicieuses, son style sobre et précis. Vers la fin, les auteurs lancent une ébauche de piste :

« Nous avons montré que la souche de VIS_{cpz} dont provient le VIH-1 du groupe M appartient à un lignage viral toujours présent aujourd'hui chez les singes *P. t. troglodytes* au sud-est du Cameroun.

La transmission du virus à l'humain s'est sans doute faite localement. Ensuite, il semble que le virus soit descendu vers le sud, le long de la rivière Sangha ou d'autres affluents, jusqu'au fleuve Congo, pour aboutir à Kinshasa où est probablement né le groupe M à l'origine de la pandémie [25]. »

Cette « transmission » survenue « localement » demeure bien obscure. Dans quelles circonstances, par quel mécanisme ? Comment cet événement décisif vint-il à se produire, quel fut son déroulement exact ?

Hahn et ses trois coauteurs avaient déjà effleuré la question en 2000, dans l'article où ils énonçaient les arguments corroborant l'hypothèse d'une zoonose : « Une explication plausible de la transmission de la maladie à l'humain pourrait être l'exposition au sang et aux sécrétions animales dans des circonstances comme la chasse, le dépeçage ou encore la consommation de viande contaminée non cuite [26]. » On reconnaît l'hypothèse des chasseurs. Un homme tue un chimpanzé, il le dépèce, le découpe, et au cours de l'opération son sang entre en contact avec celui de l'animal par une coupure qu'il s'est faite à la main. Passant de l'animal à l'homme, le VIS_{cpz} franchit la barrière interespèces, s'installe dans son nouvel hôte et devient le VIH-1. Si toute précision sur un tel événement est impossible, du moins l'histoire est-elle plausible et cadre-t-elle avec les faits connus. En situant le scénario des chasseurs dans le sud-est du Cameroun et en 1908, l'histoire colle avec les données de Keele et celles de Worobey. Un homme est infecté, au sud-est du Cameroun. Soit. Et après ?

« Si le grand saut s'est produit là-bas, comment expliquer que l'épidémie ait démarré à Kinshasa ? » ai-je demandé à Hahn. « Il y a plein de rivières qui descendent de cette région jusqu'à Kinshasa, me dit-elle. Mon hypothèse est que le virus a voyagé non dans des singes, mais dans des humains. On voit rarement des singes monter sur un canot pour faire un tour à Kinshasa ! » Évidemment, a-t-elle reconnu, rien n'interdisait d'imaginer qu'un jour quelqu'un ait transporté de la frontière du Cameroun à Kinshasa un chimpanzé vivant et infecté qu'il avait capturé. « Mais c'est hautement improbable. » Selon toute vraisemblance, le virus a été transporté par des humains.

Si l'on admet l'hypothèse de Hahn, les contacts sexuels entre villages entretinrent l'infection, mais à tout petit feu, et il fallut bien des années avant que la maladie n'explose pour de bon. Parfois, quelqu'un mourait d'une déficience immunitaire, mais il y avait tant de causes de mortalité possibles que ce décès passait inaperçu. Aussi bien les conditions de vie étaient-elles difficiles, les dangers innombrables, et l'espérance de vie très courte, avec ou sans cette maladie. Les séropositifs de cette lointaine époque avaient mille occasions de mourir avant que leur système immunitaire ne soit atteint. S'il ne s'agissait pas encore d'une épidémie, la chaîne d'infection se maintenait ; le R_0 restait supérieur à 1. Pour effectuer sa migration, le virus a sans doute emprunté le moyen de transport de son époque : la navigation fluviale. Laissant derrière lui le cours supérieur de la rivière Sangha, il s'est laissé glisser sur le courant jusqu'au fleuve Congo, qui l'a transporté jusqu'à Brazzaville et Léopoldville, les deux villes coloniales bâties de part et d'autre du Stanley Pool (aujourd'hui Malebo Pool). « Une fois arrivé en ville, dit Hahn, il pouvait se répandre. »

Il le fit d'abord lentement, telle une locomotive lorsqu'elle quitte la gare. En 1908, Léopoldville comptait à peine dix mille habitants, Brazzaville encore moins. La ville favorisant la diversité des interactions, les mœurs sexuelles y étaient certes différentes de celles des villages de brousse, mais de façon beaucoup moins marquée qu'aujourd'hui. Le R_0 du virus dut se maintenir autour de 1. Avec le temps, de plus en plus de gens convergèrent vers les villes, attirés par la perspective d'y toucher un salaire ou d'y vendre des marchandises. Les habitudes changèrent, de nouvelles opportunités s'offrirent. Quoique moins nombreuses que les hommes, des femmes venaient aussi, souvent pour y faire commerce de leurs charmes.

En 1914, avec ses six mille habitants, Brazzaville donnait du fil à retordre aux missionnaires, confiait l'un d'entre eux, un Suédois : « Des centaines de femmes venues du Haut-Congo y gagnent leur vie en se prostituant [27]. » Composée en grande partie de fonctionnaires, de soldats, de commerçants et d'ouvriers français, la population masculine y était largement majoritaire, la politique coloniale décourageant les hommes mariés expatriés d'amener leurs familles avec eux. Ce déséquilibre numérique entre hommes et femmes alimentait évidemment la demande de sexe tarifé. Toutefois, les prostituées de l'époque avaient peu à voir avec celles d'aujourd'hui et leurs passes à la chaîne, leurs rencontres minutées avec une succession d'inconnus. La plupart des femmes qui vendaient leurs faveurs étaient ce qu'on appelle en France des *femmes libres* [a] – *ndumbas*

a. En français dans le texte.

en lingala [a] –, « libres » en ce sens qu'elles ne vivaient sous la tutelle ni d'un père ni d'un mari. Elles offraient à leurs clients une grande diversité de services, de la simple conversation au sexe, en passant par le blanchissage du linge et la cuisine. Souvent, une *ndumba* n'avait pas plus de deux ou trois bons amis, qui l'honoraient de visites régulières et lui donnaient de quoi subvenir à ses besoins. Une autre variante possible était la *ménagère* [b], une bonne à tout faire vivant chez un fonctionnaire colonial dont elle tenait la maison et réchauffait le lit. *Ndumba* ou ménagère, ces petits arrangements n'avaient rien de comparable avec les échanges frénétiques susceptibles de répandre largement un virus transmis par le sexe.

Sur la rive d'en face, à Léopoldville, le déséquilibre numérique entre les deux sexes était encore plus marqué. Plus que d'une ville, il s'agissait en fait d'un camp de travail contrôlé par des administrateurs belges, où les familles n'avaient guère leur place. En 1910, on y comptait dix hommes pour une femme. Quoique les déplacements dans le pays et l'accès à la ville soient extrêmement limités, en particulier pour les femmes adultes, certaines se débrouillaient parfois pour obtenir de faux papiers ou échapper à la police. Pour une fille ardente et imaginative, aussi mal nourrie que maltraitée dans son village, il pouvait être tentant de devenir *ndumba* à Léopoldville. Mais là encore, même avec dix hommes pour une femme, il n'était pas question de bordels ni de racolage. Les femmes libres avaient leurs bons amis, leurs clients attitrés, quelquefois plusieurs en même temps, mais rien qui ressemble à de l'abattage sexuel. On n'en était pas encore là. Un spécialiste de la transmission du VIH parle à ce propos de « prostitution à bas risque [28] ».

Léopoldville s'enorgueillissait d'un marché au poisson fumé très fréquenté. On y vendait aussi de l'ivoire, du caoutchouc et des esclaves destinés à l'exportation – les recettes profitant surtout aux concessionnaires blancs, comme il se doit dans toute colonie qui se respecte. Bien qu'un canyon très encaissé et des chutes impraticables séparent le Stanley Pool de l'embouchure du Congo, coupant de l'Atlantique Brazzaville et Léopoldville, l'isolement des deux villes avait été rompu en 1898 par la construction d'une voie de

a. Le lingala est une langue bantoue parlée en République démocratique du Congo et en République du Congo.

b. En français dans le texte.

chemin de fer. En étaient résultés un afflux de marchandises et un boom commercial qui avaient attiré les foules, si bien qu'en 1920 Léopoldville devint la capitale du Congo belge, supplantant une autre ville située en aval. En 1940, sa population dépassa les quarante mille habitants, et la courbe démographique se mit à grimper. Entre 1940 et 1960, date de l'indépendance du pays, la population augmenta d'un facteur dix, pour atteindre environ quatre cent mille personnes. C'est alors que Léopoldville devint Kinshasa, métropole africaine du XXe siècle, où la vie n'avait plus grand-chose en commun avec celle d'un village camerounais. Cette explosion démographique, avec les transformations sociales qu'elle entraîna, contribue largement à expliquer pourquoi l'épidémie de VIH « décolla » soudain. En 1959, le porteur du ZR59 était infecté ; un an plus tard, dans la même ville, celui du RDC60 l'était aussi. À ce moment de son histoire, le VIH avait déjà tellement proliféré, ne cessant de muter et de se diversifier, que ZR59 et RDC60 constituaient déjà deux souches passablement différentes. Le R_0 avait sans doute largement dépassé 1, et la nouvelle maladie se répandit – d'abord dans les deux villes, puis au-delà. « Le virus se trouvait au bon endroit, au bon moment… », conclut Hahn.

En lisant la publication de Brandon Keele, au début de l'année 2007, j'eus le choc de ma vie. Sur la première figure de l'article, une carte de la frontière du Cameroun et de ses environs, il n'y avait, ô stupeur, que des endroits où j'étais déjà allé. Ce village, j'y avais fait halte pour dormir ; cette rivière, j'en avais remonté le cours dans une pirogue à moteur. Ainsi, lorsque Mike Fay et moi étions partis en expédition dans le bassin du Congo, sept ans plus tôt, nous ne marchions pas seulement sur les traces du virus Ebola. Nous frôlions le berceau du sida.

En quittant Beatrice Hahn, je me dis que le moment était peut-être venu d'y retourner.

97

NOUS SOMMES PARTIS DE DOUALA aux aurores pour éviter les embouteillages, nos affaires planquées sous des bâches à l'arrière de notre vieux pick-up Toyota cabossé. Pour ce périple un peu fou, j'avais recruté trois compagnons de voyage : le chauffeur, Moïse Tchuialeu, le mécanicien camerounais, Neville Mbah et Max Mviri, de la République du Congo. Max et moi étions arrivés ensemble de Brazzaville la veille au soir. Après la phase toujours fastidieuse des préparatifs, nous n'avions tous les quatre qu'une hâte : tailler la route vers l'est, laissant derrière nous les commerces encore fermés à cette heure et les grands panneaux publicitaires des banlieues. À la sortie de la ville, le trafic se ralentit, et l'air se chargea de nuages de fumée bleus crachés par les pots d'échappement. Le pick-up s'engagea sur la nationale 3, qui relie Douala à Yaoundé, capitale du Cameroun. J'y avais rendez-vous aux alentours de midi avec Ofir Drori, fondateur et directeur d'un groupe activiste peu ordinaire, le LAGA – Last Great Ape Organization. Le LAGA a pour objectif d'aider les agences gouvernementales à faire appliquer les lois promulguées pour la défense des animaux sauvages. La lutte contre la consommation de viande de brousse comptant parmi ses chevaux de bataille, je tenais absolument à rencontrer Drori.

Chemise et jean noirs, petit bouc, catogan et anneau à l'oreille, malgré son look de rocker ou de serveur new-yorkais branché, Ofir Drori me donna l'impression d'être quelqu'un de sérieux. Il me résuma son histoire en quelques mots : à dix-huit ans, mû par un désir d'aventure, il avait quitté son Israël natal pour l'Afrique. Il avait d'abord travaillé au Nigeria pour la défense des droits de l'homme, avant de partir au Cameroun où il avait tâté du journalisme, rédigeant quelques articles sur les gorilles. C'est ainsi qu'il était devenu un farouche militant contre le braconnage. S'il avait fondé le LAGA, me dit-il, c'était parce que, depuis des années, le Cameroun se trouvait dans l'incapacité de faire appliquer ses lois contre le braconnage. Son organisme offre désormais une diversité de services pour faciliter les enquêtes, les raids et les arrestations. Au Cameroun, la chasse de subsistance est légale pour de nombreux animaux non protégés, tels que le céphalophe[a]. Mais la loi l'interdit pour les grands singes, les éléphants, les lions et quelques autres. Longtemps purement théorique, cette interdiction est de plus en plus respectée depuis que les contrevenants sont régulièrement arrêtés et font de la prison, qu'ils trafiquent de la viande de brousse ou

a. Le céphalophe est une espèce d'antilope.

autre chose. Drori me tendit une newsletter du LAGA consacrée au braconnage des gorilles et des chimpanzés. Il ne faut pas croire, me dit-il, que l'origine du problème est la faim. C'est un mythe. Si tant est qu'ils mangent de la viande, les locaux se contentent de céphalophes, de rats, d'écureuils ou de petits singes. Ce sont les villes qui ne rêvent que de viande de luxe – cuisses de chimpanzés, boulettes d'éléphant ou steaks d'hippopotames – et qui siphonnent toute la marchandise. Les prix, très élevés, justifient le risque encouru pour braconnage et transport illégal de marchandise. « Ce qui rapporte de l'argent, ce sont les espèces protégées. Tout ce qui est rare ! »

Dans la newsletter, il était question d'un raid mené contre un entrepôt clandestin caché dans une gare, que se partageaient au moins trois trafiquants. On y trouva six réfrigérateurs, dont l'un contenait une main de chimpanzé. Une autre fois, la police arrêta un trafiquant qui transportait dans sa voiture cinquante kilos de marijuana et un jeune chimpanzé blessé par balle – comme quoi, certains optent pour un trafic diversifié. Si la viande de singe voyage, me dis-je, il y a fort à parier que le virus voyage aussi… De fait, me confirma Drori, séropositif ou pas, un chimpanzé tué n'importe où dans la corne sud-est du pays a toutes les chances de finir ici, à Yaoundé, où il sera vendu sous le manteau comme viande de brousse ou servi sur une assiette dans un restaurant très discret.

Au début de l'après-midi, nous avons quitté Yaoundé pour mettre de nouveau le cap vers l'est. Roulant en sens inverse sur la route à deux voies, des camions grumiers chargés de troncs d'arbres gigantesques défilaient à la queue leu leu. Dans cette région peu peuplée, la déforestation fait rage, détruisant des siècles d'histoire. Le soleil se couchait quand nous avons atteint la ville d'Abong Mbang où nous avons fait halte pour la nuit dans le meilleur hôtel du coin, doté ô merveille d'eau courante et d'électricité. Et le lendemain matin, nous étions repartis. À une heure d'Abong Mbang, la route goudronnée cède la place à une piste de terre orangée, tout aussi encombrée de camions. Jusqu'à midi, la température ne cessa de grimper ; des averses, parfois, faisaient monter du sol des volutes de vapeur rouge. Mais en dehors de ces rares ondées, la terre était si sèche que les arbres au bord de la route, maculés par les tourbillons de poussière que soulevaient les véhicules de passage, semblaient être nappés de sang. À un checkpoint, il fallut en passer par la routine fastidieuse de la fouille et des pots-de-vin. Neville s'en sortit admirablement. Passant quelques coups de fil à des contacts influents, au bout d'une heure il parvint à récupérer nos passeports sans avoir déboursé un sou. « Ce type est bon ! » me dis-je avec satisfaction. À partir de là, la piste se rétrécit pour devenir un ruban si mince qu'à chaque passage d'un camion grumier nous rentrions la tête dans les épaules. De part et d'autre, la forêt s'épaississait. Il était autour de midi quand nous avons franchi la rivière Kadéï, dont le cours brun verdâtre serpente paresseusement vers le sud-est. Nous entrions dans la partie supérieure du bassin du Congo. Dès lors, les villages que nous traversions se firent de plus en plus rares et de plus en plus petits, avec à peine quelques jardins et de maigres troupeaux. On n'y vendait que des bananes, des mangues, et parfois un bol de chips de manioc oublié sur un stand solitaire ; de temps à autre, une chèvre ou une poule décampait à notre approche. Outre les grumiers, nous croisions parfois des camions-remorques chargés de planches. Certains de ces camions, je ne l'ignorais pas, dissimulaient des stocks de viande de brousse destinés aux marchés noirs de Yaoundé et Douala. (Sur une photo célèbre de Karl Ammann, prise non loin de là, on voit un chauffeur extirper du bloc-moteur de son camion des bras et des jambes de chimpanzé. Le cliché figure dans un livre de Dale Peterson, *Eating Apes*, où l'auteur évalue à cinq millions de tonnes la consommation de viande de brousse dans le bassin du Congo. On ne sait chiffrer exactement le volume transporté clandestinement par les grumiers.) En dehors des camions, le trafic était quasi nul sur cette piste d'argile rouge. En fin d'après-midi, nous arrivions à Yokadouma, une ville de quelques milliers d'habitants, dont le nom, qui signifie « éléphant tombé », commémore sans doute quelque fameux massacre.

Nous y avons trouvé un bureau local du WWF tenu par deux employés camerounais, Zacharie Dongmo et Hanson Njiforti. Sur son ordinateur, Zacharie afficha une carte indiquant la répartition des nids de chimpanzés dans cette corne sud-est du pays qui comprend trois parcs nationaux, Boumba Bek, Nki et Lobéké. Un nid de chimpanzés se résume à une plateforme de branches entremêlées, le plus souvent posée sur la fourche d'un petit arbre – juste l'espace suffisant pour permettre au singe de dormir confortablement. Chaque individu s'en fabrique un pour la nuit, seules les mères partageant le leur avec leurs petits. C'est en comptant ces nids, qui restent intacts plusieurs semaines après avoir servi une fois, que les biologistes évaluent les populations de chimpanzés. La carte révélait une densité élevée de nids dans les parcs, plus faible ailleurs, et rigoureusement nulle aux alentours des routes menant à Yokadouma. Et pour cause : ouvrant des routes aux chasseurs, la déforestation va de pair avec le braconnage. L'abattage du bois repousse les animaux sauvages de plus en plus loin, jusqu'au fond des forêts. Le commerce de viande de brousse, m'expliquèrent Zacharie et Hanson, est des plus informels. Un homme signale à un autre qu'il a de la viande, et l'affaire est conclue. Un homme… ou une femme. Beaucoup de vendeuses ambulantes, les Bayam-Sellams [a], qui vont de village en village proposer des vêtements, des épices et autres bricoles, vendent aussi, sous le manteau, de la viande de brousse. Elles l'achètent à un chasseur, souvent en échange de balles ou d'un fusil, et la revendent à qui elles peuvent ; elles sont bien organisées, certaines ont même un téléphone portable. Quant au transport de la viande, il y a mille et une astuces. Par exemple, on peut la cacher dans un chargement de cacao. Évidemment, il est toujours possible que la police ou un gardien ayant eu vent de la chose arrêtent le camion pour le fouiller, mais ça ne va pas sans risque pour eux. Car s'ils exigent du chauffeur qu'il vide son camion et que la cargaison s'avère parfaitement légale, « le type peut les attaquer en justice. Leurs tuyaux ont intérêt à être bons ». D'où l'utilité du réseau d'Ofir Drori.

La majorité des braconniers sont des Kakaos, une tribu du nord très friande de viande de brousse. En revanche, la tribu Baka interdit cette pratique, considérant les chimpanzés comme trop proches de l'homme pour être mangés. L'un dans l'autre, conclut Zacharie, on consomme plutôt moins de singe ici que dans d'autres régions – exception faite du peuple Bakwélé, chez qui cette pratique est liée à un rituel de passage à l'âge adulte, la *beka*.

Nous sommes restés deux nuits et une journée à Yokadouma, le temps pour moi d'arpenter ses rues poussiéreuses, d'admirer la statue d'éléphant en béton qui orne le rond-point central, de prendre en photo un malheureux pangolin attendant l'abattage et de me faire un ami qui m'en apprit un peu plus sur cette fameuse

a. Pidgin, de l'anglais « *Buy'em-Sell'em* », littéralement, « J'achète – Je revends » (NdT).

beka. Cet homme, dont je tairai le nom, a consacré à ce sujet un court rapport que son organisation a refusé de publier. Il voulut bien m'en donner une copie. Oui, me confirma-t-il, les Bakwélés, une tribu de la région, consomment de la viande de chimpanzé à l'occasion de la *beka* – avec une prédilection pour les bras de ces animaux. Si bien qu'avec le temps les chimpanzés se font de plus en plus rares et doivent être remplacés par des gorilles, faute de mieux.

Le rapport décrit une cérémonie typique de *beka*, qui comporte le sacrifice de moutons et de poulets, l'exhibition d'un cou de tortue – pour sa ressemblance avec un pénis – et la présence de jeunes vierges, le tout sur fond de battements de tambours. Le jeune héros de la cérémonie est revêtu de feuilles, et drogué pour le maintenir éveillé. Au terme d'un long prélude nocturne qui dure jusqu'à 4 heures du matin, le garçon est conduit dans un endroit précis de la forêt où il doit affronter deux chimpanzés. Voici la description que donne de la suite le chef Bakwélé à qui ma source doit ses informations : « On frappe le gong, une voix venue du fond de la forêt lance un appel, auquel deux chimpanzés répondent. Le mâle arrive le premier, il touche la tête du garçon. Quelques minutes plus tard apparaît la femelle ; c'est elle que doit tuer le jeune homme. » Lorsque l'aube se lève, ce dernier prend un bain, puis il attend en faisant les cent pas jusqu'à la fin de l'après-midi. Alors seulement, il est rejoint par le circonciseur armé de son couteau. « J'ai dû soigner ma blessure pendant quarante-cinq jours », confie un initié. Mais c'est le prix à payer pour devenir un homme. Je cite ici un extrait du rapport :

« Jusque tout récemment, les Bakwélés utilisaient des chimpanzés pour ce rituel. Les bras des chimpanzés sont amputés, puis mangés par les anciens du village. Avec la raréfaction des chimpanzés, les Bakwélés ont dû se rabattre sur les gorilles. »

Il y a peu de temps, les gardes-chasses récupérèrent huit bras de gorilles dans un sac abandonné par un braconnier qu'ils poursuivaient. Ils étaient destinés à une *beka*. « C'est un rituel très important pour nous, nous avons absolument besoin de ces animaux ! » plaida le chef Bakwélé.

Sauf le respect que je dois à la culture Bakwélé, ce rituel sanglant consistant à découper des chimpanzés pour manger leurs bras constitue un moyen très efficace d'attraper le VIS_{cpz}. Mais, en 1908, les Bakwélés n'avaient pas besoin de la *beka* pour s'infecter. Compte tenu de la sécheresse et de la pauvreté de cette région du Cameroun, la faim suffit à expliquer le grand saut du virus de l'animal à l'homme cette année-là.

98

À QUARANTE-CINQ KILOMÈTRES au sud de Yokadouma se trouve Mambélé, dotée, en guise de rond-point, de trois pneus empilés comme des pièces de monnaie. Nous y avons dîné dans un petit boui-boui à la lumière d'une lampe à kérosène. Au menu : poisson fumé (même si je n'en jurerais pas) nappé de sauce aux cacahuètes, et une Mutzig tiédasse. Cet endroit se trouve être celui où Karl Ammann captura avec son objectif le déchargement de bras de chimpanzés planqués dans le moteur d'un grumier. C'est aussi un des lieux identifiés par Brandon Keele comme berceau possible du VIH-1, les excréments de chimpanzés collectés près d'ici ayant révélé une forte prévalence du virus sous sa forme la plus agressive. Nous dînions, en somme, à deux pas du *Ground Zero* de la pandémie de sida.

Le repas terminé, je suis sorti avec mes trois compères pour admirer le ciel. On avait beau être un samedi soir, les modestes loupiotes de la place du village ne faisaient guère concurrence à la Grande Ourse, à la ceinture d'Orion ou à la Croix du Sud. On pouvait même distinguer la longue traîne de la Voie lactée déployée au-dessus de nos têtes. On sait qu'on est au bout du monde quand la galaxie est visible depuis un centre-ville.

Deux jours plus tard, je me présentais au siège du parc national de Lobéké, situé dans un modeste bâtiment non loin de là. J'y avais rendez-vous avec le conservateur, Albert Munga. Crâne rasé, chemise et pantalon à fleurs, l'homme avait une allure certaine. Pendant quelques minutes, assis derrière son bureau, il fourragea ostensiblement dans ses papiers comme si je n'étais pas là. Quand il daigna m'apercevoir, il ne répondit d'abord qu'avec réticence aux questions que je lui posais sur les chimpanzés. Poussée au maximum, la climatisation répandait un air glacé qui ne contribuait guère à dégeler l'atmosphère. Mais, au bout d'une demi-heure, sans doute mis en confiance, M. Munga se détendit et accepta de se livrer davantage. En chute libre depuis 2002, la population des grands singes (chimpanzés et gorilles), me dit-il, est passée de six mille trois cents à deux mille sept cents individus. En cause, les braconniers, qui s'introduisent par la bordure est du parc en franchissant la rivière Sangha, laquelle marque également la frontière sud-est du Cameroun avec la République centrafricaine – plus au sud, on arrive à la République du Congo. Ces deux derniers pays, précisa-t-il, sont en perpétuel état de guerre et d'insurrection depuis deux décennies. D'où l'afflux d'armes dans la région, en particulier de kalachnikov, ce qui ne facilite guère la protection des animaux. Des bandes de braconniers armés jusqu'aux dents franchissent la rivière et tirent sur tout ce qui bouge. Ils prennent les défenses et la viande des éléphants, la tête et les membres des grands singes, et emportent les animaux plus petits sans les dépecer. Puis ils repartent en traversant de nouveau la rivière – à moins qu'ils ne chargent leur butin à bord d'un bateau. « Il y a un gros trafic de viande de brousse sur la Sangha, me dit M. Munga, à destination d'Ouesso. » Situé de l'autre côté de la frontière avec le Congo, Ouesso, port fluvial comptant vingt-huit mille habitants, est un nœud stratégique du trafic local.

C'était aussi, on ne s'en étonnera pas, la prochaine étape de notre périple.

À la sortie du bureau de M. Munga, bien visible dans le couloir, un poster attira mon regard : « *LA DIARRHÉE ROUGE TUE*[a] ! » Je crus d'abord qu'il était question d'Ebola. Mais en lisant le reste, écrit en caractères plus petits, je fus détrompé : « *Grands singes et VIH / Sida*[b] ». Croqués en style BD, l'humour en moins, les dessins de l'affiche soulignaient avec éloquence le lien entre la consommation de viande de brousse et la diarrhée rouge. Il me fallut un temps avant que l'incongruité du message me saute aux yeux. Dans le reste du monde, pour mettre en garde contre le sida, on écrit : « Pratiquez le sexe sans risque ! Portez un préservatif ! N'utilisez pas deux fois la même seringue ! » Ici, le message est : « Ne mangez pas de singe ! »

a. En français dans le texte.
b. Idem.

Poursuivant notre route, nous nous sommes enfoncés plus avant dans la corne sud-est du Cameroun, sur une piste poussiéreuse bordée de part et d'autre par des murailles d'arbres. La frontière sud du pays est ici marquée par la rivière Ngoko, un affluent à l'est de la Sangha. Selon la tradition locale, la Ngoko serait une des rivières les plus profondes d'Afrique. Si c'est exact, elle doit couler au-dessus d'une sacrée crevasse, tant les deux rives sont rapprochées – à peine huit mètres de large. Nous l'avons rejointe vers midi en arrivant dans la ville de Moloundou, dont les maisons délabrées s'étagent sur de petites collines dominant la rivière. De Moloundou, où qu'on se tienne, la République du Congo est à portée de regard, sur la rive d'en face. Si proche que, le soir venu, nous entendions distinctement les tronçonneuses des trafiquants de bois à l'œuvre dans l'obscurité. Ils jettent directement les arbres abattus dans l'eau, m'expliqua-t-on, avant de les attacher pour en faire des radeaux qu'ils font descendre jusqu'à Ouesso. Là-bas, l'employé d'une scierie les paie cash sans leur poser de questions. De l'autre côté de la rivière, l'État, la loi et les concessionnaires n'ont personne pour défendre leurs intérêts, se plaisent à dire les gens de Moloundou. Nous étions bel et bien à la frontière, zone où la légalité souvent se relâche.

Le lendemain matin, nous nous sommes levés tôt pour aller au marché, où les vendeurs disposaient avec minutie leurs marchandises en piles et en rangs : cacahuètes, graines de courge, noix de palme rouge, ail, oignon, tubercules de manioc, plantains, escargots géants, poissons fumés et viande. Je m'éloignai discrètement des étals de viande, laissant à Neville et à Max le soin de mener l'enquête. Il s'agissait pour l'essentiel de céphalophe fumé ; pas un gramme de viande de singe sur les tables – ni même de pangolin, ce n'était pas la saison. Je m'y attendais. Une carcasse de chimpanzé est bien trop précieuse pour qu'on en présente les morceaux sur les étals des marchés. L'échange devait se faire en privé, sans doute sur rendez-vous.

En descendant le cours de la rivière Ngoko, l'ultime avant-poste camerounais est Kika, centre d'exploitation du bois où une grande scierie offre gîte et travail à des centaines d'ouvriers ainsi qu'à leurs familles. L'élite managériale y a même droit à une piste d'atterrissage mal entretenue. Aucune route ne longeant la rivière – pour quoi faire ? la rivière est une route ! –, nous avons dû faire une

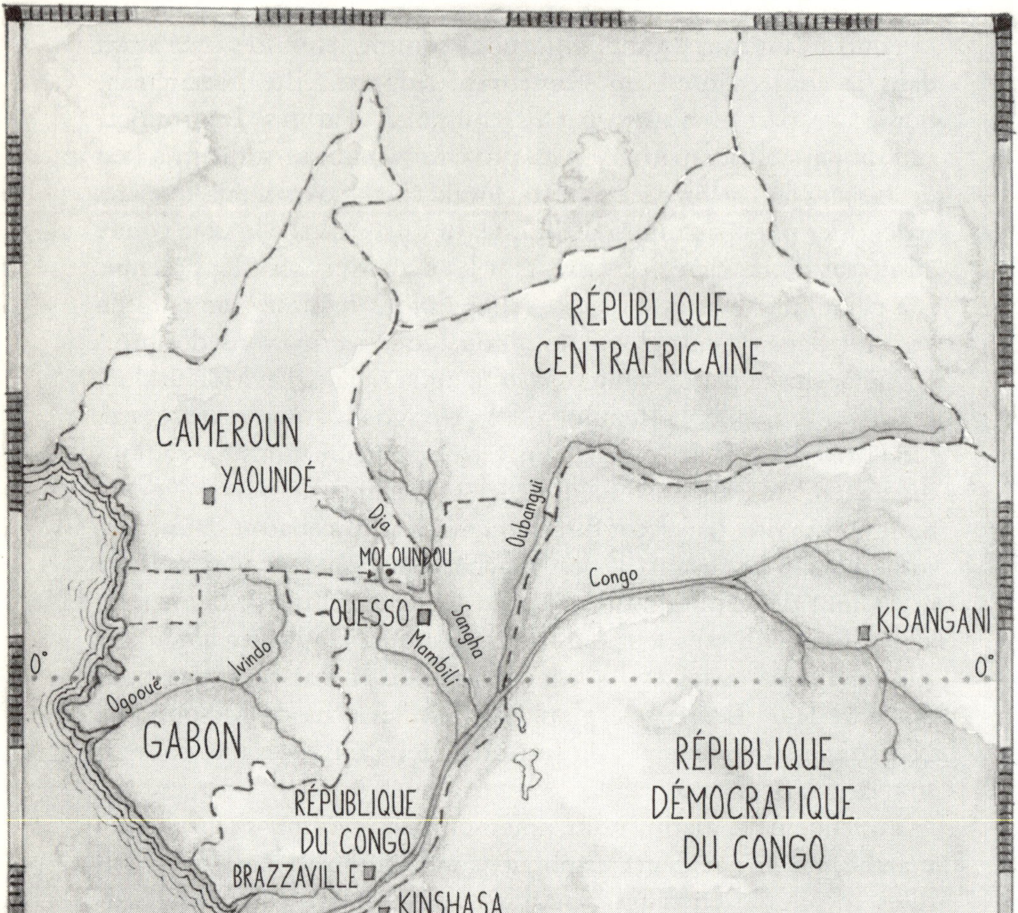
RÉPUBLIQUE
CENTRAFRICAINE
CAMEROUN
YAOUNDÉ
Dja
MOLOUNDOU
Oubangui
Congo
OUESSO
Sangha
Mambili
KISANGANI
0°
Ivindo
Ogooué
0°
GABON
RÉPUBLIQUE
DÉMOCRATIQUE
DU CONGO
RÉPUBLIQUE
DU CONGO
BRAZZAVILLE
KINSHASA
AFRIQUE
0°
0°

grande boucle dans l'intérieur des terres pour y arriver. Nous nous sommes directement présentés au poste de police et d'immigration, une petite cabane située près de la rivière. Tiré de son sommeil, le préposé, un dénommé Ekémé Justin, entreprit de régler les formalités nécessaires pour Max et moi – un coup de tampon sur nos passeports respectifs, indiquant « Sortie du Cameroun ». Le petit pourboire qu'il reçut pour sa peine fit de Justin notre grand ami. Après nous avoir obligeamment proposé de planter nos tentes derrière le poste de police, il se démena pour nous trouver un bateau. À eux deux, Neville et lui firent merveille : à la tombée du soir, Max et moi avions nos deux places réservées sur une pirogue à moteur de dix mètres, qui nous transporterait jusqu'à Ouesso.

Debout dès 5 heures le lendemain matin, je me hâtai de replier ma tente, impatient d'amorcer le grand virage de ce périple et de rentrer au Congo. Mais il fallut attendre un bon moment sous la pluie drue avant de voir apparaître notre passeur, Sylvain, un jeune homme nonchalant vêtu d'un survêtement vert et chaussé de tongs. Quand il eut fini d'installer le moteur et d'écoper, nous avons embarqué nos affaires, les recouvrant d'une bâche pour les protéger de la bruine. Ne restait plus qu'à prendre congé de Neville, Moïse – et bien sûr de Justin – avec force effusions. Et ce fut le départ. Tout de suite, la pirogue fut happée par le puissant courant de la Ngoko qui nous entraîna vers l'aval. Ce voyage, je l'avais conçu pour aller jusqu'au bout de l'hypothèse des chasseurs. Je voulais découvrir de mes propres yeux la route qu'avait suivie le VIH-1 depuis sa source. Grâce à mon imagination, j'espérais deviner comment il avait pu s'y prendre.

99

APPELONS-LE LE CHASSEUR. Pas un chasseur parmi d'autres : celui du Grand Saut. En ce début de XXe siècle, sans doute capture-t-il son chimpanzé avec un piège – une liane ou autre chose – avant de le tuer d'un coup de javelot. C'est peut-être un Baka ; il mène une vie indépendante dans la forêt avec les siens, à moins qu'il n'ait prêté allégeance à un chef de village Bantou. Mais l'hypothèse est peu probable, puisque, dit-on, les Baka ont scrupule à manger du singe. C'est plutôt un Bantou, membre d'une des tribus du bassin supérieur de la Sangha – Mpiemu, Kako ou autres. Ou bien un Bakwélé, qui pratique le rituel de la *beka*. Impossible de définir précisément son identité, ni même son ethnie : dans ce coin reculé du sud-est du Cameroun, à l'époque colonie allemande, les candidats ne manquent pas. J'imagine l'excitation teintée d'effroi de notre homme en découvrant le chimpanzé pris au piège. Il tient la preuve qu'il est un bon chasseur, capable de contribuer à nourrir sa petite communauté. À cet instant, il n'est pas encore blessé.

Le pied ou la main entravée par la liane, le chimpanzé voit approcher l'homme avec frayeur – avec colère aussi, et il est fort et dangereux. Peut-être l'homme parvient-il à le tuer sans être blessé, auquel cas il a de la chance. Peut-être se battent-ils sauvagement : le chimpanzé frappe son agresseur avec fureur, il le mord. Quoi qu'il en soit, c'est l'homme qui gagne. À l'aide d'une machette ou d'un couteau, il découpe sa proie sur place, ôte les viscères – gardant précieusement le foie et le cœur. Au cours de cette opération, alors qu'il fourrage à l'intérieur de la carcasse ou tente de séparer un bras de son articulation, l'homme se blesse.

J'imagine la blessure, une profonde entaille au creux de la main gauche, dans la partie charnue entre pouce et index. La lame est si mince que, sur le moment, il ne sent rien du tout. Le sang coule, ça commence à faire mal, mais notre Chasseur poursuit son ouvrage ; ce n'est pas la première fois qu'il se coupe, et ce menu désagrément n'entame guère son ardeur. L'homme saigne, le chimpanzé saigne, leurs sangs se mêlent, impossible de savoir quel sang est à qui. L'homme en est barbouillé jusqu'aux épaules. Il s'essuie la main, se remet à la tâche, et de nouveau, très vite, impossible de dire si le sang qui macule sa main coule de sa blessure ou vient de l'animal. L'idée que le chimpanzé puisse être infecté ne vient même pas à l'esprit du Chasseur – en 1908, nul ne connaît le VIS.

C'est ainsi que le virus du chimpanzé pénètre dans les veines de l'homme, et en grande quantité. Le sang de ce nouvel hôte n'est pas si différent de celui dont le virus sort, et il s'y installe. Il y fait son job de rétrovirus : entrer dans les cellules, convertir l'ARN de son génome en double hélice d'ADN, puis s'enfoncer plus loin, dans le noyau de la cellule, où cet ADN est intégré à celui de son hôte. Ses cibles privilégiées sont les lymphocytes T du système immunitaire. À leur surface, elles présentent un récepteur du virus, le CD4, qui n'est guère différent chez l'homme de celui du chimpanzé. Le virus s'y accroche, entre dans les cellules, et le voilà chez lui. Une fois qu'il a inséré son ADN dans le génome cellulaire, rien ne saurait l'en déloger. Dès lors, il n'a plus qu'à proliférer. Deux moyens s'offrent à lui : la division cellulaire (chaque cellule infectée, en se divisant, copie le génome du virus en même temps que le sien) ; l'activation de son propre génome pour produire de nouveaux virions, qui s'échappent du lymphocyte T pour aller en infecter d'autres.

Le Chasseur est désormais infecté. Oubliez Gaetan Dugas : le Patient Zéro, c'est lui. À part cette entaille à la main, il se sent en pleine forme.

Peut-être rapporte-t-il ensuite la carcasse du singe pour l'offrir triomphalement à son village, comme les garçons de Mayibout 2 avec leur carcasse grouillant d'Ebola. Si notre homme est Baka, peut-être offre-t-il ce présent à son protecteur bantou, puisqu'il ne peut lui-même manger sa proie. S'il est Bantou, il convie sa famille et ses amis à ce festin. À moins qu'il ne décide de tirer profit de ce chimpanzé tombé du ciel. La saison a été bonne, avec un joli tableau de chasse – céphalophes, petits singes à queue –, une belle récolte de manioc, des fruits, des tubéreuses ; la famille ne meurt pas de faim. Il emporte son chimpanzé au marché, à Moloundou peut-être, où il le vend ou l'échange contre une machette. Dans cette dernière hypothèse, la viande aura été découpée en morceaux pour être vendue au détail, peut-être rôtie ou fumée, puis consommée par de nombreuses personnes. On sait que le virus se transmet par le sang ou les rapports sexuels, mais jamais par voie entérale. On a beau en avaler une bonne dose, les acides gastriques l'empêchent de s'installer et de se répliquer. Ceux qui ont consommé cette viande n'ont donc pu être infectés que s'ils l'ont mangée crue avec une plaie à la bouche, ou manipulée crue avec une plaie à la main. Imaginons que le chimpanzé infecté ait été vendu, puis consommé par, mettons, quinze personnes. Il y a de bonnes chances qu'aucune ne s'en porte plus mal. Tous restent séronégatifs. Aussi supposerons-nous que le Chasseur a été l'unique être humain directement contaminé par l'animal.

Le temps passe, le virus se réplique dans le corps du Chasseur. Pendant les six premiers mois, l'infection se développe à toute vitesse, les virions envahissent le sang. Puis elle décline légèrement, freinée par la réponse du système immunitaire qui n'a pas encore perdu ses capacités. Pendant quelque temps, elle se stabilise. Notre Chasseur n'observe aucun effet. Il transmet le virus à sa femme, puis à une autre des quatre femmes avec qui il a des rapports sexuels. Pour l'instant, il ne souffre pas d'immunodéficience. Plus robuste que jamais, il continue de chasser en forêt, de boire du vin de palme et de rire avec ses amis. Il devient père. Un an plus tard, il trouve la mort en chassant l'éléphant, sport nettement plus dangereux que le dépeçage de chimpanzé. Ils étaient sept chasseurs, armés de lances, à poursuivre la bête, il a fallu que ça tombe sur lui. Embroché par une défense, il a été cloué au sol. Quand on a emporté son corps, le trou était encore visible, comme si l'on avait enfoncé dans le sol un pieu couvert de sang. Ni les hommes qui ont transporté sa dépouille, ni les femmes qui l'ont préparée pour l'enterrer, n'avaient d'égratignure. Aucune de ces personnes n'a donc été infectée ; quant à son fils, il est né séronégatif.

La veuve du Chasseur trouve un autre mari. L'homme est circoncis, il n'a aucune plaie génitale et il a de la chance : il ne sera pas infecté. L'autre femme contaminée par le Chasseur collectionne quant à elle les partenaires. Elle en infecte un sur le lot. Il s'agit d'un chef local, qui a deux épouses et partage parfois la couche de jeunes filles du village. Il contamine ses deux épouses et une des filles. Fidèles par la force des choses, les deux épouses ne transmettent l'infection à personne. La jeune fille, elle, se marie. Et ainsi de suite…

Quoique le virus se transmette assez peu de la femme à l'homme, et pas systématiquement de l'homme à la femme, c'est suffisant. Au bout de quelques années, une poignée d'autochtones est contaminée. Le nombre s'accroît au fil des ans mais il reste réduit faute d'effectifs et d'opportunités. Aussi bien les mœurs ne favorisent-elles pas la circulation du virus. Son R_0 ne dépasse guère 1. Les interactions de voisinage le font passer à un second village, puis à un troisième, mais dans aucun des trois il ne prolifère beaucoup. Aucune série de morts inexplicables n'attire l'attention. Ce n'est qu'une infection endémique de faible prévalence couvant dans la population de ce petit coin de terre entre la rivière Ngoko et le cours supérieur de la Sangha. L'existence y est rude, et on ne vit pas longtemps. Les gens meurent à la fleur de l'âge, d'accidents ou de maladies. Le sang versé par un jeune homme tué au combat a toujours la même couleur, séropositif ou pas. Et si, parfois, une jeune femme séropositive meurt de la variole lors d'une épidémie locale, il n'y a pas de quoi en faire une histoire.

Pendant ces toutes premières années, il arriva sans doute qu'une personne infectée vive assez longtemps pour souffrir d'immunodéficience. Un des nombreux virus traînant dans la forêt ou le village l'emportait rapidement. Et alors ? Tant d'autres étaient fauchés par le paludisme ou la tuberculose, par une pneumonie, une fièvre non identifiée ! Ce n'était que routine. Parmi ces séropositifs, certains auraient peut-être survécu si leur système immunitaire n'avait pas été affaibli, mais nul ne fit état d'une nouvelle maladie. Ou, si ce fut le cas, il n'en reste aucun souvenir. La chose demeura invisible.

Pendant ce temps, il est probable que le virus, peu à peu, s'adapta à son nouvel hôte. Ses mutations allaient bon train. La sélection naturelle était à l'œuvre… Tandis que sa capacité à se répliquer chez l'humain augmentait peu à peu, élevant la charge virale, son pouvoir de contamination s'améliorait sans doute aussi. À ce stade, le groupe M du VIH-1 était d'ores et déjà constitué. Il s'agissait d'un agent pathogène humain rare et très spécifique, confiné dans le sud-est du Cameroun. Une dizaine d'années plus tard, il était toujours là. Par le passé, il était sans doute déjà arrivé que du VIS_{cpz} soit transmis à l'humain (combien de chimpanzés dépecés, combien de chasseurs s'entaillant la main !), entraînant un début de chaîne d'infections. Ces chaînes restaient très localisées, et elles s'éteignaient vite avant d'avoir pu exploser. Mais, cette fois, les choses se passèrent autrement. Car avant que l'épidémie ne s'éteigne, un nouvel acteur fit son entrée en scène (rien ne le prouve, mais c'est ce qu'indiquent les faits) : appelons-le le Voyageur.

Le Voyageur, tel que je l'imagine, n'est pas un chasseur. Ou, s'il chasse, ce n'est qu'une activité accessoire. Il a d'autres cordes à son arc. Il ne vit pas dans un coin perdu en forêt comme Mambélé, mais près de la rivière Ngoko, dans un village de pêcheurs. La rivière, il la pratique depuis son enfance ; il connaît l'eau, il connaît les bateaux. Il possède une bonne pirogue en acajou, longue et robuste, qu'il a fabriquée de ses mains, et il y passe ses journées. C'est un jeune célibataire sans enfants, avec le goût de l'aventure. À la mort de son père, sa mère est devenue la bête noire du village où vivait leur famille car on la taxait de sorcellerie – la faute à pas de chance, agrémentée d'une pointe d'envie. Il l'a très mal vécu, a pris les villageois en grippe. Et il a quitté sa communauté, très jeune, pour aller mener sa vie en solo. La solitude lui convient. Ce n'est pas un Bakwélé ; il n'a pas été circoncis.

Le Voyageur se nourrit de poisson qu'il pêche. Il ne mange pas grand-chose d'autre – quelques bananes, parfois un peu de manioc qu'il ne cultive pas lui-même mais qu'il se procure aisément en échange du poisson qu'il vend. Il aime le poisson, il en pêche bien assez pour vivre. La pêche est son dada : il connaît les bons coins et les bonnes techniques, les espèces de poissons et leurs noms. Quand il a soif, il boit l'eau de la rivière. Le vin de palme ne l'intéresse pas. Heureux dans son tout petit monde, il se suffit à lui-même.

Je le vois en bon fils, apportant du poisson à sa mère et à ses deux jeunes frères qui vivent toujours au village, un peu à l'écart. Le surplus de sa pêche, il le fait sécher sur des claies ou le fume sur le feu si c'est l'hiver, dans son petit campement solitaire au bord de l'eau. Parfois, il s'en va loin, pagayant sur des kilomètres vers l'amont ou se laissant glisser sur le courant pour aller vendre sa cargaison de poisson au marché. C'est ainsi qu'il a fini par prendre goût au commerce. La monnaie habituelle est le cauri, ou des pièces de laiton – peut-être même notre homme a-t-il déjà vu des deutsche marks. Il a acheté quelques hameçons en acier et une bobine de fil de pêche importés de Marseille ; le fil ne vaut rien mais les hameçons sont excellents. Un jour, il a descendu la Ngoko jusqu'à son confluent avec la Sangha, une rivière au cours impétueux, deux fois plus large que la Ngoko. Une expérience mémorable qui le fait encore frissonner. Pendant toute une journée, il s'est laissé dériver au fil de l'eau. Sur la rive droite il a vu une grande ville, dans laquelle il a reconnu Ouesso – qui n'en a pas entendu parler ? Il a pris soin de ne pas s'en approcher, maintenant son bateau au milieu du courant jusqu'à ce qu'il l'ait dépassée. À la tombée du jour, il s'est arrêté pour dormir au bord de l'eau. Et le lendemain, il a rebroussé chemin, fier de son exploit. Il lui a fallu quatre jours pour remonter le courant à la rame, sans trop s'éloigner de la rive (sauf à Ouesso), luttant contre les tourbillons. Mais il l'a fait, et c'est avec soulagement qu'il a retrouvé son univers familier, celui de la rivière Ngoko. De retour dans son petit campement, une assurance nouvelle le porte. Nous situerons cet événement en 1916, pendant l'interminable saison sèche.

Une autre fois, il remonte le cours de la Ngoko jusqu'à Ngbala, une ville située sur la rivière à quelques kilomètres au-dessus de Moloundou. Sur le chemin du retour, il fait escale à Moloundou, et là, dans son bateau amarré pour la nuit, il fait l'amour avec une femme.

Ce n'est pas sa première partenaire, mais elle ne ressemble pas aux filles des villages. Comme lui, elle vend ses marchandises ici ou là, c'est une Bayam-Sellam, mais elle a sept d'ans de plus que lui et bien plus d'expérience. Se déplaçant le long de la Ngoko jusqu'à la rivière Sangha, elle vit de son petit commerce, vendant aussi son corps à l'occasion. Le Voyageur ne connaîtra jamais son nom. Elle est aguichante et sexy, plutôt jolie. Son calicot imprimé de couleurs vives vient d'une manufacture, rien à voir avec le raphia local. Sans doute a-t-elle pris goût au Voyageur ou apprécié sa performance, car elle revient la nuit d'après, et de nouveau ils font l'amour, trois fois. Infatigable, le rire aux lèvres, elle semble éclatante de santé. Cette nuit-là, le Voyageur se dit qu'il a vraiment de la chance : de l'avoir rencontrée et de lui avoir plu, d'avoir obtenu gratuitement ce que les autres hommes doivent payer. Pourtant, non, la chance n'est pas de son côté. Il a une petite blessure au pénis, pas grand-chose, une égratignure qu'il s'est faite avec une épine en sortant de la rivière où il avait pris un bain. Il a donné du poisson fumé à sa partenaire. Elle lui a transmis le virus.

Elle ne l'a pas fait par malice, ni par irresponsabilité. Malgré des grosseurs douloureuses sous les aisselles, elle n'avait pas idée de ce qui circulait dans son sang.

100

JE NE SAIS RIEN DE PLUS APAISANT que de traverser en bateau la jungle tropicale. La voûte de verdure, en son lent défilement, vous plonge peu à peu dans un état d'hypnose que rien ne vient troubler, hormis parfois les mouches tsé-tsé quand les rives se rapprochent. Creusant une large brèche dans l'épaisseur de la canopée, la rivière laisse généreusement pénétrer les rayons du soleil, si bien que la végétation, ivre de lumière, s'en donne à cœur joie : les arbres, sur les rives, croulent sous les lianes, et le sous-bois est d'une telle densité qu'on a l'impression d'avancer entre deux épais rideaux de velours, ou de glisser miraculeusement au cœur d'une éponge gigantesque. Traverser la jungle en bateau donne un sentiment de liberté comparable à celui que l'on éprouve en avion : contrairement au marcheur, on avance tout droit, sans jamais rencontrer d'obstacle.

Un peu en aval de Kika, le courant de la rivière devient tumultueux pendant un moment. Sylvain se tenait à l'avant pour guider la manœuvre, criant ses ordres à son assistant, un Baka nommé Jolo, qui gouvernait le moteur hors-bord à l'arrière. La pirogue étant large et stable, Max et moi avions pris place sur chaque bord. Nous avons dépassé à toute allure le petit poste de police sur la droite, équivalent de celui de Kika au Congo, sans que personne, par chance, nous fasse signe d'arrêter – le Congo pullule de checkpoints qui sont autant de prétextes à tracasseries administratives, on est toujours content de pouvoir y échapper. Puis, d'une allure plus tranquille, nous avons dépassé quelques petits villages regroupant chacun une poignée de baraques en torchis et à toit de chaume, construites un peu en retrait du fleuve pour échapper aux inondations. Autour, des bananiers, un ou deux palmiers à huile. Les gamins en short et haillons s'arrêtaient de jouer pour nous regarder, bouche bée. Combien de temps dure le voyage ? demandai-je à Sylvain. Ça dépend, me dit-il. En temps normal, il s'arrête dans des villages pour faire un peu de commerce ou prendre des passagers. Mieux vaut arriver à Ouesso à la nuit tombée, pour échapper aux contrôles de la police d'immigration. De fait, peu de temps après, nous fîmes halte pour livrer une bâche en plastique dans un village. Nous repartîmes avec une passagère.

Vêtue d'un boubou orange et vert, les cheveux ornés d'un fichu, la jeune femme trimbalait deux gros sacs, un parapluie, un porte-monnaie et un pique-nique. Viviane habitait à Ouesso, et elle était tout heureuse de rentrer chez elle. Bien en chair, débordante de vie, c'était, comme je l'aurais parié, une Bayam-Sellam, qui n'avait pas peur de voyager seule pour vendre riz, pâtes, huile et autres bricoles. Sylvain lui offrit volontiers le voyage car elle était sa sœur – ce qui pouvait aussi bien vouloir dire sa cousine ou sa petite amie. Je n'en sus guère davantage sur Viviane, mais c'était suffisant. La pratique des Bayam-Sellams existait donc toujours, permettant aux femmes qui n'ont pas froid aux yeux de conquérir une autonomie sinon impossible au village comme en ville. Et la rivière continuait d'assurer une fluidité aux relations sociales comme à l'économie… Cette charmante compagne de route n'était sans doute guère différente des femmes que le Voyageur avait pu rencontrer un siècle plus tôt, me dis-je.

Quand il se remit à pleuvoir, tout le monde se réfugia sous la bâche, excepté Jolo le Baka, impassible à l'arrière avec son moteur. Nous dépassâmes un pêcheur solitaire qui ramenait son filet dans une pirogue, un village dont les enfants nous regardèrent passer. Puis la pluie s'arrêta, et le vent tomba brusquement. La surface de la rivière redevint aussi lisse qu'un bol de café au lait, où affleuraient les longs tentacules des mangroves. J'aperçus çà et là quelques aigrettes, hélas pas de martin-pêcheur. Au milieu de l'après-midi, nous n'étions plus très loin du confluent avec la Sangha. La rive, sur notre gauche, s'abaissa peu à peu, jusqu'à disparaître sous l'eau. Enfin, la Sangha happa la pirogue, et je me retournai pour voir s'amenuiser, puis s'évanouir dans le lointain, la corne sud-est du Cameroun.

L'air était devenu plus chaud, tempéré heureusement par une brise venant de l'amont. Notre embarcation dépassa une petite île boisée, un homme pagayant debout sur sa pirogue… et soudain, j'aperçus au loin, émergeant de la brume, les silhouettes de bâtiments blancs. Qui dit bâtiments blancs dit murs de briques et peinture à la chaux, fonctionnaires gouvernementaux. Nous arrivions à la ville : Ouesso.

Une demi-heure plus tard, nous abordions dans le port d'Ouesso. Sur la digue de béton nous attendait un fonctionnaire de la police de l'immigration, entouré d'une nuée de porteurs faméliques accourus de toute part. Nous étions de retour en République du Congo. Les formalités d'usage une fois expédiées en français, Max entreprit de négocier avec les porteurs en lingala. Sylvain, Jolo et Viviane s'étaient quant à eux éclipsés. Plus réservé et moins imposant que Neville, Max était un homme consciencieux et sérieux. C'était désormais à son tour de jouer les cicérones. Au terme d'une enquête rondement menée, il revint porteur d'une bonne nouvelle : « le bateau », une grosse barge transportant marchandises et voyageurs, appareillait le lendemain pour Brazzaville, située à plusieurs journées de voyage en aval. *Bingo* !

Après une nuit à l'hôtel, de bon matin, Max et moi filâmes au marché central, situé non loin de la rivière, dans un bâtiment élégant en forme de pagode. Halle circulaire au sol de béton, toit métallique aujourd'hui mangé par la rouille, rien n'a changé depuis l'époque coloniale. Le marché déborde largement alentour dans des baraquements en bois que séparent d'étroites allées. Visiblement, le commerce marche bien.

Au milieu des années 1990, deux chercheurs expatriés et leur assistant congolais ont publié une étude sur le trafic de viande de brousse à Ouesso et dans les environs. Ils y évaluaient à six tonnes et demie la quantité hebdomadaire de viande qui passe par là, des céphalophes essentiellement, et ensuite des primates – petits singes à queue plus souvent que grands singes. Pendant les quatre mois que dura leur enquête, dix-huit gorilles et quatre chimpanzés furent vendus. Les carcasses arrivent en camion ou en pirogue. Ouesso étant la plus grande ville du nord du Congo, en l'absence de bovins tout ce que la forêt compte de mammifères à des kilomètres à la ronde se retrouve ici.

Évitant de marcher dans les flaques de boue et de nous scalper le crâne sur les toitures de tôle ondulée, Max et moi avons arpenté les allées en tous sens, l'œil à l'affût. La marchandise est beaucoup plus abondante et variée à Ouesso qu'à Moloundou : vêtements multicolores, sacs de sport, draps, lampes à kérosène, poupées Barbie africaines, DVD, lampes de poche, parapluies, thermos, beurre de cacahuète, foufou, champignons, crevettes séchées, beignets, bouillon cube, savonnettes, médicaments, haricots, ananas, épingles à nourrice, patates… Sur un étal, une jeune femme découpait à la machette un poisson-chat vivant. En face, une autre, entre deux âges, vendait du singe fumé. Les cheveux nattés en dreadlocks, un gros tablier de boucher sur sa robe bigarrée, avec un culot admirable elle secoua sous mon nez une petite carcasse. Le minuscule visage convulsé avait les yeux fermés, arborant un sourire macabre. Vidée de ses entrailles, la carcasse avait à peu près la forme et la taille d'un enjoliveur. « *Six mille francs*[a] ! » claironna la vendeuse. Elle reposa le singe et en brandit un autre : « *Six mille aussi pour celui-ci*[b] ! » Ce qui faisait treize dollars – et encore, négociables. Je

a. En français dans le texte.
b. Idem.

passai mon chemin. Elle vendait aussi un porc-épic fumé, cinq céphalophes, ainsi qu'un autre singe tué si récemment que son pelage était encore brillant – je reconnus un cercopithèque hocheur. « Un morceau de choix, me glissa Max, il va partir vite ! » Un peu plus loin, on proposait de la viande fumée de potamochère roux à trois mille francs CFA le kilo. La chasse et la vente de ces animaux sont parfaitement légales, au Congo. Quant aux grands singes, je n'en vis pas la trace. Pour acheter de la viande de gorille ou de chimpanzé, à Ouesso, il faut s'arranger en privé.

En raison de complications imprévues, le fameux « bateau » qui devait nous transporter à Brazzaville dut rebrousser chemin, si bien que quatre jours plus tard Max et moi étions de retour à Ouesso. Nous en profitâmes pour revenir au marché et fouiner de nouveau parmi les étals surchargés de poissons-chats, de singes et de céphalophes frais ou fumés. Dans le labyrinthe du marché, on repère facilement les stands de boucherie au bruit régulier des machettes. Une brouette remplie de petits crocodiles attira mon attention. Posé sur une planche, l'un d'eux était en train de se faire découper : toc ! toc ! toc ! Bientôt, je me retrouvai devant l'étal de la femme aux dreadlocks et au tablier de boucher. Elle se souvenait de moi. « *Comme ça, tu es revenu !* me dit-elle en français. *Pourquoi tu ne m'achètes pas un petit quelque chose ?* » Et de brandir un céphalophe, par défi plus que pour m'appâter. « Tu viens pour acheter ou pour mater ? » « Je préfère le poulet, répondis-je sans conviction. Ou le poisson fumé. » Elle haussa les épaules avec un sourire, guère étonnée par cette pusillanimité de Blanc. Je glissai à mi-voix : « Par contre, si vous aviez du chimpanzé... » Elle ne broncha pas. « Ou bien de l'éléphant... », ajouta Max. Elle se contenta de rire, puis se détourna pour revenir à ses vrais clients.

101

SANS OUESSO ET SON MARCHÉ, le Voyageur ne serait jamais parti. La folle équipée dans laquelle il s'engagea n'était pas censée le mener plus loin. Il irait à Ouesso, et puis il reviendrait – même si la vie en décida autrement. Ce projet à lui seul était déjà bien assez ambitieux et risqué. Mais le déclencheur de son départ avait eu lieu bien avant.

Jamais le Voyageur ne s'était intéressé à l'ivoire. Tout cela ne fut que le fruit du hasard.

Ce jour-là, il lance ses filets loin en amont, sur la Ngoko, à l'embouchure d'une rivière coulant sur la rive congolaise. C'est le début du mois de mars, à la fin de la saison sèche. La Ngoko est chaude, son courant paresseux, aussi se dit-il que les eaux plus fraîches de cet affluent pourraient attirer le poisson. Ce n'est pas vraiment le cas. La pêche s'avère médiocre. Si bien qu'au milieu de l'après-midi il décide de faire quelques pas dans la forêt en remontant le cours de la rivière, espérant trouver quelques flaques où il pourra facilement attraper du petit poisson. Il progresse péniblement sur les berges boueuses, enjambant les racines géantes et se frayant un chemin à travers les lianes. Peu de flaques, hélas, et pas de poisson. Au bout de quelques centaines de mètres, comme il s'arrête pour souffler et boire une gorgée d'eau, une énorme masse grise attire son regard, un peu en contre-haut. Les rochers de granit n'existant pas dans ces contrées, le Voyageur comprend aussitôt : c'est un éléphant couché.

Son cœur bat à tout rompre. Pourtant, au lieu d'obéir à l'instinct qui lui commande de s'enfuir, il reste planté là. Dans la posture de l'éléphant endormi, quelque chose n'est pas normal. La tête dans la boue, la trompe de côté, le corps bizarrement affaissé… Il s'approche sans faire de bruit, distinguant alors les taches rouges qui maculent le flanc et le ventre de l'animal. Et au milieu, une lance Baka. L'éléphant, un mâle adulte de grande taille, est mort. Sans doute a-t-il été mortellement blessé par les Bakas au cours d'une partie de chasse.

Le Voyageur reconstitue mentalement la scène. Pour s'enfuir, l'animal a dû tuer ou blesser quelques-uns de ses agresseurs, si bien que les autres ont d'abord renoncé à le poursuivre. La scène a dû se produire sur la rive nord du cours d'eau. Désespéré et à bout de forces, l'éléphant a traversé la rivière à la nage… Évidemment, rien n'exclut que les Bakas changent d'avis. Peut-être vont-ils surgir d'un moment à l'autre. S'ils trouvent le Voyageur affairé sur leur proie, ils lui feront subir le même sort qu'à l'éléphant. Aussi ne perd-il pas un instant. Entaillant à coups de machette la tête de l'animal, il exhume du magma de chair et de cartilage une masse énorme et sanguinolente. Puis une autre. Au bout d'une demi-heure, les deux défenses sont dégagées.

Après les avoir débarrassées des lambeaux de chair qui y pendent, il les frotte avec le sable boueux de la rivière et les plonge dans l'eau pour les rincer. Leur poids est impressionnant, une quinzaine de kilos chacune, peut-être. Émerveillé, il passe sa paume sur l'ivoire blanc et lisse de l'une, puis de l'autre. Jamais le Voyageur n'a tenu entre ses mains un tel monceau de richesse. Mais il ne faut pas s'attarder. Son butin serré contre lui, il se fraie de nouveau un chemin parmi les lianes puis, parvenu à sa pirogue, il y jette les deux défenses, détache le bateau et pagaie de toutes ses forces. Une fois dépassé le premier méandre, son cœur se remet à battre normalement, tandis qu'il commence à prendre conscience de ce qui lui est arrivé. Il est tombé par hasard sur un trésor, et il l'a volé. C'est aussi simple que ça.

De retour à son campement, le Voyageur dissimule hâtivement les deux défenses sous les branchages et les feuilles d'un arbre tombé non loin de sa hutte. Au milieu de la nuit, il se réveille en sursaut. Sa cachette est ridicule ! Dès que l'aube pointe, il se rend à l'emplacement où il fait son feu depuis plusieurs années, débarrasse le foyer des cendres et des braises et creuse une tranchée, fendant à la machette l'argile durcie par le feu. Puis il enveloppe les deux défenses de feuilles de *ngoungou* et les dépose au fond de son trou. Ne reste plus qu'à remettre en place l'argile, puis les cendres, et à rallumer un feu. Le trésor est à l'abri. Et maintenant, que faire ?

La réponse ne va pas de soi. Le Voyageur n'est pas un chasseur d'éléphants. Personne ne le connaît, il ne connaît personne. Et il n'est pas censé avoir en sa possession des défenses d'éléphant. Emporter son butin au marché de Moloundou ? Les agents des concessionnaires français le lui confisqueraient aussitôt, et le jetteraient peut-être en prison. Pour se procurer de l'ivoire, ils sont prêts à tout. Quant aux éventuels acheteurs, ils tenteraient de le voler ou, au mieux, lui offriraient un prix dérisoire. Faute de bonne idée, le Voyageur en reste là pendant six mois et reprend sa vie habituelle sans rien y changer. Pêcher, faire sécher son poisson au campement – de temps à autre un peu de commerce à Ngbala ou Moloundou. Justement, à Moloundou, il y a un marchand atypique, moitié portugais, qui connaît pas mal de monde – un malin dit-on, réputé pour trafiquer en toute discrétion la viande et l'ivoire d'éléphant.

L'air de rien, le Voyageur profite d'un jour où il échange son poisson contre du sel et du foufou pour demander à l'homme combien il paie les défenses. Juste pour savoir. L'homme lance un chiffre. Pas ridiculement bas, mais pas très haut non plus. Déçu, le Voyageur en reste là.

Deux jours plus tard, quand il revient chez lui, il trouve son campement dévasté. La hutte gît sur le sol, le local où il sèche ses poissons est démoli. Tout le reste est éparpillé un peu partout – son filet de pêche de rechange, quelques pots en étain, un couteau, une chemise, le matelas de raphia, les hameçons et le tabac qu'il range dans une boîte de conserve… Jeté par terre, le poisson séché a été délibérément piétiné. Çà et là, on a sondé le sol de la hutte – près du tas de bûche ailleurs aussi. La fouille a été pratiquée sans méthode, sous l'effet de la colère. En découvrant, dehors, les cendres et les braises de son feu répandues alentour, le Voyageur a un moment de panique. Mais la terre, dessous, n'a pas été remuée. Les intrus sont repartis bredouilles.

C'est alors qu'il repense à Ouesso. Assis près d'un tout petit feu devant son campement dévasté, il attend la nuit, sa machette à la main. Quand le soleil disparaît, il déterre les deux défenses et, sans les sortir de leur enveloppe de feuilles couverte de terre, les dépose dans sa pirogue. Il entasse dessus des poissons séchés ou fumés, qu'il recouvre soigneusement de feuilles de *ngoungou*, comme pour aller les vendre au marché, et pose une natte par-dessus. Puis il détache sa pirogue et descend le cours de la Ngoko, laissant Moloundou derrière lui. Il pagaie des heures durant à un rythme régulier, rejoint la Sangha et poursuit sa route jusqu'à Ouesso.

À cinq cents mètres en aval de la ville, il profite d'un tourbillon pour accoster sur une rive et tire sa pirogue à couvert, dans la forêt. Aucun signe, ici, de présence humaine. Pas de campement, pas de sentier – c'est parfait. Le lendemain, après avoir bien camouflé son bateau sous des branchages, il se fraie un chemin en direction du nord-ouest, jusqu'à la route. Là, il n'a plus qu'à suivre les gens pour arriver directement au marché. De toute sa vie, jamais il n'a vu tant de monde réuni en un même endroit. Son cœur se met battre violemment, comme lorsqu'il a trouvé l'éléphant. Mais personne ne lui fait de mal, nul ne lui prête attention, malgré ses vêtements en lambeaux et sa machette. En croisant d'autres vagabonds dépenaillés, un ou deux armés d'une machette, il se détend.

Abrité sous un bâtiment immense à la toiture métallique, le marché est une splendeur. On y vend de la viande, du poisson, des vêtements chatoyants, du manioc séché, des légumes, des filets de pêche, et mille et une merveilles dont le Voyageur ne soupçonnait même pas l'existence. Quoiqu'il n'ait pas la moindre piécette dans ses poches, il déambule parmi les marchandises comme n'importe quel badaud, admirant les céphalophes et les singes. Alors qu'il soupèse une main de gorille, la marchande le regarde fixement, et il la repose aussitôt. Tout le monde parle en lingala. Il échange quelques mots avec un homme qui vend du poisson. « J'ai du poisson fumé, ça t'intéresse ? hasarde-t-il, beaucoup moins assuré qu'à Moloundou.

— Peut-être, il faudrait que je voie », dit l'homme.

Non loin de là, le Voyageur repère un autre vendeur sur l'étal duquel sont disposées de larges tranches grises de viande d'éléphant fumée. Qui vend de la viande d'éléphant pourrait bien vendre aussi des défenses d'éléphant... Le Voyageur grave dans sa mémoire le visage de l'homme, mais s'abstient de lui adresser la parole. Il fera ça demain.

Satisfait de ce premier repérage, il s'en retourne vers sa petite planque dans la forêt. Mais alors qu'il émerge des taillis, il aperçoit, ô horreur, un homme courbé sur sa pirogue. La rage s'empare de lui : contre lui-même, pour sa stupidité, contre le monde entier, surtout contre ce voleur de défenses. Brandissant sa machette, il se précipite et frappe un grand coup avant que l'homme ait eu le temps de se retourner. Le crâne se fend en deux avec un bruit sourd, et l'homme tombe raide mort. Dévoilant la cervelle rosâtre, la blessure laisse échapper un flot de sang, puis se tarit.

Le Voyageur n'en est qu'à sa première journée à Ouesso, au milieu de l'après-midi, et déjà il a tué un homme. Dans quel diable de pays a-t-il mis les pieds ?

Il n'est pas au bout de ses surprises. Quand il retourne le cadavre, il s'aperçoit que son « voleur » n'est pas un homme, mais un tout jeune garçon. Peau douce, joues de bébé, il est à peine en âge d'être initié. Le Voyageur a été induit en erreur par sa taille. Celui qu'il a tué n'est qu'un grand gamin, qui s'est enhardi jusqu'à jeter un œil à l'intérieur de sa pirogue. Un garçon de la ville, avec une famille et des amis qui vont le pleurer. Pas bon du tout, ça.

Le Voyageur reste un moment immobile, groggy et affligé, réfléchissant à la situation. Sa décision est bientôt prise. Il traîne le cadavre du jeune garçon jusqu'au bord de la rivière, entre dans l'eau et, tout en trébuchant, le tire assez loin du bord pour être sûr que le courant l'emportera. Puis il le lâche. Le corps s'enfonce légèrement, mais il flotte. De retour sur la rive, le Voyageur plonge la tête dans sa pirogue pour vérifier que les défenses sont toujours là – elles y sont bien ; tâte leurs pointes pour s'en convaincre – une, deux... Puis les démaillote de leur enveloppe de feuilles et les contemple. C'est bien de l'ivoire, oui. Deux défenses. Il remet sa pirogue à l'eau, grimpe dedans et pagaie dans le sens du courant. Une cinquantaine de mètres plus bas, le cadavre flotte entre deux eaux ; il le dépasse. Il n'a pas un regard en arrière vers Ouesso.

Les ponts avec sa vie d'avant sont désormais coupés. Il n'y a plus de retour possible. Descendant la Sangha, il voyage pendant trois semaines, peut-être quatre, il a cessé de compter les jours. Il n'a pour tout bien que sa pirogue, ses défenses, sa machette, sa ligne et ses hameçons, pas grand-chose d'autre. Son objectif de chaque jour est de survivre jusqu'au soir. À plus long terme, de commencer une nouvelle vie grâce à ses deux défenses. Parfois, pour prendre un peu de poisson, il lance sa cuiller au fil de l'eau, ne s'arrêtant que pour dormir. Il ne mange que le fruit de sa pêche, soucieux de garder intacte sa cargaison de poisson fumé, pour le cas où. Chaque matin, il est de nouveau sur l'eau, sous la lumière éclatante du soleil. Il dépasse une autre ville, qu'il prend soin de contourner en rasant la rive opposée, traverse un vaste marécage au milieu duquel la rivière dessine ses méandres. Pour autant qu'il puisse en juger, il se dirige vers le sud. Il connaît quelques aventures, affronte quelques imprévus que l'on imagine aisément. Un jour, il rencontre des hommes sur une barge chargée de bois, à qui il vend du poisson. Ils le mettent en garde contre les Bobangis, un peuple peu commode contrôlant le trafic et le passage à l'embouchure de la Sangha. « L'embouchure de la Sangha » ? Qu'est-ce que ça veut dire ? Il croyait que la rivière continuait ainsi indéfiniment. Il y a aussi cette attaque de crocodile, encore un sale moment, mais ce matin-là la chance est de son côté. L'animal n'est pas très grand, deux mètres à peine, mais il est méchant, et assez présomptueux et stupide pour s'en prendre à un humain. Le Voyageur a sa vengeance : six jours durant, il se régale de la chair du crocodile – ventre et queue. N'ayant jamais mangé de poulet, il lui trouve un goût de poisson. Il a déposé la tête coupée au milieu d'une colonne de fourmis légionnaires, qui l'ont nettoyée en un après-midi. Les os blanchis par le soleil trônent à présent sur la cargaison de la pirogue, tel un totem grimaçant de toutes ses dents. Les jours passant, le Voyageur finit par atteindre l'embouchure de la Sangha, où il tente d'échapper aux Bobangis en ne naviguant que la nuit, bien au milieu de la rivière, et en s'arrêtant la journée pour dormir. Hélas, il ne peut monter la garde en permanence auprès de ses trésors. Un jour, il laisse sa pirogue pour aller ramasser les fruits tombés d'un *mobei.* À son retour, peu de temps après, il trouve un Bobangi solitaire en train de commettre le même sacrilège que le grand gamin : se pencher sur l'intérieur de sa pirogue. Contrairement au garçon, l'homme l'entend approcher. Il se retourne.

Les tempes grisonnantes, l'œil gauche d'un bleu laiteux, il est vieux, pas au point toutefois de ne plus être dangereux ; son corps reste robuste. Un couteau effilé, mais pas de machette, un petit sachet en peau d'animal attaché à un lacet autour de son cou : sans doute est-ce un mage, ou un sorcier. L'homme a défait l'enveloppe contenant les défenses. Il y a beaucoup d'autres Bobangis autour de la rivière, le Voyageur ne l'ignore pas, certains, peut-être, à portée de voix. Il se sent piégé, se souvient du bruit de la machette fendant le crâne du garçon. Très vite, il opte pour un compromis, celui de la dernière chance. Il s'adresse à l'homme en lingala, avec l'espoir que les Bobangis comprennent cette langue.

« Je te donne une défense », dit-il.

Pas de réponse.

« Je te donne une défense, répète-t-il, articulant avec soin. Tu l'apportes à ton chef… ou pas. »

Il attend, laissant son interlocuteur peser le pour et le contre.

« Une défense, reprend-il en levant un doigt. Ou je te tue, et je garde les deux. »

Toujours pas de réaction. Le Voyageur se prend à regretter de ne pas lui avoir fendu le crâne, ou au moins de ne pas avoir essayé. L'homme se penche sur la pirogue, se met à farfouiller dedans en remuant les feuilles. Il en sort une défense, la tapote, effleure la surface blanche et lisse. Il semble satisfait. Le Voyageur ne le quitte pas des yeux. Qu'il s'en aille, à présent ! Mais non. L'homme se courbe de nouveau, saisit cette fois un poisson fumé. Puis il fixe le Voyageur avec un mélange d'effronterie et de défiance. Un tic crispe son œil bleu, à moins que ce ne soit un clin d'œil. Et enfin il s'en va, emportant le poisson et la défense.

Cette nuit-là, le Voyageur traverse le territoire Bobangi. Après avoir dépassé en silence leur grand village à l'embouchure de la Sangha, la pirogue débouche sur un cours d'eau d'une largeur phénoménale : le Congo. Au lever du soleil, quelle est la stupeur du Voyageur en découvrant l'entremêlement de chenaux, les îles à foison, la force du courant ! Ce n'est pas une rivière, ce sont des milliers de rivières. Pagayant avec une ardeur décuplée, il se concentre pour éviter les obstacles, esquivant les branches mortes, contournant avec soin les tourbillons. S'il croise une pirogue, il se maintient à distance, juste à portée de voix, proposant parfois du poisson ou glanant des informations. Il voit passer une sorte de grosse maison blanche flottante qui remonte le courant à vive allure avec un martèlement régulier, transportant sur son pont des ballots de marchandises et des passagers. C'est un bateau à vapeur. Quel étrange spectacle ! Mais notre Voyageur en a vu d'autres depuis quelques jours, de la cervelle répandue du grand gamin à l'œil bleu du voleur Bobangi, en passant par le marché d'Ouesso. Sa faculté d'étonnement s'émousse. Le capitaine du bateau a la peau blanche. Le Voyageur s'écarte prudemment.

La rivière coule vers le sud. Il entre à présent en territoire Tio, un peuple plus conciliant que les Bobangis, lui a-t-on dit, et dont l'âpreté au commerce ne va pas jusqu'à exiger un monopole. Sûrement cette tolérance est-elle due à la taille de la rivière. Qui peut prétendre posséder à lui seul un cours d'eau aussi gigantesque ? Ni un homme, ni une tribu. Les bateaux se font de plus en plus nombreux. C'est un pullulement de pirogues, où passent quelquefois des bateaux à vapeur. On se hèle d'un bord à l'autre, on échange des marchandises… Si petit au milieu des méandres du fleuve, perdu dans ce grouillement d'activités, le Voyageur se sent protégé par un anonymat rassurant. Aussi bien Ouesso est-il désormais loin derrière lui. Il se remet à voyager de jour – sur un fleuve aussi redoutable, il vaut mieux ! Il vend du poisson frais à des bateliers Tio, échange du poisson contre un peu de manioc, fait un brin de conversation. Oui, je viens de tout là-haut, très loin d'ici ! Pas un mot sur l'ivoire : il faut soutirer le plus d'informations possible, en en disant le moins possible. Il commence à être fatigué.

Mais il a un nouveau but, désormais, un peu plus ambitieux que la survie au jour le jour, un peu moins que son rêve de richesse : atteindre Brazzaville, une grande ville en aval de la rivière, à quelques journées de voyage, sur la rive droite d'un grand lac. Il la reconnaîtra dès qu'il la verra, lui a-t-on assuré. De l'autre côté du lac, une seconde ville lui fait face, appartenant aux Belges celle-là. Qui sont les Belges ? demande-t-il. Une tribu comme les Bobangis ? Bien pire, lui dit-on. Quant à Brazzaville, oui, c'est un bon marché, il pourra y vendre son poisson et tout ce qu'il voudra.

C'est ainsi que le Voyageur arrive au terme de son périple. Après un ultime méandre du fleuve s'ouvre un lac immense. Laissant sur sa gauche la grande île, comme on le lui a recommandé, il continue de pagayer, et découvre bientôt, sur sa droite, des bâtiments blancs deux fois plus hauts que des maisons, plus hauts même que la pagode d'Ouesso. Il s'approche du bord, tout en restant à distance raisonnable, se laisse dériver en observant les lieux, jusqu'à ce qu'il ait dépassé les docks avec leurs grands bateaux autour desquels s'affaire une foule d'ouvriers. Avisant un endroit plus calme, il accoste. Hormis quelques enfants, curieux comme tous les enfants, personne ne fait attention à lui. Les gens ont bien trop à faire pour se soucier d'un jeune Bakwélé en haillons amarrant son canot avec pour tout bagage un squelette de crocodile, un objet oblong enveloppé de feuilles et une maigre cargaison de poisson faisandé.

Personne ne vient lui souhaiter la bienvenue quand il met pied à terre. Qui se doute de ce qu'il a accompli, à l'instar de Lewis et Clark ? Qui pourrait deviner qu'il est le Marco Polo du bassin supérieur du Congo, l'équivalent de John Wesley Powell sur le Colorado, de Theodore Roosevelt sur la rivière du Doute ?

Le Voyageur marche jusqu'à la ville. Dès le premier après-midi, il y vend sa défense d'éléphant pour la coquette somme de cent vingt brass rods, un bon prix se dit-il, mais pas non plus de quoi s'extasier. Conquis par son squelette de crocodile, le marchand d'ivoire lui en donne 10 brass rods. Le Voyageur fête sa nouvelle fortune en s'achetant un peu de vin de palme, attrape une jolie cuite et trouve l'expérience fort désagréable. Jamais plus il ne boira. Le reste de l'argent est soigneusement mis de côté et sera dépensé au compte-gouttes, jusqu'à ce qu'il n'y ait plus rien.

Il trouve à se loger à Poto-Poto, quartier est de la ville, peuplé d'autres migrants venus du nord comme lui, dégotte un job près du fleuve. Il se fait des amis. Bref, il plante ses racines. La vie en ville lui plaît bien. Avec ses histoires incroyables inspirées par son passé de Voyageur, c'est une figure haute en couleur, un charmant compagnon apprécié de tous. Oublié le paria, le fils de sorcière, le jeune misanthrope solitaire ! Personne ne connaît son vrai nom, et pour cause, il s'en est inventé un autre. Mais surtout, nul ne peut savoir qu'il a apporté avec lui à Brazzaville quelque chose de totalement nouveau. Un virus, caché dans son sang. Le VIH-1 du groupe M.

Sept, huit ou neuf ans plus tard, à la fin de sa vie, le Voyageur racontera volontiers quelques-unes de ses histoires à ses amis et aux femmes qui traversent sa vie. L'histoire du Cadavre d'éléphant. Celle du Marchand à moitié portugais. Celle du Grand Gamin, celle du Crocodile, celle du Bobangi-à-l'œil-bleu. Dans sa bouche, le gamin devient un adulte, le crocodile un monstre, un Léviathan. Personne ne met sa parole en doute : n'a-t-il pas descendu la rivière, bravant tous les dangers ? Le squelette du crocodile n'est plus là pour le démentir. Pendant ces quelques années, il a eu des relations sexuelles avec treize femmes, des « femmes libres », toutes – plus ou moins. L'une d'elles est devenue son épouse, une jeune Tio récemment arrivée à Brazzaville, qui a trouvé le Voyageur assez séduisant pour lui sacrifier sa liberté. Avec le temps, il l'a infectée. Il en a contaminé une autre aussi, une vraie professionnelle celle-là, qui vivait dans une petite maison du quartier de Bacongo, à l'ouest de la ville. Il lui rendait visite à l'occasion, pendant la grossesse de sa femme. Les onze autres, de brèves passades, ont eu davantage de chance. Elles sont restées séronégatives. Le R_0 du Voyageur est donc rigoureusement égal à 2. Quand il tombe malade, tout le monde est désolé, car tout le monde l'aime.

Sa bonne amie de Bacongo, une ravissante jeune femme qui ne manque pas d'aplomb, a assez d'ambition pour rêver d'horizons plus larges. Elle traverse le lac pour migrer à Léopoldville, où elle fera une jolie carrière. Jolie, certes, mais courte…

102

ADMETTONS QUE LE VIRUS SOIT ENTRÉ à Léopoldville autour de 1920. Il reste un trou de quarante ans avant d'arriver au ZR59 et RDC60, les deux plus anciennes séquences archivées. Que s'est-il passé entre-temps ? Nous l'ignorons, mais les éléments dont nous disposons nous permettent d'esquisser les grandes lignes du scénario.

Le VIH-1 se mit à rôder dans la ville, se répliquant chez des individus. Il se transmettait par des relations sexuelles, ou par la réutilisation des seringues servant à soigner des maladies courantes comme la trypanosomiase (maladie du sommeil). Dans un cas comme dans l'autre, il provoquait selon toute probabilité une immunodéficience conduisant à la mort la majorité des personnes infectées – hormis celles qu'emportaient prématurément d'autres maladies. À ce stade, rien ne permettait encore d'identifier cette pathologie comme un phénomène nouveau.

Il peut aussi s'être lentement répandu à Brazzaville, de l'autre côté du lac, favorisé par la transformation des mœurs sexuelles et les programmes d'injections thérapeutiques. Ou s'être propagé dans les villages du sud-est du Cameroun et dans le bassin supérieur de la Sangha.

Où qu'il fût – en tout cas de façon certaine à Léopoldville –, il continua de muter, comme en attestent les variations sensibles entre ZR59 et RDC60. Il évoluait.

L'étude de l'évolution du VIH-1 au cours de l'histoire n'a rien d'un exercice oiseux. L'objectif est de comprendre comment une souche du virus, celle du groupe M, a pu se transformer en pandémie mortelle. Sans cette clé essentielle, on ne peut espérer contrôler le fléau par des mesures thérapeutiques – vaccin ou médicaments efficaces. C'est pour cette raison que des scientifiques comme Beatrice Hahn, Michael Worobey et leurs collègues explorent la phylogénétique du VIH-1, du VIH-2 et celle des divers VIS. Une des grandes questions qu'ils se posent : le virus était-il déjà virulent avant le Grand Saut du chimpanzé à l'homme, ou ne l'est-il devenu qu'après ? En d'autres termes : VIS_{cpz} tue-t-il les chimpanzés, ou n'est-il chez eux qu'un parasite inoffensif ? La réponse peut fournir de précieux renseignements sur la façon dont le corps humain répond au virus.

Après la découverte du VIS_{cpz}, on a longtemps pensé qu'il demeurait bénin chez les singes, ou que s'il avait provoqué des symptômes dans le passé, ce n'était plus le cas. Aux premiers temps de la recherche sur le sida, on a en effet inoculé le virus à des centaines de chimpanzés en captivité sans qu'aucune immunodéficience se déclare. Dix ans à tester les souches les plus différentes, et rien ! Si, par exception, un singe développait le sida, l'événement semblait assez remarquable pour mériter six pages dans le *Journal of Virology* ; les chercheurs, ravis, voulaient y voir le signe qu'au bout du compte le chimpanzé constituait peut-être malgré tout un modèle expérimental valide pour étudier le sida humain. Une étude néerlandaise fondée sur l'analyse génétique de singes en captivité avança que les chimpanzés « auraient survécu à leur propre pandémie [29] » il y a plus de deux millions d'années. Les survivants seraient devenus résistants au virus grâce à des mutations génétiques. Encore une fois, ces hypothèses ne reposaient que sur l'étude d'animaux en captivité. Personne ne savait si les chimpanzés sauvages souffraient d'immunodéficience. Et il n'était pas simple d'aller le vérifier.

Les informations dont on disposait sur les différentes variantes du virus chez les autres primates corroboraient ce scénario. Le VIS est à la fois d'une extrême variété et très largement répandu – on le trouve chez plus de quarante espèces de petits et grands singes d'Afrique. Il semble d'ailleurs limité à ce continent ; si des singes d'Asie ont pu être contaminés en captivité, on ne constate de présence du virus à l'état sauvage ni en Asie ni en Amérique du Sud. En Afrique, la plupart des porteurs de VIS sont des petits singes à queue. À chaque espèce sa variante de VIS : le VIS_{gsn} chez le hocheur, le VIS_{ver} chez le vervet, le VIS_{rcm} chez le mangabey à collier blanc, etc. Jamais, semble-t-il, le virus ne provoque d'immunodéficience chez ses hôtes. À l'étroite proximité génétique entre deux espèces de singes, comme le cercopithèque de l'Hœst et le cercopithèque à queue de soleil, correspond souvent une ressemblance marquée entre leurs VIS respectifs. Cette cohérence taxonomique, ajoutée à l'absence de pathologie, induisait à penser que les singes étaient infectés depuis très longtemps – sans doute des millions d'années. Ainsi s'expliquaient à la fois les différences importantes entre les souches et l'accommodation mutuelle entre le virus et son hôte.

La même hypothèse à double volet semblait pouvoir s'appliquer aussi bien aux chimpanzés : leur virus, VIS_{cpz}, devait être 1) une infection ancienne 2) devenue asymptomatique. Mais pour le coup, il ne s'agissait que de suppositions. L'apparition de faits nouveaux montra qu'elles étaient l'une comme l'autre erronées.

C'est en 2003 que sera mise à mal la première prémisse – celle d'une infection très ancienne. Dirigée par Paul Sharp et Elizabeth

Baile, de l'université de Nottingham, une équipe de chercheurs, où l'on retrouve Beatrice Hahn et Martine Peeters, découvre que le VIS_{cpz} est vraisemblablement un virus hybride. En comparant le VIS_{cpz} avec divers autres VIS, les chercheurs s'aperçoivent qu'une section importante du génome de VIS_{cpz} est quasiment identique à un fragment du VIS_{rcm}, et qu'une autre est la copie conforme d'une section du VIS_{gsn}. Traduction : le virus du chimpanzé contient du matériel génétique venant de deux virus différents, l'un infectant le mangabey à collier blanc, l'autre le hocheur. Ce phénomène porte le nom de recombinaison* génétique. Comment s'est-il produit ? Un chimpanzé infecté par les deux virus a servi d'éprouvette, permettant à VIS_{rcm} et VIS_{gsn} d'échanger leurs gènes. Et quand s'est-il produit ? Il y a quelques centaines d'années – en tout cas sûrement pas des milliers ou des millions comme on le pensait.

Comment un chimpanzé a-t-il pu être contaminé par deux virus de singes d'espèces différentes ? Sans doute le déclencheur a-t-il été une chasse, ou la concomitance d'une chasse (première contamination) et de rapports sexuels (seconde contamination). Au cours de leur réplication dans leur hôte commun, les deux virus ont échangé leurs gènes. Les chimpanzés sont des omnivores qui ne boudent pas un bon morceau de viande si l'occasion vient à se présenter sous forme d'un petit singe appétissant. Ils tuent alors leur proie, la dépècent, la désossent, puis se battent pour les morceaux, qu'ils dévorent tout sanglants et tout crus. Ces orgies n'ont rien de régulier – une pulsion, de temps en temps – mais l'on conçoit que le sang du prédateur puisse alors entrer en contact avec celui de sa proie. Les chimpanzés, comme l'homme, ont parfois de petites coupures à la main, ou dans la bouche. Viande crue sur plaie ouverte égale exposition au virus. En somme, l'équipe de Nottingham propose une variante de l'hypothèse du chasseur. Avec, cette fois, un chimpanzé dans le rôle du chasseur.

103

LE VIS_{CPZ} N'EXISTE DONC que depuis assez peu de temps. Entre le chimpanzé et lui, la cohabitation n'est encore que de l'histoire récente. Reste la seconde prémisse. Elle sera ébranlée par une étude publiée en 2009, montrant que le virus n'est pas aussi inoffensif pour son hôte qu'on l'avait cru. Ce sont les singes de Gombe, rendus célèbres dans le monde entier par les travaux de Jane Goodall, qui donneront la preuve que le VIS_{cpz} provoque le sida chez les chimpanzés.

J'ai dit, précédemment, que le premier chimpanzé sauvage testé positif au VIS venait de Gombe. Mais je n'ai pas précisé que cette séropositivité des singes de Gombe était associée à une santé défaillante et à une mort précoce. Là encore, c'est à l'équipe de Beatrice Hahn que l'on doit cette découverte.

Après avoir trouvé du VIS_{cpz} chez des chimpanzés en captivité, Hahn entend poursuivre son enquête auprès des chimpanzés sauvages. Mais elle et son équipe sont peu au fait des méthodes pour tester des animaux en pleine forêt. Comment s'y prendre ? On y va, et on pique le premier qui passe ? On shoote le singe à la kétamine, on lui fait une prise de sang, on le réveille et on lui dit au revoir ? C'est ainsi que procédait Bill Karesh avec les gorilles, pendant notre équipée à Moba Bai, en République du Congo. Mais avec les populations de chimpanzés, très étudiées et habituées à l'homme, les protocoles n'ont rien à voir. Halte là ! protestent les primatologues de terrain, horrifiés à l'idée de voir leurs protégés si sensibles et confiants soumis à des méthodes aussi invasives. Hahn met le pied sur une terre inconnue, dont elle intégrera vite les règles et les priorités. Lors d'un congrès réunissant des primatologues et des virologues, elle fait la connaissance de Richard Wrangham, un éthologue et primatologue de Harvard dont les travaux sur l'écologie comportementale et l'évolution des singes jouissent d'une haute considération. Depuis plusieurs années, Wrangham étudie les chimpanzés du parc national de Kibale, dans l'ouest de l'Ouganda. Mais c'est à Gombe qu'il a fait sa thèse, quarante ans plus tôt. Quand Hahn lui fait part de son projet de tester des chimpanzés sauvages, il se montre aussitôt enthousiaste. Au point, me confiera Hahn, qu'il arrivera à convaincre Jane Goodall de leur prêter main-forte. Mais avant d'attaquer le travail à Gombe, l'équipe de Hahn s'intéresse aux singes de Kibale, le site de Wrangham. C'est alors que Martin Muller, un étudiant de Wrangham, leur donne un coup de pouce décisif. En 1998, Muller a collecté des échantillons d'urine de chimpanzé pour y étudier la corrélation entre taux de testostérone, agression et stress. S'inspirant de ses travaux, Mario Santiago, le postdoc de Hahn, met au point des outils permettant de détecter le VIS_{cpz} dans quelques millilitres d'urine ; Muller lui fournit quant à lui quelques échantillons congelés de sa réserve personnelle de Kibale. Pour en savoir plus sur cette partie de l'histoire, je suis allé à Albuquerque rendre visite à Muller, aujourd'hui professeur associé en anthropologie à l'université du Nouveau-Mexique.

Tous les échantillons d'urine de Kibale s'avérèrent négatifs au VIS_{cpz}. « Nous étions un peu déçus, se souvient Muller. Il faut rappeler qu'à l'époque, il était communément admis que le virus ne provoquait aucune maladie chez les chimpanzés. » Muller, qui commence alors à obtenir sur ses hormones des résultats intéressants, souhaite élargir son champ de données. Wrangham et lui se disent qu'il serait instructif d'aller tester d'autres populations de chimpanzés, pour glaner des éléments de comparaison. En août 2000, le jeune chercheur se rend donc à Gombe, muni d'une panoplie de tubes pour collecter les échantillons d'urine et de tout l'équipement nécessaire à leur congélation. Il ne reste là-bas qu'une quinzaine de jours, mettant son séjour à profit pour former ses assistants de terrain à poursuivre la collecte après son départ. Quand il revient, rapportant quelques échantillons dans sa valise, il s'empresse d'envoyer un mail à Hahn pour lui demander si elle serait intéressée par six tubes d'urine congelée en provenance de Gombe. Réponse immédiate : « OUI, OUI, OUI. » Aussitôt dit, aussitôt fait. Sur les étiquettes des échantillons, Muller n'inscrit que des noms de code, procédure habituelle permettant à Hahn d'effectuer ses tests en aveugle. Sur les six, il s'avère que deux contiennent des anticorps contre le VIS. Muller révèle alors à Hahn qu'ils proviennent tous deux d'un mâle de vingt-trois ans nommé Gimble.

Gimble appartient à une illustre famille de Gombe. Les chercheurs le connaissent bien. Il a pour mère Melissa, une matriarche prolifique ; un de ses nombreux frères, Goblin, est devenu le mâle alpha de la communauté. Goblin vivra jusqu'à l'âge de quarante ans. La carrière de Gimble sera très différente, et sa vie bien plus courte.

Dès réception des résultats de Gimble, Beatrice Hahn écrit un long mail à Jane Goodall pour lui exposer le contexte et les implications de sa recherche. Goodall a une formation d'éthologue, et non de biologiste moléculaire. L'analyse d'anticorps par immunofluorescence lui est aussi étrangère qu'à Hahn les procédures d'échantillonnage sur le terrain. Les travaux de Goodal sur les chimpanzés remontent à juillet 1960. Ils ont pour champ d'étude la réserve du Torrent de Gombe, aujourd'hui rebaptisée parc national de Gombe, sur la rive est du lac Tanganyika. C'est là qu'en 1965 elle a installé son centre de recherche dans un petit bâtiment de béton au bord du lac, et que, pendant vingt et un ans, elle a consacré sa vie à l'étude des chimpanzés des forêts avoisinantes. Son grand œuvre scientifique, *The Chimpanzees of Gombe*, paraît en 1986, date à laquelle elle met un terme à sa carrière scientifique pour devenir une activiste. Révoltée par les mauvais traitements infligés aux chimpanzés, tant dans les laboratoires médicaux que partout ailleurs dans le monde, elle estime de son devoir de passer à l'action. En son absence, grâce aux assistants de terrain tanzaniens qu'elle a formés et aux nouvelles générations de scientifiques, ses travaux sur les chimpanzés de Gombe s'enrichiront de nouvelles données au fil des décennies. Goodall continue d'entretenir un lien étroit avec Gombe et ses chimpanzés, à titre personnel comme à travers les programmes de son institut. Mais, en dehors de quelques rares séjours pour se ressourcer, elle ne met plus guère les pieds dans son campement d'autrefois. Elle juge plus utile de sillonner le monde quelque trois cents jours par an pour faire des conférences et du lobbying, délivrant son message aux médias comme aux écoliers.

Hahn comprend parfaitement l'investissement de Goodall pour la protection des chimpanzés en général, et plus particulièrement ceux de Gombe. Elle sait combien la grande éthologue se méfie de toute tentative d'exploiter ses protégés, en particulier au nom de la science médicale. Ainsi conclut-elle son long mail :

« Sachez que, pour un virologue, la découverte de VIS_{cpz} dans la communauté de Gombe représente l'aboutissement d'un RÊVE. Au fil des décennies, vos collègues et vous-même avez collecté des données comportementales et observationnelles dont la richesse unique constitue une MANNE pour l'étude de l'infection naturelle des chimpanzés sauvages par le VIS_{cpz} – qu'il s'agisse de son histoire naturelle, de ses modalités de transmission ou de sa pathogénicité (ou non-pathogénicité). Toutes ces recherches peuvent en outre être menées de façon parfaitement non invasive. ENFIN, un projet d'une telle envergure peut certainement prétendre à des financements conséquents. En somme, il n'y a aucune raison de voir dans la réalisation de ce rêve de virologue un cauchemar pour la primatologue que vous êtes. J'espère pouvoir vous en convaincre, quel que soit le temps nécessaire pour y parvenir. »

Hahn finit par rallier Jane Goodall à sa cause. Mais, avant cela, elle fit une découverte qui, pour le coup, ressemblait fort à un cauchemar. Au début de son mail à la grande éthologue, elle avait écrit : « S'agissant des chimpanzés, je ne pense pas m'avancer trop en vous assurant que l'infection par le VIS ne saurait entraîner chez eux AUCUNE immunodéficience liée au sida. » Sur ce point, elle eut bientôt la preuve qu'elle s'était trompée.

104

J'AI RÉUSSI À OBTENIR DE JANE GOODALL qu'elle me livre son point de vue sur cette affaire à l'occasion d'un de ses nombreux passages aux États-Unis. Nous nous étions déjà croisés au cours de nos pérégrinations – chez les chimpanzés du Congo, chez les putois à pieds noirs du Dakota du Sud, et autour d'un vieux malt dans le Montana. Cette fois, j'eus la chance de deviser tranquillement avec elle dans un hôtel d'Airlington, Virginia, où nous étions bloqués par une tempête de neige. Pour ses cinquante ans de carrière, le *National Geographic* m'avait commandé un papier. Aussi la discussion roula-t-elle d'abord sur son enfance, son rêve de devenir naturaliste en Afrique, son mentor Louis Leakey, ses premiers pas sur le terrain et sa thèse à Cambridge. C'est elle qui aborda le chapitre de la génétique et de la virologie. J'en profitai pour évoquer le VIS.

« J'avais vraiment de très, très grosses inquiétudes sur les recherches de Beatrice Hahn, m'avoua-t-elle sans détour. Beaucoup d'entre nous appréhendaient les conséquences, en cas de réussite. » Sa rencontre avec Hahn l'avait certes convaincue que la chercheuse se préoccupait sincèrement du bien-être des chimpanzés. Pour autant, elle n'était pas totalement rassurée. « Malgré toute sa bonne volonté, il restait une grande inconnue : si elle obtenait les résultats espérés, quel usage en feraient les autres ? » Que redoutait-elle, au juste ? « C'était la porte ouverte à une débauche d'expériences médicales sur les chimpanzés en captivité. » S'il s'avérait que les chimpanzés avaient le sida, on se servirait d'eux pour faire avancer la recherche sur le sida humain. Et tant pis pour nos cousins primates.

Dès ses premiers échanges avec Hahn, Jane avait compris que la découverte du sida chez les chimpanzés pourrait avoir deux conséquences opposées. Version optimiste : savoir les chimpanzés porteurs du virus du sida dissuaderait peut-être les gens de les chasser et de consommer leur viande. « Ils auront peur. » Version pessimiste : « À l'inverse, ils peuvent aussi se dire : ces créatures sont dangereuses, il faut toutes les tuer. Les deux réactions sont possibles. » Jane est une femme perspicace. Malgré son aura de sainte laïque, elle a les pieds sur terre, ne manque pas de bon sens et voit les choses avec lucidité. Jusqu'à présent, me dit-elle, je n'ai rien observé qui aille dans un sens ou dans l'autre.

Nous avons ensuite évoqué la méthodologie non invasive adoptée par Hahn – recherche d'anticorps dans l'urine, d'ARN viral dans les excréments – qui évite d'assommer les chimpanzés et de les piquer avec des aiguilles. Pour le coup, c'était rassurant, Jane en convint. « Pas besoin de sang ! Un peu de caca, c'est tout. » J'acquiesçai. Oui, c'est fou ce qu'on arrive à faire avec quelques crottes.

Elle avait donc donné son accord à Hahn, et les travaux de recherche avaient commencé. Fin novembre 2000, Hahn reçut en Alabama son premier lot en provenance de Gombe, trois échantillons de crottes du pauvre Gimble. Mario Santiago les testa, tous trois étaient positifs. Il amplifia puis séquença un fragment d'ARN viral ; c'était bien du VIS_{cpz}, mais une souche nouvelle, assez différente de celles que l'on connaissait pour être considérée comme spécifique à l'Afrique de l'Est. On pouvait en déduire : 1) que les chimpanzés de Gombe étaient bel et bien infectés ; 2) qu'ils ne pouvaient être la source de la pandémie humaine. Les variantes de VIS découvertes par Martine Peeters en Afrique occidentale (Hahn n'avait pas encore mené ses recherches au Cameroun) étaient beaucoup plus proches du groupe M du VIH-1 que le virus de Gombe.

À la mi-décembre, Richard Wrangham, Jane Goodall, Martin Muller et quelques autres reçurent un mail de Hahn intitulé ENFIN DES BONNES NOUVELLES. Hahn y présentait les résultats obtenus grâce à Gimble et indiquait la position de la nouvelle souche sur l'arbre généalogique du VIS. NOUS TOUCHONS AU BUT ! concluait-elle, selon son habitude, à grand renfort de majuscules.

105

CE N'ÉTAIT EN FAIT QU'UN DÉBUT. Les recherches se poursuivirent pendant neuf ans, neuf ans pendant lesquels les assistants de Gombe collectèrent les matières fécales de quatre-vingt-quatorze chimpanzés. Non contents de les appeler par leurs noms, la plupart du temps ils connaissaient aussi leur histoire et celle de leur famille. L'équipe de Beatrice Hahn identifia parmi ces quatre-vingt-quatorze chimpanzés dix-sept VIS-positifs. Les années passant, certains mouraient ; d'autres disparaissaient dans la forêt. On les considérait comme morts lorsqu'ils ne réapparaissaient pas. Pour les bêtes sauvages, la mort est souvent une affaire privée, surtout lorsqu'elle s'accompagne de longues souffrances. Si elles vivent en communauté, elles ont tendance à fuir le groupe pour affronter leur fin en solitaires. Les chimpanzés ne font pas exception. C'est le 23 janvier 2007 que les pisteurs de Gombe virent Gimble pour la dernière fois. On ne retrouva jamais son corps.

Pendant ce temps, à Birmingham, les postdocs se succédaient dans le laboratoire de Hahn. Mario Santiago partit poursuivre sa carrière ailleurs ; Brandon Keele lui succéda. De temps à autre, des échantillons arrivaient de Gombe ; on les analysait. Un processus long et laborieux, qui échoyait le plus souvent à Keele. Pour lui, ce n'était qu'un « projet de second plan ». Mais, peu avant la fin de son postdoc, tout bascula, et le projet de second plan fut propulsé sur le devant de la scène.

« J'essayais de voir comment boucler le truc pour m'en aller », me confia-t-il lors de ma visite à Fort Detrick. D'échantillon en échantillon, le nombre de séropositifs ne cessait d'augmenter. On avait mis en évidence une transmission verticale (mère-enfant) et sexuelle du virus. Keele se dit qu'il y aurait matière à un petit article intéressant sur la façon dont un virus inoffensif se propage dans une population. « C'est ainsi que nous avons commencé à compiler les données. » Il fallait faire remonter du terrain des observations sur le comportement des chimpanzés. Keele contacta donc les collaborateurs du siège de l'Institut de Goodall, au Minnesota, pour leur demander des renseignements sur chaque animal. Mais, à chaque nom qu'il citait, il avait droit à la même ritournelle inquiétante :

« Ah ! non, il est mort. »

« Non, celui-là est mort en 2006. »

« Non, il est mort. »

Bon sang, qu'est-ce que ça voulait dire ? Un bilan réactualisé des morts lui livra une partie de la réponse. Les chimpanzés séropositifs de la population de Gombe avaient été décimés par une vague de décès prématurés.

Avec l'équipe du labo, Keele venait alors de rédiger l'abstract d'une conférence prévue lors d'un congrès, qui devait donner matière à publication. D'après ses souvenirs, le texte contenait une phrase du genre : « Il ne semble pas que l'infection puisse être létale chez ces chimpanzés. » L'équipe envoya la première version de l'abstract à ses partenaires de Gombe, qui répondirent aussitôt en mentionnant sept décès supplémentaires dont Keele n'avait pas eu connaissance ; l'abstract partit à la poubelle. Et maintenant, que faire ? Il décida de se rapprocher des équipes de Gombe et du Minnesota pour rassembler un maximum de données. Ensuite, on aviserait.

Vers la même époque, au printemps 2008, Keele eut vent de résultats surprenants concernant l'examen anatomopathologique de tissus provenant d'un chimpanzé mort de Gombe. Il s'agissait d'une guenon de vingt-quatre ans nommée Yolanda, tombée malade en novembre 2007 d'une affection non identifiée. Yolanda était descendue de ses montagnes pour venir agoniser près du centre de recherches. On avait beau essayer de la nourrir, elle ne voulait rien manger. Elle restait là, assise seule sous la pluie à l'orée de la forêt, amaigrie et pitoyable. Puis elle mourut. On mit le cadavre au congélateur. Deux mois plus tard, on le décongela pour pratiquer une autopsie.

L'autopsie fut confiée à Jane Raphael, une vétérinaire du Gombe Stream Research formée tout exprès à cet exercice. Ignorant si

Yolanda était ou non séropositive, Raphael prit toutes les précautions, au cas où. Combinaison Tyvek, deux paires de gants superposées, bottines de caoutchouc, respirateur N95, masque… Ainsi protégée, elle ouvrit le ventre de Yolanda, découpa la cage thoracique qu'elle ouvrit elle aussi largement pour tâcher de voir ce qu'il y avait là-dedans.

Je suis allé interroger Jane Raphael dans son petit bureau qui domine le lac Tanganyika. « C'était la cavité abdominale qui n'était pas normale du tout, me dit-elle. On aurait dit une péritonite. Les intestins étaient complètement collés. » Calme et posée, choisissant ses mots avec soin, elle m'expliqua comment elle avait essayé de démêler la masse de boyaux. « Ce que j'avais sous les yeux était très inhabituel, me dit-elle. Les muscles situés sous le pelvis étaient très inflammés, d'un rouge vif. Avec des taches noirâtres dessus. » Quelle était la cause de l'inflammation ? Soucieuse de ne pas extrapoler au-delà de ses données, Raphael me dit qu'elle n'en savait rien.

Son inspection terminée, elle préleva des échantillons de tissu de tous les organes : rate, foie, intestins, cœur, poumons, reins, cerveau, ganglions lymphatiques. En cas de séropositivité, me dit-elle, les ganglions surtout sont très importants. À première vue, ils avaient l'air normaux, mais l'histopathologie dissiperait bientôt cette illusion. Quelques échantillons conservés dans du RNAlater furent envoyés à Beatrice Hahn. D'autres, plongés dans un bain de formol, furent expédiés à une pathologiste de Chicago. Les résultats tombèrent en même temps, balayant toutes les certitudes que l'on avait jusqu'alors. « On avait toujours dit que les chimpanzés infectés par le VIS ne développaient pas le sida. Avec Yolanda, il a fallu changer de paradigme. »

À Chicago, Karen Terio, l'anatomopathologiste à qui avaient été confiés les tissus de Yolanda, me décrivit avec précision ce qu'elle y avait trouvé. Vétérinaire de formation, Terio avait fait une des meilleures écoles du pays, avant de poursuivre ses études avec un doctorat d'anatomopathologie. Sa spécialité : les maladies transmises d'une espèce animale à l'autre. Nommée à l'université d'Illinois, elle avait été consultante pour le Lincoln Park Zoo, qui participe à un projet de surveillance sanitaire à Gombe. C'est dans ce cadre qu'elle a été amenée à analyser les tissus de Yolanda, notamment ses ganglions lymphatiques. Après avoir préparé les tissus et les avoir envoyés aux techniciens du labo pour qu'ils les fixent avec des colorants, elle entreprit d'examiner les lames. « Ce qui m'a tout de suite frappée, me dit-elle, c'est l'absence de lymphocytes. Déjà, rien que l'allure du premier ganglion était bizarre... » À sa demande, son chef vint jeter un coup d'œil au microscope. Lui aussi fut d'avis que quelque chose clochait. Elle passa alors un coup de fil à sa collègue Elizabeth Lonsdorf, du Lincoln Park Zoo, responsable des travaux sur les grands singes.

« On a un problème, lui dit Terio. Une guenon qui n'a pas de lymphocytes.

— Ça peut être ce à quoi je pense ?

— Oui. Lésions typiques d'un sida en phase terminale. »

Ensemble, elles appelèrent Beatrice Hahn. « Vous êtes sûres ? » Terio n'avait aucun doute, mais elle maila les photos de ses lames à tous les concernés, afin que chacun puisse juger par lui-même. Brandon Keele était dans la boucle. Dans la foulée, elle les envoya également à un de ses collaborateurs, expert en pathologie du système immunitaire des chimpanzés, afin qu'il affine le diagnostic. Tout le monde tomba d'accord. La femelle chimpanzé Yolanda, morte à l'âge de vingt-quatre ans, testée séropositive au VIS, avait succombé des suites d'une immunodéficience.

Karen Terio sortit les lames qu'elle avait montrées à Hahn et Lonsdorf, et me proposa de prendre place à ses côtés devant son énorme microscope binoculaire Olympus. Grâce à un curseur, elle pouvait promener sur le champ visuel une petite flèche rouge et la pointer où elle voulait. À titre de comparaison, elle me montra d'abord une section de ganglion lymphatique prélevée sur un chimpanzé normal, séronégatif. Il me sembla survoler une tourbière, comme on en voit sur Google Earth : une terre épaisse, riche, gonflée de sphaigne et de buissons d'airelles, avec tout juste çà et là de minuscules ruisseaux, quelques marécages. Coloré en magenta, le tissu était constellé de points d'un bleu foncé. Les points, m'expliqua Terio, sont des lymphocytes. Chez les individus bien portants, il y en a en abondance. Là où leur densité est particulièrement élevée, ils se regroupent en follicules, comme des bonbons en gelée tassés dans un sac. Elle pointa la flèche rouge sur un follicule.

Puis elle changea de lame, pour me montrer cette fois un bout de ganglion prélevé sur Yolanda. Ce n'était plus une tourbière que j'avais sous les yeux, mais un désert broussailleux, barré d'un large trait évoquant un cours d'eau à sec, bien longtemps après la dernière pluie. « Il ne reste quasiment que le tissu conjonctif », me dit-elle. En d'autres termes, l'enveloppe, vidée de son contenu. Sèche et vide.

« Il y a très, très peu de lymphocytes chez cet animal.

— Je vois ça.

— L'organe s'est, pour ainsi dire, effondré sur lui-même. Il n'y a plus rien à l'intérieur. »

La petite flèche rouge s'agitait sans but, perdue dans le désert. Pas de sphaigne, pas de follicules, pas de petit point bleu. J'imaginai ce qu'avait dû ressentir Karen Terio, en avril 2008, seule devant son microscope, à prendre en pleine figure ce démenti criant d'une illusion alors partagée par tous les chercheurs : celle d'un VIS_{cpz} non pathogène.

« Quand vous avez découvert ça…

— Je me suis dit : oh, non. »

106

La découverte de Terio, les données de terrain remontées de Gombe et les analyses effectuées par le laboratoire de Hahn furent réunies dans une publication qui parut dans *Nature* à l'été 2009. Brandon Keele en était le premier signataire, Beatrice Hahn la dernière. « Hausse de la mortalité et immunopathologie caractéristique du sida chez les chimpanzés sauvages porteurs de VIS_{cpz} », annonçait le titre. Pour moi, comme pour bien d'autres, c'est désormais « l'article de Gombe ». Sur la liste des coauteurs figuraient Karen Terio, son chef, Elizabeth Lonsdorf, Jane Raphael, deux supérieurs de Hahn, l'expert en pathologie cellulaire chez les primates, le directeur scientifique de Gombe, et enfin Jane Goodall elle-même.

« En gros, je ne pouvais pas refuser, me dit Jane. J'en ai d'abord longuement discuté avec Beatrice. Elle comptait publier l'article, de toute façon. » Parce qu'on ne peut aller contre le cours des choses et au nom de la science, le Dr Goodall signa donc.

Démentant l'abstract précédent de Keele, l'article concluait que, chez les chimpanzés de Gombe, l'infection au VIS_{cpz} pouvait être fatale. Sur les dix-huit sujets décédés au cours de l'étude, sept étaient séropositifs. Sachant que moins de 20 % de leur population l'était, et compte tenu du taux de mortalité habituel pour une tranche d'âge donnée, le risque de mourir était dix à seize fois supérieur pour un chimpanzé séropositif que pour un séronégatif. Le nombre total de morts restait certes modeste, mais ce chiffre était sans appel : dix à seize fois ! Les animaux infectés tombaient comme des mouches. Par ailleurs, on observait chez les femelles VIS-positives une baisse du taux de fécondité ainsi qu'une mortalité infantile plus élevée pour leurs petits. Enfin, trois des sujets autopsiés (parmi lesquels Yolanda, mais son nom n'était pas cité) présentaient les signes caractéristiques d'un sida en phase terminale, dont notamment la disparition des lymphocytes.

Avec une fermeté tempérée par les précautions d'usage, les auteurs suggéraient que « le VIS_{cpz} a un impact négatif conséquent sur la santé, la reproduction et la longévité des chimpanzés sauvages [30] ». Ce n'était pas un parasite inoffensif. C'était un tueur d'hominidés. Chimpanzés et humains étaient confrontés au même fléau.

107

RÉSUMONS CE QUI EST ACQUIS à ce stade. La pandémie de sida remonte à un événement unique et contingent, au cours duquel le sang d'un humain entra en contact avec celui d'un chimpanzé. Cet événement eut lieu dans le sud-est du Cameroun autour de 1908. Il eut pour conséquence la prolifération d'une souche spécifique du virus appelée aujourd'hui groupe M du VIH-1. Avant le Grand Saut, ce virus était probablement létal chez les chimpanzés ; après, il le fut à coup sûr chez l'homme. Du sud-est du Cameroun, il a descendu le cours de la Sangha, puis celui du Congo, pour arriver à Brazzaville et à Léopoldville. C'est de là qu'il s'est répandu à travers le monde.

De quelle façon ? Une fois à Léopoldville, le virus a profité d'un enchaînement de circonstances qui eût été impossible dans le bassin supérieur de la Sangha. Rappelons que ce virus était biologiquement différent à la fois du VIH-2 (puisqu'il s'était adapté à son nouvel hôte : le chimpanzé), et des groupes N et O (le hasard l'ayant conduit dans un environnement urbain). Qu'est-il advenu de lui à Léopoldville dans la première moitié du XXe siècle ? Sur ce point, on en est réduit à des conjectures. Une certitude : il y avait là une forte densité d'hôtes humains potentiels, une nette supériorité numérique des hommes sur les femmes et des mœurs sexuelles différentes de celles des villages, avec notamment la prostitution. Mais le surpeuplement et le sexe ne constituent pas des explications suffisantes. Le professeur de biologie canadien Jacques Pépin propose un scénario à la fois plus complexe et plus convaincant. Dans les années 1980, Pépin a travaillé pendant quatre ans dans un hôpital de brousse du Zaïre. Après divers articles, dont un intitulé « Objectifs nobles, conséquences imprévues », il publie en 2011 un livre, *Aux origines du sida*. Fort de son expérience sur le terrain, de son expertise dans le domaine de la microbiologie, et sur la base d'une enquête historique, il y suggère que le chaînon manquant entre le Chasseur et la pandémie pourrait être la seringue hypodermique.

Pas de celles que s'échangent les drogués lors de leurs séances de shoot collectives, non. Celles dont parle Pépin furent utilisées entre 1921 et 1959 par les autorités coloniales de santé, dans un souci de bien public, lors de campagnes régulières visant à traiter certaines maladies tropicales par des solutions injectables. Une action d'envergure fut notamment engagée contre la trypanosomiase, maladie provoquée par un petit protiste persistant, *Trypanosoma brucei*, et qui se transmet par les piqûres de mouches tsé-tsé. À cette époque, on la traitait par injections régulières de dérivés d'arsenic tels que la tryparsamide. Au Gabon et au Moyen-Congo (ancien nom de l'actuelle République du Congo), le protocole ne prévoyait pas moins de trente-six injections sur trois ans ! Des campagnes du même genre s'attaquaient à la syphilis, au pian. Pour le paludisme, on procédait à des injections de quinine. Quant aux lépreux, avant l'apparition des antibiotiques, ils étaient traités par séries d'injections d'extrait de chaulmoogra (une plante médicinale indienne), à raison de deux ou trois piqûres par semaine pendant un an. Au Congo belge, des « injecteurs » étaient rapidement formés aux gestes techniques avant d'être envoyés en équipes mobiles faire la tournée hebdomadaire des villages pour piquer les patients. La médecine venait de découvrir les soins par injections, on ne jurait plus que par ça. Tout le monde se faisait piquer.

Évidemment, en ce temps-là, la seringue jetable n'existait pas. C'est en 1848 qu'a été inventée la seringue hypodermique permettant d'effectuer des injections dans le muscle ou dans les veines. Jusqu'à la fin de la Première Guerre mondiale, la fabrication en était confiée à des artisans expérimentés. Aussi fragiles que coûteuses, ces seringues avaient vocation à être réutilisées, à l'instar de n'importe quel instrument médical de précision. Dans les années 1920, le processus se mécanisa, si bien qu'en 1930 leur production atteignait les deux millions d'unités dans le monde. S'il était désormais plus facile de s'en procurer, elles n'étaient pas pour autant un bien de consommation courante. En Afrique centrale, à l'époque, les praticiens tenaient à leurs seringues comme à la prunelle de leurs yeux et n'en possédaient que quelques-unes. Un célèbre médecin colonial français, Eugène Jamot, qui exerça de 1917 à 1919 à Oubangui-Chari, à l'est du bassin supérieur de la Sangha, traita cinq mille trois cent quarante-sept cas de trypanosomiase, avec en tout et pour tout six seringues. Ces séances d'injections à la chaîne ne laissaient guère le temps de faire bouillir seringue et aiguille entre deux patients. Avec pour seule documentation des sources lacunaires et des témoignages laconiques, difficile, aujourd'hui, de se faire une idée précise des précautions sanitaires en vigueur à l'époque. Toutefois, un médecin belge écrit en 1953 : « Le Congo est parsemé de formations médicales diverses – maternités, hôpitaux, dispensaires, etc. – où journellement des infirmiers indigènes pratiquent des dizaines et même des centaines d'injections, dans des conditions qui rendent la stérilisation de l'aiguille ou de la seringue après chaque emploi impossible[31]. » Il parle ici du risque de transmission accidentelle d'une l'hépatite alors non identifiée (la B) lors du traitement des maladies vénériennes. Mais son article peut être éclairant sur le sida, aussi Pépin le cite-t-il longuement :

« Le grand nombre de malades et la petite quantité de seringues mises à la disposition du personnel excluent la stérilisation des seringues à l'autoclave après chaque injection. Des seringues souillées sont simplement rincées, d'abord à l'eau, ensuite à l'alcool et à l'éther, et sont prêtes à un nouvel usage. La même façon d'agir existe dans toutes les formations où un petit nombre d'infirmiers est obligé de soigner un grand nombre de malades avec un matériel réduit. La seringue passe donc d'un malade à l'autre, tout en conservant, parfois, des petites quantités de sang contagieux, lesquelles quantités sont pourtant suffisantes pour transmettre la maladie [32]. »

Combien de patients sont passés par là ? Vraiment beaucoup. Les recherches diligentes de Pépin dans les archives coloniales l'amènent à des chiffres impressionnants. Entre 1927 et 1928, l'équipe d'Eugène Jamot au Cameroun a procédé à deux cent sept mille quatre-vingt-neuf injections de tryparsamide, plus environ un million d'injections d'atoxyl – autre dérivé d'arsenic utilisé contre la trypanosomiase. Rien qu'en 1937, en Afrique-Équatoriale française, l'armada de médecins, d'infirmières et d'injecteurs semi-professionnels effectua cinq cent quatre-vingt-huit mille quatre-vingt-six piqûres contre la trypanosomiase, et infiniment plus contre l'ensemble des autres maladies. Pour la seule trypanosomiase, Pépin arrive à un total de trois millions neuf cent mille injections, dont 74 % en intraveineuse. On ne saurait imaginer méthode plus efficace pour transmettre – sans le vouloir – un virus véhiculé par le sang.

Selon Pépin, cette pratique a pu contribuer à faire passer le taux de contamination au-delà d'un stade critique. Supposons que l'usage de seringues réutilisables ait infecté sept cents personnes. La contamination n'en reste évidemment pas là, elle s'étend forcément, ne fût-ce que par les relations sexuelles. Pour certains experts, dont Beatrice Hahn et Michael Worobey, il n'est pas nécessaire d'invoquer le scénario des seringues pour expliquer la diffusion du virus chez l'homme aux tout débuts de l'histoire du sida. Toutefois, ils admettent que ces campagnes d'injection ont pu jouer un rôle plus tard, quand il était déjà bien installé, en le répandant dans toute l'Afrique.

Jacques Pépin n'est pas l'inventeur de la théorie de la seringue. Celle-ci est apparue dix ans plus tôt, en 2000, lors du fameux congrès de la Royal Society sur l'origine du sida où le journaliste Edward Hooper défendit sa théorie OPV. Une équipe de chercheurs, parmi lesquels Preston Marx de l'université Rockefeller, émit l'idée que ces campagnes d'injections, en favorisant la transmission du VIH, avaient sûrement accéléré l'évolution du virus et son adaptation à son hôte humain. De même, ajoutait Marx, la transmission du paludisme à cent soixante-dix patients syphilitiques avait sans doute accru la virulence du *Plasmodium knowlesi*. Pépin reprend le fil de l'argumentation là où Preston Marx l'a laissé – quoique en insistant moins sur l'évolution rapide du virus comme conséquence possible d'une transmission en série. Il se contente de dire qu'un large usage d'aiguilles non désinfectées a certainement contribué à accroître la prévalence du virus en Afrique centrale. Contrairement à la théorie OPV, la thèse de Pépin n'a pas été infirmée par la suite, et les preuves nouvelles qu'il a tirées de l'examen des archives la rendent fort plausible, à défaut d'être vérifiable.

La mouche tsé-tsé préférant les vraies jungles aux jungles urbaines, la plupart des campagnes d'injections contre la trypanosomiase ne concernaient pas les villes. Dès lors, une question se pose : cette frénésie d'injections a-t-elle aussi impacté Léopoldville, cœur de l'infection par le VIH ? La réponse qu'apporte Pépin est à la fois inattendue, intéressante et convaincante. Oublions la trypanosomiase. Deux autres maladies, qui ciblent quant à elles les populations urbaines, firent l'objet de campagnes tout aussi musclées : la syphilis et la gonorrhée.

En 1929, la Croix-Rouge congolaise fonda le Dispensaire antivénérien, destiné aux patients des deux sexes souffrant de maladies vénériennes. Situé dans un quartier à l'est de Léopoldville, au bord du fleuve, l'établissement, quoique privé, dispensait un service public. Le règlement exigeait que tout migrant de sexe masculin arrivant dans la ville passe se faire dépister au dispensaire. Par ailleurs, toute personne présentant des symptômes pouvait s'y rendre et s'y faire soigner gratuitement, mais l'enquête de Pépin montre qu'il s'agissait surtout de « femmes libres », obligées par la loi à se faire dépister chaque mois [33]. Si le gouvernement colonial tolérait la prostitution, la sachant inévitable, au moins entendait-il que ce commerce se fît proprement.

Le patient dépisté positif pour la syphilis ou la gonorrhée était aussitôt pris en charge. Cependant, le test était imprécis. Il suffisait d'avoir un jour souffert du pian (une maladie provoquée par une bactérie très proche de celle de la syphilis, mais non sexuellement transmissible) pour être positif et déclaré syphilitique. Il fallait alors se soumettre à un long traitement à base d'arsenic ou de bismuth. Parfois, on croyait déceler des gonocoques dans une flore vaginale en vérité très saine. Les femmes ainsi diagnostiquées recevaient une injection de vaccin contre la typhoïde, parfois de Gono-Yatren, voire… de lait – Jacques Pépin lui-même en reste perplexe. Pendant les années 1930 et 1940, le Dispensaire antivénérien administra plus de soixante-quatorze mille injections par an, la plupart en intraveineuse. Avec la hausse de l'immigration consécutive à la Seconde Guerre mondiale, ce chiffre s'éleva encore. Aux remèdes de bonne femme et autres métaux succédèrent la pénicilline et la streptomycine, dont l'effet plus prolongé permettait de diminuer le rythme des piqûres. Un pic fut atteint en 1953 avec quelque cent quarante-six mille huit cents injections, soit environ quatre cents par jour. La plupart des bénéficiaires de ces injections étaient des femmes libres – ou professionnelles du sexe, ou dames vivant de leurs charmes… Qu'on les appelle comme on voudra, le fait est qu'elles avaient pléthore de clients. L'une arrivait, l'autre sortait, on rinçait la seringue et on piquait. En ces temps, le VIH-1 était déjà là.

L'échantillon sanguin dont provient la séquence ZR59 fut prélevé six ans après ce pic de 1953. Un an plus tard, c'était au tour du RDC60. Le virus avait eu le temps de se propager et de se diversifier. Il circulait un peu partout. L'un des deux patients, ou peut-être les deux, avait-il rendu visite au Dispensaire antivénérien ? On ne le saura jamais. Mais si ce n'est pas le cas, sans doute avaient-ils côtoyé de très près une personne qui était passée par là…

108

À PARTIR DE CETTE DATE, l'histoire change de dimension. Longtemps cantonnée à un lieu unique, Léopoldville, elle explose littéralement dans toutes les directions, telle une supernova. Il serait vain de vouloir explorer toutes les pistes, dix livres n'y suffiraient pas, et d'ailleurs tel n'est pas mon propos. Je me contenterai de dresser à grands traits le schéma général, avec un zoom rapide sur un épisode tristement célèbre.

Pendant la longue période où il se répandait à bas bruit dans la ville de Léopoldville, le virus ne cessa de muter (sans doute aussi de se recombiner, les virions s'échangeant de larges portions de génome). D'une erreur de copie à l'autre, il se diversifiait. Les mutations étaient, pour la plupart, fatales au mutant. Mais sur les milliards de virus qui se répliquaient, le hasard produisait parfois quelques variantes viables. Plus il y a de virions, plus il y a de mutations. Plus il y a de mutations, plus la diversité s'accroît. Pratiquées au Dispensaire vénérien ou ailleurs, les campagnes d'injections ont sans doute amplifié ce phénomène en répandant le virus dans la population à un rythme soutenu.

Le groupe M du VIH-1 se subdivisa en neuf grands sous-types désignés par des lettres : A, B, C, D, F, G, H, J et K – à ne pas confondre avec les huit groupes du VIH-2, eux aussi nommés par des lettres de A à H. Manquent le E et le I, peu importe pourquoi – ces noms furent donnés au fil des besoins, sans plan d'ensemble prédéfini, d'où l'agrégat disparate obtenu à la fin. Les années passant, la population de Léopoldville s'accroissant et les voyages se développant, les virus de ces neuf sous-types sortirent de la ville pour irradier dans toute l'Afrique et dans le monde entier. Certains prirent l'avion, d'autres empruntèrent des moyens de transport moins sophistiqués : bus, bateau, train, vélo, auto-stop dans un camion traversant le continent. Ou simplement la marche à pied. Le sous-type A s'établit en Afrique de l'Est, transitant sans doute par Kisangani, à mi-chemin entre Léopoldville et Nairobi. Le sous-type C colonisa l'Afrique du Sud, probablement via Lubumbashi, au sud-est du Congo. Traversant la Zambie, où il infecta au passage les ouvriers des mines et les prostituées, il se répandit en Afrique du Sud, au Mozambique, au Lesotho et au Swaziland. De là, il poursuivit sa route jusqu'en Inde, profitant de voies d'échanges aussi vieilles que l'Empire colonial anglais, sans pour autant bouder l'Afrique de l'Est. Le sous-type D prit ses quartiers auprès de ses cousins A et C dans les pays d'Afrique de l'Est, à l'exception de l'Éthiopie qui resta un quasi-monopole du C. Le G s'implanta en Afrique de l'Ouest. Quant aux sous-types H, J et K, ils se limitèrent pour l'essentiel à l'Afrique centrale, de l'Angola à la République centrafricaine. Partout, passé la période de latence entre la contamination et le moment où la maladie se déclare, les gens se mirent à mourir.

Reste le sous-type B.

C'est aux alentours de 1966 que le B traversa l'Atlantique pour arriver en Haïti. On ne sait à quelle occasion, et sans doute ne le saura-t-on jamais. Toutefois, Jacques Pépin a rapporté de sa plongée dans les archives des éléments nouveaux corroborant un vieux scénario qui semble assez plausible. Lorsque le gouvernement belge, sous la pression ferme de Patrice Lumumba et de son mouvement, abandonna brutalement sa colonie africaine, le 30 juin 1960, des dizaines de milliers d'expatriés belges se sentirent soudain de trop dans la nouvelle république. Fonctionnaires, enseignants, médecins, infirmières, experts techniques et chefs d'entreprise, toute la classe moyenne prit son billet de retour pour la mère patrie, s'entassant dans des avions à destination de Bruxelles. Leur départ laissa un grand vide. Les Belges s'étant bien gardés d'assurer la formation de leurs sujets autochtones, il n'y avait pas un seul médecin congolais, à peine quelques professeurs… Le pays avait besoin d'aide, de toute urgence. L'OMS répondit présent en envoyant des médecins, et l'Unesco recruta des personnes compétentes afin de répondre aux autres besoins : enseignants, juristes, agronomes, administrateurs des postes, bureaucrates, techniciens, etc. Nombre de ces recrues venaient de Haïti. Rien que de très naturel : les Haïtiens parlaient français, comme les Congolais ; leurs racines étaient africaines ; ils avaient souvent de l'instruction, mais sous la dictature de Papa Doc Duvalier, celle-ci ne leur profitait guère.

Pendant la première année de l'indépendance, la moitié des enseignants envoyés par l'Unesco étaient des Haïtiens. Selon une source, un millier d'entre eux travaillaient au Congo en 1963. Une autre source évalue à quatre mille cinq cents le nombre d'Haïtiens venus prendre du service au Congo dans les années 1960. Il ne reste aucune trace de papiers officiels confirmant ce chiffre mais on sait que ces Haïtiens étaient nombreux, de l'ordre de plusieurs milliers. Certains partaient avec leur famille, d'autres pas. Il y a fort à parier que peu d'hommes restèrent célibataires. La plupart avaient sûrement une petite amie, ou fréquentaient des « femmes libres ». Pendant quelques années, ce fut la belle vie. Puis le Congo prit en main l'instruction de son peuple, notamment à partir de 1965, quand Joseph Désiré Mobutu arriva au pouvoir. Peu à peu, les Haïtiens devinrent moins nécessaires et cessèrent d'être les bienvenus. Ils ne le furent plus du tout à partir de 1970, quand le président se rebaptisa Mobutu Sese Seko, changea le nom de son pays en Zaïre et entama sa politique de zaïrianisation. Au cours de ces années, la plupart des Haïtiens rentrèrent chez eux. L'heure de gloire des frères de couleur américains était passée.

Parmi tous ces rapatriés, et probablement parmi les plus précoces, l'un était sans doute porteur du VIH-1. Ou plus exactement : quelqu'un rapporta avec lui en Haïti, outre ses souvenirs du Congo, le sous-type B du groupe M du VIH-1.

On devine aisément comment finit l'histoire, mais les détours qu'elle emprunta sont plus inattendus. Les recherches de Jacques Pépin apportent un nouvel éclairage sur la façon dont le virus put se répandre si largement en Haïti, puis en dehors, entre la fin des années 1960 et le début des années 1970. Car c'est un fait : à partir d'un unique séropositif en 1966, le virus se propagea à toute allure dans la population haïtienne. La preuve en fut donnée par la suite, grâce à cinq cent trente-trois jeunes mères d'un bidonville de Port-au-Prince qui, en 1982, participèrent à une étude sur la rougeole menée par une clinique pédiatrique locale. Quelques années plus tard, en pratiquant sur ces échantillons un test de dépistage du VIH, on s'aperçut que 7,8 % de ces femmes étaient séropositives. Un taux étonnamment élevé pour un virus arrivé si récemment. D'où l'idée de Pépin que, pendant ces années, il y eut forcément en Haïti « un mécanisme d'amplification très efficace [34] » – beaucoup plus que le sexe. Le trafic de plasma sanguin lui apparut comme un excellent candidat.

Le plasma sanguin (ce qui reste du sang une fois retirées toutes ses cellules) est très recherché pour les anticorps, l'albumine et les facteurs de coagulation qu'il contient. Dans les années 1970, la demande grimpa en flèche, si bien que pour la satisfaire une nouvelle technique fut mise au point : la plasmaphérèse*. Elle consiste à prélever le sang d'un donneur, à séparer les cellules du plasma grâce à un filtre ou une centrifugeuse, puis à restituer ses cellules au donneur pour ne conserver que le plasma obtenu. Cette méthode présente l'avantage de permettre aux donneurs – ou aux vendeurs, le dédommagement versé constituant souvent l'unique motivation – de se faire prélever du sang plusieurs fois dans l'année. Aucun risque d'anémie en donnant son plasma : on peut rentrer chez soi et revenir la semaine d'après. Mais elle présente aussi une faille colossale, alors insoupçonnée : le sang de myriades de donneurs passe par la machine à plasmaphérèse. Or, cette machine ne filtre pas les virus transmissibles par le sang.

C'est ainsi qu'au Mexique, au milieu des années 1980, des centaines de donneurs de plasma rémunérés furent infectés par le

VIH-1. En Chine, il y en eut deux cent cinquante mille. Et selon Jacques Pépin, la même chose se produisit en Haïti.

Pépin a retrouvé à Port-au-Prince des comptes rendus du centre de plasmaphérèse Hemo-Caribbean, un organisme privé qui fit des affaires florissantes en 1971 et 1972. Son propriétaire était un investisseur américain basé à Miami, Joseph B. Gorinstein, proche du ministre de l'Intérieur haïtien. Les donneurs étaient payés trois dollars le litre. L'examen médical préalable auquel ils étaient soumis n'incluait naturellement pas le dépistage du VIH. À l'époque, le virus n'avait pas encore de nom, il n'était pas un fléau mondial. Il menait tranquillement sa petite vie de virus dans le sang. Selon un article paru dans le *New York Times* le 28 janvier 1972, Hemo-Caribbean exportait alors aux États-Unis entre cinq et six mille litres par mois de plasma sanguin congelé. Ce plasma était ensuite commercialisé par des compagnies américaines pour des usages variés tels que les transfusions, les piqûres contre le tétanos. M. Gorinstein n'a jamais souhaité répondre aux questions.

À la mort de Papa Doc, en 1971, son fils Jean-Claude (Bébé Doc) Duvalier lui avait succédé. Contrarié par l'article du *New York Times*, Bébé Doc ordonna la fermeture du centre de plasmaphérèse – l'Église catholique haïtienne condamnait en effet le trafic de plasma. Hormis cet épisode, il fut peu question d'Hemo-Caribbean. Personne n'avait encore idée des ravages que peut provoquer la contamination par les dérivés du sang. Même dix ans plus tard, lorsque le *MMWR* des CDC évoqua le mystérieux syndrome d'immunodéficience frappant tout particulièrement les Haïtiens, il n'y fit aucune allusion. Pas plus que Randy Shilts dans *And The Band Played On*. Dans les années qui précèdent la parution du livre de Jacques Pépin, je n'ai souvenir d'avoir entendu parler du plasma sanguin des Haïtiens qu'à une seule occasion : lors de ma conversation avec Michael Worobey, à Tucson. Peu avant de publier son article sur le RDC60 et le ZR59, Worobey avait cosigné un autre papier important proposant une datation précise de l'arrivée du VIH-1 aux États-Unis. Le premier signataire en était Tom Gilbert, un postdoc du labo de Worobey, lequel figurait en dernière position comme superviseur de l'ensemble. Se fondant sur l'analyse de fragments viraux présents dans des échantillons sanguins archivés, l'article situait l'arrivée du VIH-1 aux alentours de 1966. Il parut dans les *Proceedings of the National Academy of Sciences*. Peu de temps après, Worobey reçut un mail étrange d'un inconnu. Son auteur n'était pas scientifique, il avait eu vent de l'affaire en lisant les journaux ou en écoutant la radio. « Je crois qu'il était de Miami, se souvint Worobey. Il disait travailler dans un aéroport impliqué dans le trafic de plasma sanguin. » L'homme savait des choses, qui le hantaient peut-être, et qu'il voulait partager. Son mail parlait d'avions transportant dans leur soute des cargaisons de sang.

109

LE VIRUS EFFECTUA ENSUITE un nouveau bond, aussi dérisoire par sa longueur que gigantesque par ses conséquences. Port-au-Prince est à mille kilomètres de Miami. Un vol de quatre-vingt-dix minutes.

Pour mener à bien l'étude évoquée plus haut, Tom Gilbert avait besoin d'échantillons anciens. Worobey se souvint alors d'une étude publiée vingt ans plus tôt, où il était question de l'immunodéficience chez les immigrants haïtiens. Son auteur, Arthur E. Pitchenik, médecin au Jackson Memorial Hospital de Miami et spécialiste de la tuberculose, avait observé chez des patients haïtiens, au début des années 1980, un nombre anormalement élevé de cas de tuberculose et de pneumocystose*. Les Haïtiens pourraient-ils constituer un groupe à risque pour le nouveau syndrome d'immunodéficience ? se demanda Pitchenik, qui alerta aussitôt les CDC. Avec son équipe, il préleva le sang de ses patients et le passa à la centrifugeuse pour observer leurs lymphocytes. Pensant à la recherche future, il prit le soin d'en congeler quelques échantillons – une excellente initiative, même si, pendant longtemps, personne ne s'y intéressa. Vingt ans plus tard, Pitchenik reçut un appel de Michael Worobey, de Tucson. Il ne se fit pas prier pour envoyer à son confrère ce qu'il lui demandait.

C'est ainsi que le laboratoire de Worobey reçut six tubes de cellules congelées. Tom Gilbert s'empressa d'amplifier les fragments viraux de cinq d'entre elles. Leur séquençage permit d'identifier une nouvelle branche de l'arbre généalogique du VIH – comme le fit par la suite Worobey pour le RDC60 et le ZR59, et comme l'équipe de Beatrice Hahn le faisait au même moment pour le VIS_{cpz}. De la pure phylogénétique moléculaire. En l'occurrence, le schéma obtenu décrivait le sous-type B du groupe M du VIH-1. Les branches principales représentaient le virus haïtien. L'une d'elles donnait naissance à un si grand nombre de petites ramifications qu'il était impossible de dessiner précisément leur maillage. Aussi n'apparut-elle sur la figure définitive que sous la forme d'un gros cône, avec à l'intérieur une liste de noms corrélés aux pays où s'était propagé le sous-type B après avoir transité par Haïti : États-Unis, Canada, Argentine, Colombie, Brésil, Équateur, Pays-Bas, France, Royaume-Uni, Allemagne, Estonie, Corée du Sud, Japon, Thaïlande et Australie. C'était la carte du VIH mondialisé.

L'analyse des données révélait en outre un fait étonnant : il avait suffi d'une migration unique pour que le virus s'installe aux États-Unis – un individu infecté, peut-être, ou un container de plasma. Ce regrettable événement s'était produit en 1969, avec une marge d'erreur de trois ans.

Pendant une bonne dizaine d'années, le virus passa totalement inaperçu. Il mit ces dix ans à profit pour infiltrer progressivement divers réseaux, dont certains lui offraient un boulevard. Les transfusions sanguines le propulsèrent chez les hémophiles. Les échanges de seringue, chez les usagers de drogue. Les contacts sexuels, chez les homosexuels masculins, dont les pratiques amoureuses lui offraient un terrain privilégié qui lui permit de faire des ravages. Qui sait, peut-être tout a-t-il commencé par une nuit d'amour entre un Américain et un Haïtien ?

Ce n'était plus un virus de chimpanzé. Il n'avait pas seulement trouvé un nouvel hôte, il s'était adapté à lui avec un succès remarquable. Oubliées, les longues années à végéter chez les primates ! Il avait changé d'horizons.

Tranquillement, il circula d'un individu à l'autre. Personne ne savait. Les symptômes mettaient du temps avant d'apparaître, la mort n'intervenait qu'au bout de plusieurs années. Contrairement à Ebola et à Marburg, le VIH est un virus patient, plus patient même que celui de la rage, mais tout aussi létal. Un homme infecté le transmit à Gaetan Dugas. Un autre, à Randy Shilts. Un autre enfin, à ce jeune homme de Los Angeles âgé de trente-trois ans qui, pour soigner sa pneumonie et le champignon infectant sa bouche, vint un jour frapper à la porte du Dr Michael Gottlieb…

IX

Tout dépendra…

110

POUR TERMINER, J'AIMERAIS VOUS RACONTER une petite histoire de chenilles. Quel rapport, me direz-vous, avec les zoonoses, leur origine, le danger qu'elles représentent ? À première vue, aucun. Et pourtant…

L'histoire débute en 1993. Cette année-là, dans ma petite ville du Montana, l'automne était arrivé tôt – Dieu sait pourtant qu'il est déjà précoce dans ces vallées de l'ouest où des vents froids commencent à souffler dès la mi-août. Chez nous, les peupliers jaunissent peu après le Labor Day [a], et les premières grosses chutes de neige coïncident avec Halloween. Or, nous n'étions qu'au mois de juin, et déjà les arbres étaient déplumés. En mai, les bourgeons avaient donné de belles feuilles bien vertes ; un mois plus tard, elles avaient disparu. La saison n'y était pour rien. Les feuilles n'avaient pas changé de couleur, elles n'étaient pas tombées, répandant dans la ville leur parfum automnal. Elles avaient été dévorées.

Telle une plaie d'Égypte, une cohorte immonde de larves poilues s'était soudain matérialisée, nettoyant les arbres de leur feuillage. Ces mangeuses voraces portent en latin le nom de *Malacosoma disstria* mais, à l'époque, nous étions peu nombreux à le connaître.

« Chenilles à tente ! », lisait-on dans la gazette locale. « Chenilles à tente ! », répétaient les jardiniers de nos parcs et les techniciens agricoles du comté, harcelés de coups de fil par nos concitoyens affolés. « Chenilles à tente ! » psalmodiait la radio. On ne parlait plus que de ça. Dans l'affolement général, nul ne songeait à objecter

a. Aux États-Unis, la fête du travail a lieu le 7 septembre.

que ces chenilles-là ne construisent pas l'ombre d'une tente. Elles se contentent de se déplacer en gigantesques processions, tels les gnous du Serengeti. C'est une de leurs proches cousines, *Malacosoma californicum*, qui fabrique des cocons de soie semblables à des tentes – d'où son nom. Les nôtres étaient en vérité des « Livrées des forêts ». Mais nous n'avions que faire de ces subtilités entomologiques. Nous voulions juste savoir comment nous débarrasser de ces saletés avant qu'elles n'aient dévoré jusqu'aux racines nos arbres bien-aimés.

Le spectacle était pitoyable. À quelques rares exceptions près, les arbres étaient intégralement dépouillés, notamment ces ormes et ces frênes séculaires qui déploient leurs amples ramures au-dessus de nos rues. Tout allait très vite. Pour l'essentiel, leurs ripailles se déroulaient en plein jour, jusqu'en début de soirée. Mais à la tombée de la nuit, quand nous déambulions sous les arbres dans la douceur de juin, nous entendions encore un discret crépitement, comme un buisson qui flambe dans le lointain – le bruit de leurs excréments chutant sur les feuilles. Le lendemain matin, nous découvrions nos trottoirs jonchés de crottes minuscules ressemblant à des graines de pavot. Parfois, une chenille solitaire descendue en rappel venait nous narguer en se balançant sous notre nez au bout d'un fil de soie. Lorsque tombait une bruine frisquette, on les voyait s'agglutiner frileusement en haut des troncs ou aux fourches des branches en gros tas pelucheux et gris, tels des bœufs musqués affrontant une tempête en Arctique. Partait-on en week-end, laissant derrière soi un jardin pimpant avec son gazon fraîchement tondu ? On retrouvait le dimanche soir des arbres nus comme la main. Armés de pulvérisateurs, nous passions notre temps au sommet des échelles à asperger ces satanées chenilles d'une mixture à base de liquide vaisselle, de bactéries et de molécules chimiques aux noms impossibles. Mais les experts en jardinage qui nous suggéraient ces remèdes n'en savaient guère plus que nous. Au mieux le résultat s'avérait dérisoire, au pire nous n'arrivions qu'à nous intoxiquer. Les chenilles continuaient de s'empiffrer. Pour préserver de leur assaut les arbres encore intacts, nous répandions autour des troncs des produits répugnants censés les dissuader de passer. J'ai vu ma voisine tenter de sauver ses deux ormes géants en appliquant sur leurs troncs, à mi-hauteur, une ceinture de glu – à l'époque, je l'avoue, l'idée me sembla astucieuse. Ça n'avait en fait aucun sens, une chenille à tente passant l'intégralité de sa vie de larve sur l'arbre où elle a été pondue – je l'ai appris depuis. Mais c'est dire le degré de notre désespoir. Avec tous ces efforts, nous n'avons jamais attrapé ne fût-ce qu'une chenille. Elles continuaient d'affluer, Dieu sait comment.

En vérité, elles étaient beaucoup trop nombreuses, et l'invasion poursuivit donc son cours, inexorablement. Quelques-unes, parfois, s'aventuraient sur les trottoirs ; nous les écrasions d'un talon vengeur. Peine perdue : elles mangeaient, grossissaient, muaient, et grossissaient encore, circulant sur les branches de nos arbres comme sur des batavias ou des céleris.

Enfin, le festin s'arrêta. Elles s'étaient goinfrées au-delà de leurs limites, leur enfance de larves était terminée. L'heure de la puberté avait sonné. S'enroulant dans des feuilles autour desquelles elles tissaient des cocons, elles s'accordèrent un court répit, préparant leur métamorphose en petits papillons bruns. Le crépitement s'arrêta, et la cime de nos arbres, ou ce qu'il en restait, redevint silencieuse. Mais cette répugnante armada n'en restait pas moins tapie au-dessus de nos têtes, tel un nuage invisible pesant sur notre avenir.

En écologie, de tels événements portent un nom : épidémie.

On parle d'épidémie quand la population d'une espèce particulière – pas seulement un microbe ou un virus – se met à proliférer de façon soudaine. Ce phénomène ne concerne que certaines espèces. On le rencontre chez les lemmings – pas chez les loutres. Chez certains types de sauterelles, de souris, d'étoiles de mer – et chez les autres, non. Une épidémie de pics-verts est hautement improbable ; de carcajous, aussi. L'ordre des lépidoptères (mites, phalènes, papillons) compte dans ses rangs quelques grands champions de l'épidémie : outre les chenilles à tente et autres chenilles processionnaires, citons la spongieuse, la chenille à houppe, la tordeuse grise du mélèze… Mais ils font figure d'exception, même pour les lépidoptères. Dans 98 % des espèces de papillons vivant dans nos forêts, la population se maintient à un niveau stable, avec une densité peu élevée. Les épidémies ne concernent qu'un pourcentage infime d'entre elles – 2 %. D'où vient la propension d'une espèce à l'épidémie ? C'est aujourd'hui encore un casse-tête pour les scientifiques.

Il y a quelques années, l'entomologiste Alan A. Berryman publia un article intitulé : « Théorie et classification des épidémies ». Le texte s'ouvre sur une définition de base : « Du point de vue de l'écologie, une épidémie désigne l'augmentation spectaculaire des effectifs d'une espèce particulière, dans un laps de temps relativement bref. Selon cette acception, poursuit-il benoîtement, l'épidémie la plus notable qu'ait connue la planète Terre est celle de l'espèce *Homo sapiens* [1]. » Allusion au taux de croissance de la population humaine, notamment depuis deux siècles... La remarque se veut évidemment provocatrice.

Mais les chiffres sont là. Lorsque Berryman écrit son article, en 1987, la population mondiale s'élève à cinq milliards d'habitants. Depuis l'invention de l'agriculture, elle a augmenté d'un facteur 333. Depuis la peste noire, elle s'est multipliée par 14 ; depuis la naissance de Darwin, par 5 ; et depuis celle de Berryman, elle a doublé. Sur un graphique, cette courbe de croissance ressemble à la face ouest d'El Capitan. Entre l'apparition de notre espèce, il y a environ deux cent mille ans, et l'année 1804, la population humaine a atteint le milliard. En 1960, elle en était à trois. Depuis, elle augmente d'un milliard tous les treize ans. En octobre 2011, nous franchissions pied au plancher le cap des sept milliards, avec la même insouciance qu'un automobiliste dépassant un panneau « Bienvenue au Texas » sur l'autoroute. En termes d'« augmentation spectaculaire dans un laps de temps relativement bref », difficile de faire mieux. Depuis ces dernières décennies, ce taux de croissance diminue, il est vrai, mais il reste au-dessus de 1 %. Ce qui veut dire soixante-dix millions d'individus de plus par an.

Dans toute l'histoire des mammifères, et même celle des vertébrés, nous sommes un cas unique. Les fossiles en témoignent, aucune espèce de grand animal – c'est-à-dire plus grand qu'une fourmi, ou que le krill de l'Antarctique – n'a jamais atteint le niveau de population de l'espèce humaine aujourd'hui. Notre poids cumulé s'élève à trois cent soixante-quinze millions de tonnes. Il n'y a guère que l'ensemble de *toutes les espèces* de fourmis, ou de krills, pour battre ce record. Or l'homme n'est qu'*une* espèce particulière de mammifère. Tout est démesuré, chez nous : taille, population, poids cumulé. Le biologiste et myrmécologue Edward O. Wilson lui-même en prend acte : « Quand *Homo sapiens* a franchi le cap des six milliards d'individus, sa biomasse était déjà plus de cent fois supérieure à celle de n'importe quelle autre espèce de grand animal ayant jamais vécu sur Terre[2]. »

Certes, Wilson ne prend ici en compte que les animaux sauvages. Il n'inclut pas le bétail, comme les bovins (*Bos taurus*), dont la population s'élève à l'heure actuelle à un milliard trois cents millions. Nous ne sommes, il est vrai, que cinq fois plus nombreux que nos vaches et nos bœufs – et sans doute un peu moins lourds en poids cumulé, un humain pesant beaucoup moins qu'une vache. Mais ces cinq cents millions de tonnes de bêtes à cornes entassées dans des parcs d'engraissement ou dans des pâturages ne sont là que par et pour nous. Elles n'attestent que de notre appétit – un appétit de gloutons. L'humain est un monstre, un phénomène unique dans l'histoire. Aucune espèce de primate n'a jamais pesé aussi lourd sur la planète. En termes écologiques, nous relevons du paradoxe : notre corpulence et notre longévité n'ont d'égale que notre abondance. Nous sommes une épidémie.

111

TOUTE ÉPIDÉMIE A UNE FIN. Celle-ci peut se déclarer très vite, ou après des années ; être progressive, ou survenir d'un coup. Il arrive aussi qu'une épidémie s'arrête, puis reprenne, puis s'arrête à nouveau, comme si elle s'inscrivait dans un schéma régulier. Chez les chenilles à tente comme chez bien d'autres lépidoptères des forêts, elle disparaît aussi vite qu'elle est apparue, avant de reprendre plus tard, après un délai de cinq à onze ans. La Colombie-Britannique subit ainsi depuis 1936 une épidémie régulière de chenilles à tente. Leur fin, particulièrement spectaculaire, est longtemps restée un mystère. Comment expliquer un effondrement à la fois aussi brutal et aussi récurrent ? Une maladie infectieuse est une hypothèse plausible. De fait, il s'avère que, souvent, c'est aux virus que revient le rôle d'extincteurs dans les épidémies ravageant nos forêts.

Revenons à 1993. Lorsque l'épidémie de chenilles s'abattit sur ma ville, je m'intéressai au sujet, menant quelques recherches. J'étais intrigué qu'une bestiole comme la Livrée des forêts, au répertoire comportemental très réduit et aux tactiques d'adaptation immuables, puisse se multiplier de façon aussi stupéfiante pendant un ou deux étés, puis disparaître l'été d'après. Dans un environnement demeurant inchangé, une espèce passe soudain du succès phénoménal à l'échec absolu. Pourquoi ? À cause des variations météorologiques ? Non. D'un manque de nourriture ? Encore moins. J'ai appelé le service compétent du comté, mitraillé mon interlocuteur de questions. « Personne n'est capable de dire pourquoi ça se répand et pourquoi ça disparaît, me dit-il. Ça se passe comme ça, c'est tout. »

Cette réponse peu convaincante me laissant sur ma faim, je me suis plongé dans la littérature entomologique. C'est ainsi que je suis tombé sur une dénommée Judith H. Myers, professeur à l'université de Colombie-Britannique. Outre divers articles sur les chenilles à tente, Myers a publié une synthèse sur les épidémies d'insectes. Elle y propose une explication à ce mystère. Certes, dit-elle, les variations de population résultent d'une multiplicité de facteurs. Toutefois, dans le cas des schémas cycliques, « il doit nécessairement y avoir un facteur dominant facile à identifier et à quantifier. Jusqu'à présent, curieusement, il nous a toujours échappé [3] ». Mais, ajoute-t-elle, les écologues semblent aujourd'hui tenir un suspect. Les virus de la polyédrose nucléaire*, alias VPN, pourraient bien être « le facteur dominant régissant les cycles d'épidémies de lépidoptères des forêts » qu'on recherche depuis si longtemps. Les études ont en effet montré que les VPN ont élu pour hôtes de leurs propres épidémies des populations de lépidoptères, provoquant chez diverses espèces d'insectes des ravages comparables à ceux de la pire des pestes noires.

Pendant plusieurs années, je n'y ai pas davantage réfléchi. Dans notre ville, l'épidémie de chenilles à tente s'éteignit vite, en 1993. L'été suivant se passa tranquillement, sans l'ombre d'une larve poilue à l'horizon. Je n'ai repensé à tout cela que bien longtemps après, alors que j'assistais à Athens (Géorgie), pour les besoins de ce livre, à un congrès scientifique sur l'écologie et l'évolution des maladies infectieuses. Les plus grands spécialistes et théoriciens des zoonoses y étaient réunis. Il y eut une communication sur le virus Hendra et son émergence chez les roussettes, une autre sur la transmission de la variole du singe à l'humain, quatre tables rondes sur la grippe… Mais la deuxième matinée me réservait une surprise. Alors que j'attendais tranquillement sur mon siège, surgit sur scène une sorte de farfadet agité qui se mit à débiter sans notes, à une cadence de mitraillette, un exposé brillantissime sur les épidémies d'insectes – et sur les maladies qui les anéantissent. C'était Greg Dwyer, mathématicien écologue à l'université de Chicago. Je fus aussitôt captivé.

« Vous n'avez sans doute jamais entendu parler des virus de la polyédrose nucléaire », attaqua Dwyer. Grâce à Judith H. Myers et aux chenilles à tente, le nom m'était familier. Dwyer entreprit de décrire l'effet dévastateur des VPN sur les épidémies de lépidoptères des forêts, en particulier chez la spongieuse (*Lymantria dispar*), une chenille brune dont il est spécialiste – il étudie depuis vingt ans leurs cycles d'épidémies et d'extinctions. Lorsque la larve de spongieuse est infectée par le VPN, nous dit-il, la plupart du temps elle « se liquéfie ». « Liquéfie », écrivis-je en gros sur mon bloc. J'ajoutai cette citation : « Les épizooties touchent surtout les populations à forte densité. » Après d'autres remarques d'ordre général, il passa aux modèles mathématiques. Je parvins à l'intercepter lors de la pause-café et lui demandai s'il m'accorderait un moment pour discuter un peu du destin des chenilles et de l'éventualité d'une pandémie humaine. Avec plaisir, répondit-il.

112

DEUX ANNÉES S'ÉCOULÈRENT avant que mon agenda ne me laisse le loisir d'appeler Greg Dwyer à l'université de Chicago. Il me reçut au rez-de-chaussée du bâtiment des sciences biologiques, dans son bureau plaisamment décoré d'un fouillis de posters et de dessins humoristiques, avec un long tableau blanc courant sur tout un pan de mur. Malgré ses cinquante ans, Dwyer fait très jeune. N'était sa barbe grisonnante, on le prendrait pour un petit thésard sympathique, avec ses lunettes rondes à monture d'écaille et son T-shirt noir orné d'une équation intégrale parfaitement imbitable. On y lisait, écrit en capitales au-dessus de l'équation : QU'EST-CE QUE VOUS NE COMPRENEZ PAS LÀ-DEDANS ? Dwyer me précisa obligeamment qu'il s'agissait d'une des équations de Maxwell, réputée pour être si absconse que bien des mathématiciens sont même incapables de la reconnaître.

Très vite, Dwyer sauta de son fauteuil pour se camper devant le tableau blanc où il se mit à griffonner. Je me levai pour le rejoindre. Après avoir tracé un axe de coordonnées, avec en abscisse le nombre d'œufs de spongieuses dans une forêt, en ordonnée le temps, il m'expliqua comment les scientifiques mesurent une épidémie. Entre deux épidémies, me dit-il, le nombre de spongieuses est si dérisoire qu'elles sont à peu près indétectables. Pendant l'épidémie, en revanche, les amas d'œufs se comptent par milliers sur un hectare. À raison de deux cent cinquante œufs par amas, ça fait beaucoup de chenilles. Il traça un graphique décrivant les pics et les bas d'une population de spongieuses au fil des ans – une sorte de dragon chinois ondulant de haut en bas, puis de bas en haut, etc. À côté, il représenta schématiquement des virus VPN, pour me montrer comment ils se protègent du soleil et des divers facteurs de stress. Les virus, dit-il, s'agglomèrent en paquets constitués d'une boule de protéines en forme de polyèdre (d'où leur nom). Chaque boule contient des dizaines de virions incrustés dedans comme des bouts de fruits confits dans un cake. Sans cesser de crayonner, il me détailla au fur et à mesure la redoutable stratégie du virus.

Quand une chenille meurt, les boules de virus restent collées sur la feuille où s'est désintégrée leur victime. Survient alors une chenille saine, qui s'empresse de dévorer le tissu de la feuille – avalant du même coup la boule de virions. Une fois à l'intérieur de la chenille, le paquet se déplie méthodiquement, telle une tête nucléaire prête à larguer ses petites bombes sur une ville. Et les virions se dispersent pour partir à l'assaut des cellules intestinales de l'insecte. Chaque virion s'introduit dans le noyau d'une cellule (d'où le mot « nucléaire ») où il se réplique abondamment, donnant naissance à de nouvelles générations de virions qui sortent de la cellule pour aller en attaquer d'autres. « Ils vont de cellule en cellule, et en infectent ainsi des quantités énormes », me dit Dwyer. En peu de temps, la chenille n'est plus qu'un gros sac de virus qui marche et qui mange. Rien ne semble pourtant indiquer qu'elle soit malade. Elle-même ne s'en rend pas compte. Elle continue de déambuler en se remplissant la panse, mais si elle a avalé une dose de virus conséquente, au bout de dix ou quinze jours, trois semaines parfois, elle finit par se liquéfier sur une feuille. Ce mot encore, « liquéfier », qui m'avait tant frappé à Athens.

Pendant ce temps, d'autres chenilles subissent le même sort. « Quand leur organisme s'arrête de fonctionner, le virus les a déjà presque intégralement détruites. » À la toute fin du processus, les virions, entassés les uns sur les autres à l'intérieur de l'insecte, n'ont plus de cellule à coloniser. De nouveau, ils s'assemblent alors en paquets sous une membrane protectrice : il est temps de sortir et d'aller voir ailleurs. À ce stade, la chenille est gorgée de virus, il ne reste presque plus d'elle que sa peau. Mais une peau résistante et flexible, grâce aux protéines et aux hydrates de carbone qui la constituent. Aussi le virus libère-t-il des enzymes qui la dissolvent, et la chenille se répand comme du beurre sur une poêle. La flaque de virus est prestement avalée par la chenille suivante – elles sont si nombreuses, lors d'une épidémie, qu'il n'y a pas longtemps à attendre. Et ainsi de suite. « Un autre insecte arrive, mange la feuille et le virus, et deux semaines plus tard : une flaque ! » répéta Dwyer.

En un été se succèdent cinq à six vagues de contamination ; cinq à six générations de chenilles finissent ainsi en flaque, tandis que la prévalence du virus augmente progressivement dans leur population. Très basse au début de l'épidémie – de l'ordre de 5 % – elle atteint les 40 % dès le premier automne. Entre-temps, les chenilles survivantes se sont métamorphosées en papillons, puis se sont accouplées, mais leur habitat reste infesté de virus. Non seulement les feuilles des arbres sont constellées de boules de virions, mais il y en a aussi sur les amas d'œufs pondus par les chenilles femelles. Au printemps suivant, lorsqu'elles viennent au monde, les nouvelles chenilles sont donc, pour une partie d'entre elles, aussitôt infectées. La prévalence de l'infection grimpe en flèche, bien plus haut que l'année précédente ; l'année d'après, elle sera encore plus élevée. « Au bout de deux ou trois ans, conclut Dwyer, il y a suffisamment de virus pour que toute la population soit anéantie. »

Les chenilles disparaissent. Ne reste plus que le virus, « qu'on voit souvent couler sur l'écorce des arbres sous forme de traînées grises ». La pluie viendra enfin qui nettoiera les arbres, emportant avec elle une bouillie de chenilles fondues et de virus.

Ce récit m'impressionna fort. « Voilà qui me rappelle Ebola », dis-je. Dwyer acquiesça ; il avait assisté aux mêmes congrès que moi et lu les mêmes articles. « Je veux dire, l'Ebola fantasmé, le cauchemar gore qu'en ont fait les médias, avec ces magmas d'intestins liquides d'où suinte le sang. »

La même distinction entre réalité et version fantasmée vaut pour le VPN, précisa Dwyer. « Les gens me disent : oh, vous étudiez ce virus qui fait exploser les insectes ! Le virus ne les fait pas *exploser* ; il les *liquéfie.* »

Après cet échange passionnant, j'en vins au vrai motif de ma visite : l'Analogie. Depuis peu, nous avons franchi le cap des sept milliards d'humains sur cette planète, dis-je. Une telle augmentation évoque une épidémie. Ajoutez à cela des zones surpeuplées – Hong Kong, Mumbai ; les interconnexions – nous passons notre vie dans les avions, les sept millions d'habitants de Hong Kong sont à trois heures des douze millions de Pékin ; l'hypertrophie de notre population, qui dépasse largement les effectifs jamais atteints par aucune espèce de grand animal. Nous avons, nous aussi, notre lot de virus potentiellement dévastateurs, certains peut-être au même degré que les VPN. Alors, quel est votre pronostic ? L'humanité doit-elle s'attendre au même sort que les spongieuses ? Une telle analogie est-elle valide ?

Dwyer n'est pas du genre à extrapoler à la légère. Il ne pouvait évidemment me répondre « oui » tout de go. Aussi me demanda-t-il de lui laisser un peu de temps pour réfléchir. C'est ainsi que nous en sommes venus à la grippe.

113

JE N'AI GUÈRE PARLÉ DE LA GRIPPE dans ce livre. Non que le sujet soit sans importance : bien au contraire, la grippe est une maladie majeure, extrêmement complexe, et toujours susceptible de provoquer des ravages sous forme d'une pandémie mondiale. La prochaine Grande Pandémie pourrait bien être une grippe. Greg Dwyer le sait bien, et c'est pourquoi il aborda le sujet. Tout le monde se souvient de la grippe espagnole, qui a fait environ cinquante millions de morts dans le monde en 1918-1919. Aucune prévention magique, aucun vaccin universel, aucun traitement valable n'existent qui puissent nous garantir qu'une telle hécatombe ne se renouvellera pas. En moyenne, la grippe saisonnière touche trois millions de personnes dans le monde, dont deux cent cinquante mille en décèdent. Au mieux, la grippe est extrêmement dangereuse. Au pire, elle peut être apocalyptique. Si je l'ai gardée pour la fin, c'est parce qu'elle me permet de conclure cet ouvrage sur des considérations englobant toutes les zoonoses.

Repartons des bases. La grippe est provoquée par trois types de virus, dont le plus inquiétant et le plus répandu est le type A. Les virus de cette catégorie ont en commun quelques caractéristiques génétiques : un ARN à un seul brin, comprenant huit segments, qui codent pour onze protéines. On peut se figurer ces huit segments comme huit wagons transportant en tout onze cargaisons différentes. Ces onze cargaisons sont les gènes permettant de fabriquer la structure et la machinerie fonctionnelle d'un virus. Ce sont les outils de la machinerie génétique. Deux de ces molécules donneront les protubérances pointues qui hérissent la surface de l'enveloppe virale : l'hémagglutinine* (H) et la neuraminidase* (N). Ces dernières jouent un rôle essentiel en permettant au virus d'entrer et sortir des cellules d'un hôte, et ce sont elles que reconnaît notre système immunitaire. L'hémagglutinine est la clé qui ouvre la membrane de la cellule, pour laisser passer le virus ; la neuraminidase, celle qui lui permet de ressortir. Il en existe plusieurs variantes, qui déterminent le sous-type auquel appartient chaque virus du type A : H5N1, H1N1, etc. H5N1 signifie que le virus possède une hémagglutinine de type 5 combinée à une neuraminidase de type 1. On a identifié dans la nature seize types différents d'hémagglutinine, et neuf de neuraminidase. Quand on a compris cela, on en sait déjà plus que 99,9 % de la population mondiale.

À l'époque de la grippe espagnole, personne ne connaissait la cause de cette maladie. La virologie n'en étant qu'à ses balbutiements, il était impossible de trouver l'agent pathogène responsable, de le voir, de le nommer, de comprendre son fonctionnement. Les techniques d'isolement viral n'avaient pas encore été inventées, non plus que les microscopes électroniques. Ce n'est qu'en 2005 que fut identifié le virus de la grippe espagnole : H1N1. Entre-temps, d'autres pandémies s'étaient succédé. Celle de 1957 tua deux millions de personnes ; celle de 1968, appelée « grippe de Hong Kong » car l'épidémie partit de cette région du globe, fit quant à elle un million de victimes. À la fin des années 1950, les scientifiques avaient compris que sous l'appellation « virus de la grippe » se regroupaient des virus très disparates, capables d'infecter le porc, le cheval, le chat, le canard domestique, le poulet, aussi bien que l'homme. Mais on ignorait où ils se cachaient dans la nature. S'agissait-il de zoonoses ? Quelles étaient les espèces-réservoirs de ces virus ?

Un premier indice apparaît en Afrique du Sud en 1961, quand une colonie de sternes pierregarins – *Sterna hirundo*, un oiseau de mer – est décimée. On trouve chez ces animaux le virus influenza. Si le virus les a tués, la sterne pierregarin ne peut, par définition, être la fameuse espèce-réservoir. En revanche, il est fort possible que ces sternes aient été en contact avec elle.

Peu de temps après, deux jeunes scientifiques en balade sur la côte de Nouvelle-Galles du Sud découvrent des cadavres d'oiseaux. Une étroite amitié lie ces deux jeunes gens, qui partagent le même goût pour la nature et les randonnées. D'origine néozélandaise, Robert G. Webster est venu en Australie pour préparer une thèse en biologie à Canberra. William Graeme Laver, australien quant à lui, a embrassé la carrière de chercheur en biochimie inspiré par l'exemple de Macfarlane Burnet. Il a étudié successivement à Melbourne, puis à Londres, où il a obtenu son doctorat, avant de revenir en Australie avec sa femme… en voiture – c'est un aventurier. Sa promenade historique avec Webster sur la plage où gisent des cadavres d'oiseaux se déroule sept ans plus tard. Les deux jeunes scientifiques repensent aussitôt aux sternes d'Afrique du Sud. Il s'agit, cette fois, de puffins fouquets, une autre espèce d'oiseaux de mer. Ont-ils, eux aussi, été tués par l'influenza ? Laver suggère, presque en manière de boutade, d'aller faire un tour sur la Grande Barrière de corail pour tenter d'y dénicher des oiseaux porteurs du virus. La Grande Barrière de corail n'est pas le lieu le plus déplaisant du monde. Les deux compères pourraient s'y rôtir au soleil, pêcher quelques poissons, barboter dans les eaux turquoise transparentes… tout en faisant de la science. L'idée est adoptée. De retour à Canberra, à l'Université nationale d'Australie, Laver demande à son chef de leur financer cette étude, à Webster et à lui. Le chef lui rit au nez. Le jeune biochimiste se tourne alors vers l'OMS, à Genève, qui lui accorde cinq cents dollars. À l'époque, ce n'est pas rien. C'est ainsi que les deux amis se retrouvent sur l'île-du-Prince-Édouard, à quatre-vingts kilomètres au large de la côte du Queensland. Et qu'ils découvrent le virus influenza chez les puffins du Pacifique.

« Il y a donc chez les oiseaux migrateurs de notre planète une grippe apparentée à la grippe humaine », me dit Robert Webster, quelque quarante années plus tard. Autant, dans ses articles scientifiques, il n'aborde ce sujet qu'avec précaution, autant il s'est montré cash lors de notre rendez-vous : « C'est vrai, Graeme Laver a découvert que les sauvagines étaient le réservoir du virus. Et je l'y ai aidé », a-t-il ajouté avec un sourire amusé, prenant visiblement plaisir à évoquer le souvenir de son ami mort dix ans plus tôt.

Aujourd'hui, Robert Webster est sans doute le plus éminent spécialiste au monde de la grippe. Après avoir collaboré avec Graeme Laver et fait les quatre cents coups avec lui, ce fils de fermiers néozélandais, titulaire d'un doctorat en microbiologie, a migré aux États-Unis en 1969 pour prendre un poste au St. Jude Children's Research Hospital de Memphis. Il n'en a pas bougé depuis, hormis pour ses nombreuses missions à l'étranger. Quand je l'ai rencontré, il n'avait pas loin de quatre-vingts ans, mais il restait fidèle au poste et bien droit dans ses bottes, toujours à la pointe de la recherche sur la grippe. Dieu sait pourtant qu'il y a de quoi faire, avec l'avalanche de nouvelles qui ne cessent de tomber des quatre coins du monde. Situé en hauteur, dans un bâtiment élégant de St. Jude, le bureau de Webster offre à l'œil du visiteur deux splendides poissons naturalisés – une grosse badèche tigre et un très joli vivaneau campèche –, sans doute en mémoire de Graeme Laver. Tout en sirotant le café qu'il m'avait rapporté de la cafétéria, je l'écoutai me parler de la grippe : « Le problème, avec le virus influenza, c'est sa forte propension à se transformer. »

Il entreprit de m'en énumérer les raisons. D'abord, son taux de mutation très élevé – comme chez n'importe quel virus à ARN. Quand l'influenza se réplique, il n'y a aucun contrôle qualité, d'où de continuelles erreurs de copie au niveau des lettres du code génétique. Mais le pire n'est pas là. Le vrai problème est le réassortiment. (On entend par « réassortiment » l'échange accidentel de segments entiers de génome entre deux virions de sous-types différents. Un phénomène comparable à la recombinaison qui se produit parfois entre deux chromosomes lors de la division des cellules, mais en plus simple et en plus ordonné. Les virus influenza y sont particulièrement sujets, car leur ARN, très nettement segmenté – les huit wagons évoqués plus haut –, se coupe facilement aux points de démarcation entre deux gènes.) Souvenez-vous, me dit Webster, il y a seize types d'hémagglutinine, neuf de neuraminidase. Soit cent quarante-quatre appariements possibles. Les échanges se font au hasard, et la plupart du temps, les combinaisons s'avèrent infructueuses – le virus obtenu est moins viable. Mais ces échanges dus au hasard constituent le principe même de la variation génétique, laquelle est une forme d'exploration des possibles – c'est le mécanisme de la sélection naturelle, de l'adaptation, de l'évolution. Voilà pourquoi le virus de la grippe est aussi protéiforme : avec lui, il faut toujours s'attendre à des surprises, à de l'inattendu, à de nouveaux dangers. C'est le champion de la mutation et du réassortiment.

Ces mutations permanentes entraînent une modification graduelle de la physionomie et du comportement du virus. Ainsi s'explique qu'il faille se faire vacciner contre la grippe chaque année : la version de cet automne n'est pas la même que celle de l'automne précédent. Induisant des changements parfois considérables, le réassortiment peut produire de nouveaux sous-types auxquels la population humaine n'est pas préparée. C'est ce qui donne généralement naissance aux pandémies.

Mais l'homme n'est pas seul concerné. Certains sous-types ont des affinités plus marquées avec tel ou tel type d'hôtes. H7N7 a une prédilection pour les chevaux ; en 1961, les sternes d'Afrique du Sud étaient infectées par H5N3. Seuls les sous-types avec une hémagglutinine H1, H2 ou H3 provoquent des épidémies chez l'humain, car ils sont les seuls à se transmettre aisément d'homme à homme. Sur le plan des affinités virales, le porc est à mi-chemin entre l'oiseau et l'humain. Aussi peut-il être infecté par les sous-types de l'humain comme par ceux de l'oiseau. Si un porc est infecté de façon concomitante par deux virus – l'un compatible avec l'homme, l'autre avec l'oiseau –, cette double infection constitue une opportunité pour un réassortiment entre les deux. Certes, on sait à présent que les oiseaux aquatiques sont à l'origine de tous les influenzavirus. Mais ceux-ci se réassortissent chez toutes sortes d'animaux, notamment chez les porcs, donc, mais aussi chez les cailles. Quand un de ces virus arrive chez l'humain, il a été bricolé à partir de H1, H2 ou H3, plus les dix autres protéines nécessaires à sa construction ; certaines auront été empruntées à tel virus du porc, d'autres à tel virus d'oiseau.

D'autres sous-types – H7, H5 – se hasardent parfois chez l'humain. Jusqu'à présent, ça n'a rien donné. « Ils peuvent nous infecter, mais ils n'ont pas acquis les moyens de se transmettre entre humains. » Le virus fera une hécatombe dans les poulaillers, ravagera les troupeaux, mais un homme aura beau éternuer tant et plus, il ne contaminera personne de son entourage. (Chez les oiseaux, la grippe est d'abord une infection du tube digestif, qui se transmet par voie oro-fécale. Le volatile lâche une crotte infestée de virus sur le sol du poulailler ou de la basse-cour, dans l'eau d'un lac ou d'un estuaire, et un de ses congénères gobe le virus en picorant ou en plongeant pour trouver de la nourriture. Sans doute est-ce ainsi que les sternes d'Afrique du Sud et d'Australie ont été contaminées.) Un humain ne peut être infecté qu'en manipulant une poule, ou en découpant un canard. Toutefois, compte tenu des mutations incessantes de ce groupe de virus et de leurs réassortiments permanents, rien n'exclut que le prochain coup soit le bon. Au stade actuel, conclut Webster, il n'y a aucun moyen de prédire de quelle nature sera la prochaine pandémie.

Ce qui n'interdit pas de se montrer vigilant. Un exemple parmi d'autres : H5N1, plus connu sous le nom de grippe aviaire.

Webster a joué un rôle de premier plan dans la réponse à cette infection redoutable dès son apparition. En mai 1997, à Hong Kong, un petit garçon de trois ans meurt de la grippe. En prélevant de la glaire dans sa trachée, les scientifiques découvrent un virus qu'ils ne reconnaissent pas. Ils envoient des échantillons aux CDC ; personne ne parvient à l'identifier. Sur ce, un scientifique néerlandais de passage à Hong Kong rapporte dans sa valise un peu de virus pour l'étudier dans son laboratoire. Lui trouvant une ressemblance frappante avec un influenzavirus de sous-type H5, il fait part de ce constat à ses collègues de l'international. Pour lui, il s'agirait d'une grippe aviaire. « Nous avons tous crié à l'unisson : c'est impossible ! se souvient Webster. H5 n'infecte pas les humains. Ce ne peut être qu'une erreur. » C'était pourtant vrai. Il y avait de quoi s'alarmer, car, jusqu'alors, aucun influenzavirus 100 % aviaire – c'est-à-dire sans gène de virus humain greffé par réassortiment – n'avait jamais provoqué la mort d'un humain par détresse respiratoire. C'était une première. En novembre, trois nouveaux cas sont détectés. Aussitôt, Webster saute dans le premier avion pour Hong Kong.

Le moment était mal choisi pour faire face à une urgence sanitaire. En cette année 1997, Hong Kong changeait de statut politique, la ci-devant colonie britannique devenant région administrative spéciale de la Chine. Les institutions publiques étaient sens dessus dessous, leur management en plein chambardement. À son arrivée, Webster découvre une université dépeuplée de ses experts en grippe aviaire. Au fil des jours, de nouveaux cas se déclarent – on en compte dix-huit à la fin de l'année, avec une létalité de 33 %. Le sous-type aviaire est hautement virulent. Mais *quid* de sa contagiosité ? Personne n'est remonté à son origine, et on ignore s'il peut se répandre rapidement chez les humains. « J'ai sonné le rappel de mes anciens postdocs autour du Pacifique, me dit Webster, pour qu'ils me rejoignent à Hong Kong toutes affaires cessantes. En trois jours, nous avions localisé le virus : il se trouvait dans les volailles des marchés. »

Le coup d'envoi était donné. Les autorités de Hong Kong ordonnèrent l'abattage de toutes les volailles domestiques (un million cinq cent mille oiseaux) et fermèrent tous les marchés, réglant le problème le plus immédiat. Pendant un temps, aucun nouveau cas ne se déclara, ni à Hong Kong ni ailleurs. L'affreux virus n'était pas éradiqué pour autant. Il continuait de circuler tranquillement chez les canards des provinces côtières chinoises, où les paysans élèvent volontiers quelques palmipèdes qu'ils emmènent chaque jour picorer dans leurs rizières. Difficile, dans ces conditions, de suivre la trace du virus, et encore plus de l'éliminer – d'autant que les canards infectés restent asymptomatiques. « Le canard est le cheval de Troie », m'expliqua Webster. Le danger était toujours là, caché sous leurs plumes. Il suffit que des canards sauvages infectés se posent sur l'eau des rizières pour que les canards domestiques soient à leur tour contaminés par l'eau polluée. Les canards semblent sains mais, lorsque le fils de la maison les ramène le soir dans la basse-cour, ils transmettent le virus aux poules. Bientôt, les poules meurent de la grippe aviaire – et le fils avec elles.

« D'une espèce d'oiseau à l'autre, me dit Webster, la pathogénicité du virus varie du tout au tout. Certaines en meurent, comme le cygne, l'oie à tête barrée, quelques espèces de canards. Mais les colverts et les canards pilets restent des porteurs sains. Et ils propagent le virus. »

Six ans après la première épidémie de Hong Kong, H5N1 fait son retour, infectant trois membres d'une famille. Deux en meurent. Comme je l'ai dit plus haut, cet événement survint au beau milieu des premières alertes du SRAS, un virus totalement différent. Ce qui ne facilita pas la tâche des scientifiques. Au même moment, H5N1 commençait à circuler en Corée du Sud, au Vietnam, au Japon, tuant des milliers de poulets et au moins deux humains. Transporté par des oiseaux migrateurs, il voyagea, souvent très loin. Le lac Qinghai, à deux mille kilomètres au nord-ouest de Hong Kong, fut ainsi le théâtre d'un funeste événement.

Ce lac est un important site de reproduction pour les oiseaux migrateurs venus d'Inde, de Sibérie ou d'Asie du Sud-Est. En avril et mai 2005, quelque six mille d'entre eux y moururent de la grippe H5N1. L'espèce la plus atteinte fut l'oie à tête barrée, mais la maladie frappa également le tadorne casarca, le grand cormoran et deux espèces de mouettes. Grâce à leur relative légèreté et leur grande envergure, les oies à tête barrée sont particulièrement adaptées aux vols en altitude sur de longues distances. Nichant sur le plateau du Tibet, elles migrent en passant au-dessus de l'Himalaya et répandent le H5N1.

« On peut présumer que les oiseaux migrateurs ont importé le virus en Inde, en Afrique, en Europe, et un peu partout. » En 2006, l'Égypte fut frappée de plein fouet. « Le virus s'est propagé dans tout le pays. Il y en avait dans les volailles des marchés. Chez les canards… » Les autorités égyptiennes tentèrent d'immuniser leurs volailles grâce à un vaccin importé d'Asie – sans succès. « Il est d'ailleurs étonnant qu'il n'y ait pas eu plus de victimes chez les humains. » En août 2011, on comptait tout de même cent cinquante et un cas confirmés chez l'homme, dont cinquante-deux décès – soit plus d'un quart des cas de grippe aviaire dans le monde, et plus d'un tiers des décès constatés depuis le début de la maladie, en 1997. Mais un fait est à souligner : tous ces malheureux Égyptiens avaient été contaminés directement par des oiseaux. On n'a relevé aucun cas de transmission d'homme à homme. Ce qui prouve que le virus n'a pas encore trouvé la configuration lui permettant de circuler entre les hommes.

Pour Robert Webster, il y a deux grands dangers. Le premier : à supposer qu'une épidémie de grippe aviaire, contagieuse celle-là, vienne à s'y déclarer, l'Égypte risque d'être incapable de l'enrayer, compte tenu de sa situation politique. Sa seconde inquiétude est partagée par la communauté des spécialistes de la grippe aviaire et les autorités sanitaires internationales : à force de mutations, à force de contacts entre humains et oiseaux, il n'est nullement exclu que le virus finisse par trouver une configuration le rendant contagieux chez l'homme.

« Tant que H5N1 continue de rôder de par le monde, conclut Webster, un désastre est possible. C'est tout ce qu'il faut en retenir. Tant qu'il est là, à circuler parmi nous, il peut théoriquement acquérir la capacité de se transmettre d'homme à homme. Et alors… » Une pause. « Dieu nous vienne en aide ! »

114

C'EST UN SUJET DANS L'AIR DU TEMPS. Si l'on prononce rarement le mot « zoonose », qui n'a pas entendu parler du SRAS, du virus du Nil occidental, de la grippe aviaire ? Tout le monde connaît quelqu'un qui a eu la maladie de Lyme, qui est mort du sida. Le nom « Ebola » fait trembler – même si on le confond souvent avec *Escherichia coli*, cette bactérie qui s'en prend occasionnellement aux mangeurs de salade ou de viande hachée. Tout le monde est inquiet. Mais si tout le monde a quelques vagues notions sur la question, nul n'a ni le temps ni l'envie de s'aventurer dans les détails scientifiques. Je l'ai moi-même constaté. Dès que je parle de mon livre en préparation sur les maladies émergentes, les virus tueurs et les pandémies, on me coupe aussitôt pour demander : « Est-ce qu'on va tous mourir ? » J'ai trouvé ma tactique : je réponds systématiquement oui.

Oui, nous allons tous mourir. De même que nous allons tous payer des impôts. Mais il est fort probable que la plupart d'entre nous ne mourront pas d'un virus sorti avant-hier d'un canard, d'un chimpanzé ou d'une chauve-souris. La cause de notre décès sera moins exotique.

Car s'il est vrai que les zoonoses constituent un danger réel et sérieux, nous n'avons que peu de certitudes. Pour reprendre les mots de Webster, il n'y a aucun moyen de prédire de quelle nature sera la prochaine pandémie de grippe. Ni quand elle adviendra. Trop de facteurs dépendent du hasard pour qu'un tel système puisse faire l'objet de prédictions. En ces matières, « prédiction » rime plus volontiers avec présomption qu'avec renseignement avéré. J'ai posé une question, toujours la même, aux plus éminents spécialistes d'Ebola, du SRAS, des virus transmis par les chauves-souris, du VIH, de l'évolution des virus. Une question à deux volets :

1. Va-t-on assister, dans un futur proche, à l'émergence d'une nouvelle maladie suffisamment virulente et contagieuse pour provoquer une pandémie comparable au sida ou à la grippe espagnole, avec des dizaines de millions de morts à la clé ?

2. Si oui, à quoi ressemblera-t-elle, et d'où viendra-t-elle ?

Sur le premier volet, les réponses varient de « peut-être » à « probablement ». Quant au second, tout le monde converge sur les virus à ARN, de préférence ceux dont l'espèce-réservoir appartient aux primates. Personne, en tout cas, ne conteste la prémisse de départ – à savoir que si grande pandémie il y a, ce sera une zoonose.

Dans la littérature scientifique, j'ai retrouvé les mêmes pronostics, aussi prudents que solidement étayés. Aujourd'hui doyen de la Graduate School of Public Health de l'université de Pittsburgh, l'immense infectiologue Donald S. Burke a consacré à ce sujet, en 1997, une conférence publiée depuis [4]. Il y énonce les critères permettant de désigner les virus les plus susceptibles de provoquer la prochaine pandémie. « Le premier critère est aussi le plus évident : il faut d'abord recenser les virus ayant provoqué récemment des pandémies chez l'homme. » Parmi les candidats figurent donc les orthomyxovirus* (dont font partie les virus de la grippe) et les rétrovirus (notamment le sida). « Second critère : la capacité à provoquer des épidémies majeures dans les populations animales non humaines. » Soit de nouveau les orthomyxovirus, mais aussi les paramyxovirus, comme Hendra et Nipah, ainsi que les coronavirus, comme le SARS-CoV. Le troisième critère énoncé par Burke est « l'évolutivité intrinsèque » du virus, c'est-à-dire sa capacité à muter et à se recombiner (ou se réassortir), qui « lui donne les moyens potentiels d'émerger dans la population humaine pour y provoquer une pandémie ». On retrouve les rétrovirus, les orthomyxovirus et les coronavirus. « Certains d'entre eux, ajoute-t-il – pointant tout particulièrement les coronavirus –, doivent être considérés comme des menaces sérieuses pour la santé humaine. Car ils conjuguent forte évolutivité et capacité avérée à déclencher des épidémies chez les animaux. » On notera qu'il anticipe ainsi l'épidémie de SRAS [a] survenue six ans après cette conférence.

a. Il faudrait désormais y ajouter la pandémie de Covid-19, survenue huit ans après la publication de cet ouvrage et vingt-trois ans après la conférence de Burke (NdT).

« J'ai eu le nez creux ! » me confia récemment Burke. Tempérant aussitôt cette affirmation par un petit rire d'autodérision, il ajouta : « Mais on ne peut pas parler ici de prédiction, c'est un mot bien trop fort. »

S'il est une personne au monde à qui l'on peut se fier sur ce sujet, c'est bien Donald Burke. Attention, dit-il, la difficulté de prédire avec précision l'émergence ou la réémergence d'une zoonose n'implique pas qu'il faille attendre les bras croisés, un bandeau sur les yeux, dans une attitude fataliste. Il existe une alternative à la divination : « C'est en consolidant les bases scientifiques que nous nous préparerons le mieux. » C'est-à-dire en identifiant les groupes de virus à surveiller. En se donnant les moyens : 1) de détecter les transmissions animal-homme sur le terrain, dans les lieux reculés où elles se produisent, avant que la maladie ne devienne une épidémie régionale ; 2) de contrôler les épidémies avant qu'elles ne se transforment en pandémies. À quoi s'ajoute, bien sûr, la capacité d'identifier rapidement les virus déjà connus, de caractériser le plus vite possible les nouveaux, et enfin de trouver sans retard un vaccin ou des thérapies – ce qui nécessite des labos bien équipés et des gens compétents. S'il est impossible de prévoir la prochaine pandémie, qu'elle soit causée par un virus grippal ou un autre, au moins est-il possible de rester vigilants. Nous pouvons nous préparer afin de réagir vite. Et nous pouvons nous donner les moyens d'apporter à la pandémie une réponse intelligente, grâce à des outils scientifiques perfectionnés.

C'est déjà en partie le cas grâce à la prévoyance de diverses institutions œuvrant dans le champ des maladies infectieuses et de la santé publique. L'OMS, les CDC, l'USAID (Agence des États-Unis pour le développement international), l'ECDC (Centre européen de prévention et de contrôle des maladies), l'OIE (Organisation mondiale de la santé animale) et bien d'autres agences, nationales ou internationales, ont monté des réseaux et des programmes ambitieux pour faire face au danger des zoonoses émergentes. Aux États-Unis, la crainte du bioterrorisme a même conduit certaines institutions à entrer dans la danse – par exemple le département de la Sécurité intérieure des États-Unis, ou encore la DARPA (Defense Advanced Research Projects Agency) du département de la Défense, qui a pour devise : « Créer et prévenir une surprise stratégique. »

Les États-Unis ayant renoncé à la fabrication d'armes bactériologiques en 1969, on présume que la DARPA a abandonné la première partie de sa devise, « créer », pour se limiter désormais à la prévention des attaques bactériologiques… Chacun de ces programmes a son nom ou son acronyme spécifique : GOARN (Réseau mondial d'alerte et d'action en cas d'épidémie) pour l'OMS, Prophecy pour la DARPA, EPT (Programme sur les menaces de pandémies émergentes) pour l'USAID, et SPB (Special Pathogens Branch) pour les CDC. Derrière ces expressions un peu fourre-tout se cache une armada de spécialistes dont les uns travaillent sur le terrain, à l'affût des possibles transmissions de virus de l'animal à l'homme, les autres dans des laboratoires sécurisés, prêts à passer au crible dans l'instant tout nouveau pathogène venant à émerger.

Des organismes privés s'y sont mis eux aussi. À EcoHealth Alliance, dirigé par l'ex-parasitologue Peter Daszak, on rencontre des gens comme Jon Epstein, réputé pour ses travaux sur le Nipah au Bengladesh et ailleurs, Aleksei Chmura, qui travaille sur les chauves-souris en Chine, Billy Karesh, spécialiste de la santé des espèces sauvages dans le monde entier, et bien d'autres encore. Citons aussi la Global Viral Forecasting Initiative (GVFI), en partie financée par Google, et dont le fondateur, Nathan Wolfe, fut le disciple de Donald Burke. Son équipe sillonne l'Afrique et l'Asie à la rencontre des populations les plus à risque – les chasseurs de viande de brousse, par exemple. La méthode : prélever à chacun quelques gouttes de sang, qui sont déposées sur des patchs en papier-filtre avant d'être analysées. L'objectif : découvrir d'éventuels nouveaux virus, afin qu'en cas de zoonose la prochaine pandémie puisse être jugulée avant même d'avoir commencé. Wolfe s'est initié à la méthode du papier-filtre dans les années 1990, quand il était thésard. Il accompagnait alors sur le terrain Balbir Singh et Janet Cox-Singh, les deux spécialistes du paludisme dont j'ai parlé plus haut pour leurs travaux sur le *Plasmodium knowlesi* chez l'humain.

Enfin, on ne peut passer sous silence Ian Lipkin, de la Mailman School of Public Health – elle-même rattachée à l'université de Columbia. Le laboratoire de Lipkin est un endroit unique au monde dédié à la recherche de nouveaux outils diagnostiques en biologie moléculaire. Titulaire d'un double diplôme en médecine et en biologie moléculaire, Lipkin se présente comme un « chasseur d'agents pathogènes ». Dans son labo, on pratique couramment des techniques comme le séquençage à haut débit (qui permet de séquencer rapidement et à moindre coût des milliers d'échantillons d'ADN), la MassTag-PCR (identification par spectrométrie de masse de segments de génome amplifiés), ou encore le système diagnostique GreeneChip, capable de dépister en même temps des milliers de pathogènes différents. Lorsque Jon Epstein rapporte du Bengladesh du sérum de roussette, ou qu'Aleksei Chmura prélève en Chine du Sud du sang de chauve-souris, ils envoient illico quelques échantillons à Ian Lipkin.

Tous ces scientifiques sont sur le pied de guerre. Ils sont nos sentinelles. Loin d'œuvrer en solo, ils restent connectés en permanence. Partout où des agents pathogènes se tiennent prêts au Grand Saut, on est sûr de les rencontrer. Quand le prochain virus franchira la barrière interespèces en sautant d'un canard, d'une souris ou d'une chauve-souris, d'un macaque ou d'un chimpanzé, dans le corps d'un humain, puis d'un autre peut-être, semant la mort dans un embryon de cluster, ils seront là – du moins peut-on l'espérer – pour tirer la sonnette d'alarme.

La suite des événements dépendra de la science, de la politique, de nos mœurs, de l'opinion publique – de tout ce qui modèle le comportement humain. De notre réaction en tant que citoyens.

Cette réaction sera-t-elle calme ou hystérique ? Avisée ou stupide ? Avant d'être confrontés à la situation, il nous faut être capables d'en appréhender les grandes lignes et la dynamique. Nous devons en prendre conscience : qu'elles soient causées par un virus nouveau ou un virus ancien faisant un retour fracassant, les pandémies zoonotiques qui nous frappent s'inscrivent dans un schéma beaucoup plus large, dont notre humanité est pleinement responsable. Elles ne font pas que *survenir*, elles sont aussi le reflet de ce que nous *faisons*. Et, s'il est vrai que nombre de ces facteurs relevant de notre responsabilité échappent désormais à notre contrôle, il en est d'autres sur lesquels nous gardons prise.

On en dresse aisément la liste grâce aux experts qui ne cessent de nous mettre en garde. Il y a notre démographie, qui a dépassé les sept milliards d'habitants. Elle aura grimpé jusqu'à neuf avant que la courbe, peut-être, n'amorce sa descente. Il y a la densité de nos villes. Chaque jour, nous empiétons un peu plus sur les grandes forêts et les écosystèmes sauvages de la planète, sans respect pour leur équilibre physique et leur écologie. Congo, Amazone, Bornéo, Madagascar, Nouvelle-Guinée, nord-est de l'Australie : partout où l'homme pose le pied, tout est dévasté. Non contents de massacrer les animaux sauvages pour les dévorer, nous établissons nos quartiers dans leurs habitats : villages, villes, camps de travail, industrie minière… Les herbivores des forêts disparaissent au profit de nos cheptels, que nous faisons croître et se multiplier à notre image. Entassés dans des cages et des enclos, vaches, porcs, poulets, canards, moutons, chèvres, rats des bambous et civettes palmistes font des cibles de choix pour les pathogènes des autres espèces. Quand des chauves-souris viennent se balancer au-dessus d'un enclos à cochons, devinez ce qui arrive ? Et les nouveaux virus de se propager dans cette multitude où ils ont tout le loisir d'évoluer, jusqu'à pouvoir infecter un humain aussi bien qu'une vache ou un porc. Certes, nous ne nous privons pas de gaver nos troupeaux d'antibiotiques et autres médicaments. Mais pas pour les soigner. Pour leur faire prendre du poids, pour qu'ils arrivent à l'abattage dans l'état de santé minimal qui nous permettra d'en tirer profit – et les bactéries de s'en donner à cœur joie, saisissant cette aubaine pour devenir plus résistantes. Des quatre coins du monde, nous importons, nous exportons en masse – du bétail, pour nourrir la planète ; des chimpanzés et autres primates, pour la recherche médicale ; des animaux sauvages, pour en faire des compagnons exotiques. Mais aussi des peaux, de la viande de brousse, des plantes… Et tout ce petit monde transporte avec lui les pathogènes invisibles qui grouillent à notre insu.

Nous voyageons, aussi, sautant d'une ville à l'autre et enjambant les continents en une poignée d'heures. Dormant dans des chambres d'hôtels où des inconnus ont éternué et vomi. Déjeunant dans des restaurants où le chef qui a cuit notre escalope venait peut-être juste avant de dépecer un porc-épic. Nous visitons à tour de bras : en Asie ce temple envahi par les singes, en Inde ce marché d'animaux vivants, au Nouveau-Mexique ce site archéologique poussiéreux, aux Pays-Bas cette jolie laiterie, en Afrique de l'Est cette grotte de chauves-souris… Au volant d'une jeep, nous sillonnons les pistes australiennes. Partout, nous respirons de l'air à pleins poumons, nous donnons à manger aux animaux, nous tripotons tout ce qui passe à notre portée, nous échangeons des poignées de main amicales avec les autochtones – avant de sauter dans notre avion pour rentrer à la maison. Quels souvenirs en gardons-nous à l'arrivée ? Des piqûres de moustiques, des morsures de tiques. Mais grâce au climat altéré par nos émissions de carbone, ces tiques et ces moustiques commencent à se trouver fort bien sous nos latitudes. Une certitude : l'envahissement de la planète par nos grands corps d'humains est la plus magnifique aubaine que nous puissions offrir à l'ardeur conquérante des microbes.

Cette énumération rapide résume le contenu d'une rubrique qui pourrait s'intituler : « écologie et évolution biologique des zoonoses ». Le contexte écologique actuel se prête au Grand Saut ; l'évolution en fait son miel pour explorer mille possibilités et favorise le passage du Grand Saut à la pandémie.

Par une coïncidence aussi merveilleuse que stérile, la théorie des germes et celle de l'évolution darwinienne se sont imposées à la science à la même époque de notre histoire : la fin du XIXe siècle. Merveilleuse, car ces deux monuments de la sagacité humaine portent chacun en eux de quoi s'enrichir mutuellement. Stérile aussi, hélas, car il a fallu soixante ans avant que la théorie des germes ne s'avise d'intégrer les avancées de la théorie darwinienne. La réflexion écologique moderne, apparue bien plus récemment, resta, elle aussi, longtemps étrangère aux sciences médicales. Une autre grande absente : la biologie moléculaire, tout aussi ignorée de la médecine jusqu'au milieu du XXe siècle. Les médecins des temps héroïques subodoraient sans doute que la peste bubonique était peu ou prou liée aux rongeurs, mais ils ignoraient comment et pourquoi, jusqu'à ce jour de 1894 où Alexandre Yersin découvrit à Hong Kong la bactérie de la peste chez des rats, lors d'une épidémie. Encore le mécanisme de l'infection demeura-t-il obscur ; il fallut que Paul-Louis Simond, bien des années après, démontre que la bactérie était transmise par les puces des rats. On savait que l'anthrax – une bactérie, encore –, tuait les vaches aussi bien que les humains. Mais on n'y vit qu'un phénomène de génération spontanée tant que Koch n'eut pas prouvé le contraire, en 1876. On ne pouvait ignorer que la rage survenait à la suite d'une morsure par un chien fou ; Pasteur découvrit son vaccin en 1885, et le petit garçon mordu auquel il l'inocula survécut. Mais, pendant bien longtemps encore, on resta incapable de détecter le virus, infiniment plus petit qu'une bactérie, chez les canidés. Au début du XXe siècle, des médecins de la Fondation Rockefeller et d'ailleurs se fixèrent le but ambitieux d'éradiquer intégralement un certain nombre de maladies infectieuses. Ils s'attaquèrent d'abord à la fièvre jaune, dépensant des millions de dollars, travaillant comme des fous. Sans succès. Puis au paludisme, sans plus de résultats. Un peu plus tard, ils firent une tentative avec la variole – cette fois, ça marcha. Pourquoi ? Entre ces trois maladies, les différences sont nombreuses et complexes. Mais l'une d'elles était décisive : avec la variole, il n'y a ni réservoir animal ni vecteur. Son écologie est des plus simples. Elle ne touche que l'humain – il était donc bien plus facile de l'éradiquer. La campagne d'éradication de la poliomyélite, lancée en 1988 par l'OMS et d'autres institutions, avait, elle aussi, de bonnes chances de réussir, pour la même raison : la polio n'est pas une zoonose. Aujourd'hui, on remet le couvert avec le paludisme. En 2007, la Fondation Bill et Melinda Gates a annoncé une nouvelle campagne d'éradication. L'objectif est certes admirable, et ce beau rêve dénote un esprit aussi imaginatif que généreux. Mais on est fondé à se demander comment M. et Mme Gates, ainsi que leurs conseillers scientifiques, ont l'intention de s'y prendre pour venir à bout du *Plasmodium knowlesi*. Comptent-ils exterminer le parasite en tuant tous ses réservoirs-hôtes ? Ou au contraire soigner, l'un après l'autre, tous les macaques de Bornéo ?

Tel est le grand mérite des zoonoses : elles nous rappellent, comme le fit en son temps saint François, que les humains sont indissociables du monde naturel. Au demeurant, le « monde naturel » n'existe pas – cette expression ne veut rien dire. Il n'y a qu'un seul monde. L'espèce humaine en fait partie, au même titre que le virus Ebola, que celui de l'influenza ou que le VIH, que le Nipah, le Hendra et le SRAS – ou encore que les chimpanzés, les chauves-souris, les civettes palmistes et autres oies à tête barrée. Que le prochain virus tueur, aussi – celui que nous n'avons pas encore détecté.

Les zoonoses sont impossibles à éradiquer. Si j'y insiste, ce n'est pas pour plonger mon lecteur dans le désespoir ou la dépression – il ne s'agit pas ici de faire peur pour faire peur. Le but de cet ouvrage n'est pas d'ajouter à votre inquiétude, mais de vous rendre plus intelligents. Car s'il est une grande différence entre l'humain et la spongieuse – ou la chenille à tente – c'est bien l'intelligence.

Ce qui nous ramène à Chicago, dans le bureau de Greg Dwyer. Retour à la fin de notre entretien, lorsqu'il fut question de l'Analogie...

Dwyer a épluché tous les grands modèles mathématiques conçus pour tenter d'expliquer les épidémies humaines – ceux d'Anderson et May, de Mermack et de McKendrick, de George MacDonald, de John Brownlee, et bien d'autres encore. L'impact du comportement individuel sur le taux de contamination s'y avère considérable. La façon dont se comporte l'individu – être humain ou spongieuse – fait varier le R_0. Pour le VIH, c'est particulièrement évident, me dit Dwyer. Les preuves sont là. Il suffit de jeter un œil aux courbes pour voir se modifier le taux de contamination, que ce soit chez les homosexuels américains, dans la population de l'Ouganda ou chez les travailleurs du sexe en Thaïlande. En ce qui concerne le SRAS, me dit-il, ce sont les « super-propagateurs » qui jouent un rôle clé. Tout dépendra donc de leur comportement et de celui de leurs proches. Pour désigner cette variabilité des comportements, les mathématiciens de l'écologie ont un mot : « hétérogénéité ». Les modèles de Dwyer mettent en évidence l'impact crucial de l'hétérogénéité comportementale sur l'évolution des épidémies, y compris chez les insectes des forêts. Et donc encore plus chez l'humain.

« Dans vos modèles, optez pour un taux de transmission moyen demeurant stable. Il suffit d'ajouter de l'hétérogénéité pour que le taux d'infection global diminue », m'expliqua Dwyer. Façon un peu aride de dire que les comportements individuels – faire attention, prendre des précautions… – peuvent empêcher une maladie d'anéantir une population. Dans le cas des spongieuses, ce sera une chenille un peu plus apte que les autres à détecter les traces de VPN sur les feuilles. Chez l'homme, un individu qui s'abstiendra de boire de la sève de palmier, de manger du chimpanzé, de construire son abri à cochons sous un manguier, d'avoir des relations sexuelles non protégées avec une prostituée, d'échanger sa seringue pendant une séance de shoot, de tousser sans mettre sa main devant la bouche, de prendre l'avion quand il ne se sent pas bien, ou d'enfermer ses canards et ses poules dans le même enclos. Autant de petits gestes qui font la différence entre le comportement d'un individu donné et le comportement standard du groupe, réduisant le taux d'infection.

« Entre les spongieuses, les différences ne sont pas légion, me dit Dwyer. Tandis qu'entre les hommes il y en a un nombre incalculable. Surtout en matière de comportement. Pour en revenir à votre question, l'intelligence de l'homme peut-elle jouer un rôle important ? Plus j'y pense, plus j'ai envie de vous répondre oui, et même un rôle énorme. Un rôle qui sera décisif. »

Sur ce, il me conduisit au sous-sol du bâtiment pour me donner un aperçu de la partie expérimentale de son travail. Après avoir déverrouillé la porte de son « cabinet des horreurs », comme il appelait familièrement son laboratoire, il ouvrit un incubateur et en retira un récipient en plastique pour me montrer des spongieuses infectées par le VPN.

Je regardai. Je ne vis que quelques flaques, sur une feuille.

115

DES DEUX GRANDS ORMES qui se dressaient autrefois devant la maison de ma voisine, un seul a survécu. L'autre est mort il y a quatre ans, épuisé par la vieillesse, la sécheresse et les attaques de pucerons. Un élagueur est venu avec son équipe couper toutes ses branches et le débiter en morceaux. Ce fut une triste journée pour Susan – pour moi aussi, après trente années passées à l'ombre de sa ramure séculaire. La souche, assez large pour servir de table de jardin, disparut, elle aussi, coupée au ras du sol et recouverte de gazon. Le grand orme n'est plus mais sa mémoire demeure. Avec lui, le quartier a perdu de son charme. Mais nous n'avions pas le choix.

Son frère jumeau est toujours là, qui déploie son feuillage avec magnificence au-dessus de notre petite rue. Sur l'écorce brun cendré de son tronc, à hauteur d'homme, la colle dont il fut enduit voilà quelque vingt ans pour le préserver des chenilles a laissé une large cicatrice grisâtre. Les chenilles sont parties depuis longtemps, leur prolifération épidémique n'a pas eu de lendemains. De leur passage ne reste que ce souvenir.

Quand je suis chez moi, dans le Montana, je passe chaque jour devant ce grand orme. Toujours, mon œil est attiré par cette cicatrice, et je me souviens des chenilles, de leur pullulement soudain, de leur disparition. Toutes les conditions jouaient en leur faveur – et quelque chose s'est détraqué. Pourquoi ? Un simple coup de malchance ? Une affaire de circonstances ? La génétique ? Leur surnombre, tout simplement ? Leur comportement ?

Me reviennent alors en écho ces mots de Greg Dwyer : « Tout dépendra… »

Notes

I. Cheval blême

1. Stephen S. Morse, *Emerging Viruses*, New York, Oxford University Press, 1993, p. ix.

2. O'Sullivan et al., "Fatal Encephalitis Due to Novel Paramyxovirus Transmitted from Horses", *The Lancet*, 1997, p. 93.

3. J. G. McCormack et al., "Transmissibility from Horses to Humans of a Novel Paramyxovius, Equine Morbillivirus (EMV)", *Journal of Infection*, 1999, p. 23.

4. Corrie Brown, "Update on Foot-and-Mouth Disease in Swine", *Journal of Swine and Health Production*, 2001, p. 239.

5. Stephen S. Morse, *Emerging Viruses*, *op. cit.*, p. 33-34.

6. Lisa Jones-Engel et al., "Diverse Contexts of Zoonotic Transmission of Simian Foamy Viruses in Asia", *Emerging Infectious Diseases*, 2008, p. 990.

II. Treize gorilles

1. A. J. Georges et al., "Ebola Hemorrhagic Fever Outbreaks in Gabon, 1994-1997 : Epidemiologic and Health Control Issues", *in* C. J. Peters et J. W. LeDuc, *Ebola : The Virus and the Disease,* numéro spécial de *The Journal of Infectious Diseases*, 1999, p. S70.

2. K. M. Johnson et al., "Ebola Haemorrhagic Fever in Zaire, 1976", *Bulletin of the World Health Organization*, 1978, p. 272.

3. *Ibid.*, p. 288.

4. Joel G. Breman et al.,"A Search for Ebola Virus in Animals in the Democratic Republic of the Congo and Cameroon : Ecologic, Virologic, and Serologic Surveys, 1979-1980", *in* C. J. Peters et J. W. LeDuc, *Ebola : The Virus and the Disease, op. cit.*, 1999, p. S139.

5. D. L. Heymann et al., "Ebola Hemorrhagic Fever : Tandala, Zaire, 1977-1978", *The Journal of Infectious Diseases,* 1980, p. 372-373.

6. Jonathan S. Towner et al., "Newly Discovered Ebola Virus Associated with Hemorrhagic Fever Outbreak in Uganda," *PLoS Pathogens*, 2008, p. 1.

7. Barry S. Hewlett et Bonnie L. Hewlett, *Ebola, Culture, and Politics : The Anthropology of an Emerging Disease*, Belmont (CA), Thomson Wadsworth, 2008, p. 6.

8. Barry S. Hewlett et Richard P. Amola, "Cultural Contexts of Ebola in Northern Uganda", *Emerging Infectious Diseases*, 2003, p. 1245.

9. Barry S. Hewlett et Bonnie L. Hewlett, *Ebola, Culture, and Politics : The Anthropology of an Emerging Disease*, *op. cit.*, p. 75.

10. *Ibid.*

11. Richard Preston, *The Hot Zone*, New York, Random House, 1994, p. 68.

12. *Ibid.*, p. 72.

13. *Ibid.*, p. 75.

14. *Ibid.*, p. 293.

15. *Ibid.*, p. 184.

16. *Ibid.*, p. 73.

17. *Yaderny Kontrol Digest*, n° 11, Center for Policy Studies in Russia, été 1999.

18. Peter D. Walsh et al., "Wave-Like Spread of Ebola Zaire", *PLoS Biology*, 2005, p. 1950.

19. Eric M. Leroy et al., "Multiple Ebola Virus Transmission Events and Rapid Decline of Central African Wildlife", *Science*, 2004, p. 390.

III. Tout vient de quelque part

1. W. H. Hamer, "Epidemic Disease in England. The Evidence of Variability and of Persistency of Type", *The Lancet*, 17 mars 1906, p. 733-735.

2. Paul E. M. Fine, "John Brownlee and the Measurement of Infectiousness : An Historical Study in Epidemic Theory", *Journal of the Royal Statistical Society*, 1979, p. 348.

3. John Brownlee, "Statistical Studies in Immunity : The Theory of an Epidemic", *Proceedings of the Royal Society of Edinburgh*, 1907, p. 516.

4. *Ibid.*, p. 517.

5. Ronald Ross, *The Prevention of Malaria*, New York, E. P. Dutton, 1910, p. 313.

6. Ronald Ross, "An Application of the Theory of Probabilities to the Study of *a priori* Pathometry", *Proceedings of the Royal Society*, 1916, p. 206.

7. *Ibid.*, p. 204-205.

8. Weimin Liu et al., "Origin of the Human Malaria Parasite *Plasmodium falciparum* in Gorillas", *Nature*, 2010, p. 424.

9. *Ibid.*, p. 423.

10. W. O. Kermack et A. G. McKendrick, "A Contribution to the Mathematical Theory of Epidemics", *Proceedings of the Royal Society*, 1927, p. 701.

11. *Ibid.*, p. 721.

12. George MacDonald, "The Analysis of Malaria Epidemics", *Tropical Diseases Bulletin*, 1953, p. 880.

13. George MacDonald, "Theory of the Eradication of Malaria", *Bulletin of the World Health Organization*, 1956, p. 375.

14. Gordon Harrison, *Mosquitoes, Malaria and Man : A History of the Hostilities Since 1880*, New York, E. P. Dutton, 1978, p. 258.

15. Robert S. Desowitz, *The Malaria Capers : More Tales of Parasites, People, Research and Reality*, New York, W. W. Norton, 1993, p. 129.

16. William Chin, Peter G. Contacos, G. Robert Coatney, e Harry R. Kimball, "A Naturally Acquired Quotidian Type Malaria in Man Transferable to Monkeys", *Science*, 1965, p. 865.

17. Janet Cox-Singh et Balbir Singh, "Knowlesi Malaria : Newly Emergent and of Public Health Importance ?", *Trends in Parasitology*, 2008, p. 408.

IV. Dîner à la ferme des rats

1. *SARS : How a Global Pandemic Was Stopped*, Genève, OMS, 2006, p. 257.

2. *Ibid.*, p. 259-260.

3. Thomas Abraham, *Twenty-First Century Plague : The Story of SARS*, Baltimore, The Johns Hopkins University Press, 2007, p. 30.

4. *Ibid.*, p. 34.

5. J. O.Lloyd-Smith et al., "Superspreading and the Effect of Individual Variation on Disease Emergence", *Nature*, 2005, p. 355.

6. Thomas Abraham, *Twenty-First Century Plague : The Story of SARS*, *op. cit.*, p. 37.

7. *SARS : How a Global Pandemic Was Stopped*, *op. cit.*, p. 5.

8. Dennis Normile, "Up Close and Personal with SARS", *Science*, 2003, p. 886.

9. J. S. M. Peiris et al., "Coronavirus as a Possible Cause of Severe Acute Respiratory Syndrome", *The Lancet*, 2003, p. 1319.

10. Martin Enserink, "China's Missed Chance", *Science*, 2003, p. 294.

11. Karl Taro Greenfeld, *China Syndrome : The True Story of the 21st Century's First Great Epidemic*, New York, HarperCollins Publishers, 2006, p. 10.

12. K. S. Lee et al., "Wild Animal Trade Monitoring at Selected Markets in Guangzhou and Shenzhen, South China, 2000-2003", *Kadoorie Farm & Botanic Garden Technical Report*, 2004, p. 12.

13. Y. Guan et al., "Isolation and Characterization of Viruses Related to the SARS Coronavirus from Animals in Southern China", *Science*, 2003, p. 278.

14. Wendong Li et al., "Bats Are Natural Reservoirs of SARS-like Coronavirus", *Science*, 2005, p. 678.

15. Robin A. Weiss et Angela R. McLean, "What Have We Learnt from SARS ?", *Philosophical Transactions of the Royal Society of London*, 2004, p. 1139.

V. Le cerf, le perroquet et le gamin d'à côté

1. Christopher Sexton, *The Seeds of Time : The Life of Sir Macfarlane Burnet*, Oxford, Oxford University Press, 1991, p. 93.

2. « An Example of "Public Hysteria" Commensurate with Flagellation », *The Washington Post,* 26 janvier 1930, p. 1.

3. G. E. Van Rooyen, "The Early History of Psittacosis", *in* F. R. Beaudette, *Psittacosis : Diagnosis, Epidemiology and Control,* New Brunswick, NJ, Rutgers University Press, 1955, p. 4.

4. *Ibid.*, p. 5.

5. Paul De Kruif, *Men against Death*, New York, Harcourt, Brace and Company, 1932, p. 178.

6. F. M. Burnet et Jean MacNamara, "Human *Psittacosis* in Australia", *The Medical Journal of Australia,* 1936, p. 88.

7. E. H. Derrick, "Q Fever, A New Fever Entity : Clinical Features, Diagnosis and Laboratory Investigation.", *The Medical Journal of Australia,* 1937, p. 281.

8. F. M. Burnet et Mavis Freeman, "Experimental Studies on the Virus of 'Q' Fever", *The Medical Journal of Australia,* 1937, p. 299.

9. F. M Burnet, "Derrick and the Story of Q Fever", *The Medical Journal of Australia,* 1967, p. 1067.

10. *Ibid.*, p. 1068.

11. *Ibid.*

12. Joseph E. McDade, "Historical Aspects of Q Fever," *in* T. Marrie, *Q Fever. Vol. I : The Disease*, Boca Raton, CRC Press, 1990, p. 12.

13. *Ibid.*, p. 16.

14. F. M Burnet, "Derrick and the Story of Q Fever", *op. cit.*, p. 1068.

15. *Ibid.*

16. I. Karagiannis et al., "Investigation of a Q Fever Outbreak in a Rural Area of The Netherlands", *Epidemiology and Infection,* 2009, p. 1289.

17. *Ibid.*, p. 1286, 1288.

18. *Ibid.*, p. 1292.

19. F. M. Burnet, *Biological Aspects of Infectious Disease,* Cambridge, Cambridge University Press, 1940, p. 19.

20. *Ibid.*, p. 2-3.

21. *Ibid.*, p. 3.

22. *Ibid.*, p. 8.

23. *Ibid.*, p. 12.

24. *Ibid.*, p. 19.

25. *Ibid.*, p. 23.

26. *Ibid.*

27. Henry M. Feder et al., "A Critical Appraisal of Chronic Lyme Disease", *New England Journal of Medicine*, 2007, p. 1422.

28. Allen C. Steere et al., "Erythema Chronicum Migrans and Lyme Arthritis, The Enlarging Clinical Spectrum", *Annals of Internal Medicine*, 1977, p. 7.

29. Allen C. Steere et Stephen E. Malawista, "Cases of Lyme Disease in the United States : Locations Correlated with Distribution of *Ixodes dammini*", *Annals of Internal Medicine*, 1979, p. 730.

30. Willy Burgdorfer, "The Enlarging Spectrum of Tick-Borne *Spirochetoses* : R. R. Parker Memorial Address", *Reviews of Infectious Diseases,* 1986, p. 934.

31. Richard S. Ostfeld, *Lyme Disease : The Ecology of a Complex System*, Oxford, Oxford University Press, 2011, p. 26.

32. *Ibid.*, p. 22.

33. *Ibid.*

34. *The Dover-Sherborn Press*, 12 janvier 2011.

35. Richard S. Ostfeld, *Lyme Disease : The Ecology of a Complex System*, *op. cit.*, p. 4.

36. *Ibid.*, p. X.

37. *Ibid.*, p. 23.

38. *Ibid.*

39. *Ibid.*, p. 12.

40. *Ibid.*, p. 9.

41. *Ibid.*, p. 6-7.

42. Lynn Margulis et al., "Spirochete Round Bodies. Syphilis, Lyme Disease & AIDS : Resurgence of 'The Great Imitator ?' ", *Symbiosis*, 2009, p. 52.

VI. Et tout devient viral

1. Arnold J. Levine, *Viruses*, New York, Scientific American Library, 1992, p. 2.

2. Hans Zinsser, *Rats, Lice and History*, nouvelle éd., New York, Black Dog & Leventhal Publishers, 1934, p. 63.

3. *Ibid.*, p. 64.

4. Dorothy H. Crawford, *The Invisible Enemy : A Natural History of Viruses*, Oxford, Oxford University Press, 2000, p. 6.

5. Albert B. Sabin et Arthur M. Wright, "Acute Ascending Myelitis Following a Monkey Bite, with the Isolation of a Virus Capable of Reproducing the Disease", *Journal of Experimental Medicine*, 1934, p. 116.

6. *Ibid.*, p. 133.

7. Gregory A. Engel et al., "Human Exposure to Herpesvirus B-Seropositive Macaques, Bali, Indonesia" *Emerging Infectious Diseases*, 2002, p. 792.

8. Robin A. Weiss, "A Virus in Search of a Disease", *Nature*, 1988, p. 497.

9. Avis de Pasteur résumé et énoncé par René Dubos, *in* Paul W. Ewald, *Evolution of Infectious Disease*, Oxford, Oxford University Press, 1994, p. 188-189.

10. Hans Zinsser, *Rats, Lice and History*, *op. cit.*, p. 61.

11. F. M. Burnet, *Biological Aspects of Infectious Disease*, Cambridge, Cambridge University Press, 1940, p. 37.

12. William H. McNeill, *Plagues and Peoples*, New York, Anchor Books, 1976, p. 9.

13. ProMED-mail, 22 avril 2011.

14. ProMED-mail, 1er avril 2011.

15. Frank Fenner et F. N. Ratcliffe, *Myxomatosis*, Cambridge, Cambridge University Press, 1965, p. 17.

16. *Ibid.*, p. 276.

17. Frank Fenner, "Biological Control, as Exemplified by Smallpox Eradication and Myxomatosis", *Proceedings of the Royal Society*, 1983, p. 265.

18. Roy M. Anderson et Robert M. May, "Population Biology of Infectious Diseases : Part I", *Nature*, 1979, p. 361.

19. Roy M. Anderson et Robert M. May, "Coevolution of Hosts and Parasites", *Parasitology*, 1982, p. 411.

20. *Ibid.*, p. 424.

VII. Hôtes célestes

1. *New Straits Times*, 7 janvier 1999.

2. L'expert cité dans une interview du programme télévisé australien *60 Minutes* n'était autre que Hume Field.

3. Joel M. Montgomery et al., "Risk Factors for Nipah Virus Encephalitis in Bangladesh", *Emerging Infectious Diseases*, 2008, p. 1529, tableau 2.

4. Emily S. Gurley et al., "Person-to-Person Transmission of Nipah Virus in a Bangladeshi Community", *Emerging Infectious Diseases*, 2007, p. 1036.

5. Stephen P. Luby et al., "Foodborne Transmission of Nipah Virus, Bangladesh", *Emerging Infectious Diseases*, 2006, p. 1892.

6. Richard Preston, *The Hot Zone*. New York, Random House, 1994.

7. Charles H. Calisher et al. "Bats : Important Reservoir Hosts of Emerging Viruses", *Clinical Microbiology Reviews*, 2006, p. 536.

8. *Ibid.*, p. 541.

9. *Ibid.*, p. 540.

10. *Ibid.*, p. 539.

11. Jonathan S. Towner et al., "Isolation of Genetically Diverse Marburg Viruses from Egyptian Fruit Bats", *PLoS Pathogens*, 2009, p. 2.

12. E. M. Leroy et al., "Human Ebola Outbreak Resulting from Direct Exposure to Fruit Bats in Luebo, Democratic Republic of Congo, 2007", *Vector-Borne and Zoonotic Diseases*, 2009, p. 5.

13. *Ibid.*, p. 6.

14. *Ibid.*, p. 5.

VIII. Le chimpanzé et la rivière

1. M. S. Gottlieb et al., "*Pneumocystic* Pneumonia – Los Angeles." *Morbidity and Mortality Weekly Report*, 5 juin 1981 ; p. 251.

2. Arthur E. Pitchenik et al., "Opportunistic Infections and Kaposi's Syndrome among Haitians : Evidence of a New Acquired Immunodeficiency State", *Annals of Internal Medicine*, 1983, p. 277.

3. Wikipedia, "Gaëtan Dugas" citant D. M. Auerbach et al., "Cluster of Cases of the Acquired Immune Deficiency Syndrome. Patients Linked by Sexual Contact", *The American Journal of Medicine*, 1984, bien que je ne retrouve pas trace de cette affirmation dans cet article.

4. Randy Shilts, *And the Band Played On : Politics, People, and the AIDS Epidemic*, New York, St Martin's Griffin, 1987, p. 47.

5. *Ibid.*, p. 165.

6. D. M. Auerbach et al., "Cluster of Cases of the Acquired Immune Deficiency Syndrome. Patients Linked by Sexual Contact", *op. cit.*, p. 490.

7. Randy Shilts, *And the Band Played On : Politics, People, and the AIDS Epidemic, op. cit.*, p. 23.

8. *Ibid.*, p. 6.

9. Luc Montagnier, *Des virus et des hommes*, Odile Jacob, 1994, p. 43.

10. J. A. Levy et al., "Isolation of Lymphocytopathic Retroviruses from San Francisco Patients with AIDS", *Science*, 1984, p. 840.

11. *Ibid.*, p. 842.

12. Max Essex et Phyllis J. Kanki, "The Origins of the AIDS Virus", *Scientific American*, 1988, p. 68.

13. *Ibid.*

14. *Ibid.*, p. 69.

15. Carel Mulder, "Human AIDS Virus Not from Monkeys", *Nature*, 1988, p. 396.

16. M. Fukasawa et al., "Sequence of Simian Immunodeficiency Virus from African Green Monkey, A New Member of the HIV/SIV Group", *Nature*, 1988, p. 457.

17. M. Murphey-Corb et al., "Isolation of an HTLV-III-related Retrovirus from Macaques with Simian AIDS and Its Possible Origin in Asymptomatic Mangabeys", *Nature*, 1986, p. 437.

18. V. M. Hirsch et al., "An African Primate Lentivirus (SIVsm) Closely Related to HIV-2", *Nature*, 1989, p. 389.

19. Michael Willrich, *Pox : An American History*, New York, Penguin, 2011, p. 181.

20. Tom Curtis, "The Origin of AIDS", *Rolling Stone*, 19 mars 1992, p. 21.

21. *Ibid.*

22. Edward Hooper, *The River : A Journey to the Source of HIV and AIDS*, Boston, Little, Brown & Cie, 1999, p. 4.

23. Michael Worobey et al., "Direct Evidence of Extensive Diversity of HIV-1 in Kinshasa by 1960", *Nature*, 2008, p. 663.

24. Robin A. Weiss et Richard W. Wrangham, "From *PAN* to Pandemic", *Nature*, 1999, p. 385.

25. Brandon F. Keele et al., "Chimpanzee Reservoirs of Pandemic and Nonpandemic HIV-1", *Science*, 2006, p. 526.

26. Beatrice H. Hahn, et al., "AIDS as a Zoonosis : Scientific and Public Health Implications", *Science*, 2000, p. 611.

27. Phyllis M. Martin, *Leisure and Society in Colonial Brazzaville*, Cambridge, Cambridge University Press, 2002, p. 25.

28. Jacques Pépin, *The Origins of AIDS*, Cambridge, Cambridge University Press, 2011, p. 90.

29. Philip Cohen, “Chimps Have Already Conquered AIDS”, *New Scientist*, 24 août 2002, p. 15.

30. Brandon F. Keele et al., “Increased Mortality and AIDS-like Immunopathology in Wild Chimpanzees Infected with SIVcpz”, *Nature*, 2009, p. 515.

31. Jacques Pépin, *The Origins of AIDS*, *op. cit.*, p. 164.

32. *Ibid.*, p. 164.

33. *Ibid.*, p. 161.

34. *Ibid.*, p. 196.

IX. Tout dépendra…

1. Alan A. Berryman, “The Theory and Classification of Outbreaks”, *in* P. Barbosa et J. C. Schultz, *Insect Outbreaks*, San Diego, Academic Press, 1987, p. 3.

2. Edward O. Wilson, “The Bottleneck”, *Scientific American*, février 2002, p. 86.

3. Judith H. Myers, “Population Outbreaks in Forest Lepidoptera”, *American Scientist*, 1993, p. 240.

4. Donald S. Burke, “Evolvability of Emerging Viruses”, *in* A. M. Nelson et C. Robert Horsburgh, *Pathology of Emerging Infections 2*, Washington, ASM Press, 1998, p. 7.

Lexique

Acide picrique : petite molécule servant d'agent fixateur pour les tissus cellulaires à observer au microscope.

Adénine : une des quatre bases nucléiques de l'ADN. L'adénine se lie habituellement avec la thymine sur l'autre brin de l'ADN.

ADN (acide désoxyribonucléique) : l'ADN est une longue molécule en double hélice, le support de l'information génétique héréditaire que l'on appelle le génome. Il est présent dans chaque cellule de tout être vivant et également dans de nombreux virus. C'est un acide nucléique, il est donc composé d'une succession de nucléotides dont l'ordre d'enchaînement très précis correspond à l'information génétique.

Amorce consensus : courte séquence d'ARN ou d'ADN servant à démarrer le processus de séquençage ou de réplication d'acides nucléiques par une enzyme polymérase.

Anophèle : type de moustiques dont certaines espèces peuvent véhiculer l'agent du paludisme, le parasite *Plasmodium.*

Anticorps : protéine produite dans le sang par le système immunitaire pour reconnaître un élément étranger et permettre son élimination de l'organisme.

Antirétrovirus : médicament visant à empêcher l'action infectieuse d'un rétrovirus dans l'organisme.

ARN (acide ribonucléique) : comme l'ADN, il est présent dans toutes les cellules des êtres vivants mais aussi dans certains virus. Plus court que l'ADN et composé d'un seul brin, l'ARN correspond à une copie d'une partie de l'information présente dans l'ADN.

Baculovirus : famille de virus infectant les arthropodes.

Charge virale : concentration de virus présente dans le sang d'un organisme infecté.

Cluster : de l'anglais *cluster,* « groupe » ou « grappe ». Synonyme de « foyer » en français, lieu où la concentration d'individus infectés par un virus est importante.

Coronavirus : type de virus à l'origine d'infections respiratoires chez l'homme et chez certains animaux. Cette appellation a été inspirée par de petites excroissances à la périphérie du virus qui lui donnent un aspect de couronne.

Corps rond : état d'une bactérie lorsqu'elle est attaquée par des antibiotiques et change de forme, devenant alors extrêmement difficile à détecter et à combattre.

Cytoplasme : partie entourant le noyau d'une cellule. Le cytoplasme est lui-même contenu par la membrane de la cellule.

Cytosine : une des quatre bases nucléiques de l'ADN. La cytosine se lie habituellement avec la guanine sur l'autre brin de l'ADN.

Débordement : on parle de débordement lorsqu'un agent pathogène présent dans une espèce-réservoir infecte une nouvelle espèce hôte (saut d'espèce).

Effet cytopathique : altération du métabolisme, de la biochimie ou de la morphologie des cellules à la suite de leur infection par un virus.

Émergence : processus au cours duquel un virus apparaît et commence à se répandre au sein d'une population ou d'une espèce donnée.

Entérovirus : type de virus à ARN simple brin responsables de diverses maladies dont la poliomyélite. Ils sont extrêmement résistants aux agents extérieurs, ce qui leur confère une longue durée de vie hors du corps humain.

Enzyme : protéine ayant une fonction de catalyseur, d'accélérateur des réactions chimiques dans l'organisme.

Épizootie : épidémie chez l'animal touchant une ou plusieurs espèces.

Étiologie : étude des causes d'une maladie.

Filovirus : groupe de virus à ARN simple brin d'aspect filamenteux comportant essentiellement les virus Ebola et Marburg.

Formaldéhyde : gaz incolore toxique utilisé notamment comme puissant désinfectant.

Fringillidés : oiseaux de la famille des passereaux.

Gamétocyte : cellule germinale à l'origine de la production des ovules chez la femelle ou des spermatozoïdes chez le mâle.

Génome : il contient l'ensemble des informations génétiques d'un organisme. Il est présent dans chaque cellule, contenu dans l'ADN ou, dans le cas de certains virus, dans l'ARN.

Guanine : une des quatre bases nucléiques de l'ADN. La guanine se lie habituellement avec la cytosine du brin opposé dans l'ADN.

Hantavirus : virus à ARN simple brin provoquant des fièvres hémorragiques et des syndromes pulmonaires chez l'homme.

Hémagglutinine : protéine présente à la surface du virus de la grippe qui lui permet de se fixer à la cellule hôte.

Hépadnavirus : famille de virus à ADN double brin dont les responsables de l'hépatite B chez l'homme et d'hépatites chez divers animaux.

Herpèsvirus : famille de virus à ADN double brin provoquant des maladies chez l'homme, parmi lesquelles on trouve les herpès et la varicelle.

Hôte : organisme hébergeant un parasite. Une cellule hôte désigne une cellule infectée par un virus.

Iatrogène : se dit d'une manifestation pathologique résultant d'un acte médical ou de la prise d'un médicament initialement destiné à garder le patient en bonne santé.

Iridovirus : type de virus à ADN touchant les animaux, principalement les poissons et les amphibiens, et causant des nécroses avec une mortalité élevée.

Leptospirose : maladie infectieuse causée par une bactérie spirochète dont le réservoir biologique peut être le rat mais aussi le chien ou le bétail.

Lymphocyte : type de globule blanc présent dans le sang et la lymphe responsable de l'immunité adaptative de l'organisme.

Lymphocyte T : globules blancs présents dans le sang et la lymphe qui interviennent dans la réponse immunitaire adaptative des vertébrés.

Lyssavirus : type de virus à ARN simple brin dont fait partie celui de la rage (chez l'homme et divers animaux).

Mérozoïte : nom donné au parasite responsable du paludisme lors de sa phase de reproduction asexuée dans le foie de l'hôte.

Monophylétique : dans la classification des êtres vivants, se dit d'un groupe porteur de l'espèce souche dont descendent tous ses membres.

Morbillivirus : famille de virus à ARN simple brin comprenant par exemple les virus de la rougeole et de la peste bovine.

Neuraminidase : comme l'hémagglutinine, la neuraminidase est présente à la surface du virus de la grippe. Cette enzyme permet au virus de ressortir de la cellule hôte.

Nucléotides : petites molécules composant les acides nucléiques tels que l'ADN ou l'ARN.

Oocyste : cellule œuf encapsulée du parasite responsable du paludisme qui résulte de la fusion des gamètes mâle et femelle chez le moustique vecteur de la maladie.

Orthomyxovirus : famille de virus à ARN simple brin comprenant notamment les virus de la grippe.

Ovigère : se dit d'un corps portant des œufs.

Papillomavirus : type de petits virus à ADN dont certains causent chez l'être humain les verrues et le cancer du col de l'utérus.

Paramyxovirus : famille de virus à ARN simple brin comprenant notamment les morbillivirus (virus de la rougeole chez l'être humain).

Phylogenèse : étude des relations de parenté entre espèces qui permet de retracer leur histoire évolutive.

Phylogenèse moléculaire : phylogenèse fondée sur la comparaison des génomes ou des protéines des espèces.

Picornavirus : famille de virus à ARN simple brin de petites tailles, comprenant entre autres des virus responsables de rhumes (rhinovirus) ainsi que le poliovirus (entérovirus).

Plasmaphérèse : méthode datant des années 1970 consistant à prélever le sang puis à le restituer au donneur après extraction du plasma via un filtre ou une centrifugeuse. Cette méthode fut abandonnée lorsque l'on s'aperçut que la machine employée était susceptible de transmettre des virus potentiellement présents dans le plasma des différents donneurs.

Pneumocystose : infection pulmonaire grave due à un champignon unicellulaire. Elle résulte le plus souvent d'une immunodépression causée par des médicaments contre le rejet de greffe ou le virus du sida.

Polymérase : type d'enzymes chargées de la réplication d'un brin d'ADN ou d'ARN, le plus souvent complémentaire d'un autre brin d'ADN ou d'ARN, présente chez tous les organismes vivants et les virus.

Polyphylétique : un groupe polyphylétique est un ensemble d'espèces qui n'ont pas d'ancêtre commun.

Polyédrose nucléaire : maladie causée par un virus à ADN de la famille des baculovirus affectant les insectes et notamment les papillons.

Poxvirus : type de virus à ADN causant l'apparition de pustules sur la peau chez l'être humain. Le plus connu est celui de la variole, maladie mortelle éradiquée en 1980 grâce aux efforts de l'Organisation mondiale de la santé (OMS).

Prévalence : mesure, généralement exprimée en pourcentage (taux de prévalence), permettant d'évaluer la proportion de malades au sein d'une population à un moment donné.

Protéase : enzyme qui dégrade les protéines en coupant des liaisons entre leurs acides aminés.

Protiste : micro-organisme unicellulaire doté d'un noyau.

Protozoaire : protiste mobile capable d'ingérer sa nourriture. Les agents responsables du paludisme sont des protozoaires.

Recombinaison (recombinaison génétique) : échange de séquences d'ADN entre deux parties du génome, qui peut modifier les propriétés de certains gènes.

Réservoir : se dit d'une espèce abritant le développement habituel d'un agent pathogène.

Rétrovirus : famille de virus dont le génome composé d'ARN simple brin est transcrit sous forme d'ADN capable de s'insérer dans le génome de la cellule hôte.

Rotavirus : type de virus à ARN double brin responsables de gastro-entérites et de diarrhées aiguës chez l'enfant potentiellement mortelles.

Schistosomiase : maladie parasitaire majeure (la deuxième plus répandue au monde après le paludisme), causée par un ver plat et affectant généralement la vessie, les intestins ou le système artérioveineux.

Schizonte : phase à plusieurs noyaux du parasite responsable du paludisme lorsqu'il infecte le foie ou les globules rouges de son hôte.

Séroprévalence : taux d'individus dans une population donnée ayant été exposés à un virus et développé des anticorps pour y résister.

Spicules : petites pointes en forme d'aiguilles, constitutives du squelette de certains invertébrés.

Spirochète : type de bactéries parasites en forme de spirale comprenant notamment les agents de la syphilis, de la leptospirose ou de la maladie de Lyme.

Sporozoïte : nom donné à la forme infectieuse de l'agent du paludisme une fois dans le sang du mammifère ou la salive du moustique parasités.

Taux de létalité : proportion d'individus décédés parmi ceux touchés par cette maladie.

Thymine : une des quatre bases nucléiques de l'ADN. La thymine se lie habituellement avec l'adénine sur l'autre brin de l'ADN.

Trophozoïte : nom donné à l'une des formes de l'agent responsable du paludisme quand il se nourrit au sein des cellules sanguines.

Vecteur : organisme qui, sans être lui-même pathogène, va jouer le rôle d'intermédiaire infectieux en transmettant l'agent d'une maladie d'un hôte à l'autre.

Virion : particule virale contenant notamment le génome (ADN ou ARN) infectieux.

Virosphère : ensemble des virus au sein de la biosphère.

Zoonose : maladie infectieuse ou parasitaire transmissible de l'animal à l'homme et de l'homme à l'animal. L'infection peut être directe entre les êtres vivants mais aussi passer par la consommation de produits d'origine animale.

BIBLIOGRAPHIE

Abraham, Thomas. 2007. *Twenty-First Century Plague : The Story of SARS.* Baltimore : The Johns Hopkins University Press.

AbuBakar, Sazaly, Li-Yen Chang, A. R. Mohd Ali, S. H. Sharifah, Khatijah Yusoff, and Zulkeflie Zamrod. 2004. "Isolation and Molec- ular Identification of Nipah Virus from Pigs." *Emerging Infectious Dis- eases,* 10 (12).

Aguirre, A. Alonso, Richard S. Ostfeld, Gary M. Tabor, Carol House, and Mary C. Pearl, eds. 2002. *Conservation Medicine : Ecological Health in Practice.* Oxford : Oxford University Press.

Alibek, Ken. 1999. *Biohazard : The Chilling True Story of the Largest Covert Biological Weapons Program in the World—Told from the Inside by the Man Who Ran It.* With Stephen Handelman. New York : Delta/Dell Publishing.

Anderson, Roy M., and Robert M. May. 1978. "Regulation and Stability of Host-Parasite Population Interactions." *Journal of Animal Ecology,* 47.

———. 1979. "Population Biology of Infectious Diseases : Part I." *Nature,* 280.

———. 1980. "Infectious Diseases and Populations of Forest Insects." *Science,* 210.

———. 1982. "Coevolution of Hosts and Parasites." *Parasitology,* 85.

———. 1992. *Infectious Diseases of Humans : Dynamics and Control.* Oxford : Oxford University Press.

Arricau-Bouvery, Nathalie, and Annie Rodolakis. 2005. "Is Q Fever an Emerging or Re-emerging Zoonosis ?" *Veterinary Research,* 36.

Auerbach, D. M., W. W. Darrow, H. W. Jaffe, and J. W. Curran. 1984. "Cluster of Cases of the Acquired Immune Deficiency Syndrome. Patients Linked by Sexual Contact." *The American Journal of Medicine,* 76 (3).

Bacon, Rendi Murphree, Kiersten J. Kugeler, and Paul S. Mead. 2008. "Surveillance for Lyme Disease – United States, 1992–2006." *Morbidity and Mortality Weekly Report,* 57.

Bailes, Elizabeth, Feng Gao, Frederic Biboilet-Ruche, Valerie Courgnaud, Martine Peeters, Preston A. Marx, Beatrice H. Hahn, and Paul M. Sharp. 2003. "Hybrid Origin of SIV in Chimpanzees." *Science,* 300.

Baize, S., E. M. Leroy, M. C. Georges-Courbot, J. Lansoud-Soukate, P. Debré, S. P. Fisher-Hoch, J. B. McCormick, and A. J. Georges. 1999. "Defective Humoral Responses and Extensive Intravascular Apoptosis are Associated with Fatal Outcome in Ebola Virus-Infected Patients." *Nature Medicine,* 5 (4).

Barbosa, Pedro, and Jack C. Schultz, eds. 1987. *Insect Outbreaks.* San Diego : Academic Press.

Barin, F., S. M'Boup, F. Denis, P. Kanki, J. S. Allan, T. H. Lee, and M. Essex. 1985. "Serological Evidence for Virus Related to Simian T-Lymphotropic Retrovirus III in Residents of West Africa." *The Lancet,* 2.

Barré-Sinoussi, F., J. C. Cherrmann, F. Rey, M. T. Nugeyre, S. Chamaret, J. Gruest, C. Dauguet, et al. 1983. "Isolation of a T-Lymphotropic Retrovirus from a Patient at Risk for Acquired Immune Deficiency Syndrome (AIDS)." *Science,* 220.

Barré-Sinoussi, Françoise. 2003a. "The Early Years of HIV Research : Integrating Clinical and Basic Research." *Nature Medicine,* 9 (7).

———. 2003b. "Barré-Sinoussi Replies." *Nature Medicine,* 9 (7).

Barry, John M. 2005. *The Great Influenza : The Epic Story of the Deadliest Plague in History.* New York : Penguin Books.

Beaudette, F. R., ed. 1955. *Psittacosis : Diagnosis, Epidemiology and Control.* New Brunswick, NJ : Rutgers University Press.

Beheyt, P. 1953. "*Contribution à l'étude des hépatites en Afrique. L'hépatite épidémique et l' hépatite par inoculation.*" *Annales de la Société belge de médecine tropicale.*

Bermejo, Magdalena, José Domingo Rodríguez-Teijeiro, Germán Illera, Alex Barroso, Carles Vilà, and Peter D. Walsh. 2006. "Ebola Outbreak Killed 5000 Gorillas." *Science,* 314.

Bernoulli, Daniel. 2004. "An Attempt at a New Analysis of the Mortality Caused by Smallpox and of the Advantages of Inoculation to Prevent It." Reprinted in *Reviews in Medical Virology,* 14.

Berryman, Alan A. 1987. "The Theory and Classification of Outbreaks." In *Insect Outbreaks,* ed. P. Barbosa and J. C. Schultz. San Diego : Academic Press.

Biek, Roman, Peter D. Walsh, Eric M. Leroy, and Leslie A. Real. 2006. "Recent Common Ancestry of Ebola Zaire Virus Found in a Bat Reservoir." *PLoS Pathogens,* 2 (10).

Blum, L. S., R. Khan, N. Nahar, and R. F. Breiman. 2009. "In-Depth Assessment of an Outbreak of Nipah Encephalitis with Person-to- Person Transmission in Bangladesh : Implications for Prevention and Control Strategies." *American Journal of Tropical Medicine and Hygiene,* 80 (1).

Boaz, Noel T. 2002. *Evolving Health : The Origins of Illness and How the Modern World Is Making Us Sick.* New York : John Wiley and Sons.

Boulos, R., N. A. Halsey, E. Holt, A. Ruff, J. R. Brutus, T. C. Quin, M. Adrien, and C. Boulos. 1990. "HIV-1 in Haitian Women 1982-1988." *Journal of Acquired Immune Deficiency Syndromes,* 3.

Breman, Joel G., Karl M. Johnson, Guido van der Groen, C. Brian Robbins, Mark V. Szczeniowski, Kalisa Ruti, Patrician A. Webb, et al. 1999. "A Search for Ebola Virus in Animals in the Democratic Republic of the Congo and Cameroon : Ecologic, Virologic, and Serologic Surveys, 1979-1980." In *Ebola : The Virus and the Disease,* ed. C. J. Peters and J. W. LeDuc. Special issue of *The Journal of Infectious Diseases,* 179 (S1).

Brown, Corrie. 2001. "Update on Foot-and-Mouth Disease in Swine." *Journal of Swine and Health Production,* 9 (5).

Brownlee, John. 1907. "Statistical Studies in Immunity : The Theory of an Epidemic." *Proceedings of the Royal Society of Edinburgh,* 26.

Burgdorfer, W., A. G. Barbour, S. F. Hayes, J. L. Benach, E. Grunwaldt, and J. P. Davis. 1982. "Lyme Disease – A Tick-Borne *Spirochetosis* ?" *Science,* 216.

Burgdorfer, Willy. 1986. "The Enlarging Spectrum of Tick-Borne *Spirochetoses* : R. R. Parker Memorial Address." *Reviews of Infectious Diseases,* 8 (6).

Burke, Donald S. 1998. "Evolvability of Emerging Viruses." In *Pathology of Emerging Infections 2,* ed. A. M. Nelson and C. Robert Horsburgh, Jr. Washington : ASM Press.

Burnet, F. M. 1934. "*Psittacosis* in Australian Parrots." *The Medical Journal of Australia,* 2.

———. 1940. *Biological Aspects of Infectious Disease.* Cambridge : Cambridge University Press.

Burnet, F. M., and Mavis Freeman. 1937. "Experimental Studies on the Virus of 'Q' Fever." *The Medical Journal of Australia,* 2.

Burnet, F. M., and Jean MacNamara. 1936. "Human *Psittacosis* in Australia." *The Medical Journal of Australia,* 2.

Burnet, MacFarlane. 1967. "Derrick and the Story of Q Fever." *The Medical Journal of Australia,* 2 (24).

Bwaka, M. A., M. J. Bonnet, P. Calain, R. Colebunders, A. De Roo, Y. Guimard, K. R. Katwiki, et al. 1999. "Ebola Hemorrhagic Fever in Kikwit, Democratic Republic of the Congo : Clinical Observations in 103 Patients." In *Ebola : The Virus and the Disease,* ed. C. J. Peters and J. W. LeDuc. Special issue of *The Journal of Infectious Diseases,* 179 (S1).

Bygbjerg, I. C. 1983. "AIDS in a Danish Surgeon (Zaire, 1976)." *The Lancet,* 1 (2).

Caillaud, D., F. Levréro, R. Cristescu, S. Gatti, M. Dewas, M. Douadi, A. Gautier-Hion, et al. 2006. "Gorilla Susceptibility to Ebola Virus : The Cost of Sociality." *Current Biology,* 16 (13).

Calisher, Charles H., James E. Childs, Hume E. Field, Kathryn V. Holmes, and Tony Schountz. 2006. "Bats : Important Reservoir Hosts of Emerging Viruses." *Clinical Microbiology Reviews,* 19 (3).

Chen, Hualan, Yanbing Li, Zejun Li, Jianzhong Shi, Kyoko Shinya, Guohua Deng, Qiaoling Qi, et al. 2006. "Properties and Dissemination of H5N1 Viruses Isolated during an Influenza Outbreak in Migratory Waterfowl in Western China." *Journal of Virology,* 80 (12).

Chin, William, Peter G. Contacos, G. Robert Coatney, and Harry R. Kimball. 1965. "A Naturally Acquired Quotidian-Type Malaria in Man Transferable to Monkeys." *Science,* 149.

Chitnis, Amit, Diana Rawls, and Jim Moore. 2000. "Origin of HIV Type 1 in Colonial French Equatorial Africa ?" *AIDS Research and Human Retroviruses*, 16 (1).

Chua, K. B., W. J. Bellini, P. A. Rota, B. H. Harcourt, A. Tamin, S. K. Lam, T. G. Ksiazek, et al. 2000. "Nipah Virus : A Recently Emergent Deadly Paramyxovirus." *Science*, 288.

Chua, K. B., B. H. Chua, and C. W. Wang. 2002. "Anthropogenic Deforestation, El Niño and the Emergence of Nipah Virus in Malaysia." *Malaysian Journal of Pathology*, 24 (1).

Chua, K. B., K. J. Goh, K. T. Wong, A. Kamarulzaman, P. S. Tan, T. G. Ksiazek, S. R. Zaki, et al. 1999. "Fatal Encephalitis Due to Nipah among Pig-Farmers." *The Lancet*, 354.

Chua, K. B., C. L. Koh, P. S. Hooi, K. F. Wee, J. H. Khong, B. H. Chua, Y. P. Chan, et al. 2002. "Isolation of Nipah Virus from Malaysian Island Flying-Foxes." *Microbes and Infection*, 4.

Chua, Kaw Bing. 2002. "Nipah Virus Outbreak in Malaysia." *Journal of Clinical Virology*, 26.

———. 2010. "Risk Factors, Prevention and Communication Strategy during Nipah Virus Outbreak in Malaysia." *Malaysian Journal of Pathology*, 32 (2).

Chua, Kaw Bing, Gary Crameri, Alex Hyatt, Meng Yu, Mohd Rosli Tompang, Juliana Rosli, Jennifer McEachern, et al. 2007. "A Previously Unknown Reovirus of Bat Origin Is Associated with an Acute Respiratory Disease in Humans." *Proceedings of the National Academy of Sciences*, 104 (27).

Churchill, Sue. 1998. *Australian Bats*. Sydney : New Holland Publishers.

Clavel, F., D. Guétard, F. Brun-Vézinet, S. Chamaret, M. A. Rey, M. O. Santos-Ferreira, A. G. Laurent, et al. 1986. "Isolation of a New Human Retrovirus from West African Patients with AIDS." *Science*, 233.

Coatney, G. Robert, William E. Collins, and Peter G. Contacos. 1971. "The Primate Malarias." Bethesda, Maryland : National Institutes of Health.

Cohen, Philip. 2002. "Chimps Have already Conquered AIDS." *New Scientist*, August 24.

Cohn, Samuel K., Jr. 2003. *The Black Death Transformed : Disease and Culture in Early Renaissance Europe*. London : Arnold.

Cornejo, Omar E., and Ananias A. Escalante. 2006. "The Origin and Age of *Plasmodium vivax*." *Trends in Parasitology*, 22 (12).

Cory, Jenny S., and Judith H. Myers. 2003. "The Ecology and Evolution of Insect Baculoviruses." *Annual Review of Ecology, Evolution, and Systematics*, 34.

———. 2009. "Within and Between Population Variation in Disease Resistance in Cyclic Populations of Western Tent Caterpillars : A Test of the Disease Defence Hypothesis." *Journal of Animal Ecology*, 78.

Cox-Singh, J., T. M. Davis, K. S. Lee, S. S. Shamsul, A. Matusop, S. Ratnam, H. A. Rahman, et al. 2008. "*Plasmodium knowlesi* Malaria in Humans Is Widely Distributed and Potentially Life Threatening." *Clinical Infectious Diseases*, 46.

Cox-Singh, Janet, and Balbir Singh. 2008. "Knowlesi Malaria : Newly Emergent and of Public Health Importance ?" *Trends in Parasitology*, 24 (9).

Crawford, Dorothy H. 2000. *The Invisible Enemy : A Natural History of Viruses.* Oxford : Oxford University Press.

Crewdson, John. 2002. *Science Fictions : A Scientific Mystery, a Massive Coverup, and the Dark Legacy of Robert Gallo.* Boston : Little, Brown.

Crosby, Alfred W. 1989. *America's Forgotten Pandemic : The Influenza of 1918.* Cambridge : Cambridge University Press.

Curtis, Tom. 1992. "The Origin of AIDS." *Rolling Stone,* March 19.

Daniel, M. D., N. L. Letvin, N. W. King, M. Kannagi, P. K. Sehgal, R. D. Hunt, P. J. Kanki, et al. 1985. "Isolation of T-Cell Tropic HTLV-III-like Retrovirus from Macaques." *Science,* 228.

Daszak, P., A. A. Cunningham, and A. D. Hyatt. 2001. "Anthropogenic Environmental Change and the Emergence of Infectious Diseases in Wildlife." *Acta Tropica,* 78.

Daszak, Peter, Andrew H. Cunningham, and Alex D. Hyatt. 2000. "Emerging Infectious Diseases of Wildlife–Threats to Biodiversity and Human Health." *Science,* 287.

Davis, Gordon E., and Herald R. Cox. 1938. "A Filter-Passing Infectious Agent Isolated from Ticks." *Public Health Reports,* 53 (52).

De Groot, N. G., N. Otting, G. G. Doxiadis, S. S. Balla-Jhagjoorsingh, J. L. Heeney, J. J. van Rood, P. Gagneux, et al. 2002. "Evidence for an Ancient Selective Sweep in the MHC Class I Gene Repertoire of Chimpanzees." *Proceedings of the National Academy of Sciences,* 99 (18).

De Kruif, Paul. 1932. *Men against Death.* New York : Harcourt, Brace and Company.

Derrick, E. H. 1937. "Q Fever, A New Fever Entity : Clinical Features, Diagnosis and Laboratory Investigation." *The Medical Journal of Australia,* 2 (8).

Desowitz, Robert S. 1993. *The Malaria Capers : More Tales of Parasites, People, Research and Reality.* New York : W. W. Norton.

Diamond, Jared. 1997. *Guns, Germs, and Steel : The Fates of Human Societies.* New York : W. W. Norton.

Dobson, Andrew P., and E. Robin Carper. 1996. "Infectious Diseases and Human Population History." *BioScience,* 46 (2).

Dowdle, W. R., and D. R. Hopkins, eds. 1998. *The Eradication of Infectious Diseases.* New York : John Wiley and Sons.

Drosten, C., S. Günter, W. Preiser, S. van der Werf, H. R. Brodt, S. Becker, H. Rabenau, et al. 2003. "Identification of a Novel Coronavirus in Patients with Severe Acute Respiratory Syndrome." *New England Journal of Medicine,* 348 (20).

Drucker, Ernest, Phillip C. Alcabes, and Preston A. Marx. 2001. "The Injection Century : Massive Unsterile Injections and the Emergence of Human Pathogens." *The Lancet,* 358.

Duesberg, Peter. 1996. *Inventing the AIDS Virus.* Washington, D.C. : Regnery Publishing.

Dwyer, Greg. 1991. "The Roles of Density, Stage, and Patchiness in the Transmission of an Insect Virus." *Ecology,* 72 (2).

Dwyer, Greg, and Joseph S. Elkinton. 1993. "Using Simple Models to Predict Virus Epizootics in Gypsy Moth Populations." *Journal of Animal Ecology,* 62.

Eaton, Bryan T. 2001. "Introduction to Current Focus on Hendra and Nipah Viruses." *Microbes and Infection,* 3.

Edlow, Jonathan A. 2003. *Bull's-Eye : Unraveling the Medical Mystery of Lyme Disease.* New Haven : Yale University Press.

Elderd, B. D., J. Dushoff, and G. Dwyer. 2008. "Host-Pathogen Interactions, Insect Outbreaks, and Natural Selection for Disease Resistance." *The American Naturalist,* 172 (6).

Elderd, Bret D., Vanja M. Dukic, and Greg Dwyer. 2006. "Uncertainty in Predictions of Disease Spread and Public Health Responses to Bioterrorism and Emerging Diseases." *Proceedings of the National Academy of Sciences,* 103 (42).

Elkinton, J. S. 1990. "Populations Dynamics of Gypsy Moth in North America." *Annual Reviews of Entomology,* 35.

Emmerson, A. M., P. M. Hawkey, and S. H. Gillespie. 1997. *Principles and Practice of Clinical Bacteriology.* Chichester and New York : John Wiley and Sons.

Emond, R. T., B. Evans, E. T. Bowen, and G. Lloyd. 1977. "A Case of Ebola Virus Infection." *British Medical Journal,* 2.

Engel, Gregory A., Lisa Jones-Engel, Michael A. Schillaci, Komang Gde Suaryana, Artha Putra, Agustin Fuentes, and Richard Henkel. 2002. "Human Exposure to Herpesvirus B-Seropositive Macaques, Bali, Indonesia." *Emerging Infectious Diseases,* 8 (8).

Engel, Jonathan. 2006. *The Epidemic : A Global History of AIDS.* New York : Smithsonian Books/HarperCollins.

Enserink, Martin. 2003. "China's Missed Chance." *Science,* 301.

———. 2010. "Questions Abound in Q-Fever Explosion in The Netherlands." *Science,* 327.

Epstein, Helen. 2007. *The Invisible Cure : Why We Are Losing the Fight against AIDS in Africa.* New York : Picador.

Epstein, Jonathan H., Vibhu Prakash, Craig S. Smith, Peter Daszak, Amanda B. McLaughlin, Greer Meehan, Hume E. Field, and Andrew A. Cunningham. 2008. "*Henipavirus* Infection in Fruit Bats (*Pteropus giganteus*), India." *Emerging Infectious Diseases,* 14 (8).

Escalante, Ananias A., Omar E. Cornejo, Denise E. Freeland, Amanda C. Poe, Ester Durego, William E. Collins, and Altaf A. Lal. 2005. "A Monkey's Tale : The Origin of *Plasmodium vivax* as a Human Malaria Parasite." *Proceedings of the National Academy of Sciences,* 102 (6).

Essex, Max, and Phyllis J. Kanki. 1988. "The Origins of the AIDS Virus." *Scientific American,* 259 (4).

Essex, Max, Souleymane Mboup, Phyllis J. Kanki, Richard G. Marlink, and Sheila D. Tlou, eds. 2002. *AIDS in Africa.* 2nd ed. New York : Kluwer Academic/Plenum Publishers.

Ewald, Paul W. 1994. *Evolution of Infectious Disease.* Oxford : Oxford University Press.

Feder, Henry M., Jr., Barbara J. B. Johnson, Susan O'Connell, Eugene D. Shapiro, Allen C. Steere, Gary P. Wormser, and the Ad Hoc International Lyme Disease Group. 2007. "A Critical Appraisal of Chronic Lyme Disease." *New England Journal of Medicine,* 357 (14).

Fenner, F. 1983. "Biological Control, as Exemplified by Smallpox Eradication and Myxomatosis." *Proceedings of the Royal Society,* B, 218.

Fenner, Frank, and F. N. Ratcliffe. 1965. *Myxomatosis.* Cambridge : Cambridge University Press.

Field, Hume. 2001. "The Natural History of Hendra and Nipha Viruses." *Microbes and Infection,* 3.

Fields, Bernard N., David M. Knipe, and Peter M. Howley, eds. 1996. *Fundamental Virology.* 3rd ed. Philadelphia : Lippincott Williams & Wilkins.

Figtree, M., R. Lee, L. Bain, T. Kennedy, S. Mackertich, M. Urban, Q. Cheng, and B. J. Hudson. 2010. "*Plasmodium knowlesi* in Human, Indonesian Borneo." *Emerging Infectious Diseases,* 16 (4).

Fine, Paul E. M. 1979. "John Brownlee and the Measurement of Infectiousness : An Historical Study in Epidemic Theory." *Journal of the Royal Statistical Society,* A, 142 (P3).

Formenty, P., C. Boesch, M. Wyers, C. Steiner, F. Donati, F. Dind, F. Walker, and B. Le Guenno. 1999. "Ebola Virus Outbreak among Wild Chimpanzees Living in a Rain Forest of Côte d'Ivoire." In *Ebola : The Virus and the Disease,* ed. C. J. Peters and J. W. LeDuc. Special issue of *The Journal of Infectious Diseases,* 179 (S1).

Freifeld, A. G., J. Hilliard, J. Southers, M. Murray, B. Savarese, J. M. Schmitt, and S. E. Strauss. 1995. "A Controlled Seroprevalence Survey of Primate Handlers for Evidence of Asymptomatic Herpes B Virus Infection." *The Journal of Infectious Diseases,* 171.

Friedman-Kein, Alvin E. 1981. "Disseminated Kaposi's Sarcoma Syndrome in Young Homosexual Men." *Journal of the American Academy of Dermatology,* 5.

Fukasawa, M., T. Miura, A. Hasegawa, S. Morikawa, H. Tsujimoto, K. Miki, T. Kitamura, and M. Hayami. 1988. "Sequence of Simian Immunodeficiency Virus from African Green Monkey, A New Member of the HIV/SIV Group." *Nature,* 333.

Gallo, R. C., P. S. Sarin, E. P. Gelmann, M. Robert-Guroff, E. Richardson, V. S. Kalyanaraman, D. Mann, et al. 1983. "Isolation of Human T-Cell Leukemia Virus in Acquired Immune Deficiency Syndrome (AIDS)." *Science,* 220.

Gallo, R. C., S. Z. Salahuddin, M. Popovic, G. M. Shearer, M. Kaplan, B. F. Haynes, T. J. Palker, et al. 1984. "Frequent Detection and Isolation of Cytopathic Retroviruses (HTLV-III) from Patients with AIDS and at Risk for AIDS." *Science,* 224.

Gallo, Robert C. 1991. *Virus Hunting : AIDS, Cancer, and the Human Retrovirus : A Story of Scientific Discovery.* New York : Basic Books.

Gallo, Robert C., and Luc Montagnier. 1988. "AIDS in 1988." *Scientific American,* 259 (4).

Galvani, Alison P., and Robert M. May. 2005. "Dimensions of Superspreading." *Nature,* 438.

Gao, F., E. Bailes, D. L. Robertson, Y. Chen, C. M. Rodenburg, S. F. Michael, L. B. Cummins, et al. 1999. "Origin of HIV-1 in the Chimpanzee *Pan troglodytes troglodytes.*" *Nature,* 397.

Garrett, Laurie. 1994. *The Coming Plague : Newly Emerging Diseases in a World Out of Balance.* New York : Farrar, Straus and Giroux.

Georges, A. J., E. M. Leroy, A. A. Renaut, C. T. Benissan, R. J. Nabias, M. T. Ngoc, P. I. Obiang, et al. 1999. "Ebola Hemorrhagic Fever Outbreaks in Gabon, 1994-1997 : Epidemiologic and Health Control Issues." In *Ebola : The Virus and the Disease,* ed. C. J. Peters and J. W. LeDuc. Special issue of *The Journal of Infectious Diseases,* 179 (S1).

Gilbert, M., Thomas P., Andrew Rambaud, Gabriela Wlasiuk, Thomas J. Spira, Arthur E. Pitchenik, and Michael Worobey. 2007. "The Emergence of HIV/AIDS in the Americas and Beyond." *Proceedings of the National Academy of Sciences,* 104 (47).

Giles-Vernick, Tamara. 2002. *Cutting the Vines of the Past : Environmental Histories of the Central African Rain Forest.* Charlottesville : University Press of Virginia.

Gopalakrishna, G., P. Choo, Y. S. Leo, B. K. Tay, Y. T. Lim, A. S. Khan, and C. C. Tan. 2004. "SARS Transmission and Hospital Containment." *Emerging Infectious Diseases,* 10 (3).

Gormus, Bobby J., Louis N. Martin, and Gary B. Baskin. 2004. "A Brief History of the Discovery of Natural Simian Immunodeficiency Virus (SIV) Infections in Captive Sooty Mangabey Monkeys." *Fron- tiers in Bioscience,* 9.

Gottlieb, M. S., H. M. Shankar, P. T. Fan, A. Saxon, J. D. Weisman, and I. Pozalski. 1981. "*Pneumocystic* Pneumonia – Los Angeles" *Morbidity and Mortality Weekly Report,* June 5.

Greenfeld, Karl Taro. 2006. *China Syndrome : The True Story of the 21st Century's First Great Epidemic.* New York : HarperCollins Publishers.

Guan, Y., B. J. Zheng, Y. Q. He, X. L. Liu, Z. X. Zhuang, C. L. Cheung, S. W. Luo, et al. 2003. "Isolation and Characterization of Viruses Related to the SARS Coronavirus from Animals in Southern China." *Science,* 302.

Gurley, Emily S., Joel M. Montgomery, M. Jahangir Hossain, Michael Bell, Abul Kalam Azad, Mohammad Rafiqul Islam, Mohammad Abdur Rahim Molla, et al. 2007. "Person-to-Person Transmission of Nipah Virus in a Bangladeshi Community." *Emerging Infectious Diseases,* 13 (7).

Hahn, Beatrice H., George M. Shaw, Kevin M. De Cock, and Paul M. Sharp. 2000. "AIDS as a Zoonosis : Scientific and Public Health Implications." *Science,* 287.

Halpin, K., P. L. Young, H. E. Field, and J. S. Mackenzie. 2000. "Isolation of Hendra Virus from Pteropid Bats : A Natural Reservoir of Hendra Virus." *Journal of General Virology,* 81.

Hamer, W. H. 1906. "Epidemic Disease in England—The Evidence of Variability and of Persistency of Type." *The Lancet,* March 17.

Harcourt, Brian H., Azaibi Tamin, Thomas G. Ksiazek, Pierre E. Rollin, Larry J. Anderson, William J. Bellini, and Paul A. Rota. 2000. "Molecular Characterization of Nipah Virus, a Newly Emergent Paramyxovirus." *Virology,* 271.

Harms, Robert W. 1981. *River of Wealth, River of Sorrow : The Central Zaire Basin in the Era of the Slave and Ivory Trade, 1500–1891.* New Haven : Yale University Press.

Harris, Richard L., and Temple W. Williams, Jr. 1985. "Contribution to the Question of Pneumotyphus : A Discussion of the Original Article by J. Ritter in 1880." *Review of Infectious Diseases,* 7 (1).

Harrison, Gordon. 1978. *Mosquitoes, Malaria and Man : A History of the Hostilities Since 1880.* New York : E. P. Dutton.

Hawgood, Barbara J. 2008. "Alexandre Yersin (1864–1943) : Discoverer of the Plague Bacillus, Explorer and Agronomist." *Journal of Medical Biography,* 16.

Hay, Simon I. 2004. "The Global Distribution and Population at Risk of Malaria : Past, Present, and Future." *Lancet Infectious Disease,* 4 (6).

Haydon, D. T., S. Cleaveland, L. H. Taylor, and M. K. Laurenson. 2002. "Identifying Reservoirs of Infection : A Conceptual and Practical Challenge." *Emerging Infectious Diseases,* 8 (12).

Hemelaar, J., E. Gouws, P. D. Ghys, and S. Osmanov. 2006. "Global and Regional Distribution of HIV-1 Genetic Subtypes and Recombinants in 2004." *AIDS,* 20 (16).

Henig, Robin Marantz. 1993. *A Dancing Matrix : Voyages along the Viral Frontier.* New York : Alfred A. Knopf.

Hennessey, A. Bennett, and Jessica Rogers. 2008. "A Study of the Bushmeat Trade in Ouesso, Republic of Congo." *Conservation and Society,* 6 (2).

Hewlett, B. S., A. Epelboin, B. L. Hewlett, and P. Formenty. 2005. "Medical Anthropology and Ebola in Congo : Cultural Models and Humanistic Care." *Bulletin de la Société de pathologie exotique,* 98 (3).

Hewlett, Barry S., and Richard P. Amola. 2003. "Cultural Contexts of Ebola in Northern Uganda." *Emerging Infectious Diseases,* 9 (10).

Hewlett, Barry S., and Bonnie L. Hewlett. 2008. *Ebola, Culture, and Politics : The Anthropology of an Emerging Disease.* Belmont, CA : Thomson Wadsworth.

Heymann, D. L., J. S. Weisfeld, P. A. Webb, K. M. Johnson, T. Cairns, and H. Berquist. 1980. "Ebola Hemorrhagic Fever : Tandala, Zaire, 1977–1978." *The Journal of Infectious Diseases,* 142 (3).

Hirsch, V. M., R. A. Olmsted, M. Murphy-Corb, R. H. Purcell, and P. R. Johnson. 1989. "An African Primate Lentivirus (SIVsm) Closely Related to HIV-2." *Nature,* 339.

Holmes, Edward C. 2009. *The Evolution and Emergence of RNA Viruses.* Oxford : Oxford University Press.

Hoong, Chua Mui. 2004. *A Defining Moment : How Singapore Beat SARS.* Singapore : Institute of Policy Studies.

Hooper, Edward. 1990. *Slim : A Reporter's Own Story of AIDS in East Africa.* London : The Bodley Head.

———. 1999. *The River : A Journey to the Source of HIV and AIDS.* Boston : Little, Brown.

———. 2001. "Experimental Oral Polio Vaccines and Acquired Immune Deficiency Syndrome." *Philosophical Transactions of the Royal Society of London,* 356.

Hsu, Vincent P., Mohammed Jahangir Hossain, Umesh D. Parashar, Mohammed Monsur Ali, Thomas G. Ksiazek, Ivan Kuzmin, Michael Niezgoda, et al. 2004. "Nipah Virus Encephalitis Reemergence, Bangladesh." *Emerging Infectious Diseases,* 10 (12).

Huff, Jennifer L., and Peter A. Barry. 2003. "B-Virus (*Cercopithecine herpesvirus* 1) Infection in Humans and Macaques : Potential for Zoonotic Disease." *Emerging Infectious Diseases,* 9 (2).

Huijbregts, Bas, Pawel De Wachter, Louis Sosthene Ndong Obiang, and Marc Ella Akou. 2003. "Ebola and the Decline of Gorilla *Gorilla gorilla* and Chimpanzee *Pan troglodytes* Populations in Minkebe Forest, North-eastern Gabon." *Oryx,* 37 (4).

Jiang, Ning, Qiaocheng Chang, Xiaodong Sun, Huijun Lu, Jigang Yin, Zaixing Zhang, Mats Wahlgren, and Qijun Chen. 2010. "Co-Infections with *Plasmodium knowlesi* and Other Malaria Parasites, Myanmar." *Emerging Infectious Diseases,* 16 (9).

Johara, Mohd Yob, Hume Field, Azmin Mohd Rashdi, Christopher Morrissy, Brenda van der Heide, Paul Rota, Azri bin Adzhar, et al. 2001. "Nipah Virus Infection in Bats (Order *Chiroptera*) in Peninsular Malaysia." *Emerging Infectious Diseases,* 7 (3).

Johnson, K. M., and Members of the International Commission. 1978. "Ebola Haemorrhagic Fever in Zaire, 1976." *Bulletin of the World Health Organization,* 56.

Johnson, Karl M. 1999. "Gleanings from the Harvest : Suggestions for Priority Actions against Ebola Virus Epidemics." In *Ebola : The Virus and the Disease,* ed. C. J. Peters and J. W. LeDuc. Special issue of *The Journal of Infectious Diseases,* 179 (S1).

Johnson, Russell C., George P. Schmid, Fred W. Hyde, A. G. Steigerwalt, and Don J. Brenner. 1984. "*Borrelia burgdorferi* sp. no. : Etiologic Agent of Lyme Disease." *International Journal of Systematic Bacteriology,* 34 (4).

Jones-Engel, L., G. A. Engel, M. A. Schillaci, A. Rompis, A. Putra, K. G. Suaryana, A. Fuentes, et al. 2005. "Primate-to-Human Retroviral Transmission in Asia." *Emerging Infectious Diseases,* 11 (7).

Jones-Engel, Lisa, Katherine A. Steinkraus, Shannon M. Murray, Gregory A. Engel, Richard Grant, Nantiya Aggimarangsee, Benjamin P. Y.-H. Lee, et al. 2007. "Sensitive Assays for Simian Foamy Viruses Reveal a High Prevalence of Infection in Commensal, Free- Ranging Asian Monkeys." *Journal of Virology,* 81 (14).

Jones-Engel, Lisa, Cynthia C. May, Gregory A. Engel, Katherine A. Steinkraus, Michael A. Schillaci, Agustin Fuentes, Aida Rompis, et al. 2008. "Diverse

Contexts of Zoonotic Transmission of Simian Foamy Viruses in Asia." *Emerging Infectious Diseases,* 14 (8).

Jongwutiwes, Somchai, Chaturong Putaporntip, Takuya Iwasaki, Tet- sutaro Sata, and Hiroji Kanbara. 2004. "Naturally Acquired *Plasmodium knowlesi* Malaria in Human, Thailand." *Emerging Infectious Diseases,* 10 (12).

Kanki, P. J., J. Alroy, and M. Essex. 1985. "Isolation of T-Lymphotropic Retrovirus Related to HTLV-III/LAV from Wild-Caught African Green Monkeys." *Science,* 230.

Kanki, P. J., M. F. MacLane, N. W. King, Jr., N. L. Letvin, R. D. Hunt, P. Sehgal, M. D. Daniel, et al. 1985. "Serologic Identification and Characterization of a Macaque T-Lymphotropic Retrovirus Closely Related to HTLV-III." *Science,* 228.

Kanki, P. J., F. Barin, S. M'Boup, J. S. Allan, J. L. Romet-Lemonne, R. Marlink, M. F. Maclane, et al. 1986. "New Human T-Lympho- tropic Retrovirus Related to Simian T-Lymphotropic Virus Type III (STVL-IIIAGM)." *Science,* 232.

Kantele, Anu, Hanspeter Marti, Ingrid Felger, Dania Müller, and T. Sakari Jokiranta, et al. 2008. "Monkey Malaria in a European Traveler Returning from Malaysia." *Emerging Infectious Diseases,* 14 (9).

Kappe, Stefan H. I., Ashley M. Vaughan, Justin A. Boddey, and Alan F. Cowman. 2010. "That Was Then But This Is Now : Malaria Research in the Time of an Eradication Agenda." *Science,* 328.

Karagiannis, I., G. Morroy, A. Rietveld, A. M. Horrevorts, M. Hamans, P. Francken, and B. Schimmer. 2007. "Q Fever Outbreak in The Netherlands : A Preliminary Report." *Eurosurveillance,* 12 (32).

Karagiannis, I., B. Schimmer, A. Van Lier, A. Timen, P. Schneeberger, B. Van Rotterdam, A. De Bruin, et al. 2009. "Investigation of a Q Fever Outbreak in a Rural Area of The Netherlands." *Epidemiology and Infection,* 137.

Karesh, William B. 1999. *Appointment at the Ends of the World : Memoirs of a Wildlife Veterinarian.* New York : Warner Books.

Karesh, William B., and Robert A. Cook. 2005. "The Animal-Human Link." *Foreign Affairs,* 84 (4).

Keele, Brandon F., Fran Van Heuverswyn, Yingying Li, Elizabeth Bailes, Jun Takehisa, Mario L. Santiago, Frederic Bibollet-Ruche, et al. 2006. "Chimpanzee Reservoirs of Pandemic and Nonpandemic HIV-1." *Science,* 313.

Keele, Brandon F., James Holland Jones, Karen A. Terio, Jacob D. Estes, Rebecca S. Rudicell, Michael L. Wilson, Yingying Li, et al. 2009. "Increased Mortality and AIDS-like Immunopathology in Wild Chimpanzees Infected with SIVcpz." *Nature,* 460.

Kermack, W. O., and A. G. McKendrick. 1927. "A Contribution to the Mathematical Theory of Epidemics." *Proceedings of the Royal Society,* A, 115.

Kestler, H. W., III, Y. Li, Y. M. Naidu, C. V. Butler, M. F. Ochs, G. Jaenel, N. W. King, et al. 1988. "Comparison of Simian Immunodeficiency Virus Isolates." *Nature,* 331.

Khan, Naveed Ahmed. 2008. *Microbial Pathogens and Human Disease.* Enfield, New Hampshire : Science Publishers.

Klenk, H.-D., M. N. Matrosovich, and J. Stech, eds. 2008. *Avian Influenza.* Basel : Karger.

Knowles, R., and B. M. Das Gupta. 1932. "A Study of Monkey-Malaria and its Experimental Transmission to Man." *The Indian Medical Gazette,* June.

Koene, R. P. M., B. Schimmer, H. Rensen, M. Biesheuvel, A. De Bruin, Lohuis, A. Horrevorts, et al. 2010. "A Q Fever Outbreak in a Psychiatric Care Institution in The Netherlands." *Epidemiology and Infection,* 139 (1).

Kolata, Gina. 2005. *Flu : The Story of the Great Influenza Pandemic of 1918 and the Search for the Virus that Caused It.* New York : Touchstone/ Simon & Schuster.

Koprowski, Hilary. 2001. "Hypothesis and Facts." *Philosophical Transactions of the Royal Society of London,* 356.

Korber, B., M. Muldoon, J. Theiler, F. Gao, R. Gupta, A. Lapedes, B. H. Hahn, et al. 2000. "Timing the Ancestor of the HIV-1 Pandemic Strains." *Science,* 288.

Krief, Sabrina, Ananias A. Escalante, M. Andreina Pacheco, Lawrence Mugisha, Claudine André, Michel Halbwax, Anne Fischer, et al. 2010. "On the Diversity of Malaria Parasites in African Apes and the Origin of *Plasmodium falciparum* from Bonobos." *PLoS Pathogens,* 6 (2).

Ksiazek, T. G., D. Erdman, C. S. Goldsmith, S. R. Zaki, T. Peret, S. Emery, S. Tong, et al. 2003. "A Novel Coronavirus Associated with Severe Acute Respiratory Syndrome." *New England Journal of Medicine,* 348 (20).

Kuhn, Jens. 2008. *Filoviruses : A Compendium of 40 Years of Epidemiological, Clinical, and Laboratory Studies.* C. H. Calisher, ed. New York : Springer-Verlag.

Lahm, S. A., M. Kobila, R. Swanepoel, and R. F. Barnes. 2006. "Morbidity and Mortality of Wild Animals in Relation to Outbreaks of Ebola Haemorrhagic Fever in Gabon, 1994-2003." *Transactions of the Royal Society of Tropical Medicine and Hygiene,* 101 (1).

Lau, Susanna K. P., Patrick C. Y. Woo, Kenneth S. M. Li, Yi Huang, Hoi-Wah Tsoi, Beatrice H. L. Wong, Samson S. Y. Wong, et al. 2005. "Severe Acute Respiratory Syndrome Coronavirus-like Virus in Chinese Horseshoe Bats." *Proceedings of the National Academy of Sciences,* 102 (39).

Lee, K. S., M.W. N. Lau, and B.P.L. Chan. 2004. "Wild Animal Trade Monitoring at Selected Markets in Guangzhou and Shenzhen, South China, 2000-2003." *Kadoorie Farm & Botanic Garden Technical Report* (2).

Le Guenno, B., P. Formenty, M. Wyers, P. Gounon, F. Walker, and C. Boesch. 1995. "Isolation and Partial Characterisation of a New Strain of Ebola." *The Lancet,* 345 (8960).

Lepore, Jill. 2009. "It's Spreading." *The New Yorker,* June 1.

Leroy, Éric M., Pierre Rouquet, Pierre Formenty, Sandrine Souquière, Annelisa Kilbourne, Jean-Marc Froment, Magdalena Bermejo, et al. 2004. "Multiple Ebola Virus Transmission Events and Rapid Decline of Central African Wildlife." *Science,* 303.

Leroy, Éric M., Brice Kumulungui, Xavier Pourrut, Pierre Rouquet, Alexandre Hassanin, Philippe Yaba, André Délicat, et al. 2005. “Fruit Bats as Reservoirs of Ebola Virus.” *Nature,* 438.

Leroy, É. M., A. Epelboin, V. Mondonge, X. Pourrut, J. P. Gonzalez, J. J. Muyembe-Tamfun, P. Formenty, et al. 2009. “Human Ebola Outbreak Resulting from Direct Exposure to Fruit Bats in Luebo, Democratic Republic of Congo, 2007.” *Vector-Borne and Zoonotic Diseases,* 9 (6).

Letvin, Norman L., Kathryn A. Eaton, Wayne R. Aldrich, Prabhat K. Sehgal, Beverly J. Blake, Stuart F. Schlossman, Norval W. King, and Ronald D. Hunt. 1983. “Acquired Immunodeficiency Syndrome in a Colony of Macaque Monkeys.” *Proceedings of the National Academy of Sciences,* 80.

Levine, Arnold J. 1992. *Viruses.* New York : Scientific American Library.

Levy, J. A., A. D. Hoffman, S. M. Kramer, J. A. Landis, J. M. Shimabukuro, and L. S. Oshiro. 1984. “Isolation of Lymphocytopathic Retroviruses from San Francisco Patients with AIDS.” *Science,* 225.

Li, Wendong, Zhengli Shi, Meng Yu, Wuze Ren, Craig Smith, Jonathan H. Epstein, Hanzhong Wang, et al. 2005. “Bats Are Natural Reservoirs of SARS-like Coronavirus.” *Science,* 310.

Liang, W., Z. Zhu, J. Guo, Z. Liu, W. Zhou, D. P. Chin, A. Schuchat, et al. 2004. “Severe Acute Respiratory Syndrome, Beijing, 2003.” *Emerging Infectious Diseases,* 10 (1).

Lillie, R. D. 1930. “*Psittacosis :* Rickettsia-like Inclusions in Man and in Experimental Animals.” *Public Health Reports,* 45 (15).

Liu, Weimin, Yingying Li, Gerald H. Learn, Rebecca S. Rudicell, Joel D. Robertson, Brandon F. Keele, Jean-Bosco N. Ndjango, et al. 2010. “Origin of the Human Malaria Parasite *Plasmodium falciparum* in Gorillas.” *Nature,* 467.

Lloyd-Smith, J. O., S. J. Schreiber, P. E. Kopp, and W. M. Getz. 2005.“Superspreading and the Effect of Individual Variation on Disease Emergence.” *Nature,* 438.

LoGiudice, Kathleen, Richard S. Ostfeld, Kenneth A. Schmidt, and Felicia Keesing. 2003. “The Ecology of Infectious Disease : Effects of Host Diversity and Community Composition on Lyme Disease Risk.” *Proceedings of the National Academy of Sciences,* 100 (2).

Luby, Stephen P., Mahmudur Rahman, M. Jahangir Hossain, Lauren S. Blum, M. Mustaq Husain, Emily Gurley, Rasheda Khan, et al. 2006. “Foodborne Transmission of Nipah Virus, Bangladesh.” *Emerging Infectious Diseases,* 12 (12).

Luby, Stephen P., M. Jahangir Hossain, Emily S. Gurley, Be-Nazir Ahmed, Shakila Banu, Salah Uddin Khan, Nusrat Homaira, et al. 2009. “Recurrent Zoonotic Transmission of Nipah Virus into Humans, Bangladesh, 2001–2007.” *Emerging Infectious Diseases,* 15 (8).

Luchavez, J., F. Espino, P. Curameng, R. Espina, D. Bell, P. Chiodini, D. Nolder, et al. 2008. “Human Infections with *Plasmodium knowlesi,* the Philippines.” *Emerging Infectious Diseases,* 14 (5).

MacDonald, George. 1953. “The Analysis of Malaria Epidemics.” *Tropical Diseases Bulletin,* 50 (10).

———. 1956. "Theory of the Eradication of Malaria." *Bulletin of the World Health Organization,* 15.

Margulis, Lynn, Andrew Maniotis, James MacAllister, John Scythes, Oystein Brorson, John Hall, Wolfgang E. Krumbein, and Michael J. Chapman. 2009. "Spirochete Round Bodies. Syphilis, Lyme Disease & AIDS : Resurgence of 'The Great Imitator ?' " *Symbiosis,* 47.

Marrie, Thomas J., ed. 1990. *Q Fever. Vol. I : Th Disease.* Boca Raton : CRC Press.

Martin, Phyllis M. 2002. *Leisure and Society in Colonial Brazzaville.* Cambridge : Cambridge University Press.

Martinsen, Ellen S., Susan L. Perkins, and Jos J. Schall. 2008. "A Three-Genome Phylogeny of Malaria Parasites (*Plasmodium* and Closely Related Genera) : Evolution of Life-History Traits and Host Switches." *Molecular Phylogenetics and Evolution,* 47.

Marx, Jean L. 1983. "Human T-Cell Leukemia Virus Linked to AIDS." *Science,* 220.

Marx, P. A., P. G. Alcabes, and E. Drucker. 2001. "Serial Human Passage of Simian Immunodeficiency Virus by Unsterile Injections and the Emergence of Epidemic Human Immunodeficiency Virus in Africa." *Philosophical Transactions of the Royal Society of London*, 356.

May, Robert. 2001. "Memorial to Bill Hamilton." *Philosophical Transactions of the Royal Society of London,* 356.

McCormack, J. G., A. M. Allworth, L. A. Selvey, and P. W. Selleck. 1999. "Transmissibility from Horses to Humans of a Novel Paramyxovius, Equine Morbillivirus (EMV)." *Journal of Infection,* 38.

McCormick, Joseph B., and Susan Fisher-Hoch. 1996. *Level 4 : Virus Hunters of the CDC.* With Leslie Alan Horvitz. Atlanta : Turner Publishing.

McCoy, G. W. 1930. "Accidental *Psittacosis* Infection among the Personnel of the Hygienic Laboratory." *Public Health Reports,* 45 (16).

McDade, Joseph E. 1990. "Historical Aspects of Q Fever." In *Q Fever. Vol. I : The Disease*, ed. T. Marrie. Boca Raton : CRC Press.

McKenzie, F. Ellis, and Ebrahim M. Samba. 2004. "The Role of Mathematical Modeling in Evidence-Based Malaria Control." *American Journal of Tropical Medicine and Hygiene,* 71.

McLean, Angela, Robert May, John Pattison, and Robin Weiss, eds. 2005. *SARS : A Case Study in Emerging Infections.* Oxford : Oxford University Press.

McNeill, William H. 1976. *Plagues and Peoples.* New York : Anchor Books.

Meiering, Christopher D., and Maxine L. Linial. 2001. "Historical Perspective of Foamy Virus Epidemiology and Infection." *Clinical Micro- biology Reviews,* 14 (1).

Meyer, K. F., and B. Eddie. 1934. "*Psittacosis* in the Native Australian Budgerigars." *Proceedings of the Society for Experimental Biology & Medicine,* 31.

Miranda, M. E. 1999. "Epidemiology of Ebola (Subtype Reston) Virus in the Philippines, 1996." In *Ebola : The Virus and the Disease,* ed. C. J. Peters and J. W. LeDuc. Special issue of *The Journal of Infectious Diseases*, 179 (S1).

Monath, Thomas P. 1999. "Ecology of Marburg and Ebola Viruses : Speculations and Directions for Future Research." In *Ebola : The Virus and the Disease,* ed. C. J. Peters and J. W. LeDuc. Special issue of *The Journal of Infectious Diseases,* 179 (S1).

Montagnier, Luc. 2000. *Virus : The Co-Discoverer of HIV Tracks Its Rampage and Charts the Future.* Translated from the French by Stephen Sartelli. New York : W. W. Norton. [Version française originale : *Des virus et des hommes,* Odile Jacob, 1994.]

———. 2003. "Historical Accuracy of HIV Isolation." *Nature Medicine,* 9 (10).

Montgomery, Joel M., Mohammed J. Hossain, E. Gurley, D. S. Carroll, A. Croisier, E. Bertherat, N. Asgari, et al. 2008. "Risk Factors for Nipah Virus Encephalitis in Bangladesh." *Emerging Infectious Diseases,* 14 (10).

Moore, Janice. 2002. *Parasites and the Behavior of Animals.* Oxford : Oxford University Press.

Morse, Stephen S., ed. 1993. *Emerging Viruses.* New York : Oxford University Press.

Mulder, Carel. 1988. "Human AIDS Virus Not from Monkeys." *Nature,* 333.

Murphey-Corb, M., L. N. Martin, S. R. Rangan, G. B. Baskin, B. J. Gormus, R. H. Wolf, W. A. Andres, et al. 1986. "Isolation of an HTLV-III-related Retrovirus from Macaques with Simian AIDS and its Possible Origin in Asymptomatic Mangabeys." *Nature,* 321.

Murray, K., R. Rogers, L. Selvey, P. Selleck, A. Hyatt, A. Gould, L. Gleeson, et al. 1995. "A Novel Morbillivirus Pneumonia of Horses and its Transmission to Humans." *Emerging Infectious Diseases,* 1 (1).

Murray, K., P. Selleck, P. Hooper, A. Hyatt, A. Gould, L. Gleeson, H. Westbury, et al. 1995. "A Morbillivirus that Caused Fatal Disease in Horses and Humans." *Science,* 268.

Myers, Judith H. 1990. "Population Cycles of Western Tent Caterpillars : Experimental Introductions and Synchrony of Fluctuations." *Ecology,* 71 (3).

———. 1993. "Population Outbreaks in Forest Lepidoptera." *American Scientist,* 81.

———. 2000. "Population Fluctuations of the Western Tent Caterpillar in Southwestern British Columbia." *Population Ecology,* 42.

Nahmias, A. J., J. Weiss, X. Yao, F. Lee, R. Kodsi, M. Schanfield, T. Matthews, et al. 1986. "Evidence for Human Infection with an HTLV III/LAV-like Virus in Central Africa, 1959." *The Lancet,* 1 (8492).

Nathanson, Neal, and Rafi Ahmed. 2007. *Viral Pathogenesis and Immunity.* London : Elsevier.

Neghina, Raul, A. M. Neghina, I. Marincu, and I. Iacobiciu. 2011. "Malaria and the Campaigns Toward its Eradication in Romania, 1923–1963." *Vector-Borne and Zoonotic Diseases,* 11 (2).

Nelson, Anne Marie, and C. Robert Horsburgh, Jr., eds. 1998. *Pathology of Emerging Infections 2.* Washington : ASM Press.

Ng, Lee Ching, Eng Eong Ooi, Cheng Chuan Lee, Piao Jarrod Lee, Oong Tek Ng, Sze Wong Pei, Tian Ming Tu, et al. 2008. "Naturally Acquired Human *Plasmodium knowlesi* Infection, Singapore." *Emerging Infectious Diseases,* 14 (5).

Normile, Dennis. 2003. "Up Close and Personal with SARS." *Science,* 300.

———. 2005. "Researchers Tie Deadly SARS Virus to Bats." *Science,* 309.

Normile, Dennis, and Martin Enserink. 2003. "Tracking the Roots of a Killer." *Science,* 301.

Novembre, F. J., M. Saucier, D. C. Anderson, S. A. Klumpp, S. P. O'Neil, C. R. Brown II, C. E. Hart, et al. 1997. "Development of AIDS in a Chimpanzee Infected with Human Immunodeficiency Virus Type 1." *Journal of Virology,* 71 (5).

Nye, Edwin R., and Mary E. Gibson. 1997. *Ronald Ross : Malariologist and Polymath.* New York : St. Martin's Press.

Oldstone, Michael B. A. 1998. *Viruses, Plagues, and History.* New York : Oxford University Press.

Olsen, S. J., H. L. Chang, T. Y. Cheung, A. F. Tang, T. L. Fisk, S. P. Ooi, H. W. Kuo, et al. 2003. "Transmission of the Severe Acute Respiratory Syndrome on Aircraft." *New England Journal of Medicine,* 349 (25).

Oshinsky, David M. 2006. *Polio : An American Story.* Oxford : Oxford University Press.

Ostfeld, Richard S. 2011. *Lyme Disease : The Ecology of a Complex System.* Oxford : Oxford University Press.

Ostfeld, Richard S., Felicia Keesing, and Valerie T. Eviner, eds. 2008. *Infectious Disease Ecology : The Effects of Ecosystems on Disease and of Disease on Ecosystems.* Princeton : Princeton University Press.

O'Sullivan, J. D., A. M. Allworth, D. L. Paterson, T. M. Snow, R. Boots, L. J. Gleeson, A. R. Gould, et al. 1997. "Fatal Encephalitis Due to Novel Paramyxovirus Transmitted from Horses." *The Lancet,* 349 (9045).

Palmer, Amos E. 1987. "B Virus, *Herpesvirus simiae :* Historical Perspective." *Journal of Medical Primatology,* 16.

Parashar, U. D., L. M. Sunn, F. Ong, A. W. Mounts, M. T. Arif, T. G. Ksiazek, M. A. Kamaluddin, et al. 2000. "Case-Control Study of Risk Factors for Human Infection with a New Zoonotic Paramyxovirus, Nipah Virus, during a 1998–1999 Outbreak of Severe Encephalitis in Malaysia." *The Journal of Infectious Diseases,* 181.

Paton, N. I., Y. S. Leo, S. R. Zaki, A. P. Auchus, K. E. Lee, A. E. Ling, S. K. Chew, et al. 1999. "Outbreak of Nipah-virus Infection among Abattoir Workers in Singapore." *The Lancet,* 354 (9186).

Pattyn, S. R., ed. 1978. *Ebola Virus Haemorrhagic Fever.* Proceedings of an International Colloquium on Ebola Virus Infection and Other Haemorrhagic Fevers held in Antwerp, Belgium, December 6-8, 1977. Amsterdam : Elsevier/North-Holland Biomedical Press.

Peeters, M., C. Honoré, T. Huet, L. Bedjabaga, S. Ossari, P. Bussi, R. W. Cooper, and E. Delaporte. 1989. "Isolation and Partial Characterization of an

HIV-related Virus Occurring Naturally in Chimpanzees in Gabon." *AIDS,* 3 (10).

Peeters, M., K. Fransen, E. Delaporte, M. Van den Haesevelde, G. M. Gershy-Damet, L. Kestens, G. van der Groen, and P. Piot. 1992. "Isolation and Characterization of a New Chimpanzee Lentivirus (Simian Immunodeficiency Virus Isolate cpz-ant) from a Wild-Captured Chimpanzee." *AIDS,* 6 (5).

Peiris, J. S. M., S. T. Lai, L. L. M. Poon, Y. Guan, L. Y. C. Yam, W. Lim, J. Nicholls, et al. 2003. "Coronavirus as a Possible Cause of Severe Acute Respiratory Syndrome." *The Lancet,* 361 (9366).

Peiris, J. S., Y. Guan, and K. Y. Yuen. 2004. "Severe Acute Respiratory Syndrome." *Nature Medicine Supplement,* 10 (12).

Peiris, J. S., W. C. Yu, C. W. Leung, C. Y. Cheung, W. F. Ng, J. M. Nicholls, T. K. Ng, et al. 2004. "Re-emergence of Fatal Human Influenza A Subtype H5N1 Disease." *The Lancet,* 363 (9409).

Peiris, J. S. Malik, Menno D. de Jong, and Yi Guan. 2007. "Avian Influenza Virus (H5N1) : A Threat to Human Health." *Clinical Microbiology Reviews,* 20 (2).

Pépin, Jacques. 2011. *The Origins of AIDS.* Cambridge : Cambridge University Press. [Version française : *Aux origines du sida. Enquête sur les racines coloniales d'une pandémie,* Seuil, 2019.]

Pépin, Jacques, and Annie-Claude Labbé. 2008. "Noble Goals, Unforeseen Consequences : Control of Tropical Diseases in Colonial Central Africa and the Iatrogenic Transmission of Blood-borne Diseases." *Tropical Medicine and International Health,* 13 (6).

Pépin, Jacques, Annie-Claude Labbé, Fleurie Mamadou-Yaya, Pascal Mbélesso, Sylvestre Mbadingaï, Sylvie Deslandes, Marie-Claude Locas, and Eric Frost. 2010. "Iatrogenic Transmission of Human T Cell Lymphotropic Virus Type 1 and Hepatitis C Virus through Parenteral Treatment and Chemoprophylaxis of Sleeping Sickness in Colonial Equatorial Africa." *Clinical Infectious Diseases,* 51.

Pépin, Jacques, and Eric H. Frost. 2011. "Reply to Marx et al." *Clinical Infectious Diseases,* Correspondence 52.

Pepin, K. M., S. Lass, J. R. Pulliam, A. F. Read, and J. O. Lloyd-Smith. 2010. "Identifying Genetic Markers of Adaptation for Surveillance of Viral Host Jumps." *Nature,* 8.

Peters, C. J., and Mark Olshaker. 1997. *Virus Hunter : Thirty Years of Battling Hot Viruses around the World.* New York : Anchor Books.

Peters, C. J., and James W. LeDuc, eds. 1999. *Ebola : The Virus and the Disease.* Special issue of *The Journal of Infectious Diseases,* 179 (S1).

Peterson, Dale. 2003. *Eating Apes.* With an afterword and photographs by Karl Ammann. Berkeley : University of California Press.

Pisani, Elizabeth. 2009. *The Wisdom of Whores : Bureaucrats, Brothels, and the Business of AIDS.* New York : W. W. Norton.

Pitchenik, Arthur E., Margaret A. Fischl, Gordon M. Dickinson, Daniel M. Becker, Arthur M. Fournier, Mark T. O'Connell, Robert D. Colton, and Thomas J. Spira. 1983. "Opportunistic Infections and Kaposi's Syndrome among Haitians :

Evidence of a New Acquired Immunodeficiency State." *Annals of Internal Medicine,* 98 (3).

Plantier, J. C., M. Leoz, J. E. Dickerson, F. De Oliveira, F. Cordonnier, V. Lemée, F. Damond, et al. 2009. "A New Human Immunodeficiency Virus Derived from Gorillas." *Nature Medicine,* 15.

Plotkin, Stanley A. 2001. "Untruths and Consequences : The False Hypothesis Linking CHAT Type 1 Polio Vaccination to the Origin of Human Immunodeficiency Virus." *Philosophical Transactions of the Royal Society of London,* 356.

Plowright, R. K., H. E. Field, C. Smith, A. Divljan, C. Palmer, G. Tabor, P. Daszak, and J. E. Foley. 2008. "Reproduction and Nutritional Stress Are Risk Factors for Hendra Virus Infection in Little Red Flying Foxes (*Pteropus scapulatus*)." *Proceedings of the Royal Society,* B, 275.

Plowright, Raina K., P. Foley, H. E. Field, A. P. Dobson, J. E. Foley, P. Eby, and P. Daszak. 2011. "Urban Habituation, Ecological Connectivity and Epidemic Dampening : The Emergence of Hendra Virus from Flying Foxes (*Pteropus spp.*)." *Proceedings of the Royal Society,* B, 278.

Poon, L. L. M., D. K. W. Chu, K. H. Chan, O. K. Wong, T. M. Ellis, Y. H. C. Leung, S. K. P. Lau, et al. 2005. "Identification of a Novel Coronavirus in Bats." *Journal of Virology,* 79 (4).

Popovic, M., M. G. Sarngadharan, E. Read, and R. C. Gallo. 1984. "Detection, Isolation, and Continuous Production of Cytopathic Retroviruses (HTLV-III) from Patients with AIDS and Pre-AIDS." *Science,* 224.

Pourrut, X., B. Kumulungui, T. Wittmann, G. Moussavou, A. Délicat, P. Yaba, D. Nkoghe, et al. 2005. "The Natural History of Ebola Virus in Africa." *Microbes and Infection,* 7.

Poutanen, S. M., D. E. Low, B. Henry, S. Finkelstein, D. Rose, K. Green, R. Tellier, et al. 2003. "Identification of Severe Acute Respiratory Syndrome in Canada." *New England Journal of Medicine,* 348 (20).

Preston, Richard. 1994. *The Hot Zone.* New York : Random House.

Price-Smith, Andrew T. 2009. *Contagion and Chaos : Disease, Ecology, and National Security in the Era of Globalization.* Cambridge, MA : The MIT Press.

Read, Andrew F. 1994. "The Evolution of Virulence." *Trends in Microbiology,* 2 (3).

Reeves, Jacqueline D., and Robert W. Doms. 2002. "Human Immunodeficiency Virus Type 2." *Journal of General Virology,* 83.

Reynes, J. M., D. Counor, S. Ong, C. Faure, V. Seng, S. Molia, J. Walston, et al. 2005. "Nipah Virus in Lyle's Flying Foxes, Cambodia." *Emerging Infectious Diseases,* 11 (7).

Rich, Stephen M., Fabian H. Leendertz, Guang Xu, Matthew LeBreton, Cyrille F. Djoko, Makoah N. Aminake, Eric E. Takang, et al. 2009. "The Origin of Malignant Malaria." *Proceedings of the National Academy of Sciences,* 106 (35).

Richter, D., A. Spielman, N. Komar, and F. R. Matuschka. 2000. "Competence of American Robins as Reservoir Hosts for Lyme Disease *Spirochetes.*" *Emerging Infectious Diseases,* 6 (2).

Roest, H. I., J. J. Tilburg, W. van der Hoek, P. Vellema, F. G. van Zijdervelde, C. H. Klaassen, and D. Raoult. 2010. "The Q Fever Epidemic in The Netherlands : History, Onset, Response and Reflection." *Epidemiology and Infection,* 139 (1).

Roest, H. I., R. C. Ruuls, J. J. Tilburg, M. H. Nabuurs-Franssen, C. H. Klaassen, P. Vellema, R. van den Brom, et al. 2011. "Molecular Epidemiology of *Coxiella burnetii* from Ruminants in Q Fever Outbreak, The Netherlands." *Emerging Infectious Diseases,* 17 (4).

Ross, Ronald. 1910. *The Prevention of Malaria.* New York : E. P. Dutton.

———. 1916. "An Application of the Theory of Probabilities to the Study of *a priori* Pathometry." *Proceedings of the Royal Society,* A, 92 (638).

———. 1923. *Memoirs.* London : John Murray.

Rothman, Kenneth J., and Sander Greenland, eds. 1998. *Modern Epidemiology.* Philadelphia : Lippincott Williams & Wilkins.

Sabin, Albert B., and Arthur M. Wright. 1934. "Acute Ascending Myelitis Following a Monkey Bite, with the Isolation of a Virus Capable of Reproducing the Disease." *Journal of Experimental Medicine,* 59.

Salomon, Rachelle, and Robert G. Webster. 2009. "The Influenza Virus Enigma." *Cell,* 136.

Santiago, Mario L., Cynthia M. Rodenburg, Shadrack Kamenya, Frederic Bibollet-Ruche, Feng Gao, Elizabeth Bailes, Sreelatha Meleth, et al. 2002. "SIVcpz in Wild Chimpanzees." *Science,* 295.

Santiago, Mario L., Friederike Range, Brandon F. Keele, Yingying Li, Elizabeth Bailes, Frederic Bibollet-Ruche, Cecile Fruteau, et al. 2005. "Simian Immunodeficiency Virus Infection in Free-Ranging Sooty Mangabeys (*Cercocebus atys atys)* from the Taï Forest, Côte d'Ivoire : Implications for the Origin of Epidemic Human Immunodeficiency Virus Type 2." *Journal of Virology,* 79 (19).

Scrimenti, Rudolph J. 1970. "Erythema Chronicum Migrans." *Archives of Dermatology,* 102.

Sellers, R. F., and J. Parker. 1969. "Airborne Excretion of Foot-and-Mouth Disease Virus." *Journal of Hygiene,* 67.

Sellers, R. F., and A. J. Forman. 1973. "The Hampshire Epidemic of Foot-and-Mouth Disease, 1967." *Journal of Hygiene,* 71.

Selvey, L. A., R. M. Wells, J. G. McCormack, A. J. Ansford, K. Murray, R. J. Rogers, P. S. Lavercombe, et al. 1995. "Infection of Humans and Horses by a Newly Described Morbillivirus." *Medical Journal of Australia,* 162.

Selvey, Linda, Roscoe Taylor, Antony Arklay, and John Gerrard. 1996. "Screening of Bat Carers for Antibodies to Equine Morbillivirus." *Communicable Diseases,* 20 (22).

Severo, Richard. 1972. "Impoverished Haitians Sell Plasma for Use in the U.S." *The New York Times,* January 28.

Sexton, Christopher. 1991. *The Seeds of Time : The Life of Sir Macfarlane Burnet.* Oxford : Oxford University Press.

Shah, Keerti V. 2004. "Simian Virus 40 and Human Disease." *The Journal of Infectious Diseases,* 190.

Shah, Keerti, and Neal Nathanson. 1976. "Human Exposure to SV40 : Review and Comment." *American Journal of Epidemiology*, 103 (1).

Sharp, Paul M., and Beatrice H. Hahn. 2010. "The Evolution of HIV-1 and the Origin of AIDS." *Philosophical Transactions of the Royal Society of London,* 365.

Shilts, Randy. 1987. *And the Band Played On : Politics, People, and the AIDS Epidemic.* New York : St Martin's Griffin.

Simpson, D. I. H., and the Members of the WHO/International Study Team. 1978. "Ebola Haemorrhagic Fever in Sudan, 1976." *Bulletin of the World Health Organization,* 56 (2).

Singh, Balbir, Lee Kim Sung, Asmad Matusop, Anand Radhakrishnan, Sunita S. G. Shamsul, Janet Cox-Singh, Alan Thomas, and David J. Conway. 2004. "A Large Focus of Naturally Acquired *Plasmodium knowlesi* Infections in Human Beings." *The Lancet,* 363 (9414).

Smith, Davey, and Diana Kuh. 2001. "Commentary : William Ogilvy Kermack and the Childhood Origins of Adult Health and Disease." *International Journal of Epidemiology*, 30.

Snow, John 1855. *On the Mode of Communication of Cholera*. London : John Churchill.

Sompayrac, Lauren. 2002. *How Pathogenic Viruses Work.* Sudbury, MA : Jones and Bartlett Publishers.

Sorensen, J. H., D. K. Mackay, C. O. Jensen, and A. I. Donaldson. 2000. "An Integrated Model to Predict the Atmospheric Spread of Foot-and-Mouth Disease Virus." *Epidemiology and Infection,* 124.

Stearns, Jason K. 2011. *Dancing in the Glory of Monsters : The Collapse of the Congo and the Great War of Africa.* New York : PublicAffairs.

Steere, Allen C. 2001. "Lyme Disease." *New England Journal of Medicine,* 345 (2).

Steere, Allen C., Stephen E. Malawista, John A. Hardin, Shaun Ruddy, Philip W. Askenase, and Warren A. Andiman. 1977a. "Erythema Chronicum Migrans and Lyme Arthritis, The Enlarging Clinical Spectrum." *Annals of Internal Medicine,* 86 (6).

Steere, Allen C., Stephen E. Malawista, David R. Snydman, Robert E. Shope, Warren A. Andiman, Martin R. Ross, and Francis M. Steele. 1977b. "Lyme Arthritis. An Epidemic of Oligoarticular Arthritis in Children and Adults in Three Connecticut Communities." *Arthritis and Rheumatism,* 20 (1).

Steere, Allen C., and Stephen E. Malawista. 1979. "Cases of Lyme Disease in the United States : Locations Correlated with Distribution of *Ixodes dammini.*" *Annals of Internal Medicine,* 91.

Stepan, Nancy Leys. 2011. *Eradication : Ridding the World of Diseases Forever ?* London : Reaktion Books.

Strauss, James H., and Ellen G. Strauss. 2002. *Viruses and Human Disease.* San Diego : Academic Press.

Sureau, Pierre H. 1989. "Firsthand Clinical Observations of Hemorrhagic Manifestations in Ebola Hemorrhagic Fever in Zaire." *Reviews of Infectious Diseases,* 11 (S4).

Switzer, William M. 2005. "Ancient Co-Speciation of Simian Foamy Viruses and Primates." *Nature,* 434.

Taylor, Barbara S., Magdalena E. Sobieszczyk, Francine E. McCutchan, and Scott M. Hammer. 2008. "The Challenge of HIV-1 Subtype Diversity." *New England Journal of Medicine,* 358 (15).

Timen, Aura, Marion P. G. Koopmans, Ann C. T. M. Vossen, Gerard J. J. van Doornum, Stephan Gunther, Franchette Van den Berkmortel, Kees M. Verduin, et al. 2009. "Response to Imported Case of Marburg Hemorrhagic Fever, The Netherlands." *Emerging Infectious Diseases,* 15 (8).

Towner, Jonathan S., Tara K. Sealy, Marina L. Khristova, César G. Albariño, Sean Conlan, Serena A. Reeder, Phenix-Lan Quan, et al. 2008. "Newly Discovered Ebola Virus Associated with Hemorrhagic Fever Outbreak in Uganda." *PLoS Pathogens,* 4 (11).

Towner, Jonathan S., Brian S. Amman, Tara K. Sealy, Serena A. Reeder Carroll, James A. Comer, Alan Kemp, Robert Swanepoel, et al. 2009. "Isolation of Genetically Diverse Marburg Viruses from Egyptian Fruit Bats." *PLoS Pathogens,* 5 (7).

Tu, Changchun, Gary Crameri, Xiangang Kong, Jinding Chen, Yanwei Sun, Meng Yu, Hua Xiang, et al. 2004. "Antibodies to SARS Coronavirus in Civets." *Emerging Infectious Diseases,* 10 (12).

Tutin, C. E. G., and M. Fernandez. 1984. "Nationwide Census of Gorilla (*Gorilla g. gorilla*) and Chimpanzee (*Pan t. troglodytes*) Populations in Gabon." *American Journal of Primatology,* 6.

Uppal, P. K. 2000. "Emergence of Nipah Virus in Malaysia." *Annals of the New York Academy of Sciences,* 916.

Van den Brom, R., and P. Vellema. 2009. "Q Fever Outbreaks in Small Ruminants and People in The Netherlands." *Small Ruminant Research,* 86.

Van der Hoek, W., F. Dijkstra, B. Schimmer, P. M. Schneeberger, P. Vellema, C. Wijkmans, R. ter Schegget, et al. "Q Fever in The Netherlands : An Update on the Epidemiology and Control Measures." *Eurosurveillance,* 15.

Van Rooyen, G. E. 1955. "The Early History of Psittacosis." In *Psittacosis : Diagnosis, Epidemiology and Control,* ed. F. R. Beaudette. New Brunswick, NJ : Rutgers University Press.

Varia, Monali, Samantha Wilson, Shelly Sarwal, Allison McGeer, Effie Gournis, Elena Galanis, Bonnie Henry, et al. 2003. "Investigation of a Nosocomial Outbreak of Severe Acute Respiratory Syndrome (SARS) in Toronto, Canada." *Canadian Medical Association Journal,* 169 (4).

Volberding, Paul A., Merle A. Sande, Joep Lange, Warner C. Greene, and Joel E. Gallant, eds. 2008. *Global HIV/AIDS Medicine.* Philadelphia : Saunders Elsevier.

Voyles, Bruce A. 2002. *The Biology of Viruses.* Boston : McGraw-Hill. Wacharapluesadee, Supaporn, Boonlert Lumlertdacha, Kalyanee Boongird, Sawai Wanghongsa, Lawan Chanhome, Pierrie Rollin, Patrick Stockton, et al. 2005. "Bat Nipah Virus, Thailand." *Emerging Infectious Diseases,* 11 (12).

Walsh, Peter D., Roman Biek, and Leslie A. Real. 2005. "Wave-Like Spread of Ebola Zaire." *PLoS Biology,* 3 (11).

Walsh, Peter D., Thomas Breuer, Crickette Sanz, David Morgan, and Diane Doran-Sheehy. 2007. "Potential for Ebola Transmission Between Gorilla and Chimpanzee Social Groups." *The American Naturalist,* 169 (5).

Walters, Marc Jerome. 2003. *Six Modern Plagues : And How We Are Causing Them.* Washington : Island Press/Shearwater Books.

Wamala, Joseph F., Luswa Lukwago, Mugagga Malimbo, Patrick Nguku, Zabulon Yoti, Monica Musenero, Jackson Amone, et al. 2010. "Ebola Hemorrhagic Fever Associated with Novel Virus Strain, Uganda, 2007–2008." *Emerging Infectious Diseases,* 16 (7).

Waters, A. P., D. G. Higgins, and T. F. McCutchan. 1991. "*Plasmodium falciparum* Appears to Have Arisen as a Result of Lateral Transfer between Avian and Human Hosts." *Proceedings of the National Academy of Sciences,* 88.

Webster, Robert G. 1998. "Influenza : An Emerging Disease." *Emerging Infectious Diseases,* 4 (3).

———. 2004. "Wet Markets—a Continuing Source of Severe Acute Respiratory Syndrome and Influenza ?" *The Lancet,* 363 (9404).

———. 2010. "William Graeme Laver, 3 June 1929–26 September 2008." *Biographical Memoirs of the Fellows of the Royal Society,* 56.

Weeks, Benjamin S., and I. Edward Alcamo. 2006. *AIDS : The Biological Basis.* Sudbury, MA : Jones and Bartlett.

Weigler, Benjamin J. 1992. "Biology of B Virus in Macaque and Human Hosts : A Review." *Clinical Infectious Diseases,* 14.

Weiss, Robin A. 1988. "A Virus in Search of a Disease." *Nature,* 333.

———. 2001. "The Leeuwenhoek Lecture 2001. Animal Origins of Human Infectious Disease." *Philosophical Transactions of the Royal Society of London,* B, 356.

Weiss, Robin A., and Richard W. Wrangham. 1999. "From *PAN* to Pandemic." *Nature,* 397.

Weiss, Robin A., and Angela R. McLean. 2004. "What Have We Learnt from SARS ?" *Philosophical Transactions of the Royal Society of London,* B, 359.

Weiss, Robin A., and Jonathan L. Heeney. 2009. "An Ill Wind for Wild Chimps ?" *Nature,* 460.

Wertheim, Joel O., and Michael Worobey. 2009. "Dating the Age of the SIV Lineages that Gave Rise to HIV-1 and HIV-2." *PLoS Computational Biology,* 5 (5).

White, N. J. 2008. "*Plasmodium knowlesi* : The Fifth Human Malaria Parasite." *Clinical Infectious Diseases,* 46.

Williams, Jim C., and Herbert A. Thompson. 1991. *Q Fever : The Biology of* Coxiella burnetii. Boca Raton : CRC Press.

Willrich, Michael. 2011. *Pox : An American History.* New York : Penguin.

Wills, Christopher. 1996. *Yellow Fever, Black Goddess : The Coevolution of People and Plagues.* New York : Basic Books.

Wilson, Edward O. 2002. "The Bottleneck." *Scientific American,* February.

Wolf, R. H., B. J. Gormus, L. N. Martin, G. B. Baskin, G. P. Walsh, W. M. Meyers, and C. H. Binford. 1985. "Experimental Leprosy in Three Species of Monkeys." *Science,* 227.

Wolfe, Nathan. 2011. *The Viral Storm : The Dawn of a New Pandemic Age.* New York : Times Books/Henry Holt.

Wolfe, Nathan D., Claire Panosian Dunavan, and Jared Diamond. 2004. "Origins of Major Human Infectious Diseases." *Nature,* 447.

Wolfe, Nathan D., William M. Switzer, Jean K. Carr, Vinod B. Bhullar, Vedapuri Shanmugam, Ubald Tamoufe, A. Tassy Prosser, et al. 2004. "Naturally Acquired Simian Retrovirus Infections in Central African Hunters." *The Lancet,* 363 (9413).

Woolhouse, Mark E. J. 2002. "Population Biology of Emerging and Reemerging Pathogens." *Trends in Microbiology,* 10 (10, Suppl.).

Worboys, Michael. 2000. *Spreading Germs : Disease Theories and Medical Practice in Britain, 1865–1900.* Cambridge : Cambridge University Press.

World Health Organization. 2006. *SARS : How a Global Pandemic Was Stopped.* Geneva : World Health Organization.

Worobey, Michael. 2008. "The Origins and Diversification of HIV." In *Global HIV/AIDS Medicine,* ed. P. A. Volberding, M. A. Sande, J. Lange, W. C. Greene, and J. E. Gallant. Philadelphia : Saunders Elsevier.

Worobey, Michael, Marlea Gemmel, Dirk E. Teuwen, Tamara Haselkorn, Kevin Kuntsman, Michael Bunce, Jean-Jacques Muyembe, et al. 2008. "Direct Evidence of Extensive Diversity of HIV-1 in Kinshasa by 1960." *Nature,* 455.

Wrong, Michela. 2001. *In the Footsteps of Mr. Kurtz : Living on the Brink of Disaster in Mobutu's Congo.* New York : HarperCollins.

Xu, Rui-Heng, Jian-Feng He, Guo-Wen Peng, De-Wen Yu, Hui-Min Luo, Wei-Sheng Lin, Peng Lin, et al. 2004. "Epidemiologic Clues to SARS Origin in China." *Emerging Infectious Diseases,* 10 (6).

Yates, Terry L., James N. Mills, Cheryl A. Parmenter, Thomas G. Ksiazek, Robert R. Parmenter, John R. Vande Castle, Charles H. Calisher, et al. 2002. "The Ecology and Evolutionary History of an Emergent Disease : Hantavirus Pulmonary Syndrome." *BioScience,* 52 (11).

Young, P., H. Field, and K. Halpin. 1996. "Identification of Likely Natural Hosts for Equine Morbillivirus." *Communicable Diseases Intelligence,* 20 (22).

Zhong, N. S., B. J. Zheng, Y. M. Li, L. L. M. Poon, Z. H. Xie, K. H. Chan, P. H. Li, et al. 2003. "Epidemiology and Cause of Severe Acute Respiratory Syndrome (SARS) in Guangdong, People's Republic of China, in February, 2003." *The Lancet,* 362 (9393).

Zhu, Tuofu, Bette T. Korber, Andre J. Nahmias, Edward Hooper, Paul M. Sharp, and David D. Ho. 1998. "An African HIV-1 Sequence from 1959 and Implications for the Origin of the Epidemic." *Nature,* 391.

Zhu, Tuofu, and David D. Ho. 1995. "Was HIV Present in 1959 ?" *Nature,* 374.

Zimmer, Carl. 2011. *A Planet of Viruses.* Chicago : The University of Chicago Press.

Zinsser, Hans. 1934. *Rats, Lice and History.* Reprint edition (undated), New York : Black Dog & Leventhal Publishers.

Table

Cet ouvrage a été mis en pages par

<pixellence>

Cet ouvrage a été achevé d'imprimer en septembre 2020
dans les ateliers de Normandie Roto Impression s.a.s.
61250 Lonrai
N° d'édition : L.01EHBN001167.N001
Dépôt légal : octobre 2020
N° d'impression : 2002637

Imprimé en France